T0189506

Wörterbuch Labor /
Laboratory Dictionary

Theodor C. H. Cole

Wörterbuch Labor / Laboratory Dictionary

Deutsch/Englisch
English/German

3. Auflage

Unter Mitarbeit von Ingrid Haußer-Siller

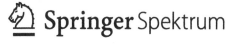 Springer Spektrum

Theodor C. H. Cole, Dipl. rer. nat.
Heidelberg
Deutschland

ISBN 978-3-662-55847-8   ISBN 978-3-662-55848-5 (eBook)
https://doi.org/10.1007/978-3-662-55848-5

Die Deutsche Nationalbibliothek verzeichnet diese Publikation in der Deutschen Nationalbibliografie; detaillierte bibliografische Daten sind im Internet über http://dnb.d-nb.de abrufbar.

Springer Spektrum

Planung: Dr. Sarah Koch

Gedruckt auf säurefreiem und chlorfrei gebleichtem Papier

Springer Spektrum ist Teil von Springer Nature
Die eingetragene Gesellschaft ist Springer-Verlag GmbH Deutschland
Die Anschrift der Gesellschaft ist: Heidelberger Platz 3, 14197 Berlin, Germany

Vorwort zur 3. Auflage

Im Labor hat die englische Sprache ihren festen Platz. Durch die zunehmende Internationalisierung wird jedoch in Forschungslaboren weltweit ein informelles, international gefärbtes Englisch gesprochen. Es kursieren falsche Begriffe und Aussprachen und jedes Labor kultiviert seinen eigenen Slang.

Die Idee zu diesem Wörterbuch entstand bei der Vorbereitung einer Akademie für junge Nachwuchswissenschaftler für einen Forschungsaufenthalt in den USA. Die Teilnehmer sprachen zwar gutes Allgemein-Englisch, aber es haperte an Kenntnissen der speziellen englischen „Laborsprache".

Gutes Englisch ist heute die Voraussetzung für eine Karriere in Wirtschaft und Wissenschaft. Speziell im Labor ist die effiziente Kommunikation sogar lebenswichtig und, im Fall von Laborunfällen, lebensentscheidend. Laborkataloge, Gebrauchsanleitungen und -anweisungen, Lehrbücher, Originalartikel in Fachzeitschriften, Forschungsberichte, Versuchsprotokolle und Kochrezepte liegen oft nur in Englisch vor oder sollen in Englisch verfasst werden. Meist sucht man dann vergebens nach dem sprachlich kompetenten Kollegen, am besten Muttersprachler, der das umfangreiche Manuskript korrigieren möge. Guter Rat ist dann oft teuer und spezielle zuverlässige Übersetzungshilfen fehlen. Das *WÖRTERBUCH LABOR* leistet hier seinen Dienst.

Mit der vorliegenden 3. komplett überarbeiteten, aktualisierten und erweiterten Auflage enthält das *WÖRTERBUCH LABOR* nunmehr ca. 26.000 Begriffe aus allen Bereichen der allgemeinen und speziellen Labor-Terminologie:

> Laborbedarf (Zubehör, Geräte, Werkzeuge, Laborglas)
> Laborausstattung und -einrichtung
> Laborbau, Sanitär, Elektrik, Lüftung
> Basischemikalien (allgemeine Grundstoffe)
> Laborsicherheit (Arbeits-/Personenschutz, Notfall, Vorsorge)
> Methoden und Analytik

Wortfelder. Um eine zusammenhängende Themenbearbeitung zu ermöglichen, die „Trefferwahrscheinlichkeit" bei der Wortsuche zu erhöhen und somit die Arbeit zu erleichtern, verwenden wir zusätzlich zur gewöhnlichen alphabetischen Ordnung ein auch in amerikanischen Wörterbüchern verwendetes Konzept der thematischen Begriffssammlung (*clusters*) unter den jeweiligen übergeordneten Hauptstichwörtern. Thematisch verwandte Begriffe werden in Wortfeldern zusammengefasst, auch wenn die einzelnen Begriffe das Hauptstichwort selbst gar nicht enthalten. Beispielsweise finden sich unter dem Hauptstichwort *Gefahrenbezeichnungen* alle entsprechenden sicherheitsrelevanten Begriffe; alle Chromatographie-Verfahren erscheinen unter dem Haupteintrag *Chromatographie*, alle Arten von *Filtern, Kolben, Pipetten, Pinzetten, Pumpen, Schüttlern, Ventilen, Waagen* etc. unter dem jeweiligen Hauptstichwort – zusätzlich zu den alphabetisch geordneten Einträgen. Dies verschafft klare Übersicht und Arbeitskomfort. In anderen Wörterbüchern müsste jeder Begriff einzeln aufgesucht werden.

Die Rechtschreibung orientiert sich an der amerikanischen Schreibweise laut *Merriam Webster's Collegiate Dictionary*, 11th edn., bzw. *Brockhaus Wahrig Deutsches Wörterbuch*, 9. Aufl., d.h. die deutsche Rechtschreibreform wurde berücksichtigt. Die „c"-Schreibweise von lateinisch abgeleiteten deutschen Begriffen wird bevorzugt, z.B. *cyclisch* gegenüber *zyklisch*.

Danksagungen. Erika Siebert-Cole (Springer Heidelberg), Dr. Willi Siller (Universität Heidelberg) und Dr. Dietrich Schulz (Umweltbundesamt, Dessau) standen uns über die Jahre mit fachlichem und freundschaftlichem Rat zur Seite. Danke auch an Michael Breckwoldt, Laura Michel, Samuel Bandara, Christoph Fischer und Dan Choon für die

Inspiration in der Anfangsphase des Projekts. Dem Springer-Verlag, speziell Dr. Marion Hertel, Merlet Behnke-Braunbeck und Dr. Sarah Koch, danken wir für die langjährige positive Zusammenarbeit.

Theodor C. H. Cole
Ingrid Haußer-Siller

Preface to the 3rd edition

The internationalization of science has led to the use of English as the general language of communication – a structurally simple language, with an enormous vocabulary.

Laboratory English seems to be a language of its own – at times quite incomprehensible to outsiders. "Laboratory slang" consists of neologisms, colloquialisms, contractions, acronyms, and brandnames. Foreigners arriving in an English-speaking laboratory may be quite puzzled with *fleas, pigs, policemen, fuge, frige, bogies, dollies, elbows, daisy-chains, fleakers, gunk* ...

Those who intend to work in laboratories around the world are well advised to continuously improve their language skills in scientific English with the assistance of a nativespeaker colleague along with consulting standard scientific style manuals ... and dictionaries! ... and there is a wealth of technical laboratory terms to be discovered by the non-nativespeaker, if only for the reason of survival in the lab: safety precautions and proper behavior in case of emergencies require instant response and efficient communication.

The idea for writing this book arose in serving as a consultant to a "San Francisco Academy" for a dozen young German students from Heidelberg. For our language preparatory course we needed a list of "essential terminology", as there was no adequate book available on the German market at the time. This *LABORATORY DICTIONARY* has filled this gap and – in its expanded and improved present 3rd edition – provides the basic and up-to-date vocabulary to continue to assist its users in improving their laboratory language skills.

The *LABORATORY DICTIONARY* is based on extensive comparative linguistic studies of original literature in technology, engineering, and analytical methods as well as vast amounts of supplier catalogs in both languages – resulting in this 3rd edition, now with 26,000 general and specialized terms from all walks of laboratory life:

- ➢ facility engineering (electricity, plumbing, ventilation)
- ➢ labware, equipment & supplies
- ➢ glassware, tools, apparatus
- ➢ servicing, maintenance, repair
- ➢ ordering, shipment, delivery
- ➢ analytics (apparatus, methods & procedures)
- ➢ chemicals (general reactants)
- ➢ safety (precautions, emergencies, first aid)

The new German orthography rules have been taken into account according to *Brockhaus Wahrig Deutsches Wörterbuch*, 9th edn., the English orthography following American spelling according to *Merriam Webster's Collegiate Dictionary*, 11th edn.

We hope this dictionary may serve you as a useful tool in your research, in writing publications, and for translations.

Acknowledgements. Erika Siebert-Cole, M.A. (Springer, Heidelberg), Dr. Willi Siller (Heidelberg University), Dr. Dietrich Schulz (German Environmental Agency, UBA, Dessau) supported us with valuable advice and their profound expertise. Thanks to Michael Breckwoldt, Laura Michel, Samuel Bandara, Christoph Fischer, and Dan Choon for inspiring this project through their interest and determination in conjunction with the "San Francisco Academy".

We highly commend our publishers Dr. Marion Hertel, Merlet Behnke-Braunbeck, and Dr. Sarah Koch at Springer, Heidelberg.

Our whole-hearted gratitude and love goes to our families and friends, for believing in us.

Theodor C.H.Cole
Ingrid Haußer-Siller

Abkürzungen – Abbreviations

sg	Singular – singular
pl	Plural – plural
adv/adj	Adverb/Adjektiv – adverb/adjective
n	Nomen (Substantiv) – noun
vb	Verb – verb
f	weiblich – feminine
m	männlich – maskulin
nt	sächlich – neuter
analyt	Analytik – analytics
allg – general	allgemein – general
biot	Biotechnologie – biotechnology
centrif	Zentrifugation – centrifugation
chem	Chemie – chemistry
chromat	Chromatographie – chromatography
comp	Datenverarbeitung – computing
dest – dist	Destillation – distillation
dial	Dialyse – dialysis
ecol	Ökologie – ecology
electr	Elektrik-Elektronik – electrics-electronics
electroph	Elektrophorese – electrophoresis
gen	Genetik – genetics
geol	Geologie – geology
immun	Immunologie – immunology

lab	Labor – laboratory
math	Mathematik – mathematics
mech	Mechanik – mechanics
med	Medizin – medical science
micb	Mikrobiologie – microbiology
micros	Mikroskopie – microscopy
neuro	Neurobiologie – neurobiology
opt	Optik – optics
photo	Photographie – photography
phys	Physik – physics
physiol	Physiologie – physiology
spectr	Spektroskopie – spectroscopy
stat	Statistik – statistics
tech	Technologie – technology
vir	Virologie – virology

Deutsch – Englisch

Deutsch – Englisch

© Springer-Verlag GmbH, Deutschland 2018
T. C. H. Cole, *Wörterbuch Labor / Laboratory Dictionary*,
https://doi.org/10.1007/978-3-662-55848-5_1

A

Abbau (Zersetzung/Zerfall/ Zusammenbruch) degradation, decomposition, breakdown; (einer Apparatur) disassembly, dismantling, dismantlement, takedown
➢ **biologischer Abbau/Biodegradation** biodegradation
➢ **enzymatischer Abbau** enzymatic digestion
➢ **Stoffwechsel-Abbau** digestion; degradative metabolism, catabolism
Abbaubarkeit degradability, decomposability
➢ **biologische Abbaubarkeit** biodegradability
abbauen (zersetzen) degrade, decompose, break down; (Apparatur/Experimentiergerät) disassemble (take equipment apart)
Abbauprodukt degradation product
abbilden *opt* image; (projizieren) project
Abbildung (in einer Fachzeitschrift/ Buch) figure, illustration
Abbildungsmaßstab/ Lateralvergrößerung/ Seitenverhältnis/ Seitenmaßstab lateral magnification
abbinden (fest/steif werden) set
Abbrand burning, burn-up, burn-off; consumption; scalding loss; (Rückstand beim Rösten) cinder
Abbrechklinge (für Cuttermesser) snap-off blade
Abdampf (frei verdampfendes Gas) boil-off, boil-off gas (BOG), boiloff vapor

abdampfen/abdunsten evaporate
Abdampfschale evaporating dish
Abdeckband masking tape
abdecken cover
Abdeckhaube lid, cover
Abdeckung cover
Abdichtbarkeit sealability
abdichten seal off, make tight, make leakproof, insulate
Abdichtung seal, sealing; (Manschette) gasket
Abdruck (Oberflächenabdruck: EM) *micros* replica
➢ **genetischer Fingerabdruck/ Fingerprinting** fingerprinting, genetic fingerprinting, (DNA fingerprinting)
abfackeln flare, burn off
Abfackelung flare, flaring off
Abfall waste, trash, refuse
➢ **Sonderabfall/Sondermüll** hazardous waste
Abfall mit biologischem Gefährdungspotenzial biohazardous waste
Abfallbehälter trash can; waste container, litter bin
Abfallentsorgung/Abfallbeseitigung waste disposal, waste removal
Abfallgesetz/Abfallbeseitigungsgesetz (AbfG) waste disposal law/act
Abfallsammler waste collector
Abfallvorbehandlung waste pretreatment
abfärben stain, bleed
abflammen/‚flambieren' (sterilisieren) flame
Abfluss (Ausfluss) discharge, outflow, efflux, draining off; (Ablauf, z. B. am Waschbecken) drain
➢ **frei machen** unblock
➢ **verstopft** blocked, clogged, choked
Abflussbecken sink, basin

Abflussrohr drain pipe
Abführmittel laxative
Abgabe/Einreichung (Ergebnisse etc.) delivery, handing in, dropoff
Abgabepuls (Pumpe) discharge stroke
Abgabetermin/Ablieferungstermin/ Deadline deadline
Abgase exhaust fumes
abgelaufen (Haltbarkeitsdatum) expired, outdated
abgeschrägt/abgekantet (Kanülenspitze/Pinzette etc.) beveled, bevelled
abgießen/dekantieren (ablassen) pour off, decant; (drain)
Abgleich equalization, adjustment, balancing, balance; alignment; tuning
abgleichen adjust, equalize; align, tune
abgraten/bördeln deburr
Abguss (an der Spüle) drain (of the sink)
➢ **in den Abguss schütten** pour something down the drain
Abholung (Lieferung etc.) pickup
Abisolierzange wire stripper, cable stripper
abkanten/abschrägen (Metall/ Pinzetten/Kanülen/Glas etc.) bevel
Abklärflasche/ Dekantiergefäß decanter
abkochen/absieden decoct
Abkochung/Absud/Dekokt decoction
abkühlen cool down, get cooler
Abkühlzeit/Abkühlphase/Fallzeit (Autoklav) cool-down period, cooling time
ablängen (mit Glasrohrschneider) size, cut into discreet length
ablassen drain, discharge; (Druck reduzieren) relieve, vent

Ablasshahn/Ablaufhahn draincock (faucet/spigot)
Ablauf drain; (Ablaufbrett/Platte an der Spüle) drainboard; (Ausfluss: Austrittstelle einer Flüssigkeit) outlet; (herausfließende Flüssigkeit) effluent
Ablaufdatum/Verfallsdatum expiration date
ablaufen lassen drain
ableiten carry off, drain, discharge; (umleiten) deflect
zuleiten supply, feed, pipe in, let in
Ableitung (von Flüssigkeiten) discharge, drainage, outlet
➢ **Zuleitung** supplying, feeding, inlet
Ablenkung deflection
Ablenkungsspannung deflection voltage
➢ **Kippspannung** sweep voltage
ablesbar readable
Ablesbarkeit (Waage) readability
Ablesefehler reading error, false reading
Ablesegenauigkeit reading accuracy
Ablesegerät direct-reading instrument
Ablesemarke reference point, index mark
ablesen read (off/from)
Ablesung/Ablesen (Gerät/Messwerte) reading, readout
Abluft exhaust, exhaust air, outlet air, waste air, extract air
➢ **Zuluft** input air, inlet air, supply air
Ablufteinrichtung/Abluftsystem exhaust system, off-gas system
Abluftschacht exhaust duct
Abluftsystem exhaust system
Abmantelungszange wire stripper, cable stripper
Abmahnung warning, notice, call to order

abmelden deregister, sign out
(schriftlich ‚austragen')
abmessen measure, size; (Ausmaß/
Schaden) estimate, calculate
Abmessungen (Höhe/Breite/Tiefe)
dimensions (height/width/depth);
size
Abnahme (eines Labors nach Bau)
commissioning, certification
Abpackung pack, package
Abrauchen fuming; (eindampfen)
evaporate
abreichern deplete, strip, downgrade
Abreicherung depletion, stripping,
downgrading
Abrichter dresser, dressing tool
➤ **Schleifscheiben-Abrichter**
grinding-wheel dresser
Abrieb abrasion; attrition; abrasive
wear, wear debris
Abroller dispenser
➤ **Handabroller** handheld tape
dispenser, handheld tape gun
➤ **Tischabroller** tabletop tape
dispenser
abrutschen/ausrutschen slip
absaugen (Flüssigkeit) draw off,
suction off, siphon off, evacuate
abschalten turn off, shut off, switch
off; (Computer: herunterfahren)
power down
➤ **anschalten** turn on, switch on;
(Computer: hochfahren) power up
Abschaltung shutoff, shutdown
➤ **automatische Abschaltung**
auto-shutoff
➤ **Notabschaltung** emergency
shutdown
Abschaltventil shut-off valve
Abscheider separator, precipitator,
settler, trap, catcher, collector
➤ **Wasserabscheider** water separator,
water trap

abschirmen (von Strahlung) shield
(from radiation)
Abschirmung (von Strahlung)
shielding (from radiation)
Abschmelzrohr fusion tube, melting
tube
**Abschnürbinde/Binde/Aderpresse/
Tourniquet** tourniquet
abschöpfen skim off, scoop off/up
abschrecken turn away, repel, reject;
polym quench
abseihen strain
absondern/abscheiden (Flüssigkeiten)
exude, secrete, discharge
Absorbanz (Extinktion) absorbance,
absorbancy (extinction: optical
density)
absorbieren/aufsaugen soak up,
absorb
Absorption absorption
Absorptionsindex absorbance index,
absorptivity
Absorptionskoeffizient
absorption coefficient
Absorptionsmittel/Aufsaugmittel
absorbent, absorbant
Absorptionsspektrum absorption
spectrum, dark-line spectrum
**Absorptionsvermögen/
Absorptionsfähigkeit/
Aufnahmefähigkeit** absorbency
Absperrband/Markierband barricade
tape
Absperrhahn/Sperrhahn stopcock
Absperrung/Barriere/Sperre/Barrikade
barrier, barricade
Absperrventil shut-off valve
Abstand (Geräte/Möbel etc.)
clearance
Abstand halten! keep clear!
**Abstandhalter/Abstandshalter/
Distanzstück** spacer
absteigend (DC) descending

Abstellraum/Abstellkammer
storeroom, storage room
abstoßend repellent, repellant
Abstreicher/Rakel (Gummi)
squeegee
Abstrich *med* swab; *micros* smear
➢ **einen Abstrich machen** *med* to take
a swab
abtauen (Kühl-/Gefrierschrank)
defrost
Abtransport/Entfernen transporting
away; removal
abtrennen separate
Abtrennung separation;
(Trennwand: räumlich) partition
Abtriebsäule/Abtreibkolonne *dest*
stripping column
Abtriebsteil (Unterteil der Säule)
dest stripping section
Abtropfbrett/Ablaufbrett drainboard
Abtropfgestell draining rack
Abtropfsieb colander
Abwärme waste heat
Abwaschwasser/Spülwasser
dishwater
Abwasser wastewater, sewage
➢ **Rohabwasser** raw sewage
Abwasserabgabengesetz
wastewater charges act
Abwasseraufbereitung sewage
treatment
Abwasserkanal/Kloake sewer,
sanitary sewer
abweichen von... deviate from...
Abweichung deviation; (Aberration)
aberration
➢ **Standardabweichung** standard
deviation
➢ **statistische Abweichung** statistical
deviation
abwiegen (eine Teilmenge) weigh out
abwischen wipe, wipe off, wipe clean

Abzieher/Gummiwischer
(Fensterwischer/Bodenwischer)
squeegee
➢ **Fensterwischer/Fensterabzieher**
squeegee (for windows)
➢ **Wasserschieber/Wasserabzieher**
(Bodenwischer) squeegee
(for floors)
Abziehstein sharpening stone,
whetstone
Abzug/Dunstabzug/
Dunstabzugshaube (Kapelle CH)
hood, fume hood,
fume cupboard (*Br*)
➢ **begehbarer Abzug/Stehkapelle**
walk-in hood
➢ **Fallstrombank** vertical flow
workstation (hood/unit)
➢ **Handschuhkasten/**
Handschuhschutzkammer
glove box
➢ **Labor-Werkbank** laboratory/lab
bench
➢ **Querstrombank** laminar flow
workstation, laminar flow hood,
laminar flow unit
➢ **Rauchabzug** fume hood
➢ **Reinraumwerkbank** clean-room
bench
➢ **Saugluftabzug** forced-draft hood
➢ **Sicherheitswerkbank** clean bench,
safety cabinet
➢ **sterile Werkbank** sterile bench
Abzugschornstein exhaust stack
Abzugsöffnung/Luftschlitz vent
Abzweig *chromat* split
Abzweigventil *chromat*
split valve
Acetaldehyd/Ethanal acetaldehyde,
acetic aldehyde, ethanal
Acetat/Azetat (Essigsäure/
Ethansäure) acetate (acetic acid/
ethanoic acid)

Acetessigsäure (Acetacetat)/
3-Oxobuttersäure acetoacetic acid
(acetoacetate), acetylacetic acid,
diacetic acid

Aceton (Azeton)/Propan-2-on/
2-Propanon/Dimethylketon
acetone, dimethyl ketone,
2-propanone

Achatmörser agate mortar

achromatischer Kondensor
micros achromatic condenser,
achromatic substage

achromatisches Objektiv
micros achromatic objective

Achsenlager/Achslager/Zapfenlager
(z.B. beim Kugellager) journal

Achtkantstopfen octa-head stopper,
octagonal stopper

Acidität/Azidität/Säuregrad acidity

Acridinfarbstoff acridine dye

Acrylglas acrylic glass

Adapter adapter, fitting(s)

➤ **Balg** bellows

➤ **Destilliervorlage** destillation
receiver

➤ **Destilliervorstoß** receiver adapter

➤ **Eutervorlage/Verteilervorlage/**
‚Spinne' *dest* cow receiver adapter,
'pig', multi-limb vacuum receiver
adapter (receiving adapter for
three/four receiving flasks)

➤ **Expansionsstück (Laborglas)**
expansion adapter, enlarging
adapter

➤ **Filtervorstoß**
adapter for filter funnel

➤ **Kernadapter/Gewindeadapter**
cone/screwthread adapter

➤ **Kriechschutzadapter** *dest* anticlimb
adapter

➤ **Krümmer (Laborglas)** bend,
bent adapter

➤ **Nadeladapter** syringe connector

➤ **Reduzierstück (Laborglas/Schlauch)**
reducer, reducing adapter,
reduction adapter

➤ **Schaumbrecher-Aufsatz/**
Spritzschutz-Aufsatz
(Rückschlagsicherung) *dest*
antisplash adapter,
splash-head adapter

➤ **Schlauchadapter** tubing adapter

➤ **Schlauch-Rohr-Verbindungsstück**
pipe-to-tubing adapter

➤ **Septum-Adapter** septum-inlet
adapter

➤ **Tropfenfänger** drip catcher, drip
catch; splash trap, antisplash
adapter (distillation apparatus);
(Rückschlagschutz:Kühler/
Rotationsverdampfer etc.) splash/
antisplash adapter, splash-head
adapter

➤ **Übergangsstück** adapter, connector,
transition piece

➤ **Übergangsstück mit seitlichem**
Versatz offset adapter

➤ **Vakuumfiltrationsvorstoß**
vacuum-filtration adapter

➤ **Vakuumvorstoß** vacuum adapter

➤ **Vorlage** *dest* distillation receiver
adapter, receiving flask adapter

➤ **Zweihalsaufsatz** two-neck (multiple)
adapter

Additionsverbindung addition
compound (of two compounds),
additive compound (saturation of
multiple bonds)

Aderendhülse *electr* wire end sleeve,
wire end ferrule, crimp terminal,
terminal

➤ **isolierte Aderendhülse** *electr*
insulated crimp terminal

Aderendhülsenzange (Crimpzange)
terminal crimper, terminal crimping
pliers, terminal crimping tool

Aderpresse/Abschnürbinde/Binde/
Tourniquet tourniquet
Adsorptionsmittel/Adsorbens
adsorbent
Affinitätschromatographie
affinity chromatography
Agar agar
➤ **Blutagar** blood agar
➤ **Weichagar** soft agar
Agardiffusionstest agar diffusion test
Agarnährboden agar medium
Agarose agarose
Agarplatte agar plate
Agens/Agenz (*pl* Agentien) agent
➤ **interkalierendes Agens** intercalating
agent
➤ **quervernetzendes Agens** cross
linker, crosslinking agent
Aggregatzustand physical state
➤ **fester Zustand** solid state
➤ **flüssiger Zustand** liquid state
➤ **gasförmiger Zustand** gaseous state
Ahle awl, pricker; (Reibahle) reamer
Airliftreaktor/pneumatischer Reaktor
(Mammutpumpenreaktor)
airlift reactor, pneumatic reactor
Akkreditierung accreditation
Akkusäure/Akkumulatorsäure
accumulator acid, storage battery
acid (electrolyte)
aktinisch actinic
Aktivkohle activated carbon
Aktivtonerden activated alumina
➤ **Akzeptorstamm** *biochem*
(Proteinsynthese)
acceptor stem
Alarm alarm; alert
➤ **falscher Alarm** false alarm
➤ **Feueralarm** fire alarm
➤ **Probealarm/Probe-Notalarm** drill,
emergency drill
Alarmanlage alarm system
Alarmbereitschaft alert
alarmieren (Feuerwehr etc.) call, alert

Alarmsignal alarm signal
Alarmsirene alarm siren, air-raid
siren
Alarmstufe emergency level, alert
level
Alaun/Aluminiumsulfat alum
Aldehyd aldehyde
➤ **Acetaldehyd/Ethanal** acetaldehyde,
acetic aldehyde, ethanal
➤ **Anisaldehyd** anisic aldehyde,
anisaldehyde
➤ **Formaldehyd/Methanal**
formaldehyde, methanal
➤ **Glutaraldehyd/Glutardialdehyd/**
Pentandial glutaraldehyde,
1,5-pentanedione
Aliquote/aliquoter Teil
(Stoffportion als Bruchteil einer
Gesamtmenge) aliquot
alkalibeständig/laugenbeständig
alkaliproof
Alkali-Blotting alkali blotting
alkalisch/basisch alkaline, basic
Alkaliverätzung/Basenverätzung
alkali burn
Alkaloide alkaloids
Alkohol alcohol
➤ **Desinfektionsalkohol** (Alkohol
für äußerliche Behandlung: meist
Isopropanol/vergälltes Ethanol)
rubbing alcohol
➤ **Ethylalkohol/Ethanol/Äthanol**
(Weingeist) ethyl alcohol, ethanol
(grain alcohol, spirit of wine)
➤ **Industriealkohol/technischer**
Alkohol industrial alcohol
➤ **Isopropylalkohol/Propan-2-ol**
isopropyl alcohol, isopropanol,
1-methyl ethanol (rubbing alcohol)
➤ **Methylalkohol/Methanol**
(Holzalkohol) methanol,
methyl alcohol (wood alcohol)
➤ **Propylalkohol/Propan-1-ol**
n-propyl alcohol, propanol

➤ **Rohspiritus/Rohsprit** crude alcohol, raw alcohol, raw spirit

Alkoholreihe/
    aufsteigende Äthanolreihe
    graded ethanol series

Allergen allergen, sensitizer

allergisch allergic

Allergisierung sensitization

Allzweck.../Allgemeinzweck.../
    Mehrzweck... all-purpose,
    general-purpose, utility ...

Alterung aging, ageing

Alterungsbeständigkeit ag(e)ing
    resistance

Altöl waste oil, used oil

Altpapier waste paper

Altstoffe existing chemicals/
    substances

➤ **Neustoffe** new chemicals/
    substances

Aluminium (Al)
    aluminum (*Br* aluminium)

Aluminiumfolie/Alufolie
    aluminum foil

Ambulanz/Notaufnahme
    emergency room

Ames-Test Ames test

Amid amide

Amidierung amidation

Amin amine

Aminierung amination

Aminoacylierung aminoacylation

Aminobuttersäure/
    γ-Aminobuttersäure (GABA)
    gamma-aminobutyric acid (GABA)

Aminosäure amino acid

Aminozucker amino sugar

Ammoniak ammonia

Ampulle (Glasfläschchen)
    ampule, ampoule

➤ **vorgeritzte Spießampulle**
    prescored ampule/ampoule

Amt/Behörde agency, department;
    office, bureau

analog/funktionsgleich analogous

Analog-Digital-Wandler
    analog-to-digital converter (ADC)

Analogie analogy

analogisieren analogize

Analogon (*pl* **Analoga)** analog,
    analogue

Analysator analyzer

Analyse(n) analysis (*pl* analyses)

➤ **Datenanalyse** data analysis

➤ **Durchflussanalyse** continuous
    flow analysis (CFA)

➤ **Durchflusscytometrische Analyse**
    flow cytometric analysis (FCA)

➤ **Elementaranalyse**
    elementary analysis

➤ **Fließinjektionsanalyse (FIA)**
    flow injection analysis (FIA)

➤ **Fluktuationsanalyse/Rauschanalyse**
    fluctuation analysis, noise analysis

➤ **Fluoreszenzanalyse/Fluorimetrie**
    fluorescence analysis, fluorimetry

➤ **Gehaltsanalyse** quantitative
    chemical analysis

➤ **Gelretentionsanalyse** gel retention
    analysis, band shift assay

➤ **Gewichtsanalyse/Gravimetrie**
    gravimetry, gravimetric analysis

➤ **Isotopenverdünnungsanalyse**
    isotope dilution analysis (IDA)

➤ **Kosten-Nutzen-Analyse**
    cost-benefit analysis

➤ **Kristallstrukturanalyse**
    Diffraktometrie crystal-structure
    analysis, diffractometry

➤ **Lötrohranalyse/Lötrohrprobe**
    blowpipe analysis

➤ **Maßanalyse/Volumetrie/**
    volumetrische Analyse
    volumetric analysis

➤ **Nassanalyse** wet analysis

➤ **Neutronenaktivierungsanalyse**
    (NAA) neutron activation analysis

➤ **Prozessanalyse** process analysis

➢ **Rauschanalyse/Fluktuationsanalyse** noise analysis, fluctuation analysis

➢ **Regressionsanalyse** *stat* regression analysis

➢ **Röntgenstrahl-Mikroanalyse** X-ray microanalysis

➢ **Röntgenstrukturanalyse** X-ray structural analysis, X-ray structure analysis

➢ **Siebanalyse** sieve analysis, screen analysis

➢ **Spurenanalyse** trace analysis

➢ **Strukturanalyse** structural analysis

➢ **Systemanalyse** systems analysis

➢ **Thermoanalyse/thermische Analyse** thermal analysis

➢ **thermomechanische Analyse** thermomechanical analysis (TMA)

➢ **Umweltanalyse** environmental analysis

➢ **Varianzanalyse** analysis of variance (ANOVA)

➢ **Verteilungsanalyse** distribution analysis

➢ **zu analysierender Stoff** analyte

analysenrein/zur Analyse *lab* reagent grade

Analysenmethoden analytical methods

➢ **Atomspektrometrie** atomic spectrometry

Chromatographie chromatography

➢ **Elektrogravimetrie** electrogravimetry, electrogravimetric analysis

➢ **Fluorometrie** fluorometry

➢ **Gravimetrie/Gewichtsanalyse** gravimetry, gravimetric analysis

➢ **Maßanalyse/Volumetrie/ volumetrische Analyse** volumetric analysis

➢ **Photometrie** photometry

➢ **Potentiometrie/potentiometrische Titration** potentiometry

➢ **Titrimetrie/Maßanalyse (titrimetrische/volumetrische Analyse)** titrimetry, titrimetric analysis, volumetric analysis

➢ **Voltammetrie** voltammetry

Analysenwaage analytical balance

analysieren analyze

Analyt/zu analysierender Stoff analyte

Analytik analytics

analytisch analytic(al)

Anbacken caking (sticking)

Andreaskreuz (Gefahrenzeichen) St. Andrew's cross, saltire; (Mischungskreuz) over-cross dilution rule

Anfangsgeschwindigkeit (v_0: **Enzymkinetik**) initial velocity (vector), initial rate

anfärbbar dyeable, stainable

Anfärbbarkeit dyeability, stainability

anfärben dye, stain

Anfärbung dyeing, staining

anfeuchten humidify, prewet

Angestellter employee

Anhäufung/Kumulation accumulation

Anheizzeit/Steigzeit (Autoklav) preheating time

Anionenaustauscher anion exchanger

Anisaldehyd anisic aldehyde, anisaldehyde

anketten (Gasflaschen etc.) chain (to)

➢ **mehrere Gegenstände aneinander ketten** daisy-chain

Anlage/Einrichtung/ Betriebseinrichtung installation(s)

Anlaufphase/Latenzphase/ Inkubationsphase/ Verzögerungsphase/ Adaptationsphase/lag-Phase lag phase, latent phase, incubation phase, establishment phase

Anlaufzeit/Reaktionszeit
response time
Anleitung (Einarbeitung) instructions,
training, guidance, directions, lead;
(Einführung) introduction (to);
(Gebrauchsanweisung) manual,
instructions
anmelden register, announce
oneself, sign in (schriftlich
eintragen/einschreiben)
Anmeldepflicht mandatory
registration, obligation to register
Anmeldung registration, signing in;
(Rezeption) reception
anregen stimulate, excite
Anregung stimulation, excitation
anreichern enrich; concentrate,
accumulate, fortify
Anreicherung enrichment,
concentration, accumulation,
fortification; (Vorkonzentrierung)
preconcentration
Anreicherung durch Filter filter
enrichment
Anreicherungseffekt/Gesamtwirkung
cumulative effect
Anreicherungskultur enrichment
culture
Ansatz (Versuchsansatz/
Versuchsaufbau) arrangement,
set-up; (Charge) batch; (Methode)
approach, method; (Präparat)
starting material, preparation;
(Versuch) attempt
Ansatzstück (Glas) attachment,
extension (piece)
Ansatzstutzen (Kolben) side
tubulation, side arm; (Schlauch)
hose connection
ansäuern acidify
Ansaugpuls (Pumpe) suction stroke
Ansaugrohr intake pipe; induction
pipe, suction pipe

Ansaugventil induction valve,
aspirator valve
anschalten turn on, switch on;
(Computer: hochfahren) power up
> **abschalten** turn off, shut off, switch
off; (Computer: herunterfahren)
power down
Anschlag (Endpunkt/Sperre/Stop)
stop, limit, detent
Anschlagzettel
(Gefahrgutkennzeichnung etc.)
placard
anschließen *allg* fasten (to), connect
(to/with), link (up to); *electr* connect,
hook up, wire to, (make) contact
Anschluss connection (*pl* Anschlüsse:
Armaturen/Hähne) fixture(s),
outlet(s); (Gas~/Strom~/Wasser~)
connection, line (Leitung)
> **elektrische(r) Anschluss** electrical
fixture(s), electricity outlet
> **Versorgungsanschlüsse (Wasser/**
Strom/Gas) service fixtures, service
outlets
Anschlussleitung
electr lead, pigtail lead
Anschütz-Aufsatz Anschütz head
Anschwänzapparat/
Anschwänzvorrichtung
(Fermentation) sparger
ansetzen (z. B. eine Lösung) start,
prepare, mix, make, set up
Ansprechzeit (z. B. Messgerät etc.)
response time
anspruchslos undemanding, modest,
having low requirements/demands
anspruchsvoll demanding, having
high requirements/demands
anstecken/infizieren infect
ansteckend/ansteckungsfähig/
infektiös contagious, infectious
Ansteckleuchte *micros* substage
illuminator

Ansteckung/Infektion contagion, infection

Ansteckungsfähigkeit/ Infektionsvermögen infectivity

Ansteckungsherd/Ansteckungsquelle source of infection

Ansteckungskraft/Virulenz virulence

Anstellwinkel angle of attack

Antagonismus antagonism

Anteil/Hälfte/Teil moiety

Antrag application

➢ **eingereichter Antrag** submittal, submitted application

Antrieb/Trieb drive; Voranbringen (Fortbewegung) propulsion

Antriebskraft/Triebkraft propulsive force

Antriebssystem drive system, drive unit

Antriebswelle drive shaft

Antwort (auf Reiz) response

antworten answer; respond

Anweisung assignment, direction(s), directive, instructions; prescription, order

anwenderfreundlich user-friendly

Anzeige (an einem Gerät) display; dial, scale, reading

anzeigen display, show, read

anzeigepflichtig obligation to notify, notifiable, reportable

Anzeiger/Anzeigegerät indicator, recording instrument; monitor

Anzucht (einer Kultur) starting

anzüchten (einer Kultur) establish, start

Anzuchtmedium starter medium (growth medium)

Anzüchtung (einer Kultur) establishing growth, starting growth

anzünden ignite, strike, start a fire

Anzünder (Gas) striker

Apertur (Blende)/Öffnung/Mündung aperture, opening, orifice

Aperturblende/Kondensorblende (Irisblende) aperture diaphragm, condenser diaphragm (iris diaphragm)

Äpfelsäure (Malat) malic acid (malate)

Apiezonfett apiezon grease

Apoenzym apoenzyme

Apparat/Gerät apparatus, (piece of) equipment, device

Apparatur equipment, hardware; fixture

Aquarium aquarium, fishtank

Äquivalenzpunkt (Titration) end point, point of neutrality

Arachidonsäure arachidonic acid, icosatetraenoic acid

Arachinsäure/Arachidinsäure/ Eicosansäure arachic acid, arachidic acid, icosanic acid

Aräometer (Densimeter/Senkwaage) areometer

Arbeitgeber employer

Arbeitsablauf sequence of operation, workflow

Arbeitsabstand *micros* working distance (objective-coverslip)

Arbeitsanweisung/Arbeitsvorschrift prescribed work procedure, prescribed operating procedure

➢ **Standard-Arbeitsanweisung** standard operating procedure (SOP)

Arbeitsbedingungen operating conditions (Geräte), working conditions (Personen)

Arbeitsbereich operating range (Geräte), work area, working range (Personen)

Arbeitsdruck working pressure (delivery pressure)

Arbeitsfläche work surface, working
surface, working area
➢ **Tischoberfläche (Labortisch)**
countertop, benchtop
Arbeitshygiene industrial hygiene
arbeitsintensiv/aufwendig
labor-intensive
Arbeitskittel smock, gown
➢ **Laborkittel** frock, lab coat
Arbeitsmedizin occupational
medicine
Arbeitsmethode work procedure
Arbeitsöffnung working aperture
➢ **Schutzfaktor für die Arbeitsöffnung
(Werkbank)** aperture protection
factor (open bench)
Arbeitspensum workload
**Arbeitsplatte/Arbeitsfläche
(Laborbank/Werkbank)** countertop,
benchtop
Arbeitsplatz (Ort) workplace;
(Stelle) job
➢ **Arbeitsbereich (räumlich)**
workspace
Arbeitsplatzgrenzwert workplace
threshold, workplace threshold
limit/value
Arbeitsplatzhygiene occupational
hygiene
**Arbeitsplatzkonzentration, zulässige/
maximale (DFG: MAK)** permissible
workplace exposure; *nicht
identisch mit:* (*Br*) occupational
exposure limit (OEL); (*US:* by
ACGIH) threshold limit value (TLV)
Arbeitsplatzsicherheit ccupational
safety, workplace safety
Arbeitsplatzsicherheitsvorschriften
occupational safety code
**Arbeitsraum (im Inneren der
Werkbank)** working space
Arbeitsrichtlinie working guideline

Arbeitsschritt
step in a working procedure
Arbeitsschutz occupational
protection, workplace protection,
safety provisions (for workers)
Arbeitsschutzanzug coverall,
boilersuit, protective suit
Arbeitsschutzkleidung workers'
protective clothing
Arbeitsschutzverordnung workplace
safety regulations
Arbeitsstoff (workplace) agent
Arbeitstagebuch logbook
Arbeitstemperatur operating
temperature
Arbeitstisch worktable
Arbeitsunfall occupational accident
Arbeitsvertrag contract of
employment
Arbeitsvorgang work procedure
Arbeitsvorschrift/Arbeitsanweisung
prescribed work procedure,
prescribed operating procedure
➢ **für die Überwachung** monitoring
protocol
➢ **Standard-Arbeitsanweisung**
standard operating procedure
(SOP)
Arbeitszeit work hours
Arbeitszyklus (Gerät) duty cycle
arithmetisches Mittel *stat* arithmetic
mean
arithmetisches Wachstum arithmetic
growth
Armatur(en) (Hähne im Labor/
an der Spüle etc.) fittings,
fixtures, mountings; instruments;
connections
Armaturenbrett/Schalttafel
switchboard, electrical control
panel; (im Fahrzeug) dashboard,
dash

Aroma (Wohlgeruch) aroma,
  fragrance, (pleasant) odor; (Wohlgeschmack) flavor, taste (pleasant)
Aromastoff flavoring, aromatic
  substance
aromatisch aromatic
Arretierhebel stop lever, arresting
  lever, locking lever, blocking lever;
  catch, safety catch
Arretierbolzen
  locking bolt, locking pin
arretieren/feststellen arrest, stop, fix,
  lock in place/position; block; detent
Arretierschraube locking screw
Arretierung *tech/mech* lock, locking
  device; (Klinke/Schnappverschluss)
  catch; (z. B. am Mikroskop) stop
Arsen (As) arsenic
Arsenwasserstoff/Arsan/Monoarsan
  arsine
Artefakt artifact, artefact
artfremd (Eiweiss) foreign
Arznei/Arzneimittel/Medizin
  medicine, medication, drug
Arzneibuch pharmacopeia
Arzneikunde/Arzneilehre/Pharmazie
  pharmacy
Arzneimittel drug, medicine,
  medication
➢ **nicht verschreibungspflichtiges
  Arzneimittel** non-prescription drug
➢ **verschreibungspflichtiges
  Arzneimittel** prescription drug
**Arzneimittel-Rezeptbuch/
  Pharmakopöe/amtliches
  Arzneibuch** formulary,
  pharmacopoeia
Asbest asbestos
➢ **Blauasbest/Krokydolith**
  blue asbestos, crocidolite
➢ **Weißasbest/Chrysotil**
  white asbestos, chrysotile,
  Canadian asbestos

Asbestplatte asbestos board
**Asbeststaublunge/Bergflachslunge/
  Asbestose** asbestosis
Asbestzementplatte (Labortisch)
  transite board
Asche ash
aschefrei (quantitativer Filter)
  ashless (quantitative filter)
Ascorbinsäure (Ascorbat) ascorbic
  acid (ascorbate)
Asparagin asparagine, aspartamic acid
Asparaginsäure (Aspartat) asparagic
  acid, aspartic acid (aspartate)
Assemblierung/Zusammenbau
  assembly
Assimilat assimilate
Assimilation assimilation,
  anabolism
assimilatorisch assimilatory
assimilieren assimilate
Assoziationskoeffizient
  stat coefficient of association
Atem breath
atembar inhalable
Atemgifte/Fumigantien respiratory
  toxin, fumigants
Atemmaske/Atemschutzmaske
  protection mask, face mask,
  respirator mask, respirator
Atemminutenvolumen (AMV)
  minute respiratory volume
Atemschutz breathing protection,
  respiratory protection
Atemschutzgerät/Atemgerät
  breathing apparatus, respirator
Atemschutzmaske protection
  mask, face mask, respirator mask,
  respirator
➢ **Feinstaubmaske** mist (respirator)
  mask
➢ **Filterkartusche** filter cartridge
➢ **Fluchtgerät/Selbstretter** emergency
  escape mask

➤ **Grobstaubmaske**
dust mask (respirator)

➤ **Halbmaske** half-mask (respirator)

➤ **Operationsmaske/chirurgische Schutzmaske** surgical mask

➤ **Partikelfilter Atemschutzmaske**
particulate respirator

➤ **Vollmaske** full-mask (respirator)

➤ **Vollsicht-Atemschutzmaske**
full-facepiece respirator

Atemschutzvollmaske/Gesichtsmaske
full-face respirator

Atemwege respiratory system

Atemwegsverätzung respiratory
tract burn, (alkali/acid) caustic burn
of the respiratory tract

Atemzentrum respiratory center

Atemzugvolumen tidal volume

Äthanol/Ethanol/Äthylalkohol/
Ethylalkohol/‚Alkohol'
ethanol, ethyl alcohol, alcohol

Äther/Ether ether

ätherisches Öl
ethereal oil, essential oil

Äthylen/Ethylen ethylene

atmen breathe, respire

➤ **ausatmen** breathe out, exhale

➤ **einatmen** breathe in, inhale

Atmosphäre atmosphere

Atmung breathing, respiration

➤ **aerobe Atmung** aerobic respiration

➤ **anaerobe Atmung** anaerobic
respiration

➤ **Ausatmung/Ausatmen/Expiration/**
Exhalation expiration, exhalation

➤ **Bauchatmung/Zwerchfellatmung**
abdominal breathing,
diaphragmatic respiration

➤ **Brustatmung/Thorakalatmung**
thoracic respiration,
costal breathing

➤ **Einatmung/Einatmen/Inspiration/**
Inhalation inspiration, inhalation

➤ **Hautatmung** cutaneous respiration/
breathing, integumentary
respiration

➤ **Zellatmung** cellular respiration

Atmungsgift respiratory poison

Atmungsquotient/respiratorischer
Quotient respiratory quotient

Atom-Absorptionsspektroskopie
(AAS) atomic absorption
spectroscopy

atomar verseucht radioactively
contaminated

atomar/Atom... atomic

Atomemissionsdetektor (AED)
atomic emission detector

Atom-Emissionsspektroskopie (AES)
atomic emission spectroscopy

Atom-Fluoreszenzspektroskopie
(AFS) atomic fluorescence
spectroscopy

Atomgewicht atomic weight

Atomisator atomizer

Atomkraft/Atomenergie
nuclear/atomic power,
nuclear/atomic energy

Atommüll nuclear waste

Atomspektrometrie atomic
spectrometry

Atomspektroskopie atomic
spectroscopy

Atomzahl atomic number

ATP (Adenosintriphosphat)
ATP (adenosine triphosphate)

Atropin atropine

Attenuation/Abschwächung
attenuation

attenuieren/abschwächen
(die Virulenz vermindern:
mit herabgesetzter Virulenz)
attenuate

Attenuierung attenuation

Attraktans (*pl* **Attraktantien)/**
Lockmittel/Lockstoff attractant

Attrappe/Modell/Nachbildung
mock-up; dummy

ätzen *vb med* cauterize; *metall/tech/
micros* etch (*siehe:* Gefrierätzen);
chem (korrodieren) eat into,
corrode

Ätzen/Ätzung (Korrosion) corrosion;
(Ätzverfahren) *med* cauterization;
metall/tech/micros etching
(*siehe:* Gefrierätzen)

ätzend/beizend/korrosiv
chem caustic, corrosive, mordant

Ätzkali/Kaliumhydroxid KOH caustic
potash, potassium hydroxide

Ätzkalk slaked lime

Ätzmittel *metall/tech/micros* etchant;
(Beizmittel) *chem* caustic agent

Ätznatron/Natriumhydroxid NaOH
caustic soda, sodium hydroxide

Audit/Prüfung
(Sachverständigenprüfung) audit

aufarbeiten *lab/biot* work up, process

Aufarbeitung *lab/biot*
work up, working up, processing,
down-stream processing

Aufbau (eines Experiments) setup

Aufbau (Struktur) construction,
structure, body plan, anatomy

Aufbau/Synthesestoffwechsel
metabol anabolism, synthetic
reactions/metabolism

aufbauen (Experiment) setting up
(assemble the equipment)

Aufbereitung processing;
concentration

aufbewahren store, keep, save,
preserve

Aufbewahrung storage

Aufbewahrungsort storage facility

aufdampfen/bedampfen
micros vacuum-metallize

Auffangbecken/Auffangbehälter
(für Chemikalien) dunk tank

Auffanggefäß receiver, receiving
vessel, collection vessel

Aufflackern/Auflodern/Aufflammen
flare-up

auffüllen fill up; (nachfüllen)
replenish; (Vorräte/Lager) restock

➤ **bis zum Rand auffüllen** top up/off

➤ **wiederauffüllen** refill

aufgeblasen inflated

Aufguss/Infusion infusion

Aufheller/Aufhellungsmittel
(optischer Aufheller)
chem brightener, brightening
agent, clearant, clearing agent
(optical brightener)

**aufklären (Strukturen/
Zusammenhänge)** elucidate

**Aufklärung (Strukturen/
Zusammenhänge)** elucidation

Aufklärungshof/Lysehof/Hof/Plaque
plaque

Aufkleber sticker; (Etikett) label

Auflage(n) *jur* legal requirements

Auflicht/Auflichtbeleuchtung
epiillumination, incident
illumination

auflösen *chem* dissolve; *opt* resolve

➤ **hoch aufgelöst** high-resolution...

➤ **niedrig aufgelöst** low-resolution...

Auflösung *chem* dissolution;
opt resolution

➤ **optische Auflösung**
optical resolution

➤ **räumliche Auflösung**
spatial resolution

➤ **zeitliche Auflösung**
temporal resolution

Auflösungsgrenze *opt*
limit of resolution

Auflösungsvermögen *opt*
resolving power

Aufnahme/Annahme acceptance;
acquisition

Aufnahme/Aufschreiben/Registration
recording, registration
Aufnahme/Bild picture, image
➤ **mikroskopische Aufnahme/**
mikroskopisches Bild *photo*
micrograph, microscopic picture/
image
Aufnahme/Einnahme uptake/intake;
ingestion
Aufnahmeleistung power input
Aufnahmezeit *vir* acquisition time
aufnehmen
(aufschreiben/registrieren) record,
register; (einnehmen/zu sich
nehmen) take up, take in; ingest
aufputzen clean up; mop up
(the floor)
aufräumen clean up, tidy up
aufreinigen purify
Aufsatz (auf ein Gerät) attachment,
fixture; cap, top
aufsaugen/absorbieren soak up,
absorb, take up, suck up; aspirate
Aufsaugen/Absorption soaking up,
absorption
aufsaugend absorptive
Aufsaugmittel/Absorptionsmittel
absorbent, absorbant
aufschlämmen *chem* suspend,
slurry (slurrying)
Aufschlämmung (Suspension)
suspension, slurry; (IR/Raman) mull
aufschließen *chem* dissolve,
disintegrate, decompose, break up,
digest
Aufschluss *chem* dissolution,
disintegration, decomposition,
digestion
➤ **Zellaufschluss (Öffnender**
Zellmembran) cell lysis
➤ **Zellfraktionierung** cell fractionation
➤ **Zellhomogenisierung** cell
homogenization

aufschmelzen/schmelzen melt
Aufschrift legend; (Etikett) label;
(Brief etc.) address
➤ **mit Aufschrift (Etikett)** labeled
Aufseher/Wächter guard, custodian
Aufsicht/Kontrolle supervision, control
Aufsichtsbehörde/Kontrollbehörde
supervisory agency, regulatory
agency, regulatory body, controlling
authority, surveillance authority
aufspalten split
➤ **segregieren** *gen* segregate
➤ **spalten/öffnen** *chem* crack, break
down, open
➤ **verteilen** distribute
➤ **zerlegen** *chem* split
Aufspaltung splitting
➤ **Öffnen** *chem* cracking, opening
➤ **Segregation** *gen* segregation
➤ **Verteilung** distribution
➤ **Zerlegen** *chem* splitting
aufsteigend afferent, rising;
(DC) ascending
Auftauen *n* thawing
auftauen *vb* thaw
Auftrag (Auftragung) application;
(Bestellung) order
auftragen (applizieren) *chromat*
apply; (‚plotten') *math/geom* plot
Auftragestab/Applikator
application rod
Auftragsbestätigung
order confirmation
Auftragsforschung contract research
Auftragung/Applikation
chromat application
auftrennen/trennen/fraktionieren
separate, fractionate
Auftrennung/Trennung/
Fraktionierung separation,
fractionation
Auftrieb (in Wasser) buoyancy;
(in Luft) lift

Auftrittsenergie (MS)
appearance energy
aufwachsen grow up
aufweichen soften; plastify;
(schmelzen) melt
aufwendig/arbeitsintensiv
labor-intensive
aufwinden *vb* coil up
Aufwinden *n* coiling
aufwischen wipe up;
mop up (the floor)
Aufwuchs/Nachkommenschaft
descendants, descendents
Aufzeichnung(en) record
➤ **Verwahrung/Verwaltung von A.**
recordkeeping
Aufzug (Personenaufzug) elevator
Augendusche eye-wash fountain
Augenschutzbrille
protective eyewear,
(ringsum geschlossen) goggles
Ausatemventil (am Atemschutzgerät)
exhalation valve
ausäthern/ausethern extract with
ether, shake out with ether
ausatmen *vb*
expire, exhale, breathe out
Ausatmen/Ausatmung/Expiration/
Exhalation expiration, exhalation
ausbalancieren balance (out)
Ausbeute/Ertrag yield
ausbeuten (Rohstoffe) exploit
Ausblaspipette blow-out pipet
ausbleichen/bleichen bleach; (*passiv*,
z. B. Fluoreszenzfarbstoffe) fade
Ausbleichen/Bleichen bleaching;
(*passiv*, z. B. Fluoreszenzfarbstoffe)
fading
Ausbreitung/Propagation spreading,
expansion; propagation, dispersal,
dissemination

Ausdauer/Dauerhaftigkeit
endurance, persistence, hardiness,
perseverance
ausdauernd (widerstandsfähig)
hardy, persistent, enduring
Ausdehnung/Erweiterung expansion
Ausdehnung/Verlängerung extension
Ausdruck (Drucker)
printout (via printer)
ausdünnen *vb* thin
Ausdünnen/Ausdünnung thinning
auseinandernehmen
(Glas-/Versuchsaufbau)
disconnect, disassemble
ausethern extract with ether, shake
out with ether
ausfällen/fällen precipitate
Ausfällung/Ausfällen/Fällung/Fällen
precipitation
Ausfluss (Abfluss) *tech* discharge,
outflow, efflux, draining off;
med discharge, secretion, flux
Ausfuhrbestimmungen export
regulations
ausführen/wegführen/ableiten
(Flüssigkeit)
discharge, drain, lead out,
lead/carry away
ausführend/wegführend/ableitend
(Flüssigkeit) efferent
Ausführgang/Ausführkanal
duct, passageway
Ausführung
(Modell) model, design, type,
version; (Detaillierung) elaboration
Ausgabe *tech/mech/electr* output;
(Material/Chemikalien) issue point,
issueing, supplies issueing;
(Auslesen: Daten) readout
Ausgang exit; (Fluchtweg) egress;
electr output

Ausgangsprodukt primary product, initial product

Ausgangsstoff (Ausgangsmaterial) starting material, basic material, base material, source material, primary material, parent material, raw material; (Reaktionsteilnehmer/ Reaktand) reactant

Ausgangsverteilung *stat* initial distribution

ausgasen degas

ausgesetzt sein/exponiert sein to be exposed (to chemicals)

Ausgesetztsein/Gefährdung (durch eine Chemikalie) exposure

ausgießen pour out, decant

Ausgießer dispenser

Ausgießhahn tap

Ausgießring pouring ring

Ausgießschnauze/Schnaupe/Tülle spout, nozzle, lip, pouring lip

Ausgleichsventil relief valve (pressure-maintaining valve)

Ausgleichszeit/thermisches Nachhinken (Autoklav) setting time

ausglühen roast, calcine; (Glas) anneal

Ausguss (Spüle) sink; (Ansatz zum Ausgießen einer Flüssigkeit) spout

Ausgussstutzen (Kanister) nozzle (attachable/detachable)

aushärten/vulkanisieren *chem* (Polymere) cure, vulcanize

Aushärtung *polym* curing

Aushilfe/Hilfspersonal temporary worker (aid/helper/employee/ personnel)

aushungern starve

auskreuzen/herauskreuzen *gen* cross out

Auskreuzen/Herauskreuzen *gen* outcrossing

Auslauf/Austritt (Leck) leakage; (Zulauf von Flüssigkeit/Gas) outlet

auslaufen (Flüssigkeit) leak (out), bleed

Auslaufventil plug valve

auslaugen (Boden) leach

Auslaugung (Boden) leaching

Auslese/Selektion selection

auslesen select; (aussortieren) sort out; (Daten) read out

Auslieferung delivery

ausloggen log off

auslösen (z. B. eine Reaktion) trigger, elicitate; initiate, actuate; *electr* trip (z. B. Sicherung)

Auslöser releaser

Auslöseschwelle *med* trigger threshold

Auslösung (Reaktion) triggering, elicitation

ausmerzen/ausrotten eliminate, eradicate, extirpate

Ausnahme/Sonderfall exception, special case

Ausnahmegenehmigung/ Sondergenehmigung exceptional permission, special permission

Ausräucherungsmittel fumigant

Ausreißer *stat* outlier

ausrotten/ausmerzen eradicate, eliminate, extirpate

Ausrottung/Ausmerzung *med* (z. B. Schädlinge) eradication, elimination, extirpation

Ausrüstung equipment, appliances, device; accessories, fittings; outfit

Aussalzchromatographie salting-out chromatography

Aussalzen *n* salting out

aussalzen *vb* salt out

ausschalten turn off, switch off

ausscheiden *allg* secrete; (Kristalle) precipitate; (Exkrete/Exkremente) egest, excrete

Ausscheidung *allg* secretion; (Exkretion) egestion, excretion

Ausscheidungen/Exkrete/Exkremente excreta, excretions

Ausschluss/Exklusion exclusion

Ausschnittszeichnung cutaway drawing

ausschütteln shake out

Ausschüttelung shaking out

ausschütten pour out, empty out; (verschütten) spill

Ausschüttung (z. B. Hormone/ Neurotransmitter) release

Ausschwingrotor *centrif* swing-out rotor, swinging-bucket rotor, swing-bucket rotor

Außenanlage outside facility

Außendienstmitarbeiter field representative, field rep

Außenelektron outer electron

Außengewinde external thread, male thread

äußerlich/von außen/extern external, extrinsic

außerzellulär/extrazellulär extracellular

aussetzen (Schadstoff/Strahlung aussetzen) expose to (hazardous chemical/radiation)

ausspülen/ausschwenken/nachspülen rinse

Ausstattung provisions, furnishings, equipment, outfit, supplies

Ausstattung/Mobiliar furnishings

Aussterben extinction, dying out

Ausstiegsluke (Flucht) escape hatch

ausstöpseln unplug, disconnect

Ausstoß/Durchsatz ('Leistung') output

Ausstoßen/Spritzen/Extrusion extrusion

ausstrahlen/verströmen/ausstoßen emit

ausstreichen *micb* (z. B. Kultur) streak, smear

ausstreuen disseminate, disperse, spread, release

Ausstreuung dissemination, dispersal, spreading, releasing

Ausstrich *micb* smear

Ausstrichkultur/Abstrichkultur *micb* streak culture, smear culture

Ausstrom efflux

Ausströmen/Effusion (Gas) effusion

Ausströmgeschwindigkeit/ Austrittsgeschwindigkeit (Sicherheitswerkbank) exit velocity (hood)

ausstülpen evert, evaginate, protrude, turn inside out

austarieren (Waage: Gewicht des Behälters/Verpackung auf Null stellen) tare (determine weight of container/packaging as to substract from gross weight: set reading to zero)

Austausch exchange; interchange

austauschbar exchangeable

Austauschbarkeit exchangeability

Austauschreaktion exchange reaction

Austritt exit; release

➢ **Austritt bei üblichem Betrieb** incidental release

➢ **störungsbedingter Austritt** (unerwartetes Entweichen von Prozessstoffen) accidental release

Austrittsgruppe/Abgangsgruppe/ austretende Gruppe leaving group, coupling-off group

Austrittspupille *micros* exit pupil

Austrittsspalt exit slit
austrocknen/entwässern
    desiccate, dry up, dry out
Austrocknung/Entwässerung
    desiccation
Austrocknungsvermeidung
    desiccation avoidance
Auswaage final weight
> **Einwaage** initial weight;
    original weight, sample weight
auswaschen wash out, rinse out,
    flush out; (eluieren) elute
Auswaschung
    (feste Bodenbestandteile in
    Suspension) eluviation; (gelöste
    Bodenmineralien) leaching
auswechselbar exchangeable;
    (gegeneinander) interchangeable;
    (ersetzbar) replaceable
auswerten (z.B. von
    Ergebnissen) evaluate, analyze,
    interpret (results)
Auswertung (z.B. von Ergebnissen)
    evaluation, analysis; assessment,
    interpretation
auswiegen (genau wiegen)
    weigh out precisely
Auswringer/Wringer (Mop)
    wringer (mop)
Auszehrphase starvation phase
Auszeit downtime
Auszubildende(r)/Azubi occupational
    trainee (professional school &
    on-the-job training)
Auszug/Extrakt extract
> **alkalischer Auszug** alkaline extract
> **alkoholischer Auszug** alcoholic
    extract
> **Rohextrakt** crude extract
> **Sodaauszug/Sodaextrakt**
    soda extract
> **wässriger Auszug** aqueous extract
> **Zellextrakt** cell extract

> **zellfreier Extrakt** cell-free extract
Autokatalyse autocatalysis
Autoklav autoclave
> **Abkühlzeit/Fallzeit** cool-down
    period, cooling time
> **Anheizzeit/Steigzeit** preheating
    time, rise time
> **Ausgleichszeit/thermisches**
    Nachhinken setting time
autoklavierbar autoclavable
Autoklavierbeutel autoclave bag,
    autoclavable bag
autoklavieren autoclave
Autoklavier-Indikatorband autoclave
    tape, autoclave indicator tape
autolog autologous
Autolyse autolysis
Autoradiographie autoradiography,
    radioautography
Auxine auxins
Axt axe
> **Beil** hatchet
> **Brandaxt** fire axe
Azelainsäure azelaic acid
azeotrop azeotropic
azeotropes Gemisch
    azeotropic mixture
azid/acid/sauer acid
Azidität/Acidität/Säuregrad acidity
Azidose/Acidose acidosis

B

Backen/Hitzebehandlung baking,
    heat treatment
Backenbrecher jaw crusher, jaw
    breaker
Backhefe/Bäckerhefe baker's yeast
Bahre/Krankenbahre/Trage/
    Krankentrage stretcher
Bakterie/Bakterium (pl Bakterien)
    bacterium (pl bacteria)

➢ **Bazillen/Bacillen (Stäbchen)** bacilli
(*sg* bacillus) (rods)
➢ **denitrifizierende Bakterien/
Denitrifikanten** denitrifying bacteria
➢ **Fäulnisbakterien** putrefactive
bacteria
➢ **Knallgasbakterien/
Wasserstoffbakterien** hydrogen
bacteria (aerobic hydrogen-
oxidizing bacteria)
➢ **Knöllchenbakterien** nodule bacteria
➢ **Kokken/Coccen (kugelig)** cocci
(*sg* coccus) (spherical forms)
➢ **Leuchtbakterien** luminescent
bacteria
➢ **Myxobakterien/Schleimbakterien**
myxobacteria
➢ **Purpurbakterien** purple bacteria
➢ **Rickettsien (Stäbchen- oder
Kugelbakterien)** rickettsias,
rickettsiae (*sg* rickettsia)
(rod-shaped to coccoid)
➢ **Schwefelbakterien** sulfur bacteria
➢ **Spirillen (schraubig gewunden)**
spirilla (*sg* spirillum) (spiraled
forms)
➢ **stickstofffixierende Bakterien**
nitrogen-fixing bacteria
➢ **thermophile Bakterien/
wärmesuchende Bakterien**
thermophilic bacteria
➢ **Vibrionen (meist gekrümmt)** vibrios
(mostly comma-shaped)
➢ **wärmesuchende Bakterien/
thermophile Bakterien** thermophilic
bacteria
bakteriell bacterial
bakterielle Infektion bacterial
infection
Bakterienflora bacterial flora
bakterienfressend bacterivorous,
bactivorous
Bakterienkultur bacterial culture

Bakterienrasen bacterial lawn
Bakteriologie bacteriology
bakteriologisch bacteriologic,
bacteriological
Bakteriophage/Phage bacteriophage,
phage, bacterial virus
Bakteriose bacteriosis
**bakterizid/antibakteriell
(keimtötend)** bacteriocidal,
bactericidal, antibacterial
Ballastgruppe (chem. Synthese)
ballast group
**Ballon/Ballonflasche
(für Flüssigkeiten)** carboy;
(mit Ablaufhahn) bottle with faucet
(carboy with spigot)
Bananenstecker *electr* banana plug
Band (Klebeband etc.) tape
➢ **Abdeckband/Malerband/
Malerabdeckband/Malerklebeband**
masking tape, painters tape
➢ **Absperrband/Markierband**
barricade tape
➢ **Autoklavier-Indikatorband**
autoclave tape, autoclave indicator
tape
➢ **Dichtungsband/Dichtband** sealing
tape
➢ **Elektro-Isolierband** electric tape,
insulating tape
➢ **Filamentband** filament tape
➢ **Gafferband/Gaffaband/Gaffa Tape/
Gaffa-Tape** gaffa tape, gaffer tape,
gaffers tape
➢ **Gewindeabdichtungsband/
Gewindedichtband** thread seal
tape, plumbers tape
➢ **Klebeband** adhesive tape
➢ **Kreppband** masking tape
➢ **Malerband/Malerabdeckband/
Malerklebeband** masking tape,
painters tape
➢ **Montageband** mounting tape

- ➤ **Siegelband/Versiegelungsband** sealing tape
- ➤ **Signalband/Warnband** warning tape
- ➤ **Teflonband** Teflon tape
- ➤ **Teppichband/Verlegeband** carpet tape (double-sided tape)

Bandbreite *phys* bandwidth

Bande *electrophor/chromat* band
- ➤ **Hauptbande** main band
- ➤ **Satellitenbande** satellite band

Bandenverbreiterung *chromat* band broadening

Bänderungsmuster/Bandenmuster (von Chromosomen) banding pattern

Bänderungstechnik banding technique

Bandmaß/Messband tape rule, tape measure
- ➤ **Stahlbandmaß** steel tape, steel tape rule, steel tape measure
- ➤ **Taschenrollbandmaß** pocket tape measure (roll-up)

Bank/Bibliothek/Klonbank library, bank (clone bank)

,bappig/babbig' *var. von* pappig

Bartbildung/Signalvorlauf/Bandenvorlauf *chromat* fronting, bearding

Base *chem* base
- ➤ **stickstoffhaltige Base (Purine/Pyrimidine)** nitrogenous base

Baseität/Basizität basicity

Basenanhydrid basic anhydride

Basenpaar *gen* base pair

Basenstärke base strength

basisch/alkalisch basic, alkaline

Basischemikalien/Grundchemikalien base chemicals (general reactants)

Basiseinheit base unit

Basisnährboden basal medium

Basispeak (MS) base peak

Basizität/Baseität basicity

Batterie battery
- ➤ **Ersatzbatterie** replacement battery
- ➤ **Knopfzelle** coin cell, button cell (button battery)
- ➤ **Trockenbatterie** dry cell, dry cell battery
- ➤ **wiederaufladbare Batterie** rechargeable battery

Bauaufsichtsbehörde building supervisory board

Bausch/Wattebausch/Tupfer/Tampon pad, swab (cotton), pledget (cotton), tampon

Bauschaum/Dämmschaum/Isolierschaum/Montageschaum insulating foam sealant, expanding foam

Baustein/Bauelement building block, unit

Baustelle building/construction site

Bauunternehmen building contractor, construction firm

Bauvorschriften building code, building regulations

Bauwerk building, edifice, structure, construction

bazillär/Bazillen ... /bazillenförmig/stäbchenförmig bacillary

Beamter/Beamtin public service officer, civil servant (*Br*)

beatmen apply artificial respiration

Beatmung (künstliche) artificial respiration

Beatmungsgerät respirator

bebrüten/brüten/inkubieren brood, breed, incubate

Bebrütung/Bebrüten/Inkubation breeding, incubation

Becher cup; jar; *centrif* bucket
- ➤ **Mahlbecher (Mühle)** grinding jar
- ➤ **Messbecher** measuring cup
- ➤ **Temperierbecher** cooling beaker, chilling beaker, tempering beaker (jacketed beaker)

➢ **Trinkbecher** mug
➢ **Zentrifugenbecher** centrifuge
   bucket
Becherglas/Zylinderglas (ohne Griff)
   beaker; (mit Griff/Krug) pitcher
Becherglaszange beaker tongs
Bedampfung/Bedampfen/
   Aufdampfen *micros* vapor blasting
Bedampfungsanlage
   micros vaporization apparatus
bedienen *tech/mech* operate, handle,
   work; serve
Bedienfeld control panel
Bedienknopf/Drucktaste push button
Bediensteter/Angestellter employee;
   (staatl. B.) civil servant, public
   service officer)
Bedienung *tech/mech* operation;
   handling
Bedienungsanleitung/
   Gebrauchsanleitung (Handbuch)
   operating instructions (manual)
Bedienungspersonal (Arbeiter/
   Handwerker/Mechaniker)
   operations personnel
Bedrohung threat; endangerment
Befall (Schädlingsbefall) infestation
   (with pests/parasites)
befallen (Schädlingsbefall)
   infest (pests/parasites)
befeuchten moisten, humidify,
   dampen
Befeuchter damper
Befeuchtung moistening,
   humidification, dampening
Beförderung/Transport transport,
   shipment
Befund findings, result
begasen fumigate
Begasung fumigation
Begehung/Besichtigung
   (z. B. Geländebegehung)
   inspection (on-site inspection);
   (zur Abnahme) commissioning

Beglaubigung (amtlich)
   (Zertifizierung) certification;
   (Zertifikat) certificate
Begleitprodukt side product
begrenzen limit, restrict, confine;
   delimit
begrenzender Faktor/limitierender
   Faktor/Grenzfaktor limiting factor
Begrenzungsventil limit valve
begutachten give an expert opinion;
   review, examine, inspect, study
Begutachter expert
Begutachtung expert opinion;
   examination, inspection
Begutachtungsverfahren
   (wissenschaftl. Manuskripte) peer
   review
Behälter/Behältnis container (large),
   receptacle (small)
behandeln (behandelt) treat (treated)
➢ **unbehandelt** untreated
behindert *med* handicapped
➢ **körperbehindert** physically
   handicapped
Behinderung (Hindernis) obstacle;
   med handicap
Behörde agency, authority,
   institution
➢ **Aufsichtsbehörde/Kontrollbehörde**
   supervisory agency, regulatory
   agency, regulatory body,
   controlling authority, surveillance
   authority
➢ **Überwachungsbehörde** control
   agency, controlling agency,
   regulatory agency, surveillance
   authority
Beil hatchet
beimpfen/inokulieren inoculate
Beimpfung/Inokulation inoculation
Beimpfungsverfahren inoculation
   method, inoculation technique
➢ **Plattenausstrichmethode**
   streak-plate method/technique

➤ **Plattengussverfahren/**
Gussplattenmethode
pour-plate method/technique

➤ **Spatelplattenverfahren**
spread-plate method/technique

Beipackzettel
(package) insert/leaflet/slip

beißend (Geruch/Geschmack) sharp,
pungent, acrid

Beißzange/Kneifzange pliers

Beitel/Stechbeitel chisel

Beize/Beizenfärbungsmittel mordant

beizen (Saatgut) dress (coat/treat
with fungicides/pesticides); (Holz)
stain

Beizmittel (zur Saatgutbehandlung)
fungicide treatment, pesticide
treatment (of seeds)

Bekleidung/Kleidung clothing,
apparel

belastbar strong, durable; loadable

belasten (belastet/verschmutzt)
contaminate(d)

Belastung (Traglast/Last: Gewicht)
weight; (Beanspruchung)
loading, strain; (Verschmutzung)
contamination

Belastungsgrenze exposure limit

➤ **zulässige/erlaubte**
Belastungsgrenze permissible
exposure limit (PEL)

Belastungsursache strain

Belastungszustand stress

beleben (belebt) animate(d)

➤ **unbelebt** inanimate(d), lifeless,
nonliving

➤ **wiederbeleben (wiederbelebt)**
reanimate(d)

Belegexemplar voucher specimen

Belegschaft staff, employees,
personnel; *allg* force, labour force

Belehrung instruction, advice

beleuchten illuminate

Beleuchtung *opt/micros* illumination

➤ **Auflichtbeleuchtung/Auflicht**
epiillumination, incident
illumination

➤ **Dunkelfeldbeleuchtung** darkfield
illumination

➤ **Durchlichtbeleuchtung/Durchlicht**
transillumination, transmitted light
illumination

➤ **Hellfeldbeleuchtung** brightfield
illumination

➤ **Kaltlichtbeleuchtung** fiber optic
illumination

➤ **Köhlersche Beleuchtung** Koehler
illumination

➤ **künstliche Beleuchtung** artificial
light(ing)

➤ **Reliefbeleuchtung** relief
illumination

➤ **Reliefkontrastbeleuchtung** relief
contrast illumination

➤ **schiefe Beleuchtung** oblique
illumination

➤ **Weitwinkelbeleuchtung** widefield
illumination

Beleuchtungsstärke/
Lichtstromdichte (E_v) illuminance

belichten (z. B. Film/Pflanzen) expose

Belichtung (z. B. Film/Pflanzen)
exposure (to light)

belüften aerate

Belüftung aeration

Benachrichtigung/Inkenntnissetzung
notification

Benennung/Bezeichnung/
Namensgebung naming,
designation, nomenclature

benetzen wet; moisten

Benetzung wetting; moistening

Benetzungsmittel
wetting agent; wetter

benigne/gutartig benign

Benignität/Gutartigkeit benignity,
benign nature

Benutzer/Nutzer user

Benzin gasoline, gas, petrol (*Br*)
Benzinkanister/Kraftstoffkanister
  gasoline canister
Benzoesäure (Benzoat) benzoic acid
  (benzoate)
Benzol benzene
Beobachtungsfenster viewing panel
berechnen calculate
Berechnung calculation
beregnen/bewässern (künstlich)
  irrigate; (besprühen) sprinkle, spray
Beregnung/Bewässerung irrigation
Beregnungsanlage/
  Berieselungsanlage/Sprinkler
  sprinkler, sprinkler irrigation system
bereinigen clarify, clear, straighten
  out; adjust
Bereinigung *math/stat* adjustment
Bereitschaft (Gerät) standby;
  (Dienst) duty
Bereitschaftsstellung/Wartebetrieb
  standby mode
Bericht report
berichten report
berieseln sprinkle, spray; irrigate
Berieselung sprinkle irrigation
Berlsattel (Füllkörper) *dest* berl
  saddle (column packing)
Berlese-Apparat *ecol* Berlese funnel
Bernstein amber
Bernsteinsäure (Succinat)
  succinic acid (succinate)
Berstscheibe/Sprengscheibe/
  Sprengring/Bruchplatte
  bursting disk
Beruf profession; (Beschäftigung)
  occupation;
  (Arbeit/Arbeitsstelle/Job) work, job
Berufseignungstest
  vocational aptitude test
Berufsgenossenschaft
  trade cooperative association
Berufskrankheit occupational disease

Berufsrisiko occupational hazard
Berufsunfähigkeit working disability,
  disablement
Berufsverband professional
  association (organization)
Berufsverletzung occupational injury
berühren touch, contact; boarder
Berührung/Kontakt (z.B. mit
  Chemikalien) contact, exposure
Besatzdichte stocking density
Beschaffenheit (Konsistenz)
  consistency; (Zustand) state,
  condition; (Struktur) structure,
  constitution; (Eigenschaft) quality,
  property; (Art) nature, character
Beschaffung procuring, procurement,
  supply; (Erwerb) acquisition; (Kauf)
  purchase
beschallen/mit Schallwellen
  behandeln sonicate
Beschallung/Sonifikation/Sonikation
  sonication
Beschattung *allg* shading;
  (Schrägbedampfung bei TEM)
  shadowcasting
  (rotary shadowing in TEM)
➤ **Metallbeschattung** metallizing
Bescheinigung certification
beschichten line, coat, cover,
  laminate
Beschichtung lining, coat, coating,
  covering, lamination
beschicken *tech/micb* charge, feed
Beschickungsstutzen (Kolben)
  delivery tube (flask)
Beschleunigung acceleration
Beschleunigungsphase/Anfahrphase
  acceleration phase
Beschleunigungsspannung (EM)
  micros accelerating voltage
Beschreibung description
➤ **technische Beschreibung**
  specifications, specs

beschriften mark, label
Beschriftung mark, label, caption, legend
Beschriftungsetikett label
Beschuss mit schnellen Atomen (MS) *spectr* fast-atom bombardment (FAB)
beseitigen/entfernen remove
Beseitigung/Entfernung removal
Besen/Kehrbesen broom
Besenstiel broomstick
besiedeln (etablieren) settle, establish; *micb* (kolonisieren) colonize
Besiedlung (Etablierung) settlement, establishment; *micb* (Kolonisation/ Kolonisierung) colonization
besprengen sprinkle
besputtern (EM) *micros* sputter
Besputtern/Kathodenzerstäubung (EM) *micros* sputtering
Besputterungsanlage (EM) *micros* sputtering unit/appliance
Bestand (Menge/Quantität) stock, number, quantity; stand; (Bevölkerung) population
beständig stable, lasting, enduring; constant, steady; persistent; (resistent/widerstandsfähig) resistant
Beständigkeit stability, endurance; permanence; constancy, steadyness; persistence; (Resistenz/ Widerstandsfähigkeit) resistance; (Licht etc.) fastness
➢ Laugenbeständigkeit alkali resistance
➢ Säurenbeständigkeit acid resistance
➢ Temperaturwechselbeständigkeit/ Temperaturschockbeständigkeit thermal shock resistance

Bestandsaufnahme (to make an) inventory
Bestandsdichte/Populationsdichte population density
Bestandteil component
Bestätigung/Vergewisserung confirmation, verification, validation, authentification
Bestätigungsprüfung verification assay
bestehend/existierend existing, existant; (gegenwärtig/derzeit lebend) extant; (bestehend aus) consisting of
bestellen order
Bestellformular ordering form
Bestellung order
bestimmen *chem* determine, identify; (Pflanzen/Tiere) identify
Bestimmung (Determinierung/ Determination) identification; determination; detection; (Pflanzen/Tiere) identification
Bestimmungen *jur* provisions
Bestimmungsbuch manual
Bestimmungsgrenze limit of detection
Bestimmungsschlüssel key
bestrahlen irradiate; expose
Bestrahlung irradiation; exposure
Bestrahlungsdosis radiation dosage, irradiation dosage
Bestrahlungsintensität/ Bestrahlungsdichte irradiance, fluence rate, radiation intensity, radiant-flux density
betäuben/narkotisieren/ anästhesieren stupefy, narcotize, anesthetize
betäubend/narkotisch/anästhetisch stupefacient, stupefying, narcotic, anesthetic

Betäubung/Narkose/Anästhesie
stupefaction, narcosis, anesthesia
Betäubungsmittel/Narkosemittel/
Anästhetikum stupefacient,
narcotic, narcotizing agent,
anesthetic, anesthetic agent
Betrieb/Unternehmen business,
company, firm, enterprise
Betriebsanleitung operating
instructions; (Handbuch) manual
Betriebsarzt company doctor
Betriebsdruck operating pressure
Betriebserlaubnis operational
permission
Betriebsführung management
Betriebsgeheimnis/
Geschäftsgeheimnis trade secret
Betriebsleiter operations manager,
plant manager
Betriebssanitäter (company) nurse
Betriebssicherheit
safety of operation
Betriebsstoffwechsel maintenance
metabolism
Betriebsunfall industrial accident,
accident at work
Betriebsvorschrift operating
instructions
Betriebswasser/Brauchwasser (nicht
trinkbares Wasser) process water,
service water, industrial water
(nondrinkable water)
Betrug/Schwindel/
arglistige Täuschung fraud
Beugung *phys/opt* diffraction
Beugungsmuster diffraction pattern
Beutel bag, (*Br*) pouch
➢ **Autoklavierbeutel** autoclave bag,
autoclavable bag
➢ **Bodenbeutel** standup bag
➢ **Cellophanbeutel** cellophane bag,
cello bag

➢ **Druckverschlussbeutel/**
Druckleistenverschlussbeutel/
Schnellverschlussbeutel zip-lip bag,
zip-lock bag, zipper bag
➢ **Flachbeutel** flat bag
➢ **Gefrierbeutel** freezer bag
➢ **Müllbeutel/Abfallbeutel** trash bag,
disposal bag
➢ **Probenbeutel** sampling bag
➢ **Vakuumbeutel/Vacuumbeutel/**
Siegelrandbeutel vacuum-seal
storage bag
➢ **verschließbarer Beutel** sealable bag
➢ **wiederverschließbarer Beutel**
resealable bag
Beutelschweißgerät bag heat sealer;
(Vakuum-) vacuum sealer
Bevölkerung/Population population
bewachen guard
bewahren/erhalten/preservieren
preserve, keep, maintain
Bewahrung/Erhaltung/Preservierung
preservation
bewässern irrigate
Bewässerung irrigation
bewegen move
Bewegung motion; (Fortbewegung/
Lokomotion) movement, motion,
locomotion
➢ **Drehbewegung (rotierend)**
spinning/rotating motion
➢ **Handbewegung** hand motion
(handshaking motion)
➢ **kreisförmig-vibrierende Bewegung**
vortex motion, whirlpool motion
➢ **Rüttelbewegung (hin und her/**
rauf und runter) rocking motion
(side-to-side/up-down)
➢ **Taumelbewegung, dreidimensionale**
nutation, gyroscopic motion (three-
dimensional orbital & rocking
motion)

- **Vibrationsbewegung** vibrating motion
- **Wippbewegung** see-saw motion, rocking motion

Bewegungsmelder/Bewegungssensor motion sensor, movement detector

Beweis proof; (Bestätigung) confirmation

beweisen prove

Bewertung rating, evaluation; (Beurteilung) judgement; (Erfassung) assessment

Bewuchs growth, cover, stand

bewusst *psych* conscious

- **unbewusst** unconscious, unknowing(ly)

Bewusstheit awareness

Bewusstsein consciousness

- **Bewusstlosigkeit** unconsciousness

Bezettelung badging

Bezugselektrode reference electrode

Bezugstemperatur reference temperature

Bezugswert reference value

Bibliothek/Bank (Klonbank) library, bank (clone bank)

- **Bereichsbibliothek** unit library
- **Institutsbibliothek** departmental library

Bibliothekar(in) librarian

biegsam flexible, pliable

Biegsamkeit flexibility, pliability; stiffness

Bienenwachs beeswax

Bilanz (Energiebilanz/ Stoffwechselbilanz) balance

Bild picture, image

- **elektronenmikroskopisches Bild/elektronenmikroskopische Aufnahme** electron micrograph
- **Endbild** *micros* final image
- **mikroskopisches Bild/ mikroskopische Aufnahme** microscopic image/picture, micrograph
- **reelles Bild** *micros* real image
- **virtuelles Bild** *micros* virtual image

Bilddiagramm/Begriffszeichen pictograph (for hazard labels)

bilden (entwickeln) (z.B. Gase/ Dämpfe) generate (develop)

Bildpunkt *opt* image point; (Rasterpunkt) pixel

Bildschirm/Monitor display, monitor

Bildungswärme heat of formation

Billiarde 10^{15} quadrillion

Billion 10^{12} trillion

Bimetallthermometer bimetallic thermometer

bimodale Verteilung bimodal distribution, two-mode distribution

Bims pumice

Bimsstein pumice rock

Binde/Aderpresse/Abschnürbinde/ Tourniquet tourniquet

Bindefähigkeit bonding strength

Bindekraft bonding power, bonding capacity

Bindemittel/Saugmaterial (saugfähiger Stoff) binder, binding agent, absorbent, absorbing agent

binden (locker/adsorptiv) bind; *chem* (durch chemische Bindungen) bond (chemically bonded), link

binden/anbinden/zusammenbinden tether

Bindevlies strapping fabric

Bindung *chem* bond, linkage; bonding

- **Atombindung** atomic bond
- **chemische Bindung** chemical bond
- **Disulfidbindung (Disulfidbrücke)** disulfide bond, disulfide bridge
- **Doppelbindung** double bond
- **Dreifachbindung** triple bond
- **Einfachbindung** single bond

➢ **energiereiche Bindung**
high energy bond
➢ **glykosidische Bindung**
glycosidic bond/linkage
➢ **heteropolare Bindung**
heteropolar bond
➢ **homopolare Bindung**
homopolar bond, nonpolar bond
➢ **hydrophile Bindung**
hydrophilic bond
➢ **hydrophobe Bindung**
hydrophobic bond
➢ **Ionenbindung** ionic bond
➢ **Kohlenstoffbindung** carbon bond
➢ **konjugierte Bindung**
conjugated bond
➢ **kooperative Bindung**
cooperative binding
➢ **kovalente Bindung/**
Kovalenzbindung covalent bond
➢ **Mehrfachbindung** multiple bond
➢ **Peptidbindung** peptide bond,
peptide linkage
➢ **Valenzbindung** valence bond
Bindungsenergie binding energy,
bond energy
Bindungskurve binding curve
Bindungsvermögen bonding
capacity, adhesive capacity
Bindungswinkel bond angle
Binokular binoculars
Binomialverteilung
binomial distribution
binomische Formel binomial formula
Bioanalytik bioanalytics
bioanorganisch bioinorganic
Bioäquivalenz bioequivalence
Biochemie biochemistry
biochemischer Sauerstoffbedarf/
biologischer Sauerstoffbedarf
(BSB) biochemical oxygen
demand, biological oxygen demand
(BOD)

Biochip/Mikroarray/DNA-Mikroarray/
DNA-Chip/Gen-Chip biochip,
microarray, DNA chip
Biodegradation/biologischer Abbau
biodegradation
Bioenergetik bioenergetics
Bioethik bioethics
Biogefährdung biohazard
biogen biogenic
Bioindikator/Indikatorart/Zeigerart/
Indikatororganismus bioindicator,
indicator species
Biolistik biolistics, microprojectile
bombardment
Biologe/Biologin biologist,
bioscientist, life scientist
Biologie/Biowissenschaften biology,
bioscience, life sciences
biologisch abbaubar biodegradable
biologisch/biotisch biologic(al),
biotic
biologische Abbaubarkeit
biodegradability
biologische Sicherheit(smaßnahmen)
biological containment
biologische Verfahrenstechnik/
Biotechnik/Bioingenieurwesen
bioengineering, bioprocess
engineering
biologischer Abbau/Biodegradation
biodegradation
biologischer Kampfstoff
biological warfare agent
biologischer Sauerstoffbedarf/
biochemischer Sauerstoffbedarf
(BSB) biological oxygen demand,
biochemical oxygen demand (BOD)
biologischer Test
bioassay, biological assay
biologisches Gleichgewicht
biological equilibrium
Biolumineszenz bioluminescence
Biomasse biomass

Bionik bionics
Biophysik biophysics
Bioreaktor (Reaktortypen
    siehe: Reaktor) bioreactor
Biorhythmus biorhythm
Biostatik biostatics
Biostatistik biostatistics
Biosynthese biosynthesis
    (anabolism)
Biosynthesereaktion biosynthetic
    reaction (anabolic reaction)
biosynthetisch biosynthetic(al)
biosynthetisieren biosynthesize
Biotechnik/biologische
    Verfahrenstechnik/
    Bioingenieurwesen
    bioengineering, bioprocess
    engineering
Biotechnologie biotechnology
> blaue Biotechnologie (aqua-marin)
    blue biotechnology (marine/aquatic)
> gelbe Biotechnologie (Lebensmittel)
    yellow biotechnology
    (food production)
> graue Biotechnologie
    (Umwelt-Biotechnologie)
    gray biotechnology (environmental
    biotechnology)
> grüne Biotechnologie (agrar)
    green biotechnology (agricultural)
> mikrobielle Biotechnologie
    microbial biotechnology
> molekulare Biotechnologie
    molecular biotechnology
> rote Biotechnologie
    (medizinisch-pharmazeutisch)
    red biotechnology
    (medical/pharmaceutical)
> weiße Biotechnologie
    (industrielle Biotechnologie)
    white biotechnology
    (industrial biotechnology)

> Zell-Biotechnologie
    cellular biotechnology
Biotensid biosurfactant
Biotransformation/Biokonversion
    biotransformation, bioconversion
Bioverfügbarkeit bioavailability
Biowissenschaft
    bioscience (meist *pl* biosciences),
    life science (meist *pl* life sciences)
Biozid biocide
Biozön/Biozönose/
    Biocönose/Lebensgemeinschaft/
    Organismengemeinschaft
    biocenosis, biotic community
Birnenkolben/Kjeldahl-Kolben
    Kjeldahl flask
bitter bitter
Bitterkeit bitterness
Bittermandelöl bitter almond oil
Bitterstoffe bitters
bivalent bivalent
blähen bloat
Blähschlamm bulking sludge
Blähungen/Flatulenz bloating, gas
Bläschen/Vesikel bubble, vesicle
bläschenförmig bubble-shaped,
    bulliform
Blase *med* bladder
Blase (Gasblase/Luftblase/
    Seifenblase) bubble
Blase/Destillierrundkolben still pot,
    distilling boiler flask
blasenartig/blasenförmig
    bladderlike, bladdery, vesicular
Blasen-Linker-PCR *gen*
    bubble linker PCR
Blasensäulen-Reaktor bubble
    column reactor
blasentreibend/blasenziehend
    vesicating, vesicant
Blasenzähler bubble counter,
    bubbler, gas bubbler

blasig bullous, with blisters, vesiculate

Blattgold gold foil, gold leaf

Blausäure/Cyanwasserstoff hydrogen cyanide, hydrocyanic acid, prussic acid

Blech sheet metal

Blechschere sheet-metal shears, plate shears

Blei (Pb) lead

Bleiblock *rad* pig (outermost container of lead for radioactive materials)

bleich/blass pale

Bleiche/Blässe/bleiche Farbe paleness

Bleiche/Bleichmittel bleach

bleichen/ausbleichen (*aktiv:* weiß machen/aufhellen) bleach

Bleicitrat (EM) lead citrate

Bleiglanz galena

Bleioxid PbO litharge, massicot, lead protooxide, lead oxide (yellow monoxide)

Bleioxid PbO$_2$ lead dioxide, brown lead oxide, lead superoxide

Bleioxid Pb$_2$O lead oxide (yellow), lead suboxide

Bleioxid Pb$_3$O$_4$ red lead oxide, red lead

Bleiring (Gewichtsring/ Stabilisierungsring/ Beschwerungsring) lead ring (for Erlenmeyer)

Bleistiftmarkierung pencil marking

Blende *opt/micros* (Öffnung/Apertur) aperture; *micros* (Diaphragma) diaphragm; (Verschalung/Schutz) screen, cover, cover plate, panel; (Schirm/Abschirmung/Verschluss) blind, screen, stop, shutter, baffle, gate

➢ **Aperturblende/Kondensorblende** *opt/micros* aperture diaphragm, condenser diaphragm

➢ **Feldblende** *opt/micros* field diaphragm

➢ **Gesichtsfeldblende/Okularblende** *micros* ocular diaphragm, eyepiece diaphragm, eyepiece field stop

➢ **Irisblende** *micros* iris diaphragm

➢ **Kondensorblende/Aperturblende** *opt/micros* condenser diaphragm, aperture diaphragm

➢ **Leuchtfeldblende/Kollektorblende** *opt/micros* field diaphragm

➢ **Ringblende** *micros* disk diaphragm (annular aperture)

Blendenöffnung *opt/micros* diaphragm aperture

Blickfeld/Sehfeld/Gesichtsfeld field of view, scope of view, field of vision, range of vision, visual field

blind blind

Blindheit blindness

Blindniete blind rivet

Blindnietbolzen blind rivet bolt

Blindnietmutter blind rivet nut

Blindnietzange blind riveter, blind riveting pliers

Blindwert blank

Blindwiderstand reactance, relative impedance

Blitz flash (light/lightning/spark)

Blitzchromatographie/ Flash-Chromatographie flash-chromatography

blitzen flash

Blitzlicht flash, flashlight

Blitzlichtphotolyse flash photolysis

Blitzschlag bolt of lightning, lightning flash

Blockhalter *micros* block holder

Blockierungsreagenz blocking reagent

Blockverfahren block synthesis
Blothybridisierung blot hybridization
blotten (klecksen/Flecken machen/ beflecken) blot
Blotten/Blotting
blotting, blot transfer
> **Affinitäts-Blotting** affinity blotting
> **Alkali-Blotting** alkali blotting
> **Diffusionsblotting** capillary blotting
> **genomisches Blotting**
genomic blotting
> **Liganden-Blotting** ligand blotting
> **Nassblotten** wet blotting
> **Trockenblotten** dry blotting
Blotting-Elektrophorese/ Direkttransfer-Elektrophorese
direct blotting electrophoresis,
direct transfer electrophoresis
blühen flower, bloom
Blut blood
> **Frischblut** fresh blood
> **Serum** (*pl* Seren) serum
(*pl* sera or serums)
> **Vollblut** whole blood
Blutagar blood agar
Blutausstrich *micros* blood smear
Blutbank blood bank
Blutbild/Blutstatus/Hämatogramm
blood count, hematogram
Blutdruck blood pressure
Bluten *n* bleeding
bluten *vb* bleed
Blutentnahme blood sampling,
taking of a blood sample
Bluterguss/Hämatom bruise,
hematoma
Blut-Ersatz blood substitute
Blutgerinnung blood clotting
Blutgruppe blood group
Blutgruppenbestimmung
blood-typing
Blutgruppenunverträglichkeit
blood group incompatibility

Blutkonserve stored blood,
banked blood
Blutkörperchen blood cell, blood
corpuscle, blood corpuscle
Blutkultur blood culture
Blutlanzette/Lanzette blood lancet,
lancet
Blutspende blood donation
Blutsperre arrest of blood supply
blutstillend (adstringent) styptic,
hemostatic (astringent)
Blutvergiftung/Sepsis
blood poisoning
Blutzellzahlbestimmung/ Blutkörperchenzählung
blood count
blutzersetzend/hämorrhagisch
hemorrhagic
Blutzucker blood sugar
Boden *dest/chromat* plate;
(Erdboden) soil, ground, earth
> **Bodenhöhe** plate height
> **theoretische Böden**
theoretical plates
Bodenabfluss/Bodenablauf
floor drain
Bodenbestandteile soil components
Bodenkolonne *dest* plate column
Bodenkörper *chem* bottoms,
deposit (sediment, precipitate,
settlings)
Bodenpartikelgrößen soil texture
Bodenskelett soil skeleton
(inert quartz fraction)
Bodenversalzung soil salinization
Bodenwirkungsgrad *dest*
plate efficiency
Bodenzahl *dest/chromat*
number of plates, plate number
Bogenflamme arc flame
Bogenlampe arc lamp
Bogensäge coping saw
bohren drill

Bohrer/Bohrspitze/Bohraufsatz
bit, drill bit, drill (on a dental
drill:bur)
➢ **Betonbohrer** concrete drill (bit)
➢ **Flachbohrer** spade drill (bit)
➢ **Forstnerbohrer** Forstner drill (bit)
➢ **Gewindebohrer** machine screw tap,
thread tap, tap drill (bit), taper
➢ **Holzbohrer** wood drill (bit)
➢ **Metallbohrer** metal drill (bit)
➢ **Schälbohrer/Stufenbohrer** unibit,
step drill (bit)
➢ **Schlangenbohrer/Auger-Bohrer**
Auger drill (bit)
➢ **Spiralbohrer** twist drill (bit)
➢ **Steinbohrer** rock drill (bit)
➢ **Zentrierbohrer** center drill (bit)
➢ **Zentrumbohrer** adjustable spade
drill bit, adjustable wood bit
Bohrfutter drill chuck
➢ **Schnellspann-Bohrfutter/**
Schnellspannbohrfutter keyless
drill chuck
Bohrfutterschlüssel drill chuck key
Bohrkern/Kern *geol/paleo*
drill core, core
Bohrmaschine drill
Bohrung (Prozess/Vorgang) drill,
drilling, bore; (Ergebnis: Loch etc.)
bore
böllern (beim Sieden/Kochen)
heat kick
Bolzen bolt
➢ **Arretierbolzen**
locking bolt, locking pin
➢ **Haltebolzen** fixing bolt
➢ **U-Bolzen/U-Bügel** U-bolt
Bolzenschneider bolt cutter
Bombenkalorimeter bomb
calorimeter
Bombenrohr/Schießrohr/
Einschlussrohr bomb tube,
Carius tube, sealing tube

„Bombenwagen"/Gasflaschenwagen
gas cylinder cart/dolly/trolley,
gas bottle cart
Bonitur *stat* notation, scoring
Bor (B) boron
Borax/Natriumtetraborat Decahydrat
borax, sodium tetraborate
Bördelflansch lap-joint flange
Bördelkappe (für Rollrandgläschen/
Rollrandflasche) crimp top, crimp
cap, crimp seal
Bördelkappen-Verschließzange cap
crimper
bördeln bead, flange, seam, edge;
crimp
Bördelrand bead, beaded rim, flange;
(Reagenzglas/Kolben) deburred
edge, beaded rim
Bördelrandgläschen crimp-top vial,
crimp vial
Bördelverschluss/Bördelkappe crimp
seal, crimp cap, crimp top
Bördelzange crimping pliers; vial
crimper
Borosilikatglas borosilicate glass
Borste bristle
bösartig/maligne malignant
Bösartigkeit/Malignität malignancy
Bottich vat, tub, tun; washtub
Brackwasser brackish water
(somewhat salty)
Brand fire, blaze; burning
Brandarten fire classification
Brandausbruch fire outbreak
Brandaxt fire axe
Brandbekämpfung fire fighting
Brandfall event of a fire
Brandgase combustion gases
Brandgefahr fire risk, fire hazard
Brandgeruch burnt smell
Brandherd source of fire
Brandklasse class of inflammability
Brandmauer fire wall

Brandrisiko fire hazard
Brandschutz/Brandverhütung
fire protection, fire prevention;
fire control
Brandverletzung/Brandwunde/
Verbrennung burn, burn wound
Branntkalk caustic lime (CaO)
Brauchwasser (nicht trinkbares
Wasser) process water,
service water, industrial water
(nondrinkable water)
Braunglas amber glass
Braunstein/Manganoxid manganese
dioxide
Brecheisen/Brechstange crowbar,
wrecking bar, pry bar, jimmy
brechen/erbrechen (bei Übelkeit)
vomit
Brechmittel/Emetikum emetic
Brechstange/Brecheisen crowbar,
wrecking bar, pry bar, jimmy
Brechung/Refraktion refraction
➢ **Doppelbrechung** birefringence,
double refraction
➢ **Lichtbrechung/optische Brechung**
optical refraction
Brechungsindex/
Brechungskoeffizient/Brechzahl
refractive index, index of refraction
Brechungsvermögen refractivity
Brechungswinkel refracting angle
Brechzentrum vomiting center
Breitspektrumantibiotikum
broad-spectrum antibiotic
Brennäquivalent fuel equivalence
brennbar combustible, flammable
➢ **nicht brennbar** noncombustible,
nonflammable
Brennbarkeit combustibility,
flammability
Brennebene focal plane
brennen burn

➢ **anbrennen/entzünden/entflammen**
chem inflame, ignite
➢ **durchbrennen** burn through/out
➢ **rasch abbrennen (lassen)** deflagrate
➢ **verbrennen** combust, incinerate,
burn
Brennen/Glühen (Keramik) fire, bake,
burn
Brenner/Flamme (Ofen) burner,
flame (oven)
➢ **Bunsenbrenner** Bunsen burner,
flame burner
➢ **Gasbrenner** gas burner
➢ **Kartuschenbrenner** cartridge burner
➢ **Schwalbenschwanzbrenner/**
Schlitzaufsatz für Brenner wing-tip
(for burner), burner wing top
➢ **Spiritusbrenner/Spirituslampe**
alcohol burner
➢ **Verdunstungsbrenner** evaporation
burner
Brennereihefe distiller's yeast
Brennmaterial/Brennstoff fuel
Brennpunkt focal point, focus
Brennstoffzelle fuel cell
Brennweite focal length
Brennwert caloric value; heat value,
heating value
Brennwertbestimmung/Kalorimetrie
calorimetry
brenzlig/Brandgeruch burnt
Brenztraubensäure (Pyruvat)
pyruvic acid (pyruvate)
Brille glasses, spectacles, eyewear
➢ **Schutzbrille/Arbeitsschutzbrille/**
Sicherheitsbrille *allg* protective
eyewear; (einfach) safety glasses,
safety spectacles; (ringsum
geschlossen) goggles, safety
goggles
Brillenträgerokular *micros* spectacle
eyepiece, high-eyepoint ocular

Brilliantrot *micros* vital red
brodeln bubble; (Wasser: kochen) boil; (Wasser: sieden/leicht kochen) simmer
Brodem (Qualm/Dampf/Dunst) fumes
Brom (Br) bromine
Bromierung bromination
Brookfield-Viskosimeter Brookfield viscometer
Broschüre/Informationsschrift brochure, pamphlet
Bruch breakage
Bruchfestigkeit resistance to fracture
Bruchglas cullet, glass cullet
bruchsicher nonbreakable, unbreakable, crashproof
Bruchstelle point/site of fracture, breakpoint
Bruchstück/Fragment fragment
Bruchstückion fragment ion
Brüden (Schwaden/Abdampf) exhaust vapor, exhaust steam, fuel-laden vapor
Brunnenwasser well water
Brutdauer/Inkubationszeit breeding period, incubation period
brüten brood, breed, incubate
Brutraum incubation room
Brutschrank/Inkubator incubator
BTA (biologisch-technischer Assistent) biology lab technician, biological lab assistant
Bücherwagen book cart
Büchner-Trichter (Schlitzsiebnutsche) Buechner funnel
Buchse bush, bushing
Bügel/U-Klammer/Gabelkopf clevis bracket
Bügelmessschraube outside micrometer
Bügelsäge bow saw
Bügelschaft rod clevis
Bulkladung (Transport) bulk cargo

Bundesgesundheitsamt German Federal Health Agency
Bunsenbrenner Bunsen burner, flame burner
Bunsenstativ/Stativ support stand, ring stand, retort stand, stand
Bürette buret, burette (*Br*)
➢ **Wägebürette** weight buret, weighing buret
Büro office
Bürobedarf office supplies
Büroklammer paper clip
Bürste brush
➢ **Becherglasbürste** beaker brush
➢ **Drahtbürste** wire brush
➢ **Flaschenbürste** bottle brush
➢ **Handwaschbürste** hand-washing brush
➢ **Kolbenbürste** flask brush
➢ **Laborbürste** laboratory brush
➢ **Malpinsel** paintbrush
➢ **Pfeifenreiniger/Pfeifenputzer** pipe cleaner
➢ **Pipettenbürste** pipet brush
➢ **Reagenzglasbürste** test-tube brush
➢ **Scheuerbürste/Schrubbbürste** scrubbing brush, scrub brush
➢ **Spülbürste** dishwashing brush
➢ **Stahlbürste** wire brush
➢ **Trichterbürste** funnel brush
➢ **WC-Bürste** toilet brush
Bußgeld fine
Buttersäure/Butansäure (Butyrat) butyric acid, butanoic acid (butyrate)

C

Cadmium (Cd) cadmium
Callus-Kultur/Kallus-Kultur callus culture
Caprinsäure/Decansäure (Caprinat/Decanat) capric acid, decanoic acid (caprate/decanoate)

**Capronsäure/Hexansäure
(Capronat/Hexanat)** caproic
acid, capronic acid, hexanoic acid
(caproate/hexanoate)
**Caprylsäure/Octansäure
(Caprylat/Octanat)** caprylic acid,
octanoic acid (caprylate/octanoate)
**Carbonsäuren/Karbonsäuren
(Carbonate/Karbonate)** carboxylic
acids (carbonates)
Carrageen/Carrageenan carrageenan,
carrageenin (*Irish moss* extract)
Cäsium (Cs) cesium
Cäsiumchloridgradient cesium
chloride gradient
Catenan/Concatenat catenane,
concatenate
Catenation/Ringbildung catenation
CBA-Papier CBA-paper (cyanogen
bromide activated paper)
Cerotinsäure/Hexacosansäure cerotic
acid, hexacosanoic acid
chaotrope Reihe chaotropic series
chaotrope Substanz chaotropic
agent
Charge (in einem Arbeitsgang
erzeugt) batch;
(Produktionsmenge/-einheit) lot,
unit
Chargen-Bezeichnung (Chargen-B.)
batch number; lot number, unit
number
Chelat/Komplex chelate
Chelatbildner/Komplexbildner
chelating agent, chelator
Chelatbildung/Komplexbildung
chelation, chelate formation
Chemie chemistry
➢ **Allgemeine Chemie**
general chemistry
➢ **Allgemeine Chemie**
general chemistry
➢ **Analytische Chemie**
analytical chemistry

➢ **Angewandte Chemie**
applied chemistry
➢ **Anorganische Chemie**
inorganic chemistry
➢ **Biochemie** biochemistry
➢ **Lebensmittelchemie** food chemistry
➢ **Organische Chemie**
organic chemistry
➢ **Physikalische Chemie**
physical chemistry
Chemieabfälle chemical waste
Chemiearbeiter chemical worker
Chemiefachverband chemical society
Chemiefaser artificial fiber, polyfiber
Chemieingenieur chemical engineer
Chemiekatastrophe
major chemical disaster/accident
Chemielaborant
chemical lab assistant
Chemieunfall chemical accident
Chemikalie(n) chemical(s)
Chemikalienabzug
chemical fume hood, 'hood'
Chemikalienausgabe
chemical stockroom counter
**Chemikalienbinder/
Chemikalienbindemittel** chemical
spill absorber, chemical binder
chemikalienfest chemical-resistant
Chemikalienschrank chemical
cabinet, chemical safety cabinet
Chemikant (chemischer Facharbeiter)
chemical worker (industry)
Chemiosmose chemiosmosis
chemiosmotisch chemiosmotic
chemische Bindung chemical bond
chemische Gleichung
chemical equation
chemischer Kampfstoff
chemical warfare agent
chemischer Sauerstoffbedarf (CSB)
chemical oxygen demand (COD)
Chemisorption/chemische Adsorption
chemisorption

Chemoaffinitäts-Hypothese
chemoaffinity hypothesis
Chemostat chemostat
Chemosynthese chemosynthesis
Chemotherapie chemotherapy
Chinasäure chinic acid, kinic acid,
quinic acid (quinate)
Chinolsäure chinolic acid
chiral chiral
Chiralität chirality
Chlor (Cl) chlorine
Chlorbenzol chlorobenzene
Chlorbleiche chlorine bleach
chlorieren chlorinate
Chlorierung chlorination
chlorige Säure chlorous acid
Chloroform/Trichlormethan
chloroform, trichloromethane
Chlorogensäure chlorogenic acid
Chlorophyll chlorophyll
Chlorsäure HClO$_3$ chloric acid
Cholesterin/Cholesterol cholesterol
Cholsäure (Cholat) cholic acid
(cholate)
Chorisminsäure (Chorismat)
chorismic acid (chorismate)
Chrom (Cr) chromium
chromaffin chromaffin, chromaffine,
chromaffinic
Chromatogramm chromatogram
Chromatograph chromatograph
Chromatographie/Chromatografie
chromatography
➢ **Affinitätschromatographie**
affinity chromatography
➢ **Aussalzchromatographie**
salting-out chromatography
➢ **Ausschlusschromatographie/**
Größenausschlusschromatographie
size exclusion chromatography (SEC)
➢ **Blitzchromatographie/**
Flash-Chromatographie
flash-chromatography

➢ **Dünnschichtchromatographie**
(DC) thin-layer chromatography
(TLC)
➢ **Elektrochromatographie (EC)**
electrochromatography (EC)
➢ **enantioselektive Chromatographie**
chiral chromatography
➢ **Festphasenchromatographie**
bonded-phase chromatography
➢ **Flüssigkeitschromatographie**
liquid chromatography (LC)
➢ **Gaschromatographie**
gas chromatography
➢ **Gas-Flüssig-Chromatographie**
gas-liquid chromatography
➢ **Gelpermeationschromatographie/**
Molekularsiebchromatographie
gel permeation chromatography
(GPC),molecular sieving
chromatography
➢ **Größenausschlusschromatographie/**
Ausschlusschromatographie size
exclusion chromatography (SEC)
➢ **Hochdruckflüssigkeitschromato-**
graphie/Hochleistungsflüssigkeits-
chromatographie high-pressure
liquid chromatography,
high-performance liquid
chromatography (HPLC)
➢ **Immunaffinitätschromatographie**
immunoaffinity chromatography
➢ **Ionenaustauschchromatographie**
ion-exchange chromatography
(IEX)
➢ **Ionenpaarchromatographie (IPC)**
ion-pair chromatography (IPC)
➢ **Kapillarchromatographie** capillary
chromatography (CC)
➢ **Membranchromatographie**
membrane chromatography (MC)
➢ **Mitteldruckflüssigkeitschromato-**
graphie medium-pressure liquid
chromatography (MPLC)

➤ **Molekularsiebchromatographie/ Gelpermeationschromatographie/ Gelfiltration** molecular sieving chromatography, gel permeation chromatography (GPC), gel filtration

➤ **Normaldruck- Säulenchromatographie** gravity column chromatography

➤ **Papierchromatographie** paper chromatography

➤ **präparative Chromatographie** preparative chromatography

➤ **Säulenchromatographie** column chromatography

➤ **überkritische Fluidchromatographie/ superkritische Fluid-Chromatographie/ Chromatographie mit überkritischen Phasen** supercritical fluid chromatography (SFC)

➤ **Ultrahochdruckflüssigkeitschroma- tographie/Ultrahochleistungs- flüssigkeitschromatographie** ultra high-pressure liquid chromatography, ultra high-performance liquid chromatography (UHPLC)

➤ **Umkehrphasenchromatographie** reversed phase chromatography, reverse-phase chromatography (RPC)

➤ **Verteilungschromatographie/ Flüssig-flüssig-Chromatographie** partition chromatography, liquid-liquid chromatography (LLC)

➤ **Zirkularchromatographie/ Rundfilterchromatographie** circular chromatography, circular paper chromatography

Chrombeize chromium mordant

Chromsäure H_2CrO_4 chromic(VI) acid

Chromschwefelsäure chromic-sulfuric acid mixture for cleaning purposes

chronisch chronic, chronical

Cinnamonsäure/Zimtsäure (Cinnamat) cinnamic acid

Circulardichroismus circular dichroism

Citronensäure/Zitronensäure (Citrat) citric acid (citrate)

Claisen-Aufsatz/Claisen-Adapter Claisen adapter

Coinzidenzfaktor/Koinzidenzfaktor coefficient of coincidence

Colinearität/Kolinearität colinearity

Computertomographie computed tomography (CT)

Coulter-Zellzählgerät Coulter counter, cell counter

Crotonsäure/Transbutensäure crotonic acid, α-butenic acid

Cutis/Haut/eigentliche Haut cutis, skin

Cyankali/Zyankali/Kaliumcyanid potassium cyanide

cyclisch/ringförmig cyclic

Cyclisierung/Ringschluss *chem* cyclization

Cyclus cycle

Cysteinsäure cysteic acid

Cytochemie/Zellchemie cytochemistry

Cytologie/Zellenlehre/Zellbiologie cytology, cell biology

cytolytisch cytolytic

Cytometrie cytometry

cytopathisch/zellschädigend (cytotoxisch) cytopathic (cytotoxic)

Cytoskelett cytoskeleton

Cytostatikum (meist *pl* Cytostatika) cytostatic agent, cytostatic

cytotoxisch cytotoxic

Cytotoxizität cytotoxicity

D

dämmen *tech* insulate
Dämmplatte insulating panel
➢ **Schalldämmplatte**
   acoustical panel/tile
Dämmschaum/Isolierschaum/
   Bauschaum/Montageschaum
   insulating foam sealant,
   expanding foam
Dämmstoff insulating material
Dämmung *tech* insulation
➢ **Schalldämmung** sound insulation
➢ **Trittschalldämmung** impact sound
   insulation
➢ **Wärmedämmung** heat insulation,
   thermal insulation
Dampf vapor
➢ **entspannter Dampf** flash steam
➢ **gespannter Dampf** superheated
   steam, live steam
➢ **Nassdampf** wet steam
➢ **Sattdampf/gesättigter Dampf**
   saturated steam
➢ **überhitzter Dampf/Heißdampf**
   superheated steam
➢ **Wasserdampf** water vapor, steam
Dampfbad steam bath
dampfdicht/dampffest vaporproof,
   vaportight
Dampfdruck vapor pressure
Dampfdruckthermometer vapor
   pressure thermometer
dämpfen/abschwächen
   damp, dampen;
   (schlucken: Schall) deaden
Dampfentwickler/
   Wasserdampfentwickler
   dest vaporizer, water vaporizer
Dampfkochtopf pressure cooker
Dampfraum-Gaschromatographie
   head-space gas
   chromatography

Dämpfung absorption; attenuation,
   stabilization; (von Schwingungen,
   z. B. Waage) damping
Darre/Darrofen kiln, kiln oven
   (for drying grain/lumber/tobacco)
darren kiln-dry
darstellen (isolieren/rein darstellen)
   isolate; *chem* (synthetisieren)
   synthesize, prepare
Darstellung/Synthese
   chem synthesis, preparation
graphische Darstellung graph, plot,
   chart, diagram
Datenanalyse/ Datenauswertung
   data analysis
➢ **explorative Datenanalyse**
   explorative data analysis
➢ **konfirmatorische Datenanalyse**
   confirmatory data analysis
Datenblatt/Merkblatt
   (für Chemikalien etc.) data sheet
➢ **Sicherheitsdatenblatt**
   safety data sheet
➢ **Sicherheitsdatenblätter** Material
   Safety Data Sheet (MSDS)
Datenerfassung data acquisition
Datenerfassungsgerät/
   Messwertschreiber/Registriergerät
   datalogger
Datenermittlung data acquisition
Datenschutz data security
Datenverarbeitung data processing
Dauerbetrieb/Dauerleistung/
   Non-Stop-Betrieb continuous run/
   operation/duty, long-term run/
   operation, permanent run/operation
Dauernutzung continuous use
Dauerpräparat *micros* permanent
   mount/slide
Daumenschraube thumbscrew
DC (Dünnschichtchromatographie)
   TLC (thin layer chromatography)
Deckanstrich finish

Deckel lid, cover, top
Deckglas *micros* coverslip, coverglass
Deckglaspinzette cover glass forceps
Deckungsgrad coverage percentage, coverage level
Deckungswert cover value
Dedifferenzierung/Entdifferenzierung dedifferentiation
defekt („kaputt") defective, damaged, broken; (fehlerhaft) faulty; (funktionsuntüchtig) inoperable (not operating/not functioning)
Defekt defect, fault, flaw, imperfection; deficiency
Defibrillator/Schockgeber (Defi) defibrillator
➤ **automatischer externer Defibrillator (AED)** automated external defibrillator (AED)
Deformationsschwingung (IR) deformation vibration, bending vibration
Degeneration degeneracy
degenerieren/entarten degenerate
Dehnbarkeit expansivity
Dehydratation/Entwässerung dehydration
dehydratisieren/entwässern dehydrate
dehydrieren dehydrogenate
Dehydrierung/Dehydrogenierung dehydrogenation
Dekanter decanter
dekantieren decant
Dekontamination/ Dekontaminierung/Reinigung/ Entseuchung decontamination
dekontaminieren/reinigen/ entseuchen decontaminate
Demethylierung/Desmethylierung demethylation

Demontage disassembly, dismantling, dismounting; stripping
demontieren demount, disassemble, dismantle, strip, take apart
denaturieren denature
denaturierendes Gel denaturing gel
Denaturierung denaturation, denaturing
Densität/Dichte/Dichtigkeit density
Dephlegmation/fraktionierte Dephlegmation/fraktionierte Kondensation dephlegmation, fractional distillation
dephosphorylieren dephosphorylate
Dephosphorylierung dephosphorylation
Depolarisation depolarization
depolarisieren depolarize
Deponie/Müllablageplatz landfill
deponieren (abstellen) place, put, store, leave
Derivat derivative
Derivatisation derivatization
derivatisieren derivatize
dermal dermal, dermic, dermatic
Desamidierung deamidation, deamidization, desamidization
Desaminierung deamination, desamination
Desinfektion disinfection
Desinfektionsmittel disinfectant
desinfizierbar disinfectable
Desinfizierbarkeit disinfectability
desinfizieren (desinfizierend) disinfect (disinfecting)
Desinfizierung/Desinfektion disinfection
Desodorierungsmittel/Deodorans/ Desodorans/Deodorant deodorant
Destillat distillate
Destillation distillation
➤ **Azeotropdestillation** azeotropic distillation

➢ **Dephlegmation/fraktionierte Dephlegmation/fraktionierte Kondensation** dephlegmation, fractional distillation

➢ **diskontinuierliche Destillation/ Chargendestillation** batch distillation

➢ **Drehband-Destillation** spinning band distillation

➢ **einfache/direkte Destillation** straight-end distillation

➢ **Entspannungs-Destillation/ Flash-Destillation** flash distillation

➢ **Extraktivdestillation/extrahierende Destillation** extractive distillation

➢ **fraktionierte Destillation/ fraktionierende Destillation** fractional distillation

➢ **Gleichgewichtsdestillation** equilibrium distillation

➢ **Gleichstromdestillation** simple distillation

➢ **kontinuierliche Destillation** continuous distillation

➢ **Kugelrohrdestillation** bulb-to-bulb distillation

➢ **Kurzwegdestillation** short-path distillation

➢ **mehrfache Destillation/ Redestillation** repeated distillation, cohobation

➢ **Nachlauf/Ablauf** tailings, tails

➢ **Reaktionsdestillation** reaction distillation

➢ **Trägerdampfdestillation** steam distillation

➢ **Vakuumdestillation** vacuum distillation, reduced-pressure distillation

➢ **Vorlauf** first run, forerun

➢ **Wasserdampfdestillation** hydrodistillation

➢ **Zersetzungsdestillation** destructive distillation

Destillationsgut distilland, material to be distilled

Destillieraufsatz stillhead, still head, distillation head

➢ **Claisen-Aufsatz/Claisen-Adapter** Claisen adapter

➢ **Tropfenfänger** splash adapter, antisplash adapter, splash-head adapter

➢ **Zweihals-Aufsatz** two-neck adapter, three-way adapter

destillierbar distillable

Destillierblase still pot, boiler, distillation boiler flask, reboiler

Destillierbrücke stillhead

destillieren distil, distill, still

➢ **doppelt destilliert (Bidest)** double-distilled

➢ **erneut destillieren/wiederholt destillieren** redistil, rerun

Destilliergerät/Destillationsapparatur distilling apparatus, still

Destillierkolben/Destillationskolben distilling flask, destillation flask, 'pot'; (Retorte) retort

Destillierkolonne distilling column

Destillierrückstand distillation residue

Destilliervorlage destillation receiver

Destilliervorstoß receiver adapter

Detektor/Fühler/Sensor (*tech*: z.B. Temperaturfühler) sensor, detector

➢ **Atomemissionsdetektor (AED)** atomic emission detector

➢ **Elektroneneinfangdetektor** electron capture detector (ECD)

➢ **Flammenionisationsdetektor (FID)** flame-ionization detector

➢ **Infrarot-Absorptionsdetektor** infrared absorbance detector (IAD)

➢ **Infrarotdetektor**
  infrared detector (ID)
➢ **Ioneneinfangdetektor (MS)** ion trap
  detector (ITD)
➢ **massenselektiver Detektor**
  mass-selective detector
➢ **Photoionisations-Detektor (PID)**
  photo-ionization detector
➢ **Schnellscan-Detektor** fast-scanning
  detector (FSD), fast-scan analyzer
➢ **Verdampfungs-Lichtstreudetektor**
  evaporative light scattering detector
  (ELSD)
➢ **Wärmeleitfähigkeitsdetektor/**
  Wärmeleitfähigkeitsmesszelle
  thermal conductivity detector (TCD)
➢ **Widerstands-Temperatur-Detektor**
  resistance temperature detector
  (RTD)
Detergens/Reinigungsmittel
  detergent
Dewargefäß Dewar vessel, Dewar
  flask
DFG (Deutsche
  Forschungsgemeinschaft)
  ‚German Research Society'
  (German National Science
  Foundation)
Diagnose diagnosis
➢ **Differentialdiagnose** differential
  diagnosis
➢ **pränatale Diagnose** antenatal
  diagnosis, prenatal diagnosis
➢ **präsymptomatische Diagnose**
  presymptomatic diagnosis
Diagnostik diagnostics
Diagnostikpackung (DIN)
  diagnostic kit
diagnostisch diagnostic
Diagramm (auch: Kurve) *math/*
  graph diagram, plot, graph
➢ **Histogramm/Streifendiagramm**
  histogram, strip diagram

➢ **Phasendiagramm** phase diagram
➢ **Punktdiagramm** dot diagram
➢ **Röntgenbeugungsdiagramm/**
  Röntgenbeugungsmuster/
  Röntgenbeugungsaufnahme/
  Röntgendiagramm
  X-ray diffraction pattern
➢ **Spindeldiagramm** spindle diagram
➢ **Stabdiagramm**
  bar diagram, bar graph
➢ **Strahlendiagramm** *opt* ray diagram
➢ **Streudiagramm** scatter diagram
  (scattergram/scattergraph/
  scatterplot)
➢ **Strichdiagramm** line diagram
Dialyse dialysis
dialysieren dialyze
Diamant diamond
Diamantbohrer diamond drill
Diamantmesser diamond knife
Diamantschleifer diamond cutter
Diarrhö diarrhea
Diät diet
diät/Diät ... /die Diät betreffend
  dietary
Diätetik dietetics
diätetisch dietetic
Dichlordiphenyldichlorethylen (DDE)
  dichlorodiphenyltrichloroethylene
Dichlordiphenyltrichlorethan (DDT)
  dichlorodiphenyltrichloroethane
dicht (Masse pro Volumen) dense;
  (fest verschlossen) tight, sealed
  tight; (leckfrei/lecksicher) leakproof,
  leaktight (sealed tight)
➢ **undicht/leck** leaky
Dichte (Masse pro Volumen) density
Dichtegradient density gradient
Dichtegradientenzentrifugation
  density gradient centrifugation
Dichtigkeit tightness
Dichtkonus/Schneidring
  chromat ferrule

**Dichtstoff/Dichtungsmasse/
Dichtungsmittel (Fugendichtmasse)**
sealant, sealing compound/
material, caulk
Dichtung seal, sealing; gasket
➤ **Abdichtung** seal, sealing
➤ **Gleitringdichtung (Rührer)** face seal
➤ **Gummidichtung(sring)** rubber
gasket
➤ **Lippendichtung
(Wellendurchführung)**
lip seal, lip-type seal
➤ **Wellendichtung (Rotor)** shaft seal
Dichtungsband/Dichtband
sealing tape
Dichtungsflachs plumbers flax,
plumber's flax, plumbing flax
dichtungsfrei/ohne Dichtung (Pumpe)
sealless
Dichtungshanf plumbers hemp,
plumber's hemp, plumbing hemp
Dichtungskitt lute
Dichtungsmanschette gasket
**Dichtungsmasse/Dichtungsmittel/
Dichtstoff** sealant, sealing
compound/material
Dichtungsmuffe packing sleeve
Dichtungsmutter packing nut
**Dichtungsring/Dichtungsscheibe/
Unterlegscheibe** washer
dickflüssig/zähflüssig/viskos/viskös
viscous, viscid
Dickungsmittel thickener, thickening
agent
Dielektrizitätskonstante dielectric
constant
Dienst service; duty; work; (Schicht)
shift
➤ **Spätdienst/Spätschicht** late shift
Dienst- und Treueverhältnis
confidential employer-employee
relationship, confidential working
relationship

Dienstkleidung official dress
Dienstuniform official uniform
Dienstvergehen disciplinary offense
Dienstvertrag contract of
employment
Dienstvorschrift service regulations,
job regulations, official regulations
Differential-Interferenz (Nomarski)
differential interference
Differentialdiagnose differential
diagnosis
Differentialfärbung/Kontrastfärbung
differential staining, contrast
staining
Differentialgleichung differential
equation
Differentialkalorimetrie differential
scanning calorimetry (DSC)
**Differentialthermoanalyse/
Differenzthermoanalyse (DTA)**
differential thermal analysis
Differenz difference
diffundieren diffuse
Diffusionsblotting capillary blotting
Diffusionskoeffizient diffusion
coefficient
Diffusionspumpe diffusion pump,
condensation pump
Diffusionstest/Agardiffusionstest
agar diffusion test
Diffusor diffuser
digerieren decoct, digest
(by heat/solvents)
Digitalisiergerät digitizer
Dilatation/Ausweitung expansion,
dilation, dilatation
dimerisieren dimerize
Dimerisierung dimerization
Dimroth-Kühler coil condenser
(Dimroth type)
DIN (Deutsche Industrienorm)
German Industrial Standard

**Diodenarray-Nachweis/
  Diodenmatrixnachweis** diode array
  detection (DAD)
Dioptrie (*Einheit*) diopter (D)
dioptrisch dioptric
diphasisch diphasic
diploid diploid
Dipolmoment dipole moment
**Direkttransfer-Elektrophorese/
  Blottingelektrophorese** direct
  transfer electrophoresis, direct
  blotting electrophoresis
Direktverdrängerpumpe positive
  displacement pump
Dispenserpumpe dispenser pump
dispergieren disperse
Dispergierung/Dispersion dispersion
Dispersion/Kolloid dispersion,
  colloid
Disposition/Veranlagung/Anfälligkeit
  disposition
Dissoziationsgeschwindigkeit
  dissociation rate
Dissoziationskonstante (K_i)
  dissociation constant
dissoziieren dissociate
Disulfidbindung/Disulfidbrücke
  disulfide bond, disulfide bridge,
  disulfhydryl bridge
Diurese/Harnfluss/Harnausscheidung
  diuresis
divergieren diverge
Diversität diversity
**DNA/DNS (Desoxyribonucleinsäure/
  Desoxyribonukleinsäure)** DNA
  (deoxyribonucleic acid)
**DNA-Fingerprinting/genetischer
  Fingerabdruck** DNA profiling,
  DNA fingerprinting
DNA-Fußabdruck/DNA-Footprint
  DNA footprint
DNA-Sequenzierungsautomat DNA
  sequencer
Docht wick

Donor/Spender donor
Doppelbindung double bond
Doppelblindversuch double blind
  assay, double blind test,
  double-blind study, double-blind
  trial
doppelbrechend birefringent,
  double-refracting
Doppelbrechung birefringence,
  double refraction
**Doppeldiffusion/
  Doppelimmundiffusion**
  double (immuno)diffusion,
  (Ouchterlony technique)
Doppelkreuzung double cross
**Doppelmaulschlüssel/
  Doppel-Maulschlüssel**
  double-sided wrench, double open
  ended jaw spanner, double open
  end jaw spanner
Doppelmuffe/Kreuzklemme clamp
  holder, clamp fastener, 'boss',
  clamp 'boss' (rod clamp holder)
Doppelnippel (Gewinde) double
  nipples (threaded), double male
  threaded pipe extender (adapter)
Doppelschicht double layer, bilayer
Doppelschleifer bench grinder
Doppelstrang *gen* double strand
doppeltwirkend double-acting
Doppelverdau *gen/biochem* double
  digest
Doppelzucker/Disaccharid double
  sugar, disaccharide
**DOP-Vernebelung
  (Dioctylphthalat-Vernebelung)**
  DOP smoke
  (dioctyl phthalate smoke)
dosieren dose (give a dose), measure
  out; meter, proportion
Dosieren dose, meter, proportion
Dosierpumpe dosing pump,
  proportioning pump, feed pump
Dosierspender dispenser

**Dosierung/Dosieren
(im Verhältnis/anteilig)**
apportioning, proportioning
Dosierventil flow control valve;
metering valve, proportioning valve
Dosimeter/Dosismessgerät
dosimeter
Dosimetrie dosimetry
Dosis dose, dosage
➢ **Äquivalentdosis (Sv)**
dose equivalent
➢ **Bestrahlungsdosis** radiation
dosage, irradiation dosage
➢ **cytotoxische Dosis (CD$_{50}$)** cytotoxic
dose
➢ **Einzeldosis (Gy)** single dose
➢ **höchste Dosis ohne beobachtete
Wirkung**
no observed effect level (NOEL)
➢ **Infektionsdosis (ID$_{50}$ = 50%
Infektionsdosis)** infectious dose
➢ **Ionendosis (C/kg)** ion dose,
exposure
➢ **letale Dosis/Letaldosis/tödliche
Dosis** lethal dose
➢ **maximal verträgliche Dosis**
maximum tolerated dose (MTD)
➢ **mittlere effektive Dosis (ED$_{50}$)/
mittlere wirksame Dosis**
median effective dose (ED$_{50}$)
➢ **mittlere letale Dosis (LD$_{50}$)**
median lethal dose (LD$_{50}$)
➢ **Strahlendosis** radiation dose
➢ **Überdosis** overdose
Dosis-Wirkungskurve dose-response
curve
Dosisäquivalent *rad* dose equivalent
Dosiseffekt dosage effect
Dosiskompensation dosage
compensation
Drahtbürste wire brush
Drahtnetz *chem/lab* wire gauze, wire
gauze screen

Drahtschere wire shears, wire cutters
Drahtseilschere wire cable shears,
cable shears
Dränung/Drainage drainage
Dreck/Schmutz dirt, filth
dreckig/schmutzig dirty, filthy
Drehband-Destillation spinning band
distillation
Drehbandkolonne spinning band
column
Drehbank/Drehmaschine lathe
Drehbankfutter lathe chuck
➢ **Dreibackenfutter** 3-jaw chuck
drehbar pivoted
Drehbewegung (rotierend)
spinning/rotating motion
drehen/verdrehen contort
Drehgriff twist-grip
Drehhocker swivel stool
Drehkolbenzähler rotary-piston
meter
Drehmischer roller wheel mixer
Drehmomentschlüssel torque
wrench (torque amplifier handle)
Drehplatte (Mikrowelle) turntable
**Drehpunkt/Drehzapfen/
Drehbolzen** pivot
Drehschieberpumpe rotary vane
pump
Drehsinn/Rotationssinn rotational
sense, sense of rotation
Drehstuhl swivel chair
Drehtisch *micros* rotating stage
Drehung/Torsion torsion
Drehwalze (Roller-Apparatur) roller
**Drehzahl (UpM = Umdrehungen pro
Minute)** number of revolutions
(rpm = revolutions per minute)
Drehzahlregelung rotation speed
adjustment
Dreieck triangle
➢ **Tondreieck/Drahtdreieck** clay
triangle, pipe clay triangle

Dreifachbindung triple bond
Dreifinger-Klemme three-finger clamp
Dreihalskolben three-neck flask
Dreiweghahn/Dreiwegehahn three-way cock, T-cock
Dreiwegverbindung three-way connectio, three-way adapter
dreiwertig trivalent
Dreiwertigkeit trivalency
Dreizack ... three-prong ...
Driftröhre (IMS) drift tube
Droge drug
Pflanzendroge herbal drug
Drogenkunde/Pharmakognosie/ pharmazeutische Biologie pharmacognosy
Drogenpflanze/Arzneipflanze medicinal plant
Drossel throttle, choke, damper
Drosselklappe throttle valve, damper
drosseln/herunterfahren/dämpfen throttle, choke, slow down, damp, dampen; reduce, lower
Drosselung throttling, choking; slowing down, dampening, damping
Drosselventil throttle valve
Druck pressure
➤ **Arbeitsdruck** working pressure, delivery pressure
➤ **Außendruck** external pressure
➤ **Betriebsdruck** operating pressure
➤ **Binnendruck/Innendruck** internal pressure
➤ **Blutdruck** blood pressure
➤ **Dampfdruck** vapor pressure
➤ **Eingangsdruck (HPLC)** supply pressure
➤ **erniedrigter Druck** reduced pressure
➤ **Gegendruck** counterpressure
➤ **Hinterdruck** outlet pressure; (Arbeitsdruck: Druckausgleich) working pressure, delivery pressure

➤ **Hochdruck** high pressure
➤ **hydrostatischer Druck** hydrostatic pressure
➤ **Luftdruck** air pressure
➤ ➤ **atmosphärischer Luftdruck** atmospheric pressure
➤ **Niederdruck** low pressure
➤ **Normaldruck** standard pressure
➤ **Öffnungsdruck (Ventil)** breaking pressure
➤ **onkotischer Druck/ kolloidosmotischer Druck** oncotic pressure
➤ **osmotischer Druck** osmotic pressure
➤ **Partialdruck** partial pressure
➤ **Sauerstoffpartialdruck** oxygen partial pressure
➤ **Selektionsdruck** selective pressure, selection pressure
➤ **Turgor/hydrostatischer Druck** turgor, hydrostatic pressure
➤ **Turgordruck** turgor pressure
➤ **Überdruck** positive pressure
➤ **Umgebungsdruck** ambient pressure
➤ **Unterdruck** negative pressure
➤ **Vordruck/Eingangsdruck (Hochdruck: Gasflasche)** initial pressure, initial compression, tank pressure, high pressure
Druckabfall pressure drop
Druckanstieg pressure rise, pressure increase
Druckausgleich pressure equalization
➤ **Dekompression** decompression
Druckbehälter pressure vessel; (aus Glas) glass pressure vessel
druckdicht pressure-tight
druckempfindlich pressure-sensitive
drucken print
Druckentlastung pressure relief
Druckentlastungseinrichtung pressure protection device
Drucker printer

➢ **3D-Drucker** 3D printer (three-dimensional printer)

➢ **Tintenstrahldrucker** inkjet printer

➢ **Laserdrucker** laser printer

Druckerpatrone/Tonerkassette printer cartridge, toner cartridge

Druckerschwärze toner (printer's ink)

Druckertinte printer ink

Druckertintenpatrone printer ink cartridge

druckfest pressure resistant

Druckfiltration pressure filtration

Druckflasche cylinder, pressure bottle

Druckgas compressed gas, pressurized gas

Druckgasflasche gas cylinder, compressed gas cylinder

Druckkessel pressure vessel

Druckknopf snap fastener, snap-on button, press stud

Druckleistenverschluss zip seal, zip-lip

Druckluft compressed air

Druckluftventil pneumatic valve

Druckmesser/Manometer pressure gauge/gage, gauge/gage

Druckminderer (Gasflasche) pressure regulator

Druckminderventil/ Druckminderungsventil/ Druckreduzierventil pressure-relief valve

Druckpumpe/Saugpumpe/ doppeltwirkende Pumpe double-acting pump

Druckregelventil pressure control valve

Druckregler pressure regulator

Druckschlauch pressure tubing

Druckschwankung pressure fluctuation

Druckstetigförderer pressure conveyor

druckstoßfest shock pressure resistant

Druckstromtheorie/ Druckstromhypothese pressure-flow theory/hypothesis

Drucktaste/Bedienknopf push button

Druckumwandler pressure tansducer

Druckverband *med* pressure bandage, compression dressing

Druckverlust loss of pressure, pressure drop

Druckverschluss compression seal

Druckverschlussbeutel zip storage bag, zip-lip storage bag

Dübel pin, dowel, wall plug

Duft/Geruch smell, odor, scent

➢ **angenehmer Duft/Geruch** fragrance, scent, pleasant smell

➢ **unangenehmer Duft/Geruch** unpleasant smell

duftend (angenehm) fragrant

Duftstoffe scents, odiferous substances

Dung/Mist (tierische Exkremente/ Tierkot) dung, manure

düngen fertilize, manure

Dünger/Düngemittel fertilizer, plant food, manure

Düngung fertilization

➢ **Überdüngung** overfertilization, excessive fertilization

Dunkelfeld *micros* dark field

Dunkelfeldbeleuchtung darkfield illumination

Dunkelkammer *micros/photo* darkroom

Dunkelkammerlampe (Rotlichtlampe) safelight

dünnflüssig thin, highly liquid/fluid, of low viscosity, low-viscosity, easily flowing

Dünnschnitt thin section, microsection

- ➤ **Semidünnschnitt** semithin section
- ➤ **Ultradünnschnitt** ultrathin section

Dunst (*pl* Dünste) vapor, fume(s); (Nebel) haze, mist

Dunstabzugshaube/Abzug fume hood, hood

Durchblutung circulation, blood supply, blood circulation

durchbrechen break through; burst, breach

durchbrennen burn through/out

durchfließen percolate, flow through

Durchfluss percolation, flowing through, flux

Durchflussanalyse continuous flow analysis (CFA)

- ➤ **Durchfluss-Elektrophorese** continuous flow electrophoresis (CFE)

Durchflussrate (Durchflussgeschwindigkeit) flow rate; (Verdünnungsrate) dilution rate

Durchflussreaktor (Bioreaktor) flow reactor

Durchflusszytometrie/ Durchflusscytometrie flow cytometry

Durchführung performance, realization, completion, implementation

Durchgang passage, passageway; walkthrough; *electr* throughput

Durchgangsprüfer *electr* continuity tester

Durchgangsquerschnitt *tech* cross sectional area

Durchgeh-Reaktion runaway reaction

Durchlass passage, passageway, opening, outlet, port, conduit, duct

durchlässig/permeabel pervious, permeable

- ➤ **halbdurchlässig/semipermeabel** semipermeable
- ➤ **undurchlässig/impermeabel** impervious, impermeable

Durchlässigkeit/Permeabilität perviousness, permeability

- ➤ **Halbdurchlässigkeit/ Semipermeabilität** semipermeability
- ➤ **Undurchlässigkeit/Impermeabilität** imperviousness, impermeability

durchlaufen flow through; pass, transit

Durchlaufgeschwindigkeit (Säule) *chromat* flow rate (mobile-phase velocity)

Durchlicht/Durchlichtbeleuchtung transillumination, transmitted light illumination

durchlüften (einen Raum) air (the room), ventilate; (belüften) aerate

Durchlüftung aeration, ventilation

Durchmischung mixing

Durchmustern/Durchtesten screening

durchnässt/durchweicht soggy, soaked, drenched; soaking wet

Durchreiche service hatch

Durchsatz (Durchsatzmenge) throughput; output; rate of flow, flow intensity

Durchsatzrate throughput rate

durchscheinend translucent, pellucid

durchschlagen *electr* break down, disrupt; blow out; *chromat/polym* (bluten: TLC) bleed (spotting)

Durchschläger/Durchschlagdorn (konisch) drift pin, drift pin punch, lineup punch

durchschneiden transect, cut through

Durchschnitt (Mittelmaß) average, mean; (schneiden) transection

Durchschnittsertrag average yield
Durchsickern *n* percolation
durchsichtig clear, transparent
durchsickern *vb* percolate; trickle,
seep through, ooze through
durchstoßen pierce (through)
Durchsuchung search(ing)
durchtränken (durchtränkt) soak
(soaked)
Durchtreiber/Austreiber (zylindrisch)
pin punch
Durchtreiber für Spannstifte
(Spannhülsen) mit Führungszapfen/
Spannstift-Austreiber mit
Führungszapfen roll pin punch
durchweichen soak, drench; soften
Durchzug (Luft) draft, draught (*Br*)
Dusche shower
➤ **Augendusche** eye-wash
(station/fountain)
➤ **Notdusche** emergency shower,
safety shower
➤ **,Schnellflutdusche'** quick drench
shower, deluge shower
Duschkopf showerhead, shower
head
Düse jet, nozzle; orifice
➤ **Extrudierdüse/Extruderdüse/**
Pressdüse *polym* extrusion die
➤ **Strahldüse** jet nozzle
➤ **Zerstäuberdüse** spray nozzle

E

Ebene/ebene Fläche *math/geom*
plane (flat/level surface)
➤ **Brennebene** focal plane
➤ **Sagittalebene**
(parallel zur Mittellinie) median
longitudinal plane
➤ **Schnittebene/Schnittfläche** cutting
face, cutting plane
Echtzeit real time

Edelgas inert gas, rare gas
Edelmetall precious metal, noble
metal
Edelstahl high-grade steel,
high-quality steel
Edelstahlschrubber stainless-steel
sponge
eichen/kalibrieren calibrate, adjust;
(Maße/Gewichte) standardize, gage,
gauge
Eichgerät calibrating instrument,
calibrator
Eichkurve calibration curve
Eichlösung calibrating solution
Eichmarke calibrating mark
➤ **auslaufgeeicht/auf Auslauf geeicht**
(EX) calibrated to deliver,
to deliver (TD), exclusion (EX)
➤ **einlaufgeeicht/auf Einlauf geeicht**
(IN) calibrated to contain, to contain
(TC), inclusion (IN)
Eichmaß calibrating standard,
standard (measure)
Eichung calibration, adjustment,
adjusting, standardization
Eiernährboden egg culture medium
Eigelb/Dotter/Eidotter yolk, egg yolk
Eigengewicht own weight; dead
weight, permanent weight; service
weight, unladen weight
Eignung/Fitness suitability, fitness
Eiklar/natives Eiweiss native egg
white
Eikultur (Hühnerei) chicken embryo
culture
Eimer bucket (plastic), pail (metal)
Eimeröffner pail opener
einarbeiten train;
(in ein Dokument etc.) work in
Einarbeitungsphase
(für Neubeschäftigte) training
period
einäschern incinerate

einatmen *vb* breathe in, inhale

Einatmung/Einatmen/Inspiration/ Inhalation inspiration, inhalation

einbalsamieren enbalm

einbasig monobasic

Einbau/Anschluss installation

Einbauten internal fittings, built-in elements, structural additions

Einbettautomat/Einbettungsautomat *micros* embedding machine, embedding center

einbetten *micros* embed

Einbettung *micros* embedding

Einbettungsmittel/Einschlussmittel mountant, mounting medium

Einbettungspräparat embedded specimen

eindämmen contain

Eindämmung containment

eindampfen (vollständig) reduce by evaporation (evaporate completely), boil down

Eindampfschale evaporating dish

Eindunsten evaporation

einengen/konzentrieren reduce, concentrate; (abdampfen) evaporate, boil down, concentrate by evaporation

einfachbrechend/isotrop isotropic

Einfachzucker/einfacher Zucker/ Monosaccharid single sugar, monosaccharide

Einfetten/Einschmieren lubrication, greasing, oiling

einfrieren freeze

einführen introduce; import

Einfülltrichter addition funnel; (Massetrichter/Granulattrichter) hopper

Eingabe input

➢ **Ausgabe** output

Eingang *electr* input; (Anschluss: Gerät) port

➢ **Ausgang** *electr* output

Eingangsdruck (HPLC) supply pressure

eingeschweißt welded on, welded to

Eingewöhnung acclimation, acclimatization

Eingewöhnungsphase establishment phase

Einhaltung (Vorschrift) observance, compliance

Einhängekühler/Kühlfinger suspended condenser, cold finger

Einhängethermostat/ Tauchpumpen-Wasserbad immersion circulator

Einheit (Maßeinheit) unit (measure)

einheitlich uniform

Einkapselung encapsulation

Einkauf/Erwerb purchase

einkochen/verkochen boil down

Einkristall/Monokristall monocrystal

Einlage *tech* (Einsatzstück) insert

Einlagerung inclusion, intercalation

Einlasssystem inlet system

einlesen (Daten) read in; scan

➢ **auslesen** read out

einloggen log on

➢ **ausloggen** log off

Einmal... /Einweg... /Wegwerf... single-use, disposable

Einmalhandschuhe single-use gloves, disposable gloves

einnehmen/etwas zu sich nehmen ingest

einordnen/einstufen/klassifizieren rank, classify

einpflanzen *bot* plant; *med* implant

einrichten (Labor/Mobiliar) equip, furnish; (Experiment etc.) install, set up

Einrichtung facility, installation; (Möbel etc.) furnishings; (Gerät) equipment

Einrichtungsgegenstände
furnishings, pieces of equipment,
fixtures, fittings, fitments
Einsalzen/Einsalzung *chem* salting in
Einsatz *tech* (Einsatzstück:
Gefäß etc.) insert, inset
Einsatzmenge amount (quantity) used/
employed/required, dose, dosage
Einsatztemperatur/Arbeitstemperatur
operating temperature
einsaugen suck in, draw in
Einsaugen (Rückschlag bei
Wasserstrahlpumpe etc.) suck-back
einschalten turn on, switch on
Einscheibensicherheitsglas (ESG)
tempered safety glass
Einschichtzellkultur monolayer cell
culture
Einschiebereaktion/Insertionsreaktion
insertion reaction
Einschlämmtechnik *chromat*
slurry-packing technique
Einschluss inclusion
**Einschlussgrad (physikalische/
biologische Sicherheit)**
containment level
Einschlussthermometer
enclosed-scale thermometer
Einschlussverbindung
chem inclusion compound
Einschlussverfahren
biotech immurement technique
Einschnitt incision, cut; indentation
Einschnürung constriction
einseitig/unilateral unilateral
Einsetzen/Beginn (einer Reaktion)
onset, start (of a reaction)
einspannen clamp, fix, attach; mount
Einspeisen/Einspeisung *tech* feed
Einspritzblock
injection port, syringe port
einspritzen/injizieren inject

Einspritzer injector
Einspritzung/Injektion injection
Einspritzventil injection valve,
syringe port
Einspritzvorrichtung injection device,
injector
Einstabmesskette (Elektode)
combination electrode
einstecken/anschließen *electr/tech*
plug in
einstellbar adjustable, tunable
einstellen (Gerät) adjust, tune,
modulate; standardize; (Lösung)
adjust, set, measure
Einstellknopf adjustment knob
Einstellschraube adjustment screw;
tuning screw
Einstellungen (eines Geräts) settings;
adjustment
Einstichkultur/Stichkultur (Stichagar)
micb stab culture
Einstichthermometer probe
thermometer
einstöpseln plug in, connect
Einstrom influx
➢ **Ausstrom** efflux
Einströmen ingression
**Einströmgeschwindigkeit/
Eintrittsgeschwindigkeit
(Sicherheitswerkbank)**
inlet velocity (hood)
Einströmöffnung
inlet, incurrent aperture
Einstufung/Kategorisierung
categorization
Eintauchkühler (mit Kühlsonde)
refrigerated chiller with immersion
probe
Eintauchkultur submerged culture
Eintauchrefraktometer immersion
refractometer, dipping
refractometer

Einteilung division; arrangement; classification; planning, scheduling; *tech* graduation, scale

eintopfen (Pflanze) pot

Eintopfreaktion *chem* one-pot reaction

Eintrag entry; *ecol* input

eintragen (z.B. Daten ins Laborbuch) enter; (bei Anmeldung) sign in

➤ **austragen (bei Abmeldung)** sign out

Eintrittsgeschwindigkeit/ Einströmgeschwindigkeit (Sicherheitswerkbank) face velocity (not same as 'air speed' at face of hood)

Eintrittspforte route of entry

Eintüten (Tüten/Säcke einfüllen) bagging

Einverständniserklärung agreement, consent

➤ **Einverständniserklärung nach ausführlicher Aufklärung** informed consent

Einwaage initial weight, original weight, amount weighed, weighed amount/quantity, weighed-in quantity

einwägen weigh in

Einweg... /Einmal... /Wegwerf... disposable

Einweghandschuhe disposable gloves

Einwegspritze disposable syringe

einweichen/einweichen lassen soak, drench, steep

einwertig/univalent/monovalent *chem* univalent, monovalent

Einwertigkeit/Univalenz *chem* univalence

einwiegen (nach Tara) weigh in (after setting tare)

Einwilligung/Zustimmung consent, agreement

➤ **Einhaltung** compliance

einwirken act, effect, contact, attack, interact

einwirken lassen (in einer Flüssigkeit) soak

➤ **reagieren lassen** let react

Einwirkung effect, action, impact

Einwirkungsdauer/Einwirkungszeit exposure time, duration of exposure, contact time

Einwirkzeit contact time

Einzeldosis single dose

Einzelhandel retail business, retail trade

Einzelhandelsgeschäft retail store

Einzelhandelspreis retail price

Einzelhändler retailer, retail dealer, retail vendor

Einzeller unicellular lifeform

einzellig single-celled, unicellular

Einzelmolekülspektroskopie single-molecule spectroscopy (SMS)

einzeln/solitär single, solitary

Eis ice

➤ **Trockeneis (CO_2)** dry ice

➤ **zerstoßenes Eis** crushed ice

Eisbad ice bath, ice-bath

Eisbehälter ice bucket

Eisen (Fe) iron

➤ **Brecheisen** crowbar, jimmy

➤ **Gusseisen** cast iron

➤ **Tempereisen/Temperguss** malleable iron, malleable cast iron, wrought iron

Eisenkies pyrite

eisenregulierender Faktor iron-regulating factor (IRF)

Eisessig glacial acetic acid

Eiskernaktivität *micb* ice nucleating activity

Eiskratzer ice scraper

Eisschnee (fürs Eisbad) snow, crushed ice

Eisüberzug/überfrorene Nässe/ gefrorener Regen sleet, glaze, frozen rain

Eiweiß (Ei) egg white, egg albumen; (Protein) protein

➢ **aus Eiweiß bestehend/Eiweiß ... / proteinartig/proteinhaltig/Protein ...** proteinaceous

➢ **denaturiertes Eiweiß** denatured egg white

➢ **natives Eiweiß/Eiklar** native egg white

eiweißlos exalbuminous

Ekzem eczema

Elastizität elasticity

Elastizitätsgrenze/Dehngrenze yield strength

‚Elefantenfuß'/Rollhocker (runder Trittschemel mit Rollen) (rolling) step-stool

Elektriker electrician

Elektrizität electricity

➢ **Ladung (Elektrizitätsmenge)** charge, electric charge

➢ **statische Elektrizität** static electricity

Elektroabscheidung electroprecipitation

Elektrode electrode

➢ **Bezugselektrode** reference electrode

➢ **Einstabmesskette** combination electrode

➢ **ionenselektive Elektrode** ion-selective electrode (ISE)

➢ **Quecksilbertropfelektrode** dropping mercury electrode (DME)

➢ **Stabelektrode/Schweißelektrode** stick electrode, welding stick, welding rod

➢ **Tropfelektrode** dropping electrode

➢ **Wasserstoffelektrode** hydrogen electrode

Elektrodialyse electrodialysis

Elektroencephalogramm (EEG) electroencephalogram

elektrogen electrogenic

Elektrogerät electrical appliance, electrical device

Elektroimmunodiffusion electroimmunodiffusion, counter immunoelectrophoresis

Elektrokardiogramm (EKG) electrocardiogram

Elektrolyse electrolysis

Elektrolysezelle/Elektrolysierzelle cell

Elektrolyt electrolyte

elektrolytische Dissoziation electrolytic separation

elektromotorische Kraft (EMK) electromotive force (emf/E.M.F.)

Elektron electron

➢ **Außenelektron** outer electron

➢ **Bindungselektron** binding electron

➢ **Einzelelektron** single electron

➢ **freies Elektron** free electron

➢ **gepaartes Elektron** paired electron

➢ **Rumpfelektron** inner-shell electron

➢ **ungepaartes Elektron/einsames Elektron** odd electron

➢ **Valenzelektron** valence electron, valency electron

Elektronenakzeptor electron acceptor

Elektronendonor/Elektronenspender electron donor

Elektroneneinfangdetektor electron capture detector (ECD)

Elektronen-Energieverlust-Spektroskopie electron energy loss spectroscopy (EELS)

Elektronenmikroskopie electron microscopy (EM)
- ➤ **Höchstspannungselektronen-mikroskopie** high voltage electron microscopy (HVEM)
- ➤ **Immun-Elektronenmikroskopie** immunoelectron microscopy (IEM)
- ➤ **Rasterelektronenmikroskopie (REM)** scanning electron microscopy (SEM)
- ➤ **Transmissionselektronenmikro-skopie/Durchstrahlungselektronen-mikroskopie** transmission electron microscopy (TEM)

Elektronenpaar electron pair
- ➤ **freies/einsames/nichtbindendes Elektronenpaar** lone pair

Elektronenraffer/Elektronenempfänger electron acceptor

Elektronenspender/Elektronendonor electron donor

Elektronen-Spinresonanzspektroskopie (ESR)/Elektronenparamagnetische Resonanz (EPR) electron spin resonance spectroscopy (ESR), electron paramagnetic resonance EPR)

Elektronenstoß-Ionisation electron-impact ionization (EI)

Elektronenstoß-Spektrometrie electron-impact spectrometry (EIS)

Elektronenstrahl-Mikrosondenanalyse (EMA) electron microprobe analysis (EMPA)

Elektronenstreuung electron scattering

Elektronentransport electron transport

Elektronentransportkette electron-transport chain

Elektronenüberträger electron carrier

Elektronenübertragung electron transfer

elektroneutral electroneutral (electrically silent)

elektronisch electronic

Elektroosmose/Elektroendosmose electro-endosmosis, electro-osmotic flow (EOF)

elektrophiler Angriff electrophilic attack

Elektrophorese electrophoresis
- ➤ **Direkttransfer-Elektrophorese/Blotting-Elektrophorese** direct transfer electrophoresis, direct blotting electrophoresis
- ➤ **Diskelektrophorese/diskontinuierliche Elektrophorese** disk electrophoresis
- ➤ **Durchfluss-Elektrophorese** continuous flow electrophoresis (CFE)
- ➤ **freie Elektrophorese** free electrophoresis (carrier-free electrophoresis)
- ➤ **Gegenstromelektrophorese/Überwanderungselektrophorese** countercurrent electrophoresis
- ➤ **Gelelektrophorese** gel electrophoresis
- ➤ **Gelgießstand/Gelgießvorrichtung** gel caster
- ➤ **Gelträger/Geltablett** gel tray
- ➤ **Isotachophorese/Gleichgeschwindigkeits-Elektrophorese** isotachophoresis (ITP)
- ➤ **Kapillarelektrophorese** capillary electrophoresis (CE)
- ➤ **Kapillar-Zonenelektrophorese** capillary zone electrophoresis (CZE)
- ➤ **Papierelektrophorese** paper electrophoresis

➢ **Puls-Feld-Gelelektrophorese** pulsed field gel electrophoresis (PFGE)

➢ **Säulenelektrophorese** column electrophoresis

➢ **Tasche/Vertiefung (Elektrophorese-Gel)** well, depression (at top of gel)

➢ **Trägerelektrophorese/ Elektropherografie** carrier electrophoresis

➢ **Überwanderungselektrophorese/ Gegenstromelektrophorese** countercurrent electrophoresis

➢ **Wechselfeld-Gelelektrophorese** alternating field gel electrophoresis

➢ **Zonenelektrophorese** zone electrophoresis

elektrophoretisch electrophoretic

elektrophoretische Mobilität electrophoretic mobility

Elektroplaque (*pl* Elektroplaques/*slang*: Elektroplaxe) electroplaque

elektroplatieren electroplating

Elektroporation electroporation

Elektroretinogramm (ERG) electroretinogram

Elektrospray electrospray

Elektrotom electrotome (electric scalpel)

elektrotonisches Potenzial electrotonic potential

Element element

➢ **elektrochemisches Element/Zelle** cell

➢ **Halbelement (galvanisches)/ Halbzelle** half cell, half element (single-electrode system)

➢ **Korrosionselement (galvanisches)** corrosion cell

➢ **Lokalelement (galvanisches)** local element, local cell (corrosion)

➢ **Periodensystem (der Elemente)** periodic table (of the elements)

➢ **Spurenelement/Mikroelement** trace element, microelement, micronutrient

➢ **Thermoelement** thermocouple

Elementaranalyse elementary analysis

Elementarzelle unit cell

ELISA (enzymgekoppelter Immunadsorptionstest/ enzymgekoppelter Immunnachweis) ELISA (enzyme-linked immunosorbent assay)

Ellagsäure ellagic acid, gallogen

eloxieren anodize, anodically oxidize, oxidize by anodization (electrolytic oxidation)

Eloxierung anodization, anodic oxidation

Eluat eluate

eluieren elute (eluate)

eluotrope Reihe (Lösungsmittelreihe) eluotropic series

Elutionskraft eluting strength (eluent strength)

Elutionsmittel/Eluens (Laufmittel) eluent, eluant

Elutriation/Aufstromklassierung elutriation

Emaille/Email porcelain enamel

embryotoxisch embryotoxic

Emission/Ausstoss/Ausstrahlung emission

Emissionsgasthermoanalyse evolved gas analysis (EGA)

Emissionskoeffizient emissivity coefficient (absorptivity coefficient)

emittieren/aussenden emit

Empfänger *phys/tech* receiver; (Rezeptor) receptor; (Adressat/ Konsignatar) consignee

empfänglich receptive

Empfangsgerät receiver

Empfehlung recommendation
empfindbar perceptible, sensible
Empfindbarkeit sensibility,
   sensitiveness
empfinden/fühlen/spüren feel,
   sense, perceive
empfindlich (sensitiv/leicht
   reagierend) sensitive;
   (reizempfänglich) irritable, sensible;
   (zerbrechlich: z.B. Pflanze/
   Ökosystem) tender, fragile
Empfindlichkeit *photo/micros*
   sensitivity; (Anfälligkeit)
   susceptibility
Empfindung sensation, perception
empfohlener täglicher Bedarf
   recommended daily allowance
   (RDA)
empirisch empiric(al)
empirische Formel empirical formula
Emulgator emulsifier, emulsifying
   agent
emulgieren emulsify
Emulsion emulsion
Enantiomer enantiomere
Endbild *micros* final image
endergon/energieverbrauchend
   endergonic
Endgruppenbestimmung end group
   analysis, terminal residue analysis
Endoskopie endoscopy
endotherm endothermic
Endprodukt end-product
Endprodukthemmung/
   Rückkopplungshemmung
   end-product inhibition, feedback
   inhibition
Endpunktsbestimmung
   end-point determination
Endpunktverdünnungsmethode
   (Virustitration)
   end-point dilution technique
endständig terminal, terminate

Energetik energetics
energetisch energetic
Energie energy
➢ **Aktivierungsenergie** activation
   energy, energy of activation
➢ **Auftrittsenergie (MS)** appearance
   energy
➢ **Bewegungsenergie/kinetische**
   Energie energy of motion, kinetic
   energy
➢ **Bindungsenergie** binding energy,
   bond energy
➢ **Erhaltungsenergie** maintenance
   energy
➢ **Gitterenergie** lattice energy
➢ **Mindestzündenergie** minimum
   ignition energy
➢ **Schwingungsenergie** oscillatory
   energy
➢ **Solarenergie/Sonnenenergie** solar
   energy
➢ **Strahlungsenergie** radiant energy
➢ **Überschussenergie** excess energy,
   surplus energy
➢ **Vibrationsenergie** vibrational
   energy, vibration energy
➢ **Wärmeenergie/thermische Energie**
   heat energy, thermal energy
Energieart/Energieform energy form
Energieaufnahme energy uptake,
   energy absorption
Energiebarriere energy barrier
Energiebedarf energy requirement
Energiebilanz energy balance,
   energy budget
Energieeffizienz energy efficiency
Energieerhaltungssatz law of
   conservation of energy
Energiefluss energy flux, energy flow
Energieladung energy charge
Energieniveau energy level
Energieprofil energy profile
Energiequelle energy source

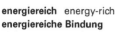

energiereich energy-rich

energiereiche Bindung
high energy bond

energiereiche Verbindung
high energy compound

Energierückgewinnung energy
retrieval, energy recuperation

Energiesparlampe energy-saving
lightbulb

Energiestoffwechsel energy
metabolism

Energieübergang/
Energieübertragung/
Energietransfer energy transfer

Energieverbrauch energy
consumption, energy use

Energieverlust-Spektroskopie
electron energy loss spectroscopy
(EELS)

Energieversorgung energy supply;
(Strom) power supply

Energiezufuhr/Energiezuführung
energy supply

Enghals ... narrow-mouthed,
narrowmouthed, narrow-neck,
narrownecked

Engländer/Rollgabelschlüssel
adjustable wrench

Engpass/Flaschenhals bottleneck

entarten/degenerieren degenerate

entartet/degeneriert (IR) degenerate

Entartung degeneration, degeneracy

Entartungsgrad (IR) degree of
degeneracy

Entdifferenzierung/Dedifferenzierung
dedifferentiation

Entfärbung decoloration, bleaching

entfetten degrease

Entfeuchter demister; (Gerät)
dehumidifier

entflammbar/brennbar/entzündlich
flammable, inflammable

➤ **flammbeständig/flammwidrig**
flame-resistant

➤ **nicht entflammbar/nicht brennbar**
nonflammable, incombustiblev

➤ **schwer entflammbar** flameproof,
flame-retardant

Entflammbarkeit/Brennbarkeit/
Entzündbarkeit flammability

entgasen degas, degasify, outgas,
vent, devolatilize

Entgasen/Entgasung degassing,
gassing-out, devolatilization

entgiften detoxify

Entgiftung detoxification

Entgiftungszentrale/Entgiftungsklinik
poison control center/clinic

entgraten/abgraten debur

Entgrater deburring tool, deburrer

Enthalpie enthalpy

enthärten soften

Enthefter/Entklammerer/
Klammerentferner staple remover

Enthemmung/Disinhibition
disinhibition

Entionisierung deionizing

entkalken (ein Gerät entkalken)
descale

Entkalkung/Dekalzifizierung
decalcification

entkernen core; (Zelle) enucleate

entkoppeln uncouple, decouple,
release

Entkoppler uncoupler, uncoupling
agent

Entkopplung decoupling,
uncoupling, release

entladen *tech/mech* unload; *electr*
discharge

Entladung discharge

entleeren (ausleeren/auskippen) empty
out; (luftleer pumpen/herauspumpen)
evacuate, drain, discharge

Entleeren/Entleerung
(eines Gefäßes; allgemein)
empty(ing) out, pour out;
(Flüssigkeit) drain, drainage;
(Gas/Luft) deflation
entlüften vent; degas, deaerate
Entlüftung ventilation, venting;
degassing; air extraction
Entlüftungsventil purge valve,
pressure-compensation valve,
venting valve
entmischen segregate, separate out,
reseparate
Entmischung segregation,
separation, reseparation
Entnahme removal, withdrawal;
taking out; (einer Probe) sampling
Entparaffinierungsmittel
micros decerating agent
(for removing paraffin)
Entropie entropy
entsalzen desalt; desalinate
Entsalzen/Entsalzung desalting;
desalination
Entschädigungzahlung/
Kompensationszahlung
bei Arbeitsunfällen od.
Berufskrankheiten
workman's compensation
Entschäumer/Antischaummittel
antifoam, antifoaming agent,
defoamer, defoaming agent,
defrother, foam killer
Entschirmung (NMR) deshielding
entschwefeln desulfurize, desulfur
Entschwefelung desulfurization,
desulfuration
Entseuchung/Dekontamination/
Dekontaminierung/Reinigung
decontamination
entsorgen dispose of, remove
Entsorgung waste disposal, waste
removal

➤ **unsachgemäße Entsorgung**
improper disposal
Entsorgungsfirma/
Entsorgungsunternehmen
disposal firm
entspannen *tech/mech* decompress;
physiol relax
entspannt/relaxiert (Konformation)
relaxed
Entspannung decompression;
physiol relaxation
Entspannungs-Destillation/
Flash-Destillation flash distillation
Entspannungsmittel/
oberflächenaktive Substanz
surfactant; surface-active substance
Entstörfilter *electr* noise filter
Entwarnung all-clear
entwässern (Entfernen von Wasser)
dewater; (dehydratisieren)
dehydrate; (drainieren) drain
Entwässerung (Entwässern/
Entfernung von Wasser)
dewatering; (Dehydratation)
dehydration; (Drainage) drainage,
draining
Entweichen (entweichen lassen)
release; (,passiv') escape
entweichen (Gas etc.) escape
entwickeln/entstehen develop,
emerge, unfold
Entwickler *photo* developer
Entwicklungsgenetik developmental
genetics
Entwicklungsstadium
(*pl* Entwicklungsstadien)/
Entwicklungsphase
developmental stage/phase
Entwurf/Plan/Design design
entzündbar ignitable
Entzündbarkeit ignitability
entzünden/entflammen/anbrennen
chem inflame, ignite

entzündet *med* inflamed
entzündlich (entflammbar/brennbar)
  chem flammable, inflammable;
  med inflammed, inflammatory
➢ **hoch entzündlich** extremely
  flammable
➢ **leicht entzündlich/leicht brennbar**
  highly flammable
➢ **nicht entzündlich/nicht brennbar**
  nonflammable, incombustible
➢ **schwer entzündlich** hardly
  flammable, flame-resistant
➢ **selbstentzündlich** spontaneously
  flammable, self-igniting
Entzündung *chem/med* inflammation
➢ **Infektion** infection
Enzym/Ferment enzyme
➢ **Apoenzym** apoenzyme
➢ **Coenzym/Koenzym** coenzyme
➢ **Holoenzym** holoenzyme
➢ **Isozym/Isoenzym** isozyme,
  isoenzyme
➢ **Kernenzym (RNA-Polymerase)** core
  enzyme
➢ **Leitenzym** tracer enzyme
➢ **Multienzymkomplex/**
  Multienzymsystem/Enzymkette
  multienzyme complex,
  multienzyme system
➢ **Proenzym/Zymogen** proenzyme,
  zymogen
➢ **progressiv arbeitendes Enzym**
  processive enzyme
➢ **Reparaturenzym** repair enzyme
➢ **Restriktionsenzym** restriction
  enzyme
➢ **Schlüsselenzym** key enzyme
➢ **Verdauungsenzym** digestive
  enzyme
Enzymaktivität (*katal*) enzyme
  activity
enzymatisch enzymatic

enzymgekoppelter
  Immunadsorptionstest/
  enzymgekoppelter Immunnachweis
  (ELISA) enzyme-linked
  immunosorbent assay (ELISA)
enzymgekoppelter
  Immunoelektrotransfer
  enzyme-linked immunotransfer blot
  (EITB)
Enzymhemmung enzymatic
  inhibition, repression/inhibition of
  enzyme
Enzymimmunoassay/
  Enzymimmuntest (EMIT-Test)
  enzyme-immunoassay, enzyme
  immunassay (EIA)
Enzymkinetik enzyme kinetics
Enzymreaktion enzymatic reaction
Enzymspezifität enzymatic
  specificity, enzyme specificity
Enzymtechnik enzyme engineering
Epidemie epidemic
Epidemiologie epidemiology
epidemiologisch epidemiologic(al)
epidermal/Haut../die Haut betreffend
  epidermal, cutaneous
Epidermis epidermis
Epimerisierung epimerization
Epithel (*pl* Epithelien)
  epithelium (*pl* epithelia)
erben/ererben inherit
Erbfaktor/Gen gene
Erbgang/Vererbungsmodus mode of
  inheritance
Erbgut/Genom hereditary material,
  genome
Erbinformation hereditary
  information, genetic information
Erbkrankheit/erbliche Erkrankung
  hereditary disease, genetic disease,
  inherited disease, heritable disorder,
  genetic defect, genetic disorder

Erbleiden/angeborener Fehler
inborn error

erblich/hereditär hereditary,
heritable

Erbmerkmal hereditary trait

Erbrechen vomiting

> **provoziertes Erbrechen** induced
vomiting

Erbschaden/genetischer Schaden
genetic hazard

Erbträger/Erbsubstanz hereditary
material

Erdbeschleunigung acceleration of
gravity

Erde/Erdboden/Erdreich soil,
ground, earth

Erde/Erdung *electr* ground

Erde/Welt Earth, world

Erdfehler/Erdschluss ground fault

Erdgas natural gas

Erdöl/Petroleum petroleum, (Rohöl)
crude oil

Erdreich/Erdboden/Erde soil,
ground, earth

Erdschlussstrom/Fehlerstrom
ground fault current (leakage
current)

erfassen (aufnehmen) acquire,
record; (bewerten) assess

Erfassung (Aufnahme von
Ergebnissen etc.) acquiring,
acquisation, recording; (Bewertung)
assessment

Erhaltungsenergie maintenance
energy

Erhaltungskoeffizient maintenance
coefficient (m)

erheben *math/stat* survey

Erhebung *math/stat* survey

erhitzen heat

erholen recover

Erholung recovery

erkalten (lassen) (let) cool

Erkältung (viraler Infekt) cold

Erkennungssequenz-
Affinitätschromatographie
recognition site affinity
chromatography

erkranken fall ill, get sick, sicken,
contract a disease

Erkrankung illness, sickness, disease,
disorder (Störung)

Erlaubnis permission

Erlenmeyer Kolben Erlenmeyer flask

ermitteln (bestimmen/herausfinden)
determine, investigate, check;
(finden) trace, locate, find out,
discover

Ermittlungsergebnisse test results
(of an investigation)

ermüden fatigue; tiring, become tired

Ermüdung fatigue, tiring

> **Materialermüdung** material fatigue

ernähren (nähren/füttern) nurture,
feed; (sich von etwas ernähren/
leben von) (Mensch) eat
something, live on; (Tiere) feed on
something

Ernährung/Nahrung food, diet,
nourishment, nutrition; (Füttern)
feeding, nourishing

Ernährungswissenschaft/Diätetik
nutrition (nutrition science/nutrition
studies), dietetics

Ernte harvest

ernten harvest

erregbar excitable, irritable, sensitive

Erregbarkeit excitability, irritability,
sensitivity

erregen excite, irritate

erregend/exzitatorisch excitatory

Erreger (Fluoreszenzmikroskopie)
exciter

> **Krankheitserreger** disease-causing
agent, pathogen

Erregerfilter/Excitationsfilter
(Fluoreszenzmikroskopie) exciter
filter, excitation filter

erregter Zustand/angeregter Zustand
chem/med/physiol excited state
Erregung (Aufregung) arousal,
excitement; (Impuls) impulse;
(Irritation) excitation, irritation
Erregungsleitung transmission of
signals, impulse propagation
erreichen/sich annähern/
näherkommen/annähern
(z.B. einen Wert) approach (*vb*)
(e.g., a value)
Ersatz substitute, replacement
Ersatzbatterie replacement battery
Ersatzbirnchen *electr* replacement
bulb/lamp
Ersatzname substitute name
Ersatzstoff substitute substance
Ersatzteile spare parts, replacement
parts
Ersatztherapie substitution therapy
Erscheinungsbild/Erscheinungsform
appearance
Erschwerniszulage extra pay (bonus/
compensation) for difficult working
conditions
ersetzen replace
erstarren freeze
Erste Hilfe/Erstbehandlung first aid
Erste-Hilfe Ausrüstung first-aid
supplies
Erste-Hilfe-Kasten (Erste-Hilfe-Koffer)
first-aid kit; (Medizinschrank/
Medizinschränkchen) first-aid
cabinet, medicine cabinet
Ersthelfer first-aider
ersticken suffocate
Ersticken suffocation
erstickend (chem.
Gefahrenbezeichnung)
asphyxiant
Ertrag/Ausbeute yield
Ertragsklasse/Ertragsniveau/
Bonität yield level, quality class

Ertragskoeffizient/
Ausbeutekoeffizient/ökonomischer
Koeffizient yield coefficient (Y)
Ertragsminderung yield reduction
Ertragssteigerung yield increase
erwärmen heat, warm (warm up)
erhitzen heat (heat up)
Erwärmung heating, warming
erwerben acquire
Erythrozytenschatten/Schatten
(leeres/ausgelaugtes rotes
Blutkörperchen) erythrocyte ghost
Erz ore
erzeugen produce, make
Erzeuger/Produzent producer;
(Müll etc.) generator
ESR (Elektronenspinresonanz) ESR
(electron spin resonance)
essbar edible, eatable
➢ **nicht essbar** inedible, uneatable
Essbarkeit edibility, edibleness
essen eat
Essen food; (Mahlzeit) meal
essentiell essential
essentielle Aminosäure essential
amino acids
Essenz *chem/pharm* essence
➢ **Fruchtessenz** fruit essence
Essig vinegar
Essigsäure/Ethansäure (Acetat)
acetic acid, ethanoic acid (acetate)
➢ **,aktivierte Essigsäure'/Acetyl-CoA**
acetyl CoA, acetyl coenzyme A
Essigsäureanhydrid acetic anhydride,
ethanoic anhydride, acetic acid
anhydride
Ether/Äther ether
➢ **ausethern** extract with ether, shake
out with ether
➢ **Petrolether/Petroläther** petroleum
ether
Etherfalle ether trap
Etikett label, tag

➤ **Namensetikett** name tag
etikettieren/markieren tag
Etikettierung labelling, tagging
Etui case
eutektischer Punkt eutectic point
Eutervorlage/Verteilervorlage/
  ‚Spinne' *dest* cow receiver adapter,
  'pig', multi-limb vacuum receiver
  adapter (receiving adapter for
  three/four receiving flasks)
eutroph (nährstoffreich) eutrophic
Evakuierungsplan evacuation plan
Evaporator evaporator, concentrator
➤ **Vakuum- Evaporator** vacuum
  concentrator, speedy vac
Evaporimeter/Verdunstungsmesser
  evaporimeter, evaporation gauge,
  evaporation meter
Excision/Exzision/Herausschneiden
  excision
Exclusion/Exklusion/Ausschluss
  exclusion
Exemplar/Muster/Probe specimen
  (*pl* specimens), sample
exergon/exergonisch/
  energiefreisetzend exergonic,
  exothermic, liberating energy
Exklusion/Ausschluss exclusion
Exkremente excretions
Exkret/Exkretion excretion
Exkursion excursion, field trip
exogen exogenic, exogenous
exotherm exothermic
Expansionsstück (Laborglas)
  expansion adapter, enlarging
  adapter
experimentieren experiment
Expertenwissen expertise
Expiration/Ausatmen expiration
Explantat explant
explodieren explode, blow up
Explosion explosion, blowup

➤ **Gasexplosion** gas explosion
➤ **Staubexplosion** dust explosion
➤ **Verpuffung** deflagration
Explosionsgefahr explosion hazard,
  hazard of explosion
explosionsgefährlich
  (Gefahrenbezeichnungen)
  explosive (E)
explosionsgeschützt/explosionssicher
  explosionproof
Explosionsgrenze explosive limit
➤ **obere Explosionsgrenze (OEG)**
  upper explosive limit (UEL) =
  upper flammable limit (UFL) =
  upper flammability limit (UFL)
➤ **untere Explosionsgrenze (UEG)**
  lower explosive limit (LEL) =
  lower flammable limit (LFL) =
  lower flammability limit (LFL)
explosiv explosive
Explosivstoff (*siehe:* **Sprengstoff)**
  explosive
➤ **Schießstoff/Schießmittel**
  low explosive
➤ **Sprengstoff** explosive
exponentielle Wachstumsphase/
  exponentielle Entwicklungsphase
  exponential growth phase
Exposition/Ausgesetztsein *med/*
  chem exposure
exprimieren express
Exsikkator desiccator; drying cabinet
Exsudat/Absonderung/Abscheidung
  exudate, exudation, secretion
Extinktionskoeffizient extinction
  coefficient, absorptivity
extrahieren/herauslösen extract
Extrakt/Auszug extract
➤ **alkalischer Extrakt** alkaline extract
➤ **alkoholischer Extrakt** alcoholic
  extract
➤ **Fleischextrakt** *micb* meat extract

➢ **Hefeextrakt** yeast extract
➢ **Rohextrakt** crude extract
➢ **Sodaextrakt/Sodaauszug** soda extract
➢ **wässriger Extrakt** aqueous extract
➢ **Zellextrakt** cell extract
➢ **zellfreier Extrakt** cell-free extract
Extraktion extraction
➢ **Fest-Flüssig-Extraktion** solid-liquid extraction (SLE)
➢ **Festphasenextraktion** solid-phase extraction (SPE)
➢ **Fluidextraktion/Destraktion/ Hochdruckextraktion (HDE)** supercritical fluid extraction (SFE)
➢ **Flüssig-Flüssig-Extraktion** liquid-liquid extraction (LLE)
➢ **Gegenstromextraktion** countercurrent extraction (CCE)
➢ **Ionenpaar-Extraktion** ion-pair extraction
➢ **kontinuierliche Extraktion** continuous extraction
➢ **Lösungsmittel-Extraktion** solvent extraction
➢ **Rückextraktion/Strippen** back extraction, back-extraction, stripping
➢ **Thermodesorption (TDS)** thermodesorption
Extraktionsaufsatz (Soxhlet) extractor
Extraktionshülse extraction thimble
Extraktionszange *dent* (Zähne) extraction forceps
extrapolieren (hochrechnen) extrapolate
Extrudierdüse/Extruderdüse/ Pressdüse *polym* extrusion die
extrudieren (herausdrücken/ herauspressen) extrude (push out)
Extrusion/Extrudieren/Strangpressen *polym* extrusion

F

Fachbezeichnungen/Terminologie terminology
Fächer fan
Fächerung/Kompartimentierung/ Unterteilung compartmenta(liza)tion, sectionalization, division
Fachgebiet specialty, special field, field of specialization
Fachkenntnis/Sachkenntnis/ Expertenwissen expertise
Fachsprache/Fachterminologie terminology
Fackel torch
FACS (fluoreszenzaktivierte Zelltrennung/Zellsortierung) FACS (fluorescence-activated cell sorting)
Faden filament, thread
Fadenkreuz crosshairs; reticle, reticule
Fadenzähler pick counter, pick glass, linen counter, linen tester, thread counter, folding magnifier (eye loupe)
Fahrgestell (Kistenroller/Fassroller etc.) dolly
Fäkalien (Kot & Harn) fecal matter (incl. urin) (*see:* Fäzes/Kot)
Faktor factor
➢ **begrenzender Faktor** *ecol* limiting factor
➢ **dichteabhängiger Faktor** *ecol* density-dependent factor
➢ **dichteunabhängiger Faktor** *ecol* density-independent factor
➢ **Umweltfaktoren** environmental factors
fakultativ facultative, optional
Fall *med* case
Falle trap
fallen fall
Fällen/Ausfällen/Ausfällung/ Präzipitation *chem* precipitation

fällen/ausfällen/präzipitieren
chem precipitate
Fällfraktionierung precipitating
fractionation
Fallmischer tumbler, tumbling mixer
Fallrohr downpipe
Fallstrombank vertical flow
workstation/hood/unit
Fällung/Ausfällung (Präzipitation)
precipitation; (Präzipitat) precipitate
> **fraktionierte Fällung** fractional
precipitation
> **Mitfällung** coprecipitation
> **Nachfällung** postprecipitation
Fällungsmittel precipitant,
precipitating agent
Fällungstitration precipitation
titration
Fallzahl *stat* sample size
falsch false, spurious
fälschen fake, falsify, forge, fabricate
falschpositiv (falschnegativ)
false-positive (false-negative)
Fälschung/‚Erfindung' fabrication,
faking, falsification
> **gefälschte Daten** fabricated data
Falte fold, plication, wrinkle
Faltenfilter folded filter
Falthandtuch folded paper towel
faltig folded, pleated, plicate(d)
Fänger catcher, trap, collector
Fangsonde capture probe
Faradaykäfig Faraday cage
Farbanpassung color-matching
Färbbarkeit *micros* stainability
Färbegestell staining tray
Färbeglas/Färbetrog/Färbewanne
micros staining dish/jar/tray
Färbekasten staining dish
Färbemethode/Färbetechnik staining
method/technique
färben/einfärben dye, add color,
add pigment; (kontrastieren) *tech/
micros* stain

Färben/Färbung/Einfärbung/
Kontrastierung (nonpermanent)
color, coloring; (permanent) dye,
dyeing, stain, staining
Farbensehen color vision
Farbmarker *electrophor* tracking dye
Farbstoff/Pigment dye, dyestuff;
colorant, pigment; *micros* stain; (in
Nahrungsmitteln) colors, coloring
> **Direktfarbstoff/direktziehender**
Farbstoff direct dye
> **Fluoreszenzfarbstoff** fluorescent
dye
> **künstliche Farbstoffe** artificial
colors, artificial coloring
> **Naturfarbstoff** natural dye; (foods)
natural coloring
> **natürliche Farbstoffe** natural colors,
natural coloring
> **Reaktivfarbstoff** reactive dye
> **Supravitalfarbstoff** supravital dye,
supravital stain
> **Vitalfarbstoff/Lebendfarbstoff**
vital dye, vital stain
Farbton/Tönung/Schattierung hue
Farbumschlag/Farbänderung color
change
Färbung (durch Farbstoffzugabe)
micros staining
> **Lebendfärbung/Vitalfärbung** vital
staining
> **Supravitalfärbung** supravital
staining
Färbung (Farbton/Pigmentation)
color, shade, tint, tone,
pigmentation, coloration; *micros*
(durch Farbstoffzugabe) staining
> **Lebendfärbung/Vitalfärbung** vital
staining
Faser(n) fiber(s)
> **Ballaststoffe (diätetisch)** dietary
fiber
> **Carbonfaser/Kohlenstofffaser**
carbon fiber (CF)

> **Glasfaser/Faserglas** fiberglass
> **Hohlfaser** hollow fiber
> **Nanofaser** nanofiber
> **Textilfaser** textile fiber

faserig/fasrig fibrous, stringy

**Faseroptik/Glasfaseroptik/
Fiberglasoptik** fiber optics

Faserstoff/Fasergewebe woven
fabric

Faserstoffplatte fiberboard

faserverstärkt fiber-reinforced

Fass barrel, drum, vat, tub, keg, tun;
(Holzfass) cask

Fassöffner barrel opener

Fasspumpe barrel pump, drum pump

**Fassschlüssel (zum Öffnen von
Fässern)** drum wrench

Fassung/Steckbuchse *electr* socket,
receptacle

> **Gewindefassung** screw-base socket

Fassungsvermögen capacity

Fassventil (Entlüftung) drum vent

Fasten *n* fasting

fasten *vb* fast

faul/modernd foul, rotten, decaying,
decomposing

Faulbehälter (Abwässer) septic tank

Fäule rot, mold, mildew, blight

faulen rot, decay, decompose,
disintegrate; (im Faulturm der
Kläranlage) digest

Faulgas/Klärgas (Methan) sludge
gas, sewage gas

Fäulnis decay, rot, putrefaction

Fäulnisbakterien putrefactive
bacteria

**Fäulnisernährer/Fäulnisfresser/
Saprovore/Saprophage**
saprophage, saprotroph, saprobiont

fäulniserregend/saprogen saprogenic

Faulschlamm (*speziell:* ausgefaulter
Klärschlamm) sewage sludge
(*esp.*: excess sludge from digester)

Faulschlamm/Sapropel sludge,
sapropel

> **Halbfaulschlamm/Grauschlamm/
Gyttia/Gyttja** gyttja, necron mud

Faulschlammgas sewer gas

Faulturm digester, digestor, sludge
digester, sludge digestor

Fäustel club hammer

> **Handfäustel** mallet;
(Gummihammer) rubber mallet

Fäzes/Kot feces; (Stuhl) human feces

Fazies facies

FCKW (Fluorchlorkohlenwasserstoffe)
CFCs (chlorofluorocarbons/
chlorofluorinated hydrocarbons)

**Federklammer (für Kolben: Schüttler/
Mischer)** (four-prong) flask clamp

**Federkörner (selbstauslösender
Körner)** spring punch,
spring-loaded center punch

Federring split lock washer, spring
lock washer

Federsplint hairpin cotter, hair pin
cotter, hitch pin clip, bridge pin,
R clip

fegen/kehren sweep (up)

Fehlbildung malformation

fehlend lacking, missing, wanting

Fehler error, mistake; defect

> **mittlerer quadratischer Fehler/
Normalfehler** root-mean-square
error (RMS error)

> **statistischer Fehler** statistical error

> **systematischer Fehler/Bias**
systematic error, bias

> **zufälliger Fehler/Zufallsfehler**
random error

fehlerhaft erroneous, mistaken,
flawed; (falsch) incorrect, wrong,
false

Fehlermeldung/Falschmeldung
false report

> **Fehleranzeige** malfunction report

fehlernährt malnourished

Fehlernährung malnutrition

Fehlerquelle source of error/mistake; source of trouble/defect

Fehlerstrom/Erdschlussstrom ground fault current (leakage current)

Fehlerstrom-Schutzschalter (FI-Schalter) ground fault current interrupter (GFCI), ground fault interruper (GFI), residual current device (RCD), residual current circuit breaker (RCCB)

Fehlersuche troubleshooting

Fehlingsche Lösung Fehling's solution

Fehlzünden/Fehlzündung misfire, backfire

Feile file
- ➢ **Holzfeile** wood file
- ➢ **Metallfeile** metal file
- ➢ **Mühlsägefeile** mill file
- ➢ **Nadelfeile** needle file

Feilspäne (Metallfeilspäne) filings (metal)

Feinabgleich fine tuning, sharp tuning

Feinbau/Feinstruktur fine structure
- ➢ **Ultrastruktur** ultrastructure

Feinchemikalien fine chemicals

Feinjustierschraube/Feintrieb *micros* fine adjustment knob

Feinjustierung/Feineinstellung *micros* fine adjustment, fine focus adjustment

Feinstaub (alveolengängig) fine dust, mist

Feinstruktur/Feinbau fine structure

Feinwaage precision balance

Feiung/stille Feiung/stumme Infektion silent infection

Fekundität fecundity

Feldblende *opt/micros* field diaphragm

Felddesorption (FD) field desorption

Feldfluss-Fraktionierung (FFF) field-flow fractionation (FFF)

Feldionisation (FI) field ionization

Feldlinse *micros* field lens

Feldversuch/Freilanduntersuchung/ Freilandversuch field study, field investigation, field trial

Fenster window

Fensterglas window glass

Fensterkitt glazier's putty

Fensterrahmen window frame

Fensterscheibe window pane

Fensterwischer/Fensterabzieher squeegee (for windows)

Ferment/Enzym enzyme

Fermenter/Bioreaktor/Gärtank (*siehe auch* Reaktor) fermenter, fermentor, bioreactor

fermentieren/gären ferment

Fernbachkolben Fernbach flask

Fernbedienung remote control

Fernrohr/Teleskop telescope

Ferntransport long-distance transport

Fernwärme long-distance heat(ing)

Fertigarzneimittel/Generica/Generika generic drug

Fertigplatte *chromat* precoated plate

Fertilität/Fruchtbarkeit fertility

Ferulasäure ferulic acid

fest firm, tight; solid; solid-state

fest verschlossen tightly closed, sealed tight

fest werden (steif werden/abbinden) set; (fest werden lassen/erstarren) solidify

Festbettreaktor (Bioreaktor) fixed bed reactor, solid bed reactor

Festkörper/Feststoff solid, solid matter

Festphase solid phase, bonded phase
Festphasenmikroextraktion solid-phase microextraction (SPME)
festsitzend/festgewachsen/ festgeheftet/aufsitzend/sessil firmly attached (permanently), sessile
feststeckend/festgebacken (Schliff/Hahn) jammed, seized-up, stuck, 'frozen', caked
feststellen/fixieren arrest, fixate
Feststoff solid, solid matter
Festwinkelrotor *centrif* fixed-angle rotor
fetales Kälberserum fetal calf serum (FCS)
fetotoxisch fetotoxic
Fett fat
➢ **Apiezonfett** apiezon grease
➢ **Hahnfett** tap grease
➢ **Schliff-Fett/Schlifffett** lubricant for ground joints
➢ **Schmierfett/Schmiere** grease, lubricating grease
➢ **Silikon-Schmierfett** silicone grease
➢ **Speisefett** edible fat, cooking fat
➢ **Wollfett** wool fat, wool grease
Fettabscheider fat separator, grease separator, grease trap, grease-skimming tank
fettartig/fetthaltig/Fett ... fatty, adipose
Fetten/Einfetten/Einschmieren lubrication, greasing, oiling
Fettgießer (große ‚Pipette') baster
fettig fatty
Fettigkeit/fettig-ölige Beschaffenheit oiliness
Fettlöser fat solvent
fettlöslich fat-soluble
Fettsäure fatty acid

➢ **einfach ungesättigte Fettsäure** monounsaturated fatty acid
➢ **gesättigte Fettsäure** saturated fatty acid
➢ **mehrfach ungesättigte Fettsäure** polyunsaturated fatty acid
➢ **ungesättigte Fettsäure** unsaturated fatty acid
Fettspeicher/Fettreserve fat storage, fat reserve
Fetttröpfchen/Fett-Tröpfchen fat droplet
feucht humid, damp, moist
Feuchte moistness, dampness
Feuchte-Orgel/Feuchtigkeitsorgel *ecol* humidity-gradient apparatus
Feuchtigkeit humidity, dampness, moisture
➢ **Luftfeuchtigkeit (absolute/relative)** (absolute/realtive) air humidity
Feuchtigkeitsmesser/Hygrometer hygrometer
Feuchtigkeitsschreiber/Hygrograph hygrograph
feuchtigkeitsundurchlässig moisture-proof
Feuer (*siehe auch* Flamm ...) fire
Feuer löschen put out a fire, quench a fire
Feueralarm fire alarm
Feueralarmanlage fire-alarm system
Feueralarmübung/ Feuerwehrübung fire drill
Feuerbekämpfung fire fighting
feuerbeständig fire-resistant
feuerfest/feuersicher fireproof, flameproof
Feuergefahr fire hazard
feuerhemmend/flammenhemmend fire-retardant, flame-retardant
Feuerleiter (Nottreppe) fire-escape
Feuerlöschdecke fire blanket

Feuerlöscher/Feuerlöschgerät
fire extinguisher
➤ **Pulverfeuerlöscher** powder fire
extinguisher
Feuerlöschfahrzeug
fire engine, fire truck
Feuerlöschmittel fire-extinguishing
agent
Feuerlöschschaum fire foam
Feuermelder fire alarm
feuern fire, firing
feuerpoliert fire polished
Feuerschutz fire protection,
fire prevention; fireproofing
➤ **Sprinkleranlage**
(Beregnungsanlage/
Berieselungsanlage) fire sprinkler
system
Feuerschutzmittel
(zur Imprägnierung) fireproofing
agent; fire retardant
Feuerschutzvorhang fireproofing
curtain, fire curtain
Feuerschutzvorschriften fire code
Feuerschutzwand fire wall,
fire barrier
feuersicher/feuerfest fireproof
Feuerwehr fire brigade, fire
department
➤ **Betriebsfeuerwehr** company's fire
brigade, company's fire department
Feuerwehrmann firefighter, fireman
Feuerwehrschlauch fire hose
Feuerwehrübung fire drill
Feuerwehrvereinigung fire protection
association
➤ **U.S.-Feuerwehrvereinigung**
National Fire Protection Association
(NFPA)
Feuerwiderstandsklasse fire
resistance class
FI-Schalter (Fehlerstromschutzschalter)
ground fault current interrupter

(GFCI), ground fault interruper (GFI),
residual current device (RCD),
residual current circuit breaker
(RCCB)
Fiberglas fiberglass
Fibroskop/Faserendoskop/
Fiberendoskop fiberscope
Filamentband filament tape
Filter filter
➤ **Anreicherung durch Filter**
filter enrichment
➤ **aschefreier quantitativer Filter**
ashless quantitative filter
➤ **Barrierefilter** *opt* barrier filter
➤ **Dämpfungsfilter** damping filter
➤ **Erregerfilter/Excitationsfilter**
(Fluoreszenzmikroskopie) exciter
filter, excitation filter
➤ **Faltenfilter** folded filter, plaited
filter, fluted filter
➤ **Filternutsche/Nutsche**
(Büchner-Trichter) nutsch filter,
nutsch, filter funnel, suction
funnel, suction filter, vacuum filter
(Buechner funnel)
➤ **HOSCH-Filter**
(Hochleistungsschwebstofffilter)
HEPA-filter (high-efficiency
particulate and aerosol air filter)
➤ **Konversionsfilter** conversion filter
➤ **Kurzpassfilter** short-pass filter
➤ **Langpassfilter** high-pass filter
➤ **Lichtfilter** light filter
➤ **Membranfilter** membrane filter
➤ **Nutsche** nutsch filter, nutsch
➤ **Partikelfilter** particle filter
➤ **Polarisationsfilter/,**
Pol-Filter'/Polarisator polarizing
filter, polarizer
➤ **Rauschfilter** noise filter
➤ **Rippenfilter** ribbed filter, fluted filter
➤ **Rundfilter** round filter, filter paper
disk, 'circles'

➢ **Sperrfilter** *micros* selective filter, barrier filter, stopping filter, selection filter

➢ **Spritzenvorsatzfilter/Spritzenfilter** syringe filter

➢ **Sterilfilter** sterile filter

➢ **Tonfilter** ceramic filter

➢ **Überspannungsfilter** surge suppressor

➢ **Vakuumdrehfilter** rotary vacuum filter

➢ **Vorfilter** prefilter

➢ **Wärmeschutzfilter** heat-reflecting filter

Filteranreicherung filter enrichment

Filterblättchenmethode filter disk method

Filterblende (Schirm) filter screen

Filterhilfsmittel filter aid

Filterkerze filter candle, filter cartridge

Filterkuchen/Filterrückstand filter cake, filtration residue, sludge

Filtermaske filter mask

Filternutsche/Nutsche (Büchner-Trichter) nutsch, nutsch filter, suction funnel, suction filter, vacuum filter (Buchner funnel)

Filterpapier filter paper

Filterpipette filtering pipet

Filterpresse filter press

Filterpumpe filter pump

Filterrückstand/Filterkuchen filtration residue, filter cake, sludge

Filterstaub filter dust

Filterstopfen filter adapter

Filtertiegel filter crucible

➢ **Glasfiltertiegel** glass-filter crucible, sintered glass crucible

➢ **Porzellanfiltertiegel** porous porcelain filter crucible

Filterträger *micros* filter holder

Filtervorstoß adapter for filter funnel

Filtrat filtrate

Filtration filtration

➢ **Druckfiltration** pressure filtration

➢ **Gelfiltration/ Molekularsieb-Chromatographie/ Gelpermeations-Chromatographie** gel filtration, molecular sieving chromatography, gel permeation chromatography

➢ **Klärfiltration** clarifying filtration

➢ **Kreuzstrom-Filtration** cross flow filtration

➢ **Kuchenfiltration** dead-end filtration

➢ **Nanofiltration** nanofiltration

➢ **Oberflächenfiltration** surface filtration

➢ **Querstromfiltration** cross-flow filtration

➢ **Reversosmose/Umkehrosmose** reverse osmosis

➢ **Saugfiltration** suction filtration

➢ **Schwerkraftsfiltration (gewöhnliche Filtration)** gravity filtration

➢ **Sterilfiltration** sterile filtration

➢ **Tiefenfiltration** depth filtration

➢ **Ultrafiltration** ultrafiltration

➢ **Vakuumfiltration** vacuum filtration, suction filtration

filtrieren/passieren filter, pass through

Filtrierer/Filterer filter feeder

Filtrierflasche/Filtrierkolben/ Saugflasche filter flask, vacuum flask

Filtrierrate/Filtrationsrate filtering rate

Filtrierung/Filtrieren filtering, filtration

filzig felty, felt-like, tomentose

Filzstift/Filzschreiber felt-tip pen, felt-tipped pen

Fingerabdruck fingerprint

Fingerhut thimble

Fingerling (Schutzkappe) finger cot

Fingerprinting/genetischer Fingerabdruck fingerprinting, genetic fingerprinting, DNA fingerprinting

Firnis varnish

‚Fisch'/Rührfisch (Magnetstab/ Magnetstäbchen/Magnetrührstab) 'flea', stir bar, stirrer bar, stirring bar, bar magnet

Fischer-Projektion/Fischer-Formel/ Fischer-Projektionsformel Fischer projection, Fischer formula, Fischer projection formula

FISH (in situ Hybridisierung mit Fluoreszenzfarbstoffen) FISH (fluorescence activated in situ hybridization)

Fisher-Verteilung/F-Verteilung/ Varianzquotientenverteilung variance ratio distribution, F-distribution, Fisher distribution

fixieren (befestigen/fest machen) affix, attach; (mit Fixativ härten) fix

Fixierer/Fixierflüssigkeit photo fixer

Fixiermittel/Fixativ fixative

Fixierung/Fixieren fixation

Flachbehälter/Schale tray

Flachstecker flat plug

Flachsteckhülse flat-plug socket

Flachsteckverbinder flat-plug connector

Flachzange flat-nosed pliers

flammbeständig flame-resistant

Flamme (siehe auch Feuer …) flame

➤ **Sparflamme/Zündflamme** pilot flame, pilot light

Flammen ersticken smother the flames

Flammenemissionsspektroskopie (FES) flame atomic emission spectroscopy, flame photometry

Flammenfärbung flame coloration

flammenhemmend/feuerhemmend flame-retardant

Flammenionisationsdetektor (FID) flame-ionization detector

Flammenphotometer flame photometer

Flammenprobe/Leuchtprobe flame test

Flammenspektroskopie flame spectroscopy

Flammensperre/ Flammenrückschlagsicherung flame arrestor

Flammfront flame front

Flammofen reverberatory furnace

Flammpunkt flash point

Flammschutzfilter flash arrestor

Flammschutzmittel flame retardant, flame retarder, fire retardant

flammsicher/flammfest (schwer entflammbar) flameproof

flammwidrig flame retardant

Flansch flange

flanschen flange

Flanschverbindung flange connection, flange coupling, flanged joint

Fläschchen small bottle, vial, flask, ampoule

➤ **Glasfläschchen** glass vial

➤ **Kurzgewindefläschchen** short-thread vial

➤ **Probenfläschchen/ Präparatefläschchen** sample vial; specimen vial

➤ **Schraubfläschchen/ Schraubgläschen** threaded vial, screw-thread vial

➤ **Szintillationsfläschchen/ Szintillationsgläschen** scintillation vial

➤ **Tropffläschchen** dropping vial, dropping bottle

Flasche bottle
➢ **Abklärflasche/Dekantiergefäß** decanter
➢ **Ballonflasche** carboy
➢ **Druckflasche** cylinder
➢ **Druckgasflasche** gas cylinder
➢ **Enghalsflasche** narrow-mouthed bottle
➢ **Filtrierflasche/Filtrierkolben/ Saugflasche** filter flask, vacuum flask
➢ **Gasflasche** gas bottle, gas cylinder, compressed-gas cylinder
➢ **Gaswaschflasche** gas washing bottle
➢ **Gewebekulturflasche/ Zellkulturflasche** tissue culture flask
➢ **Laborstandflasche/Standflasche** lab bottle, laboratory bottle
➢ **Nährbodenflasche** culture media flask
➢ **Pipettenflasche** dropping bottle, dropper vial
➢ **Rollerflasche** roller bottle
➢ **Rollrandflasche** beaded rim bottle
➢ **Schraubflasche** screw-cap bottle
➢ **Spritzflasche** wash bottle, squirt bottle
➢ **Sprühflasche** spray bottle
➢ **Thermoskanne/Thermosflasche** thermos
➢ **Tropfflasche** drop bottle, dropping bottle
➢ **Verpackungsflasche** packaging bottle
➢ **Vierkantflasche** square bottle
➢ **Weithalsflasche** wide-mouthed bottle
➢ **Woulffsche Flasche** Woulff bottle
➢ **Zellkulturflasche/ Gewebekulturflasche/T-Flasche** tissue culture flask, tissue flask

Flaschenbürste tube brush (test tube brush), bottle brush (beaker/jar/ cylinder brush)
Flaschendruckmanometer cylinder pressure gauge
Flaschenhals/Engpass *stat* bottleneck
Flaschenregal bottle shelf, bottle rack
Flaschenwagen bottle cart (barrow), bottle pushcart, cylinder trolley (*Br*)
Flaschenzug pulley
Flash-Chromatographie/ Blitzchromatographie flash chromatography
Flechtensäure lichen acid
Fleck spot, stain
Fleckenentferner spot remover
fleckig speckled, patched, spotted, spotty
Fleischbrühe/Kochfleischbouillon cooked-meat broth
Fleischextrakt *micb* meat extract
fleischig fleshy
Fliese tile
➢ **Bodenfliese** floor tile
Fliesenfußboden tiled floor, tiling
Fließbettreaktor fluid bed reactor
fließen flow
Fließfähigkeit/Fluidität fluidity
Fließgeschwindigkeit flow rate
Fließgleichgewicht/dynamisches Gleichgewicht steady state, steady-state equilibrium
Fließgrenze/Fließpunkt yield point
Fließinjektion flow injection
Fließinjektionanalyse (FIA) flow injection analysis
Fließmittel *chromat* solvent (mobile phase)
Fließmittelfront *chromat* solvent front
Fließpunkt (Schmelzpunkt) fusion point (melting point)

Fließrichtung direction of flow
Flintglas flint glass
flockig/locker fluffy
Flockulation flocculation
Flockung flocking
Flockungsmittel flocculant
florieren/gedeihen flourish, thrive
Fluchtgerät/Selbstretter (Atemschutzgerät) emergency escape mask
flüchtig volatile
➢ **leicht flüchtig (niedrig siedend)** highly volatile, light
➢ **nicht flüchtig** nonvolatile
➢ **schwer flüchtig (höhersiedend)** less volatile, heavy
Flüchtigkeit *chem* (von Gasen: Neigung zu verdunsten) volatility
Fluchtweg escape route, egress
Flugasche airborne ash, fly ash, airborne fly ash
Flügelhahnventil butterfly valve
Flügelschraube thumbscrew
Flugstaub airborne dust; (von Abgasen) flue dust
Flugzeit-Massenspektrometrie time-of-flight mass spectrometry (TOF-MS)
Fluidität/Fließfähigkeit fluidity
Fluktuation fluctuation
Fluktuationsanalyse/Rauschanalyse fluctuation analysis, noise analysis
Fluktuationstest fluctuation test
Fluor fluorine
Fluorchlorkohlenwasserstoffe (FCKW) chlorofluorocarbons, chlorofluorinated hydrocarbons (CFCs)
Fluoreszenz fluorescence
Fluoreszenz-Korrelations-Spektroskopie (FES) fluorescence correlation spectroscopy (FCS)

Fluoreszenz-Resonanz-Energie-Transfer/Förster-Resonanz-Energie-Transfer (FRET) fluorescence resonance energy transfer
fluoreszenzaktivierte Zellsortierung/Zelltrennung fluorescence-activated cell sorting (FACS)
fluoreszenzaktivierter Zellsorter/Zellsortierer fluorescence-activated cell sorter
Fluoreszenzanalyse/Fluorimetrie fluorescence analysis, fluorimetry
Fluoreszenzerholung nach Lichtbleichung fluorescence photobleaching recovery, fluorescence recovery after photobleaching (FRAP)
Fluoreszenzfarbstoff fluorescent dye
Fluoreszenz-*in-situ*-Hybridisation (FISH) fluorescence-*in-situ*-hybridization
Fluoreszenzlöschung fluorescence quenching
Fluoreszenzsonde/Fluoreszenzmarker fluorescence marker
Fluoreszenzspektroskopie/Spektrofluorimetrie fluorescence spectroscopy
fluoreszieren fluoresce
fluoreszierend fluorescent
Fluoridierung fluoridation
fluorieren fluorinate
Fluorkohlenwasserstoff fluorinated hydrocarbon
Fluorometrie fluorometry
Fluoroschwefelsäure/Fluorsulfonsäure fluorosulfonic acid
Fluorwasserstoff/Fluoran/Hydrogenfluorid hydrogen fluoride

Fluorwasserstoffsäure/Flusssäure hydrofluoric acid, phthoric acid

Flur/Korridor hallway, hall, corridor

Fluss (Fließen) flow; (Licht/Energie; Volumen pro Zeit pro Querschnitt) flux

➤ **diffuser Fluss** diffuse flux

Flusscytometrie/Durchflusscytometrie flow cytometry

flüssig fluid, liquid

Flüssig-flüssig-Extraktion (Ausschütteln) liquid-liquid extraction (LLE), solvent extraction, partitioning (shaking out)

Flüssigextrakt/flüssiger Extrakt/ Fluidextrakt fluid extract

Flüssiggas liquid gas, liquefied gas; (verflüssigtes Erdgas)liquefied natural gas (LNG)

Flüssigkeit fluid, liquid

Flüssigkeit ablassen drain

Flüssigkeitschromatographie liquid chromatography (LC)

Flüssigkeits-Glasthermometer liquid-in-glass thermometer

Flüssigkeitszufuhr *techn* liquid supply, liquid delivery

Flüssigkristallanzeige liquid crystal display

Flussmittel/Schmelzmittel/Zuschlag flux, fusion reagent

Flussrate fluence

Flussregler flow regulator

fluten flood, flush; inundate

Flutlichtstrahler/Scheinwerfer floodlight

fokussieren focus (focussing)

Fokussierung focussing

Folie foil; (< 0,25 mm) film; (> 0,25 mm) sheet

➤ **Aluminiumfolie/Alufolie** aluminum foil

➤ **Frischhaltefolie** cling wrap, cling foil

➤ **Luftpolsterfolie** airblister foil, air-cushion foil (blister-pack)

➤ **Plastikfolie** plastic foil

➤ **Schlauchfolie** tubular foil, foil tubing

➤ **Schrumpffolie** shrink foil

➤ **Schutzfolie** protective foil, liner

➤ **Stanniol** tinfoil

➤ **Stretchfolie** stretch foil

➤ **Verbundfolie/Mehrschichtfolie** composite foil

Folienschweißgerät wrapfoil heat sealer, film sealer, foil sealer

folieren foliate (coat s.th. with foil)

Folierung foliation

Folsäure (Folat)/Pteroylglutaminsäure folic acid (folate), pteroylglutamic acid

Förderband/Transportband conveyor belt

Förderleistung (Pumpe) flow rate

Förderpumpe feed pump

Forensik/forensische Medizin/ Gerichtsmedizin/Rechtsmedizin forensics, forensic medicine

forensisch/gerichtsmedizinisch forensic

Formaldehyd/Methanal formaldehyde, methanal

Formänderung/Verformung/ Deformation deformation

formbar plastic, moldable; workable; (verformbar) deformable

Formel formula

➤ **Fischer-Projektion/Fischer-Formel/ Fischer-Projektionsformel** Fischer (projection) formula

➤ **Haworth-Projektion/ Haworth-Formel** Haworth projection, Haworth formula

➤ **Ionenformel** ionic formula

➤ **Kettenformel** chain formula, open-chain formula

➤ **Molekularformel/Molekülformel** molecular formula

➤ **Projektionsformel** projection formula

➤ **Ringformel** ring formula

➤ **Strukturformel** structural formula, atomic formula

➤ **Summenformel/Elementarformel/ Verhältnisformel/empirische Formel** empirical formula

➤ **Verhältnisformel** empirical formula

Formelsammlung formulary

Forscher researcher, research scientist, research worker, investigator

Forschung research; trial, experimentation, investigation

Forschungsabteilung research department

Forschungsauftrag research assignment/contract

Forschungsbeirat Research Advisory Committee

Forschungsfinanzierung research funding

Forschungsgelder research funds

Forschungslabor research laboratory

Forschungsprogramm research program

Forschungsvorhaben/ Forschungsprojekt research project

Fortbewegung/Bewegung/ Lokomotion movement, motion, locomotion

Fortbildung advanced training

Fortbildungskurs advanced-training course/workshop

fortleiten/weiterleiten (Nervenimpuls) propagate

Fortleitung/Weiterleitung (Nervenimpuls) propagation

fortpflanzen/vermehren/ reproduzieren propagate, reproduce

Fortpflanzung/Vermehrung/ Reproduktion propagation, reproduction

➤ **geschlechtliche/sexuelle Fortpflanzung** sexual reproduction

➤ **ungeschlechtliche/ vegetativeFortpflanzung** asexual/ vegetative reproduction

fortpflanzungsfähig/fruchtbar/fertil fertile

Fortpflanzungsfähigkeit/ Fruchtbarkeit/Fertilität fertility

fortpflanzungsgefährdend/ reproduktionstoxisch toxic to reproduction (T)

Fortpflanzungszelle reproductive cell

fossile Brennstoffe fossil fuels

fossilisieren/versteinern fossilize

fossilisiert/versteinert fossilized

Fossilisierung/Versteinerung fossilization

Fotoapparat/Kamera camera

➤ **Digitalkamera (DigiCam)** digital camera

➤ **Kompaktkamera** compact camera

➤ **Messsucherkamera** rangefinder camera

➤ **Sofortbildkamera** instant camera

➤ **Spiegelreflexkamera (SR-Kamera)** reflex camera

➤➤ **einäugige Spiegelreflexkamera** single-lens reflex camera (SLR)

➤➤ **zweiäugige Spiegelreflexkamera** twin-lens reflex camera (TLR)

➤ **Systemkamera** system camera

➤ **Überwachungskamera** monitoring camera

Fotolabor photographic laboratory

Fotopapier photographic paper

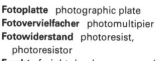

Fotoplatte photographic plate
Fotovervielfacher photomultipier
Fotowiderstand photoresist,
photoresistor
Fracht freight, load, cargo, goods;
(Flüssigkeit/Abwasser) load,
freight
Frachtbrief bill of lading;
(als Formular) lading form
Frachtcontainer freight container
Frachtgut/Ladung cargo
Frachtkessel cargo tank
Frachtliste/Frachtdokument/Manifest
manifest
Frachtpapiere shipping papers
Fragmentierungsmuster
fragmentation pattern
Fraktion fraction
fraktionieren fractionate
Fraktioniersäule fractionating
column, fractionator
Fraktionierung fractionation
Fraktionssammler fraction
collector
Fraßhemmer/fraßverhinderndes
Mittel antifeeding agent/
compound, feeding deterrent
frei schwebend free-floating,
pendulous
Freiheitsgrad *stat*
degree of freedom (df)
Freilanduntersuchung/
Freilandversuch/Feldversuch/
vor-Ort-Untersuchung
field study/investigation/trial
freilebend free-living
freisetzen (Wärme/Energie/Gase etc.)
liberate, release, set free, give off
Freisetzung release liberation;
(Sekretion) secretion
➢ **absichtliche Freisetzung** deliberate
release

Freisetzungsexperiment deliberate
release experiment, environmental
release experiment
Fremdkörper foreign body/matter/
substance; contaminant
Frequenz/Häufigkeit frequency
fressen feed (on something), ingest
(etwas zu sich nehmen)
Frischgewicht
(*sensu stricto:* **Frischmasse**) fresh
weight (*sensu stricto*: fresh mass)
Frischhaltefolie cling wrap, cling foil
Fritte frit
➢ **Glasfritte** fritted glass filter
fritten/sintern frit, sinter
Frontscheibe (Sicherheitswerkbank)
sash
Frost frost, rime frost, white frost
frostbeständig/frostresistent
frost-resistant, frost hardy
frostempfindlich frost-tender,
susceptible to frost
frostresistent/frostbeständig
frost-resistant
Frostschutzmittel cryoprotectant
frostsicher frostproof
fruchtbar/fertil fertile, fecund
fruchtbar machen/befruchten
fertilize, fecundate
➢ **unfruchtbar/steril** infertile, sterile
Fruchtbarkeit/Fertilität fertility;
(Fekundität) fecundity
➢ **Unfruchtbarkeit/Sterilität** infertility,
sterility
Fruchtgeschmack fruity taste
Fruchtmark/Obstpulpe/Fruchtmus
fruit pulp
Fruchtwasser/Amnionwasser/
Amnionflüssigkeit amniotic fluid
Fruchtwasserpunktion/
Amniozentese/Amnionpunktion
amniocentesis

Fruchtzucker/Fruktose fruit sugar, fructose

Frühbeet (Mistbeet/Treibbeet: beheizt) forcing bed, hotbed; (Anzuchtkasten: unbeheizt) cold frame

Früherkennung med early diagnosis

Fruktose/Fructose (Fruchtzucker) fructose (fruit sugar)

Fuge/Naht/Verwachsungslinie seam, suture, raphe

Fugendichtungsmasse seam sealant, joint filler

Fühler/Sensor/Detektor (tech: z.B. Temperaturfühler) sensor, detector

Fühlerlehre feeler gage, feeler gauge (Br)

Führungsbuchse (Rührwelle etc.) bushing, guide bushing

Führungsgröße (Sollwert der Regelgröße) reference input, reference value, command reference input

Fukose/Fucose/6-Desoxygalaktose fucose, 6-deoxygalactose

Fülldichte fill factor

Füllkörper (für Destillierkolonnen) column packing

> **Raschig-Ring (Glasring)** Raschig ring

> **Sattelkörper (Berlsättel)** saddle (berl saddles)

> **Spirale** spiral

> **Wendel** helice

Füllkörperkolonne packed distillation column

Füllmittel filler

Füllstand (z.B. Flüssigkeit eines Gefäßes) fill level

Füllstoff (auch: Füllmaterial/ Verpackung) filler

Fumarsäure (Fumarat) fumaric acid (fumarate)

Fundort/Lage site, location

fünfwertig pentavalent

Fungizid fungicide

Funke spark

Funkenspektrum spark spectrum

Funktion function

> **Verteilungsfunktion** distribution function

> **Wahrscheinlichkeitsfunktion** likelihood function

Funktionalität functionality

funktionelle Gruppe functional group

Funktionseinheit/Modul functional unit, module

funktionsgleich/analog analogous

Funktionsstörung malfunction; med functional disorder

Funktionszustand working order, operating condition

Furan furan

Fürsorgepflicht obligation to provide welfare services

Fuselöl fusel oil

Fußabdruckmethode footprinting

Fußboden floor; ground

> **monolithischer Fußboden** (Labor: Stein/Beton aus einem Guß) monolithic floor

Fußmatte mat, step mat, foot mat; (Abstreifer:vor der Tür) doormat

Fußschalter foot switch

Futter (Nahrung für Tiere) feed

> **Viehfutter** animal feed

Futter (Vorrichtung zum Einspannen eines Werkstücks) chuck

> **Bohrfutter** drill chuck

> **Drehbankfutter** lathe chuck

>> **Dreibackenfutter** 3-jaw chuck

> **Spannfutter (Bohrer)** chuck, collet chuck

Futter (Stoff/Material für Innenseite eines Kleidungsstücks) liner, lining

> **Handschuhinnenfutter** glove liners

füttern *vb* feed
Futterpflanze fodder, forage (plant)
Fütterung feeding

G

Gabelklemme (für Normschliffe)
glass joint clamp, glass joint clip,
fork clamp
Gabelschlüssel/Maulschlüssel
open-end wrench, open-end
spanner (*Br*)
Gabelstapler/Hubstapler forklift
Galaktosamin galactosamine
Galaktose galactose
Galakturonsäure galacturonic acid
Galle/Gallflüssigkeit bile
Gallensalze bile salts
gallertartig/gelartig/gelatinös
gelatinous, gel-like
Gallerte/Gelatine jelly, gelatin, gel
Gallussäure gallic acid
Gamasche (Schutzkleidung:
Bein/Fuß) (bis zum Knie) gaiter;
(Fuß/Schuhe) spat
Gamet/Keimzelle/Geschlechtszelle
gamete, sex cell
Gang/Flur/Korridor aisle, corridor
Ganghöhe (einer Helix) pitch
Gangsteigung (Schraube/Schnecke)
thread pitch, pitch
Gangunterschied *opt* path difference
Gänsehaut gooseflesh, goose
pimples, goose bumps
Ganzwäsche washdown
Garantie (Herstellergarantie)
warranty
Garbe (Licht/Funke etc.) sheaf,
bundle
Gärbottich fermentation tank
garen cook
gären/fermentieren ferment
➤ **obergärig** top fermenting
➤ **untergärig** bottom fermenting

Gärmittel/Gärstoff/Treibmittel
leavening; ferment, fermenting
agent
Gärröhrchen/Einhorn-Kölbchen
fermentation tube, bubbler
Gärtank fermentation tank/vessel
Gärtassenreaktor tray reactor
Gartenschere pruners, pruning
shears, (*Br*) secateurs
Gartenschlauch garden hose
Gärung/Fermentation fermentation
Gas gas
➤ **Druckgas** compressed/pressurized
gas
➤ **Edelgas** inert gas, rare gas
➤ **Erdgas** natural gas
➤ **Faulgas/Klärgas (Methan)** sludge
gas, sewage gas
➤ **Faulschlammgas** sewer gas
➤ **Flüssiggas** liquid gas, liquefied gas
➤ **Generatorgas** producer gas
➤ **Lachgas (Distickstoffoxid/**
Dinitrogenoxid) laughing gas,
nitrous oxide
➤ **Prüfgas** tracer gas, probe gas
➤ **Rauchgase** flue gases, fumes
➤ **Reizgas** irritant gas
➤ **Schutzgas** protective gas, shielding
gas (in welding)
➤ **Spülgas** purge gas
➤ **Trägergas, Schleppgas (GC)** carrier
gas (an inert gas)
➤ **Vergleichsgas (GC)** reference gas
➤ **Wassergas** water gas
Gasabscheider gas separator
Gasanzünder gas lighter, flint striker
Gasaustausch gas exchange,
gaseous interchange, exchange of
gases
Gasaustritt (Gasausgang/Gasabgang:
aus Geräten) gas outlet; (Leck) gas
leakage
Gasblase gas bubble
Gasbrenner gas burner

Gaschromatographie (GC) gas chromatography

Gasdetektor/Gasspürgerät gas detector, gas leak detector

gasdicht gasproof

Gasdichte gas density

Gasdichtewaage gas density balance

Gasdruckreduzierventil/ Druckminderventil/ Druckminderungsventil/ Reduzierventil (für Gasflaschen) pressure-relief valve (gas regulator, gas cylinder pressure regulator)

Gasdurchflusszähler/ Gasströmungsmesser gas flowmeter

gasdurchlässig permeable to gas, pervious to gas

Gasentladungsröhre gas-discharge tube

Gasentwicklung evolution of gas

Gasflasche gas bottle, gas cylinder, compressed-gas cylinder

Gasdruckreduzierventil/ Druckminder(ungs)ventil/ Reduzierventil (für Gasflaschen) pressure-relief valve (gas regulator, gas cylinder pressure regulator)

Gasflaschenschrank gas bottle cabinet

Gasflaschenwagen/ Gasflaschen-Transportkarren/ „Bombenwagen" gas cylinder cart/dolly/trolley, gas bottle cart

gasförmig gaseous

gasförmiger Zustand gaseous state

Gashahn gas cock, gas tap

Gaskocher gas burner

Gaskonstante gas constant

Gasleitung (Erdgasleitung) gas line (natural gas line)

Gasmaske gas mask

Gasmessflasche gas measuring bottle

Gasphasenabscheidung chemical vapor deposition (CVD)

Gasprobenrohr/Gassammelrohr/ Gasmaus/Gaswurst gas collecting tube, gas sampling bulb/tube

Gasraum/Dampfraum/Headspace headspace

Gasreiniger gas purifier

Gasreinigung gas cleaning, pas purification

Gasspürgerät gas leak detector

Gasthermometer gas thermometer

gasundurchlässig gastight, impervious to gas

Gasvergiftung gas poisoning

Gaswaage gas balance; dasymeter

Gaswächter/Gaswarngerät gas detector, gas monitor

Gaswäsche gas scrubbing

Gaswaschflasche gas washing bottle

Gaswurst/Gasmaus *siehe* **Gasprobenrohr**

Gaszählrohr gas counter

Gaszufuhr gas supply

Gaszustand gaseous state

Gattung genus (*pl* genera)

Gattungsname genus name, generic name

Gauß-Kurve/Gaußsche Kurve *stat* Gaussian curve

Gauß-Verteilung/Normalverteilung/ Gaußsche Normalverteilung *stat* Gaussian distribution (Gaussian curve/normal probability curve)

Gaze gauze

geädert veined, venulous

gebändert/breit gestreift banded, fasciate

Gebäudeevakuierungsplan building evacuation plan

Gebäudereinigungspersonal building cleaners

Gebinde bundle, bunch, lashing, packaging (larger quantities of items fastened together)

Gebläse (Föhn) blower, fan

Gebläselampe blowtorch

Gebrauchschemikalien commodity chemicals

gebrauchsfertig ready-to-use, ready-made

Gebrauchstemperatur service temperature

gedeihen/florieren thrive, flourish

geeicht/kalibriert calibrated; (standardisiert) standardized

➢ **auslaufgeeicht/auf Auslauf geeicht (EX)** calibrated to deliver, to deliver (TD), exclusion (EX)

➢ **einlaufgeeicht/auf Einlauf geeicht (IN)** calibrated to contain, to contain (TC), inclusion (IN)

geerdet grounded, earthed (*Br*)

Gefahr/Gefährdung/Risiko danger, hazard, risk, chance

➢ **akute Gefahr** immediate danger, imminent danger

➢ **außer Gefahr** out of danger, safe, secure

➢ **biologische Gefahr/biologisches Risiko** biohazard

➢ **drohende Gefahr** imminent danger

➢ **Gefahr am Arbeitsplatz** occupational hazard

➢ **höchste Gefahr** extreme danger

➢ **öffentliche Gefahr** public danger

gefährden endanger, imperil

gefährdet endangered, in danger, at risk

Gefährdung endangerment, imperilment; risk; (Ausgesetztsein) exposure

➢ **Strahlengefährdung** radiation hazard

Gefährdungsanalyse/ Gefährdungsbeurteilung hazard analysis, hazard assessment

Gefährdungsanalyse am Arbeitsplatz/ Gefährdungsbeurteilung am Arbeitsplatz job hazard analysis (JHA)

Gefahrenbereich/Gefahrenzone danger area, danger zone

Gefahrenbezeichnungen/ Gefährlichkeitsmerkmale hazard warnings

➢ **ätzend** corrosive (C)

➢ **brandfördernd** oxidizing (O), pyrophoric

➢ **entzündlich** flammable (R10)

➢ **erbgutverändernd/mutagen** mutagenic (T)

➢ **erstickend** asphyxiant

➢ **explosionsgefährlich** explosive (E)

➢ **fortpflanzungsgefährdend/ reproduktionstoxisch** toxic to reproduction (T)

➢ **gefährlicher Stoff** hazardous material

➢ **gesundheitsschädlich** harmful, nocent (Xn)

➢ **giftig** toxic (T)

➢ **hochentzündlich** extremely flammable (F+)

➢ **krebserzeugend/karzinogen/ kanzerogen** carcinogenic (Xn)

➢ **leicht entzündlich** highly flammable (F)

➢ **mindergiftig** moderately toxic

➢ **mutagen** mutagenic

➢ **onkogen** oncogenic

➢ **radioaktiv** radioactive

➢ **reizend** irritant (Xi)

➢ **sehr giftig** extremely toxic (T+)

➢ **sensibilisierend** sensitizing

➢ **teratogen** teratogenic

➢ **toxisch** (*siehe auch dort*) toxic

➢ **tränend (Tränen hervorrufend)** lachrymatory

➢ **umweltgefährlich** dangerous for the environment (N = nuisant)

Gefahrencode/Gefahrenkennziffer hazard code

Gefahrendiamant hazard diamond

Gefahrenherd source of danger; troublespot

Gefahrenklasse danger class, category of risk, class of risk

Gefahrenquelle hazard, source of danger

➢ **biologische Gefahrenquelle** biohazard

Gefahrenstoffklasse hazardous material class

Gefahrenstoffverordnung hazardous materials regulations

Gefahrenstufe/Gefahrenklasse/ Risikostufe hazard rating, hazard class/level

Gefahrensymbol/ Gefahrenwarnsymbol hazard icon, hazard symbol, hazard sign, hazard warning symbol

Gefahrenwarnzeichen hazard warning sign, hazard sign, warning sign, danger signal

Gefahrenzeichen/ Gefahrenpiktogramm hazard pictogram

Gefahrenzone danger zone

Gefahrenzulage danger allowance, hazard bonus

Gefahrgut/Gefahrgüter (gefährliche Frachtgüter) dangerous goods, hazardous materials

Gefahrgutbestimmungen hazardous materials regulations

Gefahrguttransport transport of dangerous goods, transport of hazardous materials

gefährlich dangerous; (gesundheitsgefährdend) hazardous; (riskant) dangerous, hazardous, risky

➢ **ungefährlich** not dangerous; (nicht gesundheitsgefährdend) nonhazardous

Gefahrstoff dangerous substance, hazardous substance/material

➢ **biologischer Gefahrstoff** biohazard, biohazardous substance

Gefahrstoffschrank hazardous materials safety cabinet

Gefahrzettel hazard label

Gefälle/Gradient *chem* gradient

gefaltet folded, pleated, plicate

Gefäß vessel; (Behälter) container, receptacle; (Trachee) trachea

➢ **Auffanggefäß** receiver, receiving vessel, collection vessel

➢ **Dewargefäß** Dewar vessel, Dewar flask

➢ **gradwandiges Gefäß** straight-sided container (jar/glass etc.)

➢ **Haargefäß/Kapillare**

➢ **Mikroreaktionsgefäß (Eppendorf-Reaktionsgefäß/ Eppendorf-Röhrchen/Eppi)** microtube, microreaction vial, microreaction tube, microcentrifuge tube, microcentrifuge vial, microfuge tube, Eppendorf tube

➢ **Reaktionsgefäß** reaction vessel

➢ **Siedegefäß** boiling flask

Gefäßdilator/Dilatator vessel dilator

Gefäßklammer vessel clamp

Gefäßklemme/Arterienklemme/ Venenklemme hemostat, hemostatic forceps, artery clamp

Gefäßspreizer vessel spreader

Gefäßverschluss(klemme) vascular occluder, vessel occluder

gefedert/abgefedert/federnd
  spring-loaded
gefleckt spotted, mottled
gefliest (mit Fliesen ausgelegt) tiled
gefrierätzen freeze-etch
Gefrierätzung freeze-etching
➤ **Tiefenätzung** deep etching
Gefrierbruch *micros* freeze-fracture,
  freeze-fracturing, cryofracture
gefrieren freeze
➤ **schnellgefrieren** quickfreeze
Gefrierfach freezer compartment;
  (vom Kühlschrank) freezing
  compartment, freezer (of the
  refrigerator)
Gefrierkonservierung/
  Kryokonservierung freeze
  preservation, cryopreservation
Gefrierlagerung freeze storage
Gefriermikrotom freezing microtome,
  cryomicrotome
Gefrierpunkt freezing point
Gefrierpunktserniedrigung freezing
  point depression
Gefrierschnitt *micros* cryosection,
  frozen section
Gefrierschrank upright freezer;
  (Gefriertruhe) chest freezer
Gefrierschutz cryoprotection
Gefrierschutzmittel cryoprotectant
gefriertrocknen/lyophilisieren
  freeze-dry, lyophilize
Gefriertrocknung/Lyophilisierung
  freeze-drying, lyophilization
Gefriertruhe chest freezer
Gefühl feeling, sensation
Gegendruck counterpressure
gegenfärben *micros* counterstain
Gegenfärbung *micros* counterstain,
  counterstaining
Gegengewicht counterbalance,
  counterpoise

Gegengift/Gegenmittel/Antidot
  antidote, antitoxin, antivenin
  (tierische Gifte)
Gegenion counterion
Gegenkraft/Rückwirkungskraft
  reactive force
Gegenreaktion counterreaction
Gegenschattierung countershading
Gegenselektion/Gegenauslese
  counterselection
Gegenstrom countercurrent
Gegenstromelektrolyse
  countercurrent electrolysis
Gegenstromextraktion
  countercurrent extraction
Gegenstromverteilung
  countercurrent distribution
gegliedert/unterteilt divided
Gehalt salary; (akademisch) stipend;
  (Lohn) wage(s); (Bezahlung) pay
gehärtet (Metall) tempered
Gehäuse housing; shell, case, casing
Geheimhaltungsvereinbarung
  secrecy agreement
Gehör hearing; (Hörfähigkeit) sense
  of hearing
Gehörschutz hearing protection
Gehörschützer/Kapselgehörschützer
  hearing protector(s), ear muffs
➤ **Bügelgehörschützer** banded
  hearing protection, banded style
  hearing protector
Gehörschutzstöpsel/Ohrenstöpsel
  ear plugs
Gehrungssäge
  miter saw, miter-box saw
Gehrungsschneidlade miter box,
  mitre box
Geiger-Müller-Zähler Geiger-Müller
  counter
Geiger-Zähler Geiger counter
gekachelt tiled

geklärt cleared
Gel gel
➢ **denaturierendes Gel** denaturing gel
➢ **hochkant angeordnetes Plattengel**
slab gel
➢ **horizontal angeordnetes Plattengel**
flat bed gel, horizontal gel
➢ **natives Gel** native gel
➢ **Sammelgel** stacking gel
➢ **Trenngel** running gel, separating gel
Geländeaufnahme topographic
survey
Geländekartierung topographic
mapping
gelartig/gallertartig/gelatinös
gelatinous, gel-like
Gelatine gelatin, gelatine
Gelbildner gelatinizing agent
Gelbbrennen pickling, dipping
(metal etching)
**Gelbbrennsäure/Scheidewasser
(konz. Salpetersäure)** aquafortis
(nitric acid used in metal etching)
Gelee jelly
Gelelektrophorese
gel electrophoresis
➢ **Feldinversions-Gelelektrophorese**
field inversion gel electrophoresis
(FIGE)
➢ **Gradienten-Gelelektrophorese**
gradient gel electrophoresis
➢ **Pulsfeld-Gelelektrophorese** pulsed
field gel electrophoresis (PFGE)
➢ **Temperaturgradienten-
Gelelektrophorese** temperature
gradient gel electrophoresis
➢ **Verschluss-Scheibe** gate
(gel-casting)
➢ **Wechselfeld-Gelelektrophorese**
alternating field gel electrophoresis
Gelenk *tech* joint; (Scharnier) hinge;
articulation

Gelenkkopf swivel head; ball of a
joint
Gelenkkupplung ball-joint
connection
Gelenkschraube hinged bolt
Gelenkverbindung hinged joint,
swivel joint, articulated joint
Gelenkwelle cardan shaft, universal
joint shaft
Gelenkzapfen pivot pin; hinge pin
**Gelfiltration/
Molekularsiebchromatographie/
Gelpermeationschromatographie**
gel filtration, molecular sieving
chromatography, gel permeation
chromatography (GPC)
Gelgießstand/Gelgießvorrichtung
electrophor gel caster
Gelieren *n* gelation
gelieren *vb* gel
Geliermittel gelling agent
Gelierpunkt gelling point
Gelkamm *electrophor* gel comb
Gelkammer *electrophor* gel chamber
gelöst (lösen) dissolved
gelöster Stoff solute
**Gelpräzipitationstest/
Immunodiffusionstest**
immunodiffusion
Gelretardationsexperiment mobility
shift experiment
Gelretentionsanalyse gel retention
analysis, band shift assay
Gelretentionstest gel retention
assay, electrophoretic mobility shift
assay (EMSA)
Gel-Sol-Übergang gel-sol-transition
Gelträger/Geltablett *electrophor*
gel tray
gemäßigt temperate, moderate
Gemeinschaftseinrichtung
communal installation

Gemeinschaftsraum/Pausenraum lounge

Gemenge (heterogenes Gemisch) mixture

Gemisch (Mischung) mixture

Genauigkeit precision, accuracy

Gendiagnostik/Bestimmung des Genotyps genetic diagnostics, genotyping

Genehmigung authorization, approval, permission

genehmigungsbedürftig permit required, requiring official permit

Genehmigungsbescheid notice of approval

genehmigungspflichtig subject to approval, requiring permission/authorization

Genehmigungsverfahren authorization procedure

Generationsdauer generation period

Generationszeit (Verdopplungszeit) generation time (doubling time)

Generatorgas producer gas

Generica/Generika/Fertigarzneimittel generic drug

Genetik/Vererbungslehre genetics (study of inheritance)

genetische Beratung genetic counsel(l)ing

genetischer Fingerabdruck/ DNA-Fingerprinting DNA profiling, DNA fingerprinting

genetischer Suchtest genetic screening

genießbar/essbar comestible, eatable, edible

➤ **ungenießbar/nicht essbar** uneatable, inedible

genießbar/schmackhaft palatable

➤ **ungenießbar/nicht schmackhaft** unpalatable

Genkarte gene map, genetic map

Genkartierung gene mapping, genetic mapping

Genmanipulation gene manipulation

Genom genome

Gentechnik/Gentechnologie/ Genmanipulation genetic engineering, gene technology

gentechnisch verändert genetically engineered/modified

gentechnisch veränderter Mikroorganismus genetically modified microorganism (GMM)

gentechnisch veränderter Organismus (GVO) genetically engineered organism, genetically modified organism (GMO)

Gentechnologie/Gentechnik/ Genmanipulation gene technology, *sensu lato* genetic engineering (Gentechnik)

Gentherapie gene therapy, gene surgery

Gentisinsäure gentisic acid

gepökelt/eingesalzen cured, pickled; corned (e.g., corned beef)

Geraniumsäure geranic acid

Geranylacetat geranyl acetate

Gerät/Anlage/Apparat instrument, equipment, set, apparatus; appliance

➤ **Ablesegerät** direct-reading instrument

➤ **Anzeigegerät** indicator, recording instrument; monitor

➤ **Atemschutzgerät/Atemgerät** breathing apparatus, respirator

➤ **Datenerfassungsgerät/ Messwertschreiber/Registriergerät** datalogger

➤ **Elektrogerät** electric appliance

➤ **Kontrollgerät** control instrument, controlling/monitoring instrument; (Anzeige: monitor)

➢ **Laborgerät** *allg* laboratory/lab equipment
➢ **Ladegerät** charger
➢ **Messgerät** measuring apparatus/instrument; gage, gauge (*Br*)
➢ **Netzgerät/Netzteil** power supply unit; (Adapter) adapter
➢ **Prüfgerät/Prüfer/Nachweisgerät** tester, testing device, checking instrument; detector
➢ **Regelgerät** control unit
➢ **Sichtgerät** visualizer, visual indicator, viewing unit, display unit
➢ **Steuergerät** control unit, control gear, controller
➢ **Untersuchungsgerät** testing equipment/apparatus
➢ **Vorschaltgerät** *electr* ballast unit; (Starter: Leuchtstoffröhren) starter
Gerätefehler instrumental error
Geräteraum equipment room
Gerätesonde equipment probe
geräuscharm low-noise
Geräuschpegel noise level
gerben tan
Gerben tanning
Gerbsäure (Tannat) tannic acid (tannate)
gerbsäurehaltig/gerbstoffhaltig tanniferous
Gerbstoff tanning agent, tannin
Gerichtsmedizin/Rechtsmedizin/Forensik/forensische Medizin forensics, forensic medicine
geriffelt (z.B. Schlauchadapter) barbed, fluted, serrated (e.g. tubing adapters)
gerinnen/koagulieren set; curdle, coagulate; (Milch) curdle; (Blut) clot
Gerinnsel (z.B. Blut) clot (e.g. blood clot)
Gerinnung clotting
Gerinnungsfaktor clotting factor

➢ **Blutgerinnungsfaktor** blood clotting factor
Geruch *allg* smell, scent, odor
➢ **angenehmer Geruch/Duft** pleasant smell, fragrance, scent, odor
➢ **stechender Geruch** pungency
➢ **unangenehmer Geruch** unpleasant smell
geruchlos odorless, odor-free, scentless
Geruchssinn/olfaktorischer Sinn olfactory sense
Geruchsstoff (angenehmer G.) fragrance, perfume (stronger scent); (unangenehmer/abweisender G.) repugnant substance
Gerüst scaffold, scaffolding, framework, framing; stage, stand; skeleton, structural support; backbone; stroma, reticulum
Gesamtgewicht total weight
Gesamthärte (Wasser) total hardness
Gesamtkeimzahl *micb* total germ count, total cell count
Gesamtvergrößerung *micros* total magnification, overall magnification
gesättigt (sättigen) saturated (saturate)
➢ **übersättigt** supersaturated
➢ **ungesättigt** unsaturated
Geschirr dishes
➢ **Glasgeschirr** glassware
Geschirr spülen wash/clean the dishes
Geschirrablage (Spüle/Spültisch) dishboard; (Geschirrständer) dish rack
Geschirrhandtuch dish towel
Geschirrlappen dishcloth
Geschirrspülbürste dishwashing brush
Geschirrständer/Abtropfgestell dish rack

**Geschlecht (männlich/weiblich/
neutral)** sex (male/female/neuter),
gender
➢ **ungeschlechtlich/asexuell** asexual
**Geschlechtszelle/Keimzelle/
Gamet** sex cell, gamete
Geschmack taste
Geschmackssinn sense of taste,
gustatory sense/sensation
Geschmackstoff(e) flavor, flavoring
➢ **künstliche(r) Geschmackstoff(e)**
artificial flavor, artificial flavoring
➢ **natürliche(r) Geschmackstoff(e)**
natural flavor, natural flavoring
geschmolzen melted
geschützt (schützen) protected
(protect)
Geschwindigkeit speed; velocity
(vector); rate
**geschwindigkeitsbegrenzende(r)
Schritt/Reaktion** rate-limiting step/
reaction
**geschwindigkeitsbestimmende(r)
Schritt/Reaktion** rate-determining
step/reaction
**Geschwindigkeitskonstante
(Enzymkinetik)** rate constant
geschwollen (schwellen) turgid,
swollen (swell)
Geschwollenheit/Turgidität turgidity
Gesetz law, act, statute; (siehe auch
bei: Verordnung)
➢ **Abfallgesetz/
Abfallbeseitigungs-gesetz (AbfG)**
Federal Waste Disposal Act
➢ **Abwasserabgabengesetz (AbwAG)**
Wastewater Charges Act
➢ **Arbeitsschutzgesetz** Industrial
Safety Law; Factory Act (*Br*)
➢ **Bundes-Imissionsschutzgesetz
(BImSchG)** Law on Immission
Control, Federal Law on Air
Pollution Control

➢ **Bundes-Seuchengesetz (BSeuchG)**
Federal Law on Epidemics,
Epidemics Control Act
➢ **Bürgerliches Gesetzbuch** Civil Code
➢ **Chemikaliengesetz (ChemG)**
Federal Chemical Law
➢ **Embryonenschutzgesetz (ESchG)**
Law on Embryonic Research,
Embryonic Research Act
➢ **Gentechnikgesetz (GenTG)** Law on
Genetic Engineering
➢ **Infektionsschutzgesetz (IfSG)**
Law for the Protection Against
Contagious Disease
➢ **Pflanzenschutzgesetz (PflSchG)**
Federal Law on Pesticide Usage,
Pesticide Regulation Act
➢ **Tierschutzgesetz (TierSG)** Law for
the Protection of Animals
➢ **Tierseuchengesetz (TierSG)** Federal
Law on Epizootic Diseases
➢ **U.S. Gesetz zur Kontrolle toxischer
Substanzen (Gefahrstoffe)** Toxic
Substances Control Act (TSCA)
➢ **Wasserhaushaltsgesetz (WHG)**
Water Resources Policy Act
gesetzeswidrig against the law,
illegal, unlawful
Gesichtsfeld/Sehfeld/Blickfeld field
of vision, field of view, scope of
view, range of vision, visual field
Gesichtsfeldblende/Okularblende
micros ocular diaphragm,
eyepiece diaphragm, eyepiece field
stop
Gesichtsmaske face mask
Gesichtsschutz/Gesichtsschirm
faceshield
Gesichtssinn vision, eyesight
gespornt spurred
Gestalt shape, form, appearance,
contour
gestapelt (stapeln) stacked (stack)

gestaucht/zusammengezogen
compressed, contracted
Gestell
(Sammlung/Aufbewahrung etc.)
rack
gesund healthy
➢ **ungesund** unhealthy, detrimental to
one's health
Gesundheit health
Gesundheitsattest health certificate
gesundheitsbedrohend
health-threatening
Gesundheitserziehung health
education
Gesundheitsfürsorge health care,
medical welfare
gesundheitsgefährdende Substanzen
harmful substances, toxic
substances
Gesundheitsrisiko health hazard
gesundheitsschädlich/
gesundheitsgefährdend harmful,
detrimental to one's health; (Xn)
harmful, nocent
gesundheitswidrig unhealthy,
harmful
Gesundheitszeugnis
(ärtzliches Attest) health
certificate
Gesundheitszustand health, state of
health, physical condition
geteilt divided, parted, partite
(divided into parts)
➢ **ungeteilt** undivided, not divided
Getreidemehl *grob:* meal, *fein:* flour
Getriebe (Motor) *tech* transmission
(of gearing)
Gewächshaus/Treibhaus
greenhouse, hothouse, forcing
house
gewaltsam öffnen force open
Gewässergüte/Wassergüte water
quality

Gewebe fabric, cloth, tissue;
(Zellassoziation) tissue
Gewebeabstoßung tissue rejection
Gewebeband/Textilband (einfach)
cloth tape
➢ **Panzerband/Gewebeklebeband**
(Universalband/Vielzweckband)
duct tape (polycoated cloth tape)
Gewebekultur tissue culture
Gewebekulturflasche/
Zellkulturflasche tissue culture
flask
Gewebelehre/Histologie histology
Gewebeschutzsalbe/
Arbeitsschutzsalbe/Schutzcreme
barrier cream
Gewerbe trade, business, occupation
➢ **Beruf/Erwerbstätigkeit** profession
Gewerbeaufsicht (staatl. Behörde)
trade & industrial supervision
(federal agency)
Gewerbeordnung (GewO) Industrial
Trade Law, Industrial Code
Gewicht weight; (Wägemasse)
weight (*actually:* mass)
➢ **Atomgewicht** atomic weight
➢ **Bruttogewicht** gross weight
➢ **Frischgewicht (*sensu stricto:***
Frischmasse) fresh weight
➢ **Lebendgewicht** live weight
➢ **Molekulargewicht/relative**
Molekülmasse (M_r) molecular
weight, relative molecular mass
➢ **Nettogewicht** net weight
➢ **spezifisches Gewicht** specific
gravity
➢ **Tara (Gewicht des Behälters/**
der Verpackung) tare (weight of
container/packaging)
➢ **Trockengewicht (*sensu stricto:***
Trockenmasse) dry weight
Gewichtsanalyse/Gravimetrie
gravimetry, gravimetric analysis

**Gewichtsring/Stabilisierungsring/
Beschwerungsring/Bleiring
(für Erlenmeyerkolben)**
lead ring(for Erlenmeyer)
Gewichtssatz calibration weight set
Gewinde
(Schrauben/Bolzen/Rohre etc.)
thread; (Spirale) spiral, coil
➢ **Außengewinde** external thread,
male thread
➢ **Britisches Standard Gewinde**
British Standard Pipe (BSP) thread/
fittings
➢ **Innengewinde** internal thread,
female thread
➢ **Linksgewinde** left-hand thread (LH)
➢ **Rechtsgewinde** right-hand thread
(RH)
➢ **Schneckengewinde** worm thread
➢ **Schraubgewinde** screw thread
➢ **U.S. Rohrgewindestandard** National
Pipe Taper (NPT)
➢ **UNF-Feingewinde** Unified Fine
Thread (UNF)
Gewindebohrer tap (tool for forming
an internal screw thread)
**Gewindedichtungsband/
Gewindeabdichtungsband/
Gewindedichtband** thread seal
tape, plumbers tape
**Gewindedichtungsfaden/
Gewindedichtfaden** thread sealing
cord, pipe sealing cord
Gewindedichtungsflachs plumbers
flax, plumber's flax, plumbing flax
Gewindedichtungshanf plumbers
hemp, plumber's hemp, plumbing
hemp
**Gewindedichtungspaste/Gewinde-
Dichtungspaste** thread-sealing
compound, thread sealant paste,
thread sealing paste, plumbing paste

Gewindefassung screw-base socket
Gewindesinn/Windungssinn thread
direction
Gewindesteigung (bei eingängigem
Gewinde =Teilung) thread pitch,
thread lead
Gewindestift/Madenschraube grub
screw, (blind) set screw
Gewindestutzen threaded socket
(connector/nozzle)
gewöhnen/anpassen habituate, get
used to, adapt
Gewöhnung/Anpassung habituation,
habit-formation, adaptation
GFC (Gas-Flüssig-Chromatographie)
GLC (gas-liquid chromatography)
gießen pour, irrigate, water
(plants etc.)
Gießform mold, mould (*Br*)
**Gießschnauze/Schnaupe/Tülle
(an Gefäß)** pouring spout
Gift/Toxin poison, toxin
➢ **Atemgifte/Fumigantien** respiratory
toxin, fumigants
➢ **Atmungsgift** respiratory poison
➢ **Gegengift/Gegenmittel/Antidot**
antidote, antitoxin, antivenin
(tierische Gifte)
➢ **Summationsgift/kumulatives Gift**
cumulative poison
➢ **Tiergift** venom
➢ **Zellgift/Zytotoxin/Cytotoxin**
cytotoxin
giftig (toxisch) poisonous, toxic;
(Tiere) venomous
Giftigkeit poisonousness; (Toxizität)
toxicity
Giftinformationszentrale poison
information center
Giftmüll toxic waste, poisonous
waste
Giftschrank poison cabinet

Giftstoffe toxic substances, toxic materials, toxics, poisonous materials/substances

Gips (für Gipsverband) *med* plaster of Paris (POP)

Gips CaSO$_4$ × 2H$_2$O gypsum (selenite)

Gipsplatte (Deckenbeschalung) gypsum board (ceiling)

Gipsschiene *med* plaster splint

Gipsverband *med* plaster cast

Gitter screen, wire-screen, grate; lattice; *micros* (Netz/Gitternetz/Probenträgernetz für Elektronenmikroskopie) grid

Gitterenergie lattice energy

Gitterspannung *electr* grid voltage

Gitterstichprobenverfahren *stat* lattice sampling, grid sampling

Glanz gloss; luster (lustre)

Glanzkohle/Anthrazit hard coal, anthracite

Glanzpapier (glanzbeschichtetes Papier) glazed paper

Glas glass

➢ **anschlagen/Ecke abschlagen** chip, chipping

➢ **Borosilikatglas** borosilicate glass

➢ **Braunglas** amber glass

➢ **Einscheibensicherheitsglas (ESG)** tempered safety glass

➢ **Fensterglas** window glass

➢ **Flintglas** flint glass

➢ **gehärtet** toughened

➢ **Hartglas** tempered glass, resistance glass

➢ **Milchglas** milk glass

➢ **Quarzglas** quartz glass

➢ **Rippenglas/geripptes Glas/geriffeltes Glas** ribbed glass

➢ **Schutzglas/Sicherheitsglas** safety glass, laminated glass

➢ **Sicherheitsglas** safety glass

➢ **Sinterglas** fritted glass

➢ **Verbundsicherheitsglas** laminated safety glass

➢ **Wasserglas M$_2$Ox(SiO$_2$)$_x$** water glass, soluble glass

Glasabfall waste glass, broken glass disposal

glasartig/glasig glasslike, glassy, vitreous

Glasbehälter glass vessel

Glasbläser glassblower

Glasbläserei glassblower's workshop ('glass shop')

Glasbruch glass scrap, shattered glass, broken glass

Gläschen/Glasfläschchen/Phiole vial

Glaser glazier (one who sets glass)

Glaserei (Handwerk) glasswork, glazing; (Werkstatt) glazier's workshop, glass shop

gläsern/aus Glas glassy, made out of glass, vitreous

Glasfaser/Faserglas fiberglass

Glasfaseroptik/Fiberoptik/Faseroptik fiber optics, fiberglass optics

Glasfritte fritted glass filter

Glasgeräte glassware

Glasgeschirr glassware, glasswork

Glashahn glass stopcock

Glashersteller glassmaker

Glashomogenisator ('Potter'; Dounce) glass homogenizer (Potter-Elvehjem homogenizer; Dounce homogenizer)

glasieren (mit Glasur überziehen) glaze; (Tonwaren brennen) vitrify; (Metall) enamel

Glaskeramik glass ceramics

Glasperle/Glaskügelchen glass bead

Glasplatte sheet of glass

Glasrohr/Glasröhre/Glasröhrchen
glass tube, glass tubing (Glasröhre)
Glasrohrschneider glass tubing
cutter; (Zange) glass-tube cutting
pliers
Glasrührstab glass stirring rod
Glasscheibe sheet of glass, pane
Glasschneider glass cutter
Glasschreiber/Glasmarker glass
marker
Glassplitter bits of broken glass
Glasstab glass rod
Glasstößel/Glaspistill
(Homogenisator) glass pestle
Glastemperatur/
Glasumwandlungstemperatur
(T_g) *polym* glass transition
temperature
Glasübergang *polym* glass transition
Glaswaren/Glassachen glassware,
glasswork
Glaszylinder glass cylinder
gleich/identisch (völlig gleich/
ein und dasselbe) equal, same,
identical
➢ **ungleich/nicht identisch/anders**
unequal, different, nonidentical
gleichartig (sehr ähnlich) very
similar; (verwandt/kongenial)
congenial
gleichbleibender Zustand/stationärer
Zustand steady state
gleichen *math* equate
➢ **sich gleichen/gleichartig sein**
resemble
gleichförmig uniform
Gleichförmigkeit uniformity
gleichgestaltet similar-structured
Gleichgewicht balance, equilibrium
➢ **Fließgleichgewicht/dynamisches**
Gleichgewicht steady state,
steady-state equilibrium

➢ **Ionengleichgewicht** ion equilibrium,
ionic steady state
➢ **natürliches Gleichgewicht**
(Naturhaushalt) natural balance
➢ **ökologisches Gleichgewicht**
ecological balance, ecological
equilibrium
➢ **Säure-Basen-Gleichgewicht**
acid-base balance
➢ **Ungleichgewicht** imbalance,
disequilibrium
Gleichgewichtsdestillation
equilibrium distillation
Gleichgewichtsdialyse equilibrium
dialysis
Gleichgewichtskonstante
equilibrium constant
Gleichgewichtspotenzial equilibrium
potential
Gleichgewichtszentrifugation
equilibrium centrifugation, equilibrium centrifuging
Gleichgewichtszustand equilibrium
state
gleichrichten rectify
Gleichrichter rectifier
Gleichrichtung rectification
Gleichstrom direct current (DC)
Gleichstromdestillation simple
distillation
Gleichung equation
➢ **‚eingerichtete‘ Gleichung** balanced
equation
➢ **chemische Gleichung** chemical
equation
➢ **Gleichung *x*ten Grades** equation of
the *x*th order
gleichzählig/isomer isomerous
Gleitmittel/Schmiermittel lubricant
Gleitringdichtung (Rührer) face seal
Gleitwinkel *aer* glide angle, gliding
angle

Gliedermaßstab/Zollstock folding rule, folding ruler

gliedern/einteilen divide; (klassifizieren) classify

➢ **untergliedern/unterteilen** subdivide

Gliederung (Einteilung) division; (Klassifikation) classification

➢ **Untergliederung/Unterteilung** subdivision

Glockenkurve (Gaußsche Kurve) bell-shaped curve (Gaussian curve)

Glockentrichter (Fülltrichter für Dialyse) thistle tube funnel, thistle top funnel tube

Glucarsäure glucaric acid, saccharic acid

Gluconsäure (Gluconat) gluconic acid (gluconate), dextronic acid

Glucuronsäure (Glukuronat) glucuronic acid (glucuronate)

Glühbirne/Glühlampe light bulb, lightbulb, incandescent lamp

➢ **Glühbirnchen** miniature lamp/bulb

Glühofen annealing furnace

Glühröhrchen combustion tube

Glühschälchen incineration dish

Glühverlust loss on ignition, ignition loss

Glühwendel (z.B. Glühbirne) filament

Glukose/Glucose (Traubenzucker) glucose (grape sugar)

Glukosurie/Glycosurie glucosuria, glycosuria

Glutamin glutamine

Glutaminsäure (Glutamat)/ 2-Aminoglutarsäure glutamic acid (glutamate), 2-aminoglutaric acid

Glutaraldehyd/Glutardialdehyd/ Pentandial glutaraldehyde, 1,5-pentanedione

Glutarsäure glutaric acid

Glutathion glutathione

Glycin/Glyzin/Glykokoll glycine, glycocoll

Glycyrrhetinsäure glycyrrhetinic acid

Glykokoll/Glycin/Glyzin glycocoll, glycine

Glykol/Glycol/Ethylenglykol glycol, ethylene glycol, 1,2-ethanediol

Glykolaldehyd/Hydroxyacetaldehyd glycol aldehyde, glycolal, hydroxyaldehyde

Glykolsäure (Glykolat) glycolic acid (glycolate)

glykosidische Bindung glycosidic bond, glycosidic linkage

Glyoxalsäure (Glyoxalat) glyoxalic acid (glyoxalate)

Glyoxylsäure (Glyoxylat) glyoxylic acid (glyoxylate)

Glyzerin/Glycerin/Propantriol glycerol, glycerin, 1,2,3-propanetriol

Glyzerinaldehyd/Glycerinaldehyd glyceraldehyde, dihydroxypropanal

Glyzin/Glycin/Glykokoll glycine, glycocoll

Gold (Au) gold

➢ **Blattgold** gold foil, gold leaf

➢ **vergolden** gilding

Gold(I) ... aurus

Gold(III) ... auric

Goldmarkierung gold-labelling

Goldsäure auric acid

Golgi-Anfärbemethode Golgi staining method

Gooch-Tiegel Gooch crucible

graduiert/mit einer Gradeinteilung versehen graduated

Grafitofen graphite furnace

Gram-Färbung Gram stain, Gram's method

Grammäquivalent gram equivalent

gramnegativ gram-negative

grampositiv gram-positive

granulär granular

Gravimetrie/Gewichtsanalyse
gravimetry, gravimetric analysis
Greifzange grippers
➤ **Haltezange/Gripzange** Vise-Grip®
➤ **Haltezange/Klasper** grasping claws,
clasper(s), clasps
Grenzdifferenz *stat* least significant
difference, critical difference
Grenze (Zahlengrenze/Wert) limit;
(physisch) border, boundary
➤ **Obergrenze** upper limit, (Schwelle)
threshold, maximum; ceiling
➤ **Untergrenze** lower limit, minimum
**Grenzfaktor/begrenzender Faktor/
limitierender Faktor** *ecol* limiting
factor
Grenzfläche interface
Grenzflächenspannung surface
tension
Grenzfrequenz corner frequency
Grenzkonzentration limiting
concentration
Grenzschicht boundary layer
Grenzwert/Schwellenwert limit,
limiting value, threshold, threshold
value/limit; *physio/med* liminal
value
➤ **Arbeitsplatzgrenzwert** workplace
threshold, workplace threshold
limit/value
➤ **Luftgrenzwert** air threshold value,
atmospheric threshold value
Griff grip, handle; (klammernd)
clutch; (zupackend/festhaltend) grip,
grasp
Griffbundhülse sleeve with grip ring,
sleeve with gripping ring
Griffe (z.B. Tragegriffe) grips;
handgrips
Grind/Schorf scab
Gripzange/Haltezange Vise-Grip®
grobfaserig coarse-grained

Grobjustierschraube/Grobtrieb
micros coarse adjustment knob
**Grobjustierung/Grobeinstellung
(Grobtrieb)** *micros* coarse
adjustment, coarse focus
adjustment
Großlieferung bulk delivery, bulk
shipment
Großpackmittel intermediate bulk
container (IBC)
Großpackung bulk package
Großverbraucher bulk consumer
Grundausstattung basic supplies,
basic equipment, basic outfit
Grundbaustein basic building block
Grundkörper (Strukturformel) parent
compound/molecule (backbone)
Grundlage base, foundation
Grundlagenforschung basic research
Grundnahrungsmittel staple food,
basic food
Grundstoff/Rohstoff base material,
starting material, raw material
Grundsubstanz/Grundgerüst/Matrix
base material, ground substance,
matrix
Grundwasser groundwater
Grundzustand ground state
Gruppe group, assemblage; *gen*
cluster
Gruppenleiter (Forschung/Labor)
group leader, principal investigator
Guanylsäure (Guanylat) guanylic
acid (guanylate)
Guar-Gummi/Guarmehl guar gum,
guar flour
Guar-Samen-Mehl guar meal, guar
seed meal
**Guillotine (zur Dekapitation von
Labortieren)** guillotine
Gulonsäure (Gulonat) gulonic acid
(gulonate)

Gummi *tech* (Kautschuk) rubber; (Lebensmittel etc.) gum
➢ **Schaumgummi** foam rubber, plastic foam, foam
Gummi arabicum/Arabisches Gummi/Acacia Gummi gum arabic, acacia gum
Gummiband/Gummi rubber band, elastic (*Br*)
Gummidichtung(sring) rubber gasket
Gummihammer rubber mallet
Gummiharz resinous gum
Gummihütchen (Pipettierhütchen) rubber nipple (pipeting nipple)
Gummimanschette (für Laborglas) rubber sleeve
Gummiring rubber ring (e.g., flask support)
Gummischaber/Gummiwischer (zum Loslösen von festgebackenen Rückständen im Kolben) policeman, rubber policeman (scraper rod with rubber or Teflon tip)
Gummischlauch rubber tubing
Gummistiefel rubber boots
Gummistopfen/Gummistöpsel rubber stopper, rubber bung (*Br*)
Gummiwischer/Gummischaber (zum Loslösen von festgebackenen Rückständen im Kolben) policeman, rubber policeman (scraper rod with rubber or Teflon tip)
Gürtel/Gurt/Cingulum girdle, cingulum
Gusseisen cast iron
Gussmessing cast brass
Gussplattenmethode/Plattengussverfahren *micb* pour-plate method
Gutachten/Expertise expert opinion, expertise

➢ **medizinisches Gutachten** medical certificate
Gutachter expert; (Berater) consultant
gutartig/benigne benign
➢ **bösartig/maligne**malignant
Gutartigkeit/Benignität benignity, benign nature
➢ **Bösartigkeit/Malignität** malignancy, malignant nature
Gute Arbeitspraxis Good Work Practices (GWP)
Gute Hygienepraxis (GHP) Good Hygiene Practice (GHP)
Gute Industriepraxis/Gute Herstellungspraxis (GHP) (Produktqualität) Good Manufacturing Practice (GMP)
Gute Laborpraxis Good Laboratory Practice (GLP)
Güte/Gütegrad grade
Güter articles; goods; freight
Güterzugwagen (Gefahrguttransport) railcar

H

Haargefäß/Kapillare capillary
Haarnetz hair net
Haarschutzhaube bouffant cap
haften (kleben) adhere, stick, cling
haftend (klebend) adhesive, adherent, sticking, clinging
Haftfähigkeit adherence, adhering strength, adhesiveness, stickiness, tackiness
Haftkleber contact adhesive
haftpflichtig liable
Haftpflicht liability

Haftung adhesion, adhesive power; *chem* adsorption; (Verantwortung) responsibility; *jur* liability; warranty, guarantee

Haftvermögen bonding capacity, adhesive capacity

Haftwasser film water, retained water

Hahn (Leitungen/Behälter/Kanister) spigot, tap, cock, stopcock

➤ **Ablasshahn/Ablaufhahn/ Auslaufhahn** draincock

➤ **Absperrhahn/Sperrhahn** stopcock

➤ **Ausgießhahn** tap

➤ **Dreiweghahn/Dreiwegehahn** three-way cock, T-cock, three-way tap

➤ **Einweghahn** single-way cock

➤ **feststecken/festgebacken** jammed, stuck, 'frozen', caked

➤ **Gashahn** gas cock, gas tap

➤ **Glashahn** glass stopcock

➤ **Küken** key, plug

➤ **Quetschhahn** pinchcock

➤ **Wasserhahn** faucet

➤ **Zapfhahn/Fasshahn** spigot

➤ **Zylinder** barrel (stopcock barrel)

Hahnfett tap grease

Hahnküken key, stopcock key, plug

Hahnschlüssel tap key, stopcock key

Haifischkamm (Gelelektrophorese) shark tooth comb (gel electrophoresis)

Haken hook; *med* (Wundhaken/ Wundspreizer) retractor

Hakenklemme (Stativ) hook clamp

halbdurchlässig/semipermeabel semipermeable

Halbdurchlässigkeit/ Semipermeabilität semipermeability

Halbedelmetall semiprecious metal

Halbelement (galvanisches)/Halbzelle half cell, half element (single-electrode system)

halbieren halve

Halblebenszeit (Enzyme) half-life

Halbleiter semiconductor

Halbleiterscheibe semiconductor wafer

Halbmetalle semimetals

Halbmikroansatz semimicro batch

Halbmikroverfahren/ Halbmikromethode semimicro procedure/method

Halbmikrowaage semimicro-scales, semimicro-balance

Halbpfeil (in chem. Reaktionsgleichungen) fish hook

Halbsättigungskonstante/ Michaeliskonstante (K_M) Michaelis constant, Michaelis-Menten constant

halbsynthetisch semisynthetic

Halbwertsbreite *math/stat* full width at half-maximun (fwhm), half intensity width

Halbwertszeit half-life

Halbzelle/galvanisches Halbelement half-cell, half element (single-electrode system)

Halbzellenpotenzial half-cell potential

Halbzeug semifinished product/ goods, semi

Hälfte/Anteil/Teil moiety

Hals/Tubusträger *micros* neck

haltbar storable, durable, lasting, not perishable (keeping); long-life

Haltbarkeit storability, durability, shelf life; keeping quality

Haltbarkeitsdatum best-by date, expiration date

Haltbarkeitsdauer lifetime

Haltbarmachen/Haltbarmachung
preservation
Haltebolzen fixing bolt
Halterung (holding) fixture,
mounting, support
Häm heme
Hammer hammer
➢ **Fäustel/Handfäustel** club hammer,
mallet
➢ **Gummihammer (Fäustel)** rubber
mallet
➢ **Klauenhammer/Splitthammer** claw
hammer
➢ **Schlosserhammer** fitter's hammer,
locksmith's hammer
➢ **Schlosserhammer mit Kugelfinne**
ball pane hammer, ball peen
hammer, ball pein hammer
➢ **Vorschlaghammer** sledge hammer
Handabroller handheld tape
dispenser, handheld tape gun
Handbedienung (Gerät) manual
operation
Handbesen/Handfeger household
brush
Handdesinfektion/Händedesinfektion
disinfection of hands
Handdesinfektionsmittel/
Händedesinfektionmittel hand
disinfection agent, hand
disinfectant, hand sanitizer
Handel trade, business
➢ **Einzelhandel** retail business, retail
trade
➢ **Großhandel** wholesale business,
wholesale trade
handelsüblich trade, commercial
(commonly available)
Handfeger hand brush, hand broom
Handfeuerlöscher/Handlöschgerät
hand-held fire extinguisher
handgearbeitet (Glas etc.)
handtooled

Handhabung/Hantieren/Gebrauch/
Umgang handling
Händler dealer; seller; commercial
vendor
➢ **Einzelhändler** retailer, retail dealer,
retail vendor
➢ **Großhändler** wholesaler, wholesale
vendor
Händlerkatalog supplier catalog,
distributor catalog
Händlerrabatt dealer discount
Handpumpe hand pump
Handsäge handsaw
Handschuhe gloves
➢ **Arbeitshandschuhe** work gloves
➢ **Ärmelschoner/Stulpen** sleeve
gauntlets
➢ **Baumwollhandschuhe** cotton
gloves
➢ **Chemikalienhandschuhe** chemical
safety gloves, chemical resistant
gloves, chemical protective gloves
➢ **Einweghandschuhe/**
Einmalhandschuhe disposable
gloves, single-use gloves
➢ **Feinstrickhandschuhe** fine-knit
gloves
➢ **Fingerling** finger cot
➢ **Hitzehandschuhe** heat defier
gloves, heat-resistant gloves
➢ **Hoch-Hitzehandschuhe/**
Ofenhandschuhe oven gloves
➢ **Isolierhandschuhe** insulated gloves
➢ **Kälteschutzhandschuhe**
cold-resistant gloves
➢ **medizinische Handschuhe/**
OP-Handschuhe medical gloves
➢ **Reinraumhandschuhe** cleanroom
gloves
➢ **Säureschutzhandschuhe** acid
gloves, acid-resistant gloves
➢ **Schnittschutz-Handschuhe**
cut-resistant gloves

➤ **Schweißerhandschuhe** welding gloves
➤ **Schutzhandschuhe** protective gloves, gauntlets
➤ **Tiefkühlhandschuhe/ Kryo-Handschuhe** deep-freeze gloves
Handschuhinnenfutter glove liners
Handschuhkasten/ Handschuhschutzkammer glove box, dry-box
Handtuch towel
➤ **Falthandtuch** folded paper towel
➤ **Geschirrhandtuch** dish towel
➤ **Küchenhandtuch** kitchen towel
➤ **Papierhandtuch** paper towel
Handtuchhalter/Handtuchständer towel rack
Handtuchspender/ Papierhandtuchspender towel dispenser, paper towel dispenser
Handwaschbürste hand-washing brush
Handwaschpaste heavy-duty hand cleaner, hand scrub paste
Handwerker craftsman (practicing a handicraft), workman
Handwerker/Arbeiter operations worker, worker
Handy/Mobiltelefon cell phone, cellphone, mobile phone
Hardy-Weinberg-Gesetz (Hardy-Weinberg-Gleichgewicht) Hardy-Weinberg law (Hardy-Weinberg equilibrium)
Harn/Urin urine
➤ **Primärharn/Glomerulusfiltrat** glomerular ultrafiltrate
➤ **Sekundärharn** secondary urine
Harnen/Harnlassen/Urinieren/ Miktion urination, micturition

harnen/urinieren/miktuieren urinate, micturate
Harnfluss/Harnausscheidung/Diurese diuresis
Harnsäure (Urat) uric acid (urate)
Harnstoff (Ureid) urea (ureide)
Härte hardness, toughness
➤ **bleibende Härte** permanent hardness
➤ **Gesamthärte** total hardness
➤ **vorrübergehende Härte** temporary hardness
➤ **Wasserhärte** water hardness
härten harden; *polym* (aushärten) cure; (vulkanisieren) vulcanize; (von Stahl) temper
Härten hardening; (Aushärten) *polym* curing; (Vernetzung) crosslinking; (von Stahl/Keramik) tempering
Härter/Aushärtungskatalysator *polym* curing agent
Hartglas tempered glass
Hartpapier laminated paper
Härtungstemperatur curing temperature, setting temperature
Härtungszeit/Abbindezeit *polym* cure time, curing period; setting time, setting period
Harz resin
➤ **Gummiharz** resinous gum
➤ **Ionenaustauscherharz** ion-exchange resin
➤ **Kunstharze/Syntheseharze** artificial resin, synthetic resin
➤ **Naturharze** natural resins
➤ **Schleimharz** gum resin
➤ **selbsthärtend (Harze/Polymere)** self-curing
➤ **Terpentinharz** pitch (resin from conifers)
harzabsondernd resiniferous

harzig resinous
Harzsäure resin acids
häufig frequent, abundant, common
Häufigkeit/Frequenz frequency (of occurrence), abundance
➢ **relative Häufigkeit** *stat* frequency ratio
Häufigkeitshistogramm frequency histogram
Häufigkeitsverteilung *stat* frequency distribution (FD)
Häufungsgrad/Häufigkeitsgrad kurtosis
Hauptassoziation chief association
Hauptbande *chromat/electrophor* main band
Hauptbestandteil main component, main constituent (chief/key/principal/major component)
Hauptplatine mother board
Hauptsatz (1./2.Hauptsatz der Thermodynamik) first/second law of thermodynamics
Haushalt household
➢ **Naturhaushalt (natürliches Gleichgewicht)** natural balance
➢ **Stoffwechsel/Metabolismus** metabolism
➢ **Wasserhaushalt/Wasserregime** water regime
Haushaltsmüll/Haushaltsabfälle household waste/trash
Haushaltsrolle/Küchenrolle/Tücherrolle/Küchentücher/Haushaltstücher kitchen tissue (kitchen paper towels)
Hausmeister/Hausverwalter caretaker, janitor, custodian
➢ **Wachpersonal/Aufsichtspersonal** custodial personnel, security personnel (Belegschaft: staff)
Hausverwaltung property management, custodian, management

➢ **Büro des Hausmeisters** caretaker's office, custodian's office
Haut ... (dermal) dermal, dermic, dermatic; (die Haut betreffend) epidermal, cutaneous
Haut skin; hide, peel; integument
➢ **Kutis/Cutis (eigentliche Haut; Epidermis & Dermis)** skin, cutis
➢ **Lederhaut/Korium/Corium/Dermis** cutis vera, true skin, corium, dermis
➢ **Oberhaut/Epidermis** epidermis
➢ **Schleimhaut/Schleimhautepithel** mucous membrane, mucosa
➢ **Unterhaut/Unterhautbindegewebe/Subcutis/Tela subcutanea** subcutis
Hautatmung cutaneous respiration/breathing, integumentary respiration
Hautausschlag rash, skin rash, skin eruptions
Hautpflege skin care
Hautpflegemittel skin care product
hautreizend skin-irritant
Hautreizung skin irritation, cutaneous irritation
Hautresorption skin resorption
Hautsalbe skin ointment
Hautschutzmittel protective skin care product (ointment/balm/cream/lotion)
Hautverätzung caustic skin burn (chemical burns by acids/alkali/lye etc.)
Hautverbrennung skin burn
Havarie (Chemieunfall) major chemical accident (in consequence leading to disaster); (Reaktorunfall) major nuclear accident (in consequence leading to disaster)
Haworth-Projektion/Haworth-Formel Haworth projection/formula
Hebebühne hoist, lifting platform
Hebelbalken *mic* lever (AFM)

Hebelmechanismus leverage mechanism

Heber/Hebevorrichtung/Hebebock jack

Hebestativ/Hebebühne (fürs Labor) laboratory jack, lab-jack

Heckenschere hedge clippers, hedge trimmers

Hefe yeast
> **Backhefe/Bäckerhefe** baker's yeast
> **Bierhefe/Brauhefe** brewers' yeast
> **Brennereihefe** distiller's yeast
> **hochvergärende Hefe („Staubhefe')** top yeast
> **Mineralhefe** mineral accumulating yeast
> **niedrigvergärende Hefe („Bruchhefe')** bottom yeast
> **Spalthefe** fission yeast (*Saccharomyces pombe*)
> **Stellhefe/Anstellhefe/Impfhefe** pitching yeast
> **Trockenhefe** dried yeast

Hefeextrakt yeast extract

Hefter/Heftgerät (Bürohefter) stapler

heftig (Reaktion etc.) vigorous

Heftklammer staple

Heftpflaster (Streifen) *med* band-aid (adhesive strip), sticking plaster, patch

heilen cure, heal

Heilpflanze/Arzneipflanze medicinal plant

Heilung cure, healing

heimisch local, endemic

Heißklebepistole hot glue gun, glue gun

Heißkleber/Schmelzklebstoff/ Heißklebestoff hot glue, hot melt glue, hot melt adhesive (HMA)

Heißluft hot air

Heißluftgebläse/Labortrockner/Föhn hot-air gun

Heißluftpistole heat gun

Heißwassertrichter hot-water funnel (double-wall funnel)

Heizbad heating bath

Heizband/Heizbandage heating tape, heating cord

Heizdraht filament, heated wire

heizen/erhitzen heat

Heizhaube/Heizmantel/Heizpilz heating mantle

Heizkörper radiator

Heizplatte (Kochplatte) hot plate
> **Doppelkochplatte** double-burner hot plate
> **Einfachkochplatte** single-burner hot plate
> **Magnetrührer mit Heizplatte** stirring hot plate

Heizschlange heating coil

Heizung heater, heating system

Heizwendel heating coil

Heizwert heat value, calorific power

Helix/Spirale (*pl* Helices) helix (*pl* helices or helixes), spiral

Hellfeld *micros* bright field

Hellfeldbeleuchtung brightfield illumination

Helm helmet
> **Schutzhelm** safety helmet; hard hat, hardhat

hemizyklisch/hemicyclisch hemicyclic

hemmen inhibit

hemmend/inhibierend/inhibitorisch inhibitory

Hemmkonzentration inhibitory concentration

Hemmstoff/Inhibitor inhibitor

Hemmung/Inhibition inhibition
➤ **irreversible Hemmung** irreversible inhibition
➤ **kompetitive Hemmung/ Konkurrenzhemmung** competitive inhibition
➤ **nichtkompetitive Hemmung** noncompetitive inhibition
➤ **reversible Hemmung** reversible inhibition
➤ **Suizidhemmung** suicide inhibition
➤ **unkompetitive Hemmung** uncompetitive inhibition
Hemmzone inhibition zone
Heparreaktion/Heparprobe hepar reaction, hepar test
Herabregulation down regulation
Heraufregulation up regulation
Herauskreuzen/Auskreuzen outcrossing
herausragen emerge; (hervorstehen) protrude, stand out
Herausschneiden/Excision/Exzision excision
herausschneiden/exzidieren excise
Herbar herbarium
Herbizid/Unkrautvernichtungsmittel/ Unkrautbekämpfungsmittel herbicide, weed killer
Herkunft/Abstammung origin, descent, provenance (Provenienz)
Hersteller/Produzent manufacturer, producer
Herstellerangaben manufacturer's specifications
Herstellerfirma manufacturer, manufacturing company/firm
Herstellerkatalog manufacturer catalog
Herstellung/ Produktion manufacture, manufacturing, preparation, production; (Synthese) synthesis
Herstellungskosten production/ manufacturing costs

Herstellungsverfahren preparation process/procedure, manufacturing process/procedure
herunterfahren (Reaktor/Computer) power down
hervorkommen/herauskommen/ auftauchen emerge
heterogen/ungleichartig/ verschiedenartig/andersartig heterogeneous (consisting of dissimilar parts)
heterogen/unterschiedlicher Herkunft heterogenous (of different origin)
Heterogenie/unterschiedlicher Herkunft heterogeny
Heterogenität/Ungleichartigkeit/ Verschiedenartigkeit/ Andersartigkeit heterogeneity
heterolog heterologous
Heteropolymer heteropolymer
heterotroph heterotroph, heterotrophic
heterotypisch heterotypic
heterozyklisch/heterocyclisch heterocyclic
Hilfe help, aid, assistance, support, rescue operation
Hilfseinrichtung (Apparat der nicht direkt mit dem Produkt in Berührung kommt) ancillary unit of equipment
Hilfselektrode auxiliary electrode
Hilfspumpe booster pump, accessory pump, back-up pump
Hilfsstoff/Adjuvans auxiliary drug, adjuvant
Hill-Gleichung (Hill-Auftragung) Hill equation (Hill plot)
Hinterdruck outlet pressure; (Arbeitsdruck: mit Druckausgleich) working pressure, delivery pressure
Hirschhornsalz/Ammoniumcarbonat hartshorn salt, ammonium carbonate

Histamin histamine
Histidin histidine
Histogramm/Streifendiagramm
  stat histogram, strip diagram
Hitze heat
➤ **erhitzen** heat
➤ **Überhitzen/Überhitzung**
  overheating, superheating
Hitzebehandlung/Backen heat
  treatment, baking
hitzebeständig/hitzestabil
  heat-resistant, heat-stable
Hitzeentwicklung heat evolution
hitzemeidend/thermophob
  thermophobic
Hitzeschock heat shock
Hitzeschockreaktion heat shock
  reaction/response
hitzestabil/hitzebeständig
  heat-stable, heat-resistant
hitzeverträglich heat-tolerant
hochauflösend/hochaufgelöst
  high-resolution ...
Hochdruck high pressure;
  (Bluthochdruck) hypertension
Hochdruck-Steckverbindung
  compression fitting
Hochdruckflüssigkeits-
  chromatographie/
  Hochleistungschromatographie
  high-pressure liquid
  chromatography, high performance
  liquid chromatography (HPLC)
Hochdurchsatz high-throughput
hochentzündlich highly ignitable
hochfahren (Reaktor/Computer)
  power up
Hochfeldverschiebung (NMR)
  high-field shift
Hochgeschwindigkeitsrührer
  high-speed stirrer
hochlaufen *centrif* accelerate to full
  speed

hochmolekular high-molecular
Hochofen blast furnace
hochreaktiv highly reactive
Hochreinigung purification
Höchsterträge maximum yield
Höchstmenge maximum amount
Hocker stool
➤ **Drehhocker** swivel stool
➤ **Klapphocker** folding stool
➤ **Klapptritt (2-3 Stufen)**
  folding step stool
➤ **Laborhocker** lab stool
➤ **Rollhocker/‚Elefantenfuß' (runder**
  Trittschemel mit Rollen) rolling
  stool, rolling step stool
➤ **Tritthocker/Trittschemel** step stool
Hof/Lysehof/Aufklärungshof/Plaque
  plaque
Hofmeistersche Reihe/lyotrope Reihe
  Hofmeister series, lyotropic series
Höhle/Kammer/Ventrikel cavity,
  chamber, ventricle
Hohlfaser hollow fiber
Hohlkathodenlampe (HKL) hollow
  cathode lamp (HCL)
Hohlleiter (z.B. an Mikrowelle) wave
  guide
Hohlraum/Höhlung/Lumen cavity,
  lumen, void; void space; airspace
Hohlspiegel concave mirror
Hohlstopfen/Hohlglasstopfen hollow
  stopper
Höhlung crypt, cavity, cave
Hohlwelle (Rührer) hollow impeller
  shaft
Holoenzym holoenzyme
Holzessig wood vinegar,
  pyroligneous acid
Holzfäule wood rot
Holzgeist wood spirit, wood alcohol,
  pyroligneous spirit, pyroligneous
  alcohol (chiefly: methanol)
Holzkohle charcoal

Holzteer wood tar

holzverarbeitende Industrie timber industry

Holzwirtschaft lumber industry, timber industry

Holzwolle wood-wool

holzzersetzend decomposing wood, xylophilous

Holzzucker/Xylose wood sugar, xylose

homogen (einheitlich/gleichartig) homogeneous (having same kind of constituents); (gleicher Herkunft) homogenous (of same origin)

Homogenisation homogenization

Homogenisator homogenizer

homogenisieren homogenize

Homogenisierung homogenization

Homogenität/Einheitlichkeit/ Gleichartigkeit homogeneity (with same kind of constituents)

Homogentisinsäure homogentisic acid

homoiosmotisch homoiosmotic, homeosmotic

homolog/ursprungsgleich homologous

Homologie homology

homologisieren homologize

homonym *adv/adj* homonymous, homonymic

Homopolymer homopolymer

Homoserin homoserine

Hörbarkeit audibility

Hörgrenze hearing limit, auditory limit, limit of audibility

horizontal angeordnetes Plattengel horizontal gel, flat bed gel

hormonal/hormonell hormonal

Hörschwelle hearing threshold, auditory threshold

Hörvermögen/Gehör audition

HOSCH-Filter (Hochleistungsschwebstofffilter) HEPA-filter (high-efficiency particulate and aerosol air filter)

Hubkolbenpumpe reciprocating pump, reciprocating piston pump

Hubstapler/Gabelstapler forklift

Hubwagen lifting truck, jacklift

Hülle (z.B. Wasser) envelope, jacket; (Mantel) body covering, vesture, vestiture

Hülse/Ring socket, ferrule; (Schliffhülse: ‚Futteral'/ Einsteckstutzen) socket (female: ground-glass joint)

humifizieren humify

Humifizierung/Humifikation/ Humusbildung humification

Huminsäure humic acid

Huminstoffe humic substances

Humus *geol* humus

Hunger hunger

Hungern *n micb* starvation

hungern *vb micb* starve

Hutmutter cap nut, acorn nut, domed cap nut, blind nut, crown hex nut

Hyaluronsäure hyaluronic acid

hybrid/durch Kreuzung erzeugt hybrid, crossbred

Hybride hybrid, crossbreed

hybridisieren hybridize

Hybridisierungsinkubator hybridization incubator

Hydrant hydrant

➢ **Wandhydrant** wall hydrant

Hydrat hydrate

Hydratation/Hydratisierung/ Solvation (Wassereinlagerung/ Wasseranlagerung) hydration, solvation

Hydrathülle/Wasserhülle/ Hydratationsschale hydration shell

Hydratwasser water of hydration
hydraulisch vorgesteuert (Ventil)
  pilot-operated (valve)
hydrieren/hydrogenieren
  hydrogenate
Hydrierung (Wasserstoffanlagerung)
  hydrogenation
hydrisch hydric
Hydrokultur hydroponics (soil-less
  culture/solution culture)
Hydrologie hydrology
Hydrolyse/Wasserspaltung
  hydrolysis
hydrolytisch/wasserspaltend
  hydrolytic
**hydrophil (wasseranziehend/
  wasserlöslich)** hydrophilic
  (water-attracting/water-soluble)
Hydrophilie (Wasserlöslichkeit)
  hydrophilicity (water-attraction/
  water-solubility)
**hydrophob (wasserabweisend/
  wasserabstoßend/nicht
  wasserlöslich)** hydrophobic
  (water-repelling/water-insoluble)
hydrophobe Bindung hydrophobic
  bond
**Hydrophobie (Wasserabweisung/
  Wasserunlöslichkeit)**
  hydrophobicity (water-insolubility)
hydrostatischer Druck hydrostatic
  pressure
Hydroxyapatit hydroxyapatite
Hydroxylierung hydroxylation
Hydroxyprolin hydroxyproline
Hygiene hygiene
➤ **Arbeitshygiene** industrial hygiene
➤ **Arbeitsplatzhygiene** occupational
  hygiene
Hygiene-Risikofaktoren hygienic risk
  factors, sanitary risk factors
Hygienebedingungen hygienic
  conditions

Hygienemaßnahme sanitary
  measure
Hygieneplan hygiene plan
hygienisch hygienic
hygroskopisch hygroscopic
Hyperchromizität hyperchromicity,
  hyperchromic effect/shift
Hypersensibilität/Allergie
  hypersensitivity, allergy
Hypothese hypothesis
hypothetisch hypothetic,
  hypothetical
Hypoxie/Sauerstoffmangel hypoxia

I

identisch identical
identisch aufgrund von Zufällen
  identity by state (IBS)
ikosaedrisch *vir* icosahedral
imbibieren/hydratieren imbibe,
  hydrate
Imbibition/Hydratation imbibition,
  hydration
**IMDG (Intl. Maritime Dangerous
  Goods Code)** Internat. Code für
  die Beförderung von gefährlichen
  Gütern mit Seeschiffen
Imidazol imidazole
Iminosäure imino acid
Immission (Belastung durch
  Luftschadstoffe) exposure level
  of air pollutants; (Einwirkung)
  immission, injection, admission,
  introduction
immobil/fixiert/bewegungslos
  immobile, fixed, motionless
Immobilisation immobilization
immobilisieren immobilize (to make
  immobile)
Immobilität/Bewegungslosigkeit
  immobility, motionlessness

Immunadsorptionstest, enzymgekoppelter (ELISA) enzyme-linked immunosorbent assay

Immunaffinitätschromatographie immunoaffinity chromatography

Immunantwort immune response

Immundefekt immune deficiency

➢ **erworbenes Immunschwächesyndrom** acquired immune deficiency syndrome (AIDS)

➢ **schwerer kombinierter Immundefekt** severe combined immune deficiency (SCID)

Immundiffusion immunodiffusion

➢ **Doppelimmundiffusion** double immunodiffusion

➢ **doppelte radiale Immundiffusion (Ouchterlony-Methode)** double radial immunodiffusion (DRI) (Ouchterlony technique)

➢ **einfache/lineare Immundiffusion (Oudin-Methode)** single immunodiffusion (Oudin test)

➢ **einfache radiale Immundiffusion (Mancini-Methode)** single radial immunodiffusion (SRI) (Mancini technique)

➢ **Identität** identity

➢ **radiale Immundiffusion** radial immunodiffusion (RID)

➢ **Teilidentität/partielle Übereinstimmung** partial identity

➢ **Verschiedenheit (Nicht-Identität)** nonidentity

Immun-Elektronenmikroskopie (IEM) immunoelectron microscopy

Immunelektrophorese immunoelectrophoresis

➢ **Kreuzimmunelektrophorese** crossed immunoelectrophoresis, two-dimensional immunoelectrophoresis

➢ **Linienimmunelektrophorese** immunoelectrophoresis

➢ **Raketenimmunelektrophorese** rocket immunoelectrophoresis

➢ **Tandem-Kreuzimmunelektrophorese** charge-shift immunoelectrophoresis

➢ **Überwanderungsimmunelektrophorese/ Überwanderungselektrophorese** countercurrent immunoelectrophoresis, counterelectrophoresis

Immunfluoreszenzchromatographie immunofluorescence chromatography

Immunfluoreszenzmikroskopie immunofluorescence microscopy

Immungenetik immunogenetics

immunisieren/impfen immunize, vaccinate

Immunisierung/Impfung immunization, vaccination

Immunität immunity

Immunkrankheit/Immunopathie immunopathy

Immunoblot/Western-Blot immunoblot, Western blot

Immunogold-Silberfärbung (IGSS) immunogold-silver staining

Immunologie immunology

immunoradiometrischer Assay immunoradiometric assay (IRMA)

Immunpräzipitation immunoprecipitation

Immunprophylaxe immunoprophylaxis

Immunreaktion immune reaction

Immunschwäche immune deficiency, immunodeficiency

Immunschwächesyndrom/ Immunmangel-Syndrom immune deficiency syndrome

➢ **erworbenes Immunschwächesyndrom** acquired immune deficiency syndrome (AIDS)
➢ **schwerer kombinierter Immundefekt** severe combined immune deficiency (SCID)
Immunsuppression immunosuppression, immune suppression
Immuntoleranz immune tolerance, immunological tolerance
Immunüberwachung/ immunologische Überwachung immunosurveillance, immunologic(al) surveillance
impermeabel/undurchlässig impermeable, impervious
Impermeabilität/Undurchlässigkeit impermeability, imperviousness
Impfdraht inoculating wire
impfen *med* inoculate, vaccinate; *micb* inoculate, seed
Impfen/Impfung/Vakzination (Immunisierung) inoculation, vaccination
Impfgut inoculum; seed
Impfnadel inoculating needle
Impföse/Impfschlinge inoculating loop
Impfstoff/Inokulum/Inokulat/Vakzine inoculum, vaccine
Impfung/Beimpfung/Animpfung/ Inokulation inoculation
Impfung/Vakzination/Vakzinierung (Immunisierung) vaccination (immunization)
➢ **Schutzimpfung** protective immunization, vaccination
Implosion implosion
Impuls impulse, pulse, momentum; *electr* surge
Inbetriebnahme putting into operation, startup,

starting-up; (offizielle Übergabe einer Anlage etc.) commissioning
➢ **Außerbetriebnahme** put out of action, termination of operation, closing down; decommissioning
➢ **Wiederinbetriebnahme** restart of operation, reactivating
Inbusschlüssel/ Innensechskantschlüssel Allen wrench, Allen key, hex key
Inbusschraube/ Innensechskantschraube socket screw, socket-head screw, Allen screw, Allen bolt
Indikan/Indoxylsulfat indican, indoxyl sulfate
Indikatororganismus/Indikatorart/ Bioindikator bioindicator
Indolessigsäure indolyl acetic acid, indoleacetic acid (IAA)
Induktionsofen induction furnace, inductance furnace
induktiv gekoppeltes Plasma inductively coupled plasma (ICP)
Industriegase/technische Gase industrial gases, manufactured gases
Industriemüll/Industrieabfall industrial waste
Industrieruß carbon black
induzierbar inducible
induzieren induce
Infekt/ansteckende Krankheit infectious disease; (Infektion) infection
Infektion/Ansteckung infection
➢ **abortive Infektion** abortive infection
➢ **anhaltende/persistierende Infektion** persisting Infektion
➢ **Doppelinfektion** double infection
➢ **latente Infektion** latent infection
➢ **lytische Infektion** lytic infection
➢ **produktive Infektion** productive infection

➤ **Schmierinfektion** smear infection
➤ **stumme Infektion/stille Feiung**
  silent infection
➤ **Superinfektion/Überinfektion**
  superinfection
➤ **unvollständige Infektion** incomplete
  infection
Infektionsdosis infectious dose
  (ID_{50} = 50% infectious dose)
Infektionskrankheit infectious
  disease
Infektionsvermögen/
  Ansteckungsfähigkeit infectivity
infektiös/ansteckend infectious
infektiöser Abfall infectious waste
infizieren/anstecken infect
Infrarot-Spektroskopie/
  IR-Spektroskopie infrared
  spectroscopy
inhibitorisch/hemmend inhibitory
Injektion/Spritze injection, shot
Injektionsnadel syringe needle
➤ **abnehmbare Nadel** removable
  needle (syringe needle)
➤ **geklebte Nadel** cemented needle
  (syringe needle)
Injektionsspritze hypodermic syringe
injizieren/spritzen inject, shoot
Inkohlung/Carbonifikation *paleo/*
  geol carbonization, coalification
inkompatibel incompatible
Inkompatibilität incompatibility
Inkubation (Bebrütung/Bebrüten)
  incubation
Inkubationsschüttler shaking
  incubator, incubating shaker,
  incubator shaker
Inkubationszeit incubation period
inkubieren/brood/breed incubate,
  brüten, bebrüten
Innendruck/Binnendruck internal
  pressure

Innengewinde internal thread,
  female thread
innerlich/von innen/intern internal,
  intrinsic
Inokulation/Impfung/Beimpfung/
  Animpfung/Einimpfung/
  Vakzination (Immunisierung)
  inoculation, vaccination
  (immunization)
inokulieren/einimpfen/impfen
  inoculate
Inosit/Inositol inositol
Inprozesskontrolle in-process
  verification
Insektenbekämpfungsmittel/
  Insektizid insecticide
Insektenkunde/Entomologie
  entomology
Insektenplage insect pest
Insektenvernichtungsmittel/Insektizid
  insecticide
inserieren (inseriert) insert (inserted)
Inspektions-Logbuch inspection log
Inspiration/Einatmen inspiration
inspirieren/einatmen inspire
instabil unstable (instable)
Installation(en)/Installierung/Einbau
  installations
Instandhaltung/Wartung
  maintenance, servicing
Instandhaltungskosten maintenance
  costs
Instandsetzung/Reparatur repair,
  restoration; (überholen) overhaul,
  reconditioning
Instrumentenanzeige instrument
  display; (abgelesener Wert)
  instrument reading
Instrumentenkasten instrument box
  (surgical instruments box)
interdisziplinäre Forschung
  interdisciplinary research

Interferenzassay interference assay
Interferenz-Mikroskopie interference
microscopy
interkalierendes Agens intercalation
agent, intercalating agent
Internationale Maßeinheit/SI Einheit
International Unit (IU), SI unit
(*fr:* Système Internationale)
interpolieren interpolate
Intervall interval
Intervallskala *stat* interval scale
Inventar inventory; stock
inventarisieren make an inventory
Inventur/Bestandsaufnahme
inventory
➢ **eine Inventur machen/eine
Bestandsaufnahme machen** to take
inventory, to make an inventory
invers inverted
Invertzucker invert sugar
Iod (I) iodine
Iodessigsäure iodoacetic acid
iodieren (mit Iod/Iodsalzen versehen)
iodize
Iodierung
(mit Iod reagieren/substituieren)
iodination; (mit Iod/Iodsalzen
versehen) iodization
Iodsalz iodized salt
Iodwasserstoffsäure hydroiodic acid,
hydrogen iodide
Iodzahl iodine number, iodine value
Ion ion
➢ **Bruchstückion** fragment ion
➢ **Gegenion** counterion
➢ **Molekülion (MS)** molecular ion
➢ **Mutterion/Ausgangsion (MS)**
parent ion
➢ **Radikalion** radical ion
➢ **Tochterion** daughter ion
➢ **Zwitterion** zwitterion
(*not translated!*)

Ionen-Fallen-Spektrometrie ion trap
spectrometry
Ionenaustauscher ion exchanger
➢ **Anionenaustauscher (starker/
schwacher)** anion exchanger
(*strong:* SAX/*weak:* WAX)
➢ **Kationenaustauscher (starker/
schwacher)** cation exchanger
(*strong:* SCX/*weak:* WCX)
Ionenaustauscherharz ion-exchange
resin
Ionenbindung ionic bond
Ioneneinfangdetektor (MS) ion trap
detector (ITD)
Ionen-Fallen-Spektrometrie ion trap
spectrometry
Ionengleichgewicht ion equilibrium,
ionic steady state
Ionenkanal (Membrankanal) ion
channel (membrane channel)
Ionenkopplung ionic coupling
Ionenleitfähigkeit ionic conductivity
Ionenmobilitätsspektrometrie (IMS)
ion mobility spectrometry
Ionenpaar ion pair
Ionenpore ion pore
Ionenprodukt ion product
Ionenpumpe ion pump
Ionenquelle ion source
Ionenradius ionic radius
Ionenschleuse gated ion channel
Ionenspiegel (MS) reflectron
Ionenspray ion spray
Ionenstärke ionic strength
**Ionenstrahl-Mikroanalyse/
Sekundärionen-
Massenspektrometrie
(SIMS)** ionic probe microanalysis
(IPMA), secondary-ion mass
spectrometry
Ionenstrom ionic current, ion current
Ionentransport ion transport

Ionenverlustspektroskopie ion loss spectroscopy (ILS)

Ionisation ionization

➢ **Atmosphärendruck-Ionisation** atmospheric pressure ionization (API)

➢ **Chemiionisation (CI)** chemical ionization

➢ **Elektronenstoß-Ionisation** electron-impact ionization (EI)

➢ **Feldionisation (FI)** field ionization

➢ **Flammenionisation** flame ionization

➢ **laserinduzierte Ionisation** laser-enhanced ionization (LEI)

➢ **matrixassistierte Laser-Desorptionsionisation (MALDI)** matrix-assisted laser desorption ionization

➢ **Multiphotonenionisation (MI)** multiphoton ionization

Ionisationsgrad degree of ionization

Ionisationskammer ionization chamber

Ionisationsstoß ionic impact, ionization impact

ionisch ionic

ionisieren ionize

ionisierende Strahlen/Strahlung ionizing radiation

Ionophor ionophore

Ionophorese/Iontophorese ionophoresis

Irisblende *micros* iris diaphragm

IRMA (immunoradiometrischer Assay) immunoradiometric assay

isoelektrische Fokussierung/ Isoelektrofokussierung isoelectric focusing

isoelektrischer Punkt isoelectric point

Isolationsmedium *micb* isolation medium

Isolator isolator

Isolierband insulating tape, duct tape

➢ **Elektro-Isolierband** electric tape, insulating tape, friction tape

isolieren/abtrennen isolate, separate

Isolierhandschuhe insulated gloves

isomer *adv/adj* isomeric

Isomer *n* isomer

Isomeratzucker/Isomerose high fructose corn syrup

Isomerie isomerism, isomery

Isomerisation isomerization

isomerisieren isomerize

isopyknische Zentrifugation isopycnic centrifugation

isosmotisch isosmotic

Isotachophorese/ Gleichgeschwindigkeits- Elektrophorese isotachophoresis (ITP)

Isothiocyansäure isothiocyanic acid

Isotonie isotonicity

isotonisch isotonic

Isotop isotope

➢ **Leitisotop/Indikatorisotop** isotopic tracer

➢ **Radioisotop/radioaktives Isotop/ instabiles Isotop (Radionuclid)** radioisotope, radioactive isotope, unstable isotope

Isotopenverdünnung isotopic dilution

Isotopenverdünnungsanalyse isotope dilution analysis (IDA)

Isotopenversuch isotope assay

Isovaleriansäure isovaleric acid

Istwert actual value, effective value

➢ **Sollwert** nominal value, rated value, desired value, set point

J

Japanspachtel/Flächenspachtel
Venetian plaster spatula
Jod *siehe* **Iod**
justierbar adjustable
justieren adjust, set; (Lage)
position; (fokussieren:
Scharfeinstellung des Mikroskops:
fein/grob) focus (*fine/coarse*);
(eichen) calibrate
Justierschraube/Justierknopf
adjusting screw, adjustment
knob; (Triebknopf *micros*) focus
adjustment knob
Justierung adjustment; focus
adjustment, focus (*fine/coarse*)

K

Kabel cable
➤ **Datenkabel** data cable
➤ **Ladekabel** charging cable, charger
cable
➤ **Netzkabel** power cable, power cord,
line cord; mains cable (*Br*)
➤ **Schnellladekabel** fast charging
cable, fast charger cable
➤ **Stromkabel** power cord, electric
cord, electrical cord, power cable,
electric cable
➤ **Überbrückungskabel/Starterkabel**
jumper cable, jumper, jump wire,
coupling cable
➤ **Verlängerungskabel/**
Verlängerungsschnur *electr*
extension cable, extension cord
(power cord)
Kabelbinder/Spannband cable tie(s),
zip tie(s), wrap-it tie(s),
wrap-it tie cable

➤ **Spannzange** tensioning tool,
tensioning gun (for cable ties/
wrap-it-ties)
Kabelschere cable cutter
Kabelschuh/Ansatz/Öhr *electr*
cable lug
➤ **Gabelkabelschuh** spade cable lug
➤ **Ringkabelschuh** ring cable lug
Kabeltester cable tester
Kabeltrommel cable drum
Kabelverbinder cable connector, wire
connector, terminal
➤ **Gabelkabelverbinder** spade
connector, fork connector, spade
terminal, fork terminal, split ring
terminal
➤ **Ringkabelverbinder** ring connector,
ring terminal
➤ **Rohrkabelverbinder** eyelet
connector, eyelet terminal
➤ **Stiftkabelverbinder** pin connector,
pin terminal
Kachel tile
Kadaver/Tierleiche cadaver, carcass,
corpse
Kaffeesäure caffeic acid
Käfig cage
kalibrieren calibrate; size
Kalibrierung calibration; sizing
Kalilauge/Kaliumhydroxidlösung
potassium hydroxide solution
Kalium (K) potassium
Kaliumcyanid/Cyankali/Zyankali
potassium cyanide
Kaliumpermanganat potassium
permanganate
Kalk lime
➤ **Ätzkalk/Löschkalk/gelöschter Kalk**
[Ca(OH)$_2$] slaked lime
➤ **Branntkalk CaO** caustic lime
➤ **entkalken (ein Gerät entkalken)**
descale

➤ **verkalken (verkalkt)** calcify (calcified)

Kalk-Soda-Glas soda-lime glass

Kalkablagerung lime(stone) deposit

Kalkeinlagerung/Verkalkung/ Calcifikation calcification

kalken lime, calcify

kalkig/kalkartig/kalkhaltig limy, limey, calcareous

Kalklöser descaler, descaling agent

Kalkspat calcite

Kalkstein limestone

Kalkung liming

Kallus/Callus callus

➤ **Wundkallus/Wundcallus/ Wundgewebe/Wundholz** *bot* wound tissue, callus

Kallus-Kultur/Callus-Kultur callus culture

Kalorie calorie

Kalorimeter calorimeter

Kalorimeterbombe/ Bombenkalorimeter/ Verbrennungsbombe bomb calorimeter

Kalorimetrie calorimetry

➤ **Bombenkalorimeter** bomb calorimeter

➤ **Differentialkalorimetrie (DK)** differential scanning calorimetry (DSC)

➤ **Leistungskompensations-DK** power-compensated DSC

➤ **Raster-Kalorimetrie** scanning calorimetry

Kalottenmodell *chem* space-filling model

Kälteakku/Kühlakku cooling pack

kälteempfindlich/kältesensitiv cold-sensitive

Kältemittel/Kühlflüssigkeit/Kühlmittel coolant (*allg*/direkt); refrigerant

Kälteraum/Kühlraum cold room ('walk-in refrigerator')

Kälteresistenz cold resistance

Kälteschaden/Kälteschädigung chilling damage/injury

Kälteschock cold shock

Kältespray/Kälte-Spray/Eisspray cold spray

Kältethermostat/Kühlthermostat/ Umwälzkühler refrigerated circulating bath

Kältetoleranz cold hardiness

Kalthaus/Frigidarium (kühles Gewächshaus) cold house

Kaltlagerung cold storage

Kaltlichtbeleuchtung fiber optic illumination

Kaltschweißen cold-welding

Kaltverarbeitung cold-working

Kaltziehen *metal* cold-draw

kalzinieren calcine

Kalzinierung calcination

Kalzium/Calcium (Ca) calcium

Kamera (Fotoapparat) camera

➤ **Digitalkamera (DigiCam)** digital camera

➤ **Kompaktkamera** compact camera

➤ **Messsucherkamera** rangefinder camera

➤ **Sofortbildkamera** instant camera

➤ **Spiegelreflexkamera (SR-Kamera)** reflex camera

➤ **einäugige Spiegelreflexkamera** single-lens reflex camera (SLR)

➤ **zweiäugige Spiegelreflexkamera** twin-lens reflex camera (TLR)

➤ **Systemkamera** system camera

➤ **Überwachungskamera** monitoring camera

Kammer *electrophor* chamber, tank

Kammerjäger (Schädlingsbekämpfung) exterminator

Kanal (zum Weiterleiten von Flüssigkeiten) canal, duct, tube; *neuro* (Membrankanal) channel, membrane channel
Kanalisation sewage system, sewer
Kanister (Behälter) jug (container); carboy (Ballonflasche), canister
Kanüle cannula
kanzerogen/karzinogen/carcinogen/ krebserzeugend carcinogenic
Kapazität capacity
➤ **elektrische Kapazität** capacitance (C)
➤ **Pufferkapazität** buffering capacity
➤ **Speichervermögen/ Speicherkapazität** storage capacity
➤ **Umweltkapazität/Grenze der ökologischen Belastbarkeit** carrying capacity
➤ **Wärmekapazität** heat capacity, thermal capacity
Kapazitätsfaktor/ Verteilungsverhältnis capacity factor
Kapazitätskontrollsystem, limitiertes limited capacity control system (LCCS)
kapazitiver Strom capacitative current
Kapelle (*CH*)/Abzug/Dunstabzug/ Dunstabzugshaube) hood, fume hood, fume cupboard (*Br*)
Kapillare/Haargefäß capillary; *tech* capillary tube
Kapillarelektrode capillary electrode
Kapillarelektrophorese capillary electrophoresis
Kapillarpipette capillary pipet, capillary pipette (a.o. for making capillary spotters)
Kapillarrohr/Kapillarröhrchen capillary tube/tubing

Kapillarsäule (Trennkapillare: GC) capillary column; (offene) open tubular column
Kapillarviskosimeter capillary viscometer
Kappe (Verschluss/Deckel) cap, top, lid
Kapuze hood; (für Labor: Haarschutzhaube) bouffant cap
Karabinerhaken spring hook, snap hook
Karbonisation carbonization
Karenzzeit waiting period
Karobgummi/Johannisbrotkernmehl carob gum, locust bean gum
Karotinoide/Carotinoide carotinoids
Karte (Landkarte/Stadtplan etc.) map; (Tafel/Schaubild/Tabelle) chart
kartieren map; (grafisch darstellen: Kurven etc.) plot; (skizzieren) chart
Kartierung mapping, plotting
Karton/Kartonpapier (feste Pappe) cardboard, paperboard, fiberboard
Kartusche cartridge
Kartuschenbrenner cartridge burner
Kartuschenpistole/Kartuschenpresse caulking gun
Karzinogen *n* carcinogen
karzinogen/carcinogen/kanzerogen/ krebserzeugend carcinogenic
Karzinom carcinoma
kaschieren (Bücher etc.) laminate; (Textilien) bond
Kassette/Patrone cartridge, cassette
Kasten/Kiste box, crate
kastrieren castrate, geld, neuter
Katalysator catalyst
Katalyse catalysis
katalysieren catalyze
katalytisch catalytic, catalytical
Kathode/Katode cathode
Katholyt/Katodenflüssigkeit catholyte

Kation cation
Kationenaustauscher cation exchanger
kauen/zerkauen chew, masticate
Kauforder/Bestellung purchase order
Kausche thimble
Kauter/Brenneisen cauterizer, cautery
Kautschuk caoutchouc, rubber, india rubber
Kegel-Platte Viskosimeter cone-and-plate viscometer
Kegelhülse conical socket
Kegelschliffglas tapered ground glass, taper jointware
Kegelschliffverbindung conically tapered ground glass joint
Kegelschliffklemme/Schliffklemme/ Schliffklammer/Keck-Clip joint clamp, Keck clip
Kegelventil cone valve, mushroom valve, pocketed valve
Kehrbesen broom
kehren/fegen sweep (up)
Kehrschaufel/Kehrblech dustpan
Keil wedge, peg
Keilriemen wedge belt, v-belt, vee belt (also: ribbed..)
Keim (Mikroorganismus) germ; (Keimling/Embryo) germ, embryo; *chem* nucleus
Keimbildung *chem* nucleation
keimen germinate, sprout
Keimfähigkeit germinability
keimfrei/steril germ-free, aseptic, sterile
keimtötend antimicrobial; (bakterizid/ antibakteriell) bacteriocidal, bactericidal
Keimung germination
Keimzahl (Anzahl von Mikroorganismen) cell count, germ count; (Samenkeimung) germination percentage

Kelle trowel
Kelter fruit/juice press (e.g., for making juice)
keltern press (fruit/grapes)
Kenngröße/Parameter parameter; *math* dimensionless group/ quantity/number
Kennwert characteristic value
Kennzahl basic number, characteristic number; (Chiffre) key, cipher; (Kennziffer) *stat* index number, indicator; (statistische Maßzahl) statistic, statistic value
Kennzeichen mark, sign; (Abzeichen/ Marke/Banderole) badge
➢ **Kennzeichen für Fahrzeuge/ Container** placard
kennzeichnen mark, label
Kennzeichnung marking, labeling
Kennzeichnungspflicht labeling requirement
Keramik ceramics
keratinisieren (verhornen) keratinize (cornify)
Kerbe indentation, notch; (Schlitz/Bruchstelle) nick
kerbig/gekerbt notched, nicked
Kern/Zentrum (Mark/Core) core, center
➢ **Bohrkern** *geol* drill core
➢ **Schliffkern (Steckerteil)** cone (male: ground-glass joint)
kernmagnetische Resonanz/ Kernspinresonanz nuclear magnetic resonance (NMR)
kernmagnetische Resonanzspektroskopie/ Kernspinresonanz-Spektroskopie nuclear magnetic resonance spectroscopy, NMR spectroscopy
Kernnährelemente macronutrients
Kernseife (feste Natronseife) curd soap (domestic soap)

Kernspinresonanz/kernmagnetische Resonanz nuclear magnetic resonance (NMR)

Kernspinresonanz-Spektroskopie/ kernmagnetische Resonanzspektroskopie nuclear magnetic resonance spectroscopy, NMR spectroscopy

Kernspintomographie (KST)/ Magnetresonanztomographie (MRT) magnetic resonance imaging (MRI), nuclear magnetic resonance imaging

Kerosin kerosene

Kescher/Käscher (Fangnetz für Fische) landing net, aquatic net (collecting net for fish)

Kesselstein boiler scale, limescale, incrustation

Kesselstein entfernen descale

Kesselwagen (Chemikalientransport) tank car, tank truck (Schiene: rail tank car)

Ketoaldehyd ketoaldehyde, aldehyde ketone

Keton ketone
➤ **Aceton (Azeton)/Propan-2-on/ 2-Propanon/Dimethylketon** acetone, 2-propanone, dimethyl ketone

Ketonkörper ketone body (acetone body)

Ketosäure keto acid

Kette (verzweigte/unverzweigte) chain (branched/unbranched)

Kettenform *chem* chain form, open-chain form

Kettenformel chain formula, open-chain formula

Kettenklammer chain clamp

Kettenlänge chain length

Kettenreaktion chain reaction

Kettensäge chain saw

Kienspan chip of pinewood, pinewood chip

Kies gravel

Kieselerde diatomaceous earth

Kieselgel/Silicagel silica gel

Kieselgur kieselguhr (loose/porous diatomite; diatomaceous/infusorial earth)

Kieselsäure H_4SiO_4 silicic acid

kieselsäurehaltig siliceous

Kieselstein pebble

Kimwipes (Kimberley-Clark Reinraum Wischtücher) Kimwipes (Kimberley-Clark cleanroom wipes)

Kinetik (nullter/erster/zweiter Ordnung) (zero-/first-/second-order …) kinetics
➤ **Reaktionskinetik** reaction kinetics
➤ **Reassoziationskinetik** reassociation kinetics

Kippautomat glass bottle-top tilt pipette dispenser, top tilt pipet dispenser

Kipphebel tumbler; lever

Kipphebelschalter tumbler switch, knife switch

Kippschalter toggle switch, rocker

Kippscher Apparat/‚Kipp'/ Gasentwickler Kipp generator

Kitt/Kittsubstanz putty; sealant; adhesive; cement
➤ **Dichtstoff/Dichtungsmasse/ Dichtungsmittel (Fugendichtmasse)** sealant, sealing compound/material
➤ **Fensterkitt/Glaserkitt** putty, glazing compound

Kittel coat, gown; frock
➤ **Arbeitskittel/Overall** overall
➤ **Laborkittel/Labormantel** laboratory coat, labcoat
➤ **Schutzkittel/Schutzmantel** protective coat, protective gown

Kittmesser putty knife
klaffen/offen stehen gape
Klammer clamp, clip
➢ **Büroklammer** paper clip
➢ **Halteklammer (Büro)** binder clip
➢ **Heftklammer** staple
➢ **Kettenklammer** chain clamp
➢ **Objekttisch-Klammer** *micros* stage clip
➢ **Schliffklammer/Schliffklemme (Schliffsicherung)** joint clip, joint clamp, ground-joint clip, ground-joint clamp
Klapphocker folding stool
Klapptritt folding step stool
Kläranlage (kommunal) sewage treatment plant; (industriell) waste-water purification plant
Klärbecken/Absetzbecken settling tank
klären (z.B. absetzen/entfernen von Schwebstoffen aus einer Flüssigkeit) clear, clarify, purify; (filtrieren) filtrate
Klärflasche purge
Klärgas/Faulgas (Methan) sludge gas
Klarglas clear glass
Klärschlamm (Faulschlamm) sludge, sewage sludge
Klarsichtfolie (Einwickelfolie/ *auch*: **Haushaltsfolie)** film wrap (transparent film/foil), cling wrap
Klärung (z.B. absetzen/entfernen von Schwebstoffen aus einer Flüssigkeit) clarification, purification
➢ **Abwasseraufbereitung** sewage treatment
➢ **Filtrierung/Filtration** filtration
Klärwerk/Kläranlage (Abwasser) sewage treatment plant
Klassenhäufigkeit/Besetzungszahl/ absolute Häufigkeit *stat* class frequency, cell frequency

klassieren (nach Korngröße) screen, size
Klassierung *stat* grouping of classes
klassifizieren classify
Klassifizierung/Klassifikation classifying, classification
Klebeband adhesive tape
➢ **Elektro-Isolierband** insulating tape, electric tape, friction tape
➢ **Gewebeband/Textilband (einfach)** cloth tape
➢ **Gewebeklebeband/Panzerband (Universalband/Vielzweckband)** duct tape (polycoated cloth tape)
➢ **Isolierband** insulating tape, duct tape
➢ **Kreppband** masking tape
➢ **Montageband** mounting tape
➢ **Verpackungsklebeband/ Verpackungsband** packaging tape
Klebefolie adhesive foil, adhesive film
kleben stick, adhere; paste; cement
➢ **leimen** glue
klebend adhesive
Kleber/Klebstoff/Leim adhesive, glue, gum; paste; cement
➢ **Heißkleber/Schmelzklebstoff/ Heißklebestoff** hot glue, hot melt glue, hot melt adhesive (HMA)
➢ **Mehrkomponentenkleber** multicomponent adhesive/cement
➢ **Sekundenkleber** superglue
Klebestreifen adhesive tape
Klebkraft adhesive power, bonding power
klebrig (glutinös) glutinous, viscid, sticky; (schmierig) gooey; (zäh) tacky, sticky
Klebstoff (Kleber) adhesive; (Leim) glue, gum
Kleiderbügel coat hanger
Kleiderordnung dress code

Kleie bran
Kleinanwendung small-scale
   application
Kleister paste
Klemme clamp; clip;
   (Kegelschliffsicherung) clip
   (for ground joint); Stativklemme
   (clamp)
➤ **Arterienklemme** artery forceps,
   artery clamp
➤ **Bulldogklemme** bulldog clamp
➤ **Bürettenklemme** buret clamp
➤ **Doppelmuffe/Kreuzklemme** clamp
   holder, clamp fastener, 'boss',
   clamp 'boss' (rod clamp holder)
➤ **Dreifinger-Klemme** three-finger
   clamp
➤ **Gefäßklemme/Arterienklemme/
   Venenklemme** vessel clamp,
   artery clamp, hemostatic forceps,
   hemostat
➤ **Hakenklemme (Stativ)** hook clamp
➤ **Kettenklammer** chain clamp
➤ **Klemme mit runden Backen** round
   jaw clamp
➤ **Krokodilklemme** alligator clip
➤ **Lüsterklemme** luster terminal
   (insulating screw joint)
➤ **Schlauchklemme/Quetschhahn**
   tubing clamp, pinchcock clamp,
   pinch clamp
➤ **Schraubklemme** pinch clamp
➤ **Spannungsklemme** voltage clamp
➤ **Tupferklemme** sponge forceps
➤ **Verlängerungsklemme** extension
   clamp
Klemmhülse crimp sleeve, sleeve
Klemmhülsenzange sleeve crimper,
   crimping pliers
Klemmpinzette/Umkehrpinzette
   reverse-action tweezers
   (self-locking tweezers)
Klemmzwinge spring clamp

Klempner/Installateur plumber
Klettverschluss (Haken & Flausch)
   Velcro, Velcro fastener, hook and
   loop fastener
Klinge blade
➤ **Abbrechklinge (für Cuttermesser)**
   snap-off blade
➤ **Rasierklinge** razor blade
➤ **Skalpellklinge** scalpel blade
➤ **Trapezklinge** trapeze blade
➤ **Ziehklinge** draw blade, (cabinet)
   scraper, (Rakel) drawing knife;
   spokeshave
Klinikmüll clinical waste
klinisch getestet/geprüft clinically
   tested
klonen/klonieren clone
Kloning/Klonierung cloning
Klumpen clump; lump; *chem*
   (Kruste: fest verbackender
   Niederschlag) cake
klumpen clump; lump; *chem*
   (zusammenbacken: Präzipitat) cake
**KMR-Stoffe/CMR-Stoffe = karzinogen/
   krebserzeugend, keimzellmutagen
   (erbgutverändernd) oder
   reproduktionstoxisch
   (fortpflanzungsgefährdend)**
   CMR substances = carcinogenic,
   mutagenic, or reprotoxic (toxic for
   reproduction)
Knallgas (2×H$_2$ + O$_2$) oxyhydrogen
   (gas), detonating gas
Knarre ratchet
➤ **Hebelknarre** lever ratchet
➤ **Umschaltknarre** change-over
   ratchet
kneifen pinch
Kneifzange pliers, nippers (*Br*),
   cutting pliers, pincers
Kneter/Knetmaschine/Knetwerk
   kneader, kneading machine
Knochen bone

Knochenfräse bone burr, bone mill, fraise

Knochenmehl bone meal

Knochensäge bone saw

Knochenstanze bone punch

Knochenzange bone cutter, bone-cutting forceps, bone pliers

knöchern/Knochen … bony

Knopf button; (Regler) control

Knopfzelle (Batterie) coin cell, button cell (button battery)

Knorpel cartilage

knorpelig cartilaginous

koagulieren/gerinnen coagulate

Koagulierungsmittel/ Gerinnungsmittel coagulating agent, coagulator

Koazervat coacervate

Kobalt/Cobalt (Co) cobalt

Kochblutagar/Schokoladenagar chocolate agar

köcheln (auf kleiner Flamme) simmer (boil gently)

kochen cook, boil
> **abkochen/absieden** decoct
> **aufkochen** boil up, bring to a boil; (beginnend) come to a boil
> **auskochen/abkochen (durch kochen abdampfen)** boil off
> **einkochen/verkochen** boil down
> **überkochen (auch: überlaufen)** boil over

Kocher cooker, boiler; burner; (Papierherstellung) digester

Kochfleischbouillon/Fleischbrühe cooked-meat broth

Koch's Postulat/Kochsches Postulat Koch's postulate

Kochsalz (NaCl) table salt

Kochsalzlösung saline
> **physiologische Kochsalzlösung** saline, physiological saline solution

kodieren/codieren encode, code

Koffein/Thein caffeine, theine

Kofferdam *dent* rubber dam, dental dam

Kohle coal
> **Anthrazit/Kohlenblende** anthracite, hard coal
> **Glanzbraunkohle/subbituminöse Kohle** subbituminous coal
> **Steinkohle/bituminöse Kohle** bituminous coal
> **Weichbraunkohle & Mattbraunkohle/Lignit** lignite

Kohlebürste (Motor) *tech* carbon brush

Kohlefilter charcoal filter

Kohlendioxid CO_2 carbon dioxide

kohlendioxidliebend/kapnophil capnophilic

Kohlenhydrat carbohydrate

Kohlenmonoxid CO carbon monoxide

Kohlensäure (Karbonat/Carbonat) carbonic acid (carbonate)

Kohlenstoff carbon

Kohlenstoffbindung carbon bond

Kohlenstoffquelle carbon source

Kohlenstoffverbindung carbon compound

Kohlenwasserstoff hydrocarbon
> **chlorierter Kohlenwasserstoff** chlorinated hydrocarbon
> **Fluorchlorkohlenwasserstoffe (FCKW)** chlorofluorocarbons, chlorofluorinated hydrocarbons (CFCs)
> **Fluorkohlenwasserstoff** fluorinated hydrocarbon

Köhlersche Beleuchtung *micros* Koehler illumination

Kojisäure kojic acid

Kolben *chem* flask; *tech* (Stempel/ Schieber: Spritze etc.) piston, plunger (e.g., of syringe)

➢ **Birnenkolben/Kjeldahl-Kolben**
Kjeldahl flask
➢ **Destillierkolben/Destillationskolben**
distilling flask, retort
➢ **Dreihalskolben** three-neck flask
➢ **Enghalskolben** narrow-mouthed
flask, narrow-necked flask
➢ **Erlenmeyer Kolben** Erlenmeyer
flask
➢ **Extraktionskolben** extraction flask
➢ **Fernbachkolben** Fernbach flask
➢ **Filtrierkolben/Filtrierflasche/**
Saugflasche filter flask, filtering
flask, vacuum flask
➢ **Kulturkolben** culture flask
➢ **Messkolben** volumetric flask
➢ **Rotationsverdampferkolben** rotary
evaporator flask
➢ **Rundkolben/Siedegefäß**
round-bottom(ed) flask, boiling
flask with round bottom
➢ **Säbelkolben/Sichelkolben** saber
flask, sickle flask, sausage flask
➢ **Schliffkolben** ground-jointed flask
➢ **Schüttelkolben** shake flask
➢ **Schwanenhalskolben** swan-necked
flask, S-necked flask, gooseneck
flask
➢ **Seitenhalskolben** sidearm flask
➢ **Spitzkolben** pear-shaped flask
(small/pointed)
➢ **Stehkolben/Siedegefäß** Florence
boiling flask, Florence flask (boiling
flask with flat bottom)
➢ **Verdampferkolben** evaporating flask
➢ **Weithalskolben** wide-mouthed
flask, wide-necked flask
➢ **Zweihalskolben** two-neck flask
Kolbenhubpipette/Mikroliterpipette
piston pipet, micropipet, pipettor
Kolbenklemme flask clamp
Kolbenprober gas syringe
Kolbenpumpe piston pump,
reciprocating pump

Kolbenwischer/Gummiwischer
(zum mechanischen Loslösen
von Rückständen im Glaskolben)
policeman (glass/plastic or metal
rod with rubber or Teflon tip)
kolieren filter, percolate, strain
Kollektorblende/Leuchtfeldblende
field diaphragm
Kollektorlinse collector lens,
collecting lens
Kollimationsblende/Spaltblende
micros collimating slit
Kollimator collimator
Kollision collision
Kollodium collodion
Kollodiumwolle collodion cotton
kolonial/koloniebildend colonial,
colony-forming
Kolonie colony
koloniebildend/kolonial
colony-forming, colonial
Kolonne (*siehe:* **Säule)** column;
(Bioreaktor:Turm) tower
Kolophonium colophony, rosin
Kombizange combination pliers,
linesman pliers; (verstellbar)
slip-joint pliers
Kompartimentierung
compartmentalization,
compartmentation
kompatibel/verträglich compatible
Kompatibilität/Verträglichkeit
compatibility
Kompensationspunkt compensation
point
kompetitiv competitive
Komplettmedium complete medium,
rich medium
Komplexbildner/Chelatbildner
complexing agent, chelating agent,
chelator
Komplexbildung/Chelatbildung
complexing, chelation, chelate
formation

komplexieren chelate
Komplexität complexity
komplexometrische Titration/
    Komplexometrie complexometric
    titration, complexometry
Kompressorenöl compressor oil
Kondensat condensate
Kondensation condensation
Kondensationspunkt condensing
    point
Kondensationsreaktion/
    Dehydrierungsreaktion
    condensation reaction, dehydration
    reaction
Kondensator *opt* condenser; *electr*
    capacitor
kondensieren condense
Kondensorblende/Aperturblende
    condenser diaphragm, aperture
    diaphragm (iris diaphragm)
Kondensortrieb *micros* condenser
    adjustment knob, substage
    adjustment knob
konditionieren *med/*
    chromat condition
konditioniertes Medium conditioned
    medium
Konditionierung *med/*
    chromat conditioning
Konfektionierung (ready-made/
    industrial) manufacture/
    manufacturing
Konfidenzgrenze/Vertrauensgrenze/
    Mutungsgrenze *stat* confidence
    limit
Konfidenzintervall/
    Vertrauensintervall/
    Vertrauensbereich *stat* confidence
    interval
Konfidenzniveau/
    Konfidenzwahrscheinlichkeit
    stat confidence level
Konformation conformation

> Knäuelkonformation/
    Schleifenkonformation *gen* coil
    conformation, loop conformation
> relaxiert/entspannt relaxed
    (conformation)
> Repulsionskonformation *gen*
    repulsion conformation
> Ringform ring form, ring
    conformation
> Schleifenkonformation/
    Knäuelkonformation *gen* loop
    conformation, coil conformation
> Sesselform (Cycloalkane) *chem*
    chair conformation
> Wannenform (Cycloalkane) *chem*
    boat conformation
kongelieren congeal
kongenial/verwandt/gleichartig
    congenial
Königswasser (HNO$_3$/HCl 1:3)
    aqua regia
konjugierte Bindung
    chem conjugated bond
Konkurrent/Mitbewerber competitor
Konkurrenz/Kompetition/Wettbewerb
    competition
konkurrieren/in Wettstreit stehen
    compete
konservieren/präservieren/haltbar
    machen/erhalten conserve,
    preserve; store, keep
Konservierung preservation; storage
Konservierungsmittel/
    Konservierungsstoff preservative
    (agent)
Konsistenz/Beschaffenheit
    consistency
konsistieren/beschaffen sein consist
Konsument/Verbraucher consumer
Kontagiosität contagiousness
Kontakt contact; *electr* lead
Kontaktallergen contact allergen
Kontaktinfektion contact infection

Kontaktpestizid contact pesticide
Kontaktrisiko (Gefahr bei Berühren) contact hazard
Kontamination/Verunreinigung contamination
kontaminieren/verunreinigen contaminate
kontrahieren/zusammenziehen contract
Kontrastfärbung/Differentialfärbung contrast staining, differential staining
kontrastieren contrast; *tech/micros* (färben/einfärben) stain
Kontrastierung/Färben/Färbung/ Einfärbung *tech/micros* stain, staining
Kontrollbereich/kontrollierter Bereich controlled area
Kontrolle control, check; inspection; (Überwachung/Beaufsichtigung) supervision
Kontrollgerät controlling instrument, control instrument, monitoring instrument; (Anzeige: monitor)
kontrollieren control, check, inspect; (überwachen/beaufsichtigen) supervise
Konvektionsofen convection oven; (mit natürlicher Luftumwälzung) gravity convection oven
Konzentration concentration
➢ **Arbeitsplatzkonzentration, zulässige** permissible workplace exposure
➢ **Grenzkonzentration (GK)** limiting concentration
➢ **Hemmkonzentration** inhibitory concentration
➢ **Hemmkonzentration, minimale (MHK)** minimal inhibitory concentration, minimum inhibitory concentration (MIC)

➢ **MAK-Wert (maximale Arbeitsplatz-Konzentration)** maximum permissible workplace concentration, maximum permissible exposure
➢ **mittlere letale Konzentration (LC_{50})** median lethal concentration
➢ **Osmolarität/osmotische Konzentration** osmolarity, osmotic concentration
Konzentrationsgefälle/ Konzentrationsgradient concentration gradient
konzentrieren concentrate
Kooperation/Zusammenarbeit cooperation, collaboration
kooperative Bindung cooperative binding
Kooperativität cooperativity
kooperieren/zusammenarbeiten cooperate, collaborate
Koordination coordination
koordinieren coordinate
Kopf (Fettmolekül) head
Kopfbedeckung head cover
Kopienzahl copy number
Kopiergerät copying machine, copy machine
koppeln/verbinden/aneinander festmachen couple, join, link
Kopplung coupling; linkage
➢ **chemische Kopplung** chemical coupling
➢ **geminale Kopplung (NMR)** geminal coupling
➢ **Korb** basket
➢ **zusammenlegbarer Korb/Faltkorb** collapsible basket
Korkbohrer cork-borer
Korkring cork ring
Korn grain, granule, particle
Körner (Werkzeug) center punch
Korngröße particle size, grain size

Körnigkeit granulation
Kornklasse grain-size class
Körnung grain
Körper body, soma
körperbehindert physically handicapped
Körperflüssigkeit body fluid
körperliche Arbeit physical work
Körpertemperatur body temperature
Korrosion corrosion
korrosionsbeständig corrosionproof; stainless
Korrosionsmittel/Ätzmittel corrosive
korrosiv/korrodierend/zerfressend/ angreifend/ätzend corrosive
Kost/Essen/Speise/Nahrung/ Diät diet, food, feed, nutrition
Kosten-Nutzen-Analyse cost-benefit analysis
Kot/Fäkalien feces
Kotflügelscheibe/Karosseriescheibe fender washer, penny washer
KPG (kalibriertes Präzisions-Glas)-Rührer calibrated precision glass stirrer
Kraftfahrzeug motor vehicle
Kraftmikroskopie force microscopy
➢ **Rasterkraftmikroskopie** atomic force microscopy (AFM)
krank sick, ill, diseased
krank schreiben certify s.o. as ill; (krank geschrieben sein) to be on sick-leave
Krankentrage/Krankenbahre stretcher
Krankenversicherung health insurance
krankhaft/pathologisch pathological
Krankheit disease, illness; sickness
➢ **ansteckende Krankheit/infektiöse Krankheit** contagious disease, infectious disease

➢ **Erbkrankheit** inheritable disease
➢ **erbliche Erkrankung/Erbkrankheit** hereditary disease, genetic disease, inherited disease, heritable disorder
➢ **Strahlenkrankheit** radiation sickness
➢ **übertragbare Krankheit** transmissible disease, communicable disease
➢ **Zivilisationskrankheiten** diseases of civilization ('affluent peoples' diseases')
krankheitserregend/pathogen disease-causing, pathogenic
Krankheitserreger disease-causing agent, pathogen
Krankheitsüberträger transmitter of disease
Krankheitsursache/Ätiologie etiology
Krankheitsverursacher (Wirkstoff/ Agens/Mittel) etiological agent
Krankmeldung notification of illness (to one's employer)
Kratzer (Gerät zum abkratzen) scraper
Krebs (malignes Karzinom) cancer (malignant neoplasm/carcinoma)
krebsartig cancerous
krebserregend/karzinogen/ carcinogen carcinogenic
krebserzeugend/onkogen/oncogen cancer causing, oncogenic, oncogenous
Krebsforschung cancer research
Krebsrisiko cancer risk
krebsverdächtige Substanz cancer suspect agent, suspected carcinogen
Kreide chalk
➢ **Signierkreide (Försterkreide)** marking crayon (lumber crayon, lumber marking crayon, timber marking crayon)

➢ **Specksteinkreide** soapstone crayon, soapstone marker
➢ **Tafelkreide/Schulkreide** blackboard chalk, school chalk
Kreidehalter chalk holder
Kreisdiagramm pie chart
Kreiselpumpe/Zentrifugalpumpe impeller pump, centrifugal pump
Kreislaufpumpe circulating pump, circulator
Kreisschüttler/Rundschüttler circular shaker, orbital shaker, rotary shaker
Kreppband masking tape
kreuzen/züchten cross, crossbreed, breed, interbreed
Kreuzklemme/Doppelmuffe clamp holder, clamp fastener, 'boss', clamp 'boss' (rod clamp holder)
Kreuzkontamination cross-contamination
Kreuzmischungsregel/Mischregel/ Mischungsregel (Mischungskreuz/ „Andreaskreuz") dilution rule
Kreuzprobe *immun* cross-matching
Kreuzschlüssel spider wrench, spider spanner (*Br*)
Kreuzschraubenzieher/ Kreuzschlitzschraubenzieher Phillips®-head screwdriver; Phillips® screwdriver
Kreuzstrom-Filtration cross flow filtration
Kreuztisch *micros* mechanical stage
Kreuzung/Züchtung crossing, cross, crossbre(e)d, breed, crossbreeding, interbreeding; (Kreuzungsprodukt) cross, breed
➢ **aus der Kreuzung entfernt oder nicht verwandter Individuen gezüchtet** outbred
➢ **Dihybridkreuzung** dihybrid cross
➢ **Doppelkreuzung** double cross

➢ **Drei-Faktor-Kreuzung** three-point testcross
➢ **Einfachkreuzung** single cross
➢ **Herauskreuzen/Auskreuzen** outcrossing
➢ **Monohybridkreuzung** monohybrid cross
➢ **nicht verwandte Individuen kreuzen** outbreed
➢ **Testkreuzung** testcross
➢ **Überbrückungskreuzung** bridging cross
Kriechschutzadapter *dest* anticlimb adapter
Kriechstrom leakage current, creepage
Kristall crystal
Kriställchen small crystal; crystallite
Kristallisation crystallization
Kristallisationskern/Kristallisationskeim crystallization nucleus
kristallisieren crystallize
Kristallisierschale crystallizing dish
Kristallographie crystallography
Kristallstruktur crystal structure, crystalline structure
Kristallstrukturanalyse/ Diffraktometrie crystal-structure analysis, diffractometry
Kristallwasser crystal water, water of crystallization
Kritisch-Punkt-Trocknung critical point drying (CPD)
kritische Dichte critical density
kritische Lösungstemperatur consolute temperature, critical solution temperature
kritischer Punkt critical point
Krokodilklemme alligator clip, alligator connector clip
Kronenkorken crown cap
Krug/Kanne/Kännchen jug; (mit Griff) pitcher

Krümel scraps, shavings
Krümmer (gebogenes Rohrstück)/
Winkelrohr/Winkelstück
(Glas/Metal etc. zur Verbindung)
ell, elbow, elbow fitting, bend, bent
tube, angle connector
krustenbildend encrusting
Kryo-Ultramikrotomie
cryoultramicrotomy
Kryoröhrchen cryovial, cryogenic
vial, cryotube
Kryostat cryostat
Kryostatschnitt *micros* cryostat
section
Küchenhandtuch kitchen towel
Küchenrolle/Haushaltsrolle/
Tücherrolle/Küchentücher/
Haushaltstücher kitchen tissue
(kitchen paper towels)
Kugelbettreaktor (Bioreaktor)
bead-bed reactor
Kugelgelenk ball-and-socket joint,
spheroid joint
Kugelkühler Allihn condenser
Kugellager ball bearing
> **Achsenlager/Achslager/Zapfenlager**
(z.B. beim Kugellager) journal
> **Laufring (beim Kugellager)** race
Kugelrohrdestillation bulb-to-bulb
distillation, Kugelrohr distillation
Kugel-Stab-Modell/
Stab-Kugel-Modell *chem*
ball-and-stick model,
stick-and-ball model
Kugelventil ball valve
Kühlakku/Kälteakku cooling pack,
cooling unit
Kühlbox cooler
kühlen cool, chill, refrigerate
> **abkühlen** cool down, get cooler
> **gefrieren** freeze
> **in den Kühlschrank stellen**
refrigerate

> **tiefkühlen/tiefgefrieren** deep-freeze
> **unvterkühlen** supercool
Kühler condenser
> **Dimroth-Kühler** coil condenser
(Dimroth type)
> **Einhängekühler/Kühlfinger**
suspended condenser, cold finger
> **Intensivkühler** jacketed coil
condenser
> **Kugelkühler** Allihn condenser
> **Liebigkühler** Liebig condenser
> **Luftkühler** air condenser
> **Rückflusskühler** reflux condenser
> **Schlangenkühler** coil (distillate)
condenser, coiled-tube condenser
> **Vigreux-Kolonne** Vigreux column
Kühlfach/Gefrierfach (im Kühlschrank)
freezer compartment, freezing
compartment, freezer
Kühlfalle cold trap, cryogenic trap
Kühlfinger *dest* cold finger
(finger-type condenser)
Kühlflüssigkeit/Kühlmittel coolant
(*allg*/direkt); refrigerant
Kühlhaus cold store
Kühlmantel condenser jacket
Kühlpack/Kühlkompresse/
Sofort-Kältekompresse/
Kälte-Sofortkompresse (für Erste
Hilfe) cold pack, instant cold pack,
ice pack
Kühlraum (Gefrierraum) cold room
('walk-in refrigerator'),
cold-storage room, cold store,
'freezer'; (Kühlkammer/Kühlhaus)
cold storage, deep freeze
Kühlschlange cooling coil,
condensing coil
Kühlschmierstoff/Kühlschmiermittel
coolant (lubricant)
Kühlschrank refrigerator, fridge;
icebox
> **Gefrierfach** freezing compartment

> **Tiefkühlschrank** deep freezer, 'cryo'
Kühltruhe/Gefriertruhe chest freezer; (Gefrierschrank) upright freezer
> **Tiefkühltruhe** deep-freeze, deep freezer
Kühlwasser coolant, cooling water
kultivierbar cultivatible, arable
kultivieren *agr* cultivate; *micb* culture, culturing
Kultur culture
> **Anreicherungskultur** enrichment culture
> **Ausstrichkultur** streak culture
> **Blutkultur** blood culture
> **Dauerkultur** long-term culture
> **diskontinuierliche Kultur/ Batch-Kultur/Satzkultur** batch culture
> **Eikultur** chicken embryo culture
> **Einstichkultur/Stichkultur (Stichagar)** stab culture
> **Eintauchkultur** submerged culture
> **Erhaltungskultur** maintenance culture
> **Gewebekultur** tissue culture
> **kontinuierliche Kultur** continuous culture, maintenance culture
> **Mischkultur** mixed culture
> **Oberflächenkultur** surface culture
> **Perfusionskultur** perfusion culture
> **Plattenausstrichmethode** streak-plate method/technique
> **Plattengussverfahren/ Gussplattenmethode** pour-plate method/technique
> **Reinkultur** pure culture, axenic culture
> **Rollerflaschenkultur** roller tube culture
> **Satzkultur/Batch-Kultur/ diskontinuierliche Kultur** batch culture

> **Schrägkultur (Schrägagar)** slant culture, slope culture
> **Schüttelkultur** shake culture
> **Spatelplattenverfahren** spread-plate method/technique
> **Stammkultur** stem culture, stock culture
> **statische Kultur** static culture
> **Stichkultur/Einstichkultur (Stichagar)** stab culture
> **Submerskultur** submerged culture
> **Synchronkultur** synchronous culture
> **Verdünnungs-Schüttelkultur** dilution shake culture
> **Zellkultur** cell culture
Kulturbeutel toilet bag
Kulturflasche culture bottle
Kulturkolben culture flask
Kulturmedium/Medium/Nährmedium medium, culture medium
> **Anreicherungsmedium** enrichment medium
> **Differenzierungsmedium** differential medium
> **Elektivmedium/Selektivmedium** selective medium
> **Komplettmedium/Vollmedium** complete medium
> **komplexes Medium** complex medium
> **Mangelmedium** deficiency medium
> **Minimalmedium** minimal medium
> **Selektivmedium** selective medium
> **synthetisches Medium (chem. definiertes Medium)** defined medium
> **Vollmedium** complete medium
> **Kulturpflanze** crop plant, cultivated plant
Kulturröhrchen culture tube
Kulturschale culture dish

Kunde customer
Kundendienst/Kundenbetreuung customer service
Kunstharz artificial resin, synthetic resin
künstlich artificial
Kunststoffsack/Plastikbeutel plastic bag
Kupfer (Cu) copper
Kupfer(I) ... cuprous ...
Kupfer(I)-oxid cuprous oxide
Kupfer(II) ... cupric ...
Kupferdrahtnetz copper grid mesh
Kupferglanz Cu_2S chalcocite
Kupfernetz *micros* copper grid
Kupferspäne/Kupferfeilspäne copper filings
Kupfersulfat/Kupfervitriol copper sulfate, copper vitriol, cupric sulfate
Kupplung *tech/mech* clutch, coupling, coupler, attachment; (Verbinder: z.B. Schlauch) fitting, coupler
➢ **Gelenkkupplung** ball-joint connection
➢ **Schlauchkupplung** tubing connection, tube coupling
➢ **Schnellkupplung (z.B. Schlauchverbinder)** quick-disconnect fitting, quick-connect fitting, quick-release coupling
➢ **starre Kupplung** fixed coupling
➢ **Stecker/männliche Kupplung** (male) insert; male
➢ **weibliche Kupplung/Körper** body, (female) fitting; female
Kupplungsreaktion *chem* coupling reaction
Kürette curette
Kurort health resort
Kurzhalstrichter/Kurzstieltrichter short-stem funnel, short-stemmed funnel
kurzkettig short-chain

kurzschließen short-circuit
Kurzschluss short circuit, short-circuiting, short; (Sicherung 'rausfliegen' lassen) blow/kick a fuse
Kurzwegdestillation/ Molekulardestillation short-path distillation, flash distillation
Küvette (für Spektrometer) cuvette, spectrophotometer tube
Küvettenhalter *analyt* cell holder

L

Labor (*pl* Labors)/Laboratorium (*pl* Laboratorien) laboratory, lab
➢ **Forschungslabor** research laboratory/lab
➢ **Fotolabor** photographic laboratory/lab
➢ **Gute Laborpraxis** Good Laboratory Practice (GLP)
➢ **im Labormaßstab** laboratory-scale, lab-scale
➢ **Lernlabor/Lehrlabor** teaching laboratory, educational laboratory
➢ **Sicherheitslabor/ Sicherheitsraum/ Sicherheitsbereich (S1–S4)** biohazard containment (laboratory) (classified into biosafety containment classes)
➢ **Tierlabor** animal laboratory/lab
Labor-Anstandsregeln laboratory/lab courtesy
Laborant(in) laboratory/lab worker
Laborarbeiter laboratory/lab worker
Laborarbeitstisch laboratory/lab bench
Laborassistent(in)/technische(r) Assistent(in) technical lab assistant, laboratory/lab technician
Laboratorium (*siehe* Labor) laboratory, lab

Laboraufzeichnungen laboratory/lab notes, laboratory/lab documentation

Laborbank laboratory/lab counter

Laborbedarf labware, laboratory/lab supplies

Laborbedingungen laboratory/lab conditions

Laborbefund laboratory findings, laboratory results

Laborbericht laboratory/lab report

Laborbürste laboratory/lab brush

Laborchemikalie laboratory/lab chemical

Labordiagnostik laboratory/lab diagnostics

➢ **patientennahe Labordiagnostik** point-of-care testing (POCT)

Laboreinheit laboratory/lab unit

Laboreinrichtung/Laborausstattung laboratory/lab facilities

Laboretikette/Laborgepflogenheiten/ Laborbenimmregeln/Labor‚knigge' lab etiquette

Laborgehilfe laboratory/lab aide

Laborgerät laboratory/lab equipment

Laborglasgeräte laboratory/lab glassware

Laborhocker lab stool

Laborjournal/Protokollheft laboratory/lab notebook

Laborkakerlake laboratory/lab roach

Laborkaugummi lab chewing gum (sticks to glass, metal & wood!)

Laborkittel/Labormantel laboratory coat, labcoat

Laborleiter laboratory/lab head

Labormaßstab laboratory/lab scale

Labormöbel laboratory/lab furniture

Laborpersonal laboratory/lab personnel

Laborplatz/Laborarbeitsplatz laboratory/lab space, laboratory/lab working space

Laborpraxis: Gute Laborpraxis Good Laboratory Practice (GLP)

Laborprotokoll laboratory/lab protocol

Laborreagens laboratory/lab reagent, bench reagent

Laborreinigung laboratory/lab cleanup

Laborschale laboratory/lab tray

Laborschürze laboratory/lab apron

Laborschutzplatte (Keramikplatte) laboratory protection plate

Laborsicherheit laboratory/lab safety

Laborsicherheitsbeauftragter laboratory safety officer

Laborsicherheitsstufe physical containment (level)

Laborstandard laboratory/lab standard

Laborstandflasche/Standflasche laboratory/lab bottle

Labortagebuch lab diary, lab manual, log book

Labortechnik laboratory/lab technique

labortechnisch/im Labormaßstab laboratory-/lab-scale

Labortisch/Labor-Werkbank laboratory/lab table, laboratory/lab bench, laboratory/lab workbench

Labortrakt/Laboratoriumtrakt laboratory/lab suite

Labortratsch laboratory/lab gossip

Labortrockner/Heißluftgebläse/Föhn hot-air gun

Laborunterlage (Untersetzer/Matte) laboratory/lab mat

Laborverfahren laboratory/lab procedure

Laborversuch/Labortest laboratory/lab experiment, laboratory/lab test

Laborwaage laboratory/lab balance, laboratory/lab scales

Laborwagen/Laborschiebewagen
laboratory cart, lab pushcart
(*Br* trolley)
Laborzange tongs
Laborzeile bench row
Lachgas/Distickstoffoxid/
Dinitrogenoxid laughing gas,
nitrous oxide
Lack/Firnis/Farblack lacquer;
(Lasur) varnish
lackieren varnish, lacquer; repaint;
refinish; coat
Ladegerät charger
Ladeverzeichnis/Ladungsdokument
(Warenverzeichnis) manifest
document
Ladung/elektrische Ladung charge,
electric(al) charge
Ladungstrennung *electr* charge
separation
Lage (Position: in Bezug) position;
(Ort) location
Lager (Lagerraum/Warenlager)
stockroom, storage room,
repository; (Gebäude) warehouse;
(Vorrat) stock, store, supplies;
(Achsenlager/Rührer etc.) bearing(s)
➢ **Kugellager** ball bearing
➢ **Lagerbüchse (Kugellager)**
journal box
➢ **Laufring (des Kugellagers)** race
Lagerbestand stock, store, supplies
Lagerhalter/Lagerist stockkeeper;
stockman; supplies manager
Lagerhaltung stockkeeping,
storekeeping; warehousing
Lagerhülse (Glasaussatz) stirrer
bearing
Lagerkapazität storage capacity
lagern (Holz) season, store
Lagertank storage tank
Lagerung (Waren/Gerät/Chemikalien)
storage, warehousing

Lagerverwalter stockroom manager
lag-Phase/Adaptationsphase/
Anlaufphase/Latenzphase/
Inkubationsphase lag phase,
incubation phase, latent phase,
establishment phase
Laktamid/Lactamid/Milchsäureamid
lactamide
Laktat (Milchsäure)
lactate (lactic acid)
Laktatgärung/Milchsäuregärung
lactic acid fermentation, lactic
fermentation
Laktation lactation
Laktose/Lactose (Milchzucker)
lactose (milk sugar)
laminare Strömung/Schichtströmung
laminar flow
Laminat laminate (laminated plastic)
Lampe lamp, light; torch
➢ **Bogenlampe** arc lamp
➢ **dimmbare Lampe** dimmable lamp
➢ **Dunkelkammerlampe**
(Rotlichtlampe) safelight
➢ **Energiesparlampe** energy-saving
lightbulb
➢ **Gebläselampe** blowtorch
➢ **Glühlampe/Glühbirne** light bulb,
lightbulb, incandescent lamp
➢ **Hohlkathodenlampe (HKL)** hollow
cathode lamp (HCL)
➢ **Lötlampe** soldering blow torch
➢ **Quecksilberdampflampe** mercury
vapor lamp
➢ **Schreibtischlampe** desk lamp
➢ **Taschenlampe** flashlight, pocket
flashlight, torch
langkettig long-chain
langlebig long-lived, long-living
Langlebigkeit longevity
länglich oblong
langsam wachsend slow-growing
Längskonstante length constant

Längsschnitt longisection, longitudinal section, long section
Langzeitversuch long-term experiment
Lanzette/Blutlanzette lancet, blood lancet
Lärmschutz noise protection
Laser (Lichtverstärkung durch stimulierte Emission von Strahlung) laser (light amplification by stimulated emission of radiation)
Läsion/Schädigung/Verletzung/ Störung lesion
Last (Beladung) load; (Gewicht) weight; *tech/mech* (Traglast) load; (Belastung) burden
Lasur/Lack/Lackfirnis varnish
latent/verborgen/unsichtbar/ versteckt latent
Latenz latency
Latenzphase/Adaptationsphase/ Anlaufphase/Inkubationsphase/ lag-Phase latent phase, incubation phase, establishment phase, lag phase
Latenzzeit (Inkubationszeit) latency period, latent period (incubation period)
lateral/seitlich lateral
Lateralvergrößerung/ Seitenverhältnis/Seitenmaßstab/ Abbildungsmaßstab *micros* lateral magnification
Latte (aus Holz) lath, plank
Latthammer carpenter's roofing hammer
Laubsäge scroll saw
Laufmittel/Elutionsmittel/Fließmittel/ Eluent (mobile Phase) solvent, mobile solvent, eluent, eluant (mobile phase)
Laufmittelfront solvent front

Laufring (beim Kugellager) race
Laufzeit (Vertrag) term; (Gerät/Lebenszeit) life, service life; (Gerät: für eine ‚Runde') cycle time, running time
Lauge *chem* lye; (Bodenauslaugung) leachate
laugenbeständig/alkalibeständig alkaliproof
Laugung/Auslaugung leaching
Laut/Ton sound, noise
läutern (entfernen von Verunreinigungen) purify, refine, clarify, clear; (rektifizieren) rectify; (klären) lauter, clarify
Lautstärke volume, loudness
lauwarm lukewarm
Lävan levan
Lävulinsäure levulinic acid
LD_{50} (mittlere letale Dosis) LD_{50} (median lethal dose)
LDL (Lipoproteinfraktion niedriger Dichte) LDL (low density lipoprotein)
Leben *n* life
leben *vb* live
lebend alive, living; biological, biotic
Lebendbeobachtung live observation
Lebendfärbung/Vitalfärbung vital staining
Lebendgewicht live weight
lebendig alive
Lebendimpfstoff/Lebendvakzine live vaccine
Lebendkeimzahl live germ count
Lebendkultur live culture, living culture
Lebensdauer life span; (Laufzeit: Gerät etc.) service life; (Nutzungsdauer) *tech/mech* working life
lebensfähig viable
Lebensfähigkeit viability

Lebensgefahr danger to life, life threat
➤ **Vorsicht, Lebensgefahr!** caution, danger!
lebensgefährlich life-threatening
Lebensgröße life size
Lebensmittel foodstuff, nutrients
Lebensmittelbestrahlung food irradiation
Lebensmittelchemie food chemistry
lebensmittelecht suitable for use in contact with food
Lebensmittelkonservierungsstoff food preservative
Lebensmittelkontrolle/ Lebensmittelprüfung food quality control
Lebensmittelüberwachung/ Lebensmittelkontrolle food inspection
Lebensmittelvergiftung food poisoning
Lebensmittelzusatzstoff food additive
lebenswichtig/lebensnotwendig/vital essential for life, vital
Lebenszeit lifetime
leberschädigend/hepatotoxisch hepatotoxic
Lebertran cod-liver oil
Lebewesen/Organismus lifeform, organism
leblos/tot lifeless, inanimate, dead
Leck/Leckage leak, leakage
Leckagerate leak rate
lecken lick; (auslaufen) leak
leer empty; void
leerlaufen/trockenlaufen run dry
legieren alloy
Legierung alloy
Lehranstalt educational facility/ institution

Lehrling apprentice, trainee (on-the-job)
Leiche/Kadaver (*auch:*Tierleiche) corpse, carcass, cadaver
Leichengeruch cadaverous smell
Leichenschau inspection of corpse, postmortem examination
Leichenstarre/Totenstarre rigor mortis
Leichnam body, dead body, corpse
leicht entzündlich highly flammable
leichtgewicht(ig) lightweight
leichtlöslich easily/readily soluble
Leim glue
➤ **Holzleim** wood glue
Leinwand (Projektionsleinwand) screen (projection screen)
Leiste ledge, lath, border, strip; (dünne L.) slat; molding
Leistung achievement, performance; *phys/electr* power
Leistungsaudit/Leistungsprüfung/ Tauglichkeitsprüfung performance audit
Leistungskompensations- Differentialkalorimetrie power-compensated differential scanning calorimetry (PC-DSC)
Leistungskriterien (Geräte etc.) performance criteria
Leistungsregelung power control
Leistungszahl performance value, performance coefficient
leiten (Elektrizität/Flüssigkeiten) conduct, transport, translocate, lead
Leitenzym tracer enzyme
Leiter ladder; *electr* conductor; (Führungskraft: Vorgesetzter/,Chef') leader, head ('boss')
➤ **Ausziehleiter/Schiebeleiter** extension ladder
➤ **Klappleiter** folding ladder

➢ **Klapptrittleiter** folding stepladder
➢ **Plattformleiter** platform ladder
  (podium ladder)
➢ **Podestleiter** podium ladder
➢ **Sprosse (*vs.* Trittstufe)**
  rung (*vs.* step, tread)
➢ **Sprossenleiter** rung ladder
➢ **Stehleiter/Treppenleiter/**
  Stufenleiter/Trittleiter stepladder,
  step ladder, steps
➢ **Teleskopleiter** telescopic ladder
➢ **Vielzweckleiter** multi-purpose
  ladder
Leiterplatte/Lochrasterplatte/
  Lochrasterplatine printed circuit
  board (PCB)
Leitfaden/Handbuch guide; manual,
  handbook
leitfähig conductive
Leitfähigkeit conductivity;
  (G) *neuro* conductance
Leitfähigkeitsmessgerät conductivity
  meter
Leitfähigkeitstitration/
  konduktometrische Titration/
  Konduktometrie conductometric
  titration, conductometry
Leitlinie guideline
Leitnuklid tracer nuclide
Leitsubstanz lead compound
Leitung conduction, conductance,
  transport, translocation; (Rohre/
  Kabel für Wasser/Strom/Gas) line
Leitungskanal service duct, service
  line
Leitungswasser tap water
Leitvermögen conductivity
Lenkung (Prozesslenkung) control
Lernlabor teaching laboratory,
  educational laboratory
letal/tödlich lethal, deadly
➢ **balanciert letal** balanced lethal

➢ **bedingt letal/konditional letal**
  conditional lethal
letale Dosis lethal dose
Letalität lethality
Leuchtdiode
  light-emitting diode (LED)
Leuchte lamp, light, illuminator;
  micros illuminator
➢ **Ansteckleuchte** *micros* substage
  illuminator
➢ **Arbeitsleuchte/Baustrahler** work
  light (floodlight)
➢ **Inspektionsleuchte** inspection lamp
➢ **Kaltlichtbeleuchtung** fiber optic
  illuminator, fiber optic illumination
➢ **Mikroskopierleuchte** microscope
  illuminator
➢ **Niedervoltleuchte** low-voltage
  lamp/illuminator (spotlight)
➢ **Stableuchte** flashlight, torch
➢ **Stirnleuchte** headlamp, head light,
  head torch
➢ **Taschenlampe** flashlight, pocket
  flashlight, torch
leuchten shine, light; glow; burn
Leuchtfarbe luminous paint;
  (Farbstoff) fluorescent dye
Leuchtfeldblende/Kollektorblende
  micros field diaphragm
Leuchtkraft luminosity
Leuchtprobe flame test
Leuchtschirm luminescent screen
Leuchtstoff/Luminophor (‚Phosphor')
  luminophore (phosphor)
Leuchtstoffröhre/Leuchtstofflampe
  (‚Neonröhre') fluorescent tube
Leuchttest/Leuchtprobe flame test
Libelle (Glasröhrchen der
  Wasserwaage) bubble tube
  (slightly bowed glass tube/vial in
  spirit level)

Licht light
> **Auflicht/Auflichtbeleuchtung**
epiillumination, incident
illumination
> **ausgestrahltes Licht** emergent light
> **Blitzlicht** flash, flashlight
> **Durchlicht/Durchlichtbeleuchtung**
transillumination, transmitted light
illumination
> **einfallendes Licht** incident light
> **linear polarisiertes Licht**
plane-polarized light
> **polarisiertes Licht** polarized light
> **Streulicht** scattered light, stray light
> **zirkular polarisiertes Licht** circularly
polarized light
Lichtabbau/photochemischer Abbau
photodegradation
lichtbeständig/lichtecht photostable,
light-fast, nonfading
Lichtbeständigkeit photostability
Lichtbestrahlung photoirradiation
Lichtbleichung photobleaching
Lichtblitz flash
Lichtbogenofen arc furnace
Lichtbogenspektrum arc spectrum
lichtbrechend refractive
Lichtbrechung optical refraction
lichtdurchlässig translucent,
transparent
Lichtdurchlässigkeit light
permeability
lichtecht/lichtbeständig lightfast
Lichtechtheit/Lichtbeständigkeit
light fastness
lichtempfindlich (leicht reagierend)
light-sensitive, photosensitive,
sensitive to light
Lichtempfindlichkeit light sensitivty,
sensivity to light, photosensitivity
Lichtleiter photoconductor, optical
waveguide, optic fiber waveguide;
(Kaltlicht) light pipe (fiberoptics)
> **Schwanenhals** gooseneck

Lichtleitertechnik fiber optics
Lichtleitfähigkeit photoconductivity
Lichtmikroskop light microscope
(compound microscope)
Lichtpunkt point of light
Lichtquelle light source
Lichtreiz light stimulus
Lichtschranke light barrier
Lichtschutzmittel
(Sonnenschutzcreme)
light-stability agent
(sunscreen lotion)
lichtstark bright, luminous
Lichtstärke/Lichtintensität
luminosity, light intensity
Lichtstrahl/Lichtbündel beam of light
Lichtstreuung light scattering
Lichtstrom (Lumen, lm) luminous
flux (lumen, lm)
Lichtwahrnehmung photoperception
Liebigkühler Liebig condenser
Lieferant/Vertrieb supplier,
distributor (Firma: supply house);
(Vertragslieferant) contractor
lieferbar on stock; available
> **ausstehende Lieferung wird**
nachgeliefert (sobald wieder auf
Lager) on backorder
> **derzeit nicht lieferbar** temporarily
out of stock
> **nicht lieferbar** out of stock
Lieferbedingungen terms of delivery
(terms and conditions of sale)
Lieferdruck delivery pressure,
discharge pressure
Lieferfrist term of delivery, time of
delivery
Lieferkosten cost of delivery,
shipment costs
Lieferschein delivery note, note/bill/
confirmation of delivery
Lieferumfang extent/scope of supply
(delivery); package contents

Lieferung supply, shipment, delivery, consignment

➢ **Großlieferung** bulk shipment, bulk delivery

Lieferverzug delay in delivery

Lieferzeit lead time; time frame of delivery

Ligament/Band ligament

Ligand ligand

Liganden-Blotting ligand blotting

Ligation/Verknüpfung ligation

Lignifizierung lignification

Lignocerinsäure/Tetracosansäure lignoceric acid, tetracosanoic acid

Ligroin ligroin, petroleum spirit

Lineweaver-Burk-Diagramm Lineweaver-Burk plot, double-reciprocal plot

Linienspektrum/Atomspektrum line spectrum

Linienstichprobenverfahren *stat/ecol* line transect method

linksgängig left-handed

linkshändig left-handed, sinistral

Linolensäure linolenic acid

Linolsäure linolic acid, linoleic acid

Linse lens (*also:* lense)

Linsenpapier/Linsenreinigungspapier *micros* lens tissue, lens paper

Lipid lipid

Lipiddoppelschicht (biol. Membran) lipid bilayer

Lipofektion lipofection

Liponsäure/Dithiooctansäure/ Thioctsäure/Thioctansäure (Liponat) lipoic acid (lipoate), thioctic acid

lipophil lipophilic

Lipoprotein hoher Dichte high density lipoprotein (HDL)

Lipoprotein mittlerer Dichte intermediate density lipoprotein (IDL)

Lipoprotein niedriger Dichte low density lipoprotein (LDL)

Lipoprotein sehr niedriger Dichte very low density lipoprotein (VLDL)

Lipoteichonsäure lipoteichoic acid

Lippendichtung (Wellendurchführung) lip seal, lip-type seal, lip gasket

Litocholsäure litocholic acid

Lizenz licence (or license)

Lizenzinhaber licensee, licence holder

Lochbodenkaskadenreaktor/ Siebbodenkaskadenreaktor sieve plate reactor

löcherig/perforiert perforated

Lochplatte *gen/micb* well plate

Lochrasterplatte/Lochrasterplatine/ Leiterplatte printed circuit board (PCB)

Lockmittel/Lockstoff/Attraktans attractant

Lod-Wert lod score ('logarithm of the odds ratio')

Löffel spoon, scoop

logarithmische Phase logarithmic phase (log-phase)

Logarithmuspapier/ Logarithmenpapier log paper

Logistikdienstleister/Spedition shipper, freight company, shipping company

Lognormalverteilung/ logarithmische Normalverteilung lognormal distribution, logarithmic normal distribution

Lokalanästhetikum local anesthetic

Lokomotion/Bewegung (Ortsveränderung) locomotion

Löschdecke/Feuerlöschdecke fire blanket

löschen (Feuer) extinguish, put out

Löschgerät/Feuerlöscher fire extinguisher

> Handlöschgerät/Handfeuerlöscher hand-held fire extinguisher

Löschmittel/Feuerlöschmittel fire-extinguishing agent

Löschpapier bibulous paper (for blotting dry)

Löschwasser fire-fighting water, fire-extinguishing water, fire water

Löschwassereinspeisung fireplug, fire hydrant (access point to extinguishing water)

Löschwasserrückhaltung fire-fighting water retention, fire-extinguishing water retention, fire-water retention

Lösemittel/Lösungsmittel solvent

Lösemittelbeständigkeit solvent resistance

Lösemittelfront solvent front

Lösemittelrückgewinnung solvent recovery

lösen mech detach, separate, disconnect; chem (in einem Lösungsmittel) dissolve; math solve

löslich soluble

> kaum löslich/wenig löslich sparingly soluble, barely soluble

> leichtlöslich easily soluble, readily soluble

> schwerlöslich of low solubility

> unlöslich insoluble

Löslichkeit solubility

> Unlöslichkeit insolubility

Löslichkeitspotenzial solute potential

Löslichkeitsprodukt solubility product

Löslichkeitsvermittler/ Lösungsvermittler solubilizer, solutizer

Löslichkeitsvermittlung solubilization

Lösung solution

> Eichlösung calibrating solution

> Fehlingsche Lösung Fehling's solution

> Gebrauchslösung/ Fertiglösung/ gebrauchsfertige Lösung ready-to-use solution, test solution

> gesättigte Lösung saturated solution

> Kochsalzlösung saline

> Maßlösung volumetric solution (a standard analytical solution)

> Nährlösung nutrient solution, culture solution

> physiologische Kochsalzlösung saline, physiological saline solution

> Pufferlösung buffer solution

> Reagenzlösung reagent solution

> Ringerlösung/Ringer-Lösung Ringer's solution

> Stammlösung/Vorratslösung stock solution

> Standardlösung standard solution

> Sterillösung sterile solution

> übersättigte Lösung supersaturated solution

> ungesättigte Lösung unsaturated solution

> Untersuchungslösung test solution, solution to be analyzed

> Waschlösung/Waschlauge wash solution

> wässrige Lösung aqueous solution

Lösungsmittel/Lösemittel solvent

Lösungsmittelfront solvent front

Lösungsmittelrückgewinnung solvent recovery

Lösungsvermittler/ Löslichkeitsvermittler solubilizer, solutizer

Lösungswärme/Lösungsenthalpie heat of solution, heat of dissolution

Lot/Lötmittel/Lötmetall solder

Lötdraht soldering wire

Lötflussmittel soldering flux, solder flux

Lötkolben soldering iron
Lötlampe soldering blow torch
Lötöse soldering lug
Lötpistole soldering gun
Lötrohrprobe blowpipe assay/test
Lötsäure soldering acid
Lötwasser soldering fluid/liquid
Lötzinn soldering tin, tin solder
Lücke gap
Luer T-Stück Luer tee
Luerhülse
    female Luer hub (lock)
Luerkern male Luer hub (lock)
Luerlock/Luerverschluss Luer lock
Luerspitze Luer tip
Luft air
➢ **Abluft** exhaust, exhaust air, waste
    air, extract air
➢ **Druckluft** compressed air
➢ **flüssige Luft** liquid air
➢ **Heißluft** hot air
➢ **Luft ablassen** (Gas ablassen/
    herauslassen) deflate
➢ **Pressluft** compressed air,
    pressurized air
➢ **Umluft** forced air, recirculating air;
    air circulation
➢ **Zugluft** draft
➢ **Zuluft** input air
Luftausschluss/Luftabschluss
    exclusion of air (air-tight)
Luftbad air bath
Luftbefeuchter air humidifier
Luftblase air bubble
➢ **Luftbläschen** small air bubble
luftdicht airtight, airproof
Luftdruck air pressure
➢ **atmosphärischer Luftdruck**
    atmospheric pressure
Luftdruckmessgerät/
    Barometer barometer
Lufteinlassventil air inlet valve, air
    bleed

Lufteintrittsgeschwindigkeit/
    Einströmgeschwindigkeit
    (Sicherheitswerkbank)
    face velocity (not same as 'air
    speed' at face of hood)
luftempfindlich air-sensitive
lüften air, ventilate, aerate
Luftentfeuchter (Gerät) air dryer;
    (Substanz) air dehumidifier
Lüfter fan, blower, ventilator
Luftfeuchtigkeit air humidity;
    atmospheric moisture
Luftfeuchtigkeitsmessgerät/
    Feuchtigkeitsmesser/
    Hygrometer hygrometer
Luftfilter air filter
Luftführung air flow
➢ **vertikale Luftführung**
    (Vertikalflow-Biobench) vertical air
    flow (clean bench with vertical air
    curtain)
Luftgeschwindigkeit air speed;
    (ausgedrückt als Vektor) air velocity
luftgetragen airborne
Luftgrenzwert air threshold value,
    atmospheric threshold value
lufthaltig containing air; aerated
Luftkammer (Schacht: z.B. Abzug)
    plenum (pl plena)
Luftkanal air duct, air conduit, airway
Luftkapazität air capacity
Luftkapillare air capillary
Luftkühler air cooler, air condenser
luftleer void of air, airvoid
luftleer saugen evacuate
Luftpolster-Folie/Luftpolsterfolie
    air-cushion foil, bubble wrap
Luftpumpe air pump
➢ **Fußluftpumpe/Fußpumpe** foot air
    pump, foot pump
luftreaktiv air reactive
Luftrückführung air recirculation
Luftsauerstoff atmospheric oxygen

Luftschadstoff air pollutant
Luftschleuse airlock
Luftstickstoff atmospheric nitrogen
Luftstrahl air jet
Luftstrom/Luftströmung air current, airflow, current of air, air stream
Luftströmung/Luftgeschwindigkeit (Sicherheitswerkbank) air speed
Luftumwälzung air circulation
Lüftung/Ventilation ventilation; (Belüftung) aeration
Lüftungsanlage ventilation system, vent
Lüftungskanal air duct
Lüftungsrohr ventilating pipe, vent pipe
Lüftungsschacht/Luftschacht air shaft, air duct, ventilating shaft/duct, vent shaft/duct
Luftventil air valve
Luftverflüssigung liquefaction of air
Luftverschmutzung/ Luftverunreinigung air pollution
Luftvorhang/Luftschranke (z.B. an Vertikalflow-Biobench) air curtain, air barrier
Luftzirkulation air circulation
Luftzufuhr air supply
Luftzug draft (*Br* draught)
Luke hatch, door, window; (Dachfenster) skylight
Lumpen rag; old piece of cloth
Lungenödem pulmonary edema
Lupe/Vergrößerungsglas lens, magnifying glass
Lüster metallic luster
Lüsterklemme luster terminal (insulating screw joint)
Lyophilisierung/Gefriertrocknung lyophilization, freeze-drying
Lysat lysate
Lyse lysis
Lysehof/Aufklärungshof/Hof/Plaque lytic plaque, plaque

Lysergsäure lysergic acid
lysieren lyse

M

Machbarkeitsstudie feasibility analysis
Madenschraube/Wurmschraube/ Gewindestift grub screw, (blind) set screw
Magensaft/Magenflüssigkeit stomach juice, gastric juice
Magensäure stomach acid
Magenspülung gastric lavage, gastric irrigation
Magenstein/Magensteinchen/ Hummerstein/Gastrolith gastrolith
Magische Säure (HSO_3F/SbF_5) magic acid
Magnesia/Magnesiumoxid magnesia, mangesium oxide
Magnesium (Mg) magnesium
Magnetfeld magnetic field
Magnetresonanztomographie (MRT)/ Kernspintomographie (KST) magnetic resonance imaging (MRI), nuclear magnetic resonance imaging
Magnetrührer magnetic stirrer
Magnetrührer mit Heizplatte stirring hot plate
Magnetstab/Magnetstäbchen/ Magnetrührstab/‚Fisch‘/ Rührfisch stir bar, stirrer bar, stirring bar, bar magnet, 'flea'
Magnetstabentferner/ Magnetstab-Entferner/ Magnetheber (zum ‚Angeln‘ von Magnetstäbchen) stirring bar retriever, stirring bar extractor, stir bar retriever, 'flea' extractor
Magnetventil solenoid valve
Mahlbecher (Mühle) grinding jar

mahlen/zerkleinern grind, crush, pulverize
Mahlkugeln (Mühle) grinding balls
Maische mash
Maisquellwasser cornsteep liquor
Makromolekül macromolecule
makroskopisch macroscopic
MAK-Wert (maximale Arbeitsplatz-Konzentration) maximum permissible workplace concentration, maximum permissible exposure
Maleinsäure (Maleat) maleic acid (maleate)
Maler-Krepp masking tape, painter's tape
maligne/bösartig malignant
➢ **benigne/gutartig** benign
Malignität/Bösartigkeit malignancy
Malonsäure (Malonat) malonic acid (malonate)
Malpinsel paintbrush
Maltose (Malzzucker) maltose (malt sugar)
Malz malt
Malzzucker/Maltose malt sugar, maltose
Mandelsäure/Phenylglykolsäure mandelic acid, phenylglycolic acid, amygdalic acid
Mangan (Mn) manganese
Mangel/Defizienz deficiency
Mangelerscheinung/Defizienzerscheinung/Mangelsymptom deficiency symptom
Mangelmedium deficiency medium
mangelnd/Mangel../defizient deficient, lacking
Mannit mannitol
Mannuronsäure mannuronic acid
Manschette adapter; *mech* sleeve, collar; (Tropfschutz: Wicklung/Ummantelung) jacket (insulation)

➢ **Filtermanschette/Guko** filter adapter, Guko
➢ **für Schliffverbindungen** sleeve, joint sleeve
Marienglas (Gips) foliated gypsum, selenite, spectacle stone
Mark medulla, pith, core
Marke (Ware/Handel) brand
Markenbezeichnung/Warenzeichen brand name, trade name
Marker/Markersubstanz (genetischer/radioaktiver) marker (genetic/radioactive), labeled compound/substance
Markierband/Absperrband barricade tape
markieren/etikettieren tag; *chem* label; (kennzeichnen) mark, brand, earmark
Markierstift marker
➢ **wischfester/wasserfester Markierstift** permanent marker (water-resistant), sharpie
markiertes Molekül tagged molecule, labeled molecule
Markierung marking; label(l)ing, tagging
➢ **Immunmarkierung** immunolabeling
➢ **radioaktive Markierung** radiolabeling
Marshsche Probe Marsh test
Maschensieb mesh screen
maschig meshy
Maschinist/Bediener/Durchführender operator
Maserung/Fladerung *allg* figure, design; (Faserorientierung) grain
Maske mask
➢ **Atemschutzmaske** protection mask, respirator mask, respirator
➢ **Ausatemventil** exhalation valve
➢ **Feinstaubmaske** dust-mist mask
➢ **Filtermaske** filter mask
➢ **Gasmaske** gas mask

> **Operationsmaske/chirurgische Schutzmaske** surgical mask
> **Staubschutzmaske (Partikelfilternde Masken) (DIN FFP)** dust mask, particulate respirator (U.S. safety levels N/R/P according to regulation 42 CFR 84)

Maß measure

Maßanalyse/Volumetrie/ volumetrische Analyse volumetric analysis

Masse mass; (Fülle) bulk
> **Biomasse** biomass
> **‚Frischmasse' (Frischgewicht)** 'fresh mass' (fresh weight)
> **Molekülmasse (‚Molekulargewicht')** molecular mass ('molecular weight')
> **Molmasse/molare Masse (‚Molgewicht')** molar mass ('molar weight')
> **relative Molekülmasse/ Molekulargewicht (M_r)** relative molecular mass, molecular weight
> **Trockenmasse/Trockensubstanz** dry mass, dry matter

Masse-Ladungsverhältnis m/z **(MS)** mass-to-charge ratio

Massenanteil (Massenbruch) mass fraction

Massenerhaltungssatz law of conservation of matter

Massenfilter mass filter

Massenspektrometer mass spectrometer, mass spec
> **Beschleuniger-Massenspektrometer** accelerator mass spectrometer
> **Quadrupol-Massenspektrometer** quadrupol mass spectrometer

Massenspektrometrie (MS) mass spectrometry
> **Flugzeit-Massenspektrometrie** time-of-flight mass spectrometry (TOF-MS)
> **Laser-Ionisations- Massenspektrometrie (LIMS)** laser ion desorption mass spectrometry
> **Laser-Mikrosonden- Massenspektrometrie (LMMS)** laser microprobe mass spectrometry
> **Resonanzionisations- Massenspektrometrie (RIMS)** resonance ionization mass spectrometry
> **Sekundärionen- Massenspektrometrie (SIMS)** secondary ion mass spectrometry
> **Tandem-Massenspektrometrie (MS/MS)** tandem mass spectrometry

Massenströmung (Wasser) mass flow, bulk flow

Massenübergang/Massentransfer/ Stoffübergang mass transfer

Massenvermehrung mass reproduction, mass spread, outbreak

Massenwirkungsgesetz law of mass action

Massenwirkungskonstante mass action constant

Maßkorrelationskoeffizient/ Produkt-Moment- Korrelationskoeffizient product-moment correlation coefficient

Maßlöffel weighing spoon

Maßlösung volumetric solution (a standard analytical solution)

Maßstab scale
> **Großmaßstab** large scale
> **Halbmikromaßstab** semimicro scale
> **Kleinmaßstab** small scale
> **Labormaßstab** lab scale, laboratory scale
> **Mikromaßstab** micro scale
> **Pilotmaßstab** pilot scale

Maßstabsvergrößerung scale-up, scaling up

Maßstabzahl *micros* initial magnification

Material material; (Zubehör) supplies

Materialermüdung material fatigue

Materialfehler defect in material, flaw in material

Materialmangel material shortage

Matrix matrix

matrixassistierte Laser-Desorptionsionisation (MALDI) matrix-assisted laser desorption ionization

Matrize *biochem* template

Matrizenstrang/Mutterstrang *gen* template strand

Mattrand-Objektträger frosted-end slide

Maul (Öffnung am Schraubenschlüssel) bit

Maximalgeschwindigkeit (*V*_{max} **Enzymkinetik/Wachstum**) maximum rate

Mazeration maceration

mazerieren macerate

Mechaniker mechanic

Medianwert/Zentralwert *stat* median value

Medikament/Medizin/Droge medicine, medicament, drug

➢ **zielgerichtete ,Konstruktion' neuer Medikamente am Computer** drug design

➢ **frei erhältliches Medikament (nicht verschreibungspflichtig)** over-the-counter drug

➢ **verschreibungspflichtiges Medikament** prescription drug

Medium/Kulturmedium/Nährmedium medium, culture medium, nutrient medium

➢ **Anreicherungsmedium** enrichment medium

➢ **Basisnährmedium** basal medium

➢ **Differenzierungsmedium** differential medium

➢ **Eiermedium/Eiernährmedium** egg medium

➢ **Elektivmedium/Selektivmedium** selective medium

➢ **Erhaltungsmedium** maintenance medium

➢ **Komplettmedium** complete medium, rich medium

➢ **komplexes Medium** complex medium

➢ **konditioniertes Medium** conditioned medium

➢ **Mangelmedium** deficiency medium

➢ **Minimalmedium** minimal medium

➢ **Selektivmedium/Elektivmedium** selective medium

➢ **synthetisches Medium (chemisch definiertes Medium)** defined medium

➢ **Testmedium/Prüfmedium (zur Diagnose)** test medium

➢ **Vollmedium/Komplettmedium** rich medium, complete medium

Medizin medicine; (Medikament/ Droge) medicine, drug

➢ **Biomedizin** biomedicine

➢ **Defensivmedizin** defensive medicine

➢ **Forensik/forensische Medizin/ Gerichtsmedizin/Rechtsmedizin** forensics, forensic medicine

➢ **Präventivmedizin** preventive medicine

➢ **Umweltmedizin** environmental medicine

➢ **Veterinärmedizin/Tiermedizin/ Tierheilkunde** veterinary medicine, veterinary science

> **vorhersagende Medizin** predictive medicine

Mediziner doctor, physician

Medizinerkittel
physician's white coat, white coat

medizinische Untersuchung/ ärztliche Untersuchung medical examination, medical exam, physical examination, physical

Medizinstudent medical student

Meerwasser seawater, saltwater

Megaphon/Megafon bull horn

Mehl flour

> **Blutmehl** blood meal

> **Guarmehl/Guar-Gummi** guar gum, guar flour

> **Guar-Samen-Mehl** guar meal, guar seed meal

> **Johannisbrotkernmehl/ Karobgummi** locust bean gum, carob gum

> **Knochenmehl** bone meal

> **Sägemehl** sawdust

mehlig mealy, farinaceous

Mehrfachbindung *chem* multiple bond

Mehrfachsteckdose/Steckdosenleiste outlet strip

mehrjährig/ausdauernd perennial

Mehrkanalpipette multichannel pipet

Mehrkomponentenkleber multicomponent adhesive/cement, multiple-component adhesive/ cement

Mehrschichtfolie multilayer film

Mehrweg ... reusable ...

Mehrzweck ... /Vielzweck ... multipurpose, utility ...

Mehrzweckzange utility pliers

Meißel chisel

Meldepflicht mandatory report, compulsory registration, obligation to register

meldepflichtig reportable (by law), subject to registration

Melder/Messfühler/Sensor detector, sensor

> **Feuermelder** fire alarm

Membran membrane

> **Außenmembran** outer membrane

> **Elementarmembran/ Doppelmembran** unit membrane, double membrane

> **Kernmembran** nuclear membrane

> **Plasmamembran/Zellmembran/ Ektoplast/Plasmalemma** plasma membrane, (outer) cell membrane, unit membrane, ectoplast, plasmalemma

> **Schleimhaut/Schleimhautepithel** mucous membrane, mucosa

> **Zellmembran/Plasmamembran/ Ektoplast/Plasmalemma** (outer) cell membrane, plasma membrane, unit membrane, ectoplast, plasmalemma

Membrandruckminderer diaphragm pressure regulator

Membrandurchfluss membrane flux

Membranfilter membrane filter

Membranfluss membrane flow

membrangebunden membrane-bound

Membrankapazität membrane capacitance

Membranlängskonstante (Raumkonstante) membrane length constant (space constant)

Membranleitfähigkeit membrane conductance

membranös membraneous

Membranpinzette membrane forceps

Membranpumpe diaphragm pump

Membranreaktor (Bioreaktor) membrane reactor

Membranventil diaphragm valve

Menge (Anzahl) quantity, amount, number

Mengen ... bulk

Mengenverhältnis quantitative ratio, relative proportions

Mengenrabatt quantity discount

Meniskus meniscus

menschlich (den Menschen betreffend) human; (wie ein guter Mensch handelnd/hilfsbereit/selbstlos) humane

Mensur (Messbehälter: z.B. auch Reagierkelch) graduated cylinder, graduate

Merkblatt leaflet, notice, instructions; (Datenblatt: für Chemikalien etc.) data sheet

Merkmal/Eigenschaft trait, characteristic, feature

Mesomerie mesomerism

Mess- und Regeltechnik instrumentation and control

Messader *electr* pilot wire

messbar measurable

Messbecher measuring cup

➢ **Mensur** graduate, graduatedcylinder

Messbereich range of measurement

messen (abmessen) measure; (prüfen) test; (ablesen) read, record

Messer knife; (Klinge) blade; (Messgerät: Zähler) meter; measuring instrument

➢ **Amputiermesser** amputating knife

➢ **Cuttermesser** box cutter, box cutter utility knife

➢ **Diamantmesser** diamond knife

➢ **Fleischmesser** fleshing knife

➢ **Folienmesser** foil knife

➢ **Kabelmesser** cable stripping knife

➢ **Kittmesser** putty knife

➢ **Klappmesser** jack knife

➢ **Knorpelmesser** cartilage knife

➢ **Palettenmesser** pallet knife, palette knife

➢ **Sicherheitsmesser** safety cutter

➢ **Spachtelmesser/Kittmesser** putty knife

➢ **Taschenmesser** pocket knife

Messergebnis measurement result, result of measurement, experimental result

Messerhalter *micros* knife holder

Messerschalter *electr* knife switch

Messerspitze tip/point of a knife; (eine Messerspitze voll) a pinch of ...

Messfehler error in measurement, measuring mistake

Messfühler/Sensor/Sonde *lab* sensor, probe

Messgas measuring gas; sample gas

Messgenauigkeit accuracy/precision of measurement, measurement precision

Messgerät measuring apparatus, measuring instrument; (Lehre) gage, gauge (Br)

➢ **Zähler** meter

Messglied *math* (Größe) measuring unit, measuring device

Messgröße quantity to be measured

Messing brass

➢ **Gussmessing** cast brass

Messinstrument meter, measuring apparatus/device; (Lehre) gauge, gage

Messkolben volumetric flask

Messpipette graduated pipette, measuring pipet

Messschaufel measuring scoop

Messschieber caliper gage (caliper gauge Br)

➢ **Fühlerlehre** feeler gage (feeler gauge Br)

➤ **Schublehre** slide caliper, caliper square

Messtechnik metrology; measurement techniques, measuring techniques; test methods

➤ **Mess- und Regeltechnik** instrumentation and control

messtechnisch metrological

Messung measurement, test, testing, reading, recording

Messverfahren measuring procedure

Messwert measured value

Messzylinder graduated cylinder

Metall metal

➤ **Bronze** bronze

➤ **Buntmetall** nonferrous metal

➤ **Edelmetall** precious metal, noble metal

➤ **Edelstahl** high-grade steel, high-quality steel

➤ **Halbedelmetall** semiprecious metal

➤ **Halbmetalle** semimetals

➤ **Leichtmetall** light metal

➤ **Legierung** alloy

➤ **Messing** brass

➤ **Nichtmetall** nonmetal

➤ **Schwermetall** heavy metal

➤ **Spurenmetall** trace metal

➤ **Stahl** steel

➤ **Übergangsmetall** transition metal

Metallaufdampfung *micros* metal deposition

Metallbelag metallization

Metallgewinnung, elektrolytische (Elektrometallurgie) electrowinning

Metallglanz metallic lustre

metallisch metallic

metallische Bindung metallic bond

Metallkunde (Metallurgie) metal science (metallurgy)

Metalllegierung metal alloy

Metallsäge metal-cutting saw

Metallurgie/Hüttenkunde metallurgy (science & technology of metals)

Methan methane

Methode method

methylieren methylate

Methylierung/Methylieren methylation

metrische Skala metric scale

Mevalonsäure (Mevalonat) mevalonic acid (mevalonate)

Micelle micelle

Micellierung micellation

Michaeliskonstante/ Halbsättigungskonstante (K_M) Michaelis constant, Michaelis-Menten constant

Michaelis-Menten-Gleichung Michaelis-Menten equation

Mikrobe/Mikroorganismus microbe, microorganism

mikrobiell microbial

Mikroinjektion microinjection

Mikromanipulation micromanipulation

Mikromanipulator micromanipulator

Mikrometerschraube *micros* micrometer screw, fine-adjustment, fine-adjustment knob

Mikroorganismus (*pl* Mikrorganismen)/Mikrobe microorganism, microbe

Mikropinzette microforceps

➤ **anatomische Mikropinzette** microdissecting forceps, microdissection forceps

Mikropipette micropipet

Mikropipettenspitze micropipet tip

Mikropräparat
prepared microscope slide
Mikroreaktionsgefäß
(Eppendorf-Reaktionsgefäß/
Eppendorf-Röhrchen/Eppi)
microtube, microreaction vial,
microreaction tube, microcentrifuge
tube, microcentrifuge vial,
microfuge tube, Eppendorf tube
Mikroskop microscope
➤ **Binokularmikroskop**
binocular microscope
➤ **Feldmikroskop** field microscope
➤ **Fluoreszenzmikroskop** fluorescence
microscope
➤ **Forschungsmikroskop** research
microscope
➤ **Konfokalmikroskop** confocal
microscope
➤ **Kursmikroskop** course microscope
➤ **Labormikroskop** laboratory
microscope
➤ **Phasenkontrastmikroskop**
phase-contrast microscope
➤ **Polarisationsmikroskop** polarizing
microscope
➤ **Präpariermikroskop** dissecting
microscope
➤ **Röntgenmikroskop**
x-ray microscope
➤ **Stereomikroskop** stereo
microscope, stereomicroscope
➤ **Studentenmikroskop/**
Schülermikroskop student
microscope
➤ **Taschenmikroskop** pocket
microscope
➤ **Umkehrmikroskop/Inversmikroskop**
inverted microscope
➤ **zusammengesetztes Mikroskop**
compound microscope
Mikroskopie microscopy
➤ **Dunkelfeld-Mikroskopie** darkfield
microscopy

➤ **Fernfeld-Mikroskopie**
far-field microscopy
➤ **Fluoreszenz-Mikroskopie**
fluorescence microscopy
➤ **Hellfeld-Mikroskopie**
brightfield microscopy
➤ **Hochspannungselektronenmikro-**
skopie high voltage electron
microscopy (HVEM)
➤ **Immun-Elektronenmikroskopie**
immunoelectron microscopy
➤ **Interferenzmikroskopie** interference
microscopy
➤ **konfokale Laser-Scanning-**
Mikroskopie (KLSM) confocal laser
scanning microscopy (CLSM)
➤ **Kraftmikroskopie**
force microscopy (FM)
➤ **Lichtmikroskopie** light microscopy
(compound microscope)
➤ **Lokalisationsmikroskopie nach**
Photoaktivierung photoactivated
localization microscopy (PALM)
➤ **Nahfeld-Mikroskopie** near-field
microscopy (NFM)
➤ **Phasenkontrastmikroskopie**
phase-contrast microscopy (PCM)
➤ **Polarisationsmikroskopie** polarizing
microscopy, polarized light
microscopy (POLMIC)
➤ **Rasterelektronenmikroskopie**
(REM) scanning electron
microscopy (SEM)
➤ **Rasterkraftmikroskopie** atomic
force microscopy (AFM)
➤ **Rasternahfeldmikroskopie/Optische**
Raster-Nahfeldmikroskopie
scanning near-field optical
microscopy (SNOM), near-field
scanning optical microscopy
(NSOM)
➤ **Rastertunnelmikroskopie (RTM)**
scanning tunneling microscopy
(STM)

➤ **Transmissionselektronenmikroskopie/Durchstrahlungselektronenmikroskopie** transmission electron microscopy (TEM)

Mikroskopieren *n* examination under a microscope, usage of a microscope

mikroskopieren *vb* examine under a microscope, use a microscope

Mikroskopierleuchte microscope illuminator

Mikroskopierverfahren microscopic procedure

Mikroskopierzubehör microscopy accessories

mikroskopisch microscopic, microscopical

mikroskopische Aufnahme/ mikroskopisches Bild micrograph, microscopic image

mikroskopisches Präparat microscopical preparation/mount

Mikroskopzubehör microscope accessories

Mikrosonde microprobe

Mikrotom microtome

➤ **Gefriermikrotom** freezing microtome, cryomicrotome

➤ **Kryo-Ultramikrotom** cryoultramicrotome

➤ **Rotationsmikrotom** rotary microtome

➤ **Schlittenmikrotom** sliding microtome

➤ **Ultramikrotom** ultramicrotome

Mikrotomie microtomy

Mikrotommesser microtome blade

Mikrotom-Präparatehalter/ Objekthalter (Spannkopf) microtome chuck

Mikroträger microcarrier

Mikroumwelt micro-environment

Mikroverfahren microprocedure

Mikroverkapselung microencapsulation

Mikrowellen-Synthese microwave synthesis

Mikrowellenofen/Mikrowellengerät microwave oven

Milchglas milk glass

milchig/opak milky, opaque

Milchsaft/Latex latex

Milchsäure (Laktat) lactic acid (lactate)

Milchsäureamid/Laktamid/Lactamid lactamide

Milchsäuregärung/Laktatgärung lactic acid fermentation, lactic fermentation

➤ **heterofermentative Milchsäuregärung** heterolactic fermentation

➤ **homofermentative Milchsäuregärung** homolactic fermentation

Milchzucker/Laktose milk sugar, lactose

Millimeterpapier graph paper, metric graph paper

Mindestzündenergie minimum ignition energy

Mineral (*pl* Mineralien) mineral(s)

Mineraldünger mineral fertilizer, inorganic fertilizer

Mineralisation/Mineralisierung mineralization

Mineralöl mineral oil

Mineralquelle mineral spring

Mineralstoffe/Mineralien minerals

Mineralwasser mineral water

Minimalmedium minimal medium

Miniprep/Minipräparation miniprep, minipreparation

mischbar miscible

➢ **unvermischbar** immiscible
Mischbettfilter/
  Mischbettionenaustauscher
  mixed-bed filter, mixed-bed ion
  exchanger
Mischer/Mixer mixer
➢ **Drehmischer** roller wheel mixer
➢ **Fallmischer** tumbler, tumbling
  mixer
➢ **Mixette/Küchenmaschine (Vortex)**
  blender (vortex)
➢ **Schaufelmischer** blade mixer
➢ **Trommelmischer** barrel mixer, drum
  mixer
➢ **Überkopfmischer** mixer/shaker with
  spinning/rotating motion (vertically
  rotating 360°)
➢ **Vortexmischer/Vortexschüttler/**
  Vortexer vortex shaker, vortex
Mischregel (Mischungskreuz)
  dilution rule
Mischtrommel mixing drum
Mischung mixture
Mischungsverhältnis mixing ratio
Mischzylinder volumetric flask
Missachtung/Vergehen
  (einer Vorschrift) violation
Missbildungen verursachend/
  teratogen teratogenic
Mitarbeiter (Kollege/Arbeitskollege)
  colleague, co-worker, fellow-worker,
  collaborator; (Betriebszugehöriger)
  employee, staff member
Mitfällung coprecipitation
Mitteilungspflicht duty to inform,
  obligation to provide information
Mittel/Durchschnittswert (*siehe*
  auch: Mittelwert) mean, average
Mittelwert/Mittel/arithmetisches
  Mittel/Durchschnittswert
  stat mean value, mean, arithmetic
  mean, average
➢ **bereinigter Mittelwert/korrigierter**
  Mittelwert adjusted mean

➢ **Elternmittelwert** midparent value
➢ **Quadratmittel** quadratic mean
➢ **Regression zum Mittelwert**
  regression to the mean
Mittelwertbildung averaging
Mixer/Mixette/Mischer/
  Küchenmaschine (Vortex)
  mixer, blender (vortex)
mixotrope Reihe mixotropic series
Modalwert *stat* modal value
Modellbau model building
Modellierknete modeling clay
Modellierung/Modellieren modeling
  (*Brit auch*: modelling)
Moder (Schimmel) mould, mildew
moderig/faulend/verfaulend rotting,
  decaying, putrefying, decomposing;
  (Geruch) mouldy, putrid, musty
modern/vermodern/faulen/
  verfaulen rot, decay, putrefy,
  decompose
Modul/Funktionseinheit module
Modus/Art und Weise/
  Modalwert mode
Mohrsches Salz Mohr's salt,
  ammonium iron(II) sulfate
  hexahydrate (ferrous ammonium
  sulfate)
molare Masse/
  Molmasse (‚Molgewicht') molar
  mass ('molar weight')
Molekül molecule
Molekularbiologie molecular biology
Molekularformel/Molekülformel
  molecular formula
Molekulargenetik molecular genetics
**Molekulargewicht (*siehe auch:*
  Molmasse)** molecular weight
➢ **relative Molmasse (M_r)** relative
  molecular mass
Molekularleck molecular leak
Molekularsieb/
  Molekülsieb molecular sieve
Molekülion (MS) molecular ion

Molekülmasse ('Molekulargewicht')
molecular mass
('molecular weight')
Molekülpeak molecular peak
Molenbruch/Stoffmengenanteil
mole fraction
Molmasse/
molare Masse ('Molgewicht')
molar mass ('molar weight')
➤ **Durchschnitts-Molmasse (M_w)**
(gewichtsmittlere Molmasse/
Gewichtsmittel des
Molekulargewichts) weight average
molecular mass
➤ **relative Molmasse (M_r)** relative
molecular mass
➤ **zahlenmittlere Molmasse (M_n)**
(Zahlenmittel des
Molekulargewichts) number
average molecular mass
Molmassenverteilung
molecular-weight distribution
Molvolumen molar volume
Molybdän (Mo) molybdenum
Monierzange/Rabitzzange/
Fechterzange/Rödelzange
end nippers, end cutting nippers,
end-cutting nippers
Montageband mounting tape
montieren mount, assemble
Mop/Aufwischer mop
➤ **Auswringer/Wringer** mop wringer
Morbidität (Häufigkeit der
Erkrankungen) morbidity
Mörser/Reibschale mortar
➤ **Achatmörser** agate mortar
➤ **Aluminiunoxid-Mörser** alumina
mortar
➤ **Apotheker-Mörser** apothecary
mortar
➤ **Glasmörser** glass mortar
➤ **Pistill** pestle
➤ **Porzellanmörser** porcelain mortar

Mortalität/Sterblichkeit/Sterberate
mortality
MS (Massenspektroskopie)
MS (mass spectroscopy)
MSQ-Schätzung (Methode der
kleinsten Quadrate)
LSE (least squares estimation)
MTA (medizinisch-technische(r)
Assistentln) medical
technician, medical assistant
(*auch:* Sprechstundenhilfe:
doctor's assistant)
MTLA (medizinisch-technische(r)
Laborassistentln) medical lab
technician, medical lab assistant
Muffe (Flanschstück) muff; (Stativ)
clamp holder, 'boss', clamp 'boss'
(rod clamp holder); (Röhrenleitung)
faucet
Muffelofen muffle furnace
Muffenverbindung (Rohr) spigot
Mühle (*allg*) mill, (*grob*) crusher,
(*mittel*) grinder, (*fein*) pulverizer
➤ **Analysenmühle** analytical mill
➤ **Handmühle** hand mill
➤ **Kaffeemühle** coffee mill, coffee
grinder
➤ **Käfigmühle/Schleudermühle/**
Desintegrator/Schlagkorbmühle
cage mill, bar disintegrator
➤ **Kugelmühle** ball mill, bead mill
➤ **Mahlbecher** grinding jar
➤ **Mahlkugeln** grinding balls
➤ **Mischmühle** mixer mill
➤ **Mörsermühle** mortar grinder mill
➤ **Pulverisiermühle** pulverizer
➤ **Rotormühle** centrifugal grinding
mill
➤ **Scheibenmühle** plate mill, disk mill
➤ **Schneidmühle** cutting-grinding mill,
shearing machine
➤ **Schwing-Kugelmühle** bead mill
(shaking motion)

➢ **Tellermühle** disk mill
➢ **Trommelmühle** drum mill, tube mill, barrel mill
➢ **Zentrifugalmühle/Fliehkraftmühle** centrifugal grinding mill
➢ **Zweiwalzenmühle** two-roll mill
mühselig/schwer/arbeitsam laborious
Mulde depression, basin
muldenförmig trough-shaped
Mull (Gaze) cheesecloth (gauze)
Mullbinde/Gazebinde gauze bandage
Müll/Abfall waste; trash, rubbish, refuse, garbage
➢ **Atommüll** nuclear waste
➢ **Chemieabfälle** chemical waste
➢ **Giftmüll** toxic waste, poisonous waste
➢ **Haushaltsmüll/Haushaltsabfälle** household waste/trash
➢ **Industriemüll/Industrieabfall** industrial waste
➢ **Klinikmüll** clinical waste
➢ **kommunaler Müll** municipal solid waste (MSW)
➢ **Problemabfall** hazardous waste
➢ **radioaktive Abfälle** radioactive waste, nuclear waste
➢ **Sondermüll/Sonderabfall** hazardous waste
Müllabfuhr waste collection
Müllbeutel/Müllsack trash bag, waste bag, garbage bag; *Br* bin bag, bin liner
➢ **Müllbeutel/Müllsack mit Zugband** drawstring trash bag
Mülldeponie/Müllplatz/ Müllabladeplatz/Müllkippe waste disposal site, waste dump; (Müllgrube: geordnet) landfill, sanitary landfill
Mülleimer garbage can, dustbin (*Br*)
Müllmann sanitation worker

Müllsack trash bag
Müllschacht garbage/waste chute
Mülltonne waste container, garbage can, dustbin (*Br*)
Mülltrennung/Abfalltrennung waste separation
Müllverbrennungsanlage waste incineration plant, incinerator
Müllvermeidung waste avoidance
Müllverwertungsanlage (waste) recycling plant
Müllwiederverwertung waste recycling
Mulm/Fäule rot, decaying matter, mold
Multienzymkomplex/ Multienzymsystem/Enzymkette multienzyme complex, multienzyme system
Multimeter/Universalmessgerät multimeter
Multiplett-Signal (NMR) multiplet signal
Mund/Öffnung mouth, opening, orifice
Mundschutz mask, face mask, protection mask (Atemschutzmaske)
Mundspatel/Zungenspatel tongue depressor
Mundspiegel mouth mirror
Mundspülung mouth wash
Mundstück/Schnauze spout
Muraminsäure muramic acid
Muster (Vorlage/Modell) pattern, sample, model; specimen; (Musterung/Zeichnung) pattern, design; (Probe) sample
Musterbeutel-Klammer paper fastener, brad, brass fastener, split-pin paper fastener, split pins (office)

Mutabilität/Mutierbarkeit/
Mutationsfähigkeit mutability
Mutagen/mutagene Substanz
mutagen
mutagen/mutationsauslösend/
erbgutverändernd mutagenic
Mutagenität mutagenicity
Mutante mutant
Mutarotation mutarotation
Mutation mutation
Mutationsrate mutation rate
Mutierbarkeit/Mutationsfähigkeit/
Mutabilität mutability
mutieren mutate
Mutter (und Schraube) *tech*
nut (and bolt)
➢ **Anschweißmutter/Schweißmutter**
weld nut
➢ **Blindnietmutter** blind rivet nut
➢ **Befestigungsmutter** mounting nut
➢ **Einschlagmutter** T-nut, tee nut
➢ **Flanschmutter** flange nut
➢ **Flügelmutter** wing nut, wingnut
➢ **Hülsenmutter** sex nut, barrel nut
(female threaded barrel nut)
➢ **Hutmutter** cap nut, acorn nut,
domed cap nut, blind nut, crown
hex nut
➢ **Kontermutter/Gegenmutter**
jam nut, counter nut
➢ **Kronenmutter** castle nut,
castellated nut
➢ **Nietmutter** rivet nut, rivnut, blind
rivet nut
➢ **Nutmutter** slotted nut
➢ **Rändelmutter** knurled nut,
thumbnut
➢ **Ringmutter** ring nut
➢ **Rohrmutter** pipe nut, pipe fitting
nut, back nut
➢ **Sechskantmutter** hex nut
➢ **Überwurfmutter** swivel nut
➢ **Verbindungsmutter/**
Kopplungsmutter coupling nut

➢ **Vierkantmutter** square nut
➢ **Zylindermutter** cylinder nut
Mutterion/Ausgangsion (MS)
parent ion
Mutterlauge mother liquor
Muttersubstanz parent substance
Mutterzelle mother cell
Myelom myeloma
Mykoplasma (*pl* **Mykoplasmen)**
mycoplasma (*pl* myoplasmas)
Mykose mycosis
Myristinsäure/Tetradecansäure
(Myristat)
myristic acid, tetradecanoic acid
(myristate/tetradecanate)

N

Nachbehandlung aftertreatment,
posttreatment
Nachfällung postprecipitation
nachfüllbar refillable
nachgeben (z.B. einer Kraft) yield
Nachhaltigkeit sustained yield
nachjustieren readjust
Nachklärbecken
secondary settling tank
Nachklingzeit recovery time
Nachlauf/Ablauf *dest/*
chromat tailings, tails
nachprüfen check, control
Nachreifen after-ripening
Nachschlagewerk reference book
Nachteil disadvantage
Nachuntersuchung
med posttreatment examination,
follow-up (exam), reexamination
after treatment
Nachverarbeitung postprocessing
nachvollziehbar duplicable,
duplicatable
nachvollziehen duplicate
nachwachsen regenerate, regrow,
grow back, reestablish

Nachweis detection, proof

nachweisbar detectable; (beweisbar) provable, can be proved

Nachweisempfindlichkeit sensitivity (of detection)

nachweisen detect, prove

Nachweisgerät/Suchgerät/Prüfgerät detector

Nachweisgrenze detection limit, limit of detection (LOD), identification limit

Nachweismethode detection method

Nadel needle; (Kanüle/Hohlnadel: Spritze) hypodermic needle; (chirurgische Nadel) suture needle

➢ **chirurgische Nadel** suture needle

➢ **stumpfe Nadel** blunt-tipped needle

Nadeladapter syringe connector

Nadelfeile needle file

Nadelventil/Nadelreduzierventil (Gasflasche/Hähne) needle valve

Nagel nail

Nageleisen nail puller

Nagelzieher nail extractor

➢ **näherkommen/annähern/ sich annähern/erreichen** *math/ stat* approach (e.g., a value)

Näherung *math* approximation

Näherungswert approximate value

Nähragar nutrient agar

Nährboden/Nährmedium/ Kulturmedium/Medium/Substrat (*siehe auch:* Medium/Kulturmedium) nutrient medium (solid and liquid), culture medium, substrate

Nährbodenflasche culture media flask

Nährbouillon/Nährbrühe nutrient broth

nahrhaft/nährend/nutritiv nutritious, nutritive

Nährlösung nutrient solution, culture solution

Nährmedium/Kulturmedium/ Medium nutrient medium, culture medium

➢ **Anreicherungsmedium** enrichment medium

➢ **Basisnährmedium** basal medium

➢ **Differenzierungsmedium** differential medium

➢ **Eiermedium/Eiernährmedium** egg medium

➢ **Elektivmedium/Selektivmedium** selective medium

➢ **Erhaltungsmedium** maintenance medium

➢ **komplexes Medium** complex medium

➢ **konditioniertes Medium** conditioned medium

➢ **Mangelmedium** deficiency medium

➢ **Minimalmedium** minimal medium

➢ **Selektivmedium/Elektivmedium** selective medium

➢ **synthetisches Medium (chemisch definiertes Medium)** defined medium

➢ **Testmedium/Prüfmedium (zur Diagnose)** test medium

➢ **Vollmedium/Komplettmedium** rich medium, complete medium

Nährsalz nutrient salt

Nährstoff nutrient

Nährstoffmangel nutritional deficit

nährstoffreich/eutroph nutrient-rich, eutroph, eutrophic

Nahrung (Essen/Fressen) food, feed; (Nährstoff) nutrient; (Ernährung) nutrition

Nahrungsaufnahme ingestion, food intake

Nahrungsbedarf (*pl* **Nahrungsbedürfnisse**) nutritional requirements

Nahrungsmangel nutrient deficiency, food shortage

Nahrungsmenge food quantity
Nahrungsmittelkonservierung food preservation
Nahrungsmittelvergiftung food poisoning
Nahrungsquelle food source, nutrient source
Nährwert food value, nutritive value
Nährwert-Tabelle nutrient table, food composition table
Name name, term; (ungeschützter Name einer Substanz) generic name
Namensetikett/Namensschildchen name tag
Nanotechnologie nanotechnology
Nanoteilchen/Nanopartikel nanoparticle
Narbe/Wundnarbe/Cicatricula scar, cicatrix, cicatrice
Narkose anesthesia
➤ **Vollnarkose** general anesthesia
Nasenschleimhaut olfactory epithelium, nasal mucosa
Nassblotten wet blotting
Nassfäule wet rot
Nasspräparat (Frischpräparat/ Lebendpräparat/Nativpräparat) wet mount
Nass-Trockensauger/Nass- und Trockensauger wet-dry vacuum cleaner
nativ (nicht-denaturiert) native (not denatured)
Natrium (Na) sodium
Natriumdodecylsulfat sodium dodecyl sulfate (SDS)
Natriumhydroxid NaOH sodium hydroxide
Natriumhypochlorit NaOCl sodium hypochlorite
Natron/Natriumhydrogencarbonat/ Natriumbicarbonat baking soda, sodium hydrogencarbonate

Natronkalk soda lime
Natronlauge/Natriumhydroxidlösung sodium hydroxide solution
naturfern/künstlich/synthetisch man-made, artificial, synthetic
Naturforscher research scientist, natural scientist
naturidentisch (synthetisch) synthetic (having same chemical structure as the natural equivalent)
Naturkunde/Biologie life science, biology
natürlich natural
➤ **unnatürlich** unnatural
naturnah near-natural
Naturschutz environmental protection, nature protection/ conservation/preservation
Naturstoff natural product
Naturstoffchemie natural product chemistry
Naturwissenschaften natural sciences, science
Naturwissenschaftler(in) natural scientist, scientist
naturwissenschaftlich scientific
Nebel fog; (fein) mist
➤ **leichter Nebel** mist
nebelig foggy
➤ **leicht nebelig** misty
Nebelkammer *phys* cloud chamber
Nebengruppenmetall/ Übergangsmetall transition metal
Nebenprodukt by-product, residual product, side product
Nebenreaktion side reaction
Nebenwirkung(en) side effect(s)
Negativkontrastierung *micros* negative staining, negative contrasting
Neigung inclination; slope, slant, dip; gradient
Neigungswinkel inclination
Nekrose necrosis

nekrotisch necrotic
Nennleistung power output, rated power output
Nennmasse/Nominalmasse nominal mass
Nennstrom rated output, rated amperage output
Nennvolumen nominal volume
Nennwert/Nominalwert face value
'Neonröhre'/Leuchtstoffröhre/ Leuchtstofflampe fluorescent tube
Nerv *neuro* nerve
Nettoproduktion net production
Netz *electr* (Versorgungsnetz) network, power network; (Verteilungsnetz) grid, power grid
Netzanschluss mains connection (*Br*), power supply (electric hookup)
Netzgerät/Netzteil power supply unit; (Adapter) adapter
Netzkabel mains cable (*Br*), power cable
Netzschalter power switch
Netzstecker power plug
Netzteil/Netzgerät power supply unit; (Adapter) adapter
Neuordnung/Neusortierung *gen* reassortment
Neuraminsäure neuraminic acid
neurotoxisch neurotoxic
Neustoffe new chemicals/substances
➢ **Altstoffe** existing chemicals/ substances
Neusynthese/*de-novo*-Synthese *de-novo* synthesis
Neutronenaktivierungsanalyse (NAA) neutron activation analysis
Neutronenbeugung/ Neutronendiffraktometrie neutron diffraction
Neutronenkleinwinkelstreuung small-angle neutron scattering (SANS)

Neutronenstreuung neutron scattering
Newtonsche Flüssigkeit Newtonian fluid/liquid
➢ **nicht-Newtonsche Flüssigkeit** non-Newtonian fluid/liquid
nichtessentiell nonessential
nichtleitend nonconductive, nonconducting; (dielektrisch) dielectric
Nichtumkehrbarkeit/Irreversibilität irreversibility
nichtwässrig nonaqueous
Nickel (Ni) nickel
niedermolekular low-molecular
Niederschlag *meteo* precipitation; (Sediment/Präzipitat) *chem* deposit, sediment, precipitate
niederschlagen precipitate; deposit, sediment settle
Niederschlagsmesser rain gauge
Niedervoltleuchte low-voltage lamp/ illuminator (spotlight)
niedrigschmelzend low-melting
niedrigsiedend low-boiling, light
Nierenschale kidney bowl
Niet/Niete rivet
Nietbolzen/Blindnietbolzen rivet bolt
Nietmutter rivet nut, rivnut, blind rivet nut
Nietmutterzange rivet nut pliers, rivnut pliers, blind rivet nut pliers
Nietpistole rivet gun, riveting gun
Nietzange riveter, riveting pliers
Nikotinsäure/Nicotinsäure (Nikotinat) nicotinic acid (nicotinate), niacin
NIOSH (National Institute for Occupational Safety and Health) U.S. Institut für Sicherheit und Gesundheit am Arbeitsplatz
Nitrat nitrate
nitrieren nitrify
Nitrierung nitration, nitrification

Nitrifikation/Nitrifizierung
nitrification
Nitrobenzol nitrobenzene
Nitroglycerin/Glycerintrinitrat
nitroglycerin, glycerol trinitrate
Niveauschalter level switch
nivellieren leveling
Nominalskala *stat* nominal scale
Nonius vernier
Norm norm, standard; (Regel) rule
Normaldruck/Normdruck standard
pressure
Normaldruck-Säulenchromatographie
gravity column chromatography
Normalmaß standard measure
Normalschliff (NS)
standard taper (S.T.)
Normalverteilung *stat* normal
distribution
Normalwasserstoffelektrode
standard hydrogen electrode
Normalwert standard
normen (normieren) standardize
Normierung standardization
Normschliffglas (Kegelschliff)
standard-taper glassware
Normtemperatur (0°C) standard
temperature
Normung standardization
Normzustand (Normtemperatur 0°C &
Normdruck 1 bar) STP (s.t.p./NTP)
(standard temperature & pressure)
Nosokomialinfektion/nosokomiale
Infektion/Krankenhausinfektion
nosocomial infection,
hospital-acquired infection
Notabschaltung emergency
shutdown
Notaggregat standby unit
Notaufnahme/Unfallstation
(Krankenhaus) emergency ward
(clinic)
Notausgang emergency exit

Notdienst/Hilfsdienst emergency
service
Notdusche emergency shower;
('Schnellflutdusche') quick drench
shower, deluge shower
Notfall emergency
Notfall-Evakuierungsplan/
Notfall-Fluchtplan emergency
evacuation plan
Notfall-Fluchtweg emergency
evacuation route, emergency
escape route
Notfalleinsatz
emergency response
Notfalleinsatzplan emergency
response plan (ERP)
Notfalleinsatztruppe emergency
response team
Notfallvorkehrungen emergency
provisions
Nothilfe first aid
Notruf (Notfallnummer) emergency
call (emergency number)
Notschacht (Fluchtschacht/
Rettungsschacht) escape shaft
Notstromaggregat emergency
generator, standby generator
nüchtern (ohne Nahrung) with an
empty stomach; (ohne Alkohol)
sober
Nüchternheit *med/physio* emptiness
(of stomach); soberness
Nucleinsäure/Nukleinsäure nucleic
acid
nucleophiler Angriff
chem nucleophilic attack
Nukleinsäure/Nucleinsäure nucleic
acid
nukleophiler Angriff nucleophilic
attack
Null zero
➢ **auf Null stellen** zero
Null-Anzeige zero reading

Nullabgleich zero adjustment, null
  balance
Nullabgleichmethode null method
Nullpunktseinstellung zero-point
  adjustment, zero-point setting
nullwertig zero-valent, nonvalent
Nuss/Stecknuss/
  Steckschlüsseleinsatz
  socket, chuck
Nutsche/Filternutsche nutsch, nutsch
  filter, suction filter, vacuum filter
nützen benefit
Nutzen benefit, use;
  (Vorteil) advantage;
  (Anwendung) application
nutzen utilize, use; (anwenden) apply
Nutzleistung effficiency
nützlich beneficial, useful
➢ **schädlich** harmful, causing damage
Nutzung utilization, use

O

O-Ring (Rundring/Null-Ring)
  O-ring (packing, toric joint)
Oberfläche surface
Oberflächen-Volumen-Verhältnis
  surface-to-volume ratio
Oberflächenabfluss surface runoff
oberflächenaktiv surface-active
oberflächenaktive Substanz/
  Entspannungsmittel surfactant
Oberflächenfiltration surface
  filtration
Oberflächenkultur *micb* surface
  culture
Oberflächenmarkierung surface
  labeling
Oberflächenspannung/
  Grenzflächenspannung surface
  tension
Oberflächenbehandlung surface
  treatment

oberflächlich on the surface,
  superficial
Oberphase (flüssig-flüssig)
  upper phase
Oberschwingung (IR) overtone
Oberseite upperside, upper surface
➢ **Unterseite** underside, undersurface
Objektiv *micros* objective
➢ **achromatisches Objektiv** *micros*
  achromatic objective
Objektivrevolver/Revolver
  micros nosepiece, nosepiece turret
➢ **Zweifachrevolver** double nosepiece
➢ **Dreifachrevolver** triple nosepiece
➢ **Vierfachrevolver** quadruple
  nosepiece
➢ **Fünffachrevolver** quintuple
  nosepiece
Objektmikrometer *micros* stage
  micrometer
Objektschutz property protection
Objekttisch *micros* stage,
  microscope stage
Objekttisch-Klammer *micros*
  stage clip
Objektträger (microscope) slide;
  (mit Vertiefung) microscope
  depression slide, concavity slide,
  cavity slide
➢ **Objektträger mit Vertiefung**
  microscope depression slide,
  concavity slide, cavity slide
Objektträgerbeschriftungsetikett
  microscope slide label
Ofen oven, furnace
➢ **Flammofen** reverberatory furnace
➢ **Glühofen** annealing furnace
➢ **Hochofen** blast furnace
➢ **Hybridisierungsofen**
  hybridization oven
➢ **Induktionsofen** induction furnace,
  inductance furnace
➢ **Konvektionsofen** convection oven

- **Lichtbogenofen** arc furnace
- **Mikrowellenofen** microwave oven
- **Muffelofen** muffle furnace
- **Röstofen** roasting furnace, roasting oven, roaster
- **Schmelzofen** smelting furnace
- **Tiegelofen** crucible furnace
- **Trockenofen** drying oven
- **Verbrennungsofen** combustion furnace
- **Wärmeofen** heating oven, heating furnace (more intense)

Ofentrocknung oven drying, kiln drying, kilning

öffnen open
- **gewaltsamöffnen** force open

Öffnung/Mund/Mündung opening, aperture, orifice, mouth, perforation, entrance

Öffnungsdruck (Ventil) breaking pressure

Öffnungswinkel *micros* angular aperture

Ohnmacht unconsciousness, faint; blackout (short)

ohnmächtig werden faint, pass out, become unconscious, black out

Ohrenstöpsel earplugs

Öko-Audit/Umweltaudit environmental audit

Ökobilanz life cycle assessment, life cycle analysis (LCA)

ökologisch ecological

ökologisches Gleichgewicht ecological balance/equilibrium

Okular *micros* ocular, eyepiece
- **Binokular** binoculars
- **Brillenträgerokular** spectacle eyepiece, high-eyepoint ocular
- **Trinokularaufsatz/Tritubus** trinocular head
- **Zeichenokular** drawing eyepiece
- **Zeigerokular** pointer eyepiece

Okularblende/Gesichtsfeldblende des Okulars ocular diaphragm, eyepiece diaphragm, eyepiece field stop

Okularlinse/Augenlinse ocular lens

Okularmikrometer ocular micrometer

Öl oil
- **Altöl** waste oil, used oil
- **ätherisches Öl** essential oil, ethereal oil
- **Baumwollsaatöl** cotton oil
- **Behenöl** ben oil, benne oil
- **Distelöl/Safloröl** safflower oil
- **Erdnussöl** peanut oil
- **Erdöl** crude oil, petroleum
- **Fuselöl** fusel oil
- **Kokosöl** coconut oil
- **Kompressorenöl** compressor oil
- **Kürbiskernöl** pumpkinseed oil
- **Lebertran** cod-liver oil
- **Leinöl** linseed oil
- **Maisöl** corn oil
- **Mineralöl** mineral oil
- **Motoröl/Motorenöl** motor oil, engine oil
- **natives Öl** virgin oil (olive)
- **Olivenkernöl** olive kernel oil
- **Olivenöl** olive oil
- **Palmöl** palm oil
- **Pflanzenöl** vegetable oil
- **Rizinusöl** castor oil, ricinus oil
- **Schmieröl** lubricating oil
- **Senföl** mustard oil
- **Sesamöl** sesame oil
- **Sojaöl** soybean oil
- **Sonnenblumenöl** sunflower seed oil
- **Speise-Rapsöl/Rüböl** canola oil (rapeseed oil)
- **trocknendes Öl** drying oil
- **Walratöl** sperm oil (whale)

Ölabscheidepipette baster

Ölbad oil bath

Ölbindemittel/Ölaufsaugmaterial
oil binder, oil binding agent, oil
absorbent, oil absorbing agent

Ölbinder oil absorber

Öler oiler

➢ **Quetschöler** squeeze oiler

ölig oily

oligomer *adj/adv* oligomerous

Oligomer *n* oligomer

Oligonucleotid/Oligonukleotid
oligonucleotide

Oligosaccharid oligosaccharide

**Olive (meist geriffelter Ansatzstutzen:
Schlauch-/Kolbenverbindungsstück)**
barbed hose connection (flask: side
tubulation/side arm)

Ölkatastrophe *ecol* oil spill

Ölpest/Ölverschmutzung
oil pollution

Ölteppich *ecol* oil slick

Ölverschmutzung/Ölpest
oil pollution

Ölzeug oilskin(s)

onkogen/oncogen/krebserzeugend
oncogenic, oncogenous

Onkogenität oncogenicity

Onkologie oncology

**onkotischer Druck/kolloidosmotischer
Druck** oncotic pressure

OP-Besteck *med* surgical instruments

**Operationsmaske/chirurgische
Schutzmaske** surgical mask

Opfer victim;
(Verletzter/Verwundeter) casualty

Optik optics

optische Dichte/Absorption
optical density, absorbance

optische Rotationsdispersion
optical rotatory dispersion (ORD)

optische Spezifität optical specificity

optischer Aufheller
optical brightening agent (OBA),
clearing agent (optical brightener)

ordentlich otidy, neat, orderly;
decent; well-kept, well-managed;
(gewissenhaft/exakt) accurate, exact

Ordentlichkeit/Aufräumen neatness
(in cleaning-up)

Ordinalskala *stat* ordinal scale

Ordner (Aktenordner) file; (Akte)
file, record, dossier; (Mappe/
Aktendeckel) folder

Ordnung order

Gleichung *x*ter **Ordnung**
equation of the *x*th order

Ordnungsstatistik order statistics

organisch organic

organische Chemie/‚Organik'
organic chemistry

**organische Substanz/organisches
Material** organic matter

Organismus organism, lifeform

Orientierung/Orientierungsverhalten
orientation, orientational behavior

Orotsäure orotic acid

Orsatblase
Orsat rubber expansion bag

orten locate

Öse/Metallöse grommet

**osmiophil (färbbar mit
Osmiumfarbstoffen)** osmiophilic

Osmiumsäure osmic acid

Osmiumtetroxid osmium tetraoxide

Osmolalität osmolality

**Osmolarität/
osmotische Konzentration**
osmolarity, osmotic concentration

Osmose osmosis

osmotisch osmotic

osmotischer Druck osmotic pressure

osmotischer Schock osmotic shock

Oszillator (IR) oscillator

**Oszillometrie/oszillometrische
Titration/Hochfrequenztitration**
oscillometry,
high-frequency titration

Oszilloskop oscilloscope

Overall (Einteiler) overalls
Oxidation oxidation
Oxidationsmittel oxidizing agent, oxidant, oxidizer
➢ **Reduktionsmittel** reducing agent, reductant
oxidativ oxidative
oxidieren oxidize
➢ **reduzieren** reduce
oxidierend oxidizing
Oxoglutarsäure (Oxoglutarat) oxoglutaric acid (oxoglutarate)
Ozon ozone
Ozonisierung ozonization
Ozonolyse ozonolysis

P

Packmaterial packaging material
Packpapier brown paper, kraft; (Einpackpapier) wrapping paper
Packung package
➢ **Großpackung** bulk package
Packungsbeilage package insert
Paket package; (Post) parcel
Paketdienst parcel service
Palette pallet, palette
Palettenmesser pallet knife, palette knife
Palladium (Pd) palladium
Panzerband/Gewebeband/ Gewebeklebeband/Duct Gewebeklebeband/Universalband/ Vielzweckband duct tape (polycoated cloth tape)
Panzerglas bulletproof glass
PAP-Färbung/Papanicolaou-Färbung PAP stain, Papanicolaou's stain
Papier paper
➢ **Altpapier** waste paper
➢ **Bastelpapier** construction paper
➢ **Briefpapier** stationery; (mit Briefkopf) letter-head

➢ **Einpackpapier** wrapping paper
➢ **Filterpapier** filter paper
➢ **Fotopapier** photographic paper
➢ **Glanzpapier (glanzbeschichtetes Papier)** glazed paper
➢ **Hartpapier** laminated paper
➢ **Kartonpapier/Pappe** cardboard
➢ **Lackmuspapier** litmus paper
➢ **Linsenreinigungspapier** lens paper
➢ **Logarithmuspapier/ Logarithmenpapier** log paper
➢ **Löschpapier** bibulous paper (for blotting dry)
➢ **Millimeterpapier** graph paper, metric graph paper
➢ **Packpapier** brown paper, kraft; (Einpackpapier) wrapping paper
➢ **Pauspapier** tracing paper
➢ **Pergamentpapier** parchment paper
➢ **Pergamin (durchsichtiges festes Papier)** glassine paper, glassine
➢ **satiniertes Papier** glazed paper
➢ **Saugpapier ('Löschpapier')** absorbent paper, bibulous paper
➢ **Schreibpapier** bond paper, stationery
➢ **Seidenpapier** tissue paper (wrapping paper)
➢ **Umweltschutzpapier** recycled paper
➢ **Wachspapier** wax paper
➢ **Wägepapier** weighing paper
Papierhandtuch paper towel
Papierhandtuchspender paper towel dispenser
Papierholz pulpwood
Papiertaschentuch tissue, paper tissue
Pappe/Pappdeckel/Karton cardboard, pasteboard
Pappbecher paper cup
pappig/klebrig/schmierig gooey, sticky

Pappkarton cardboard box
Parallaxenfehler/Parallaxefehler
  parallax error
Parameter parameter
parasitär/parasitisch/schmarotzend
  parasitic
parasitieren/schmarotzen parasitize
Parasitismus/Schmarotzertum
  parasitism
Partialdruck partial pressure
Partialhydrolyse partial hydrolysis
Partialverdau partial digest
Partikelfilter particle filter
Partikelzähler/Partikelmessgerät
  particle counter, particle monitor
PAS-Anfärbung
  (Periodsäure/Schiff-Reagens)
  PAS stain (periodic acid-Schiff stain)
Passage/Subkultivierung passage,
  subculture
passend/gut passend
  (z.B. Verschluss/Stopfen etc.)
  fitted/well fitted
Passring/Einsatzring adapter ring
Passstück fitting
Passteil(e) (Zubehör) fitting(s)
Pasteur-Effekt Pasteur effect
pasteurisieren pasteurize
Pasteurisierung/Pasteurisation/
  Pasteurisieren pasteurizing,
  pasteurization
➢ **Blitzpasteurisation** flash
  pasteurization
Pasteurpipette Pasteur pipet
Patching/Verklumpung patching
pathogen/krankheitserregend
  pathogenic (causing or capable of
  causing disease)
Pathogenität pathogenicity
Pathologie/Lehre von den
  Krankheiten pathology

pathologisch/krankhaft pathological
  (altered or caused by disease)
patientennahe Labordiagnostik
  point-of-care testing (POCT)
Patrone cartridge
PCR (Polymerasekettenreaktion)
  PCR (polymerase chain reaction)
➢ **Blasen-Linker-PCR**
  bubble linker PCR
➢ **differentieller Display (Form der**
  RT-PCR) differential display
  (Form of RT-PCR)
➢ **DOP-PCR (PCR mit degeneriertem**
  Oligonucleotidprimer)
  DOP-PCR (degenerate
  oligonucleotideprimer PCR)
➢ **inverse Polymerasekettenreaktion**
  inverse PCR
➢ **IRP (inselspezifische PCR)**
  IRP (island rescue PCR)
➢ **ligationsvermittelte**
  Polymerasekettenreaktion
  ligation-mediated PCR
➢ **RACE-PCR (schnelle Vervielfältigung**
  von cDNA-Enden)-PCR
  RACE-PCR (rapid amplification of
  cDNA ends)-PCR
➢ **RT-PCR (PCR mit reverser**
  Transcriptase) RT-PCR (reverse
  transcriptase-PCR)
Pektinsäure (Pektat) pectic acid
  (pectate)
Peleusball (Pipettierball) *lab* safety
  pipet filler, safety pipet ball
Peptidbindung peptide bond, peptide
  linkage
Peptonwasser peptone water
Perameisensäure performic acid
Perchlorsäure perchloric acid
perforieren (perforiert/löcherig)
  perforate(d)

Perfusionskultur perfusion culture
Pergamin (durchsichtiges festes Papier) glassine paper, glassine
Periodensystem (der Elemente) periodic table (of the elements)
periodisch periodic(al)
Periodizität periodicity
Periodsäure/Schiff-Reagens (PAS-Anfärbung) periodic acid-Schiff stain (PAS stain)
Peristaltik peristalsis
peristaltisch peristaltic
Perlit/Perlstein perlite
Perlmutt/Perlmutter nacre, mother-of-pearl
permeabel/durchlässig permeable, pervious
➢ **impermeabel/undurchlässig** impermeable, impervious
➢ **semipermeabel/halbdurchlässig** semipermeable
Permeabilität/Durchlässigkeit permeability
Permissivität permissivity, permissive conditions
persistente Infektion/anhaltende Infektion persisting infection
Persistenz/Beharrlichkeit/Ausdauer persistence
persistieren/verharren/ausdauern persist
Personalhygiene personnel hygiene
Perubalsam Peruvian balsam, balsam of Peru
Pervaporisation (Verdunstung durch Membranen) pervaporation
Perzeption/Wahrnehmung perception
perzipieren/sinnlich wahrnehmen perceive
Pestizid/ Schädlingsbekämpfungsmittel/ Biozid pesticide, biocide

➢ **Algenbekämpfungsmittel/Algizid** algicide
➢ **Insektenbekämpfungsmittel/ Insektizid** insecticide
➢ **Kontaktpestizid** contact pesticide
➢ **Milbenbekämpfungsmittel/Akarizid** acaricide
➢ **Nematodenbekämpfungsmittel/ Nematizid** nematicide
➢ **Schneckenbekämpfungsmittel/ Molluskizid** molluscicide
Pestizidanreicherung pesticide accumulation
Pestizidresistenz pesticide resistance
Pestizidrückstand pesticide residue
PET (Positronenemissionstomographie) PET (positron emission tomography)
Petrischale Petri dish
Petrolether/Petroläther petroleum ether
Petrolatum/Vaseline petroleum jelly, vaseline
Pfanne pan
➢ **Schliffpfanne** socket (female: spherical joint)
Pfeifenreiniger/Pfeifenputzer pipe cleaner
Pflanzendroge herbal drug
Pflanzenfarbstoff plant pigment
Pflanzeninhaltsstoff plant chemical, phytochemical
Pflanzenöl (diätetisch) vegetable oil
pflanzenschädlich/phytotoxisch phytotoxic
Pflanzenschädling plant pest
Pflanzenschutz plant protection
Pflanzenschutzmittel plant-protective agent, pesticide
Pflaster/Heftpflaster (Streifen) *med* band-aid (adhesive strip), sticking plaster, patch
Pflichtuntersuchung mandatory investigation

Pflichtverletzung breach of duty
Pfropf *hort/med* graft; *med* clot, thrombus
Pfropfen *n* (Stöpsel) plug; graft;
pfropfen *vb* (zustöpseln) stopper, plug up; graft
Phänomen phenomenon (*pl* phenomena)
Pharmakognosie pharmacognosy
Pharmakologie pharmacology
Pharmakon (*pl* Pharmaka) medicine, medicinal drug, remedy, pharmaceutical
Pharmakopöe/Arzneimittel-Rezeptbuch/amtliches Arzneibuch pharmacopoeia, formulary
Pharmareferent pharmaceutical sales representative
Pharmaunternehmen pharmaceutical company
Pharmazeut (Apotheker) pharmacist, pharmaceutical scientist
pharmazeutisch pharmaceutical
Pharmazie/Arzneilehre/Arzneikunde pharmacy
Phase *chem* (nicht mischbare Flüssigkeiten) phase, layer; *electr* conductor
➢ **gebundene Phase** *chromat* bonded phase
➢ **Mischphase** mixed phase
➢ **obere/untere Phase** upper/lower phase, upper/lower layer
➢ **gebundene Phase** *chromat* bonded phase
➢ **stationäre Phase** *chromat* stationary phase, adsorbent
➢ **Zwischenphase** intermediary phase
Phasendiagramm phase diagram
Phasengrenze phase boundary
Phasenkontrast phase contrast

Phasenkontrastmikroskop phase contrast microscope
Phasenprüfer phase tester, line tester, electrical tester
Phasenring phase ring, phase annulus
Phasentrennung phase separation
Phasenübergang phase transition
Phasenübergangstemperatur phase transition temperature
Phasenveränderung phase variation
Phasenvermittler compatibilizer
Phosgen phosgene
Phosphat phosphate
Phosphatidsäure phosphatidic acid
Phosphodiesterbindung phosphodiester bond
Phosphor (P) phosphorus
phosphorhaltig/phosphorig/Phosphor ... *adj/adv* phosphorous
phosphorige Säure phosphorous acid
Phosphorsäure phosphoric acid
photoallergen photoallergenic
Photoatmung/Lichtatmung/Photorespiration photorespiration
Photoionisations-Detektor (PID) photo-ionization detector
Photometrie photometry
Photonenstromdichte photosynthetic photon flux (PPF)
Photosensibilisierung photosensibilization
Photosynthese photosynthesis
photosynthetisch photosynthetic
photosynthetisch aktive Strahlung photosynthetically active radiation (PAR)
photosynthetisieren photosynthesize
Photowiderstand photoresist, photoresistor

Phthalsäure phthalic acid
Physik physics
➢ **Experimentalphysik**
experimental physics
➢ **Kernphysik** nuclear physics
➢ **Teilchenphysik** particle physics
➢ **Theoretische Physik** theoretical
physics
➢ **Umweltphysik** environmental
physics
physikalische Karte physical map
physikalische Sicherheit(smaßnahmen)
physical containment
Physiologe physiologist
Physiologie physiology
physiologisch physiological
Physiologe physiologist
physisch phyical
Phytinsäure phytic acid
Pigment pigment
Pigmentierung pigmentation
Pikrinsäure picric acid
Pilotanlage pilot plant
Pilotmaßstab/Pilotanlagen-Größe
pilot scale
Pilotstudie pilot study
Pilzbefall fungal infestation
Pilzbekämpfungsmittel/Fungizid
fungicide
Pimelinsäure pimelic acid
Pinsel/Malpinsel paintbrush
Pinzette tweezers; forceps
(*syn* pincers, tongs); seizers
➢ **Arterienklemme** artery forceps,
artery clamp (hemostat)
➢ **Bajonett-Pinzette** offset tweezers
➢ **Deckglaspinzette** cover glass
forceps
➢ **Fasspinzette** holding forceps,
holding tweezers
➢ **Gewebepinzette** tissue forceps

➢ **Knorpelpinzette** cartilage forceps
➢ **Lötpinzette** soldering forceps,
soldering tweezers, soldering
seizers
➢ **Membranpinzette** membrane
forceps
➢ **Mikropinzette** microforceps
➢➢**anatomische Mikropinzette/
Splitterpinzette** microdissection
forceps, microdissecting forceps
➢ **Präparierpinzette/Sezierpinzette/
anatomische Pinzette** dissection
tweezers, dissecting forceps
➢ **Präzisionspinzette** high-precision
tweezers
➢ **Probennahmepinzette** specimen
tweezers
➢ **Sezierpinzette/Präparierpinzette/
anatomische Pinzette** dissection
tweezers, dissecting forceps
➢ **Spitzpinzette** sharp-point tweezers,
fine-tip tweezers
➢ **stumpfe Pinzette** blunt-point
tweezers, round-tip tweezers
➢ **Uhrmacherpinzette** watchmaker
forceps, jeweler's forceps
➢ **Umkehrpinzette/Klemmpinzette**
reverse-action tweezers
(self-locking tweezers)
pinzieren/entspitzen
pinch off, tip
Pipette
pipet, pipette (*Br*); pipettor
➢ **Ausblaspipette** blow-out pipet
➢ **Einkanalpipette** single-channel
pipet
➢ **Filterpipette** filtering pipet
➢ **Kapillarpipette** capillary pipet
➢ **Kolbenhubpipette** piston pipet
➢ **Mehrkanalpipette** multichannel
pipet, multi-channel pipet

➢ **Messpipette** graduated pipet, measuring pipet
➢ **Mikroliterpipette (Kolbenhubpipette)** micropipet, pipettor
➢ **Pasteurpipette** Pasteur pipet
➢ **Saugkolbenpipette** piston-type pipet
➢ **Saugpipette** suction pipet (patch pipet)
➢ **serologische Pipette** serological pipet
➢ **Tropfpipette/Tropfglas** dropper, dropping pipet
➢ **Vollpipette/volumetrische Pipette** transfer pipet, volumetric pipet
Pipettenflasche dropping bottle, dropper vial
Pipettensauger pipet filler, pipet aspirator
Pipettenspitze pipet tip
Pipettenständer pipette rack, pipette support; (für Mikropipetten) pipettor stand
Pipettierball/Pipettierbällchen pipet bulb, rubber bulb
➢ **Peleusball** safety pipet filler, safety pipet ball
pipettieren pipet
Pipettierfehler pipetting error
Pipettierhilfe pipet aid, pipetting aid, pipet helper, pipet controller
Pipettierhütchen/Pipettenhütchen/ Gummihütchen pipeting nipple, rubber nipple, teat (*Br*)
Pipettierpumpe pipet pump
Pistill (*zu Mörser*) pestle
Placebo/Plazebo/Scheinarznei placebo
Plan-Hohlspiegel/Plankonkav plano-concave mirror
Planschliff (glatte Enden) flat-flange ground joint, flat-ground joint, plane-ground joint

Planspiegel plane mirror, plano-mirror
Plaque plaque (*siehe:* Zahnbelag; *siehe:* Lysehof/Aufklärungshof)
➢ **klarer Plaque** clear plaque
Plaque-Test plaque assay
Plasmabrenner plasma burner
Plastikfolie (Frischhaltefolie) plastic wrap (household wrap)
Plastilin plasticine
Plastination plastination
➢ **Ganzkörperplastination** whole mount plastination
Plastizität (Formbarkeit/ Verformbarkeit) plasticity; moldability
Platin (Pt) platinum
Platine *electr/tech* board, (printed) circuit board; *mech* blank; mounting plate
Plattenausstrichmethode streak-plate method/technique
Plattengel slab gel
Plattengussverfahren/ Gussplattenmethode pour-plate method/technique
Platten-Test plate assay
Plattenverfahren *micb* (Kultur) late assay, plating; disk assay (for antibiotics)
Plattenzählverfahren *micb* plate count
Plattform platform
Plattformwagen/Plattformkarren platform truck; (kleines/rundes Gestell: Kistenroller/Fassroller etc.) dolly
Plattierung/Plattieren *micb* plating (plating out)
➢ **Replikaplattierung** replica-plating
Plattierungseffizienz efficiency of plating
Platzbeschränkung/Platznot (z.B. im Labor) space restrictions

Plombe *tech* seal, lead seal, sealing, plug; *dent* inlay, filling
Plotter/Kurvenzeichner plotter
Plus~/Minus-Verbindung (Rohrverbindungen etc.) male/female joint; *electr* plus/minus connection
Pol pole; *electr* (Plus~/Minuspol: Anschlussklemme) terminal
polar polar
> **unpolar** apolar
Polarisationsfilter/‚Pol-Filter'/Polarisator polarizing filter, polarizer
Polarisationsmikroskop polarizing microscope
Polarisator polarizer
Polarisierbarkeit polarizability
polarisiertes Licht polarized light
> **linear polarisiertes Licht** plane-polarized light
> **zirkular polarisiertes Licht** circularly polarized light
Polyacrylamid polyacrylamide
Polyadenylierung *gen* polyadenylation
Polydispersitätsindex (PDI) polydispersity index
Polymern (Polymerisat) polymer
Polymerasekettenreaktion polymerase chain reaction (PCR)
Polymerisat polymerization product
Polymerisationsgrad degree of polymerization
polymerisieren polymerize
poolen/vereinigen/zusammenbringen pool, combine, accumulate
Population/Bevölkerung population
Populationskurve/Bevölkerungskurve population curve
Porenweite (Filter/Gitter etc.) pore size, mesh size
porös/porig/durchlässig porous

Porosität/Durchlässigkeit porosity
Portionierung portioning
Porzellanschale porcelain dish
Positronenemissionstomographie (PET) positron emission tomography
Posten/Partie (Waren) lot
Potentiometrie/potentiometrische Titration potentiometry
Potenzial potential
Potenzialdifferenz/Spannung potential difference, voltage
potenziell potential
Pottasche/Kaliumcarbonat potash, potassium carbonate
‚Potter' (Glashomogenisator) Potter-Elvehjem homogenizer (glass homogenizer)
Prädisposition/Veranlagung predisposition
Präkursor/Vorläufer precursor
prall/schwellend/turgeszent turgescent
Prallblech/Prallplatte/Ablenkplatte (Strombrecher z.B. an Rührer von Bioreaktoren) baffle plate
pränatale Diagnostik prenatal diagnostics
Präparat preparation; *med/pharm* (Droge/Wirkstoff) preparation, drug; (*Lebewesen:* preserved specimen)
> **Dauerpräparat** *micros* permanent mount
> **mikroskopisches Präparat** microscopical preparation, microscopic mount
> **Nasspräparat (Frischpräparat/Lebendpräparat/Nativpräparat)** wet mount
> **Quetschpräparat** *micros* squash (mount)
> **Schabepräparat** *micros* scraping (mount)

➢ **Totalpräparat** whole mount
Präparation *anat* dissection
präparativ preparative
Präparator/Tierpräparator
  taxidermist
Präparierbesteck dissecting
  instruments (dissecting set)
präparieren *allg* prepare; *anat*
  dissect; *micros* mount
Präpariernadel dissecting needle,
  probe
Präpariernadelhalter needle holder,
  pin holder
Präparierpinzette/Sezierpinzette/
  anatomische Pinzette dissection
  tweezers, dissecting forceps
Präparierschale dissecting dish,
  dissecting pan
präsymptomatische Diagnostik
  presymptomatic diagnostics
Prävalenz prevalence, prevalency
Prävention prevention
Präzipitat/Niederschlag/Sediment/
  Fällung deposit, sediment,
  precipitate
Präzipitation/Fällung precipitation
präzipitieren/fällen/ausfällen
  precipitate
präzis/präzise/genau precise, exact
Präzision/Genauigkeit precision,
  exactness
preisgünstige Produktion
  cost-efficient production
Prephensäure (Prephenat) prephenic
  acid
Pressling pressed piece/article/item;
  pellet; *polym* molding, molded
  piece
Pressluft
  compressed air, pressurized air
Pressluftatmer compressed air
  breathing apparatus
Pressspan flakeboard

Prisma prism
Proband/Propositus
  propositus
Probe/Versuch/Untersuchung/
  Test/Prüfung assay, test, trial,
  examination, exam, investigation;
  chem proof, check (die Probe
  machen); (Teilmenge eines zu
  untersuchenden Stoffes)
  chem/med/micb sample
➢ **Blindprobe** negative control, blank,
  blank test
➢ **Flammenprobe/Leuchtprobe**
  flame test
➢ **Gegenprobe** countertest,
  countercheck, control, duplicate test
➢ **Glührohrprobe** combustion tube
  test, ignition tube test
➢ **Kreuzprobe immun** cross-matching
➢ **Stichprobe** sample, spot sample,
  aliquot
➢ **Tüpfelprobe** spot test
➢ **Vorprobe** preliminary test, crude
  test
Probealarm/Probe-Notalarm drill,
  emergency drill
Probefläschchen/Probegläschen
  sample vial, specimen vial; (größer:)
  specimen jar;
  (mit Schraubverschluss) screw-cap
  vial
Probelauf trial run ('experimental
  experiment')
Probenahmeverfahren sampling
  procedure
Probenahmevorrichtung sampling
  device
Probenbeutel sampling bag
Probenehmer/Probenentnahmegerät
  sampler
Probengeber dispenser
Probenhalter/Probenhalterung
  sample holder

Probenkonzentrator sample concentrator

Probennahme/Probeentnahme sample-taking, sampling, taking a sample

Probennahmepinzette specimen tweezers

Probennahmevorrichtung sampling device

Probensubstanz/ Untersuchungsmaterial assay material, test material, examination material

Probenverwaltung sample custody

Probenvorbereitung sample preparation

probieren/versuchen try, attempt

Probierstein touchstone

Problemabfall hazardous waste

Problemfall problematic case; (verzwickte Lage) quandary

Produkt product

Produkthaftung product liability

Produkthemmung product inhibition

Produktionsrückstände (Abfälle) scrap

Produktivität productivity

Produktreinheit product purity

Produktsicherheit product safety

Produzent/Erzeuger/Hersteller producer

produzieren/erzeugen/herstellen produce, manufacture, make

Prognose prognosis

projizieren/abbilden project

Proliferation proliferation

proliferieren proliferate

propagieren propagate

Propellerpumpe vane-type pump

prophylaktisch prophylactic

Prophylaxe prophylaxis

Propionaldehyd propionic aldehyde, propionaldehyde

Propionsäure (Propionat) propionic acid (propionate)

proportionaler Schwellenwert proportional truncation

Prostansäure prostanoic acid

Protein/Eiweiß protein (*pronounce*: prö-teen)

proteinartig/proteinhaltig/ Protein... /aus Eiweiß bestehend/ Eiweiß... proteinaceous

proteolytisch/eiweißspaltend proteolytic

Protokoll/Aufzeichnungen protocol, record, minutes

Protokollheft/Laborjournal laboratory notebook

Protokollierung recordkeeping

Protonengradient proton gradient

protonenmotorische Kraft proton motive force

Protonenpumpe proton pump

Protonensonde proton microprobe

proximal/ursprungsnah proximal

Prozentsatz/prozentualer Anteil percentage

prozessieren/weiterverarbeiten process

Prozessierung/Verarbeitung processing

Prozesskontrolle/Prozesssteuerung process control

➤ **statistische Prozesskontrolle** statistical process control (SPC)

Prüfbarkeit testability

Prüfbericht test report

Prüfdaten test data

prüfen/untersuchen/testen/ probieren/analysieren investigate, examine, test, try, assay, analyze

Prüfgas probe gas, tracer gas; (Kalibrierung) calibration gas; (zu prüfendes Gas) test gas

Prüfgerät/Prüfer tester,
testing device/apparatus,
checking instrument
Prüflabor testing laboratory
Prüfmittel testing device
Prüfprotokoll case report form (CRF),
case record form
Prüfsumme check sum
**Prüfung/Untersuchung/Test/
Probe/Analyse** investigation,
examination (exam), test, trial,
assay, analysis
➤ **Bestätigungsprüfung** verification
assay
➤ **Qualitätssprüfung/Qualitätskontrolle/
Qualitätsüberwachung** quality
control (QC)
➤ **Sicherheitsüberprüfung/
Sicherheitskontrolle** safety check,
safety inspection
➤ **Überprüfung** check-up,
examination, inspection, reviewal;
verification, control
➤ **Umweltverträglichkeitsprüfung
(UVP)** environmental impact
assessment (EIA)
➤ **Werkstoffprüfung** materials testing
Prüfverfahren testing procedure;
audit procedure
Psychrometer
(ein Luftfeuchtigkeits-messgerät)
psychrometer, wet-and-dry-bulb
hygrometer
PTT (Nachweis verkürzter Proteine)
PTT (protein truncation test)
Puffer buffer
Pufferkapazität buffering capacity
Pufferlösung buffer solution
puffern buffer
Pufferung buffering
Pufferzone buffer zone

Puls pulse
**Puls-Feld-Gelelektrophorese/
Wechselfeld-Gelelektrophorese**
pulsed field gel electrophoresis
(PFGE)
pulsieren pulsate, throb, beat
pulsierendes elektrisches Feld pulsed
electric field (PEF)
Pulsmarkierung pulse labeling, pulse
chase
Pulspolarografie pulse polarography
➤ **differenzielle Pulspolarografie**
differential pulse polarography
(DPP)
Pulver/Puder pulver, powder
Pulverfeuerlöscher/Pulverlöscher
powder fire extinguisher
pulverförmig pulverized, powdery,
powdered; (staubartig) dustlike
pulverisieren pulverize
Pulverisierung pulverization
Pulverspatel powder spatula
Pumpe pump
➤ **Abgabepuls** discharge stroke
➤ **Absaugpumpe/Saugpumpe**
aspirator pump, vacuum pump
➤ **Ansaughöhe** suction head
➤ **Ansaugpuls** suction stroke
➤ **Ansaugtiefe** suction lift
➤ **Balgpumpe** bellows pump
➤ **Direktverdrängerpumpe** positive
displacement pump
➤ **Dispenserpumpe** dispenser pump,
dispensing pump
➤ **Dosierpumpe** dosing pump,
proportioning pump, metering
pump
➤ **Drehkolbenpumpe** rotary piston
pump
➤ **Drehschieberpumpe** rotary vane
pump

- **Druckpumpe/doppeltwirkende Pumpe** double-acting pump
- **Fasspumpe** barrel pump, drum pump
- **Filterpumpe** filter pump
- **Förderhöhe** discharge head
- **Förderleistung/Saugvermögen** flow rate
- **Förderpumpe** feed pump
- **Gesamtförderhöhe** total static head
- **Handpumpe** hand pump
- **Hold-Back-Pumpe** hold-back pump
- **Ionenpumpe** ion pump
- **Kolbenpumpe** piston pump, reciprocating pump
- **Kreiselpumpe/Zentrifugalpumpe** impeller pump, centrifugal pump
- **Laufradpumpe** impeller pump
- **manuelle Vakuumpumpe** hand-operated vacuum pump
- **Mehrkanal-Pumpe** multichannel pump
- **Membranpumpe** diaphragm pump
- **peristaltische Pumpe** peristaltic pump
- **Pipettierpumpe** pipet pump
- **Propellerpumpe** vane-type pump
- **Protonenpumpe** proton pump
- **Quetschpumpe (Handpumpe für Fässer)** squeeze-bulb pump (hand pump for barrels)
- **Saugpumpe/Vakuumpumpe** suction pump, aspirator pump, vacuum pump
- **Schlauchpumpe** tubing pump; (größere Durchmesser) hose pump
- **Schneckenantriebspumpe** progressing cavity pump
- **selbstansaugend** prime
- **Spritzenpumpe** syringe pump
- **Umwälzpumpe** circulation pump
- **Vakuumpumpe** vacuum pump

- **Verdrängungspumpe/Kolbenpumpe (HPLC)** displacement pump
- **Wärmepumpe** heat pump
- **Wasserpumpe** water pump
- **Wasserstrahlpumpe** water aspirator, filter pump, water pump, vacuum filter pump
- **Zahnradpumpe** gear pump
- **Zentrifugalpumpe/Kreiselpumpe** centrifugal pump, impeller pump

Pumpenantrieb pump drive
Pumpenkopf pump head
Pumpenöl pump oil
Pumpenzange/Wasserpumpenzange water pump pliers, slip-joint adjustable water pump pliers (adjustable-joint pliers)
Punktdiagramm dot diagram
punktieren puncture, tap
Punktion puncture (needle biopsy)
Pupillenerweiterung pupil dilatation
putzen clean, cleanse
Putzkolonne/Reinigungstrupp cleaning squad(ron)
Putzmittel cleaning agent
Putzschwamm cleaning pad, scrubber, sponge
Putztuch/Putzlappen (cleaning) rag, cloth
Putzzeug cleaning utensils
Pyknometerflasche specific gravity bottle
Pyrethrinsäure pyrethric acid
Pyridin pyridine
Pyrolyse/Thermolyse/thermische Zersetzung pyrolysis, thermolysis
Pyrometer pyrometer
- **Pyropter/optisches Pyrometer** optical pyrometer
Pyrometrie pyrometry
Pyrrol pyrrole

Q

Quaddel welt (weal)
Quadratmethode *ecol* quadrat
   method, quadrat sampling
qualifizieren qualify
Qualifizierung/Qualifikation
   qualification
➢ **Betriebs-Qualifizierung (BQ)**
   operational qualification (OQ)
➢ **Leistungs-Qualifizierung**
   performance qualification (PQ)
Qualitätsbeurteilung/
   Qualitätsbewertung
   quality assessment
Qualitätsfaktor/
   Bewertungsfaktor quality factor
Qualitätskennzeichen
   quality indicator
Qualitätskontrolle/Qualitätsprüfung/
   Qualitätsüberwachung
   quality control (QC)
Qualitätsmerkmal sign of quality
Qualitätssicherung quality assurance
   (QA)
Qualitätssicherungshandbuch
   (EU-CEN) quality manual
Qualitätszertifikat certificate of
   performance
Qualm (dense) smoke;
   (Dämpfe) fumes
qualmen smoke; emit smoke/fumes
quantifizieren *med/chem* quantify,
   quantitate
Quantifizierung *med/chem*
   quantification, quantitation
Quantil/Fraktil *stat*
   quantile, fractile
Quantität quantity
Quarantäne quarantine
Quartil/Viertelswert *stat* quartile
Quarzglas quartz glass

Quarzgut (milchig-trübes Quarzglas)
   fused quartz
Quarzthermometer quartz
   thermometer
Quecksilber (Hg) mercury
Quecksilber-(I)/einwertiges
   Quecksiber
   mercurous, mercury(I) ...
Quecksilber-(II)/zweiwertiges
   Quecksilber
   mercuric, mercury(II) ...
Quecksilberdampflampe mercury
   vapor lamp
Quecksilberfalle mercury trap,
   mercury well
Quecksilberthermometer
   mercury-in-glass thermometer
Quecksilbertropfelektrode dropping
   mercury electrode (DME)
Quecksilbervergiftung/
   Merkurialismus mercury poisoning
Quelle source; origin
quellen (Wasseraufnahme) soak,
   steep
➢ **anschwellen** swell
➢ **hervorquellen** emanate
Quellwasser springwater
Querschnitt cross section
Querstrombank laminar flow
   workstation, laminar flow hood,
   laminar flow unit
Querstromfiltration cross-flow
   filtration
quervernetzendes Agens cross linker,
   crosslinking agent
quervernetzt cross-linked
Quervernetzung cross-link, crosslinking; cross-linkage
quetschen squeeze, pinch
Quetschhahn pinchcock
➢ **Schraubquetschhahn** screw
   compression pinchcock

Quetschpräparat *micros* squash (mount)

Quetschpumpe (Handpumpe für Fässer) squeeze-bulb pump (hand pump for barrels)

Quetschventil pinch valve

Quittung/Erhaltsbestätigung receipt

Quotient/Verhältnis ratio, relation

R

R-Sätze (Risikohinweise > Gefahrenhinweise GHS) R phrases (risk phrases > hazard statements)

R_F-Wert *chromat* R_F-value (retention factor; ratio of fronts)

Rabitzzange/Monierzange/ Fechterzange/Rödelzange end nippers, end cutting nippers, end-cutting nippers

Racemat/racemische Verbindung racemate

Racemisierung racemization

Radikal radical
➤ **freies Radikal** free radical

Radikalfänger radical scavenger

Radikalion radical ion

radioactiv (Atomzerfall) radioactive (nuclear disintegration)

radioaktive Abfälle radioactive waste, nuclear waste

radioaktive Markierung radiolabelling

radioaktiver Marker radioactive marker

Radioaktivität radioactivity

Radio-Allergo-Sorbent Test radioallergosorbent test (RAST)

Radioimmunassay/ Radioimmunoassay radioimmunoassay

Radioimmunelektrophorese radioimmunoelectrophoresis

Radiokarbonmethode/ Radiokohlenstoffmethode/ Radiokohlenstoffdatierung radiocarbon method

Radionuklid/Radionuclid radionuclide

Rakel/Rakelmesser/Schabeisen/ Abstreichmesser scraper, wiper blade, spreading knife, coating knife, doctor knife

Rand edge, margin; (eines Gefäßes) rim, edge

Rändelmutter knurled nut

Rändelschraube knurled-head screw

randomisieren *stat* randomize

Randomisierung *stat* randomization

Randverteilung *stat* marginal distribution

Rangkorrelationskoeffizient *stat* rank correlation coefficient

Rangmaßzahlen *stat* rank statistics, rank order statistics

Rangordnung/Rangfolge/Stufenfolge/ Hierarchie order of rank, ranking, hierarchy

ranzig rancid

Ranzigkeit rancidity

Rasen *micb/bact* lawn

Rasenkultur lawn culture

Rasierklinge razor blade

Raspel rasp; (Haushaltsraspel) grater

Raster grid, screen, raster

Rasterelektronenmikroskop (REM) scanning electron microscope (SEM)

Raster-Kalorimetrie scanning calorimetry

Rasterkartierung *ecol/biogeo* frame raster mapping, grid mapping

Rasterkraftmikroskopie atomic force microscopy (AFM)

Rastermethode grid method
rastern scan, screen
Rasternahfeld-Mikroskopie/
   Raster-Nahfeld-Mikroskopie
   near-field scanning optical
   microscopy (NSOM), scanning
   near-field optical microscopy
   (SNOM)
Rasterstichprobenerhebung *ecol* grid
   sampling
Rastertunnelmikroskopie scanning
   tunneling microscopy (STM)
Rasteruntersuchung/
   Reihenuntersuchung *med*
   screening
Ratsche/Rätsch ratchet (ratchet
   wrench)
Ratschen-Klemme/
   Ratschen-Absperrklemme
   (Schlauchklemme) ratchet clamp
Rauch (sichtbar) smoke;
   (Dämpfe/meist schädlich) fume
Rauchabzug (Raumentlüftung) fume
   extraction; (Abzug) fume hood;
   (Abzugskanal) flue, flue duct
rauchend (Säure) fuming (acid)
Rauchentwicklung smoke
   generation; development of smoke
Rauchfang chimney, flue
rauchfrei *adj* nonsmoking
Rauchgas-Reinigung
   flue-gas purification
Rauchgase (sichtbarer Qualm)
   smoke gas; (Abluft aus Feuerung
   mit Schwebstoffen) flue gases;
   (Dämpfe) fumes
Rauchmelder smoke detector
Rauchschranke/Rauchschutzwand
   smoke barrier
Rauchschwaden clouds of smoke/
   fumes
Rauchverbot ban on smoking,
   smoking ban

Rauchvergiftung smoke poisoning
Rauchzug flue, flue duct
Raum (Länge-Breite-Höhe)
   room, compartment; space; (Gebiet/
   Gegend/Region/Zone) area, region,
   zone, territory; (Platz) place
➢ **Kühlraum/Gefrierraum** cold-storage
   room, cold store, 'freezer'
➢ **Lebensraum/Lebenszone/Biotop**
   life zone, biotope
➢ **Reinraum**
   clean room (*auch:* Reinstraum)
➢ **Sicherheitsraum/Sicherheitslabor**
   (S1–S4) biohazard containment
   (laboratory) (classified into
   biosafety containment classes)
Raumheizung space heating
Rauminhalt (Volumen) capacity
   (volume)
räumlich spatial, of
   space; (dreidimensional)
   three-dimensional
Räumlichkeit(en)
   premises, location
Raumstruktur/räumliche Struktur
   three-dimensional structure, spatial
   structure
Raumtemperatur room temperature,
   ambient temperature
Rauschanalyse/Fluktuationsanalyse
   noise analysis, fluctuation
   analysis
Rauschen *tech/electr/neuro* noise
Rauschfilter noise filter
Rauschminderung noise reduction
Rauschmittel/Rauschgift/
   Rauschdroge psychoactive/
   psychotropic drug
Rauschthermometer noise
   thermometer
Reagenz (*jetzt:* **Reagens,**
   pl **Reagenzien)** reagent;
   (Reaktand) reactant

Reagenzglas test tube, glass tube, assay tube

Reagenzglas mit seitlichem Ansatz side-arm test tube

Reagenzglasbefruchtung/ In-vitro-Fertilisation in-vitro fertilization (IVF)

Reagenzglasbürste test tube brush

Reagenzglashalter test tube holder

Reagenzglasständer/ Reagenzglasgestell test tube rack

Reagenzienflasche reagent bottle

Reagenzlösung reagent solution

reagieren react

Reaktand/Reaktionsteilnehmer (Ausgangsstoff/Ausgangsmaterial) reactant (starting material)

Reaktion *chem* reaction; *ethol* (bedingte/unbedingte Reaktion) response (un~/conditioned)

➤ **Austauschreaktion** exchange reaction

➤ **Biosynthesereaktion** biosynthetic reaction (anabolic reaction)

➤ **Dominoreaktion/Kaskadenreaktion** cascade reaction

➤ **Dunkelreaktion** dark reaction

➤ **Durchgeh-Reaktion** runaway reaction

➤ **Einschiebereaktion/ Insertionsreaktion** insertion reaction

➤ **Eintopfreaktion** one-pot reaction

➤ **Enzymreaktion** enzymatic reaction

➤ **Gegenreaktion** counterreaction

➤ **gekoppelte Reaktion** coupled reaction

➤ **geschwindigkeitsbegrenzende(r) Schritt/Reaktion** rate-limiting step/reaction

➤ **geschwindigkeitsbestimmende(r) Schritt/Reaktion** rate-determining step/reaction

➤ **Hauptreaktion** main reaction, principal reaction

➤ **heftige Reaktion** vigorous reaction, violent reaction

➤ **Immunreaktion** immune reaction

➤ **Kernreaktion** nuclear reaction

➤ **Kettenreaktion** chain reaction

➤ **Kondensationsreaktion/ Dehydrierungsreaktion** condensation reaction, dehydration reaction

➤ **Konkurrenzreaktion** competing reaction

➤ **Kupplungsreaktion** *chem* coupling reaction

➤ **Nebenreaktion** *chem* side reaction

➤ **nullter/erster/zweiter.. Ordnung** zero-order/first-order/second-order..

➤ **Polymerasekettenreaktion (PCR)** polymerase chain reaction

➤ **Polymerisationsreaktion** polymerization reaction

➤ **Redoxreaktion** redox reaction, reduction-oxidation reaction, oxidation-reduction reaction

➤ **Rückreaktion** back reaction, reverse reaction

➤ **selbsttragende Reaktion** self-propagating reaction

➤ **sequentielle Reaktion/ Kettenreaktion** sequential reaction, chain reaction

➤ **Substitutionsreaktion** substitution reaction

➤ **Teilreaktion** partial reaction; (electrode potentials:) half-reaction

➤ **Verbrennungsreaktion** combustion reaction

➤ **Verdrängungsreaktion** *biochem* displacement reaction

➤ **Zerfallsreaktion/ Zersetzungsreaktion** decomposition reaction

> **Zweisubstratreaktion/**
  Bisubstratreaktion bisubstrate
  reaction
> **Zwischenreaktion** intermediate
  reaction

Reaktion von A und B ergibt...
  gives, yields, forms, affords, results
  in, produces, provides, furnishes,
  fashions

Reaktionsfolge reaction sequence,
  reaction pathway

reaktionsfreudig highly reactive

Reaktionsfreudigkeit reactivity

Reaktionsgefäß reaction vessel,
  reaction vial

> **Mikroreaktionsgefäß**
  (Eppendorf-Reaktionsgefäß/
  Eppendorf-Röhrchen/Eppi)
  microtube, microreaction
  vial, microreaction tube,
  microcentrifuge tube,
  microcentrifuge vial, microfuge
  tube, Eppendorf tube

Reaktionsgeschwindigkeit/
  Reaktionsrate reaction velocity,
  reaction rate

Reaktionsgleichung
  chemical equation

Reaktionskette reaction pathway

Reaktionskinetik reaction kinetics

Reaktionsnorm norm of reaction

Reaktionsschritt reaction step

Reaktionsverlauf course of a
  reaction; (im R.) during/in the
  course of the reaction

Reaktionswärme/Wärmetönung
  heat of reaction

Reaktionsweg reaction pathway

Reaktionszwischenprodukt reaction
  intermediate

Reaktivfarbstoff reactive dye

Reaktor/Bioreaktor *biot* reactor,
  bioreactor

> **Abstromreaktor** downflow reactor
> **Airliftreaktor/**
  pneumatischer Reaktor
  airlift reactor, pneumatic reactor
> **Blasensäulen-Reaktor**
  bubble column reactor
> **Druckumlaufreaktor**
  pressure cycle reactor
> **Durchflussreaktor** flow reactor
> **Düsenumlaufreaktor/**
  Umlaufdüsen-Reaktor nozzle loop
  reactor, circulating nozzle reactor
> **Fedbatch-Reaktor/Fed-Batch-**
  Reaktor/Zulaufreaktor
  fedbatch reactor, fed-batch reactor
> **Festbettreaktor** fixed bed reactor,
  solid bed reactor
> **Festphasenreaktor** solid phase
  reactor
> **Filmreaktor** film reactor
> **Fließbettreaktor/**
  Wirbelschichtreaktor/
  Wirbelbettreaktor fluidized bed
  reactor, moving bed reactor
> **Füllkörperreaktor/Packbettreaktor**
  packed bed reactor
> **Gärtassenreaktor** tray reactor
> **Kugelbettreaktor** bead-bed reactor
> **Lochbodenkaskadenreaktor/**
  Siebbodenkaskadenreaktor
  sieve plate reactor
> **Mammutpumpenreaktor/**
  Airliftreaktor airlift reactor
> **Mammutschlaufenreaktor**
  airlift loop reactor
> **Membranreaktor** membrane reactor
> **Packbettreaktor/Füllkörperreaktor**
  packed bed reactor
> **Pfropfenströmungsreaktor/**
  Kolbenströmungsreaktor
  plug-flow reactor
> **Rohrschlaufenreaktor**
  tubular loop reactor

> **Rührkammerreaktor** fermentation chamber reactor, compartment reactor, cascade reactor, stirred tray reactor
> **Rührkaskadenreaktor** stirred cascade reactor
> **Rührkesselreaktor** stirred-tank reactor
> **Rührschlaufenreaktor/ Umwurfreaktor** stirred loop reactor
> **Säulenreaktor/Turmreaktor** column reactor
> **Schlaufenradreaktor** paddle wheel reactor
> **Schlaufenreaktor/Umlaufreaktor** loop reactor
> **Siebbodenkaskadenreaktor/ Lochbodenkaskadenreaktor** sieve plate reactor
> **Strahlreaktor** jet reactor
> **Strahlschlaufenreaktor/ Strahl-Schlaufenreaktor** jet loop reactor
> **Tauchflächenreaktor** immersing surface reactor
> **Tauchkanalreaktor** immersed slot reactor
> **Tauchstrahlreaktor** plunging jet reactor, deep jet reactor, immersing jet reactor
> **Tropfkörperreaktor/ Rieselfilmreaktor** trickling filter reactor
> **Turmreaktor/Säulenreaktor** column reactor
> **Umlaufdüsen-Reaktor/ Düsenumlaufreaktor** nozzle loop reactor, circulating nozzle reactor
> **Umlaufreaktor/Umwälzreaktor/ Schlaufenreaktor** loop reactor, circulating reactor, recycle reactor
> **Umwurfreaktor/ Rührschlaufenreaktor** stirred loop reactor

> **Wirbelschichtreaktor/ Wirbelbettreaktor/Fließbettreaktor** fluidized bed reactor, moving bed reactor
> **Zulaufreaktor/Fedbatch-Reaktor/ Fed-Batch-Reaktor** fedbatch reactor, fed-batch reactor
Reassoziationskinetik reassociation kinetics
Rechen rake; grid, screen; (der Kläranlage) grate, bar screen
Rechenschieber slide rule
Rechnung (Warenrechnung)/Faktura bill, invoice
Rechnungsprüfung auditing
rechtsgängig right-handed
rechtshändig right-handed, dextral
Rechtsmedizin/Gerichtsmedizin/ Forensik/forensische Medizin forensics, forensic medicine
Redestillation/mehrfache Destillation repeated distillation, cohobation
redestillieren/umdestillieren (nochmal destillieren) redistill
Redoxpaar redox couple
Redoxpotenzial redox potential
Redoxreaktion redox reaction, reduction-oxidation reaction, oxidation-reduction reaction
Reduktion reduction
Reduktionsmittel reducing agent
Redundanz redundancy
Reduzenten *ecol* reducers
reduzieren reduce
Reduziernippel (mit Gewinde) reducing nipple, reducing adapter
Reduzierstück (Laborglas/Schlauch) reducer, reducing adapter, reduction adapter
Reduzierventil/Druckreduzierventil/ Druckminderventil/ Druckminderungsventil (für Gasflaschen) pressure-relief valve, gas regulator

reelles Bild *micros* real image
Referenzstamm *micb* reference strain
Reflexhammer percussion hammer, plexor, plessor, percussor
Refraktion/Brechung refraction
Refraktometer refractometer
Regel rule
Regeleinheit/Steuereinheit control unit
Regelgerät/Steuergerät control unit, control system
Regelglied control element, control unit
Regelgröße controlled variable, controlled condition, process variable
Regelkreis feedback system, feedback control system
regelmäßig regular
➢ **unregelmäßig** irregular
regeln/kontrollieren regulate, control
Regelspannung control voltage
Regelstrecke control system of a process
Regeltechnik/Regelungstechnik control technology
➢ **Mess~ und Regeltechnik** instrumentation and control
Regelung (Regulierung/Kontrolle) control, regulation; (Vereinbarung) arrangement
Regelungsprozess regulatory procedure
regenerieren regenerate
Regenmesser pluviometer, rain gauge
Regenwasser rainwater
Regler regulator; (Schalter/Knopf) control, adjustment knob/button
Regressionsanalyse *stat* regression analysis

regressiv/zurückbildend/zurückentwickelnd regressive
Regulierungsbehörde regulatory agency
Rehydratation/Rehydratisierung rehydration
Reibahle/Senker reamer, countersink
Reibe (Reibeisen) grater
Reibkraftmikroskopie friction force microscopy (FFM), lateral force microscopy (LFM)
Reibschale/Mörser (*siehe auch dort*) mortar
Reichweite (Strahlung) range
reif mature, ripe
➢ **unreif** unripe, immature
Reif/Raureif rime, hoarfrost, white frost
Reife maturity, ripeness
➢ **Unreife** immaturity, immatureness
Reifen *n* maturing, ripening
reifen *vb* mature, ripen
Reifung maturation
Reihe row; series
➢ **Alkoholreihe/aufsteigende Äthanolreihe** graded ethanol series
➢ **chaotrope Reihe** chaotropic series
➢ **eluotrope Reihe (Lösungsmittelreihe)** eluotropic series
➢ **Hofmeistersche Reihe/lyotrope Reihe** Hofmeister series, lyotropic series
➢ **mixotrope Reihe** mixotropic series
➢ **Transformationsreihe** transformation series
➢ **Versuchsreihe** experimental series
rein (pur) neat, pure; (sauber) clean; (ohne Zusatz) pure
rein darstellen isolate
Reinchemikalie pure chemical
Reindarstellung isolation

Reinheit (ohne Zusätze)
purity; pureness
Reinheitsgrade, chemische
purity grades, chemical grades
➢ **chemisch rein** chemically pure (CP);
laboratory (lab)
➢ **pro Analysis (pro analysi = p.a.)**
reagent, reagent-grade, analytical
reagent (AR), analytical grade
➢ **reinst (purissimum, puriss.)** pure
➢ **roh (crudum, crd.)** crude
➢ **technisch** technical
Reinigbarkeit cleanability
reinigen (säubern) cleanse, clean up,
tidy (up); (aufbereiten) clean, purify
Reiniger cleaner
Reinigung (Saubermachen) cleaning,
cleansing; (Dekontamination/
Dekontaminierung/Entseuchung)
decontamination; (Reindarstellung)
purification
➢ **Reinigung ohne Zerlegung von
Bauteilen** cleaning in place (CIP)
➢ **Trockenreinigung** dry cleaning; dry
cleaner
Reinigung vor Ort (an Ort und Stelle)
(automatische
Reinigungsvorrichtung)
cleaning-in-place (CIP)
Reinigungbad rinsing bath
**Reinigungskraft (Reinigungskräfte)/
Reinigungspersonal** cleaner(s),
cleaning personnel
Reinigungslösung cleaning solution;
(Detergens-Lösung) detergent
solution
Reinigungsmittel cleanser, cleaning
agent; (Detergens) detergent
Reinigungsmöglichkeit(en)
cleanability
Reinigungstuch (Papier) cleansing
tissue

Reinigungsverfahren (Aufreinigung)
purification procedure, purification
technique
Reinkultur pure culture, axenic
culture
Reinlichkeit cleanliness
Reinluftwerkbank clean bench
Reinraum/Reinstraum clean room,
cleanroom
Reinraumhandschuhe cleanroom
gloves
Reinraumwerkbank cleanroom
bench
reinst *lab/chem* highly pure
(superpure/ultrapure)
Reinstoff/Reinsubstanz
pure substance
Reinststoff extrapure substance
Reißnagel tack, thumb tack
Reißverschluss zipper
Reiz/Stimulus irritation, stimulus
➢ **Außenreiz** external stimulus
➢ **Lichtreiz** light stimulus
➢ **Schlüsselreiz/Auslösereiz**
key stimulus, sign stimulus (release
stimulus)
reizbar irritable
Reizbarkeit irritability
reizempfänglich irritable, excitable,
sensitive
reizen (anregen/stimulieren) excite,
stimulate; (irritieren) *med/physio/
chem* irritate
Reizgas irritant gas
Reizschwelle stimulus threshold
Reizumwandlung stimulus
transduction
Reizung/Stimulation irritation,
stimulation
Rekombinante (Zelle)
recombinant (cell)
rekombinieren recombine

rekonstituieren reconstitute
Rekonstitution reconstitution
Rektifikation rectification
rekultivieren recultivate, replant
Relais *electr* relay
relaxiert/entspannt (Konformation)
  relaxed
Reliefkontrast *micros* relief contrast
renaturieren renature
Renaturierung renaturation,
  renaturing; *gen* (Annealing/
  Reannealing) annealing,
  reannealing, reassociation (of DNA)
Reparatur repair, restoration
reparieren repair, fix, mend, restore
Repellens (*pl* Repellenzien) repellent
Replikaplattierung replica-plating
reprimieren/unterdrücken/hemmen
  gen/med/tech repress, control,
  suppress, subdue
Reprimierung/Unterdrückung/
  Hemmung repression, control,
  suppression
Reproduzierbarkeit reproducibility
reproduzieren reproduce
Reservestoff reserve material,
  storage material, food reserve
resistent resistant
Resistenz resistance
Resonanz-Ionisations-
  Massenspektrometrie (RIMS)
  resonance ionization mass
  spectrometry
resonanzverstärkte
  Multiphotonenionisation
  resonance-enhanced multiphoton
  ionization (REMPI)
resorbieren resorb
Resorption resorption
Ressource/Rohstoffquelle resource
Rest rest, residue; (Rückstand)
  residue

➢ **unveränderter Rest/invarianter Rest**
  math invariant residue
➢ **variabler Rest** *math* variable residue
Restfeuchte residual dampness,
  (H_2O) residual humidity
restituieren/wiederherstellen
  restitute
Restitution/Wiederherstellung
  restitution
Restriktionsenzym
  restriction enzyme
Reststoff nonreuseable substance
Restwärme residual heat
Retardpräparat/Depotpräparat
  depot drug, sustained-release drug,
  controlled-release drug
Retention hold-up, retention
Retentionsfaktor *chromat* retention
  factor
Retentionszeit/Verweildauer/
  Aufenthaltszeit retention time
Retinal retinal, retinene
Retinsäure retinic acid
Retorte retort
Rettung rescue, help
Rettungsdienst rescue service,
  lifesaving service
Rettungshubschrauber rescue
  helicopter
Rettungswagen/Sanitätswagen
  ambulance
reversibel/umkehrbar reversible
Reversibilität/Umkehrbarkeit
  reversibility
Reversion/Umkehrung reversion
Reversosmose/Umkehrosmose
  reverse osmosis
Reversphase/Umkehrphase reversed
  phase
Revertase/Umkehrtranskriptase/
  reverse Transkriptase reverse
  transcriptase

Revolver/Objektivrevolver
micros nosepiece, nosepiece turret
Revolverlochzange revolving punch
pliers
rezent/gegenwärtig/heute lebend
recent, contemporary, extant
Rezeptor/Empfänger receptor
Rezeptor-Ausdünnungsregulation
receptor-down regulation
Rezeptur *pharm* formula
Reziprokschüttler reciprocating
shaker
Rheometer rheometer
> **Couette-Rheometer**
Couette rheometer
> **Spaltrheometer** slit rheometer
Rheometrie rheometry
Rheopexie rheopexy
**Ribonucleinsäure/Ribonukleinsäure
(RNA/RNS)** ribonucleic acid (RNA)
Ribosonde/RNA-Sonde riboprobe
Richtigkeit *stat* (Genauigkeit)
correctness, exactness, accuracy;
(Qualitätskontrolle) trueness
Richtlinie(n) guideline(s); rules
of conduct, EU *jur:* Directive(s);
instructions, directions, regulations,
rules, policy, standards
> **allgemeine Richtlinie** general policy
> **einheitliche Richtlinie** uniform rules/
standards
> **internationale Richtlinie**
international standards
Richtwert (Näherungszahl)
approximate value; (Richtzahl)
index number, index figure, guiding
figure
riechbar smellable, perceptible to
one's sense of smell
riechen smell
Riechschwelle/Geruchsschwellenwert
odor threshold, olfactory threshold
Riechstoffe fragrances

**Riegel/Verriegelung
(elektr. Sicherung)** interlock, fail
safe circuit
Rieselfelder (Abwasser-Kläranlage)
sewage fields, sewage farm
Rieselfilm falling liquid film
Rieselfilmreaktor/Tropfkörperreaktor
trickling filter reactor
rieseln trickle
**Riffelung/Riefen
(z. B. Schlauchverbinder)** flutings
(e.g., tube connections)
Ringbildung/Catenation catenation
Ringblende *micros* disk diaphragm
(annular aperture)
Ringerlösung/Ringer-Lösung Ringer's
solution
Ringform *chem* ring form, ring
conformation
Ringformel
ring formula
ringförmig/cyclisch (zyklisch)
annular, cyclic
Ringkabelschuh cable lug, terminal
Ringmarke (Laborglas etc.)
graduation
Ringschluss *chem* (Ringbildung) ring
closure, ring formation, cyclization;
(Zirkularisierung) circularization
Ringschlüssel box wrench, box/ring
spanner (*Br*)
Ringspaltung *chem* ring cleavage
Ringstruktur ring structure
**Rippenglas/geripptes Glas/geriffeltes
Glas** ribbed glass
Risiko (*pl* Risiken)/Gefahr
risk, danger; hazard
> **Berufsrisiko** occupational hazard
> **Brandrisiko** fire hazard
> **Gesundheitsrisiko** health hazard
> **Kontaktrisiko (Gefahr bei Berühren)**
contact hazard
> **Krebsrisiko** cancer risk

> **Sicherheitsrisiko** safety risk, safety hazard
> **Wiederholungsrisiko** recurrence risk

Risikoabschätzung risk assessment

Risikostoffe substances posing a potential risk

Riss/Fissur/Furche/Einschnitt fissure; (Spalte) crevice

> **Sternriss (im Glas)** star-crack

RNA/RNS (Ribonucleinsäure/ Ribonukleinsäure) RNA (ribonucleic acid)

roh raw, crude

Rohabwasser raw sewage

Rohdichte bulk density, apparent density, gross density

Rohextrakt crude extract

Rohmaterial/Rohstoff raw material

Rohöl crude oil, petroleum

Rohprodukt (unaufgereinigt) crude product

Rohr/Röhre pipe, tube; (Rohre/ Rohrleitungen) pipes, plumbing

Röhrchen vial, tube

> **Gärröhrchen/Einhorn-Kölbchen** fermentation tube

> **Glasröhrchen** glass tube, glass tubing (Glasrohre)

> **Kryoröhrchen** cryovial, cryogenic vial, cryotube

> **Kulturröhrchen** culture tube

> **Siederöhrchen** ebullition tube

> **Trockenröhrchen** drying tube

> **Zentrifugenröhrchen** centrifuge tube

> **Zündröhrchen/Glühröhrchen** ignition tube

Rohre/Rohrleitungen pipes, plumbing

Rohrleitung conduit, pipe, duct, tube; (Rohrleitungen in einem Gebäude) plumbing

Rohrleitungssystem (Lüftung) ductwork, airduct system; (Wasser) plumbing system

Rohrofen tube furnace

Rohrrosette pipe rosette

Rohrschelle pipe clamp, pipe clip

Rohrverbinder/Rohrverbindung(en) pipe fitting(s), fittings

Rohrzange pipe wrench (rib-lock pliers/adjustable-joint pliers/ tongue-and-groove pliers)

Rohrzucker/Rübenzucker/ Saccharose/Sukrose/Sucrose cane sugar, beet sugar, table sugar, sucrose

Rohschlamm raw sludge

Rohsprit/Rohspiritus crude/raw alcohol, raw spirit

Rohstoff raw material, resource

> **erneuerbare Rohstoffe** renewable resources

> **nachwachsende Rohstoffe** regenerating resources, replenishable resources

> **natürliche Rohstoffe** natural resources

> **nichterneuerbare Rohstoffe** nonrenewable resources

Rohstoffquelle/Ressource resource

Rohzucker raw sugar, crude sugar (unrefined sugar)

rollen roll

Rollen (zum Schieben: Laborwagen etc.) casters, castors

> **Lenkrollen/Schwenkrollen/ Schwenklaufrollen** swivel casters

Rollerflasche roller bottle

Rollerflaschenkultur roller tube culture

Rollfüße/Laufrollen/Rollen (Wagen) casters, castors

Rollgabelschlüssel/‚Engländer' adjustable wrench

Rollhocker/‚Elefantenfuß' (runder Trittschemel mit Rollen) rolling stool, (rolling) step-stool

Rollrand (Glas: Ampullen etc.) beaded rim

Rollrandgläschen/Rollrandflasche (mit Bördelkappenverschluss) crimp-seal vial; *allg* beaded rim bottle

➤ **Bördelkappe** crimp seal

➤ **Verschließzange für Bördelkappen** cap crimper

Rollstuhl wheelchair

rollstuhlgerecht wheelchair accessible

Röntgenabsorptionsspektroskopie X-ray absorption spectroscopy

Röntgenbeugung X-ray diffraction

Röntgenbeugungsdiagramm/ Röntgenbeugungsaufnahme/ Röntgendiagramm X-ray diffraction pattern

Röntgenbeugungsmethode X-ray diffraction method

Röntgenbeugungsmuster X-ray diffraction pattern

Röntgenemissionsspektroskopie X-ray emission spectroscopy

Röntgenfluoreszenzspektroskopie (RFS) X-ray fluorescence spectroscopy (XFS)

Röntgenkleinwinkelstreuung/ Kleinwinkel-Röntgenstreuung small-angle X-ray scattering (SAXS)

Röntgenkristallographie X-ray crystallography

Röntgenmikroskopie X-ray microscopy

Röntgenstrahl X-ray

Röntgenstrahl-Mikroanalyse X-ray microanalysis

Röntgenstrukturanalyse X-ray structural analysis, X-ray structure analysis

Röntgenweitwinkelstreuung/ Weitwinkel-Röntgenstreuung (WWR) wide-angle X-ray scattering (WAXS)

Rost rust

rösten/rötten (Flachsrösten) retting

Rostentferner/Rostlöser/ Rostentfernungsmittel/ Entrostungsmittel rust remover, rust-removing agent

Röstofen roasting furnace, roaster

Rostschutzmittel rust inhibitor, antirust agent, anticorrosive agent

Rotationsbewegung rotational motion

Rotationsmikrotom rotary microtome

Rotationssinn/Drehsinn rotational sense, sense of rotation

Rotationsverdampfer rotary evaporator, 'rotavap', 'rotovap', 'rovap' (*Br* rotary film evaporator)

Rote Liste Red Data Book

rotglühend red-hot, red-glowing

Rotor rotor

➤ **Ausschwingrotor** *centrif* swing-out rotor, swinging-bucket rotor, swing-bucket rotor

➤ **Festwinkelrotor** *centrif* fixed-angle rotor

➤ **NVT-Rotor** *centrif* near-vertical rotor

➤ **Trommelrotor** *centrif* drum rotor, drum-type rotor

➤ **Vertikalrotor** *centrif* vertical rotor

➤ **Winkelrotor** *centrif* angle rotor, angle head rotor

rötten/rösten (Flachsrösten) retting

Rübenzucker/Rohrzucker/Sukrose/ Sucrose beet sugar, cane sugar, table sugar, sucrose

rückbilden degenerate, regress
Rückbildung degeneration,
  regression
Rückextraktion/Strippen back
  extraction, back-extraction,
  stripping
Rückfluss reflux; (Druckströmung/
  Druckrückströmung) pressure flow,
  pressure back flow, back flow
Rückflusskühler reflux condenser
Rückflusssperre/Rücklaufsperre/
  Rückstauventil backflow
  prevention, backstop (valve)
Rückführbarkeit/Rückverfolgbarkeit
  traceability
rückgebildet/abortiv/rudimentär/
  verkümmert abortive
Rückgewinnung recovery,
  reclamation
Rückhaltevermögen
  retainment capacity, retainability,
  retention efficiency
Rückkopplung feedback
➢ **Rückkopplungshemmung/**
  Endprodukthemmung/negative
  Rückkopplung feedback inhibition,
  end-product inhibition
Rückkopplungsschleife feedback
  loop
Rückkreuzung backcrossing,
  backcross
Rücklauf/Rückfluss/Reflux reflux
Rücklaufschlamm/Belebtschlamm
  activated sludge
Rücklaufsperre backstop
Rückmischen/Rückmischung/
  Rückvermischung backmixing
Rückreaktion back reaction, reverse
  reaction
Rückschlagschutz bump tube
Rückschlagventil backstop valve,
  check valve
rückseitig/dorsal dorsal

Rücksendung (einer Ware) return
Rückspülen/Rückspülung
  chromat backflushing
Rückstand residue; (abgesetzte
  Teilchen) bottoms, heel
Rückstauschutz backdraft preventer/
  protection
Rückstoß recoil (return motion)
Rückstoßstrahlung recoil radiation
Rückstrahlvermögen/Albedo albedo
Rückstreuung backscatter
Rückströmsperre backstop, backflow
  preventer/protection
Rücktitration back titration
Rückverfolgbarkeit trackability
Rudiment rudiment (*sensu lato*:
  vestige)
rudimentär rudimentary (*sensu lato*:
  vestigial); (abortiv/rückgebildet/
  verkümmert) abortive
ruhen rest, lie dormant
ruhend resting, quiescent, dormant
Rührbehälter/Rührkessel agitator
  vessel
rühren stir, agitate; (umrühren) stir;
  (umwirbeln) swirl
Rühren stirring, agitation;
  (Umwirbeln) swirling
➢ **stetiges Rühren** continuous stirring
Rührer/Rührwerk stirrer, impeller,
  agitator
➢ **Ankerrührer** anchor impeller
➢ **Axialrührer mit profilierten Blättern**
  profiled axial flow impeller
➢ **Blattrührer** blade impeller,
  flat-blade paddle impeller
➢ **exzentrisch angeordneter Rührer**
  off-center impeller
➢ **Gitterrührer** gate impeller
➢ **Hohlrührer** hollow stirrer
➢ **KPG-Rührer**
  (kalibriertes Präzisions-Glas)
  calibrated precision glass stirrer

➤ **Kreuzbalkenrührer** crossbeam impeller
➤ **Kreuzblattrührer** four flat-blade paddle impeller
➤ **Magnetrührer** magnetic stirrer
➤ **Mehrstufen-Impuls-Gegenstrom (MIG) Rührer** multistage impulse countercurrent impeller
➤ **Propellerrührer** propeller impeller
➤ **Rotor-Stator-Rührsystem** rotor-stator impeller, Rushton-turbine impeller
➤ **Schaufelrührer/Paddelrührer** paddle stirrer, paddle impeller
➤ **Scheibenrührer/Impellerrührer** flat-blade impeller
➤ **Scheibenturbinenrührer** disk turbine impeller
➤ **Schneckenrührer** screw impeller
➤ **Schrägblattrührer** pitched blade impeller, pitched-blade fan impeller, pitched-blade paddle impeller, inclined paddle impeller
➤ **Schraubenrührer** marine screw impeller
➤ **Schraubenspindelrührer** pitch screw impeller
➤ **Schraubenspindelrührer mit unterschiedlicher Steigung** variable pitch screw impeller
➤ **selbstansaugender Rührer mit Hohlwelle** self-inducting impeller with hollow impeller shaft
➤ **Stator-Rotor-Rührsystem** stator-rotor impeller, Rushton-turbine impeller
➤ **Turbinenrührer** turbine impeller
➤ **Wendelrührer** helical ribbon impeller
➤ **zweistufiger Rührer** two-stage impeller
Rührerblatt stirrer blade

Rührerlager (Rührwelle) stirrer bearing
Rührerschaft/Rührerwelle stirrer shaft
Rührerwelle impeller shaft
Rührfisch/‚Fisch'/Rührstab/ Rührstäbchen/Magnetrührstab/ Magnetrührstäbchen stirring bar, stir bar, 'flea'
Rührgerät/Mixer stirrer, mixer
Rührhülse stirrer gland
Rührkessel/Rührbehälter agitator vessel
Rührkesselreaktor stirred tank reactor (STR)
Rührstab (Glasstab) stirring rod
Rührstab/Rührstäbchen/ Magnetrührstab/ Magnetrührstäbchen/Rührfisch/ ‚Fisch' stirring bar, stirrer bar, stir bar, 'flea'
Rührstabentferner/ Magnetrührstabentferner stirring bar extractor/retriever, 'flea' extractor
Rührverschluss stirrer seal
Rührwelle stirrer shaft
Rührwerk impeller
Rumpfelektron inner electron, inner-shell electron
Rundfilter round filter, filter paper disk, 'circles'
Rundkolben/Siedegefäß round-bottomed flask, round-bottom flask, boiling flask with round bottom
Rundlochplatte dot blot, spot blot
Rundschüttler/Kreisschüttler circular shaker, orbital shaker, rotary shaker
Ruß soot; black
rußend/rußig smoking, forming soot, sooty

rutschen skid
➤ **nicht-rutschend/Antirutsch ...**
(Gerät auf Unterlage) nonskid,
skid-proof
rutschfest/rutschsicher slip resistant;
nonskid, skid-proof, antiskid
rutschig slippery
Rüttelbewegung (schnell hin und
her/rauf-runter) rocking motion
(side-to-side/up-down)
rütteln shake, vibrate
Rüttelsieb shaking screen
Rüttler vibrator

S

S-Sätze (Sicherheitsratschläge >
Sicherheitshinweise GHS)
S phrases (safety phrases >
precautionary statements)
Säbelkolben/Sichelkolben saber
flask, sickle flask, sausage flask
Saccharimeter saccharimeter
Saccharose/Sucrose
(Rübenzucker/Rohrzucker)
sucrose (beet sugar/cane sugar)
Sachkundiger expert, authority
Sachverständigengutachten/
Expertise expertise, expert opinion
Sachverständiger expert, specialist,
authority
Sackkammer/Sackraum
(Staubabscheider) baghouse
(fabric filter dust collector)
Sackkarre hand cart, dolly, barrow
(*Br* trolley)
Säen/Aussäen/Aussaat
sowing, seed sowing
säen/aussäen/einsäen sow
saftig juicy
Säge saw
➤ **Bandsäge** band saw
➤ **Bügelsäge** bow saw
➤ **Feinsäge** dovetail saw, razor saw

➤ **Gehrungssäge** miter-box saw,
miter saw
➤ **Handsäge** handsaw
➤ **Handstichsäge** jab saw, pad saw,
keyhole saw
➤ **Kettensäge** chain saw
➤ **Kreissäge** circular saw
➤ **Laubsäge (Blatt <2 mm)/**
Dekupiersäge (Blatt >2 mm) coping
saw, scroll saw, jigsaw, fretsaw
➤ **Metallbogensäge/**
Metallsägebogen/Metallsäge
hacksaw
➤ **Metallsäge** metal-cutting saw
➤ **Rückensäge** tenon saw, backsaw
➤ **Gestellsäge** frame saw
➤ **Stichsäge** jig saw
➤ **Tischsäge** table saw
Sägeblatt saw blade
Sägemehl sawdust
Sagittalebene (parallel zur Mittellinie)
median longitudinal plane
Sagittalschnitt sagittal section,
median longisection
Salbe ointment
Salbengrundlage ointment base
Salbentopf/Medikamententopf
(Apotheke) gallipot
Salicylsäure (Salicylat) salicic acid
(salicylate)
Salinität/Salzgehalt salinity,
saltiness
➤ **praktische Salinitätseinheit/**
Salinität practical salinity unit (PSU)
Salmiak/Ammoniumchlorid
ammonium chloride (sal ammoniac,
salmiac)
Salmiakgeist/Ammoniumhydroxid
(Ammoniaklösung) ammonium
hydroxide, ammonia water
(ammonia solution)
Salpetersäure nitric acid
salpetrige Säure nitrous acid
Salve *neuro* burst

Salz salt
> **Bittersalz/Magnesiumsulfat** Epsom salts, epsomite, magnesium sulfate
> **Blutlaugensalz/ Kaliumhexacyanoferrat** prussiat
> **Doppelsalz** double salt
> **Gallensalze** bile salts
> **Glaubersalz/Glauber-Salz (Natriumsulfathydrat)** Glauber salt (crystalline sodium sulfate decahydrate)
> **Hirschhornsalz/Ammoniumcarbonat** hartshorn salt, ammonium carbonate
> **Iodsalz** iodized salt
> **Kochsalz (NaCl)** table salt, common salt
> **Komplexsalz** complex salt
> **Meersalz** sea salt
> **Mohrsches Salz** Mohr's salt, ammonium iron(II) sulfate hexahydrate (ferrous ammonium sulfate)
> **Nährsalz** nutrient salt
> **Steinsalz (Halit)/Kochsalz/Tafelsalz/ Natrium chlorid (NaCl)** rock salt (halite), common salt, table salt, sodium chloride

Salzbrücke (Ionenpaar) salt bridge (ion pair)
salzen salt
Salzgehalt/Salzigkeit salinity, saltiness
salzig salty, saline
Salzigkeit saltiness; (Geschmack) salty taste
Salzlake/Salzlauge brine; pickle (nutritional)
Salzperlen salt beads
Salzschmelze molten salt, salt melt
Salzsole salt brine, brine solution
Salzwasser saltwater
Samenbank seed repository

Sammelbegriff/Sammelname generic name
Sammelbehälter/Sammelgefäß storage container; sump
Sammelgel *electrophor* stacking gel
Sammelglas (Behälter) specimen jar
Sammellinse *micros* collecting lens, focusing lens
> **parallel-richtende Sammellinse** collimating lens
sammeln collect, put/come/bring together
Sammlung/Kollektion collection
Sandfang (Kläranlage) grit chamber
Sandstrahlgebläse sandblasting apparatus
Sandstrahlreinigung sandblasting
sanitäre Einrichtungen sanitary facilities/installations
Sanitärzubehör sanitary supplies/ equipment, plumbing supplies/ equipment
Sanitäter first-aid attendant, nurse
Sanitätsbedarf medical supplies
Sanitätsdienst medical service
Sanitätskasten first-aid kit
Sanitätspersonal medical personnel
Sanitätswagen/Rettungswagen ambulance
Saprobien (Organismen) saprobes, saprobionts
saprogen/fäulniserregend saprogenic
satt/gesättigt full, having eaten enough, saturated
Sattdampf/gesättigter Dampf saturated steam
sättigen (gesättigt) saturate (saturated)
Sättigung saturation
> **ungesättigter Zustand** unsaturation
Sättigungsbereich/Sättigungszone range of saturation, zone of saturation

Sättigungshybridisierung saturation
   hybridization
Sättigungskinetik saturation kinetics
Sättigungsverlust/Sättigungsdefizit
   saturation deficit
Satz/Garnitur set
Satzkultur/diskontinuierliche Kultur/
   Batch-Kultur batch culture
Satzverfahren batch process
säubern
   clean, cleanse, tidy up; mop up
Säuberungsaktion cleanup
sauer/azid acid, acidic
➢ **essigsauer** acetic
säuerlich acidic
Sauerstoff (O) oxygen
➢ **flüssiger Sauerstoff** liquid oxygen
➢ **Luftsauerstoff** atmospheric oxygen
Sauerstoffbedarf oxygen demand
➢ **biologischer Sauerstoffbedarf (BSB)**
   biological oxygen demand (BOD)
➢ **chemischer Sauerstoffbedarf (CSB)**
   chemical oxygen demand (COD)
sauerstoffbedürftig/aerob aerobic
sauerstofffrei oxygen-free
Sauerstoffpartialdruck oxygen partial
   pressure
Sauerstoffschuld/Sauerstoffverlust/
   Sauerstoffdefizit oxygen debt
Sauerstofftransferrate oxygen
   transfer rate (OTR)
Sauerstoffverlust/Sauerstoffschuld/
   Sauerstoffdefizit oxygen debt
Sauerstoffversorgung oxygen supply
Säuerung acidification
Säuerungsmittel acidifier, acidulant
Saugball/Pipettierball/
   Pipettierbällchen pipet bulb,
   rubber bulb
saugen *allg* suck; (aufsaugen)
   absorb, take up, soak up
➢ **absaugen (Flüssigkeit)** draw off,
   suction off, siphon off, evacuate

➢ **aufsaugen** absorb, take up, soak up
➢ **einsaugen** suck in, draw in
➢ **trockensaugen** suck dry
➢ **vollsaugen** become saturated,
   completely soaked
saugfähig absorbent
Saugfähigkeit absorbency
Saugfiltration suction filtration
Saugflasche/Filtrierflasche suction
   flask, filter flask, filtering flask,
   vacuum flask, aspirator bottle
Saugfüßchen suction-cup feet
Saugheber siphon
Saugkissen (zum Aufsaugen von
   verschütteten Chemikalien) spill
   containment pillow
Saugkolbenpipette piston-type pipet
Saugkraft suction force
Saugluftabzug
   forced-draft hood
Saugnapf/Saugscheibe
   suction disk
Saugpapier (Löschpapier)
   absorbent paper, bibulous paper
   (for blotting dry)
Saugpipette suction pipet (patch
   pipet)
Saugpumpe/Vakuumpumpe
   aspirator pump, vacuum pump
Saugspannung suction tennsion;
   (Boden) soil-moisture tension
Saugventil suction valve
Säule pillar, column; (des
   Mikroskops) pillar; *dest* (Kolonne)
   column
➢ **Bodensäule/Bodenkolonne** plate
   column, tray column
➢ **Glockenbodensäule** bubble-plate
   column, bubble-tray column
➢ **Rieselsäule/Rieselkolonne** spray
   column (spray tower)
Säulenchromatographie column
   chromatography

> **Normaldruck-Säulenchromatographie** gravity column chromatography

Säulenelektrophorese column electrophoresis

Säulenfüllung/Säulenpackung *chromat* column packing

Säulenreaktor/Turmreaktor column reactor

Säulenwirkungsgrad *chromat* column efficiency

Saum/Rand seam, border, edge, fringe

Säure acid

> **Abietinsäure** abietic acid

> **Acetessigsäure (Acetacetat)/ 3-Oxobuttersäure** acetoacetic acid (acetoacetate), acetylacetic acid, diacetic acid

> ***N*-Acetylmuraminsäure** *N*-acetylmuramic acid

> **Aconitsäure (Aconitat)** aconitic acid (aconitate)

> **Adenylsäure (Adenylat)** adenylic acid (adenylate)

> **Adipinsäure (Adipat)** adipic acid (adipate)

> **Akkusäure/Akkumulatorsäure** accumulator acid, storage battery acid (electrolyte)

> **,aktivierte Essigsäure'/Acetyl-CoA** acetyl CoA, acetyl coenzyme A

> **Alginsäure (Alginat)** alginic acid (alginate)

> **Allantoinsäure** allantoic acid

> **Ameisensäure (Format)** formic acid (formate)

> **Aminosäure** amino acid

> **Anthranilsäure/ 2-Aminobenzoesäure** anthranilic acid, 2-aminobenzoic acid

> **Äpfelsäure (Malat)** malic acid (malate)

> **Arachidonsäure** arachidonic acid, icosatetraenoic acid

> **Arachinsäure/Arachidinsäure/ Eicosansäure** arachic acid, arachidic acid, icosanic acid

> **Ascorbinsäure (Ascorbat)** ascorbic acid (ascorbate)

> **Asparaginsäure (Aspartat)** asparagic acid, aspartic acid (aspartate)

> **Azelainsäure/Nonandisäure** azelaic acid, nonanedioic acid

> **Behensäure/Docosansäure** behenic acid, docosanoic acid

> **Benzoesäure (Benzoat)** benzoic acid (benzoate)

> **Bernsteinsäure (Succinat)** succinic acid (succinate)

> **Blausäure/Cyanwasserstoff** hydrogen cyanide, hydrocyanic acid, prussic acid

> **Borsäure (Borat)** boric acid (borate)

> **Brenztraubensäure (Pyruvat)** pyruvic acid (pyruvate)

> **Buttersäure/Butansäure (Butyrat)** butyric acid, butanoic acid (butyrate)

> **Caprinsäure/Decansäure (Caprinat/ Decanat)** capric acid, decanoic acid (caprate/decanoate)

> **Capronsäure/Hexansäure (Capronat/Hexanat)** caproic acid, capronic acid, hexanoic acid (caproate/hexanoate)

> **Caprylsäure/Octansäure (Caprylat/ Octanat)** caprylic acid, octanoic acid (caprylate/octanoate)

> **Carbonsäuren/Karbonsäuren (Carbonate/Karbonate)** carboxylic acids (carbonates)

> **Cerotinsäure/Hexacosansäure** cerotic acid, hexacosanoic acid

- **Chinasäure** chinic acid, kinic acid, quinic acid (quinate)
- **Chinolsäure** chinolic acid
- **chlorige Säure** $HClO_2$ chlorous acid
- **Chlorogensäure** chlorogenic acid
- **Chlorsäure** $HClO_3$ chloric acid
- **Cholsäure (Cholat)** cholic acid (cholate)
- **Chorisminsäure (Chorismat)** chorismic acid (chorismate)
- **Chromschwefelsäure** chromic-sulfuric acid mixture for cleaning purposes
- **Cinnamonsäure/Zimtsäure (Cinnamat)** cinnamic acid
- **Citronensäure/Zitronensäure (Citrat/Zitrat)** citric acid (citrate)
- **Crotonsäure/Transbutensäure** crotonic acid, α-butenic acid
- **Cysteinsäure** cysteic acid
- **einwertige/einprotonige Säure** monoprotic acid
- **Eisessig** glacial acetic acid
- **Ellagsäure** ellagic acid, gallogen
- **Erucasäure/Δ¹³-Docosensäure** erucic acid, (Z)-13-docosenoic acid
- **Essigsäure/Ethansäure (Acetat)** acetic acid, ethanoic acid (acetate)
- **Ferulasäure** ferulic acid
- **Fettsäure** (siehe auch dort) fatty acid
- **Flechtensäure** lichen acid
- **Fluoroschwefelsäure/ Fluorsulfonsäure** fluorosulfonic acid
- **Fluorwasserstoffsäure/Flusssäure** hydrofluoric acid, phthoric acid
- **Flusssäure/Fluorwasserstoffsäure** hydrofluoric acid, phthoric acid
- **Folsäure (Folat)/ Pteroylglutaminsäure** folic acid (folate), pteroylglutamic acid
- **Fumarsäure (Fumarat)** fumaric acid (fumarate)
- **Galakturonsäure** galacturonic acid
- **Gallussäure (Gallat)** gallic acid (gallate)
- **gamma-Aminobuttersäure** gamma-aminobutyric acid
- **Gelbbrennsäure/Scheidewasser (konz. Salpetersäure)** aquafortis (nitric acid used in metal etching)
- **Gentisinsäure/ 2,5-Dihydroxybenzoesäure (DHB)** gentisic acid
- **Geraniumsäure** geranic acid
- **Gerbsäure (Tannat)** tannic acid (tannate)
- **Gibberellinsäure** gibberellic acid
- **Glucarsäure/Zuckersäure** glucaric acid, saccharic acid
- **Gluconsäure (Gluconat)** gluconic acid (gluconate)
- **Glucuronsäure (Glukuronat)** glucuronic acid (glucuronate)
- **Glutaminsäure (Glutamat)/ 2-Aminoglutarsäure** glutamic acid (glutamate), 2-aminoglutaric acid
- **Glutarsäure (Glutarat)** glutaric acid (glutarate)
- **Glycyrrhetinsäure** glycyrrhetinic acid
- **Glykolsäure (Glykolat)** glycolic acid (glycolate)
- **Glyoxalsäure (Glyoxalat)** glyoxalic acid (glyoxalate)
- **Glyoxylsäure (Glyoxylat)** glyoxylic acid (glyoxylate)
- **Goldsäure** auric acid
- **Guanylsäure (Guanylat)** guanylic acid (guanylate)
- **Gulonsäure (Gulonat)** gulonic acid (gulonate)
- **Harnsäure (Urat)** uric acid (urate)
- **Homogentisinsäure** homogentisic acid
- **Huminsäure** humic acid

> **Hyaluronsäure** hyaluronic acid
> **Ibotensäure** ibotenic acid
> **Iminosäure** imino acid
> **Indolessigsäure (IES)** indolyl acetic acid, indoleacetic acid (IAA)
> **Iodwasserstoffsäure** hydroiodic acid, hydrogen iodide
> **Isovaleriansäure** isovaleric acid
> **Jasmonsäure** jasmonic acid
> **Kaffeesäure** caffeic acid
> **Ketosäure** keto acid
> **Kieselsäure** silicic acid
> **Kohlensäure (Karbonat/Carbonat)** carbonic acid (carbonate)
> **Kojisäure** kojic acid
> **Laktat (Milchsäure)** lactate (lactic acid)
> **Laurinsäure/Dodecansäure (Laurat/Dodecanat)** lauric acid, decylacetic acid, dodecanoic acid (laurate/dodecanate)
> **Lävulinsäure** levulinic acid
> **Lignocerinsäure/Tetracosansäure** lignoceric acid, tetracosanoic acid
> **Linolensäure** linolenic acid
> **Linolsäure** linolic acid, linoleic acid
> **Liponsäure/Thioctsäure (Liponat)** lipoic acid (lipoate), thioctic acid
> **Lipoteichonsäure** lipoteichoic acid
> **Litocholsäure** litocholic acid
> **Lötsäure** soldering acid
> **Lysergsäure** lysergic acid
> **Magensäure** stomach acid, gastric acid
> **Magische Säure** magic acid (HSO_3F/SbF_5)
> **Maleinsäure (Maleat)** maleic acid (maleate)
> **Malonsäure (Malonat)** malonic acid (malonate)
> **Mandelsäure/Phenylglykolsäure** mandelic acid, phenylglycolic acid, amygdalic acid

> **Mannuronsäure** mannuronic acid
> **Mevalonsäure (Mevalonat)** mevalonic acid (mevalonate)
> **Milchsäure (Laktat)** lactic acid (lactate)
> **Muraminsäure** muramic acid
> **Myristinsäure (Myristat)/ Tetradecansäure** myristic acid, tetradecanoic acid (myristate/ tetradecanate)
> **Nervonsäure/Δ^{15}-Tetracosensäure** nervonic acid, (Z)-15-tetracosenoic acid, selacholeic acid
> **Neuraminsäure** neuraminic acid
> **Nikotinsäure (Nikotinat)** nicotinic acid (nicotinate), niacin
> **Ölsäure/Δ^9-Octadecensäure (Oleat)** oleic acid (oleate), (Z)-9-octadecenoic acid
> **Orotsäure** orotic acid
> **Orsellinsäure** orsellic acid, orsellinic acid
> **Osmiumsäure** osmic acid
> **Oxalbernsteinsäure (Oxalsuccinat)** oxalosuccinic acid (oxalosuccinate)
> **Oxalsäure (Oxalat)** oxalic acid (oxalate)
> **Oxoglutarsäure (Oxoglutarat)** oxoglutaric acid (oxoglutarate)
> **Palmitinsäure/Hexadecansäure (Palmat/Hexadecanat)** palmitic acid, hexadecanoic acid (palmate/ hexadecanate)
> **Palmitoleinsäure/Δ^9-Hexadecensäure** palmitoleic acid, (Z)-9-hexadecenoic acid
> **Pantoinsäure** pantoic acid
> **Pantothensäure (Pantothenat)** pantothenic acid (pantothenate)
> **Pektinsäure (Pektat)** pectic acid (pectate)
> **Penicillansäure** penicillanic acid
> **Perameisensäure** performic acid

- **Perchlorsäure** perchloric acid
- **Phosphatidsäure** phosphatidic acid
- **phosphorige Säure** phosphorous acid
- **Phosphorsäure (Phosphat)** phosphoric acid (phosphate)
- **Phthalsäure** phthalic acid
- **Phytansäure** phytanic acid
- **Phytinsäure** phytic acid
- **Pikrinsäure (Pikrat)** picric acid (picrate)
- **Pimelinsäure** pimelic acid
- **Plasmensäure** plasmenic acid
- **Prephensäure (Prephenat)** prephenic acid (prephenate)
- **Propionsäure (Propionat)** propionic acid (propionate)
- **Prostansäure** prostanoic acid
- **Pyrethrinsäure** pyrethric acid
- **rauchend** fuming
- **Retinsäure** retinic acid
- **Salicylsäure (Salicylat)** salicic acid (salicylate)
- **Salpetersäure** nitric acid
- **Salpetrige Säure** nitrous acid
- **Salzsäure/Chlorwasserstoffsäure** hydrochloric acid
- **Schleimsäure/Mucinsäure** mucic acid
- **Schwefelsäure** sulfuric acid
- **Schweflige Säure/Schwefligsäure** sulfurous acid
- **Shikimisäure (Shikimat)** shikimic acid (shikimate)
- **Sialinsäure (Sialat)** sialic acid (sialate)
- **Sinapinsäure** sinapic acid
- **Sorbinsäure (Sorbat)** sorbic acid (sorbate)
- **Stearinsäure/Octadecansäure (Stearat/Octadecanat)** stearic acid, octadecanoic acid (stearate/octadecanate)

- **Suberinsäure/Korksäure/Octandisäure** suberic acid, octanedioic acid
- **Sulfanilsäure** sulfanilic acid, p-aminobenzenesulfonic acid
- **Supersäure** superacid
- **Teichonsäure** teichoic acid
- **Teichuronsäure** teichuronic acid
- **Uridylsäure** uridylic acid
- **Urocaninsäure (Urocaninat)/Imidazol-4-acrylsäure** urocanic acid (urocaninate)
- **Uronsäure (Urat)** uronic acid (urate)
- **Usninsäure** usnic acid
- **Valeriansäure/Pentansäure (Valeriat/Pentanat)** valeric acid, pentanoic acid (valeriate/pentanoate)
- **Vanillinsäure** vanillic acid
- **Weinsäure (Tartrat)** tartaric acid (tartrate)
- **Zimtsäure/Cinnamonsäure (Cinnamat)** cinnamic acid
- **Zitronensäure/Citronensäure (Zitrat/Citrat)** citric acid (citrate)
- **Zuckersäure/Aldarsäure (Glucarsäure)** saccharic acid, aldaric acid (glucaric acid)
- **zweiwertige/zweiprotonige Säure** diprotic acid

Säureamid acid amide
Säure-Basen-Gleichgewicht acid-base balance
Säure-Basen-Titration/Neutralisationstitration acid-base titration
Säurebehandlung acid treatment
säurebeständig acid-proof, acid-fast
säurebildend/säurehaltig acidic
Säurebildung acidification
Säureester acid ester
säurefest acid-fast
Säurefestigkeit acid-fastness

Säuregrad/Säuregehalt/Azidität acidity

Säurenkappenflasche acid bottle (with pennyhead stopper)

saurer Regen/Niederschlag acid rain, acid deposition

Säureschrank acid storage cabinet

Säureschutzhandschuhe acid gloves, acid-resistant gloves

Säurestärke acid strength

Säureverätzung acid burn

Scatchard-Diagramm Scatchard plot

schaben scrape

Schabepräparat *micros* scraping (mount)

Schaber scraper

Schablone *tech* template; (Zeichen-schablone für Formeln etc.) stencil

Schachtel box

Schaden damage, defect

schadhaft damaged, defective

Schädigung damage, defect

Schädigungskurve *ecol* damage response curve

Schadinsekt pest insect

schädlich harmful, causing damage, damaging

➤ unschädlich harmless, not harmful; inactive

Schädling(e)/Ungeziefer pest(s)

Schädlingsbefall pest infestation

Schädlingsbekämpfung/ Schädlingskontrolle pest control

➤ biologische Schädlingsbekämpfung biological pest control

➤ integrierte Schädlingsbekämpfung/ integrierter Pflanzenschutz integrated pest management (IPM)

Schädlingsbekämpfungsmittel/ Pestizid/Biozid pesticide, biocide

Schädlingsbekämpfungsmittel- resistenz/Pestizidresistenz pesticide resistance

Schadorganismus harmful organism, harmful lifeform

Schadsoftware/Schadprogramm/ Malware malware, malicious software

Schadstoff pollutant, harmful substance, contaminant

Schadstoffbelastung pollution level

Schaft (Griff) handle; (Welle) shaft

Schaftfräser end mill cutter

Schäkel shakle

Schale *allg* shell; husk, coat, cover; bowl, dish; (Flachbehälter) tray, pan

➤ Abdampfschale/Eindampfschale evaporating dish

➤ Fotoschale photographic dish

➤ Glühschälchen incineration dish

➤ Instrumentenschale instrument pan

➤ Kulturschale culture dish

➤ Laborschale laboratory/lab tray

➤ Mischschale mixing bowl

➤ Nierenschale kidney bowl

➤ Petrischale Petri dish

➤ Porzellanschale porcelain dish

➤ Präparierschale dissecting dish, dissecting pan

➤ Reibschale/Mörser mortar

➤ Trockenschale drying dish, drying pan

➤ Uhrglasschale/Uhrglas/Uhrenglas watch glass, clock glass

➤ Vielfachschale/Multischale *micb* multiwell plate

➤ Waagschale/Wägeschale scalepan, weigh tray, weighing tray, weighing dish

Schall (Geräusch) sound; (Widerhall) resonance, echo, reverberation

Schallwellen sound waves
Schaltanlage switchboard
Schalter switch
Schalthebel control lever; *electr* switch lever
Schaltkreis/Schaltsystem *neuro* circuit (neural circuit)
Schalttafel control panel, switchboard
Schamotte fireclay
scharf *micro/photo* in focus, sharp
➤ **unscharf** *micro/photo* not in focus, out of focus, blurred
scharfe Gegenstände (scharfkantig/spitz) sharps
Schärfe *micro/photo* sharpness, focus
➤ **Sehschärfe** visual acuity
➤ **Unschärfe** *micro/photo* blurredness, blur, obscurity, unsharpness
Scharfeinstellung focussing (focusing)
schärfen (Messer/Scheren) sharpen
Schärfentiefe/Tiefenschärfe depth of focus, depth of field
Schärfentiefeerweiterung (STE) deep focus fusion (DFF)
scharfkantig sharp-edged, sharp
Schärfstein/Schleifstein/Abziehstein (Wetzstein) whetstone, sharpening stone, hone
Scharfstellung/Akkommodation *opt* accommodation
Scharnier/Schloss/Schlossleiste hinge
Scharnierdeckel hinged lid
Schatten *allg* shade; (eines bestimmten Gegenstandes) shadow
schattieren shade
schätzen/annehmen estimate, assume
Schätzfehler *stat* error of estimation

Schätzung/Annahme estimate, estimation, assumption
Schätzverfahren *stat* method of estimation
Schätzwert estimate
Schaufel shovel; scoop
➤ **Kehrschaufel/Kehrblech** dustpan
➤ **Messschaufel** measuring scoop
➤ **Radschaufel** paddle, vane
➤ **Turbinenschaufel** blade, bucket
Schaufelmischer blade mixer
Schaufelrad/Laufrad paddle wheel, bucket wheel, blade wheel
Schaukasten/Vitrine showcase
Schaukelbewegung see-saw motion
Schaukelvektor/bifunktionaler Vektor shuttle vector, bifunctional vector
Schaum foam; froth (fein: auf Flüssigkeit); lather (Seifenschaum)
➤ **Bauschaum/Dämmschaum/Isolierschaum/Montageschaum** insulating foam sealant, expanding foam
➤ **Feuerlöschschaum** fire foam
➤ **Seifenschaum/Seifenwasser** suds
➤ **Schaumbrecher-Aufsatz/Spritzschutz-Aufsatz (Rückschlagsicherung)** *dest* antisplash adapter, splash-head adapter
Schaumdämpfer/Schaumdämpferverhütungsmittel antifoaming agent, defoamer, foam inhibitor; (Gerät) antifoam controller
schäumen foam; lather
Schäumer/Schaumbildner foamer, foaming agent
Schaumgummi foam rubber, plastic foam, foam
Schaumhemmer *chem/lab* antifoaming agent

Schaumlöscher foam fire extinguisher

Schaumstoff foamed plastic, plastic foam

Scheibe disk, disc (*Br*); (Platte) plate, saucer

> **Berstscheibe/Sprengscheibe/ Sprengring/Bruchplatte** bursting disk

> **Frontscheibe (Sicherheitswerkbank)** sash

> **Fensterscheibe/Glasscheibe** pane

> **Schutzscheibe/Schutzschirm** protective screen/shield, workshield

> **Sichtscheibe** viewing window

> **Unterlegscheibe** washer

> **Wählscheibe/Einstellscheibe** dial

scheibenförmig disk-shaped

Scheibenmühle plate mill

Scheibenversprüher disk atomizer

Scheide/Umhüllung sheath

scheiden/trennen/abtrennen separate

scheidenförmig sheathed

Scheidetrichter *lab* separatory funnel, sep funnel

Scheidewand/Septe/Septum dividing wall, cross-wall, partition, dissepiment, septum

Scheidewasser/Gelbbrennsäure (konz. Salpetersäure) aquafortis (nitric acid used in metal etching)

Scheidung/Trennung separation

Scheinwerfer floodlight

Scheitelpunkt apex, peak (highest among other high points), vertex, summit

Scheitelwert/Höchstwert/Maximum peak value, maximum (value)

Schelle/Klemme (*siehe auch dort*) clip, clamp, band clamp

> **Schneckengewindeschelle** worm-gear collar clamp

Schenkel *chem/biochem/immun* arm

Schere scissors

> **Blechschere** sheet-metal shears, plate shears

> **chirurgische Schere** surgical scissors

> **Drahtschere** wire shears, wire cutter

> **Drahtseilschere/Kabelschere** wire cable shears, cable shears

> **Federschere** spring scissors

> **Gefäßschere/Venenschere** vessel scissors, vein scissors

> **Irisschere/Listerschere** iris scissors

> **Ligaturschere** ligature scissors

> **Präparierschere** dissecting scissors

> **spitze Schere** sharp point scissors

> **stumpfe Schere** blunt point scissors

> **Verbandsschere** bandage scissors

scheren shear, cut, clip

Scherfestigkeit/Schubfestigkeit (Holz) shear strength, shearing strength

Schergefälle/Schergradient shear gradient

Scherkopf shear head, cutting head

Scherkraft shear force; shear stress (shear force per unit area)

Scherrate shear rate, rate of shear

Scherspannung shear stress (shear force per unit area)

Scheuerbürste (Schrubbbürste) scrubbing brush

Scheuermittel scouring agent, abrasive

scheuern scrub, scour; (reiben) rub

Schicht layer, story, stratum, sheet

Schichtenbildung stratification (act/process of stratifying)

Schichtung stratification (state of being stratified), layering

Schiebefenster/Frontschieber/ verschiebbare Sichtscheibe (Abzug/Werkbank) sash (> hood)

Schieberventil slide valve

schief oblique
Schiene *med* splint
Schießbaumwolle nitrocotton, guncotton (12.4–13% N); pyroxylin (11.2–12.4% N)
Schießofen Carius furnace, bomb furnace, bomb oven, tube furnace
Schießpulver gunpowder
Schießrohr/Bombenrohr/ Einschlussrohr bomb tube, Carius tube
Schießstoff/Schießmittel low explosive
Schild (Schutzschild) shield, screen (protective screen)
schillern opalesce
Schirm/Blende (Sichtblende) visor
schlachten slaughter, butcher
Schlachthof slaughterhouse
Schlacke *tech*/metall/*geol* cinders, slag, dross, scoria
schlaff (welk) limp
Schlag/Stromschlag shock, electric shock
Schlagbohrer percussion drill
schlagen/hauen beat, hit, strike
Schlamm/Aufschlämmung slurry
Schlangenkühler coil condenser, coil distillate condenser, coiled-tube condenser, spiral condenser
Schlauch tube, tubing; hose
➤ **Gartenschlauch** garden hose
➤ **Hochdruckschlauch** high-pressure tubing (mit größerem Durchmesser: hose)
Schlaucharmatur tubing fitting
Schlauchklemme/Quetschhahn tubing clamp, pinch clamp, pinchcock clamp; (Schlauchschelle: Installationen zur Schlauchbefestigung) hose clamp, hose connector clamp

Schlauchkupplung tubing connection, tube coupling
Schlauchpumpe tubing pump
Schlauch-Rohr-Verbindungsstück pipe-to-tubing adapter
Schlauchschelle tube clip, hose clip; (Abrutschsicherung/Befestigung an Verbindungsstück) hose/tubing bundle
Schlauchsperre (tube) compressor clamp
Schlauchtrommel hose reel
Schlauchtülle (z.B. am Gasreduzierventil) tubing/hose attachment socket, tubing/hose connection gland
Schlauchventil (Klemmventil) (tubing) pinch valve
Schlauchverbinder/ Schlauchverbindung(en) tubing connector (for connecting tubes), tube coupling, fittings
Schlauchverschlussklemme *dial* tubing closure
Schlauchwagen hose cart
Schlaufe *tech/gen/biochem* loop
Schlaufenradreaktor paddle wheel reactor
Schlaufenreaktor/Umlaufreaktor loop reactor, circulating reactor, recycle reactor
Schleifenkonformation/ Knäuelkonformation loop conformation, coil conformation
Schleifer/Schleifmaschine grinder, grinding machine
Schleifstein/Schärfstein/Abziehstein (Wetzstein) whetstone, sharpening stone, grindstone, honing stone, hone
Schleim mucus, slime, ooze; mucilage (speziell pflanzlich)

Schleimhautreizung irritation of the mucosa

schleimig slimy, mucilaginous, glutinous

Schleimsäure/Mucinsäure mucic acid

Schlempe dried distillers' solubles

Schleppdampfdestillation distillation by steam entrainment

Schleppgas *chromat* carrier gas

Schleppmittel (Gas/Flüssigkeit) *chromat* carrier; *dest* entrainer, separating agent

Schleuder *tech* spinner; (Zentrifuge) centrifuge

schleudern *tech* spin; (zentrifugieren) centrifuge

Schleuse sluice; lock

➤ **Materialschleuse** material lock

➤ **Personenschleuse** personnel lock

➤ **Luftschleuse** airlock

schleusen sluice, channel

Schliere streak, ream, striation

Schlierenbildung streak formation, streaking, striation

schlierenfrei free from streaks, free from reams

schlierig streaky, streaked

Schließfach locker

Schliff ground joint

➤ **festgebackener Schliff** jammed joint, stuck joint, caked joint, 'frozen' joint

➤ **Kegelschliff (N.S. = Normalschliff)** ground-glass joint, tapered ground joint (S.T. = standard taper)

➤ **Kugelschliff** spherical ground joint

➤ **Planschliff (glatte Enden)** flat-flange ground joint, flat-ground joint, plane-ground joint

Schliff-Fett/Schlifffett lubricant for ground joints

Schliffgerät ground-glass equipment

Schliffhülse (‚Futteral'/ Einsteckstutzen) socket, ground socket, ground-glass socket (female: ground-glass joint)

Schliffkern (Steckerteil) cone, ground cone, ground-glass cone (male: ground-glass joint)

Schliffklammer/Schliffklemme/ Kegelschliffklemme (Schliffsicherung)/Keck-Clip joint clip, ground-joint clip/clamp, Keck clip

Schliffkolben ground-jointed flask

Schliffkugel ball (male: spherical joint)

Schliffmanschette ground joint sleeve

Schliffpfanne socket (female: spherical joint)

Schliffstopfen ground-glass stopper, ground-in stopper, ground stopper

Schliffverbindung/ Glasschliffverbindung ground joint, ground-glass joint; (Kegelschliffverbindung) tapered joint

➤ **Manschette** sleeve, joint sleeve

schlimmster anzunehmender Fall worst-case scenario

Schlittenmikrotom sliding microtome

Schlitzlochplatte slot blot

Schloss (Verschluss) lock

Schloss-Schlüssel-Prinzip lock-and-key principle

Schlosserhammer fitter's hammer, locksmith's hammer

Schlosserhammer mit Kugelfinne ball pane hammer, ball peen hammer, ball pein hammer

Schlossschraube carriage bolt, coach bolt (round head/square neck)

Schlucken *n* swallowing

schlucken *vb* swallow
Schlüssel key; (Schraubenschlüssel/ Schraubschlüssel) wrench, spanner (*Br*)
➢ **Doppelmaulschlüssel/ Doppel-Maulschlüssel** double-sided wrench, double open ended jaw spanner, double open end jaw spanner
➢ **Drehmomentschlüssel** torque wrench
➢ **Gabelschlüssel/Maulschlüssel** open-end wrench
➢ **Inbusschlüssel** Allen wrench
➢ **Kreuzschlüssel** spider wrench
➢ **Ringschlüssel** ring spanner wrench, box wrench
➢ **Sechskant-Steckschlüssel** hex nutdriver
➢ **Sechskant-Stiftschlüssel** hex socket wrench
➢ **Steckschlüssel** nutdriver (wrench or screwdriver)
➢ **Stiftschlüssel** socket wrench (box spanner)
➢ **Zangenschlüssel** pliers wrench
Schlüssel-Schloss-Prinzip/ Schloss-Schlüssel-Prinzip lock-and-key principle
Schlussventil cutoff valve
Schmalz/Schweineschmalz/ Schweinefett lard
schmecken taste
schmelzbar fusible
Schmelzdraht *electr* fusible wire
Schmelze melt
Schmelzelektrolyse/ Schmelzflusselektrolyse molten-salt electrolysis
schmelzen/aufschmelzen *chem/gen* melt
schmelzflüssig fused, fusible, molten
Schmelzkurve *chem* melting curve

Schmelzling ingot (zone melting)
Schmelzmittel flux, fluxing agent
Schmelzofen melting furnace, smelting furnace
Schmelzorgan enamel organ
Schmelzplombe *electr* fusible plug
Schmelzpunkt *chem* melting point
Schmelzpunktbestimmung determination of the melting point, melting point determination
Schmelzpunktbestimmungsapparat nach Thiele Thiele tube
Schmelzpunktkapillare/ Schmelzpunkt-Kapillare melting-point capillary
Schmelztemperatur melting temperature
Schmelztiegel crucible
Schmelzwasser meltwater
Schmerz pain
Schmerzempfindlichkeit sensitivity to pain
schmerzen hurt, be painful
Schmerzgefühl pain sensation
schmerzhaft painful
Schmiege bevel
schmieren lubricate, grease, oil
Schmierfett/Schmiere grease, lubricating grease
➢ **Apiezonfett** apiezon grease
➢ **Silikon-Schmierfett** silicone grease
Schmierinfektion smear infection
Schmiermittel/Schmierstoff/ Schmiere lubricant
Schmieröl lubricating oil, lube oil
Schmierseife soft soap
Schmierung lubrication
Schmirgel emery
Schmirgelleinen emery cloth
Schmirgelpapier sandpaper, emery paper (*Br*)
Schmorpfanne/Kasserole stewpan
Schmutz/Dreck dirt, filth

schmutzig/dreckig dirty, filthy
Schmutzstoffe pollutants
Schnalle buckle
Schnappdeckel/Schnappverschluss snap cap, snap top, push-on cap
Schnappdeckelglas/ Schnappdeckelgläschen snap-cap bottle, snap-cap vial
Schnappriegel/Schnappschloss latch
Schnappringflasche snap-ring vial
Schnappverschluss/Schnappdeckel snap cap, snap top
Schnaupe/Schnauze/Ausgießer/ Ausguss/Schnabel/Mundstück spout
Schneckenantriebspumpe progressing cavity pump
Schneckenbohrer/ Windenschneckenbohrer gimlet bit
Schneckengetriebe worm gear
Schneckengewinde worm thread
Schneckengewindeschelle worm-gear collar clamp
Schneebesen whisk
Schneide (Grat: Messer etc.) edge, cutting edge (of blade etc.)
Schneidmühle cutting-grinding mill, shearing machine
Schneidbrenner cutting torch
schneiden cut
Schneidwerkzeug cutting tool
Schnellfärbung *micros* quick-stain
Schnellgefrieren rapid freezing
Schnellkochtopf/Schnellkocher/ Dampfkochtopf pressure cooker
Schnellkupplung (z. B. Schlauchverbinder) quick-disconnect fitting, quick-connect fitting, quick-release coupling
Schnellladegerät fast charger, fast charging adapter

Schnellscan-Detektor fast-scanning detector (FSD), fast-scan analyzer
Schnellspannbohrfutter/ Schnellspann-Bohrfutter keyless drill chuck
Schnellspannverschluss quick-release clamp (seal)
Schnellverbindung (Rohr/Glas/ Schläuche etc.) quick-fit connection
Schnellverdampfer (GC) flash vaporizer
schnellwachsend fast-growing, rapid-growing
Schnitt cut; section
➢ **Dünnschnitt** thin section
➢ **Gefrierschnitt** frozen section
➢ **Hirnschnitt/Querschnitt** transverse section, cross section
➢ **Querschnitt** cross section
➢ **Sagittalschnitt (parallel zur Mittelebene)** sagittal section, median longisection
➢ **Schnellschnitt** quick section
➢ **Semidünnschnitt** semithin section
➢ **Serienschnitte** *micros/anat* serial sections
➢ **Ultradünnschnitt** ultrathin section
Schnittdicke thickness of section, section thickness
Schnittfänger/Schnittheber *micros* section lifter
Schnittfläche/Schnittebene cutting face, cutting plane
schnittig/geschnitten/eingeschnitten cut, incised
Schnittstelle *electr* interface
Schnittverletzung *med* cut, incision
Schnittwunde *med* cut, incision; slash wound
Schnur string
Schockgefrieren shock freezing

Schockwelle/Stoßwelle shock wave

Schokoladenagar/Kochblutagar chocolate agar

schonend gentle, mild; careful

schöpfen scoop (up/out), draw

Schöpfer/Schöpfgefäß/Schöpflöffel dipper, scoop

Schöpfkelle ladle

Schorf (Wundschorf)/Grind *zool/med* scab

schorfig/Schorf... scurfy, scabby, furfuraceous

Schorfwunde scab lesion (crustlike disease lesion)

Schornstein stack, smokestack

➢ **Abzugschornstein** exhaust stack

Schrägkultur (Schrägagar) *micb* slant culture

Schrank cabinet, cupboard

➢ **Arzneimittelschrank** drug cabinet

➢ **Brutschrank/Inkubator** incubator

➢ **Chemikalienschrank** chemicals cabinet

➢ **Gasflaschenschrank** gas bottle cabinet

➢ **Gefrierschrank** freezer

➢ **Kühlschrank** refrigerator, ice box

➢ **Laborkühlschrank** laboratory refrigerator

➢ **Lösemittelschrank** solvents cabinet, solvents storage cabinet

➢ **Säureschrank** acids cabinet

➢ **Säure- und Laugenschrank** corrosives cabinet

➢ **Sicherheitsschrank** safety cabinet

➢ **Tiefkühlschrank** deep freezer

➢ **Wärmeschrank** warming cabinet, heating cabinet

Schraubdeckel/Schraubkappe screw-cap, screwtop

Schraubdeckelgläschen screw-cap vial

Schraube screw; (Schraubbolzen) bolt; (Spirale/Helix) spiral, helix

➢ **Bohrschraube/selbstbohrende Schraube** self-drilling screw

➢ **Bügelmessschraube** outside micrometer

➢ **Einstellschraube** adjustment screw; tuning screw

➢ **Feinjustierschraube/Feintrieb** *micros* fine adjustment knob

➢ **Flachrundkopfschraube** truss screw, truss-head screw, mushroom-head screw

➢ **Flügelschraube** thumbscrew

➢ **Grobjustierschraube/Grobtrieb** *micros* coarse adjustment knob

➢ **Hakenschraube** (als Holzschraube: Schraubhaken) screw hook, hook screw; (Bolzen mit Mutter) J-bolt

➢ **Halbrundkopfschraube/ Halbrundschraube** button-head screw, button head screw (usually socket)

➢ **Halsschraube** shoulder screw, shoulder bolt

➢ **Holzschraube (zugespitzt)** wood screw, lag screw (pointed)

➢ **Inbusschraube/ Innensechskantschraube** Allen screw (type of socket screw, socket-head screw)

➢ **Justierschraube/Justierknopf/ Triebknopf** *micros* adjustment knob, focus adjustment knob

➢ **Linsenkopfschraube** pan-head screw (PN)

➢ **Linsensenkkopfschraube** oval-head, countersunk screw (OH, OV)

➢ **Madenschraube/Wurmschraube/ Gewindestift** grub screw, (blind) set screw

➢ **Mikrometerschraube** *micros* micrometer screw, fine-adjustment (knob)

➢ **Ösenschraube** screw eye, eye screw, eye lag screw/bolt

➢ **Rändelschraube** knurled screw, knurled-head screw, knurled thumbscrew
➢ **Rundkopfschraube** round-head screw, round head screw (domed) (RH)
➢ **Schlossschraube** carriage bolt, coach bolt (round head/square neck)
➢ **Schneidschraube/ selbstschneidende Schraube** self-tappering screw
➢ **Sechskantschraube** hex-head screw (HH, HX) (incl. lag screw, coach screw)
➢ **Sechskant-Holzschraube** lag screw
➢ **Steckschlüsselschraube** socket screw, socket-head screw
➢ **Stellschraube** adjusting/setting screw, adjustment knob, fixing screw
➢ **Stockschraube** hanger bolt
➢ **U-Bügelschraube/U-Bügel/ U-Bolzen** U-bolt
➢ **Zylinderschraube** cheese-head screw (cylinder-head screw)
schrauben screw
➢ **aufschrauben** unscrew
➢ **zusammenschrauben** screw together
➢ **zuschrauben** fasten the screw; (fest-/anziehen) tighten the screw
Schraubenbolzen/Bolzen bolt
Schraubendreher *siehe* **Schraubenzieher**
Schraubenschlüssel wrench, screw wrench (spanner *Br*)
➢ **Engländer/Rollgabelschlüssel** adjustable wrench
➢ **Gabelschlüssel/Maulschlüssel** open-end wrench
➢ **Kreuzschlüssel** spider wrench
➢ **Ringschlüssel** ring spanner wrench, box wrench

➢ **Sechskant-Steckschlüssel** hex nutdriver (wrench)
➢ **Sechskant-Stiftschlüssel** hex socket wrench
➢ **Stiftschlüssel** socket wrench, box spanner
Schraubenzieher/ Schraubendreher screwdriver
➢ **Akkuschrauber** cordless screwdriver
➢ **Elektroschrauber** power screwdriver
➢ **Kreuzschraubenzieher/ Kreuzschlitzschraubenzieher** Phillips®-head screwdriver; Phillips® screwdriver
➢ **Schlitzschraubenzieher** slotted screwdriver
➢ **Sechskantschraubenzieher** hexagonal screwdriver, hex screwdriver
➢ **Torx-Schrauber (T-Profil)** star screwdriver (hexalobular internal), Torx screwdriver
➢ **Uhrmacherschraubenzieher** watchmaker's screwdriver, jeweler's screwdriver
➢ **Vierkantschraubenzieher** square socket screwdriver
➢ **Winkelschrauber** offset screwdriver
Schraubflasche screw-cap bottle
Schraubgewinde screw thread
Schraubgewindeverschluss threaded top
Schraubgläschen screw-cap vial, screw-cap jar
schraubig/spiralig/helical spiraled, helical, spirally twisted, contorted
Schraubkappe/ Schraubkappenverschluss/ Schraubverschlusskappe/ Schraubverschluss screw-cap, screw cap, screwtop

Schraubklemme screw clam, pinch clamp

Schraubstock vise, vice (*Br*)

Schraubverbindung screw(ed) connection

Schraubverschluss/Schraubdeckel screwtop (threaded top), screwcap

Schraubzwinge screw clamp

Schreckstoff/Abschreckstoff deterrent, repellent

Schreckstoff/Alarmstoff/ Alarm-Pheromon alarm substance, alarm pheromone

Schreiber (Gerät zur Aufzeichnung) recorder; plotter

Schreibkraft secretarial help, secretarial assistant, typist

Schreibpapier bond paper

Schreibwaren stationery

Schreiner carpenter

Schrittmacher pacemaker (*siehe:* Sinusknoten)

Schrumpffolie shrink film/wrap/foil, shrinking foil

Schrumpfschlauch shrink tube

Schub *aer* thrust

Schubfestigkeit/Scherfestigkeit (Holz) shear strength, shearing strength

Schubkraft/Vortriebkraft thrust, forward thrust

Schublehre slide caliper, caliper square

Schulung/Fortbildung training

Schüssel bowl

Schüttdichte bulk density (powder density)

Schüttelbad shaking water bath, water bath shaker

Schüttelflasche/Schüttelkolben shaker bottle, shake flask

Schüttelkultur *micb* shake culture

Schütteln shaking

schütteln *vb* shake

Schüttelwasserbad shaking water bath, water bath shaker

schütten pour; (vollschütten) fill; (verschütten) spill; (ausschütten) pour out, empty out

Schüttgut bulk goods

Schüttgutbehälter bulk container

Schüttler shaker

➢ **Drehschüttler (rotierend)** shaker with spinning/rotating motion

➢ **Federklammer (für Kolben)** (four-prong) flask clamp

➢ **Inkubationsschüttler** shaking incubator, incubating shaker, incubator shaker

➢ **Kreisschüttler/Rundschüttler** circular shaker, orbital shaker, rotary shaker

➢ **Reziprokschüttler/ Horizontalschüttler/Hin- und Herschüttler (rütteln)** reciprocating shaker (side-to-side motion)

➢ **Rundschüttler/Kreisschüttler** circular shaker, orbital shaker, rotary shaker

➢ **Rüttler (hin und her/rauf-runter)** rocker, rocking shaker (side-to-side/ up-down)

➢ **Taumelschüttler** nutator, nutating mixer, 'belly dancer' (shaker with gyroscopic, i.e., threedimensional circular/orbital & rocking motion)

➢ **Überkopfmischer** mixer/shaker with spinning/rotating motion (vertically rotating 360°)

➢ **Vortexmischer/Vortexschüttler/ Vortexer** vortex shaker, vortex

➢ **Wippschüttler** rocking shaker (see-saw motion)

Schüttgüter bulk solids

Schüttung filling

Schüttvolumen bulk volume

Schutz protection; cover; screen, shield

Schutzanzug (Ganzkörperanzug) coverall (one-piece suit), boilersuit, protective suit

Schutzausrüstung protection equipment

➢ **persönliche Schutzausrüstung (PSA)** personal protection equipment (PPE)

Schutzbelag protective covering

Schutzbrille/Arbeitsschutzbrille/ Sicherheitsbrille *allg* protective eyewear; (einfach) safety glasses, safety spectacles; (ringsum geschlossen) goggles, safety goggles

Schutzcreme (Gewebeschutzsalbe/ Arbeitsschutzsalbe) barrier cream

schützen protect

Schutzfolie protective foil, liner

Schutzgas protective gas, shielding gas (in welding)

Schutzglas/Sicherheitsglas safety glass

Schutzgruppe (in der chem. Synthese) protective group, protecting group

Schutzhandschuhe protective gloves

Schutzhaube protective hood

Schutzhelm safety helmet; hard hat

Schutzimpfung protective immunization, vaccination

Schutzkittel/Schutzmantel protective coat, protective gown

Schutzkleidung protective clothing

Schutzmaßnahme protective/ precautionary measure

Schutzring/Stoßschutz (Prellschutz für Messzylinder) bumper guard

Schutzsäule/Vorsäule guard column, precolumn

Schutzschalter circuit breaker

➢ **Fehlerstrom-Schutzschalter (FI-Schalter)** ground fault current interrupter (GFCI), ground fault interruper (GFI), residual current device (RCD), residual current circuit breaker (RCCB)

➢ **Überspannungsschutz** surge protector (fuse)

Schutzscheibe/Schutzschirm/ Schutzschild protective screen/ shield, workshield

Schutzversuch/Schutzexperiment protection assay/experiment

Schutzvorhang protective curtain

Schutzvorrichtung guard, protective device

Schwaden vapor, fume(s)

➢ **Rauchschwaden** clouds of smoke

Schwalbenschwanzbrenner/ Schlitzaufsatz für Brenner wing-tip (for burner), burner wing top

Schwalbenschwanzverbindung *micros* dovetail connection

Schwammstopfen sponge stopper

Schwanenhals gooseneck

Schwanenhalskolben swan-necked flask, S-necked flask, gooseneck flask

Schwangerschaftstest pregnancy test

schwanken (fluktuieren) fluctuate; (variieren) variate

Schwankung (Fluktuation) fluctuation; (Variation) variation

Schwanz (z.B. des Fettmoleküls) tail

Schwanzbildung/Signalnachlauf *chromat* tailing

Schwebedichte/Schwimmdichte buoyant density

schweben (schwebend) float (floating), suspend (suspended)

Schwebeteilchen suspended particle

Schwebstoff(e) suspended substance/matter
Schwefel (S) sulfur
Schwefelbakterien sulfur bacteria
Schwefelblüte flowers of sulfur
schwefelhaltig sulfurous, sulfur-containing
Schwefelkies pyrite
Schwefelkreislauf sulfur cycle
schwefeln (z.B. Fässer) sulfurize (e.g., vats)
Schwefeln/Schwefelung (z.B. Fässer) sulfuring (e.g. vats)
Schwefelsäure H$_2$SO$_4$ sulfuric acid
Schwefelverbindung/schwefelhaltige Verbindung sulfur compound
Schwefelwasserstoff H$_2$S hydrogen sulfide
schweflig sulfurous
schweflige Säure/Schwefligsäure H$_2$SO$_3$ sulfurous acid
Schweißbrenner welding torch
Schweißdraht welding wire
Schweißgerät welder
Schwelen/Schwelung smoldering, smouldering
➢ **Verschwelung** carbonization
Schwelle (z.B. Reizschwelle/ Geschmacksschwelle etc.) threshold
schwellen/anschwellen (turgeszent) swell (turgescent)
Schwelleneffekt threshold effect
Schwellenkonzentration threshold concentration
Schwellenmerkmal threshold trait
Schwellenwert threshold value
Schwellung swelling; (Turgeszenz) turgescence
Schwellungsgrad turgidity
schwenken (Flüssigkeit in Kolben) swirl

Schwenkrollen/Lenkrollen/ Schwenkrollfüße swivel casters
Schwerefeld gravitational field
Schwerelosigkeit weightlessness
Schweresinn gravitational sense
schwerflüchtig nonvolatile
➢ **flüchtig** volatile
schwergewicht/schwergewichtig *adj/adv* heavyweight
Schwerkraft gravity, gravitational force
Schwerkraftfiltration gravity filtration
schwerlöslich of low solubility
Schwermetall heavy metal
Schwermetallbelastung heavy metal contamination
Schwermetallvergiftung heavy metal poisoning
Schwimmdichte/Schwebedichte buoyant density
Schwimmer (z.B. am Flüssigkeitsstandregler) float
Schwimmerschalter float switch
Schwimmständer/Schwimmgestell/ Schwimmer (für Eiswanne) floating rack
Schwingphase swing phase, suspension phase
Schwingung oscillation, vibration
➢ **Deformationsschwingung (IR)** deformation vibration, bending vibration
➢ **Oberschwingung (IR)** overtone
➢ **Streckschwingung** stretching vibration
➢ **Wippschwingung (IR)** wagging vibration
Schwingungsbewegung vibrational motion
Schwingungsspektrum vibrational spectrum
Schwitzen *n* sweating, perspiration, hidrosis

schwitzen *vb* sweat, perspire
Schwund/Schwindung shrinkage
Sechskant-Steckschlüssel
hex nutdriver
Sechskant-Stiftschlüssel
hex socket wrench
Sechskantschraube
hex-head screw (HH, HX)
(incl. lag screw, coach screw)
➤ **Sechskant-Holzschraube** lag screw
Sechskantstopfen hex-head stopper,
hexagonal stopper
Sediment sediment; *centrif* (Pellet)
pellet
**Sedimentationsgeschwindigkeits-
analyse** *biochem*
sedimentation analysis
Sedimentationskoeffizient
sedimentation coefficient
segmentieren segment
Segmentierung segmentation
Segregation/Aufspaltung
segregation
segregieren/aufspalten segregate
Sehen *n* seeing, vision
sehen/anschauen/erblicken *vb*
see, view
Sehfeld/Blickfeld/Gesichtsfeld field
of view, scope of view, field of
vision, range of vision, visual field
Sehfeldblende/Gesichtsfeldblende
field stop (a field diaphragm)
➤ **Gesichtsfeldblende des Okulars/
Okularblende** ocular diaphragm,
eyepiece diaphragm, eyepiece field
stop
Sehkraft/Sehvermögen eyesight
Sehschärfe visual acuity
Sehvermögen vision, sight; eyesight;
(Sehstärke) strength of vision
Sehweite range of vision, visual
distance
Seide silk (fibroin/sericin)

seiden/Seiden ... silken
seidenartig/seidenhaarig/seidig
silky, sericeous, sericate
Seidenfaden silk suture
Seife soap
➤ **ein Stück Seife** a bar of soap
➤ **Flüssigseife** liquid soap, liquid
detergent
➤ **Kernseife (fest)**
curd soap (domestic soap)
➤ **Schmierseife** soft soap
➤ **Waschlotion** cleansing lotion
➤➤ **Handwaschlotion**
hand cleansing lotion
Seifenschaum/Seifenwasser suds
Seifenspender (Flüssigseife) soap
dispenser (liquid soap)
Seiher/Abtropfsieb colander
Seil rope
Seilklampe rope cleat
Seilrolle pulley
Seilwinde winch (for rope/cable/
chains etc.)
Seitenachse lateral axis, lateral
branch
Seitenarm/Tubus (Kolben etc.)
sidearm, tubulation
Seitenkette *chem* side chain
Seitenschneider diagonal cutter,
diagonal pliers, diagonal cutting
nippers
seitlich/lateral lateral
Sekret secretion
Sekretär(in) secretary
Sekretariat secretary's office, office
Sekretion secretion
sekretorisch secretory
Sekundärinfekt/Sekundärinfektion
secondary infection
**Sekundärionen-Massenspektrometrie
(SIMS)** secondary-ion mass
spectrometry
Sekundenkleber superglue

selbstabgleichend self-balancing
selbstansaugend (Pumpe)
self-priming
Selbstassoziierung/
Selbstzusammenbau/spontaner
Zusammenbau self-assembly
selbstbeschleunigend
self-accelerating, autoaccelerating
selbstdichtend self-sealing
selbsteinstellend self-adjusting
selbstentzündlich spontaneously
ignitable, self-ignitable,
autoignitable
Selbstentzündung spontaneous
ignition, self-ignition, autoignition
Selbstentzündungstemperatur
spontaneous ignition temperature
(SIT), self-ignition temperature
(SIT), autoignition temperature
(AIT)
selbsterhaltend self-sustaining
selbsterlöschend self-extinguishing
selbsthärtend (Harze/Polymere)
self-curing
selbstklebend self-adhesive,
self-adhering, gummed
selbstlöschend self-extinguishing;
self-quenching
selbstschmierend self-lubricating
Selbstmord-Substrat suicide
substrate
Selbstorganisation self-organization
selbstregulierend/selbsteinstellend
self-regulating, self-adjusting
selbstreinigend self-cleaning,
self-cleansing, self-purifying
Selbstreinigung self-cleansing
Selbstschutz self-protection
selbsttätig/automatisch self-acting,
automatic
Selbsttoleranz/Eigentoleranz
self-tolerance

selbstverschließend self-locking
selbstzersetzend self-decomposing,
autodecomposing, sacrificial
Selbstzersetzung spontaneous
decomposition, autodecomposition
selbstzündend self-igniting
Selbstzusammenbau/
Selbstassoziierung/
Spontanzusammenbau/spontaner
Zusammenbau (molekulare
Epigenese) self-assembly
selektieren/auslesen select
Selektionsdruck selective pressure,
selection pressure
Selektionsnachteil selective
disadvantage
Selektionsvorteil selective advantage
Selektionswert/Selektionskoeffizient
selection coefficient, coefficient of
selection
selektiv selective
Selektivität selectivity
Selen (Se) selenium
selten/rar scarce, rare
Seltenheit/Rarität scarcity, rarity
Semidünnschnitt semithin section
semikristallin/teilkristallin
semicrystalline
Senföl mustard oil
sengen singe
Sengen *n* singeing
Senke/Verbrauchsort
(von Assimilaten)
sink (importer of assimilates)
Senker/Reibahle countersink, reamer
Senkgrube/Sickergrube sump,
cesspit, cesspool, soakaway (*Br*)
Sensenwetzstein scythe whetstone
sensibilisieren sensitize
Sensibilisierung sensitization
Sensitivität/Empfindlichkeit
sensitivity

sensorisch sensory
Sepsis/Septikämie/Blutvergiftung
  sepsis, septicemia, blood poisoning
Septum (pl Septen) septum (pl septa
  or septums)
sequentielle Reaktion/Kettenreaktion
  sequential reaction, chain reaction
Sequenz sequence
Sequenzieren gen sequencing
sequenzieren vb sequence
Sequenzierungsautomat
  gen sequencer
Serien series (sg & pl)
Serienschnitte serial sections
Serologie serology
serologisch serologic(al)
serös serous
Serum (pl Seren) serum (pl sera or
  serums)
➢ **fetales Kälberserum** fetal calf serum
  (FCS)
Servierwagen service cart, service
  trolley (Br)
Sesselform (Cycloalkane) chem chair
  conformation
Seuche/Epidemie epidemic
➢ **Entseuchung/Dekontamination/
  Dekontaminierung/**Reinigung
  decontamination
➢ **Tierseuche/Viehseuche** epizooic
  disease, pest; livestock epidemic
➢ **verseuchen (verseucht)**
  contaminate(d), poison(ed),
  pollute(d); (mit Mikroorganismen/
  Ungeziefer etc.) infest(ed)
**sexuell übertragbare Krankheit/
  Geschlechtskrankheit/
  venerische Krankheit**
  sexually transmitted disease (STD),
  venereal disease (VD)
sezernieren/abgeben (Flüssigkeit)
  secrete (excrete)

Sezierbesteck dissection equipment
  (dissecting set)
sezieren dissect
Seziernadel
  dissecting needle (teasing needle);
  (Stecknadel) dissecting pin
Sezierpinzette dissecting forceps
Sezierschere dissecting scissors
Sezierung dissection
Shikimisäure (Shikimat) shikimic
  acid (shikimate)
Sialinsäure (Sialat) sialic acid
  (sialate)
sicher tech safe; (personal
  protection) secure
sicherer Umgang safe handling
Sicherheit tech safety; (personal
  protection) security
➢ **Arbeitsplatzsicherheit** occupational
  safety, workplace safety
➢ **Betriebssicherheit** safety of
  operation
➢ **erhöhte Sicherheit** increased safety
➢ **Laborsicherheit** laboratory safety,
  lab safety
**Sicherheitsanalyse/
  Sicherheitsbeurteilung** safety
  analysis, safety assessment
**Sicherheitsanalyse am Arbeitsplatz/
  Sicherheitsbeurteilung am
  Arbeitsplatz**
  job safety analysis (JSA)
Sicherheitsbeauftragter safety officer
➢ **biologischer
  Sicherheitsbeauftragter/
  Beauftragter für biologische
  Sicherheit** biosafety officer
Sicherheitsbehälter (Abfallbox
  zur Entsorgung von Nadeln/
  Skalpellklingen/Glas etc.) sharps
  collector; (Sicherheitskanne) safety
  vessel, safety container, safety can

Sicherheitsbestimmungen/ Sicherheitsrichtlinien safety regulations, safety guidelines

Sicherheitsclogs safety clogs

Sicherheitsdatenblatt safety data safety data sheet; *U.S.:* Material Safety Data Sheet (MSDS)

Sicherheitsglas safety glass

Sicherheitshinweise precautionary statements

Sicherheitsingenieur safety engineer

Sicherheitskennzeichnung safety labeling

Sicherheitsmaßnahmen/ Sicherheitsmaßregeln security measures, safety measures, containment

➢ **biologische Sicherheitsmaßnahmen** biological containment

➢ **physikalische/technische Sicherheitsmaßnahmen** physical containment

Sicherheitsmerkmal safety feature

Sicherheitspersonal security personnel, security

Sicherheitsraum/Sicherheitsbereich/ Sicherheitslabor (S1–S4) biohazard containment (laboratory) (classified into biosafety containment classes)

Sicherheitsrichtlinien safety guidelines

Sicherheitsrohr (Laborglas) guard tube

Sicherheits-Sammelbehälter safety can, safety storage container

Sicherheitsschrank safety cabinet

Sicherheitsspielraum margin of safety

Sicherheitsstufe (Laborstandard) physical containment level; (Risikostufe) risk class, security level, safety level

➢ **biologische Sicherheitsstufe** (Laborstandard) biological containment level; (Risikostufe) biosafety level (BSL)

➢ **Sicherheitsstufe für Tierhaltungseinheit** animal containment level

Sicherheitsüberprüfung/ Sicherheitskontrolle safety check, safety inspection

Sicherheitsvektor containment vector

Sicherheitsventil security valve, security relief valve

Sicherheitsverhaltensmaßregeln safety policy

Sicherheitsvorkehrungen/ Sicherheitsvorbeugemaßnahmen/ Absicherungen safety precautions, safety measures, safeguards

Sicherheitsvorrichtung safety device

Sicherheitsvorschriften safety instructions, safety protocol, safety policy

Sicherheitswerkbank clean bench, safety cabinet

➢ **biologische Sicherheitswerkbank** biosafety cabinet

➢ **mikrobiologische Sicherheitswerkbank (MSW)** microbiological safety cabinet (MSC)

sichern/absichern secure

Sicherung securing, safeguarding; safety device; *electr* fuse, circuit breaker

➢ **rausfliegen/durchbrennen (auslösen)** *electr* trip, blow (fuse/ circuit breaker)

Sicherungskasten *electr* fuse box, fuse cabinet, cutout box

Sicherungsringzange snap-ring pliers, circlip pliers

Sicht sight, view

sichtbar visible

➤ **unsichtbar** invisible

Sichtfenster/Sichtscheibe viewing window

➤ **verschiebbare Sichtfenster/ Schiebefenster/Frontschieber (Abzug/Werkbank)** sash (: hood)

Sichtgerät visualizer, visual indicator, viewing unit, display unit

Sichtschutz/Visier visor, vizor (*Br*), face visor

Sieb sieve, sifter, strainer

➤ **Molekularsieb/Molekülsieb/ Molsieb** molecular sieve

➤ **Seiher/Abtropfsieb** colander

Siebanalyse sieve analysis, screen analysis

Siebbodenkaskadenreaktor/ Lochbodenkaskadenreaktor sieve plate reactor

Siebdurchgang/Siebunterlauf/ Unterkorn sievings, screenings, siftings; undersize

sieben sieve, sift, screen

➤ **abseihen** strain

Siebgewebe sieve fabric

Siebgut sieve material, sieving material, material to be sieved

Siebmaschine (Schüttler) sieve shaker

Siebnummer mesh size, mesh

Siebplatte sieve plate, perforated plate

Siebrückstand/Siebüberlauf/Überkorn sieve residue, screenings; oversize

Siebtuch straining cloth; (Mull/Gaze) cheesecloth

Siebung screening, siftage, size separation by screening

Siedebereich boiling range

Siedegefäß boiling flask

Siedekapillare *dest* capillary air bleed, boiling capillary, air leak tube

Sieden/Aufwallen ebullition; boiling

sieden/kochen boil; (leicht kochen) simmer

siedend simmering, ebullient; (kochend) boiling

➤ **höhersiedend** less volatile (boiling/ evaporating at higher temp.)

Siedepunkt boiling point

Siedepunkterhöhung boiling point elevation

Siedepunkterniedrigung boiling point depression, lowering of boiling point

Siederöhrchen ebullition tube

Siedestab bumping rod/stick, boiling rod/stick

Siedestein/Siedesteinchen boiling stone, boiling chip

Siedeverzug (durch Überhitzung) defervescence, delay in boiling (due to superheating)

Siegel seal

Siegelband/Versiegelungsband sealing tape

Signalband/Warnband warning tape

Signal-Rausch-Verhältnis signal-to-noise ratio (S/N ratio)

Signalstoff signal substance

Signalübertragung signal transduction

Signalwandler signal transducer

Signalwörter signal words

Signifikanzniveau/ Irrtumswahrscheinlichkeit significance level, level of significance (error level)

Signifikanztest *stat* significance test, test of significance

Silber (Ag) silver

Silicium/Silizium (Si) silicon

Siliciumdioxid silica, silicon dioxide
Silikon/Silicon silicone (silicoketone)
Silikon-Schmierfett silicone grease
Silikondichtstoff silicone sealant, silicone caulk
Silikondichtung/Silicondichtung silicone gasket
Silikongummi/Siliconkautschuk silicone rubber
Sinapinalkohol sinapic alcohol
Sinapinsäure sinapic acid
Singulettzustand singulet condition
Sinterglas fritted glass
sintern sinter, sintering
Siphon siphon; siphon trap
SIP-Sterilisation (ohne Zerlegung/ Öffnung der Bauteile) sterilization in place (SIP)
Skala (*pl* Skalen) scale
Skalierbarkeit scalability
Skalierung scaling
Skalpell scalpel
Skalpellklinge scalpel blade
Smogverordnung smog ordinance
Sockelleiste baseboard, washboard
Sodaauszug soda extraction
Sodbrennen heartburn, acid indigestion
Sofortmaßnahme immediate measure (instant action)
Sog/Zug (Wasserleitung) tension, suction, pull
Sol *chem* sol
Solarenergie/Sonnenenergie solar energy
Solarzelle solar cell, photovoltaic cell
Sole/Salzsole brine (salt water)
Soll (Plan/Leistung/Produktion) target, quota
Soll-Leistung nominal output, rated output
Sollwert nominal value, rated value, desired value, set point
➤ **Istwert** actual value, effective value

Sollwertgeber set-point adjuster, setting device
Sollwertkorrektur set-point correction
Solubilisierung/Solubilisation solubilization
Solvatation solvation
Solvathülle solvation shell
solvatisieren solvate
solvatisierter Stoff (Ion/Molekül) solvate
Solvens/Lösungsmittel solvent; dissolver
Sonde (Mikrosonde) probe, microprobe
➤ **mit Hilfe einer heterologen Sonde** heterologous probing
➤ **Protonensonde** proton microprobe
Sondergenehmigung special license, special permit
Sondermüll/Sonderabfall hazardous waste
Sondermülldeponie hazardous waste dump
Sondermüllentsorgung hazardous waste disposal
Sondermüllentsorgungsanlage hazardous waste treatment plant
Sondermüllverbrennungsanlage hazardous waste incineration plant
Sonifikation/Beschallung/ Ultraschallbehandlung sonification, sonication
Sonnenbrand/Rindenbrand sunscald
Sonneneinstrahlung insolation
Sonnenenergie/Solarenergie solar energy
Sonnenstich sunstroke (heatstroke: Hitzschlag)
Sonnenstrahlung solar radiation
Sonogramm sonogram
Sonographie/Ultraschalldiagnose sonography, ultrasound, ultrasonography

Sorbens (*pl* **Sorbenzien)** sorbent
Sorbinsäure (Sorbat) sorbic acid
(sorbate)
Sorbit sorbitol
Sorte sort, type, kind, variety, cultivar
Sortenreinheit purity of variety,
variety purity
sortieren sort
Sortimentkasten compartmentalized
case
Spachtel trowel; (Schaber) scraper;
(Spachtelmasse) putty
➤ **Japanspachtel/Flächenspachtel**
Venetian plaster spatula
Spachtelmasse/Spachtel/Kitt putty
➤ **Feinspachtelmasse/Feinspachtel/**
Feinkitt finishing putty
➤ **Füllspachtelmasse/Füllspachtel/**
Füllkitt filling putty, putty filler
➤ **Holzspachtelmasse/Holzspachtel/**
Holzkitt wood putty
Spachtelmesser/Kittmesser
putty knife
spaltbar *min* cleavable, crackable;
nucl fissionable
Spaltbarkeit cleavage
Spalte crevice, crack
spalten cleave, break, open, crack,
split, break down; *nucl* fission
Spaltfusion cleavage fusion
Spaltprodukt *chem* cleavage
product, breakdown product;
nucl fission product
Spaltung cleavage, breakage,
opening, cracking, splitting,
breakdown; (Furchung) cleavage;
nucl fission(ing)
Spanne (Messspanne) range
spannen stretch, tighten;
(einspannen) clamp, fix into
Spanner (Klemme) clamp
➤ **Rahmenspanner** frame clamp

➤ **Winkelspanner/Eckenspanner**
corner clamp
Spannfutter (Bohrer) chuck, collet
chuck
Spannkraft *physiol* tonicity
Spannschloss turnbuckle
Spannstift/Spannhülse roll pin,
spring pin, tension pin
Spannstift-Austreiber mit
Führungszapfen (Durchtreiber
für Spannstifte/Spannhülsen mit
Führungszapfen) roll pin punch
Spannung *electr* (Potenzialdifferenz)
potential difference, voltage;
tech/mech tension; stress
➤ **Beschleunigungsspannung**
accelerating voltage
➤ **Durchschlagspannung** breakdown
voltage
➤ **Entspannung** relaxation
➤ **Grenzflächenspannung/**
Oberflächenspannung surface
tension
➤ **Hochspannung** high voltage
➤ **Regelspannung** control voltage
➤ **Überspannung** overvoltage,
overpotential; overtension
Spannungsklemme voltage clamp
Spannungsmessgerät voltmeter
Spannungsprüfer (Schraubenzieher)
voltage tester screwdriver
(*Br* neon screwdriver/neon tester)
Spannungsreihe (der Metalle)/
Normalpotenziale standard
electrode potentials (tabular series),
standard reduction potentials,
electrochemical series (of metals)
Spannweite *stat* range
Spannzange (für Kabelbinder)
tensioning tool, tensioning gun
(cable ties/wrap-it-ties)
Spanplatte flakeboard, chipboard

Sparflamme pilot flame, pilot light
Sparpackung economy pack
Sparpreis budget price
sparsam economical, thrifty; *adv*
  sparingly
Spatel spatula
➤ **Apothekerspatel** pharmaceutical
  spatula, dispensing spatula
➤ **Drigalski-Spatel** Drigalski spatula
➤ **Einwiegespatel** weighing spatula
➤ **Holzspatel** wooden spatula
➤ **Japanspatel/Flächenspatel** Venetian
  plaster spatula
➤ **Kolbenwischer/Gummiwischer**
  (zum mechanischen Loslösen von
  Kolbenrückständen) policeman,
  rubber policeman (rod with rubber
  or Teflon tip)
➤ **Löffelspatel** scoopula, lab spoon
➤ **Mundspatel/Zungenspatel** tongue
  depressor
➤ **Palettenmesser** pallet knife, palette
  knife
➤ **Schaufel** scoop
➤ **Rührspatel** stirring spatula
➤ **Pulverspatel** powder spatula
➤ **Vibrationsspatel** vibrating spatula
➤ **Wägespatel** weighing spatula
spatelförmig spathulate, spatulate
Spatelplattenverfahren *micb*
  spread-plate method/technique
Spätfolgen *med* late sequelae
Spätschaden delayed damage, late
  effect
Spediteur carrier, shipper
Spedition freight company, shipping
  company/agency, shipper
Speichel saliva
Speicher (Lager) storage;
  (Lagerhaus) storehouse,
  warehouse; (Reservoir) reservoir,
  storage basin; *comp* memory
speichern/anreichern/akkumulieren
  store, save, accumulate

Speichertank storage tank
Speicherung storage, storing
Speichervermögen/Speicherkapazität
  storage capacity
speien spit
Speisepumpe *tech* feed pump
Speisung *tech* feeding, supply
Spektralanalyse spectral analysis
Spektralfarben spectral colors
Spektralfilter spectrum filter
Spektrometrie spectrometry
➤ **Elektronenstoß-Spektrometrie**
  electron-impact spectrometry (EIS)
➤ **Flugzeit-Massenspektrometrie (FMS)**
  time-of-flight mass spectrometry
  (TOF-MS)
➤ **Ionen-Fallen-Spektrometrie** ion trap
  spectrometry
➤ **Ionenmobilitätsspektrometrie (IMS)**
  ion mobility spectrometry (IMS)
➤ **Massenspektrometrie (MS)** mass
  spectrometry (MS)
➤ **Photoelektronenspektrometrie**
  photoelectron spectrometry (PES)
Spektrophotometer
  spectrophotometer
Spektroskopie spectroscopy
➤ **Atom-Absorptionsspektroskopie**
  (AAS) atomic absorption
  spectroscopy
➤ **Atom-Emissionsspektroskopie**
  (AES) atomic emission
  spectroscopy
➤ **Atom-Fluoreszenzspektroskopie**
  (AFS) atomic fluorescence
  spectroscopy
➤ **Auger-Elektronenspektroskopie**
  (AES) Auger electron spectroscopy
➤ **Einzelmolekülspektroskopie**
  single-molecule spectroscopy
  (SMS)
➤ **Elektronen-Energieverlust-**
  Spektroskopie electron energy loss
  spectroscopy (EELS)

➤ **Elektronen-Spinresonanz-spektroskopie (ESR)/elektronen-paramagnetische Resonanz (EPR)** electron spin resonance spectroscopy (ESR), electron paramagnetic resonance (EPR)

➤ **Feldionisations-Laserspektroskopie (FILS)** field ionization laser spectroscopy

➤ **Flammenemissionsspektroskopie (FES)** flame atomic emission spectroscopy flame photometry

➤ **Fluoreszenz-Korrelations-Spektroskopie (FES)** fluorescence correlation spectroscopy (FCS)

➤ **Infrarot-Spektroskopie/ IR-Spektroskopie** infrared spectroscopy

➤ **Kernspinresonanz-Spektroskopie/kernmagnetische Resonanzspektroskopie** nuclear magnetic resonance spectroscopy, NMR spectroscopy

➤ **laserinduzierte Plasmaspektroskopie** laser-induced plasma spectroscopy (LIPS)

➤ **Massenspektroskopie (MS)** mass spectroscopy (MS)

➤ **Mikrowellenspektroskopie** microwave spectroscopy

➤ **optische Emissionsspektroskopie (OES)** optical emissions spectroscopy

➤ **photoakustische Spektroskopie (PAS)/optoakustische S.** photoacoustic spectroscopy (PAS)

➤ **Röntgenabsorptionsspektroskopie** X-ray absorption spectroscopy (XAS)

➤ **Röntgenemissionsspektroskopie** X-ray emission spectroscopy (XES)

➤ **Röntgenfluoreszenzspektroskopie (RFS)** X-ray fluorescence spectroscopy (XFS)

➤ **UV-Spektroskopie** ultraviolet spectroscopy, UV spectroscopy

Spektrum (*pl* Spektren) spectrum (*pl* spectra/spectrums)

➤ **Absorptionsspektrum** absorption spectrum, dark-line spectrum

➤ **Bandenspektrum/Molekülspektrum (Viellinienspektrum)** band spectrum, molecular spectrum

➤ **elektromagnetisches Spektrum** electromagnetic spectrum

➤ **Flammenspektrum** flame spectrum

➤ **Funkenspektrum** spark spectrum

➤ **Lichtbogenspektrum** arc spectrum

➤ **Linienspektrum/Atomspektrum** line spectrum

➤ **Rotationsspektrum** rotational spectrum

➤ **Schwingungsspektrum** vibrational spectrum

➤ **Umkehrspektrum** reversal spectrum

➤ **Wirtsspektrum** *ecol* host range

Spender (für Flüssigseife etc.) dispenser (liquid detergent etc.); (Donor) donor

Sperrfilter cutoff filter; *micros* selective filter, barrier filter, stopping filter, selection filter

Sperrflüssigkeit barrier fluid

Sperrholz plywood

Sperrholzplatte plywood board

Sperrrelais *electr* interlocking relay

Sperrventil/Kontrollventil check valve, non-return valve, control valve

Spezialisierung specialization

speziell special; (zu einem bestimmten Zweck bestimmt) dedicated
spezifisch specific
➢ **unspezifisch** nonspecific
spezifische Wärme specific heat
spezifisches Gewicht specific gravity
Spezifität specificity
spezifizieren specify
Spind/Schließfach locker
Spindel/Zapfen/Stift/Achse pivot
Spindeldiagramm spindle diagram
Spinentkopplung (NMR) spin decoupling
Spinne/Eutervorlage/Verteilervorlage *dest* multi-limb vacuum receiver adapter, cow receiver adapter, 'pig' (receiving adapter for three/four receiving flasks)
Spinnerflasche/Mikroträger *micb* spinner flask
Spin-Spin-Aufspaltung (NMR) spin-spin splitting
Spinumkehr (NMR) flipping
Spirale/Helix spiral, helix
spiralig spiral, spiraled, twisted, helical
spiralig aufgewickelt spirally coiled
Spiralwindung spiral winding, coiling
Spiritus spirit
Spiritusbrenner/Spirituslampe alcohol burner
spitz acute, sharp, pointed, sharp-pointed
spitz zulaufen (spitz zulaufend) taper (tapering/tapered), attenuate
Spitze point, tip, spike; (Gipfel/Scheitelpunkt/Höhepunkt) apex, summit, peak
Spitzkolben pear-shaped flask (small, pointed)
Spitzpinzette sharp-point tweezers, sharp-pointed tweezers

spleißen *gen* splice
Splint (Schraubensicherung) cotter pin (a split pin)
➢ **Federsplint** hairpin cotter, hair pin cotter, hitch pin clip, bridge pin, R clip
Splinttreiber/Splintentreiber/Austreiber pin punch, cotter pin punch, cotter pin drive
➢ **Splinttreiber mit Führungszapfen** roll pin punch
Splitter splinter; (Glassplitter) bits of broken glass
splitterfrei (Glas) shatterproof (safety glass)
Spontanzusammenbau/Selbstzusammenbau self-assembly
sporadisch sporadic
Sporn (Immunodiffusion) spur
Sprechanlage intercom, intercom system
➢ **Wechselsprechanlage/Gegensprechanlage** two-way intercom, two-way radio
Spreitung spreading
Sprengkraft explosive force, explosive power
Sprengstoff (Explosivstoff) explosive
➢ **brisanter Sprengstoff** high explosive
➢ **hochbrisanter Sprengstoff** high energy explosive (HEX)
➢ **Schießstoff/Schießmittel** low explosive
➢ **verpuffender Sprengstoff** low explosive
sprießen sprout, grow, bud
springen jump, spring, bound, leap
Sprinkleranlage (Beregnungsanlage/Berieselungsanlage: Feuerschutz) fire sprinkler system
Spritzdüse spray nozzle, spraying nozzle; injection nozzle, injector; extrusion die

Spritze syringe, hypodermic syringe;
(Injektion) shot, injection; *med*
hypodermic injection
➤ **Kanüle/Hohlnadel** needle, syringe
needle
➤ **Luer T-Stück** Luer tee
➤ **Luerhülse** female Luer hub (lock)
➤ **Luerkern** male Luer hub (lock)
➤ **Luerlock/Luerverschluss** Luer lock
➤ **Luerspitze** Luer tip
➤ **Nadeladapter** syringe connector
➤ **Spritzenkolben/Stempel/Schieber**
syringe piston, syringe plunger
spritzen (verspritzen/herumspritzen:
auch versehentlich) splash, splatter;
(injizieren) inject
Spritzenkolben/Stempel/Schieber
syringe piston/plunger
Spritzennadel/Spritzenkanüle
syringe needle, syringe cannula
Spritzenvorsatzfilter/Spritzenfilter
syringe filter
Spritzer (verspritzte Chemikalie)
splash (chemical); spatter;
(Spritzfleck) splash splatter
spritzfest splash-proof
Spritzflasche wash bottle, squirt
bottle
Spritzfleck splash; spatter
Spritzguss/Spritzgießen injection
molding
Spritzpumpe syringe pump
Spritzschutz splash guard
Spritzschutzadapter/
Spritzschutzaufsatz/
Schaumbrecher-Aufsatz
(Rückschlagsicherung:
Reitmeyer-Aufsatz) *dest* splash
protector, antisplash adapter,
splash-head adapter
spröd(e) brittle
Sprosse/Trittstufe (Leiter) rung, step,
tread

Sprossung/Knospung sprouting,
budding; (Hefe) budding
Sprudel (mit „Kohlensäure"
versetztes Mineralwasser)
carbonated mineral water
sprudeln bubble
Sprühdose/Druckgasdose spray can,
aerosol can
sprühen spray
Sprühflasche spray bottle
Sprühgerät/Zerstäuber atomizer
Sprühkolonne *dest* spray column
Sprung (Glas/Keramik etc.) crack
Spülbecken sink
Spülbürste dishwashing brush
Spüle sink; (Abtropfbrett)
drainboard, dish board
Spule spool, coil
Spüleimer dishwashing bucket,
dishpan
spülen/abspülen wash; clean
➤ **ausspülen** rinse
Spülgas purge gas
Spülicht (Rückstand vom
Schmutzwasser/Spülwasser) slops
Spülkorb dishwasher rack,
dishwasher basket
Spülküche washup room
Spüllappen dishwashing cloth,
dishcloth, dishrag
Spülmaschine dishwasher,
dishwashing machine
Spülmaschinenreiniger dishwasher
detergent
Spülmittel detergent
➤ **Geschirrspülmittel** dishwashing
detergent
Spülschwamm dishwashing pad;
(Topfkratzer/Topfreiniger) scouring
pad, pot cleaner
Spültisch sink, sink unit
Spülventil (Inertgas) T-purge
(gas purge device)

Spülvorrichtung (z.B. Inertgas)
purge assembly, purge device
Spülwanne dishwashing tub
Spülwasser/Abwaschwasser
dishwater
Spundschlüssel (für Fässer) plug
wrench (bung removal)
Spur/Überrest (meist *pl* Überreste)
trace, remainder (meist *pl* remains)
Spurenanalyse trace analysis
Spurenelement/Mikroelement
trace element, microelement,
micronutrient
sputtern/besputtern
(Vakuumzerstäubung) sputter
Sputtern/Besputtern/Besputterung
(Metallbedampfung) sputtering
staatlich kontrolliert/geprüft
certified, registered (official)
staatlich subventioniert state/
government-subsidized
staatliche Einrichtung governmental
institution
staatliche Mittel public funds
Staatsbedienstete(r) public servant,
civil servant; (staatl. Angestelleter)
governmental/federal employee
Stab-Kugel-Modell/Kugel-Stab-
Modell *chem* stick-and-ball model,
ball-and-stick model
Stäbchen rod
Stabdiagramm bar diagram, bar
graph
Stabelektrode/Schweißelektrode
stick electrode, welding stick,
welding rod
stabil stable
➢ **instabil/nicht stabil** unstable
(instable)
Stabilisator stabilizer
stabilisieren stabilize
Stabilisierung stabilization
Stabthermometer glass stem
thermometer

Stadium (*pl* Stadien) stage
Stahl steel
➢ **Edelstahl** high-grade steel,
high-quality steel
➢ **rostfreier Stahl** stainless steel
Stahlbürste wire brush
Stahlflasche (Gasflasche) steel
cylinder (gas cylinder)
Stamm stem; stock; *micb* strain
➢ **Bakterienstamm** bacterial strain
➢ **Inzuchtstamm** inbred strain
➢ **Referenzstamm** *micb* reference
strain
Stammkultur/Impfkultur stem
culture, stock culture
Stammlösung stock solution
Standard standard; (Typus) type
Standardabweichung *stat* standard
deviation, root-mean-square
deviation
Standardbedingung standard
condition
Standardfehler/mittlerer Fehler
stat standard error (standard error
of the means)
standardisieren/vereinheitlichen
standardize
Standardisierung/Vereinheitlichung
standardization
Standardlösung standard solution
Standardpotenzial/Normalpotenzial
standard potential, standard
electrode potential
Standardtisch *micros* plain stage
Standardverfahren standard
procedure
Ständer stand, rack
Standflasche/Laborstandflasche
lab bottle, laboratory bottle
Standort site, location; *biol* habitat,
place of growth
Stange pole
Stängel (*alte Schreibweise*: Stengel)
stalk; *bot* stipe

Stanniol (Aluminiumfolie/ Alufolie) tinfoil (aluminum foil)
Stapel stack
Stapelkarre stack barrow
Stapelkräfte stacking forces
stapeln stack
Stärke starch
Starkionendifferenz strong ion difference (SID)
Starterkultur (Anzuchtmedium) starter culture (growth medium)
stationäre Phase stationary phase, stabilization phase
stationärer Zustand/gleichbleibender Zustand steady state
Statistik statistics
statistische Abweichung statistical deviation
statistische Auswertung statistical evaluation
statistische Verteilung statistical distribution
statistischer Fehler statistical error
Stativ/Bunsenstativ support stand, ring stand, retort stand, stand
Stativklemme clamp, support clamp
➢ **Dreifinger-Klemme** three-finger clamp
➢ **Stativklemme mit zwei Backen** two-prong clamp
Stativplatte support base
Stativring ring (for support stand/ ring stand)
Stativstab support rod
Staub dust
➢ **Feinstaub** mist, fine dust, fines
➢ **Grobstaub** dust (coarse)
➢ **Inertstaub** inert dust
staubdicht dustproof
Staubexplosion dust explosion
staubig dusty
Staublunge/Staublungenerkrankung/ Pneumokoniose pneumoconiosis

Staubkorn dust particle
staubsaugen vacuum-clean
Staubsauger vacuum cleaner, vacuum
➢ **Nass- und Trockensauger/ Nass-Trockensauger** wet-dry vacuum cleaner
Staubschutz/Staubschutzhülle dust cover
Staubschutzmaske (Partikelfilter) dust mask, particulate respirator (U.S. safety levels N/R/P according to regulation 42 CFR 84)
Staubwischen dusting
stauchen compress
Stauchung compression
stauen congest; stop; accumulate, pile up, build up
Staupunkt dest loading point
Stauraum storage, stowage
Stearinsäure/Octadecansäure (Stearat/Octadecanat) stearic acid, octadecanoic acid (stearate/ octadecanate)
stechen sting, pierce, puncture
stechend/beizend/ätzend (Geruch) pungent
Stechheber thief, thief tube, sampling tube (pipet); plunging siphon
Steckdose outlet, socket, wall (socket); receptacle; jack (mains electricity supply *Br*)
➢ **Mehrfachsteckdose/ Steckdosenleiste** outlet strip
➢ **Stecker in Steckdose stecken** plug in (plug into the wall)
➢ **Wandsteckdose** wall outlet
Stecker *electr/tech* plug (male/ female), jack (female), connector, coupler
➢ **Bananenstecker** *electr* banana plug
➢ **Flachstecker** flat plug

> **Mehrfachstecker/Vielfachstecker (~steckdose)** oulet strip
> **Netzstecker** power plug
> **Stecker einstecken/reinstecken** plug in, connect
> **Stecker herausziehen** unplug, disconnect
> **Zwischenstecker/Adapter** adapter

Steckschlüssel socket wrench, box spanner

Steckschlüsseleinsatz/Stecknuss/ Nuss socket, chuck, nut

Steckverbindung/Steckvorrichtung *tech/electr* coupler, fitting; plug connection
> **Hochdruck-Steckverbindung** compression fitting
> **Gleitverbindung** slip-joint connection

Stehhilfe support

Stehkapelle/begehbarer Abzug walk-in hood

Stehkolben/Siedegefäß Florence boiling flask, Florence flask (boiling flask with flat bottom)

Stehleiter/Treppenleiter stepladder

Steigrohr riser tube, riser pipe, riser, chimney; dip tube

Steilbrustflasche straight-sided bottle

Steinkohle bituminous coal, soft coal (*siehe unter:* Kohle)

Steinsalz (Halit)/Kochsalz (NaCl) rock salt (halite), table salt, sodium chloride

Steinwolle rock wool

Stellantrieb/Stellmotor actuator

Stellglied controlling element, adjuster, actuator

Stellgröße adjustable variable

Stellschraube adjusting/setting/fixing screw (knob)

Stempel-Methode *micb* replica plating

sterben *vb* die

Stereoisomer stereoisomer

stereoselektiv stereoselective

Stereospezifität stereospecificity

steril (desinfiziert) sterile, disinfected; (unfruchtbar) sterile, infertile

sterile Werkbank sterile bench

Sterilfilter sterile filter

Sterilfiltration sterile filtration

Sterilisation/Sterilisierung sterilization, sterilizing

Sterilisator sterilizer

sterilisierbar sterilizable

Sterilisierbarkeit sterilizability

sterilisieren (keimfrei machen) sterilize, sanitize; (sterilisieren/ unfruchtbar machen) sterilize

Sterilität/Unfruchtbarkeit sterility, infertility

Sterillösung sterile solution

Sterin/Sterol sterol

sterisch/räumlich steric, sterical, spacial

sterische Hinderung/sterische Behinderung steric hindrance

Sternriss (im Glas) star-crack

Stetigförderer conveyor

Stetigkeit constancy, presence degree

Steuergerät control unit, control gear, controller

steuern (in eine Richtung lenken) steer, steering; (regulieren) regulate, control

Steuerung control

Steuerungsmechanismus regulatory mechanism

Steuerungstechnik control engineering

Stichflamme explosive flame, sudden flame

Stichkultur/Einstichkultur (Stichagar) stab culture

Stichprobe sample, spot sample, aliquot
> **Teilstichprobe** subsample
> **Zufallsstichprobe** random sample, sample taken at random
Stichprobenerhebung sampling
Stichprobenfunktion *stat* sample function, sample statistic
Stichprobenumfang *stat* sample size
Stichverletzung (Nadel etc.) *med* stick injury (needle)
stickig stifling, stuffy
Stickstoff nitrogen
> **Flüssigstickstoff** liquid nitrogen
stickstoffhaltig/stickstoffenthaltend/ Stickstoff ... nitrogen-containing, nitrogenous
Stickstoffmangel nitrogen deficiency
Stickstoffverbindung nitrogenous compound, nitrogen-containing compound
Stift (Metallstift) tack; (Nadel) pin; (Nagel) nail; *electr* (Stecker/ Anschluss) pin, (Kontakt) lead
Stilett stylet, stiletto
Stirnleuchte headlamp, head light, head torch
Stöchiometrie stoichiometry
stöchiometrisch stoichiometric(al)
Stockschraube hanger bolt
Stoff(e) substance, matter; material; (Gewebe) fabric, textile; cloth;
> **Altstoffe** existing chemicals/ substances
> **Arbeitsstoff** (workplace) agent
> **Ausgangsstoff** (Ausgangsmaterial) starting material, basic material, base material, source material, primary material, parent material, raw material; (Reaktionsteilnehmer/ Reaktant) reactant
> **Neustoffe** new chemicals/substances

> **Schadstoff** pollutant, harmful substance, contaminant
> **Wirkstoff** agent
Stoffaustausch mass exchange, substance exchange
Stofffluss material flow, chemical flow
Stoffhandschuhe fabric gloves
Stoffkreislauf/Nährstoffkreislauf *ecol* nutrient cycle
> **Mineralstoffkreislauf** mineral cycle
> **Phosphorkreislauf** phosphorus cycle
> **Sauerstoffkreislauf** oxygen cycle
> **Schwefelkreislauf** sulfur cycle
> **Stickstoffkreislauf** nitrogen cycle
> **Wasserkreislauf** water cycle, hydrologic cycle
Stoffmenge amount of substance (quantity)
Stoffmengenanteil/Molenbruch mole fraction
Stoffübergang/Massenübergang/ Stofftransport/Massentransport/ Massentransfer mass transfer
Stoffübergangszahl/ Stofftransportkoeffizient/ Massentransferkoeffizient mass transfer coefficient
Stoffwechsel/Metabolismus metabolism
Stoffwechselprodukt/Metabolit metabolite
Stoffwechselstörung metabolic derangement, metabolic disturbance
Stopfbuchse (Rührer: Wellendurchführung) stuffing gland, packing box seal
Stopfen/Korken/Stöpsel stopper, cork
> **Achtkantstopfen** octa-head stopper, octagonal stopper

> **Gummistopfen/Gummistöpsel**
> rubber stopper, rubber bung (*Br*)
> **Sechskantstopfen** hex-head
> stopper, hexagonal stopper

Stopfenschlüssel plug wrench, bung
wrench

Stoppuhr stopwatch

Stöpsel/Stopfen stopper, bung (*Br*);
plug

> **ausstöpseln/entstöpseln** unplug,
> disconnect
> **einstöpseln** plug in, connect
> **Gummistöpsel** rubber stopper,
> rubber bung (*Br*)
> **Ohrenstöpsel** earplugs
> **zustöpseln** stopper

Storchschnabelzange needle-nose
pliers, snipe-nose(d) pliers

> **gebogene Storchschnabelzange**
> dip needle-nose pliers

Störfall incident, accident;
breakdown

Störfallverordnung industrial
accident directive, statutory order
on hazardous incidents

Störgröße disturbance value,
interference factor

Störung disturbance, interference,
disruption; (Perturbation)
perturbation

störungsfrei maintenance-free

Stoßaktivierung collision activation

Stößel/Pistill (und Mörser) pestle
(and mortar)

**Stoßen (Sieden/Überhitzung/
Siedeverzug)** bumping

stoßen/umstoßen (umkippen/
umwerfen) tip over; (dranstoßen)
bump/knock (into); (mit dem Fuß/
Bein/Körper) kick over (knock over)

stoßfest shockproof, shock-resistant

Stoßnadel push pin, pushpin

Stoßverbindung butt joint

Strafe penalty

Strahl (einzel) ray;
(gebündelt) beam; jet

> **Lichtstrahl** beam of light
> **Röntgenstrahl** X-ray
> **Sonnenstrahl** ray (of sunshine),
> sunbeam
> **Wasserstrahl** jet of water

Strahldüse jet nozzle

strahlen shine; radiate

Strahlenabschirmung radiation
shielding

Strahlenbehandlung radiation
treatment

Strahlenbelastung exposure

Strahlenbrechung/Refraktion
opt refraction

Strahlendiagramm *opt* ray diagram

Strahlendosis *opt* radiation dose,
radiation dosage

Strahlengang path of ray, course
of beam; light path, ray path;
(Absorptionsspektrometrie) beam
path

Strahlengefährdung radiation hazard

Strahlenpegel radiation level

Strahlenquelle radiation source

Strahlenschäden radiation hazards,
radiation injury

strahlensicher radiation-proof

Strahlenschutz radiation control,
radiation protection, protection
from radiation

Strahlenschutzplakette film badge

Strahlentherapie radiation therapy,
radiotherapy

strahlenundurchlässig
(Röntgenstrahlen) radiopaque

Strahlenverlauf ray trajectory

Strahler (Licht) light, illuminator,
beamer; floodlight; (Wärme)
radiator, heater;

> **Flutlichtstrahler/Scheinwerfer**
> floodlight
> **Punktstrahler/Spot** spotlight, spot

Strahlreaktor *biot* jet reactor
Strahlregler/Luftsprudler/Mischdüse tap aerator, tap spout aerator, tap spout aerator nozzle, faucet aerator
Strahlung radiation
➤ **Ausstrahlung/Emission/Ausstoss** emission
➤ **Bestrahlung** irradiation
➤ **elektromagnetische Strahlung** electromagnetic radiation
➤ **Globalstrahlung** global radiation
➤ **Hintergrundsstrahlung** background radiation
➤ **ionisierende Strahlung** ionizing radiation
➤ **Kernstrahlung** nuclear radiation
➤ **photosynthetisch aktive Strahlung** photosynthetically active radiation (PAR)
➤ **radioaktive Strahlung** radioactive radiation
➤ **Sonneneinstrahlung** insolation
➤ **Sonnenstrahlung** solar radiation
➤ **Streustrahlung** scattered radiation, diffuse radiation
➤ **Teilchenstrahlung** corpuscular radiation
➤ **Wärmestrahlung** thermal radiation
➤ **zulässige Strahlung** permissible radiation
Strahlungsdichte radiance
Strahlungsenergie radiant energy
Strahlungsflussdichte/ Bestrahlungsstärke irradiance
Strahlungsintensität radiation intensity
Strahlungsvermögen/ Emissionsvermögen (Wärmeabstrahlvermögen) emissivity
Strahlungswärme radiant heat
Strang (*pl* Stränge) cord; *gen* strand
stranggepresst *polym* extruded, extrusion-molded

strangpressen/extrudieren *polym* extrude
Strangpressen/Extrudieren/Extrusion *polym* extrusion (extrusion molding)
strecken (in die Länge ziehen) elongate, extend
Streckmittel/Streckungsmittel extender; (Füllmittel) filler
Streckschwingung stretching vibration
Streckspannung/Fließspannung yield stress
Streckung/Verlängerung elongation, extension
streichen/verstreichen spread
Streichmaß/Reißmaß/Parallelmaß marking gauge, scratch gauge
Stress/Belastungszustand/ Spannung *phys* stress
stressen/belasten stress
Stretchfolie stretch film/foil
Streu (für Tierkäfige etc.) litter
Streudiagramm scatter diagram (scattergram/scattergraph/ scatterplot)
streuen/verstreuen/ausstreuen/ verteilen scatter, spread, distribute; sprinkle
Streuer shaker; dredger
Streulicht scattered light, stray light
Streulichtmessung/Nephelometrie nephelometry
Streulichtschirm *photo* diffusing screen
Streustrahlung scattered radiation, diffuse radiation
Streuung (Lichtstreuung) optical diffusion, dispersion, dissipation, scattering (light); (Ausbreitung) dispersal, dissemination; (Verstreuen/ Verteilung) scattering, spreading, distribution

Streuungsverhalten *stat* scedasticity, heterogeneity of variances
Streuverlust *electr* leakage
Strichdiagramm line diagram
Strichliste tally chart
stringente Bedingungen/strenge Bedingungen stringent conditions
Stringenz (von Reaktionsbedingungen) stringency (of reaction conditions)
Stroboskop stroboscope, strobe, strobe light
Strom (Flüssigkeit) stream, flow; (Volumen pro Zeit) flow rate; *electr* current
➤ **Ausstrom** efflux
➤ **Einstrom** influx
➤ **Elektrizität** *colloquial/general* electricity, power, juice; (Ladung/Zeit) current
➤ **Erdschlussstrom/Fehlerstrom** ground fault current (leakage current)
➤ **Gegenstrom** countercurrent
➤ **Gleichstrom** direct current (DC)
➤ **Ionenstrom** ionic current, ion current
➤ **kapazitiver Strom** capacitative current
➤ **Kriechstrom** leakage current, creepage
➤ **Nennstrom** rated output, rated amperage output
➤ **Luftstrom/Luftströmung** air current, airflow, current of air, air stream
➤ **Lichtstrom (Lumen, lm)** luminous flux (lumen, lm)
➤ **Starkstrom/Dreiphasenwechselstrom** three-phase electric power, three-phase current, three-phase alternating current, three-phase AC circuit

➤ **Stromstärke** current, electric current, amperage, amps
stromaufwärts upstream
Stromausfall/Stromunterbrechung electricity failure, power failure; power outage
Strombrecher (z.B. an Rührer von Bioreaktoren) baffle
strömen stream, flow
Stromerzeuger/Stromgenerator power generator
Stromgerät power supply
Stromkabel power cord, electric cord, electrical cord, power cable, electric cable
Stromkontakt power lead
Stromkreis electric circuit, electrical circuit
Stromleiter current carrier; conductor
Stromleitung/Hauptstromleitung mains (*Br*)
Strommessgerät/Strommesser/Amperemeter (Stromstärke) ammeter
Strommesszange/Stromzange current clamp meter, clamp meter
Stromnetz power grid, power network, electricity network, electric circuit
Stromquelle/Stromzufuhr *electr* power supply, power source
Stromrichter power converter, electric converter, electronic converter
Stromschlag/Schlag shock, electric shock
Stromschlüssel (Salzbrücke) *electrolyt* salt bridge
Stromstoß electrical surge, electric surge, power surge, line surge
Strömung (Flüssigkeit) current, flow; *electr* (Strömung) flux

- ➤ **Kolbenströmung** ram flow
- ➤ **Konvektionsströmung/ Konvektionsstrom** convection current
- ➤ **Konzentrationsströmung** density current
- ➤ **Leckströmung** leakage flow
- ➤ **Luftströmung (Luftstrom)** air current, airflow, current of air, air stream; (Luftgeschwindigkeit: Sicherheitswerkbank) air speed
- ➤ **Schichtströmung/laminare Strömung** laminar flow
- ➤ **Schleppströmung** drag flow
- ➤ **turbulente Strömung** turbulent flow
- ➤ **Wirbelstrom (Vortex-Bewegung)** eddy current

Strömungsdynamik fluid dynamics
Strömungsmesser current meter, flowmeter
Strömungsmechanik fluid mechanics
Strömungsmuster flow pattern
Strömungswiderstand flow resistance, resistance to flow
Stromunterbrechung/Stromausfall power outage, power failure
Stromverbrauch electric power consumption
Stromversorgung/Stromzufuhr electric power supply, power supply, mains (*Br*)
Stromzähler electric meter
Strontium (Sr) strontium
Strudel eddy, swirl
strudeln whirl, swirl, eddy
Struktur structure; (Textur/Faser/ Fibrillenanordnung: Holz) grain
Strukturanalyse structural analysis
Strukturaufklärung structure elucidation
Strukturformel structural formula

Stufe (einer Treppe) step, stair; (Leiter) rung; (Niveau) level; (Rang) rank, position; *chem* stage, tray; *math* degree, order, rank
Stufenfolge/Rangordnung/Rangfolge/ Hierarchie order of rank, ranking, hierarchy
Stufengradient step gradient
Stufenleiter stepladder
stufenlos (regulierbar/regelbar/ einstellbar etc.) variable (variably adjustable)
stufenlos regelbar continually/ infinitely variable
stufenlos regulierbar continuously adjustable, variably adjustable
Stufenschalter step switch
Stufenwiderstand step resistance
Stufung zonation; grading, staggering
Stuhl chair; (Hocker) stool; (Laborhocker) lab stool; (Fäzes/ Kot: Mensch) stool, feces
- ➤ **Drehstuhl** swivel chair

Stuhlprobe stool sample
stumme Infektion/stille Feiung silent infection
stumpf obtuse, blunt
Stütze support, prop
stützen support, prop up
Stutzen (Anschlussstutzen/ Rohrstutzen) nozzle, socket; connecting piece, connector
- ➤ **Ansatzstutzen** (Kolben) side tubulation, side arm; (Schlauch) hose connection
- ➤ **Ausgussstutzen (Kanister)** nozzle (attachable/detachable)
- ➤ **Beschickungsstutzen (Kolben)** delivery tube (flask)
- ➤ **Gewindestutzen** threaded socket (connector/nozzle)

➢ **Hülse/Schliffhülse („Futteral'/ Einsteckstutzen)** socket (female: ground-glass joint)

➢ **Olive** (meist geriffelter Ansatzstutzen: Schlauch/Kolben) barbed hose connection (flask: side tubulation/side arm)

Styrol styrene

Suberinsäure/Korksäure/ Octandisäure suberic acid, octanedioic acid

Subklonierung subcloning

Subkultur/Subkultivierung/Passage (einer Zellkultur) subculture, passage (of cell culture)

subletal sublethal

Sublimat sublimate

Sublimation sublimation

sublimieren sublimate, sublime

Submerskultur submerged/ submersed culture

Subsistenz subsistence

Substanzeinwaage weighed-in substance, weighed-in quantity

Substanzgemisch substance mixture

substituieren substitute

Substitution substitution

Substitutionsvektor replacement vector

Substrat substrate

➢ **Folgesubstrat** following substrate

➢ **Leitsubstrat** leading substrate

Substraterkennung substrate recognition

Substrathemmung/ Substratüberschusshemmung substrate inhibition

Substratkonstante (K_s) substrate constant

Substratsättigung substrate saturation

Substratspezifität substrate specificity

Subtypisierung subtyping

Suchtest *gen/med* screening, screening test

Suchtmittel/Droge drug

Sud/Absud/Abkochung (Gekochtes/ Siedendes/Gesottenes) decoction, extract, essence, extracted liquor; brew, stock, broth

Sulfanilsäure sulfanilic acid, *p*-aminobenzenesulfonic acid

Sulfat sulfate

Sulfierkolben sulfonation flask

Sulfonierung/Sulfonieren sulfonation

Summe sum, total

Summenformel/Elementarformel/ empirische Formel/Verhältnisformel empirical formula

Summenhäufigkeit/kumulative Häufigkeit *stat* cumulative frequency

Summenpotenzial gross potential

Summenregel sum rule

Sumpf (Rückstand in Destillations- Blase) *dest* bottoms

Superinfektion/Überinfektion superinfection

Supersäure superacid

superspiralisiert/superhelikal/ überspiralisiert supercoiled

superstark/verstärkt/Hochleistungs... heavy-duty, superior performance

Suppression/Unterdrückung suppression

supprimieren/unterdrücken/ zurückdrängen suppress

supraleitend superconductive

Supraleiter superconductor

Supraleitfähigkeit superconductivity

suspendieren (schwebende Teilchen in Flüssigkeit) suspend

Suspension suspension; (Aufschlämmung) slurry

**Suspensionstechnik
(IR-Spektroskopie)** mull technique
süß sweet
Süße sweetness
Süßstoff nonnutritive sweetener
Süßungsmittel/süßende Verbindung
sweetener
Süßwasser freshwater
Symbiose *allg* symbiosis;
(gemeinnützige) mutualistic
symbiosis, mutualism
Symmetrie symmetry
symmetrisch symmetric(al)
Synchronkultur synchronous culture
Syndrom/Symptomenkomplex
syndrome, complex of symptoms
Synthese synthesis
➤ **Biosynthese** biosynthesis
➤ **Chemosynthese** chemosynthesis
➤ **DNA-Synthese** DNA synthesis
➤ **Halbsynthese** semisynthesis
➤ **Neusynthese/de-novo Synthese**
de-novo-synthesis
➤ **Photosynthese** photosynthesis
Synthesegas synthesis gas, syngas
synthetisieren synthesize
Systemanalyse systems analysis
Systematik systematics
systematisch systematic
systemisch systemic
Szintillationsgläschen scintillation vial
Szintillationszähler ('Blitz'zähler)
scintillation counter, scintillometer
**szintillieren/funkeln/Funken sprühen/
glänzen** scintillate

T

Tablet tray
Tablette tablet, pill; *tech* pellet
Tacker/Handtacker
(manual/hand-held) staple gun;
(einfache Hefter fürs Büro: stapler)

➤ **Elektrotacker** electric staple gun
➤ **Hammertacker** hammer tacker
Tafel board
➤ **Anschlagtafel/schwarzes Brett**
bulletin board
➤ **Wandtafel (Kreidetafel)**
blackboard (chalkboard)
➤ **Weißwandtafel**
whiteboard, markerboard
Tafelwaage platform balance, pan
balance
**Tageslichtprojektor/
Overhead-Projektor**
overhead projector
Takt cycle time, stroke, time
Taktung cycle timing
Taktgeber clock, clock generator,
timing generator; pulse generator;
synchronizer
Taktrate clock frequency
Talg *med* sebaceous matter, sebum;
zool tallow (extracted from
animals), suet (from abdominal
cavity of ruminants)
Talgdrüse sebaceous gland
talgig/Talg... sebaceous, tallowy
Talk/Talkstein min talc
Talkpulver/Talkum talcum powder
tamponieren
tampon, plug, pack
Tangentialschnitt
tangential section
Tank/Kessel tank, vessel
Tannat (Gerbsäure)
tannate (tannic acid)
Tannin (Gerbstoff)
tannin (tanning agent)
Tara (Gewicht des Behälters/
der Verpackung) tare (weight of
container/packaging)
tarieren tare (determine weight of
container/packaging in order to
substract from gross weight)

Tarnung camouflage
Tasche pocket;
(Vertiefung: Elektrophorese-Gel)
well, depression (at top of gel)
Taschenlampe flashlight, torch (*Br*)
Tastatur (groß>) keyboard,
(Tastenfeld: klein>) keypad
Taste key, button, knob, push-button
tasten feel, touch, palpate
Tastkopf *micros* probe, probing head
taub (gefühllos) numb; (gehörlos)
deaf
Taubheit (Gehörlosigkeit) deafness;
(Gefühllosigkeit) numbness
Tauchbad immersion bath
tauchfähig (Pumpe) submersible
Tauchflächenreaktor immersing
surface reactor
Tauchkanalreaktor immersed slot
reactor
**Tauchpumpen-Wasserbad/
Einhängethermostat** immersion
circulator
Tauchsieder immersion heater, 'red
rod' (*Br*)
Tauchstrahlreaktor plunging jet
reactor, deep jet reactor, immersing
jet reactor
Tauchtank dip tank
Tauchthermometer immersion
thermometer
Taumelbewegung, dreidimensionale
nutation, gyroscopic motion
(three-dimensional circular/orbital
& rocking motion)
taumeln tumble, sway, stagger;
nutate (gyroscopic motion);
(Bakterien) tumble
Taumelschüttler nutator, nutating
mixer, 'belly dancer' (shaker with
gyroscopic, i.e., three-dimensional
circular/orbital & rocking motion)
Taupunkt dew point

Täuschung deception, delusion;
illusion
Tautropfen dewdrop
Technik (einzelnes Verfahren/
Arbeitsweise) technique, technic;
(Technologie: Wissenschaft)
technology
➢ **Biotechnik/biologische
Verfahrenstechnik** bioengineering,
bioprocess engineering
➢ **Umweltverfahrenstechnik**
environmental process
engineering
Techniker technician
Technikfolgenabschätzung
technology assessment
➢ **US-Büro für
Technikfolgenabschätzung** OTA
(Office of Technology Assessment)
technisch technic(al);
(Laborchemikalie) lab grade
**Technische Anweisung Lärm
(TALärm)** Technical Instructions on
Noise Reduction
**Technische Anweisung Luft
(TALuft)** Technical Instructions on
Air, Clean Air Act
**technische(r) Assistent(in)/
Laborassistent(in)/Laborant(in)**
laboratory/lab technician, technical
lab assistant
**Technischer Überwachungsverein
(TÜV)** technical inspection agency/
authority, technical supervisory
association
Technologie technology
technologisch technologic(al)
Teclu-Brenner/Teclubrenner
Teclu burner
Teer tar
Teichonsäure teichoic acid
Teichuronsäure teichuronic acid
Teig dough

Teil (des Ganzen) moiety, part, section; (Anteil/Hälfte) moiety
Teilchen/Partikel particle
Teilchenbeschleuniger particle accelerator
Teilchengröße (Bodenpartikel) particle size, soil texture
Teilchenstrahlung/ Korpuskelstrahlung/ Partikelstrahlung corpuscular/particle radiation
teilen divide, split, fission, separate
Teilerhebung *stat* partial survey
Teilkorrelationskoeffizient *stat* partial correlation coefficient
Teilmenge/Portion/Fraktion portion, fraction
Teilmengenauswahl *stat* subset selection
Teilreaktion partial reaction; (electrode potentials) half-reaction
Teilstichprobe *stat* subsample
Teilung division, fission, separation
Teilungsphase division phase
Telefonzentrale switchboard
Tellermühle disk mill
Tellur (Te) tellurium
Temperatur temperature
➢ **Arbeitstemperatur** operating temperature
➢ **Einfriertemperatur** freezing-in temperature
➢ **Fließtemperatur** flow temperature
➢ **Gebrauchstemperatur** service temperature
➢ **Körpertemperatur** body temperature
➢ **Lösungstemperatur** solution temperature
➢ **Phasenübergangstemperatur** phase transition temperature
➢ **Raumtemperatur** room temperature, ambient temperature
➢ **Schmelzpunkt** melting point
➢ **Schmelztemperatur** melting temperature
➢ **Siedepunkt** boiling point
➢ **Umgebungstemperatur** ambient temperature
➢ **Vorzugstemperatur** cardinal temperature
➢ **Zündpunkt/Zündtemperatur** ignition point, kindling temperature, flame temperature, flame point, spontaneous-ignition temperature (SIT), self-ignition temperature (SIT), autoignition temperature (AIT)
temperaturabhängig temperature-dependent
Temperaturempfindlichkeit sensitivity to temperature
Temperaturfühler temperature sensor
Temperaturgradient temperature gradient
Temperaturorgel *ecol* temperature-gradient apparatus
Temperaturregler temperature controller
Temperaturschwankung fluctuation of temperature
Temperaturwechselbeständigkeit/ Temperaturschockbeständigkeit thermal shock resistance
Tempereisen/Temperguss malleable iron, malleable cast iron, wrought iron
temperenter Phage temperate phage
Temperglühofen malleable annealing furnace
Temperierbecher cooling beaker, chilling beaker, tempering beaker (jacketed beaker)
temperieren bring to a moderate temperature; to have an agreeable temperature

Temperiergerät temperature regulator

tempern temper; *polym* anneal

Tensid (oberflächenaktive Substanz/ Entspannungsmittel) tenside (surface-active substance); detergent; surfactant

Teppichband/Verlegeband carpet tape (double-sided tape)

teratogen/Missbildungen verursachend teratogenic

Teratogenese/ Missbildungsentstehung teratogenesis, teratogeny

Teratologie (Lehre von Missbildungen) teratology

Teratom teratoma

Terminus/Ende (Molekülende) terminus

Terpentinharz pitch (resin from conifers)

Test (Prüfung/Bestimmungsmethode) test, examination, assay; (Untersuchung) investigation

Testkreuzung testcross

Testmedium/Prüfmedium (zur Diagnose) test medium

Testpartner *gen* tester

Teststreifen test strip

Testverfahren test/testing procedure

Tetrachlorkohlenstoff/ Tetrachlormethan carbon tetrachloride, tetrachloromethane

tetraedrisch tetrahedral

Textilfaser textile fiber

Textilveredlung textile finishing

Thein/Koffein theine, caffeine

theoretisch theoretic, theoretical

Theorie theory

Thermoanalyse/thermische Analyse thermal analysis

Thermodynamik thermodynamics

➤ **1./2./3. Hauptsatz (der Thermodynamik)** first/second/third law of thermodynamics

Thermoelement thermocouple

Thermoelement-Schutzrohr/ Thermohülse thermowell (for thermocouples)

Thermoelementsonde thermocouple probe

Thermogravimetrie (TG) (= thermogravimetrische Analyse) thermogravimetry (= thermogravimetric analysis)

thermomechanische Analyse thermomechanical analysis (TMA)

Thermometer thermometer

➤ **Bimetallthermometer** bimetallic thermometer, bimetal thermometer

➤ **Dampfdruckthermometer** vapor pressure thermometer

➤ **Einschlussthermometer** enclosed-scale thermometer

➤ **Einstichthermometer** probe thermometer

➤ **Flüssigkeits-Glasthermometer** liquid-in-glass thermometer

➤ **Gasthermometer** gas thermometer

➤ **Infrarot-Thermometer** infrared thermometer

➤ **Quarzthermometer** quartz thermometer

➤ **Quecksilberthermometer** mercury-in-glass thermometer

➤ **Pyrometer/Hitzemessgerät** pyrometer

➤ **Rauschthermometer** noise thermometer

➤ **Stabthermometer** glass stem thermometer

➤ **Taschenthermometer** pocket thermometer

> **Tauchthermometer** immersion thermometer

Thermoregulation thermoregulation

Thermoskanne/Thermosflasche thermos

Thermospray thermospray

Thermostat thermostat

Tiefenätzung deep etching

Tiefenfiltration depth filtration

Tiefenschärfe/Schärfentiefe *opt* depth of focus, depth of field

Tieffeldverschiebung low-field shift

Tiefkühlfach (des Kühlschranks) deep-freeze compartment

Tiefkühltruhe deep-freeze, deep freezer (chest)

Tiefkühlung deep freeze

Tiegel/Schmelztiegel crucible

> **Filtertiegel** filter crucible

> **Gooch-Tiegel** Gooch crucible

Tiegeldreieck crucible triangle

Tiegelofen crucible furnace

Tiegelzange crucible tongs

Tierarzt/Veterinär veterinarian, vet

Tierhaltungseinheit (DIN) animal unit

tierisch (von tierischer Herkunft) animal

Tierkäfig animal cage

> **kleiner Tierkäfig/Verschlag (z.B. Geflügelstall)** hutch, coop

Tierlabor animal laboratory/lab, animal research lab

Tiermedizin/Tierheilkunde/ Veterinärmedizin veterinary medicine/science

Tiermodell animal model

Tierpfleger/Tierwärter (animal) keeper, warden

Tierseuche/Viehseuche epizooic disease, pest; livestock epidemic

Tierversuch animal experiment

Tierzwinger (staatl. Verwahrung verwaister Tiere) pound; (z.B. in Zoos) cage, enclosure

Tinktur tincture

Tinte ink

Tisch table

> **Arbeitstisch** worktable

> **Drehtisch** *micros* rotating stage

> **höhenverstellbare Plattform (Labor)** laboratory jack

> **Kreuztisch** *micros* mechanical stage

> **Laborarbeitstisch** lab bench

> **Labortisch/Labor-Werkbank** laboratory/lab table/bench/ workbench

> **Objekttisch** *micros* stage, microscope stage

> **Spültisch** sink, sink unit

> **Standardtisch** *micros* plain stage

> **Wägetisch** weighing table

Tischabroller tabletop tape dispenser

Tischzentrifuge tabletop/benchtop centrifuge

Titan (Ti) titanium

Titer titer (*Br* titre)

Titration titration

> **amperometrische Titration/ Amperometrie** amperometric titration

> **Äquivalenzpunkt** end point, point of neutrality

> **Basen-Titration/Alkalimetrie** alkalimetry

> **coulometrische Titration/ Coulometrie** coulometric titration, coulometry

> **Endpunktverdünnungsmethode (Virustitration)** end-point dilution technique

> **Fällungstitration** precipitation titration

> **Fließinjektions-Titration** flow-injection titration

> **komplexometrische Titration/ Komplexometrie** complexometric titration, complexometry

> **Leitfähigkeitstitration/ konduktometrische Titration/ Konduktometrie** conductometric titration, conductometry
> **Oszillometrie/oszillometrische Titration/Hochfrequenztitration** oscillometry, high-frequency titration
> **photometrische Titration** photometric titration
> **Redoxtitration** redox titration
> **Rücktitration** back titration
> **Säure-Basen-Titration/ Neutralisationstitration** acid-base titration
> **Säure-Titration/Acidimetrie** acidimetry
> **Trübungstitration** turbidimetric titration
> **Umschlagspunkt** inflection point
Titrationskurve titration curve
Titrationsmittel/Titrant titrant
titrieren titrate
Titrimetrie/Maßanalyse (titrimetrische/volumetrische Analyse) titrimetry, titrimetric analysis, volumetric analysis
Tochterion daughter ion
Tod *n* death
Todesursache cause of death
tödlich/letal deadly, lethal
Toleranzbereich tolerance range
Toleranzgrenze tolerance limit
Tomographie tomography
Ton *acust* tone, sound; *geol* clay
Tondreieck/Drahtdreieck clay triangle, pipe clay triangle
Tönung/Schattierung (Farbton) hue
Topferde potting soil (potting mixture:soil & peat a.o.)
Topfkratzer/Topfreiniger scouring pad, pot cleaner
Topflappen potholder

Topfpflanze potted plant
Topfzeit/Verarbeitungsdauer/ Gebrauchsdauer pot life
Torsion/Drehung torsion
tot dead
tot geboren stillborn
Totenkopf (Giftzeichen) skull and crossbones
Totenstarre/Leichenstarre rigor mortis
Totgeburt stillbirth
Totraum deadspace, headspace
totstellen feign death, play dead
Totvolumen (Spritze/GC) dead volume, deadspace volume, holdup (volume)
Totzeit/Durchflusszeit (GC) holdup time
Toxikologie toxicology
Toxin/Gift toxin
toxisch/giftig toxic, poisonous
> **cytotoxisch/zellschädigend** cytotoxic
> **embryotoxisch** embryotoxic
> **fetotoxisch** fetotoxic
> **hepatotoxisch/leberschädigend** hepatotoxic
> **hochgiftig** highly toxic
> **mindergiftig** moderately toxic
> **neurotoxisch** neurotoxic
> **phytotoxisch/pflanzenschädlich** phytotoxic
> **sehr giftig** extremely toxic (T+)
Toxizität/Giftigkeit toxicity, poisonousness
trächtig/schwanger gravid, pregnant
Trächtigkeit/Schwangerschaft/ Gravidität pregnancy, gravidity
träg/träge *chem* inert
Trage/Krankentrage/Krankenbahre stretcher
Träger carrier (*auch: chromat*)
Trägerarm *micros* arm

Trägerelektrophorese carrier electrophoresis
Trägergas/Schleppgas (GC) carrier gas (an inert gas)
Trägermolekül carrier molecule
Trägerplatte platen
Trägerschicht support layer
Trägersubstanz/Trägerstoff carrier
Trägheit inertia; (Reaktion) sluggishness
Trägheitskraft inertial force
Trägheitsmoment moment of inertia
Traglast carrying capacity
Tran/Fischöl train oil, fish oil (also from whales)
Träne tear
tränen tear
tränken/einweichen (durchfeuchten) soak, drench, steep
Transferöse transfer loop
transformieren transform
Transplantat transplant, graft
transplantieren transplant
Transport transport, transportation
➢ **Gefahrguttransport** transport of dangerous goods, transport of hazardous materials
➢ **Krankentransport** ambulance service
Transportband/Förderband conveyor belt
Transportfahrzeug transport vehicle
transportieren transport
Transportkiste tote box
Transportwagen/Transportkarren bogie
Traubenzucker/Glukose/Glucose/Dextrose grape sugar, glucose, dextrose
Treber/Biertreber brewers' grains
Treibgas (z.B. für Sprühflaschen) propellant
Treibhaus greenhouse, hothouse

Treibhauseffekt greenhouse effect
Treibmittel (z.B. in Druckflaschen) propellant (pressure can); (Gärmittel/Gärstoff) leavening, raising agent; *polym* blowing agent
Treibstoff/Kraftstoff fuel; (Raketen/Düsen) propellant; (Benzin) gas (*Br* petrol)
Treibstoffalkohol/Gasohol gasohol
trennen separate; divide; (lösen/entkuppeln/auskuppeln) separate, disconnect
Trennfaktor/Separationsfaktor *analyt* separation factor
Trenngel separating gel (running gel)
Trenngrenze/Ausschlussgrenze (Teilchentrennung) cutoff
Trennkammer *chromat* (DC) developing chamber/tank (TLC)
Trennleistung separation efficiency (column efficiency)
Trennmethode separation method
Trennmittel separating agent, release agent, releasing agent, antisize, anti-seize, ant-seize
Trennsäule separating column, fractionating column
Trennschärfe *chromat* resolution, separation accuracy
Trennstufe *chromat* (HPLC) plate
Trennung separation
Trennungsgang *chem/analyt* analytical (separation) procedure
Trennverfahren/Trennmethode separation technique/procedure/method
Trennwand (Gebäude) partition wall
Trennwirkungsgrad separation efficiency
Trephine/Trepan trephine, trepan
Treppe stairs
➢ **die Treppe hoch (oben)** upstairs

> die Treppe runter (unten)
downstairs
Treppenhaus stairs, staircase,
stairway
Treppenhauseingang/
Treppenhausausgang
stairway entry/exit
Treppenschacht stairwell
Trester/Treber (*siehe auch*
dort) (Fruchtpressrückstand/
Traubenpressrückstand) marc;
(Malzrückstand) draff
Tretabfalleimer/Tretabfallsammler
(Mülleimer) step trash can
Treteimer (Mülleimer) step-on pail
Trichter funnel
> **Analysentrichter** analytical funnel
> **Einfülltrichter** addition funnel
> **Filternutsche/Nutsche**
(Büchner-Trichter) nutsch, nutsch
filter, filter funnel, suction funnel,
suction filter, vacuum filter
(Buechner funnel)
> **Fülltrichter** filling funnel
> **Glastrichter** glass funnel
> **Heißwassertrichter** hot-water
funnel (double-wall funnel)
> **Hirsch-Trichter** Hirsch funnel
> **Kurzhalstrichter/Kurzstieltrichter**
short-stem(med) funnel
> **Pulvertrichter** powder funnel
> **Scheidetrichter** separatory funnel,
sep funnel
> **Tropftrichter** dropping funnel
> **Zulauftrichter** addition funnel
Trichterrohr funnel tube
Triebkraft *phys/mech* (Antrieb)
propulsive force
Trimmblock *micros* trimming block
Trimmschere trimming shears
Trinkbrunnen/Trinkfontäne fountain
(for drinking water)
Trinkwasser drinking water

Trinokularaufsatz/Tritubus
micros trinocular head
trittfest treadable, durable,
hard-wearing
Trittleiter (usually small) stepladder,
step ladder, steps
> **Klapptrittleiter** folding stepladder
Trittschalldämmung impact sound
insulation
trittschallgedämpft impact
sound-reduced
Tritthocker/Trittschemel step stool
> **Klapphocker** folding stool
> **Klapptritt** folding step stool
Rollhocker/‚Elefantenfuß' rolling step
stool
trocken dry, arid
Trockenbatterie *electr* dry cell, dry
cell battery
Trockenblotten dry blotting
Trockendestillation dry distillation
Trockeneis (CO_2) dry ice
Trockenextrakt dry extract
Trockengestell drying rack
Trockengewicht
(*eigentlich:* **Trockenmasse**) dry
weight (*sensu stricto*: dry mass)
Trockengut dry product, dry
substance
Trockenlauf/Probelauf test run
trockenlaufen *chromat* run dry
Trockenlöscher dry chemical fire
extinguisher
Trockenmasse/Trockensubstanz
dry mass, dry matter
Trockenmittel/Sikkativ siccative,
desiccant, drying agent,
dehydrating agent
Trockenofen drying oven
Trockenpistole/
Röhrentrockner drying pistol
Trockenreinigung dry cleaning; dry
cleaner

trockenresistent drought resistant, xerophytic

Trockenrohr/Trockenröhrchen drying tube

Trockenschale drying dish/pan

Trockenschrank drying cabinet, drying oven

Trockensubstanz dry matter

Trockenturm/Trockensäule drying tower, drying column

trocknen dry

➤ **austrocknen** desiccate

➤ **eintrocknen** dry up, dehydrate

Trocknungsverlust loss on drying

Trog/Wanne trough

Trokar trocar

Trommel/Zylinder drum, barrel

Trommelmischer barrel mixer, drum mixer

Trommelmühle drum mill, tube mill, barrel mill

Trommelzentrifuge basket centrifuge, bowl centrifuge

Tröpfcheninfektion droplet infection

Tropfen *n* drop

tropfen *vb* drip

Tropfenfänger drip catcher, drip catch; splash trap, antisplash adapter (distillation apparatus); (Reitmeyer-Aufsatz:Rückschlagschutz: Kühler/Rotationsverdampfer etc.) splash adapter, antisplash adapter, splash-head adapter

tropfenweise dropwise, drop by drop

Tropfflasche/Tropffläschchen drop bottle, dropping bottle, dropper

Tropfglas/Tropfpipette dropper, medicine dropper

Tropfkörper (Tropfkörperreaktor/Rieselfilmreaktor) trickling filter

Tropfpunkt dropping point, drop point

Tropftrichter dropping funnel (addition funnel)

Tropftrichter mit Druckausgleich pressure-equalizing dropping funnel, pressure-equalizing addition funnel

trüb (Flüssigkeit) cloudy, turbid

Trübheit/Trübe/Trübung (Flüssigkeit) cloudiness, turbidity; haze

Trübungstitration turbidimetric titration

tuberkulös tuberculous

Tuberkulose tuberculosis

tuberös tuberous, tuberal

tubulär tubular

Tubus *micros* tube, body tube; (Steckhülse für Okular) draw tube

➤ **Trinokularaufsatz/Tritubus** *micros* trinocular head

Tülle (Ausguss) nozzle, spout; (Fassung) socket, sleeve

➤ **Ausgießschnauze/Gießschnauze/Schnaupe** spout, pouring spout, nozzle, lip, pouring lip

➤ **Isolationstülle (für Kabelschuhe)** terminal insulation sleeve, insulating sleeve

➤ **Schlauchtülle** hose connection gland

Tullgren-Apparat *ecol* Tullgren funnel

Tumor/Wucherung/Geschwulst tumor (*Br* tumour)

Tungsten/Wolfram (W) tungsten

Tunnelmikroskopie tunneling microscopy

Tüpfelplatte spot plate

Tüpfelprobe spot test

tupfen/abtupfen dab, swab

Tupfer pad, gauze pad; (Abstrichtupfer) swab; (Wattebausch) cotton pledget

Tupferklemme sponge forceps

Turbidimetrie/Trübungsmessung
turbidimetry
turbulente Strömung turbulent flow
Turbulenzdiffusion/Wirbeldiffusion
eddy diffusion
Turgor/hydrostatischer Druck turgor,
hydrostatic pressure
Turgordruck turgor pressure
Turmreaktor column reactor
Tyndallisation/Tyndallisierung
(fraktionierte Sterilisation)
tyndallization (fractional
sterilization)

U

Übelkeit/Übelsein nausea, sickness,
illness
übelriechend/stinkend fetid, smelly,
smelling bad, malodorous, stinking
Überbleibsel relic
Überbrückungskabel/Starterkabel
jumper cable, coupling cable
Überdehnung overstretching,
hyperextension
Überdauerung persistance, survival
Überdosis overdose
Überdrehung overwinding
Überdruck positive pressure
Überdruckventil pressure valve,
pressure relief valve; safety valve
Überdüngung overfertilization
Überempfindlichkeit hypersensitivity
Überfluss excess
überführen transfer
Überführung transfer
Überfunktion overactivity,
hyperactivity
Übergabe handing over, delivery
Übergang/Entwicklungsübergang
transition, developmental transition
Übergangsmetall transition metal
Übergangsphase transition phase

Übergangsstück (Laborglas) adapter,
connector, transition piece
➤ **Expansionsstück** expansion
adapter, enlarging adapter
➤ **Reduzierstück** reducing adapter,
reduction adapter
Übergangstemperatur transition
temperature
Übergangszustand (Enzymkinetik)
transition state
übergreifen *med* spread
(e.g., disease/epidemic)
Überhitzen/Überhitzung
overheating, superheating
überhitzter Dampf/Heißdampf
superheated steam
Überinfektion/Superinfektion
superinfection
überkochen (*auch*: überlaufen) boil
over
Überkorn (Siebrückstand) oversize
überkritisch (Gas/Flüssigkeit)
supercritical (gas/fluid)
überlagern/überdecken superimpose
überlasten *tech/electr* overload
Überlastung *tech/electr* overload
Überlauf overflow, overrun;
(Abflusskanal) spillway
Überleben *n* survival
überleben *vb* survive
überlegen/vorherrschend/dominant
superior, dominant
Überlegenheit/Dominanz superiority,
dominance
überprüfen check, examine, confirm,
inspect, review; verify, control
Überprüfung check-up, examination,
inspection, reviewal; verification,
control
überragen protrude, project, stand/
stick out, rise over
übersättigt supersaturated
überschreiten exceed

Überschuhe/Überziehschuhe (Einwegüberschuhe) shoe covers, shoe protectors (disposable)

Überschuss (Menge) excess

überschüssig in excess (of)

Überschussproduktion surplus production

Überschwingen (aufheizen) overswing

Übersender/Konsignant consignor

Überspannung overpotential, overvoltage; overtension

Überspannungsfilter surge suppressor

Überspannungsschutz surge protector (fuse)

überspiralisiert/superspiralisiert/ superhelikal supercoiled

Überspiralisierung supercoiling

Überstand *chem* supernatant

übersteuern overshoot

Übertrag carryover, carry forward

übertragbar transmissible, communicable

übertragbare Krankheit transmissible disease, communicable disease

Übertragbarkeit transferability

übertragen *med/tech/electr* transmit (e.g., a disease)

Überträger/Überträgerstoff/ Transmitter transmitter; (Vektor) vector

Übertragung *phys/tech* transmission, transfer

Übertragungsrate (im Datentransfer) throughput rate, transfer rate

Übervölkerung overpopulation

überwachen monitor, survey, supervise

Überwachung monitoring, surveillance, supervision, surveyance

Überwachungskamera monitoring camera

überwuchert overgrown

Überwurfmutter/ Überwurfschraubkappe (z.B. am Rotationsverdampfer) swivel nut, coupling nut, mounting nut, sleeve nut

Überzug coating

ubiqitär/weitverbreitet/überall verbreitet ubiquitous, widespread, existing everywhere

Uhrglas/Uhrenglas watch glass, clock glass

Uhrmacherpinzette watchmaker forceps, jeweler's forceps

Uhrmacherschraubenzieher watchmaker's screwdriver, jeweler's screwdriver

Ultradünnschnitt *micros* ultrathin section

Ultrafiltration ultrafiltration

Ultrakryomikrotom/ Ultragefriermikrotom ultracryomicrotome

Ultramikrotom ultramicrotome

Ultraschall ultrasound, ultrasonics

Ultraschall betreffend/Ultraschall ... ultrasonic

Ultraschallbad ultrasonic bath (ultrasonic cleaner)

Ultraschalldiagnose/Sonographie ultrasound, ultrasonography, sonography

Ultraschallwanne ultrasonic tank (ultrasonic cleaner)

Ultrastruktur ultrastructure

Ultrazentrifugation ultracentrifugation

Ultrazentrifuge ultracentrifuge

Umdrehungen pro Minute (UpM) revolutions per minute (rpm)

Umfang girth
umfüllen (Chemikalie)
    transfer (a chemical);
    decant (in case of a liquid)
Umgang (Verhalten) handling
Umgebung surroundings, environs,
    environment, vicinity
Umgebungsdruck ambient pressure
Umgebungstemperatur ambient
    temperature
Umkehr-Gaschromatographie
    inverse gas chromatography (IGC)
Umkehrbarkeit reversibility
Umkehrosmose/Reversosmose
    reverse osmosis
Umkehrphase/Reversphase
    reversed phase, reverse phase
Umkehrphasenchromatographie
    reversed phase chromatography,
    reverse-phase chromatography
    (RPC)
Umkehrpinzette/Klemmpinzette
    reverse-action tweezers
    (self-locking tweezers)
Umkehrpotenzial reversal potential
umkippen (Gewässer) turn over,
    become oxygen-deficient, turn
    anaerobic
Umkleide change area; (mit Spinden)
    locker room
Umkleidekabine changing room,
    changing cubicle; (cleanroom/
    containment level:gowning room)
umkleiden change, change cloths
Umkristallisation recrystallization;
    (fraktionierte Kristallisation)
    fractional crystallization
umkristallisieren recrystallize
umlagern/umordnen *chem* rearrange
Umlagerung/Umordnung
    chem rearrangement
➢ **tautomere Umlagerung**
    tautomeric shift

Umlaufdüsen-Reaktor/
    Düsenumlaufreaktor nozzle loop
    reactor, circulating nozzle reactor
Umlaufreaktor/Umwälzreaktor/
    Schlaufenreaktor loop reactor,
    circulating reactor, recycle reactor
Umlenkung deflection
Umluft forced air, recirculating air;
    air circulation
Umluftofen forced-air oven
ummanteln (ummantelt) jacket(ed)
umpflanzen/versetzen transplant,
    replant
umrechnen convert
Umrechnungstabelle conversion
    table
Umriss contour, outline
Umsatz turnover
Umsatzgeschwindigkeit/Umsatzrate
    turnover rate, rate of turnover
Umsatzzeit turnover period
Umschlagspunkt (Titration)
    inflection point
umsetzen turn, convert, transfer,
    process; *metabol* metabolize;
    (verkaufen) sell, turn over
Umsetzung, chemische chemical
    reaction, transformation, chemical
    change
umtopfen repot
Umverpackung overpacking
Umwälzkühler/Kältethermostat/
    Kühlthermostat refrigerated
    circulating bath
Umwälzpumpe
    circulation pump
Umwälzthermostat/Badthermostat
    circulating bath
umwandeln convert;
    (transformieren) transform
Umwandlung conversion;
    (Transformation) transformation
Umwelt environment

Umweltanalyse environmental analysis

Umweltanalytik environmental analytics

Umweltansprüche environmental requirements

Umweltaudit/Öko-Audit environmental audit

Umweltauflagen environmental regulations

Umweltbedingungen environmental conditions

Umweltbelastung environmental burden/load

Umweltchemie environmental chemistry

Umweltfaktor environmental factor

umweltgerecht environmentally compatible

Umweltkapazität/Grenze der ökologischen Belastbarkeit carrying capacity

Umweltkriminalität environmental crime

Umweltmedizin environmental medicine

Umweltmesstechnik environmental monitoring technology

Umweltpolitik environmental politics

Umweltrecht environmental law

Umweltschutz environmental protection; pollution control

Umweltschutzmaßnahmen environmental protection measures; pollution control measures

Umweltschützer environmentalist

Umweltschutzpapier recycled paper

Umweltsünder person who litters or commits an environmental crime

Umweltvarianz environmental variance

Umweltverfahrenstechnik environmental process engineering

Umweltverhältnisse environmental conditions

Umweltverschmutzer polluter

Umweltverschmutzung environmental pollution

umweltverträglich environmentally compatible, environmentally friendly

Umweltverträglichkeit environmental compatibility

Umweltverträglichkeitsprüfung (UVP) environmental impact assessment (EIA)

Umweltwiderstand environmental resistance

Umweltwissenschaft environmental science

Umweltzerstörung environmental degradation

Unachtsamkeit inattentiveness, negligence, carelessness

unbedenklich safe, without risk, unrisky

unbefruchtet unfertilized

unbehandelt untreated, not treated, nontreated

unbelebt inanimate, lifeless, nonliving

unbeweglich/bewegungslos/fixiert nonmotile, immotile, immobile, motionless, fixed

undicht/leck leaking, leaky

undicht sein leak (not closing tightly)

Undichtigkeit leak, leakiness

undurchlässig/impermeabel impervious, impenetrable; impermeable

Undurchlässigkeit/Impermeabilität imperviousness, impermeability

Uneinheitlichkeit nonuniformity

unempfindlich insensitive
unersättlich insatiable
Unersättlichkeit insatiability
unerwünschte Stoffe undesirable
  substances
Unfall accident
➤ **Arbeitsunfall** occupational accident
➤ **Betriebsunfall** industrial accident,
  accident at work
➤ **größter anzunehmender Unfall**
  worst-case accident
➤ **Zwischenfall** incident
Unfallgefahr danger of accident
unfallträchtig hazardous
Unfallverhütung prevention of
  accidents
Unfallversicherung accident
  insurance
unfruchtbar/steril infertile, sterile
Unfruchtbarkeit/Sterilität infertility,
  sterility
ungefährlich (sicher) not
  dangerous, harmless (safe);
  (nicht gesundheitsgefährdend)
  nonhazardous
ungelöst undissolved
ungepuffert unbuffered
ungesättigt unsaturated
➤ **doppelt ungesättigt** diunsaturated
➤ **einfach ungesättigt**
  monounsaturated
➤ **mehrfach ungesättigt**
  polyunsaturated
Ungeziefer pest
ungleich/nicht identisch/anders
  unequal, different
Ungleichgewicht imbalance,
  disequilibrium
ungleichmäßig irregular, nonuniform
Unkrautbekämpfung/
  Unkrautvernichtung weed control

Unkrautbekämpfungsmittel/
  Unkrautvernichtungsmittel/
  Herbizid herbicide, weed killer
unlöslich insoluble
Unlöslichkeit insolubility
unnatürlich unnatural
unpolar apolar
unregelmäßig/irregulär/anomal
  irregular, anomalous
Unregelmäßigkeit/Anomalie
  irregularity, anomaly
unreif unripe, immature
Unreife immaturity, immatureness
unscharf *micro/photo* not in focus,
  out of focus, blurred
Unschärfe *micro/photo* blurredness,
  blur, obscurity, unsharpness
unsicher/gefährlich unsafe;
  (ungewiss) uncertain
unspezifisch nonspecific
unteilbarer Faktor unit factor
unterbrechen interrupt
Unterbrecher/Trennschalter
  electr circuit breaker
Unterbrechung interruption
Unterdruck negative pressure
unterdrückbar suppressible
unterdrücken suppress
Unterdrückung suppression
Untereinheit subunit
Unterfunktion/Insuffizienz
  hypofunction, insufficiency
➤ **Überfunktion** hyperfunction,
  hyperactivity
untergärig bottom fermenting
➤ **obergärig** top fermenting
untergetaucht/submers submerged,
  submersed
untergliedern (untergliedert)
  subdivide(d)
Untergliederung subdivision

Unterkorn (Siebdurchgang) undersize
unterkühlen undercool, supercool
unterkühlte Flüssigkeit undercooled liquid, supercooled liquid
Unterkühlung undercooling, supercooling
unterlegen inferior, put underneath
Unterlegenheit inferiority; defeat
Unterlegscheibe washer
unterordnen subordinate, submit
Unterphase (flüssig-flüssig) lower phase
Unterscheidungsmerkmal differentiating characteristic
Unterseite underside, undersurface
untersuchen/prüfen/testen/ analysieren investigate, examine, test, assay, analyze; probe
Untersuchung/Prüfung/Test/Probe/ Analyse investigation, examination (exam), study, search, test, trial, assay, analysis
➢ **bakteriologische Untersuchung** microbiological assay
➢ **Fruchtwasseruntersuchung** analysis of amniotic fluid (for prenatal diagnosis)
➢ **medizinische/ärztliche Untersuchung** medical examination, medical exam, medical checkup, physical examination, physical
➢ **Wasseruntersuchung** water analysis
Untersuchungsgerät testing equipment/apparatus
Untersuchungsliege examination couch
Untersuchungslösung test solution, solution to be analyzed
Untersuchungsmedium/Prüfmedium/ Testmedium assay medium
unterteilt/kompartimentiert divided, subdivided, compartmentalized
Unterteilung subdivision

unterweisen instruct, train, teach
Unterweisung instruction(s), training, teaching; briefing
unvermischbar immiscible
Unvermischbarkeit immiscibility
unverschmiert/schmutzfrei smudge-free
unverschmutzt uncontaminated
unverträglich/inkompatibel incompatible
Unverträglichkeit/Inkompatibilität incompatibility
Unverträglichkeitreaktion/ Inkompatibilitätreaktion incompatibility reaction
unverzerrt/unverfälscht *math/stat* unbiased
unverzweigt (Kette) *chem* unbranched (chain)
unvorsichtig careless, incautious, unwary
unwirksam ineffective
Unwucht unbalanced state
unwuchtig unbalanced
unzerbrechlich unbreakable
Uridylsäure uridylic acid
Urin/Harn urine
urinieren/harnlassen/harnen urinate
Urocaninsäure (Urocaninat)/ Imidazol-4-acrylsäure urocanic acid (urocaninate)
Uronsäure (Urat) uronic acid (urate)
Ursprung origin
ursprünglich (originär) original, basic, simple, primitive; (urtümlich) pristine
ursprungsgleich/homolog homologous
USB-Stick flash drive, USB flash drive
Usninsäure usnic acid
UV-Spektroskopie ultraviolet spectroscopy, UV spectroscopy

V

Vakuum vacuum
Vakuumaufdampfung vacuum
deposition (metallization)
Vakuumdestillation
vacuum distillation,
reduced-pressure distillation
Vakuumdrehfilter/
Vakuumtrommeldrehfilter
micb rotary vacuum filter
Vakuumeindampfer vacuum
concentrator
Vakuumfalle vacuum trap
vakuumfest vacuum-proof
Vakuumfiltration vacuum filtration,
suction filtration
Vakuumofen
vacuum furnace (or oven)
Vakuumpumpe vacuum pump
Vakuumverteiler (mit Hähnen)
vacuum manifold
Vakuumvorlage *dest* vacuum
receiver
Vakzination/Vakzinierung/Impfung
vaccination
Vakzine/Impfstoff vaccine
Valenz valence, valency
Valeriansäure/Baldriansäure/
Pentansäure (Valeriat/Pentanat)
valeric acid, pentanoic acid
(valeriate/pentanoate)
Validierung validation
Vanillinsäure vanillic acid
Variabilität/Veränderlichkeit/
Wandelbarkeit
(*auch:* **Verschiedenartigkeit**)
variability
Variabilitätsrückgang decay of
variability
Varianz/mittlere quadratische
Abweichung/mittleres

Abweichungsquadrat
stat variance, mean square
deviation
➢ **additive genetische Varianz**
additive genetic variance
➢ **Dominanzvarianz** dominance
variance
➢ **Umweltvarianz** environmental
variance
Varianzanalyse analysis of variance
(ANOVA)
Varianzheterogenität/
Heteroskedastizität
stat heteroscedasticity
Varianzhomogenität/
Varianzgleichheit/
Homoskedastizität
stat homoscedasticity
Variationsbreite *stat* range of
variation/distribution
Variationskoeffizient *stat*
coefficient of variation
Vaterschaftsbestimmung/
Vaterschaftstest paternity test
Vegetation vegetation, plant life
Vektor vector
venerische Übertragung
venereal transmission
Venerologie venereology
Ventil valve, vent
➢ **Abschaltventil/Absperrventil**
shut-off valve
➢ **Abzweigventil** *chromat* split valve
➢ **Ausatemventil (an**
Atemschutzgerät) exhalation valve
➢ **Ausgleichsventil** relief valve
(pressure-maintaining valve)
➢ **Auslaufventil** plug valve
➢ **Begrenzungsventil** limit valve
➢ **Dosierventil** metering valve
➢ **Drosselventil** throttle valve
➢ **Druckluftventil** pneumatic valve

➤ **Druckminderventil/**
Druckminderungsventil/
Druckreduzierventil pressure-relief
valve (gas regulator, gas cylinder
pressure regulator)

➤ **Druckregelventil** pressure control
valve

➤ **Einspritzventil** injection valve,
syringe port

➤ **Entlüftungsventil** purge valve,
pressure-compensation valve

➤ **Fassventil (Entlüftung)** drum vent

➤ **Flügelhahnventil** butterfly valve

➤ **hydraulisch vorgesteuert**
pilot-operated

➤ **Kegelventil** cone valve, mushroom
valve, pocketed valve

➤ **Kugelventil** ball valve

➤ **Lufteinlassventil** air inlet valve,
air bleed

➤ **Magnetventil (Zylinderspule)**
solenoid valve

➤ **Membranventil** diaphragm valve

➤ **Nadelventil** needle valve

➤ **Quetschventil** pinch valve

➤ **Reduzierventil/Druckminderventil/**
Druckminderungsventil/
Druckreduzierventil (für
Gasflaschen) pressure-relief
valve (gas regulator, gas cylinder
pressure regulator)

➤ **Regelventil** control valve

➤ **Rückflusssperre/Rücklaufsperre/**
Rückstauventil backflow
prevention, backstop (valve)

➤ **Rückschlagventil** check valve,
backstop valve

➤ **Schieberventil** slide valve

➤ **Schlauchventil (Klemmventil)**
(tubing) pinch valve

➤ **Schlussventil** cutoff valve

➤ **Sicherheitsventil** security valve,
security relief valve

➤ **Sperrventil/Kontrollventil** check
valve, control valve

➤ **Spülventil (Inertgas)** T-purge (gas
purge device)

➤ **Überdruckventil** pressure valve,
pressure relief valve

➤ **Verdrängerventil** positive-
displacement valve

➤ **Zulaufventil/Beschickungsventil**
delivery valve

Ventilation ventilation

Ventilator fan

ventilieren/belüften/entlüften/
durchlüften/Rauch abziehen
lassen ventilate, vent

Veränderlichkeit/Wandelbarkeit/
Variabilität variability

verändern change, modify, vary

Veränderung change, modification,
variation

verankern (befestigen) anchor
(fasten/attach)

Verankerung anchorage

Verantwortliches Handeln (Rio '92)
'Responsible Care'

Verarbeitbarkeit processability;
(Verformbarkeit) plasticity

verarbeiten process, processing,
treat

Verarbeitung processing, treatment

Verarbeitungsdauer/Topfzeit pot life

verarbeitungfähig machineable,
machinable

Verarbeitungshilfe processing aid

veraschen incinerate, reduce to
ashes

Veraschung ashing

➤ **Hochdruckveraschung**
high-pressure ashing

➤ **Kalt-Plasma-Veraschung**
cold plasma ashing

➤ **Nassveraschung** wet ashing

verätzen (Chemikalien/Alkali/Säure)
(chemicals/alkali/acid) burn; *med*
cauterize

Verätzung (Chemikalien/Alkali/Säure)
(chemicals/alkali/acid) burn, caustic
burn; *med* cauterization

Verätzungsgefahr caustic hazard

**verbacken/festgebacken/festgesteckt
(Schliff/Hahn)** jammed, seized-up,
stuck, 'frozen', caked

Verband (Vereinigung) association,
union, federation, society; *med*
dressing, bandage

Verbandskasten first-aid box,
first-aid kit

Verbandsschere bandage scissors

Verbandsschrank first-aid cabinet

Verbandstisch instrument table

Verbandszeug bandaging/dressing
material

verbinden connect, bond, link; *med*
(einen Verband anlegen) dress,
bandage

Verbinder (*siehe auch:* Kupplung)
(Adapter) fitting(s), adapter;
(Kupplung) coupling, coupler,
connector

➤ **Flachsteckverbinder** flat-plug
connector

➤ **Kabelverbinder** cable connector

➤ **Rohrverbinder/Rohrverbindung(en)**
pipe fitting(s), fittings

➤ **Schlauchverbinder/
Schlauchverbindung(en)** tubing
connector (for connecting tubes),
tube coupling, fittings

➤ **Schnellverbinder** quick-disconnect
fitting

verbindlich obligatory, binding,
mandatory, compulsory

Verbindung *allg* connection, bond,
linkage; *chem* compound

➤ **chemische Verbindung** (chemical)
compound

➤ **energiereiche Verbindung** high
energy compound

**Verbindungsmuffe (Kupplung: Rohr/
Schlauch etc.)** fittings, couplings,
couplers

Verbindungsschnur *electr* connecting
cord

Verbindungsstück (von Bauteilen)
coupling, coupler

verblassen fade

Verbot prohibition, ban

➤ **Rauchverbot!** No Smoking!

verboten forbidden, prohibited

➤ **strengstens verboten** strictly
forbidden, strictly prohibited

➤ **Zutritt verboten!/Betreten
verboten!** off-limits!, Do Not Enter!,
No Entrance!, No Trespassing!

Verbrauch consumption, use, usage

Verbraucher/Konsument consumer

➤ **Großverbraucher** bulk consumer

Verbraucherschutz consumer
protection

Verbrauchsmaterial consumable
goods, consumables

verbrennen combust, incinerate,
burn

Verbrennung combustion,
incineration; *med* burn

➤ **chemische Verbrennung**
chemical burn

Verbrennungsofen
combustion furnace

Verbrennungsrohr (Glas)
incinerating tube

Verbrennungswärme combustion
heat, heat of combustion

Verbrühung/Verbrühungsverletzung
scald, scalding

Verbund *tech* composite; composite construction; compound
Verbundfolie composite foil/film
Verbundglas laminated glass
Verbundverfahren *analyt* multistage analytical procedure
Verbundwerkstoff composite material
verchromen (verchromt) chrome-plate(d)
verchromtes Messing chrome-plated brass
Verdacht (auf eine Erkrankung) suspicion (of a disease)
Verdachtsstoff *med* suspected toxin
verdampfen evaporate, vaporize
Verdampferkolben evaporating flask
Verdampfungs-Lichtstreudetektor evaporative light scattering detector (ELSD)
Verdampfungswärme heat of vaporization
Verdau (enzymatischer) digest (enzymatic)
verdauen digest
verdaulich digestible
Verdaulichkeit/Bekömmlichkeit digestibility
verderblich perishable; (Früchte:leicht verderblich) highly perishable
verdichten compress, condense; compact; concentrate; thicken
Verdichtung/Kompression compression, condensation, compaction; concentration; densification
verdicken thicken; swell
Verdickung thickening; *med* swelling
Verdopplungszeit (Generationszeit) doubling time (generation time)
verdrahten wire
Verdrahtung wiring
verdrängen displace; dislodge

Verdrängerventil positive-displacement valve
Verdrängung displacement
Verdrängungspumpe/Kolbenpumpe (HPLC) displacement pump
Verdrängungsreaktion *biochem* displacement reaction
verdünnbar dilutable
verdünnen dilute, thin down
Verdünner/Verdünnungsmittel/ Diluent/Diluens diluent
verdünnte Lösung dilute solution
Verdünnung dilution, thinning down
Verdünnungsausstrich dilution streak, dilution streaking
Verdünnungsmittel diluent
Verdünnungsreihe dilution series
Verdünnungs-Schüttelkultur dilution shake culture
verdunsten evaporate, vaporize
Verdunstung evaporation, vaporization
Verdunstungsbrenner evaporation burner
Verdunstungskälte/ Verdunstungsabkühlung evaporative cooling
Verdunstungswärme heat of vaporization
veredeln refine, improve, process, finish
Veredlung refinement, improvement, processing, finishing
Veredlungsprozess refinement process
Vereinbarung agreement
verengen/einschnüren constrict
Verengung/Enge/Einschnürung narrowing, constriction
verestern esterify
Veresterung esterification
Verfahren procedure, technique, method

Verfahrenstechnik process
engineering
➢ **biologische Verfahrenstechnik/**
Bioingenieurwesen/Biotechnik
bioengineering
Verfahrensvorschrift procedural
guidelines
Verfallsdatum expiration date
Verfärbung discoloration
verfaulen (verfault)/zersetzen
(zersetzt) foul, rot (rotten),
decompose(d), decay(ed)
Verfestigung/Verfestigen hardening,
strengthening
verflochten interwoven, intertwined,
entangled
verflüchtigen volatilize
Verflüchtigung volatilization
verflüssigen liquefy, liquify
Verflüssiger liquefier
Verflüssigung liquefaction
Verformung/Formänderung/
Deformation deformation
Verfügbarkeit availability
vergällen/denaturieren (z.B. Alkohol)
denature
➢ **unvergällt** pure (not denatured)
vergären/fermentieren ferment
Vergärung/Fermentation
fermentation
vergiften poison, intoxicate; (durch
Tiergift) envenom
Vergiftung (Intoxikation) poisoning,
intoxication; (durch Tiergift)
envenomation, envenomization
Vergiftungszentrale/
Entgiftungszentrale poison control
center
Vergleich comparison; reference
Vergleichsgas (GC) reference gas
Vergleichspräzision reproducibility
Vergleichssubstanz comparative
substance

vergolden gilding
Vergossenes/Übergelaufenes
spillage, spill
vergrößern magnify, enlarge
Vergrößerung
magnification, enlargement
➢ *x*-fache Vergrößerung
magnification at *x* diameters
Vergrößerungsglas magnifying glass,
magnifier, lens
Verhalten behavior (*Br* behaviour),
conduct
Verhaltensregeln rules of conduct
Verhältnis (Quotient/Proportion)
ratio, quotient, proportion;
(Beziehung) relationship
Verhältnisskala/Ratioskala *stat* ratio
scale
Verhütung (Verhinderung: Unfälle/
Vorsorge) prevention (provision);
(Kontrazeption) contraception
verjüngen/regenerieren rejuvenate,
regenerate
Verjüngung/Regeneration
rejuvenation, regeneration
Verkabelung *electr* wiring, electrical
wiring; (Leitungen) circuitry
verkalken (verkalkt) calcify (calcified)
Verkalkung/Kalkeinlagerung/
Kalzifizierung/Calcifikation
calcification
Verkäufer (Firma/Lieferant) vendor
Verkernung medullation
verketten catenate; concatenate
Verkettung concatenation
Verkleinerung *photo*
(size) reduction
verknüpfen bond, couple, tie; link
verkohlen char, carbonize
Verkohlung/Verkohlen charring,
carbonization
Verlängerung elongation;
(Ausdehnung) extension

Verlängerungskabel/
Verlängerungsschnur
electr extension cable, extension
cord (power cord)
Verlängerungsklemme extension
clamp
Verlässlichkeit reliability
Verlauf course (e.g., of a disease);
(Verlauf:z.B. einer Krankheit)
progress, development, trend;
(einer Kurve) path, course, trend
verleimen glue together; (verkleben)
stick together
verletzen injure
verletzlich vulnerable
Verletzung injury
vermehren/fortpflanzen/
reproduzieren propagate,
reproduce
Vermehrung (Vervielfältigung/
Multiplikation) mulplication;
(Fortpflanzung/Reproduktion)
propagation, reproduction;
(Amplifikation/Vervielfältigung)
amplification
Vermeidung avoidance
vermischbar miscible
➤ **unvermischbar** immiscible
Vermischbarkeit miscibility
➤ **Unvermischbarkeit** immiscibility
vermischen mix
Vermischung mix, mixing
vermitteln mediate; arrange between
Vermittler/Mediator mediator
vermodern/modern rot, decay,
decompose, putrefy
vermuten/annehmen hunch, guess,
assume
Vermutung/Annahme hunch, guess,
assumption
vernachlässigbar negligible
Vernachlässigung negligence
Vernässung waterlogging
Vernebler nebulizer

vernetzen interconnect, network
vernetzt interconnected, netted,
meshy, reticulate
Vernetzung interconnection, mesh,
network, networking, webbing,
crosslinking; (Vulkanisation)
vulcanization; (Härten) cure, curing
vernichten destroy, eliminate
Vernichtung destruction, elimination
Vernichtungsbeutel disposal bag
veröden *med* obliterate; (Landschaft)
become desolate, become deserted,
obliterate
verödet *med* obliterate(d);
(Landschaft) desolate(d), deserted,
obliterate(d)
Verödung obliteration; desolation
Verordnung ordinance, decree
➤ **Arbeitsstättenverordnung**
(ArbStättV) Workplace Safety
Ordinance, Working Site Ordinance
➤ **Arbeitsstoffverordnung (AStoffV)**
Ordinance on Occupational
Substances
➤ **Gefahrgutverordnung (GefahrgutV)**
Hazardous Materials Transportation
Ordinance
➤ **Gefahrstoffverordnung (GefStoffV)**
Ordinance on Hazardous
Substances
➤ **Gentechnik-Sicherheitsverordnung**
(GenTSV) Genetic Engineering
Safety Ordinance
➤ **Smogverordnung** German smog
ordinance
➤ **Störfallverordnung (StörfallV)**
Statutory Order on Hazardous
Incidents, Industrial Accidents
Directive
➤ **Strahlenschutzverordnung (StSV)**
Radiation Protection Ordinance
➤ **Trinkwasserverordnung (TrinkwV)**
Drinking Water Ordinance, Safe
Drinking Water Ordinance

Verpackung packaging; (mit Folie/ Papier) wrapping
➤ **in vitro-Verpackung** *in vitro* packaging
Verpackungsflasche packaging bottle
Verpackungsgläser packaging glasses
Verpackungsklebeband packaging tape
Verpackungsmittel packaging material
verpflanzen *med* (transplantieren) transplant; *bot* (umpflanzen/ umsetzen/versetzen) replant
Verpflanzung/Transplantation transplantation
verpuffen deflagrate
Verpuffung deflagration
Verputz (innen/außen) finish
verriegeln bolt, bar, interlock
Verriegelung bolt(ing), barring, interlock
Versalzung (Boden) salinization
Versand shipment, dispatch
➤ **Auslieferung** delivery
versandfertig ready for dispatch/ shipment/delivery
Versandkosten shipment costs, shipping charges, carriage charges
Versandpapiere shipping documents
Versauerung acidification
verschicken send, ship
Verschiebung shift
➤ **chemische Verschiebung** *spectros* chemical shift
Verschleiß (Abnutzung) wear, attrition, erosion; (Abrieb) abrasion
verschleißen/abnutzen wear (out), erode
verschleißfest resistant to wear
Verschleißteile expendable parts
Verschleppung displacement; (*zeitlich*) protraction, delay, procrastination

➤ **Kreuzkontamination** *chromat* carry-over, cross-contamination;
➤ **Übertragung** *med* transmission, spreading; protraction (through neglect)
verschließbar lockable; sealable
verschließen lock; (mit Deckel) cap; (mit Stopfen) stopper; (zustopfen) plug
Verschluss lock; closure; (Deckel) cap, lid, cover; seal (air-tight)
Verschlusskappe seal, cap, closure
Verschlussklammer/Verschlussclip (Dialysierschlauch) clamping closure (dialysis tubing)
Verschluss-Scheibe *electrophor* gate (gel-casting)
verschmelzen/fusionieren fuse
Verschmelzung/Fusion fusion
verschmoren scorch
verschmutzen pollute, contaminate
verschmutzt polluted, contaminated
➤ **beschmutzt/fleckig** *allg* dirty, stained (fleckig)
➤ **unverschmutzt** unpolluted, uncontaminated
Verschmutzung pollution, contamination
➤ **Grundwasserverschmutzung** groundwater pollution
➤ **Lärmverschmutzung** noise pollution
➤ **Luftverschmutzung** air pollution
➤ **Umweltverschmutzung** environmental pollution
➤ **Wasserverschmutzung** water pollution
Verschmutzungsgrad amount of pollution, degree of contamination
verschütten spill; (ausschütten) pour out, empty out; (überlaufen) overflow, run over

Verschütten spill; (Ausschütten) pouring out, emptying out; (Überlaufen) overflow, run over
> **Chemikalienbinder** chemical spill absorber (absorbent)
verseifen saponify
Verseifung saponification
versetzen/umpflanzen transplant, replant
verseuchen (verseucht) contaminate(d), poison(ed), pollute(d); (mit Mikroorganismen/ Ungeziefer etc.) infest(ed)
Verseuchung contamination, pollution; (mit Mikroorganismen/ Ungeziefer etc.) infestation
Verseuchungsgefahr risk of contamination
versorgen *tech/mech/electr* supply, service
Versorgung *tech/mech/electr* supply
Versorgungsanschluss (Zubehörteil/ Armatur) fixture
Versorgungseinrichtungen utilities
Versorgungsleitung supply line, utility line, service line
verspritzen splash, squirt, spatter
Verständigung/Kommunikation communication
verstärken *tech* amplify; *metabol* enhance; (fest/solide) reinforce, amplify
Verstärker *tech* amplifier; *metabol* (Substanz) enhancer
Verstärkerfolie (Autoradiographie) intensifying screen (autoradiography)
Verstärkung reinforcement, amplification
Verstärkungsstoff booster (substance)
versteifen (versteift) stiffen(ed)

verstellbar (einstellbar) adjustable; variable
verstellen adjust, regulate, move, shift; (falsch einstellen) set the wrong way; (herumdrehen an) tamper with
verstopft clogged, blocked
verstrahlt radioactively contaminated
Verstrahlung (radioaktive) radioactive contamination
verstreuen (ausstreuen) spread, scatter, disseminate; (verstreut liegen) intersperse, disperse
Versuch experiment, test, trial; (Ansatz) attempt; (Bemühung) endeavor
> **Blindversuch/Blindprobe** negative control, blank, blank test
> **Doppelblindversuch** double-blind assay/study
> **Fehlversuch** mistrial, unsuccessful attempt
> **Feldversuch/Freilanduntersuchung/ Freilandversuch** field study, field investigation, field trial
> **Isotopenversuch** isotope assay
> **Schutzversuch/Schutzexperiment** protection assay, protection experiment
> **Tierversuch** animal experiment
> **Triplettbindungsversuch** triplet binding assay
> **Vorversuch** pretrial, preliminary experiment
versuchen try, attempt; (bemühen) endeavor
Versuchsanlage/Pilotanlage pilot plant
Versuchsanordnung/Versuchsaufbau experiment setup, experimental arrangement

Versuchsbedingungen experimental
conditions
Versuchsdurchführung performance
of an experiment
Versuchsreihe experimental series,
trial series
Versuchstier laboratory animal,
experimental animal
Versuchsverfahren experimental
procedure/protocol, experimental
method
Verteidigung defense
verteilen distribute; diffuse; spread
Verteiler distributor; diffuser; manifold
➢ **Gasverteiler/Luftverteiler (Düse in
Reaktor)** *biot* sparger
Verteilung *chem/stat* distribution;
(Zerstreuung) dispersion, spreading
➢ **Affinitätsverteilung** affinity
partitioning
➢ **Altersverteilung** age distribution
➢ **bimodale Verteilung** bimodal
distribution
➢ **Binomialverteilung** binomial
distribution
➢ **freie/unabhängige Verteilung** *gen*
independent assortment
➢ **F-Verteilung/Fisher-Verteilung/
Varianzquotientenverteilung**
F-distribution, Fisher distribution,
variance ratio distribution
➢ **Gauß-Verteilung/Normalverteilung/
Gaußsche Normalverteilung**
Gaussian distribution (Gaussian
curve/normal probability curve)
➢ **Gegenstromverteilung**
countercurrent distribution
➢ **Häufigkeitsverteilung** frequency
distribution (FD)
➢ **Lognormalverteilung/
logarithmische Normalverteilung**
lognormal distribution, logarithmic
normal distribution

➢ **nicht-zufallsgemäße Verteilung**
nonrandom disjunction
➢ **Normalverteilung** normal
distribution
➢ **Poissonsche Verteilung/Poisson
Verteilung** Poisson distribution
➢ **Randverteilung** marginal
distribution
➢ **statistische Verteilung** statistical
distribution
➢ **Varianzquotientenverteilung/
F-Verteilung/Fisher-Verteilung**
variance ratio distribution,
F-distribution, Fisher distribution
Verteilungsfunktion *stat* distribution
function
Verteilungskoeffizient
chromat partition coefficient,
distribution constant
Verteilungsmuster distribution
pattern
**vertikale Luftführung (Vertikalflow-
Biobench)** vertical air flow (clean
bench with vertical air curtain)
Vertikalrotor *centrif* vertical rotor
verträglich/kompatibel/tolerant
compatible, tolerant
➢ **unverträglich/inkompatibel/
intolerant** incompatible, intolerant
**Verträglichkeit/Kompatibilität/
Toleranz** compatibility, tolerance
➢ **Unverträglichkeit/Inkompatibilität/
Intoleranz** incompatibility,
intolerance
Vertrauensintervall/Konfidenzintervall
stat confidence interval
Vertreter representative, rep;
(Verkauf) sales representative
verunreinigen contaminate, pollute
verunreinigt/schmutzig/unsauber
impure
Verunreinigung/Kontamination
impurity, contamination

**Vervielfältigung/Vermehrung/
Amplifikation** amplification
verwachsen/angewachsen
allg fused, coalescent
Verwachsung *allg* fusion;
coalescence, symphysis
Verwaltung administration
➤ **öffentliche Verwaltung** civil service,
public service
Verwaltungsangestellte(r)
administrative employee
verwandt akin, related; *gen*
(zugehörig) cognate
**Verweilzeit/Verweildauer/
Aufenthaltszeit/Verweildauer**
residence time; (Retentionszeit)
retention time
verwelken wither, wilt, fade
(shrivel up)
verwendbar usable
➤ **nicht verwendbar** nonusable
➤ **wiederverwendbar** reusable
**Verwendbarkeitsdauer/
Nutzungsdauer** working life
Verwendung use, usage
➤ **Weiterverwendung** continued use/
usage
➤ **Wiederverwendung** reuse
verwerfen *chem* discard, dispose of
verwerten *metabol/ecol* utilize
Verwertung *metabol/ecol* utilization
verwesen/zersetzen putrefy, rot,
decompose
Verwesung/Zersetzung putrefaction,
rotting, decomposition
verwittern *geol* weather; *bot* waste
Verwitterung *geol* weathering; *bot*
wastage
Verwitterungsbeständigkeit
durability
verzerrt/verfälscht *math/stat* biased
verzögern delay, retard
Verzögerung delay, retardation

verzuckern saccharify
Verzuckerung saccharification
verzweigen, sich branch out, ramify
verzweigt branched, ramified
➤ **unverzweigt** unbranched,
unramified
verzweigtkettig *chem*
branched-chained
Verzweigung *chem* branching
Verzweigungsstelle branch site
Vesikel *nt*/**Bläschen** vesicle
vesikulär/bläschenartig vesicular,
bladderlike
Veste, kugelsichere bulletproof vest
Vibrationsbewegung vibrating
motion
Vibrationsenergie vibrational energy,
vibration energy
Vibrationsspatel vibrating spatula
vibrieren vibrate
Viehfutter animal feed
**Vielfachmessgerät/
Universalmessgerät/Multimeter**
electr multimeter
Vielfachschale/Multischale
micb multiwell plate
**Vielfachzucker/
Polysaccharid** multiple sugar,
polysaccharide
**Vielfalt/Vielfältigkeit/
Vielgestaltigkeit/Mannigfaltigkeit**
diversity
Vielkanalgerät multichannel
instrument
vielschichtig/mehrschichtig
multilayered
Vierfuß (für Brenner) quadrupod
**Vierkantflasche/quadratische
Flasche** square bottle
Viertelswert/Quartil *stat* quartile
vierwertig *chem* tetravalent
Vigreux-Kolonne Vigreux column
Virologie virology

Virose/Viruserkrankung virosis
Virostatikum virostatic
virtuelles Bild *micros* virtual image
virulent virulent
Virulenz/Infektionskraft virulence
(disease-evoking power/ability of
cause disease)
Virus (pl Viren) virus
Viruserkrankung/Virose viral
infection, virosis
viruzid virucidal, viricidal
viskos/viskös/zähflüssig/dickflüssig
viscous, viscid (glutinous
consistency)
Viskosität/Dickflüssigkeit/
Zähflüssigkeit viscosity,
viscousness
Viskositätskoeffizient coefficient of
viscosity
Viskoelastizität viscoelasticity
Viskosimeter/Viskometer viscometer
(viscosimeter)
➢ **Couette-Rotationsviskosimeter**
Couette rotary viscometer
➢ **Dehnviskosimeter/**
Dehnungsviskosimeter extensional
viscometer
➢ **Kapillarviskosimeter** capillary
viscometer
➢ **Kegel-Platte-Viskosimeter**
cone-plate viscometer, cone-and-
plate viscometer
➢ **Ostwald-Viskosimeter** Ostwald
viscometer
➢ **Kugelfallviskosimeter** ball
viscometer
➢ **Rotationsviskosimeter** rotary
viscometer, rotational viscometer
Viskosität viscosity, viscousness
Vitalfarbstoff vital dye, vital stain
Vitalfärbung/Lebendfärbung vital
staining
Vitalität/Lebenskraft vitality

Vitalkapazität vital capacity
Vitamin(e) vitamin(s)
Vitrifizierung vitrification
Vitrine/Schaukasten showcase
Vlies(stoff) fleece
voll aufdrehen (Wasserhahn etc.)
full blast
vollgesogen (mit Wasser)
waterlogged
vollgestellt/zugestellt (Schränke/
Abzug etc.) cluttered
Vollmedium complete medium
Vollpipette/volumetrische Pipette
transfer pipet, volumetric pipet
Vollzeitbeschäftigte(r) full-time
employee (worker)
Voltammetrie voltammetry
➢ **lineare Voltammetrie** linear
scan voltammetry, linear sweep
voltammetry
➢ **Stripping-Analyse/**
Inversvoltammetrie stripping
analysis, stripping voltammetry
➢ **cyclische Voltammetrie/**
Cyclovoltammetrie cyclic
voltammetry
Volumenanteil (Volumenbruch)
volume fraction
Vorarbeiten preparatory work
Vorauflaufbehandlung *agr*
pre-emergence treatment
Voraussage prediction
Voraussagemodell predictive model
voraussagend predictive
Vorbehandlung pretreatment,
preparation
Vorbereitung preparation
➢ **Probenvorbereitung** sample
preparation
Vorderseite (Gerät etc.) front side,
front, face
vorderseitig (bauchseitig) front side,
ventral

Vordruck/Eingangsdruck (Hochdruck: Gasflasche) initial pressure, initial compression, high pressure

Vorfilter prefilter

Vorfluter recipient; discharge; (Gewässer: Abwassergraben etc.) drainage ditch, outfall ditch, receiving water

vorgereinigt precleaned

Vorhängeschloss (für Laborspind etc.) padlock

vorherrschen predominate

Vorhersage/Prognose prognosis

Vorkehrung precaution, provision, measure

Vorkehrungen treffen take precautions (precautionary measures)

vorkeimen pregerminate

Vorkeimung pregermination

Vorkommen occurrence, presence

Vorkonzentrierung preconcentration

vorkühlen prechill

Vorkühler (Kälte) precooler

Vorkultur preculture

Vorlage *dest* distillation receiver adapter, receiving flask adapter

➢ **Vakuumvorlage** vaccum receiver

Vorlagekolben recovery flask, receiving flask, receiver flask (collection vessel)

Vorlauf *dest* forerun; forshot (alcohol)

Vorläufer/Präkursor precursor

Vormischung premix; premixing

Vorprobe preliminary test, crude test

Vorrat stock, store, supply (*meist pl* supplies), provisions, reserve

Vorratsbox storage box

Vorratsflasche storage bottle

Vorratshaltung hoarding of food

Vorratskammer storage chamber

Vorratsschädling storage pest

Vorratsschrank storage cabinet; (Schränkchen) cupboard

Vorraussage prediction

vorreinigen prepurify

Vorreinigung precleaning

Vorrichtung device

Vorsäule/Schutzsäule (HPLC) precolumn, guard column

Vorschaltdrossel *electr* ballast, choke

Vorschaltgerät *electr* ballast unit; (Starter:Leuchtstoffröhren) starter

Vorschlaghammer sledge hammer

Vorschrift(en) (Anweisungen) instructions, specifications, directions, prescription; (Regeln) policy, rule

Vorschub *micros* advance

Vorsicht carefulness, caution, cautiousness, care, precaution; (Vorsicht!) caution! (careful!)

vorsichtig careful, cautious

➢ **unvorsichtig** careless, incautious, unwary

Vorsichtsmaßnahme/ Vorsichtsmaßregel precaution, precautionary measure, safety measure(s); safety warning

Vorsorge provision, precaution

Vorsorgemaßnahme provisional measure, precautionary measure

Vorsorgeuntersuchung preventive medical checkup

Vorstoß *lab/chem (siehe auch unter:* Adapter) adapter

➢ **Destilliervorstoß** receiver adapter

➢ **Filtervorstoß** adapter for filter funnel

➢ **Vakuumvorstoß** vacuum adapter

➢ **Vakuumfiltrationsvorstoß** vacuum-filtration adapter

Vortex/Mixer/Mixette/ Küchenmaschine vortex, mixer

Vortex-Bewegung
(Schüttler: kreisförmig-vibrierende Bewegung) vortex motion, whirlpool motion

Vortexmischer/Vortexschüttler/ Vortexer (für Reagenzgläser etc.) vortex shaker, vortex

Vortrieb/Anschub thrust

Vorverstärker preamplifier

Vorversuch pretrial, preliminary experiment

Vorwärmer preheater

Vorzugstemperatur cardinal temperature

Vulkanasche volcanic ash

Vulkanisation vulcanizing, vulcanization; (Härten) curing, cure

W

Waage scale (weight), balance (mass)
➢ **Analysenwaage** analytical balance
➢ **Balkenwaage/Hebelwaage** beam balance, balance scales
➢ **Federzugwaage/Federwaage** spring balance, spring scales
➢ **Feinwaage/Präzisionswaage** precision balance
➢ **Kontrollwaage** checkweighing scales
➢ **Küchenwaage** kitchen scales, kitchen balance
➢ **Laborwaage** laboratory balance
➢ **Tafelwaage** pan balance, platform balance
➢ **Tischwaage** bench scales
➢ **Wasserwaage** level

Waagschale scalepan, weigh tray, weighing tray, weighing dish

Wachs wax
➢ **Bienenwachs** beeswax
➢ **Dichtungswachs** sealing wax
➢ **Erdölwachs/Erdölparaffin** petroleum wax
➢ **Paraffinwachs** paraffin wax
➢ **Plastilin** plasticine
➢ **Wollwachs** wool wax

wachsartig waxy, wax-like, ceraceous

wachsen grow; thrive

Wachsfüßchen (Plastilinfüßchen an Deckgläschen) *micros* wax feet, plasticine supports on edges of coverslip

Wachspapier wax paper

Wachstum growth

wachstumsfördernd growth-stimulating

Wachstumsgeschwindigkeit/ Wachstumsrate/Zuwachsrate growth rate

wachstumshemmend growth-retarding, growth-inhibiting

Wachstumshemmer/Wuchshemmer/ Wuchshemmstoff growth inhibitor

Wachstumskurve growth curve

Wachstumsphase growth phase
➢ **Absterbephase** decline phase, phase of decline, death phase
➢ **Adaptationsphase/Anlaufphase/ Latenzphase/Inkubationsphase/ lag-Phase** lag phase, latent phase, incubation phase, establishment phase
➢ **Beschleunigungsphase/ Anfahrphase** acceleration phase
➢ **Eingewöhnungsphase** establishment phase
➢ **exponentielle Wachstumsphase/ exponentielle Entwicklungsphase** exponential growth phase

➢ **lag-Phase/Adaptationsphase/ Anlaufphase/Latenzphase/ Inkubationsphase** lag phase, incubation phase, latent phase, establishment phase

➢ **logarithmische Phase** logarithmic phase (log-phase)

➢ **Ruhephase/Ruheperiode** dormancy period

➢ **stationäre Phase** stationary phase, stabilization phase

➢ **Teilungsphase** division phase

➢ **Verlangsamungsphase/ Bremsphase/Verzögerungsphase** deceleration phase, retardation phase

Wächter/Wachmann guard, security guard

Wägebürette weight buret, weighing buret

Wägeglas weighing bottle

Wägelöffel weighing spoon

wägen/wiegen weigh

Wägepapier weighing paper

Wägeschiffchen weighing boat, weighing scoop

Wägespatel weighing spatula

Wägetisch weighing table

Wägung weighing

Wählscheibe/Einstellscheibe dial

wahrnehmen/empfinden (Reiz) perceive

Wahrnehmung/Empfindung/ Perzeption (Reiz) perception

Wahrscheinlichkeit probability, likelihood

Walrat spermaceti

Walratöl spermaceti oil, sperm oil

Walze/Rolle/Zylinder barrel, roll, drum, cylinder

Wanderung/Migration *chromat/ electrophor* migration

Wanderungsgeschwindigkeit/ Migrationsgeschwindigkeit *chromat/electrophor* migration speed (velocity)

Wandler/Umwandler transducer, converter; transformer

Wandschrank wall cabinet, cupboard

Wandtafel wall chart

Wangenabstrich *med* buccal swab

Wanne tub; basin; *electrophor* reservoir, tray

➢ **Spülwanne** dishwashing tub

➢ **Ultraschallwanne** ultrasonic tank (ultrasonic cleaner)

Wannenform *chem* (Cycloalkane) boat conformation

Wannen-Stapel *micb* multi-tray

Ware(n) ware, articles, products, goods

Warenkontrolle inspection, checking of goods

Warenlager stockroom, repository, warehouse

Warenprobe sample, specimen

Warensendung consignment of goods, shipment of goods

Warenzeichen/Markenbezeichnung brand name, trade name; (eingetragenes Warenzeichen) registered trademark

Wärme/Hitze warmth, heat

➢ **Abwärme** waste heat

➢ **Bildungswärme** heat of formation

➢ **Erwärmung** warming

➢ **globale Erwärmung** global warming

➢ **Lösungswärme** heat of solution

➢ **Mischungswärme** heat of mixing

➢ **Reaktionswärme/Wärmetönung** heat of reaction

➢ **Restwärme** residual heat

➢ **spezifische Wärme** specific heat

➢ **Strahlungswärme** radiant heat

➤ **Umwandlungswärme/latente Wärme** heat of transition, latent heat

➤ **Verbrennungswärme** heat of combustion

➤ **Verdunstungswärme** heat of evaporation, heat of vaporization

➤ **Verlustwärme** dissipated heat

Wärmeabgabe heat loss, heat output

Wärmeabstrahlung heat dissipation

Wärmebehandlung heat treatment

wärmebeständig/hitzebeständig/ thermostabil heat-stable, thermostable

Wärmedämmung heat insulation, thermal insulation

Wärmedurchgangszahl (*C*) thermal conductance

wärmeempfindlich/thermolabil heat-sensitive, thermolabile

Wärmefühler temperature sensor, temperature-sensing element

Wärmeisolierung thermal insulation

Wärmekapazität heat capacity, thermal capacity

Wärmeleitfähigkeit heat conductivity, thermal conductivity

Wärmeleitfähigkeitsdetektor/ Wärmeleitfähigkeitsmesszelle (WLD) thermal conductivity detector (TCD)

Wärmeleitung heat conduction

Wärmeofen heating oven, heating furnace (more intense)

Wärmepumpe heat pump

Wärmeregler thermoregulator

Wärmeschrank incubator

Wärmeschrumpfen heat-shrinking

Wärmestrahlung thermal radiation

wärmesuchend/ thermophil thermophilic

Wärmetauscher heat exchanger

Wärmetönung heat tone, heat tonality; heat of reaction, heat effect

Wärmeträgerflüssigkeit heat-transfer fluid

Wärmetransport heat transport

Wärmeübergang heat transfer

Wärmeübertragung heat transmission

wärmeunbeständig/thermolabil heat-labile

Wärmeverlust heat loss

Wärmezufuhr heat supply, addition of heat

Warnband warning tape

warnen warn

warnend warning, precautionary

Warnetikett warning label

Warnruf/Alarm alarm

Warnschild danger sign, warning sign

Warntafel warning sign

Warnung warning, caution

Warnzeichen/Warnhinweis warning, warning sign, precaution sign

Wartezeit waiting time/period; (Verzögerung) delay

Wartung/Instandhaltung maintenance, servicing

Wartungsdienst maintenance service

wartungsfrei maintenance-free

Wartungshandbuch service manual

Wartungsmonteur maintenance worker, maintenance man

Wartungspersonal maintenance personnel

Wartungsvertrag maintenance contract

Waschbecken wash basin

➤ **verstopftes Waschbecken/ verstopfter Abfluss** blocked drain

Wäsche washing; clothes, linen; (schmutzige Kleider) laundry

wascheinrichtung washing facilities
Wäschekorb laundry hutch, laundry hamper
Wäscherei laundry; (Schnellwäscherei) laundrette
Waschlotion cleansing lotion
➢ **Handwaschlotion** hand cleansing lotion
Waschmittel detergent
Waschraum/Toilette washroom, lavatory
Waschwirkung/Waschkraft detergency
Wasser water
➢ **Abwasser** wastewater
➢ **Bidest** double distilled water
➢ **Brauchwasser/Betriebswasser (nicht trinkbares Wasser)** process water, service water; (Industrie-B.) industrial water (nondrinkable water)
➢ **Brunnenwasser** well water
➢ **destilliertes Wasser** distilled water
➢ **entionisiertes Wasser** deionized water
➢ **gereinigtes Wasser/aufgereinigtes Wasser/aufbereitetes Wasser** purified water
➢ **Grundwasser** ground water
➢ **Haftwasser** film water, retained water
➢ **hartes Wasser** hard water
➢ **Königswasser (HNO$_3$/HCl–1:3)** aqua regia
➢ **Kristallisationswasser** water of crystallization
➢ **Kristallwasser** crystal water, water of crystallization
➢ **Leitungswasser** tap water
➢ **Meerwasser** seawater, saltwater
➢ **Mineralwasser** mineral water
➢ **Peptonwasser** peptone water
➢ **Quellwasser** springwater

➢ **salziges Wasser** saline water
➢ **Salzwasser** saltwater
➢ **schweres Wasser D$_2$O** heavy water
➢ **Selterswasser/Sprudel** soda water
➢ **Süßwasser** freshwater
➢ **trinkbares Wasser** potable water
➢ **Trinkwasser** drinking water, potable water
➢ **Warmwasser** hot water
➢ **weiches Wasser** soft water
Wasserabscheider water separator, water trap
wasserabstoßend/wasserabweisend water-repellent, water-resistant
Wasseraktivität/Hydratur water activity
wasseranziehend/hygroskopisch (Feuchtigkeit aufnehmend) hygroscopic
Wasseraufbereitung water purification
Wasseraufbereitungsanlage water purification plant/facility, water treatment plant/facility
Wasseraufnahme water uptake
Wasserbad water bath
Wasserdampf water vapor
Wasserdestillierapparat water still
wasserdicht/wasserundurchlässig watertight, waterproof
Wassereinlagerung/Wasseranlagerung/Hydratation hydration
Wasserenthärter water softener
Wasserenthärtung water softening
wasserentziehend/dehydrierend dehydrating
Wasserentzug dehydration
wasserfest waterproof
wasserfrei free from water; moisture-free; anhydrous
Wassergefahrenklasse (WGK) water hazard class

Wassergehalt water content
Wasserglas M₂O × (SiO₂)ₓ
water glass, soluble glass
Wassergüte/Wasserqualität water
quality
Wasserhahn faucet
Wasserhärte water hardness
➤ **bleibende Härte/permanente Härte**
permanent hardness
➤ **Gesamthärte** total hardness
➤ **Karbonathärte/Carbonathärte/
vorübergehende Härte/temporäre
Härte** carbonate hardness,
temporary hardness
Wasserhülle/Hydrationsschale
chem hydration shell
Wasserkapazität moisture capacity,
water-holding capacity of soil
wasserleitend water-conducting
wasserlöslich water-soluble
➤ **wasserunlöslich** insoluble in water
Wasserlöslichkeit water solubility
Wassermantel (Kühler) water jacket
Wasserpotenzial/Hydratur/Saugkraft
water potential
Wasserprobe water sample
Wasserpumpe water pump
Wasserpumpenzange/Pumpenzange
water pump pliers, slip-joint
adjustable water pump pliers
(adjustable-joint pliers)
wasserreaktiv water reactive
Wassersättigung water saturation
Wassersättigungsdefizit water
saturation deficit (WSD)
Wassersäule water column, column
of water
Wasserschieber/Wasserabzieher
squeegee (for floors)
Wassersog water tension, water
suction
wasserspaltend/hydrolytisch
hydrolytic

Wasserspaltung/Hydrolyse
hydrolysis
Wasserstoff (H) hydrogen
**Wasserstoffbrücke/
Wasserstoffbrückenbindung**
hydrogen bond
Wasserstoffelektrode hydrogen
electrode
Wasserstoffion (Proton) hydrogen
ion (proton)
Wasserstoffperoxid hydrogen
peroxide
Wasserstrahl jet of water
Wasserstrahlpumpe water aspirator,
filter pump, water pump, vacuum
filter pump
Wasserstress water stress
Wasserströmung water flow
wasserundurchlässig watertight,
waterproof
Wasserundurchlässigkeit
watertightness, waterproofness
wasserunlöslich insoluble in water
➤ **wasserlöslich** water-soluble
Wasserunlöslichkeit water-insolubility
**Wasseruntersuchung/
Wasseranalyse** water analysis
Wasserverbrauch water
consumption, water usage
Wasserverlust water loss
Wasserverschmutzung water
pollution
Wasserversorgung water supply
Wasserwaage level
➤ **Laserwasserwaage** laser level (line
generator)
Wasserzufuhr water supply
**Wasserzulauf/Wasserzapfstelle
(Wasserhahn)** water outlet
wässrig aqueous
➤ **nichtwässrig** nonaqueous
Watte absorbent cotton; (Baumwolle)
cotton

Wattebausch/Baumwoll-Tupfer
cotton ball, cotton pad

Wattestäbchen cotton swab

Wattestopfen cotton stopper

Wechselbeziehung interrelation,
interrelationship

**Wechselfeld-Gelelektrophorese/Puls-
Feld-Gelelektrophorese** pulsed
field gel electrophoresis (PFGE)

**Wechselsprechanlage/
Gegensprechanlage** two-way
intercom, two-way radio

Wechselstrom alternating current
(AC)

Wechselvorlage *chromat* fraction
cutter; (,Spinne'/Euter-vorlage/
Verteilervorlage) *dest* multi-limb
vacuum receiver adapter, cow
receiver adapter, 'pig' (receiving
adapter for three/four receiving
flasks)

Wechselwirkung interaction

Wechselzahl k_{cat} (katalytische
Aktivität) turnover number

wegführend/ausführend/ableitend
efferent

Wegwerf... /Einweg... /Einmal...
disposable

weichmachen/plastifizieren soften,
plastisize

Weichmacher/Plastifikator softener
(esp. in foods), plasticizer (in
plastics a.o.), plasticizing agent

Weichspüler softener;
(zum Kleiderwaschen) fabric
softener

Weingeist spirit of wine (rectified
spirit: alcohol)

**Weinsäure/Weinsteinsäure
(Tartrat)** tartaric acid (tartrate)

**Weinstein/Tartarus (Kaliumsalz der
Weinsäure)** tartar

Weiterbildung continuing education

weiterleiten forward; refer; redirect;
(fortleiten) pass on, propagate

weiterverarbeiten/prozessieren
process, finish

Weiterverarbeitung/Prozessierung
processing, finishing

Weithals ... wide-mouthed,
widemouthed, wide-neck,
widenecked

Weithalsfass wide-mouth vat, wide-
neck vat

Weithalsflasche wide-mouth flask,
wide-neck bottle

**weitverbreitet/ubiquitär (überall
verbreitet)** widespread, ubiquitous
(existing everywhere)

Weitwinkel *micros* widefield

**Weitwinkel-Röntgenstreuung (WWR)/
Röntgenweitwinkelstreuung**
wide-angle X-ray scattering
(WAXS)

welk/schlaff wilted, withered, faded,
limp, flaccid

welken wilt, wither, fade

welkend wilting, withering, fading,
flaccid, deficient in turgor

Welkepunkt wilting point

Welkungsgrad, permanenter
permanent wilting percentage

Welle shaft, spindle

Wellendichtung (Rotor) shaft seal

Wellenlänge wavelength

Wellenzahl (IR) wavenumber

Wellpappe corrugated board

Werk/Fabrik factory, plant,
manufacturing plant

Werkbank (Labor-Werkbank) bench,
workbench (lab bench)

➢ **Fallstrombank** vertical flow
workstation/hood/unit

➢ **Handschuhkasten/
Handschuhschutzkammer**
glove box

➢ **Labor-Werkbank** laboratory/lab bench

➢ **Querstrombank** laminar flow workstation, laminar flow hood/unit

➢ **Reinluftwerkbank** clean bench

➢ **Reinraumwerkbank** clean-room bench

➢ **Sicherheitswerkbank** clean bench, safety cabinet

➢ ➢ **biologische Sicherheitswerkbank** biological safety cabinet, biosafety cabinet (BSC)

➢ **sterile Werkbank** sterile bench

Werkschutz industrial security, factory security

Werkstatt workshop, 'shop' (e.g., machine shop)

➢ **Glasbläserwerkstatt/Glasbläserei** glassblower's workshop ('glass shop')

Werkstoff material

➢ **technischer Werkstoff** engineering material

Werkstoffbeanspruchung material stress

Werkstoffermüdung material fatigue

Werkstoffprüfung materials testing

Werkstück workpiece

Werkstückkasten/Teilekasten tote tray

Werkzeug tools

➢ **Feinmechanikerwerkzeug** fine mechanics tools

Werkzeugkasten tool box, tool chest

Werkzeugschrank tool cabinet

Werkzeugwagen/Werkzeugrollwagen/ Werkstattwagen rolling tool cabinet

Wertigkeit valency

➢ **einwertig** univalent

➢ **zweiwertig** bivalent, divalent

➢ **dreiwertig** trivalent

➢ **vierwertig** tetravalent

➢ **fünfwertig** pentavalent

wetterbeständig weatherproof

Wetzstein whetstone, hone, sharpening stone

➢ **Sensenwetzstein** scythe whetstone

Widerstand resistance

➢ **spezifischer Widerstand** resistivity

widerstandsfähig resistive, resistant, hardy

Widerstandsfähigkeit resistance, resistivity, hardiness

Widerstandsheizung resistive heating

Widerstandsthermometer resistance thermometer

Wiederaufarbeitung reprocessing (nuclear fuel)

wiederaufladbar rechargeable

Wiederaufnahme *physio* re-uptake

Wiederbefall reinfestation

Wiederbelebung/Reanimation resuscitation

➢ **kardiopulmonale Reanimation** cardiopulmonary resuscitation (CPR)

➢ **Mund-zu-Mund Beatmung** mouth-to-mouth resuscitation/ respiration

Wiederbelebungsversuch attempt at resuscitation

Wiedereinfang recapture

wiedergewinnen/rückgewinnen/ aufbereiten retrieve, recover

Wiedergewinnung retrieval, recovery

Wiederholbarkeit repeatability

Wiederholung repeat, repetition; recurrence

Wiederholungsrisiko recurrence risk

wiederverwenden reuse

Wiederverwendung reuse

wiederverwerten recycle

Wiederverwertung recycling

wiegen weigh
> **abwiegen (eine Teilmenge)** weigh out
> **auswiegen (genau wiegen)** weigh out precisely
> **einwiegen (nach Tara)** weigh in (after setting tare)

willkürlich *generell* arbitrary, random; *med/psych* voluntary

Winde/Kurbel winch

winden wind, twist, coil

Windkessel air chamber, air receiver, air vessel, surge chamber

Windmesser/Anemometer air meter, anemometer

Windung (Spirale) twist, coil, spiral (a series of loops); Krümmung/Biegung) winding, contortion, turn, bend; (Bewegung) spiral movement, spiral coiling

Winkel angle

Winkelrohr/Winkelstück/Krümmer (Glas/Metall etc. zur Verbindung) bend, elbow, elbow fitting, ell, bent tube, angle connector

Winkelrotor *centrif* angle rotor, angle head rotor

winterfest/winterhart hardy

Wippbewegung see-saw motion, rocking motion

Wippe/Schwinge/Rüttler rocker

Wippschwingung (IR) wagging vibration

Wirbel whirl, swirl, spin; eddy, vortex

Wirbelschichtreaktor/Wirbelbettreaktor fluidized bed reactor

Wirbelstrom eddy current

wirken act, work, be effective, causing an effect, take effect

wirksam effective, active; strong, potent

Wirksamkeit effect, effectiveness, efficacy, activity; strength, potency

Wirkschwelle no adverse effect level (NOAEL)

Wirkstoff/Wirksubstanz active ingredient, active principle, active component

Wirkstoffdesign drug design

Wirkstofffreigabe drug release

Wirkstoffliefersystem drug delivery system

Wirkung effect, action

Wirkungsgrad efficiency
> **Bodenwirkungsgrad** *dest* plate efficiency
> **Säulenwirkungsgrad** *chromat* column efficiency
> **Trennwirkungsgrad** separation efficiency

Wirkungsspezifität specificity of action

Wirkungsweise/Mechanismus mode of action, mechanism

Wirrwarr/Durcheinander/Unordnung clutter

wischen wipe

Wischer wipe, wiper
> **Fensterwischer/Fensterabzieher** squeegee (for windows)
> **Wasserschieber/Wasserabzieher** squeegee (for floors)

Wischtuch/Wischlappen cloth, rag, wiping cloth; (Wischtücher) tissue, wipes

Wölbung/Koeffizient der Wölbung *stat* kurtosis

Wolfram/Tungsten (W) tungsten

Wolle wool

Wollfett wool fat, wool grease

Wollwachs wool wax

Woulffsche Flasche Woulff bottle

Wuchs growth, habit

Wuchsform/Habitus growth form,
   appearance, habit
**Wuchshemmer/Wachstumshemmer/
   Wuchshemmstoff** growth inhibitor
Wuchskraft growth vigor
**Wuchsstoff (Pflanzenwuchsstoff)/
   Phytohormon** growth regulator,
   phytohormone, growth substance
Wunde wound
➤ **klaffende Wunde** gaping wound
➤ **offene Wunde** open wound
➤ **Schnittwunde** cut
Wundgewebe/Wundcallus/Wundholz
   wound tissue, callus
Wundsalbe/Wundheilsalbe healing
   ointment, wound healing
   ointment
Wundheilung wound healing
Wundspreizer wound retractor

X

Xanthangummi xanthan gum
Xanthogensäure xanthogenic acid,
   xanthic acid, xanthonic acid,
   ethoxydithiocarbonic acid
Xenobiotikum (pl Xenobiotika)
   xenobiotic (pl xenobiotics)
Xenotransplantat/Fremdtransplantat
   xenograft (xenogeneic graft: from
   other species)
Xylit xylitol/xylite
Xylose xylose
Xylulose xylulose

Z

zäh tough, rigid
zähflüssig/dickflüssig/viskos/viskös
   viscous, viscid
**Zähflüssigkeit/Dickflüssigkeit/
   Viskosität** viscosity, viscousness

Zählkammer counting chamber
Zählplatte counting plate
Zählrohr rad/nucl counting tube,
   counter
Zahlung (einer Rechnung) payment
Zählung count; enumeration
Zahlungsbedingungen conditions/
   terms of payment
Zahlungsbeleg/Quittung
   confirmation of payment, receipt
Zahlungsfrist term of payment
Zahlungstermin date of payment
Zahlungsweise mode of payment
Zahnradpumpe gear pump
Zahnscheibe/Fächerscheibe toothed
   lock washer, star washer
Zahnstocher toothpick
Zange plier, pliers; nipper(s);
   (Labor: Haltezangen) tongs
➤ **Abisolierzange/Amantelungszange**
   wire stripper, cable stripper
➤ **Aderendhülsenzange (Crimpzange)**
   terminal crimper, terminal crimping
   pliers, terminal crimping tool
➤ **Becherglaszange** beaker clamp
➤ **Beißzange/Kneifzange** pliers,
   nippers (v.a. Br)
➤ **Crimpzange (Quetschzange)**
   crimping pliers, crimper
➤ **Eckrohrzange** rib joint pliers, rib-
   lock pliers
➤ **Extraktionszange/Zahnzange** dent
   extraction forceps, dental forceps
➤ **Feststellzange/Festklemmzange/
   Klemmzange/Schweißerzange/
   Gripzange/Verriegelungszange**
   locking pliers
➤ **Flachzange** flat-nosed pliers
➤ **Greifzange** grippers
➤ **Gripzange/Feststellzange/
   Festklemmzange/
   Klemmzange/Schweißerzange/
   Verriegelungszange** locking pliers

- **Klemmhülsenzange** sleeve crimper, crimping pliers
- **Kneifzange** cutting pliers
- **Knochenzange** bone-cutting forceps/shears
- **Kolbenzange** flask tongs
- **Kombizange** combination pliers, linesman pliers; (verstellbar) slip-joint pliers
- **Lochzange** punch pliers
- **Mehrzweckzange** utility pliers
- **Monierzange/Rabitzzange/ Fechterzange/Rödelzange** end nippers, end cutting nippers, end-cutting nippers
- **Nagelzange** nail nipper(s)
- **Nagelhautzange** cuticle nipper(s)
- **Pumpenzange/ Wasserpumpenzange** water pump pliers, slip-joint adjustable water pump pliers
- **Rabitzzange/Monierzange/ Fechterzange/Rödelzange** end nippers, end cutting nippers, end-cutting nippers
- **Radiozange** radio pliers
- **Revolverlochzange** revolving punch pliers
- **Rohrzange** pipe wrench, tongue-and-groove pliers (US: griplock pliers, channellock pliers)
- **Seitenschneider** diagonal pliers
- **Sicherungsringzange** snap-ring pliers, circlip pliers, retaining ring pliers
- **Spannzange (Kabelbinder)** tensioning tool, tensioning gun (cable ties/wrap-it-ties)
- **Spitzzange/Schnabelzange** longnose pliers, long-nose pliers
- **Spitzzange, gebogen** bent-nose pliers, bent longnose pliers

- **Storchschnabelzange/ Flachrundzange** needle-nose pliers, snipe-nose(d) pliers
- **Storchschnabelzange, gebogen** dip needle-nose pliers
- **Telefonzange/Kabelzange** linesman pliers
- **Tiegelzange** crucible tongs
- **Wasserpumpenzange/ Pumpenzange** water pump pliers, slip-joint adjustable water pump pliers

Zangenschlüssel pliers wrench
Zapfen (Fasszapfen) faucet
Zapfenlager journal bearing
Zapfenschneider/Zapfenbohrer annular cutter
Zapfhahn/Fasshahn spigot
Zeichen (Hinweiszeichen) sign
- **Gebotszeichen** mandatory sign
- **Rettungszeichen** emergency sign
- **Warnzeichen** warning sign
- **Verbotszeichen** prohibition sign
Zeiger pointer; indicator
Zeigerokular *micros* pointer eyepiece
Zeigerwerte indicator value
zeitaufgelöst time-resolved
Zeitgeber Zeitgeber, synchronizer
zeitlich begrenzt time-restricted, with time limit, restricted
zeitlich unbegrenzt without time restriction/limit, no time limit, indefinite
Zeitschaltuhr/Zeitschalter timer
Zellaufschluss (Öffnen der Zellmembran) cell lysis; (Zellfraktionierung) cell fractionation; (Zellhomogenisierung) cell homogenization
Zellaufschlussgerät cell disrupter
Zellextrakt cell extract

Zellfraktionierung cell fractionation
zellfreier Extrakt cell-free extract
Zellfusion/Zellverschmelzung cell
  fusion
Zellgift/Zytotoxin/Cytotoxin
  cytotoxin
Zellhomogenisation/
  Zellhomogenisierung cell
  homogenization
zellig cellular
➢ **nicht zellig/azellulär** acellular,
  noncellular
Zellkultur cell culture
Zelllinie cell lineage, cell line, celline
Zellobiose/Cellobiose cellobiose
Zellschaber cell scraper
zellschädigend/zytopathisch/
  cytopathisch (zytotoxisch)
  cytopathic (cytotoxic)
Zellsorter/Zellsortierer/
  Zellsortiergerät (Zellfraktionator)
  cell sorter
Zellsortierung cell sorting
Zellstoff wood pulp
Zellstoffwatte wood wool
Zelltod cell death
➢ **programmierter Zelltod (Apoptose)**
  programmed cell death (apoptosis)
zelltötend/zytozid cytocidal
Zellulose/Cellulose cellulose
Zentil/Perzentil/Prozentil *stat* centile,
  percentile
Zentrierbohrer center drill, center bit
zentrieren center
zentrifugal centrifugal
Zentrifugalbeschleunigung
  centrifugal acceleration
Zentrifugalkraft centrifugal force
➢ **relative Zentrifugalkraft (RZK)**
  (g-Wert) relative centrifugal force
  (rcf) (g-force)

Zentrifugat centrifugate
Zentrifugation centrifugation
➢ **Anlaufzeit/Hochlaufzeit**
  acceleration time
➢ **Bremszeit** braking time
➢ **Dauerlauf** permanent run,
  continuous run
➢ **analytische Zentrifugation**
  analytical centrifugation
➢ **Dichtegradientenzentrifugation**
  density gradient centrifugation
➢ **Differentialzentrifugation/**
  differentielle Zentrifugation
  differential centrifugation
  ('pelleting')
➢ **isopyknische Zentrifugation**
  isopycnic centrifugation, isodensity
  centrifugation
➢ **präparative Zentrifugation**
  preparative centrifugation
➢ **Ultrazentrifugation**
  ultracentrifugation
➢ **Zonenzentrifugation** zonal
  centrifugation
Zentrifuge centrifuge
➢ **Hochgeschwindigkeitszentrifuge**
  high-speed centrifuge,
  high-performance centrifuge
➢ **Kammerzentrifuge** multichamber
  centrifuge, multicompartment
  centrifuge
➢ **Kühlzentrifuge** refrigerated
  centrifuge
➢ **Mikrozentrifuge** microfuge
➢ **Röhrenzentrifuge** tubular bowl
  centrifuge
➢ **Schälschleuder** knife-discharge
  centrifuge, scraper centrifuge
➢ **Siebkorbzentrifuge** screen basket
  centrifuge
➢ **Siebschleuder** screen centrifuge

> **Tischzentrifuge** tabletop centrifuge, benchtop centrifuge (multipurpose c.)
> **Trockenzentrifuge** 'whizzer' (a drying centrifuge)
> **Trommelzentrifuge** basket centrifuge, bowl centrifuge
> **Ultrazentrifuge** ultracentrifuge
> **Vollmantelzentrifuge/ Vollwandzentrifuge** solid-bowl centrifuge

Zentrifugenbecher centrifuge bucket
Zentrifugenröhrchen centrifuge tube
Zentrifugenröhrchenständer centrifuge tube rack
zentrifugieren centrifuge, spin
zentripetal centripetal
Zentripetalkraft centripetal force
Zentrumbohrer adjustable spade drill bit, adjustable wood bit
Zeolit zeolite
zerbrechen break, shatter; collapse
zerbrechlich fragile; (Vorsicht, zerbrechlich!) Fragile! Handle with care!
Zerfall (Abbau/Zusammenbruch) breakdown; (Zersetzung/Verrottung/ Verfaulen) decay, disintegration, decomposition
> **radioaktiver Zerfall** radioactive disintegration/decay
zerfallen decay, disintegrate, decompose, fall apart
Zerfallsreihe/Zefallskette decay series, decay chain, disintegration series, transformation series
Zerfließen/Zerschmelzen/ Zergehen deliquescence
zerfließend/zerfließlich/ zerschmelzend/zergehend deliquescent
zerfressen eat away, corrode
zerkleinern reduce (to small pieces); break up; comminute

Zerkleinerung (Zerreibung/ Pulverisierung) comminution
zermahlen (grob) grind, (fein) pulverize; (im Mörser) triturate
Zermahlen (grob) grinding; (fein:Pulverisierung) pulverization; (im Mörser) trituration
zermalmen crush; (zermahlen) grind
zerreiben rub, grind; (im Mörser) triturate
Zerreißfestigkeit/Reißfestigkeit/ Zugfestigkeit (Holz) tensile strength
zersetzen disintegrate, decay, decompose, degrade
Zersetzer/Destruent/Reduzent decomposer
Zersetzung disintegration, decay, decomposition, degradation
Zersetzungsprodukt degradation product
Zersetzungstemperatur *chem* decomposition temperature, disintegration temperature
zerstäuben atomize; spray
Zerstäuber/Sprühgerät (z.B. für DC) atomizer, sprayer; (Wasserzerstäuber) humidifier, mist blower
Zerstäuberdüse spray nozzle
Zerstäuberflasche/ Zerstäuberfläschchen mist spray bottle, fine mist spray bottle
zerstörungsfrei destruction-free
zerstoßen crush
Zerstrahlung/Annihilation annihilation
zerstreuen/dispergieren scatter, disperse
Zerstreuung/Dispergierung scattering, dispersion
zertifiziert certified
Zeuge witness; testimony

zeugen/fortpflanzen procreate, reproduce, propagate
Zeugung/Fortpflanzung procreation, reproduction, propagation
Ziehklinge draw blade, (cabinet) scraper, (Rakel) drawing knife; spokeshave
> **Schabhobel** scraper
Ziel target, goal, objective, aim
Zielort target site
Zielsetzung objective, target
Zielvorgabe set target
Zifferblatt/Ableseskala dial, face, dial meter
Zimmertemperatur room temperature
Zimtaldehyd cinnamic aldehyde, cinnamaldehyde
Zimtalkohol cinnamic alcohol, cinnamyl alcohol
Zimtsäure/Cinnamonsäure (Cinnamat) cinnamic acid
Zink (Zn) zinc
Zinkblende zinc blende, blackjack
Zinkfinger *gen* zinc finger
Zinn (Sn) tin
Zippverschluss zip-lip seal, zipper-top
Zippverschlussbeutel zip-lip bag, zipper-top bag
Zirconium (Zr) zirconium
Zirconiumdioxid ZrO$_2$ zirconia (zirconium oxide/zirconium dioxide)
Zirkel compass; divider; caliper
> **Greifzirkel/Außentaster** external caliper, outside caliper
> **Lochzirkel/Lochtaster/Innentaster** internal caliper
Zirkon ZrSiO$_4$ zircon
zirkular/zirkulär/kreisförmig/rund circular, round
Zirkularchromatographie circular chromatography

Zirkulardichroismus/ Circulardichroismus circular dichroism
Zirkularisierung/Ringschluss circularization
zirkulieren circulate
zirkulierend/Zirkulations ... circulating, circulatory
Zitronensäure/Citronensäure (Zitrat/ Citrat) citric acid (citrate)
Zivildienst civilian social service (in place of military service for conscientious objectors)
Zivildienstleistender civilian social servant (conscientious objector)
Zollstock/Gliedermaßstab folding rule, folding ruler
Zonenschmelze(n)/Zonenreinigung zone refining
Zonensedimentation zone (zonal) sedimentation
Zonierung zonation
Zubehör accessories, supplies; (Kleinteile an Geräten etc.) fittings, fixing
Zubehörlager supplies storage, supplies 'shop', 'supplies'
Zubehörlieferant accessories supplier/vendor
Zubehörteile (Kleinteile/Passteile) fittings
Zuber tub
Zubereitung/Herstellung preparation
züchten/kultivieren/aufziehen *bot/micb* breed, cultivate, grow; *zool* raise, rear
> **anzüchten** (*einer Kultur*) establish, start (a culture)
> **Kristalle züchten** grow crystals
Züchtung/Kultivierung breed, breeding, cultivation, growing; raising, rearing

Züchtungsexperiment breeding experiment
Zucker sugar
➢ **Aminozucker** amino sugar
➢ **Blutzucker** blood sugar
➢ **Doppelzucker/Disaccharid** double sugar, disaccharide
➢ **Einfachzucker/einfacher Zucker/ Monosaccharid** single sugar, monosaccharide
➢ **Fruchtzucker/Fruktose** fruit sugar, fructose
➢ **Holzzucker/Xylose** wood sugar, xylose
➢ **Invertzucker** invert sugar
➢ **Isomeratzucker/Isomerose** high fructose corn syrup
➢ **Malzzucker/Maltose** malt sugar, maltose
➢ **Milchzucker/Laktose** milk sugar, lactose
➢ **Pilzzucker/Trehalose** trehalose, mycose
➢ **Rohrohrzucker** crude cane sugar (unrefined)
➢ **Rohrzucker/Rübenzucker/ Saccharose/Sukrose/Sucrose** cane sugar, beet sugar, table sugar, sucrose
➢ **Rohzucker** raw sugar, crude sugar (unrefined sugar)
➢ **Traubenzucker/Glukose/Glucose/ Dextrose** grape sugar, glucose, dextrose
➢ **Verzuckerung** saccharification
➢ **Vielfachzucker/Polysaccharid** multiple sugar, polysaccharide
zuckerbildend sacchariferous, saccharogenic
zuckerhaltig sugar-containing
Zuckersäure/Aldarsäure saccharic acid, aldaric acid

zuckerspaltend saccharolytic
Zufall chance; accident; coincidence
zufällig by chance, at random; (aus Versehen) accidentally
Zufallsabweichung *stat* random deviation
Zufallsauslese random screening
Zufallsereignis random event
Zufallsfehler *stat* random error
Zufallsstichprobe/Zufallsprobe *stat* random sample, sample taken at random
Zufallsvariable *stat* random variable
Zufallsverteilung *stat* random distribution
Zufallszahl *stat* random number
Zufluss influx, inflow; supply; inlet; tributary, affluent
Zufuhr supply; influx
Zufuhröffnung inlet opening
Zug strain, drag; (Sog) tension, suction, pull
Zugang access, admission, admittance, entry
zugesetzt blocked, clogged, obstructed, choked
Zugfestigkeit/Zerreißfestigkeit/ Reißfestigkeit (Holz) tensile strength
Zugkraft tensile force
Zugluft draft
Zugspannung tensile stress, engineering stress; (Wasserkohäsion) water tension; (bei 100% Dehnung) tensile strength (TS)
Zulage compensation, bonus, extra pay
➢ **Gefahrenzulage** hazard bonus
Zulassung/Lizenz/Erlaubnis admission, licence, permit; registration

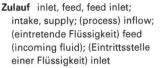
Zulauf inlet, feed, feed inlet; intake, supply; (process) inflow; (eintretende Flüssigkeit) feed (incoming fluid); (Eintrittsstelle einer Flüssigkeit) inlet

Zulaufkultur/Fedbatch-Kultur (semi-diskontinuierlich) fed-batch culture

Zulaufschlauch feed tube

Zulauftrichter addition funnel

Zulaufventil/Beschickungsventil delivery valve

Zulaufverfahren/Fedbatch-Verfahren (semi-diskontinuierlich) fed-batch process/procedure

Zuleitung feed, inlet

Zuleitungsrohr inlet pipe

Zulieferung supply, shipment

Zuluft input air, inlet air, supply air

Abluft exhaust, exhaust air, outlet air, waste air, extract air

zumischen admix, add

Zunahme gain, increase, increment

Zündbarkeit ignitability

zünden ignite, fire, spark; start

Zünder igniter, primer; fuse

Zündflamme pilot flame, pilot light (from a pilot burner)

Zündfunke ignition spark, trigger spark

Zündpunkt/Zündtemperatur/ Entzündungstemperatur ignition point, kindling temperature, flame temperature, flame point, spontaneous-ignition temperature (SIT), autoignition temperature (AIT)

Zündquelle ignition source

Zündröhrchen/Glühröhrchen ignition tube

Zündschnur fuse

Zündstein/Feuerstein/Flintstein/ Flint flint, flint stone

Zündstoff/Brandstoff incendiary

Zündtemperatur/Zündpunkt/ Entzündungstemperatur ignition point, kindling temperature, flame temperature, flame point, spontaneous-ignition temperature (SIT), autoignition temperature (AIT)

Zündung ignition

zunehmen gain, increase; gain weight

Zurrgurt lashing strap

zurücksetzen reset

Zusammenarbeit collaboration, cooperation

zusammenbacken/verbacken/ verklumpen cake

➢ **Zusammenbau/Assemblierung** *chem/gen* assembly

➢ **Selbstzusammenbau/ Selbstassoziierung** self-assembly

Zusammenbruch/Abbau/Zerfall breakdown; *ecol* (population) crash

zusammengesetzt compound

Zusammenhang/Verhältnis/ Verbindung relation, correlation, interrelationship, connection

Zusatz/Zusatzstoff/Additiv additive

➢ **Lebensmittelzusatzstoff** food additive

Zusatzbezeichnung/Epitheton epithet

Zuschlag metall addition

zusetzen/hinzufügen add

zuspitzen (zugespitzt) taper(ed)

Zustand state, condition

➢ **Aggregatzustand** state of aggregation, physical state

➢ **Belastungszustand** stress

➢ **fester Zustand** solid state

➢ **Funktionszustand** working order, operating condition

➢ **gasförmiger Zustand** gaseous state

➢ gleichbleibender/stationärer **Zustand** steady state

➢ **Gleichgewichtszustand** equilibrium state

➢ **Grundzustand** ground state

➢ **Normzustand (Normtemperatur 0°C & Normdruck 1 bar)** STP (s.t.p./NTP) (standard temperature & pressure)

➢ **Übergangszustand** transition state

Zuständigkeit responsibility; competence, jurisdiction

Zustandsänderung change of state

Zustandsgröße parameter of state, variable of state

zustöpseln stopper

Zutaten/Ingredienzien ingredients

Zutritt/Zugang access, admission, admittance, entry

➢ **für Unbefugte verboten!** off-limits to unauthorized personnel

➢ **nur für Befugte** authorized personnel only

zutrittsberechtigt have admission, have access, having permitted access

Zutrittsbeschränkung restricted access, access control

Zutrittserlaubnis access permission

Zutrittsverweigerung denial of access

zuverlässig reliable

➢ **unzuverlässig** unreliable

Zuverlässigkeit reliability, dependability

Zuwachs increase, increment

zuwachsen/überwachsen overgrow

Zuwiderhandlung violation, contravention, offense

Zweifelsfall (im) in case of doubt

Zweihalskolben two-neck flask

Zweistoffgemisch binary mixture

Zweistoffsystem/ Zweikomponentensystem binary system

Zweisubstratreaktion/ Bisubstratreaktion bisubstrate reaction

zweiteilig dimeric

zweiwertig/bivalent/divalent *chem* bivalent, divalent

Zweiwertigkeit *chem* bivalence, divalence

zweizählig/dimer dimerous

Zwinge clamp, vise (*Br* vice)

➢ **Klemmzwinge** spring clamp

➢ **Ratschenzwinge** ratchet clamp

➢ **Schraubzwinge** screw clamp

Zwirn/Garn twine

Zwischenbild *micros* intermediate image

Zwischenfall incident (Unfall: accident)

zwischengeschlechtlich intersexual

Zwischenlager interim storage, temporary storage

Zwischenprodukt/Zwischenform *biochem* intermediate (product), intermediate form

Zwischenschicht interlayer

Zwischenstadium/Zwischenstufe intermediate state/stage

Zwischenstecker/Adapter adapter

Zwischenstufe/Übergangsform intergrade, intermediary form, transitory form, transient

Zwitterion zwitterion

Zwitterkontakt *electr* hermaphroditic contact

zyklisch/ringförmig (*siehe:*** cyclisch)** cyclic

Zyklisierung/Ringschluss (*siehe:*** Cyclisierung)** *chem* cyclization

Zyklus (*siehe:* **Cyclus**) cycle
Zylinder cylinder; (Hahn) barrel
  (stopcock barrel)
➢ **Messzylinder** graduated cylinder
➢ **Mischschzylinder** volumetric flask
Zylinderglas/Becherglas beaker
zylindrisch/cylindrisch/walzenförmig
  cylindric, cylindrical
Zyto... (*siehe:* **Cyto...**) cyto...

English – German

English – German

© Springer-Verlag GmbH, Deutschland 2018

T. C. H. Cole, *Wörterbuch Labor / Laboratory Dictionary*,

https://doi.org/10.1007/978-3-662-55848-5_2

A

aberration Aberration, Abweichung, Anomalie; Abbildungsfehler, Bildfehler

ability test Eignungstest

ablate entfernen, abtragen; amputieren

abortive abortiv, verkümmert, unfertig, unvollständig entwickelt, rudimentär, rückgebildet; vorzeitig, verfrüht

abrasion Abrieb, Abreiben, Verschleiß; Abschürfen, Abschürfung, Abschaben

absorb (take up/soak up) absorbieren, saugen, aufsaugen; aufnehmen

absorbance/absorbancy (extinction: optical density) Absorbanz (Extinktion)

absorbance index/absorptivity Absorptionsindex

absorbed dose (Gy) Energiedosis

absorbed dose rate (Gy/s) Energiedosisleistung

absorbency Absorptionsvermögen, Absortionsfähigkeit, Aufnahmefähigkeit, Saugfähigkeit

absorbent (absorbant) *adj/adv* absorbierend, absorptionsfähig, saugfähig

absorbent (absorbant) *n* Absorptionsmittel, Aufsaugmittel

absorbent paper/bibulous paper (for blotting dry) Saugpapier ('Löschpapier')

absorption Absorption

absorption coefficient Absorptionskoeffizient

absorption spectrum/dark-line spectrum Absorptionsspektrum

absorptive absorbierend, aufsaugend

accelerate beschleunigen

accelerating voltage *micros* Beschleunigungsspannung (EM)

acceleration Beschleunigung

acceleration of gravity Erdbeschleunigung

acceleration phase *centrif* Beschleunigungsphase, Anfahrphase

acceleration time *centrif* Anlaufzeit, Hochlaufzeit

access (admission/admittance/entry) Zutritt, Zugang

➤ **have access/having permitted access/have admission** zutrittsberechtigt

accessories/supplies/fittings Zubehör, Ausrüstung

accident Unfall

➤ **danger of accident** Unfallgefahr

➤ **industrial accident/ accident at work** Industrieunfall, Betriebsunfall

➤ **occupational accident** Arbeitsunfall

➤ **prevention of accidents** Unfallverhütung

➤ **worst-case accident** größter anzunehmender Unfall

accident insurance Unfallversicherung

accident prevention Unfallverhütung

accidental release störungsbedingter Austritt (unerwartetes Entweichen von Prozessstoffen)

accidentally/by chance/at random zufällig, versehentlich, aus Versehen

acclimation/acclimatization Eingewöhnung

accommodation *opt* Akkommodation, Scharfstellung

accreditation Akkreditierung, Beglaubigung, Anerkennung, Genehmigung

accumulation Anhäufung,
Kumulation

accumulator acid/
storage battery acid
(electrolyte) Akkusäure,
Akkumulatorsäure

acellular/noncellular azellulär, nicht
zellig

acetaldehyde/acetic aldehyde/ethanal
Acetaldehyd, Ethanal

acetic acid/ethanoic acid (acetate)
Essigsäure, Ethansäure (Acetat/
Azetat)

acetic anhydride/ethanoic anhydride/
acetic acid anhydride
Essigsäureanhydrid

acetoacetic acid (acetoacetate)/
acetylacetic acid/diacetic acid
Acetessigsäure (Acetacetat),
3-Oxobuttersäure

acetone/dimethyl ketone/
2-propanone Aceton (Azeton),
Propan-2-on, 2-Propanon,
Dimethylketon

acetyl CoA/acetyl coenzyme A
Acetyl-CoA, ‚aktivierte Essigsäure'

achromatic condenser/
achromatic substage *micros*
achromatischer Kondensor

achromatic objective *micros*
achromatisches Objektiv

acid/acidic *adj/adv* azid, acid, sauer

acid *n* Säure

➢ **abietic acid (7,13-abietadien-18-oic**
acid) Abietinsäure

➢ **accumulator acid/storage battery**
acid (electrolyte) Akkusäure,
Akkumulatorsäure

➢ **acetic acid/ethanoic acid (acetate)**
Essigsäure, Ethansäure (Acetat)

➢ **acetoacetic acid (acetoacetate)/**
acetylacetic acid/diacetic acid
Acetessigsäure (Acetacetat),
3-Oxobuttersäure

➢ **acetyl CoA/acetyl coenzyme A**
Acetyl-CoA, ‚aktivierte Essigsäure'

➢ **N-acetylmuramic acid**
N-Acetylmuraminsäure

➢ **aconitic acid (aconitate)**
Aconitsäure (Aconitat)

➢ **adenylic acid (adenylate)**
Adenylsäure (Adenylat)

➢ **adipic acid (adipate)** Adipinsäure
(Adipat)

➢ **alginic acid (alginate)** Alginsäure
(Alginat)

➢ **allantoic acid** Allantoinsäure

➢ **amino acid** Aminosäure

➢ **anthranilic acid/**
2-aminobenzoic acid
Anthranilsäure,
2-Aminobenzoesäure

➢ **aqua regia** Königswasser

➢ **arachic acid/arachidic acid/**
icosanic acid Arachinsäure,
Arachidinsäure, Eicosansäure

➢ **arachidonic acid/icosatetraenoic**
acid Arachidonsäure

➢ **ascorbic acid (ascorbate)**
Ascorbinsäure (Ascorbat)

➢ **asparagic acid/aspartic acid**
(aspartate) Asparaginsäure
(Aspartat)

➢ **auric acid** Goldsäure

➢ **azelaic acid/nonanedioic acid**
Azelainsäure, Nonandisäure

➢ **behenic acid/docosanoic acid**
Behensäure, Docosansäure

➢ **benzoic acid (benzoate)**
Benzoesäure (Benzoat)

➢ **boric acid (borate)** Borsäure (Borat)

➢ **butyric acid/**
butanoic acid (butyrate)
Buttersäure, Butansäure (Butyrat)

➢ **caffeic acid** Kaffeesäure

➢ **capric acid/decanoic acid**
(capratedecanoate) Caprinsäure,
Decansäure (Caprinat, Decanat)

- caproic acid/capronic acid/ hexanoic acid (caproatehexanoate) Capronsäure, Hexansäure (CapronatHexanat)
- caprylic acid/octanoic acid (caprylateoctanoate) Caprylsäure, Octansäure (Caprylat, Octanat)
- carbonic acid (carbonate) Kohlensäure (Karbonat/Carbonat)
- carboxylic acids (carbonates) Carbonsäuren, Karbonsäuren (Carbonate, Karbonate)
- cerotic acid/hexacosanoic acid Cerotinsäure, Hexacosansäure
- chinic acid/kinic acid/quinic acid (quinate) Chinasäure
- chinolic acid Chinolsäure
- chloric acid $HClO_3$ Chlorsäure
- chlorogenic acid Chlorogensäure
- chlorous acid $HClO_2$ chlorige Säure
- cholic acid (cholate) Cholsäure (Cholat)
- chorismic acid (chorismate) Chorisminsäure (Chorismat)
- chromic(VI) acid H_2CrO_4 Chromsäure
- chromic-sulfuric acid mixture for cleaning purposes Chromschwefelsäure
- cinnamic acid/3-phenyl-2-propenoic acid Cinnamonsäure, Zimtsäure (Cinnamat), 3-Phenylprop-2-ensäure
- citric acid (citrate) Citronensäure, Zitronensäure (Citrat, Zitrat)
- crotonic acid/α-butenic acid Crotonsäure, Transbutensäure
- cysteic acid Cysteinsäure
- diprotic acid zweiwertige, zweiprotonige Säure
- ellagic acid/gallogen Ellagsäure
- erucic acid/(Z)-13-docosenoic acid Erucasäure, $Δ^{13}$-Docosensäure
- fatty acid Fettsäure

- ferulic acid Ferulasäure
- fluorosulfonic acid Fluoroschwefelsäure, Fluorsulfonsäure
- folic acid (folate)/pteroylglutamic acid Folsäure (Folat), Pteroylglutaminsäure
- formic acid (formate) Ameisensäure (Format)
- fumaric acid (fumarate) Fumarsäure (Fumarat)
- galacturonic acid Galakturonsäure
- gallic acid (gallate) Gallussäure (Gallat)
- gamma-aminobutyric acid (GABA) Aminobuttersäure, γ-Aminobuttersäure (GABA)
- gentisic acid/2,5-dihydroxybenzoic acid (DHB) Gentisinsäure
- geranic acid Geraniumsäure
- gibberellic acid Gibberellinsäure
- glacial acetic acid Eisessig
- glucaric acid/saccharic acid Glucarsäure, Zuckersäure
- gluconic acid (gluconate)/dextronic acid Gluconsäure (Gluconat)
- glucuronic acid (glucuronate) Glucuronsäure (Glukuronat)
- glutamic acid (glutamate)/ 2-aminoglutaric acid Glutaminsäure (Glutamat), 2-Aminoglutarsäure
- glutaric acid (glutarate) Glutarsäure (Glutarat)
- glycolic acid (glycolate) Glykolsäure (Glykolat)
- glycyrrhetinic acid Glycyrrhetinsäure
- glyoxalic acid (glyoxalate) Glyoxalsäure (Glyoxalat)
- glyoxylic acid (glyoxylate) Glyoxylsäure (Glyoxylat)
- guanylic acid (guanylate) Guanylsäure (Guanylat)

- **gulonic acid (gulonate)** Gulonsäure (Gulonat)
- **homogentisic acid** Homogentisinsäure
- **humic acid** Huminsäure
- **hyaluronic acid** Hyaluronsäure
- **hydrochloric acid** Salzsäure, Chlorwasserstoffsäure
- **hydrofluoric acid/phthoric acid** Flusssäure, Fluorwasserstoffsäure
- **hydrogen cyanide/hydrocyanic acid/prussic acid** Blausäure, Cyanwasserstoff
- **hydroiodic acid/hydrogen iodide** Iodwasserstoffsäure
- **ibotenic acid** Ibotensäure
- **imino acid** Iminosäure
- **indolyl acetic acid/indoleacetic acid (IAA)** Indolessigsäure
- **isovaleric acid** Isovaleriansäure
- **jasmonic acid** Jasmonsäure
- **keto acid** Ketosäure
- **kojic acid** Kojisäure
- **lactate (lactic acid)** Laktat (Milchsäure)
- **lactic acid (lactate)** Milchsäure (Laktat)
- **lauric acid/decylacetic acid/dodecanoic acid (laurate/dodecanate)** Laurinsäure, Dodecansäure (Laurat/Dodecanat)
- **levulinic acid** Lävulinsäure
- **lichen acid** Flechtensäure
- **lignoceric acid/tetracosanoic acid** Lignocerinsäure, Tetracosansäure
- **linolenic acid** Linolensäure
- **linolic acid/linoleic acid** Linolsäure
- **lipoic acid (lipoate)/thioctic acid** Liponsäure, Dithiooctansäure, Thioctsäure, Thioctansäure (Liponat)
- **lipoteichoic acid** Lipoteichonsäure
- **litocholic acid** Litocholsäure

- **lysergic acid** Lysergsäure
- **magic acid (HSO_3F/SbF_5)** Magische Säure
- **maleic acid (maleate)** Maleinsäure (Maleat)
- **malic acid (malate)** Äpfelsäure (Malat)
- **malonic acid (malonate)** Malonsäure (Malonat)
- **mandelic acid/phenylglycolic acid/amygdalic acid** Mandelsäure, Phenylglykolsäure
- **mannuronic acid** Mannuronsäure
- **mevalonic acid (mevalonate)** Mevalonsäure (Mevalonat)
- **monoprotic acid** einwertige/einprotonige Säure
- **mucic acid** Schleimsäure, Mucinsäure
- **muramic acid** Muraminsäure
- **myristic acid/tetradecanoic acid (myristate/tetradecanate)** Myristinsäure (Myristat), Tetradecansäure
- **nervonic acid/selacholeic acid/(Z)-15-tetracosenoic acid** Nervonsäure, Δ^{15}-Tetracosensäure
- **neuraminic acid** Neuraminsäure
- **nicotinic acid (nicotinate)/niacin** Nikotinsäure, Nicotinsäure (Nikotinat)
- **nitric acid** Salpetersäure
- **nitrous acid** salpetrige Säure
- **oleic acid/(Z)-9-octadecenoic acid (oleate)** Ölsäure (Oleat), Δ^9-Octadecensäure
- **orotic acid** Orotsäure
- **orsellic acid/orsellinic acid** Orsellinsäure
- **osmic acid** Osmiumsäure
- **oxalic acid (oxalate)** Oxalsäure (Oxalat)

> **oxalosuccinic acid (oxalosuccinate)** Oxalbernsteinsäure (Oxalsuccinat)
> **oxoacid** Oxosäure
> **oxoglutaric acid (oxoglutarate)** Oxoglutarsäure (Oxoglutarat)
> **palmitic acid/hexadecanoic acid (palmate/hexadecanate)** Palmitinsäure, Hexadecansäure (Palmat, Hexadecanat)
> **palmitoleic acid/ (Z)-9-hexadecenoic acid** Palmitoleinsäure, Δ^9-Hexadecensäure
> **pantoic acid** Pantoinsäure
> **pantothenic acid (pantothenate) (vitamin B$_3$)** Pantothensäure (Pantothenat)
> **pectic acid (pectate)** Pektinsäure (Pektat)
> **penicillanic acid** Penicillansäure
> **perchloic acid** Perchlorsäure
> **performic acid** Perameisensäure
> **phosphatidic acid** Phosphatidsäure
> **phosphoric acid (phosphate)** Phosphorsäure (Phosphat)
> **phosphorous acid** phosphorige Säure
> **phytanic acid** Phytansäure
> **phytic acid** Phytinsäure
> **picric acid (picrate)** Pikrinsäure (Pikrat)
> **pimelic acid** Pimelinsäure
> **plasmenic acid** Plasmensäure
> **prephenic acid (prephenate)** Prephensäure (Prephenat)
> **propionic acid (propionate)** Propionsäure (Propionat)
> **prostanoic acid** Prostansäure
> **pyrethric acid** Pyrethrinsäure
> **pyruvic acid (pyruvate)** Brenztraubensäure (Pyruvat)
> **retinic acid** Retinsäure
> **saccharic acid/aldaric acid (glucaric acid)** Zuckersäure, Aldarsäure (Glucarsäure)

> **salicic acid (salicylate)** Salicylsäure (Salicylat)
> **shikimic acid (shikimate)** Shikimisäure (Shikimat)
> **sialic acid (sialate)** Sialinsäure (Sialat)
> **silicic acid** Kieselsäure
> **sinapic acid** Sinapinsäure
> **soldering acid** Lötsäure
> **sorbic acid (sorbate)** Sorbinsäure (Sorbat)
> **stearic acid/octadecanoic acid (stearate/octadecanate)** Stearinsäure, Octadecansäure (Stearat/Octadecanat)
> **stomach acid** Magensäure
> **stomach acid/gastric acid** Magensäure
> **suberic acid/octanedioic acid** Suberinsäure, Korksäure, Octandisäure
> **succinic acid (succinate)** Bernsteinsäure (Succinat)
> **sulfanilic acid/ p-aminobenzenesulfonic acid** Sulfanilsäure
> **sulfuric acid** Schwefelsäure
> **sulfurous acid** schweflige Säure, Schwefligsäure
> **superacid** Supersäure
> **tannic acid (tannate)** Gerbsäure (Tannat)
> **tartaric acid (tartrate)** Weinsäure, Weinsteinsäure (Tartrat)
> **teichoic acid** Teichonsäure
> **teichuronic acid** Teichuronsäure
> **uric acid (urate)** Harnsäure (Urat)
> **uridylic acid** Uridylsäure
> **urocanic acid (urocaninate)** Urocaninsäure (Urocaninat), Imidazol-4-acrylsäure
> **uronic acid (urate)** Uronsäure (Urat)
> **usnic acid** Usninsäure

> **valeric acid/pentanoic acid (valeriate/pentanoate)** Valeriansäure, Pentansäure (Valeriat/Pentanat)

> **vanillic acid** Vanillinsäure

acid amide Säureamid

acid-base balance Säure-Basen-Gleichgewicht

acid-base titration Säure-Basen-Titration, Neutralisationstitration

acid bottle (with pennyhead stopper) Säurenkappenflasche

acid burn Säureverätzung

acid carboy Säureballon

acid ester Säureester

acid-fast säurefest

acid-fastness Säurefestigkeit

acid gloves/acid-resistant gloves Säureschutzhandschuhe

acid-proof/acid-fast säurebeständig

acid rain/acid deposition saurer Regen, Niederschlag

> **acid resistance** Säurebeständigkeit

acid storage cabinet Säureschrank

acid treatment Säurebehandlung

acidic sauer, säuerlich; säurebildend, säurehaltig

acidification Säuerung; Säurebildung; Versauerung

acidify ansäuern

acidifying agent Säuerungsmittel

acidity Acidität, Azidität, Säuregrad, Säuregehalt

acidosis Azidose, Acidose

acidulant Ansäuerungsmittel

aconitic acid (aconitate) Aconitsäure (Aconitat)

acorn nut Hutmutter

acoustical panel/tile Schalldämmplatte

acousto-optical tunable filter (AOTF) abstimmbarer akusto-optischer Filter

acquire erwerben; (record) erfassen, aufnehmen

acquired immune deficiency syndrome (AIDS) erworbenes Immunschwächesyndrom

acquired immunity/adaptive immunity (active/passive) erworbene Immunität (aktive/ passive)

acquirement Erwerbung, Erlangung; Erfassung, Aufnahme (von Daten)

acquiring/acquisition/recording Erfassung (Aufnahme von Messdaten/Ergebnissen usw.)

acquisition Anschaffung, Erwerb, Erwerbung, Ankauf

acquisition cost Anschaffungskosten

acquisition time *vir* Aufnahmezeit

acridine dye Acridinfarbstoff

acrylic glass Acrylglas; (plexiglass) Plexiglas

act (work/be effective/causing an effect/take effect) wirken; (effect/ contact/attack/interact) einwirken

activated carbon Aktivkohle

activated sludge Belebtschlamm, Rücklaufschlamm

active ingredient/active principle/ active component Wirkstoff, Wirksubstanz

active metabolic rate Arbeitsumsatz, Leistungsumsatz

active metabolism Leistungsstoffwechsel, Arbeitsstoffwechsel

active transport/uphill transport aktiver Transport

actual value/effective value Istwert

actuator Stellantrieb, Stellmotor

acute/sharp/pointed/sharp-pointed
spitz
adapter Adapter, Zwischenstecker,
Manschette; (connector: glass)
lab/chem Vorstoß, Übergangsstück;
(for filter funnel) Filtervorstoß
> anticlimb adapter *dist*
Kriechschutzadapter
> antisplash adapter/
splash-head adapter (bump trap/
selfwashing) *dist* Schaumbrecher-
Aufsatz, Spritzschutz-Aufsatz
(Rückschlagsicherung)
> bellows Balg
> bent adapter (bend)
Krümmer (Laborglas)
> cone/screwthread adapter
Kern-/Gewindeadapter,
Gewinde-mit-Kern Adapter
> cow receiver adapter/'pig'/
multi-limb vacuum receiver adapter
(receiving adapter for three/four
receiving flasks) *dist* Eutervorlage,
Verteilervorlage, 'Spinne'
> distillation receiver adapter/
receiving flask adapter Vorlage
> drip catcher/drip catch
Tropfenfänger
> expansion adapter/enlarging
adapter Expansionsstück
> filter adapter
(funnel/flask adapter) Filterstopfen;
(Guko) Filtermanschette,
Guko (Gummidichtung)
> offset adapter Übergangsstück mit
seitlichem Versatz
> pipe-to-tubing adapter
Schlauch-Rohr-Verbindungsstück
> receiver adapter Destilliervorstoß
> reducing adapter/reduction
adapter/reducer Reduzierstück
> septum-inlet adapter
Septum-Adapter

> splash adapter/splash-head
adapter/antisplash adapter
(distillation apparatus)
Tropfenfänger;
(Reitmeyer-Aufsatz:
Rückschlagschutz: Kühler/
Rotationsverdampfer etc.)
> syringe connector Nadeladapter
> thermometer adapter/inlet adapter
Thermometeradapter
> transition piece Übergangsstück
> tubing adapter Schlauchadapter
> two-neck (multiple) adapter
Zweihalsaufsatz
> vacuum adapter Vakuumvorstoß
> vacuum-filtration adapter
Vakuumfiltrationsvorstoß
add zusetzen, hinzufügen,
hinzugeben, ergänzen; beimengen;
versetzen mit, dazugeben
addition Addition, Zusatz,
Hinzufügen, Ergänzung;
Beimengung; Zuschlag
addition compound (union of two
compounds) Additionsverbindung
addition funnel Einfülltrichter,
Zulauftrichter, Tropftrichter
> pressure-equalizing addition
funnel Zulauftrichter mit
Druckausgleich, Tropftrichter mit
Druckausgleich
additive *n* Zusatzstoff, Zusatz, Additiv
additive compound (saturation of
double/triple bonds)
Additionsverbindung
adhere (stick/cling) kleben, ankleben,
haften, anhaften; anheften
adherend surface Fügefläche
adherent klebend, anklebend,
anhaftend
adhesion/adhesive power Adhäsion,
Haften, Haftung, Anheftung;
Haftvermögen; Griffigkeit

adhesive *adj/adv* haftend, klebend
adhesive *n* (glue/gum) Kleber,
Klebstoff, Leim; (cement) Kitt,
Kittsubstanz
➢ **contact adhesive/contact
bond adhesive** Kontaktkleber,
Kontaktklebstoff, Haftkleber
➢ **general purpose adhesive**
Alleskleber
➢ **multicomponent adhesive/
multiple-component adhesive**
Mehrkomponentenkleber
➢ **resin adhesive** Harzkleber
➢ **silicone adhesive** Siliconkleber
➢ **two-component adhesive**
Zweikomponentenkleber
adhesive power/bonding power
Klebkraft
**adhesive strip/band-aid/sticking
plaster/patch** *med* Pflaster,
Heftpflaster (Streifen)
adhesive tape Klebeband,
Klebestreifen
adhesivity Haftfähigkeit,
Adhäsionsvermögen,
Klebefähigkeit
adjust einstellen, regulieren, justieren;
(focus: *fine/coarse*) justieren,
fokussieren (Scharfeinstellung
des Mikroskops: *fein/grob*);
(equalize) abgleichen
adjustable (variable) einstellbar,
verstellbar, regulierbar, justierbar
adjustable variable/control value
Stellgröße
adjustable wrench
Rollgabelschlüssel, ‚Engländer'
adjusted mean bereinigter
Mittelwert, korrigierter Mittelwert
**adjusting screw/setting screw/
adjustment knob/fixing screw**
Stellschraube

adjustment Anpassung,
Angleichung; Einstellung,
Regulierung; (focus adjustment/
focus: *fine/coarse*) Justierung,
Fokussierung (Scharf-einstellung
des Mikroskops: *fein/grob*)
adjustment knob Einstellknopf
➢ **coarse-adjustment knob** *micros*
Grobjustierschraube, Grobtrieb
➢ **condenser adjustment knob/
substage adjustment knob** *micros*
Kondensortrieb
➢ **fine-adjustment/fine-adjustment
knob/micrometer screw**
micros Mikrometerschraube,
Feinjustierschraube, Feintrieb
➢ **focus adjustment knob** *micros*
Justierschraube, Justierknopf,
Triebknopf
adjustment screw/tuning screw
Einstellschraube
adjuvant Adjuvans, Hilfsmittel
administration Verwaltung
admission (licence/permit)
Zulassung; Eintritt, Zutritt; Aufnahme
admix beimischen, zumischen,
beimengen, zusetzen
admixture Beimischung,
Beimengung, Zusatz
adsorb adsorbieren, haften,
anhaften
adsorbate Adsorbat
adsorbent Adsorptionsmittel,
Adsorbens, adsorbierende
Substanz
adsorption Adsorption; Haftung
adulterant Beimischung
adulterate (make impure by mixture)
zumischen, verdünnen;
verschneiden, panschen;
verfälschen
advance *micros* Vorschub

advantage Vorteil, Nutzen
aerate belüften, durchlüften
aeration Belüftung, Durchlüftung,
Ventilation
aeration tank/aerator
Belebtschlammbecken,
Belebungsbecken,
Belüftungsbecken (Kläranlage)
aerobic aerob, sauerstoffbedürftig
aerobic respiration aerobe Atmung
aerosolization Aerosolisierung,
Vernebelung
afferent/rising aufsteigend
affinity chromatography
Affinitätschromatografie
affinity labeling
Affinitätsmarkierung
affinity partitioning
Affinitätsverteilung
affix/attach fixieren
(befestigen, fest machen)
afterburning Nachverbrennung
afterdischarge n neuro Nachfeuerung,
Nachentladung; vb nachfeuern
after-ripening Nachreifen
aftertreatment/posttreatment
Nachbehandlung
agar diffusion test Agardiffusionstest
agar medium Agarnährboden
agar plate Agarplatte
agate mortar Achatmörser
agency/department Amt, Behörde
agent Agens, Agenz (pl Agentien),
Wirkstoff
➢ antifeeding agent/antifeeding
compound/feeding deterrent
Fraßhemmer,
fraßverhinderndes Mittel
➢ cleaning agent/cleanser
Reinigungsmittel
➢ crosslinking agent/cross linker
quervernetzendes Agens

➢ etiological agent
Krankheitsverursacher (Wirkstoff,
Agens, Mittel)
➢ fire-extinguishing agent
Löschmittel, Feuerlöschmittel
➢ fluxing agent/fusion reagent
Flussmittel, Schmelzmittel,
Zuschlag
➢ intercalation agent/intercalating
agent interkalierendes Agens
➢ oxidizing agent (oxidant/oxidizer)
Oxidationsmittel
➢ reducing agent Reduktionsmittel
➢ scouring agent/abrasive
Scheuermittel
➢ toxic agent Giftstoff
➢ wetting agent (wetter/surfactant/
spreader) Benetzungsmittel;
Entspannungsmittel
(oberflächenaktive Substanz)
➢ workplace agent Arbeitsstoff
agitator vessel Rührkessel,
Rührbehälter
agreement Einwilligung,
Zustimmung;
(consent) Vereinbarung,
Einverständniserklärung
agriculture/farming Landwirtschaft
air n Luft; Brise, Wind, Luftzug
air vb (ventilate/aerate) lüften,
belüften
air bath Luftbad
air blow gun Druckluftpistole
air bubble Luftblase
air capacity Luftkapazität
air capillary Luftkapillare
air chamber/air receiver/air vessel/
surge chamber Windkessel
air circulation Luftumwälzung,
Luftzirkulation
air compressor Luftkompressor
air condenser Luftkühler

air conditioner Klimaanlage
air conditioning Klimatisierung;
    Klimaanlage; Klimatechnik
air current/airflow/current of air/air
    stream Luftstrom, Luftströmung
air curtain/air barrier Luftvorhang,
    Luftschranke (z. B. an
    Vertikalflow-Biobench)
air-cushion foil Luftpolster-Folie
air dryer Luftentfeuchter
air duct/air conduit/airway
    Lüftungskanal, Luftkanal
air humidity (absolute/realtive)
    Luftfeuchtigkeit (absolute/relative)
air inlet valve/air bleed
    Lufteinlassventil
air jet Luftstrahl
air meter/anemometer Windmesser,
    Anemometer
air pollutant Luftschadstoff
air pollution Luftverschmutzung,
    Luftverunreinigung
air pressure Luftdruck
air reactive luftreaktiv
air recirculation Luftrückführung
air-sensitive luftempfindlich
air shaft/air duct Lüftungsschacht,
    Luftschacht
air speed Luftströmung,
    Luftgeschwindigkeit
    (Sicherheitswerkbank)
air supply Luftzufuhr
air threshold value/atmospheric
    threshold value Luftgrenzwert
air-to-fuel ratio
    Luft-Brennstoff-Verhältnis
airborne luftgetragen
airborne dust Flugstaub
airbrush gun Airbrushpistole
airflow control Belüftungskontrolle,
    Kontrolle der Luftführung
airfoil Profil (hervorstehende
    Teile eines Gerätes, z. B.
    Sicherheitswerkbank); Tragfläche

airlift reactor/pneumatic reactor
    Airliftreaktor, pneumatischer
    Reaktor (Mammutpumpenreaktor)
airlock Luftschleuse
airtight/airproof luftdicht
aisle/corridor Gang, Flur, Korridor
alarm *vb* alamieren, warnen
alarm (alert) *n* Alarm
➢ false alarm falscher Alarm
➢ fire alarm Feueralarm
➢ drill/emergency drill Probealarm,
    Probe-Notalarm
alarm signal Alarmsignal
alarm siren/air-raid siren Alarmsirene
alarm substance/
    alarm pheromone Schreckstoff,
    Alarmstoff, Alarm-Pheromon
alarm system Alarmanlage
albedo Albedo, Rückstrahlvermögen
alcohol Alkohol
➢ absolute alcohol absoluter Alkohol
➢ amyl alcohols/pentyl alcohols/
    pentanols Amylalkohole, Pentanole
➢ butyl alcohols/butanols
    Butylalkohole, Butanole
➢ cinnamyl alcohol/
    3-phenyl-2-propen-1-ol
    Zimtalkohol, 3-Phenylprop-2-enol
➢ crude alcohol/raw alcohol/raw
    spirit Rohspiritus, Rohsprit
➢ denatured alcohol
    vergälltes Alkohol
➢ ethyl alcohol/ethanol (grain
    alcohol/spirit of wine) Ethylalkohol,
    Ethanol, Äthanol (Weingeist)
➢ isopropyl alcohol/isopropanol/
    1-methyl ethanol
    (rubbing alcohol)
    Isopropylalkohol, Propan-2-ol
➢ methanol/methyl alcohol
    (wood alcohol) Methylalkohol,
    Methanol (Holzalkohol)
➢ *n*-propyl alcohol/propanol
    Propylalkohol, Propan-1-ol

➢ **rubbing alcohol**
Desinfektionsalkohol, Alkohol für
äußerliche Behandlung (meist
Isopropanol/vergälltes Ethanol oder
70% v/v Ethanol)
➢ **sinapic alcohol** Sinapinalkohol
➢ **wax alcohols** Wachsalkohole
➢ **wool alcohols** Wollwachsalkohole
alcohol burner Spiritusbrenner,
Spirituslampe
aldehyde Aldehyd
➢ **acetaldehyde/acetic aldehyde/**
ethanal Acetaldehyd, Ethanal
➢ **anisic aldehyde/anisaldehyde**
Anisaldehyd
➢ **cinnamic aldehyde/cinnamaldehyde**
Zimtaldehyd, 3-Phenylprop-2-enal
➢ **formaldehyde/methanal**
Formaldehyd, Methanal
➢ **glutaraldehyde/1,5-pentanedione**
Glutaraldehyd, Glutardialdehyd,
Pentandial
alert *n* Alarm, Alarmzustand,
Alarmbereitschaft; Alarmsignal,
Warnung
align (tune) abgleichen
alignment Ausrichtung, Aufstellung
(in einer Linie); (tuning) Abgleich;
Alinierung (von Sequenzen)
aliquot Aliquote, aliquoter Teil
(Stoffportion als Bruchteil einer
Gesamtmenge); (sample/spot
sample) Stichprobe
alive lebendig; (living) lebend
alkali blotting Alkali-Blotting
alkali burn Alkaliverätzung,
Basenverätzung
alkaline/basic alkalisch, basisch
➢ **sauer/azid** acid, acidic
alkaliproof alkalibeständig,
laugenbeständig
alkaloid(s) Alkaloid(e)
all-clear! Entwarnung!

all-purpose/general-purpose/utility...
Allzweck..., Allgemeinzweck...,
Mehrzweck..., Universal...
all-purpose cleaner...
Allzweckreiniger, Universalreiniger
all-purpose glue/adhesive...
Alleskleber
Allen wrench/Allen key/hex key
Inbusschlüssel,
Innensechskantschlüssel
allergen (sensitizer) Allergen
allergic (sensitizing) allergisch
alligator clip/alligator connector clip
Krokodilklemme
Allihn condenser/bulb condenser
Kugelkühler
alloy Legierung
alternate *adv/adj* alternierend,
abwechselnd
alternating current (AC)
Wechselstrom
alternating field gel electrophoresis
Wechselfeld-Gelelektrophorese
alum Alaun, Aluminiumsulfat
aluminum (Al) Aluminium
aluminum foil Aluminiumfolie,
Alufolie
amber Bernstein
amber glass Braunglas
ambient pressure Umgebungsdruck
ambient temperature
Umgebungstemperatur
ambulance Ambulanz;
Rettungswagen, Sanitätswagen
American Chemical Society (ACS)
Amerikanische Chemische
Gesellschaft
Ames test Ames-Test
amidation Amidierung
amide Amid
amination Aminierung
amine Amin
amino acid Aminosäure

➢ **essential amino acids** essentielle
  Aminosäure
➢ **nonessential amino acids**
  nicht-essentielle Aminosäure
amino sugar Aminozucker
aminoacylation Aminoacylierung
ammeter/amperemeter
  Strommessgerät, Amperemeter
  (Stromstärke)
ammonia Ammoniak
ammoniacal ammoniakalisch
ammonium chloride
  (sal ammoniac/salmiac)
  Salmiak, Ammoniumchlorid
ammonium hydroxide/ammonia
  water (ammonia solution)
  Salmiakgeist, Ammoniumhydroxid
  (Ammoniaklösung)
amperage/current strength Strom,
  Stromstärke
amplification Amplifikation,
  Vermehrung, Vervielfältigung,
  Verstärkung
amplifier/booster Verstärker
amplify amplifizieren, vervielfältigen,
  vermehren; (boost) verstärken
ampule/ampoule Ampulle
  (Glasfläschchen)
➢ **prescored ampule/ampoule**
  vorgeritzte Spießampulle
analeptic amine Weckamin
analog/analogue
  Analogon (*pl* Analoga)
analogize analogisieren
analogous analog, funktionsgleich
analog-to-digital converter (ADC)
  Analog-Digital-Wandler
analogy Analogie
analysis (*pl* analyses) Analyse;
  (evaluation) Auswertung
➢ **blowpipe analysis** Lötrohrprobe,
  Lötrohranalyse
➢ **continuous flow analysis (CFA)**
  Durchflussanalyse

➢ **cost-benefit analysis**
  Kosten-Nutzen-Analyse
➢ **crystal-structure**
  analysis/diffractometry
  Kristallstrukturanalyse,
  Diffraktometrie
➢ **data analysis** Datenanalyse
➢ **elementary analysis**
  Elementaranalyse
➢ **environmental analysis**
  Umweltanalyse
➢ **flow injection analysis (FIA)**
  Fließinjektionsanalyse (FIA)
➢ **fluctuation analysis/noise analysis**
  Fluktuationsanalyse, Rauschanalyse
➢ **fluorescence analysis/fluorimetry**
  Fluoreszenzanalyse, Fluorimetrie
➢ **gel retention analysis/band shift**
  assay Gelretentionsanalyse
➢ **gravimetry/gravimetric analysis**
  Gewichtsanalyse, Gravimetrie
➢ **neutron activation analysis (NAA)**
  Neutronenaktivierungsanalyse
➢ **noise analysis/fluctuation analysis**
  Rauschanalyse, Fluktuationsanalyse
➢ **regression analysis** *stat*
  Regressionsanalyse
➢ **sieve analysis/screen analysis**
  Siebanalyse
➢ **structural analysis** Strukturanalyse
➢ **systems analysis** Systemanalyse
➢ **thermal analysis** Thermoanalyse,
  thermische Analyse
➢ **thermomechanical analysis (TMA)**
  thermomechanische Analyse
➢ **trace analysis** Spurenanalyse
➢ **volumetric analysis** Maßanalyse,
  Volumetrie, volumetrische Analyse
➢ **X-ray microanalysis**
  Röntgenstrahl-Mikroanalyse
➢ **X-ray structural analysis**
  Röntgenstrukturanalyse
analysis of variance (ANOVA)
  Varianzanalyse

analyte Analyt, zu analysierender Stoff, analysierte Substanz

analytic(al) analytisch

analytical balance Analysenwaage

analytical centrifugation analytische Zentrifugation

analytical mill Analysenmühle

analytical (separation) procedure Trennungsgang

analyze analysieren

analyzer Analysator

anchor vb (fasten/attach) verankern (befestigen)

anchor impeller Ankerrührer

anchorage Verankerung

ancillary unit of equipment Hilfseinrichtung (Apparat der nicht direkt mit dem Produkt in Berührung kommt)

anesthesia Narkose

➢ **general anesthesia** Vollnarkose, Vollanästhesie

➢ **local anesthesia** Lokalanästhesie

anesthetic Anästhetikum, Narkosemittel, Betäubungsmittel

angle rotor/angle head rotor centrif Winkelrotor

angular aperture micros Öffnungswinkel

angular momentum Drehmoment; Drehimpuls

animal cage Tierkäfig

animal containment level Sicherheitsstufe für Tierhaltungseinheit

animal experiment Tierversuch, Tierexperiment

animal feed Viehfutter

animal laboratory/~ lab Tierlabor

animal model Tiermodell

animal unit Tierhaltungseinheit (DIN)

animate(d) beleben (belebt)

➢ **inanimate/lifeless/nonliving** unbelebt

anion (negatively charged ion) Anion (negatives Ion/negativ geladenes Ion)

anion exchange resin Anionenaustauscherharz

anion exchanger Anionenaustauscher

anisic aldehyde/anisaldehyde Anisaldehyd

anneal (Glas) ausglühen, kühlen; (Keramik) einbrennen; härten; polym tempern

annealing Glühen (spannungsfrei Stabilglühen); Entspannen; polym Tempern

annealing cup (clay crucible) Schmelztiegel (unglasiert mit hohem Rand)

annealing furnace Glühofen

annular/cyclic ringförmig, cyclisch

anodal current Anodenstrom

anode rays Anodenstrahlen

anodization/anodic oxidation Eloxierung

anodize/anodically oxidize/ oxidize by anodization (electrolytic oxodation) eloxieren

ANOVA (analysis of variance) Varianzanalyse

Anschütz head dist Anschütz-Aufsatz

answer/respond antworten

antacid Antazidum, säureneutralisierendes Mittel

antagonism Antagonismus

antenatal diagnosis/prenatal diagnosis pränatale Diagnose

anthracite/hard coal Anthrazit, Kohlenblende

antibiotic(s) Antibiotikum (pl Antibiotika)

➢ **broad-spectrum antibiotic**
Breitspektrumantibiotikum,
Breitbandantibiotikum
antibody Antikörper
➢ **monoclonal antibody**
monoklonaler Antikörper
antibump granules *dist*
Siedesteinchen
anticlimb adapter *dist*
Kriechschutzadapter
antidote/antitoxin/antivenin
Antidot, Gegengift, Gegenmittel
(tierische Gifte)
**antifeeding agent/antifeeding
compound/feeding deterrent**
Fraßhemmer, fraßverhinderndes
Mittel
antifoam/antifoaming agent
(foam inhibitor) Schaumhemmer,
Schaumverhütungsmittel
➢ **defoamer/defrother** Entschäumer,
Antischaummittel
antifoam controller Schaumdämpfer,
Schaumbremse,
Schaumverhütungsmittel (Gerät)
antimony (Sb) Antimon, Stibium
antioxidant Antioxidans
(*pl* Antioxidantien),
Oxidationsinhibitor
**antisplash adapter/splash-head
adapter**
Schaumbrecher-Aufsatz,
Spritzschutz-Aufsatz
(Rückschlagsicherung)
aperture (opening/orifice) Öffnung,
Mündung; *micros* Apertur (Blende)
**aperture protection factor (open
bench)** Schutzfaktor für die
Arbeitsöffnung (Werkbank)
apex/summit/peak/vertex (highest
among other high points) Gipfel,
Scheitelpunkt, Höhepunkt
apiezon grease Apiezonfett

apparatus (*pl* apparatuses)
Apparat, Gerät
apparent density/gross density
Rohdichte, Schüttdichte
appearance Erscheinung;
Auftritt; Erscheinungsbild,
Erscheinungsform
appearance energy (MS)
Auftrittsenergie
appliance Gerät; Anwendung
➢ **electric appliance** Elektrogerät
application Antrag, Bewerbung;
Anwendung, Nutzen; *chromat*
Applikation, Auftrag, Auftragung
application rod Auftragestab,
Applikator
applied angewandt
apply anwenden; *chromat*
applizieren, auftragen
apportioning/proportioning
Dosierung, Dosieren (im Verhältnis,
anteilig)
apprentice/trainee (on-the-job)
Lehrling
apprenticeship (training period)
Lehre, Lehrjahre, Lehrzeit
approach *n* Zugang, Annäherung;
Verfahren; Ansatz; Vorgehensweise;
(method) Methode
approach *vb* (e.g., a value) *math/
stat* erreichen, sich annähern,
näherkommen, annähern
(z. B. einen Wert)
approval Genehmigung, Erlaubnis,
Zusage; Zulassung
➢ **subject to approval (requiring
permission/authorization)**
genehmigungspflichtig
approve genehmigen, erlauben,
zusagen, gut heißen
approximate value Richtwert,
Näherungszahl
approximation *math* Näherung

aqua regia (3 pts. HCl/1 pt. HNO₃) Königswasser

aquarium/fishtank Aquarium

aqueous wässrig

➢ **nonaqueous** nichtwässrig

aqueous solution wässrige Lösung

arachic acid/arachidic acid/icosanic acid Arachinsäure, Arachidinsäure, Eicosansäure

arachidonic acid/icosatetraenoic acid Arachidonsäure

arbitrary/random willkürlich

arc flame Bogenflamme

arc furnace Lichtbogenofen

arc lamp Bogenlampe

arc spectrum Lichtbogenspektrum

area/region/zone/territory Raum, Gebiet, Gegend, Region, Zone

areometer Aräometer (Densimeter/ Senkwaage)

arithmetic growth arithmetisches Wachstum

arithmetic mean *stat* arithmetisches Mittel

arm *chem/biochem/immun* Schenkel; (microscope) Trägerarm

aroma/fragrance/pleasant odor Aroma, Wohlgeruch

aromatic aromatisch

arousal/excitement Erregung, Aufregung

arrangement Regelung, Vereinbarung; (set-up: of an experiment) Ansatz (Versuchsansatz/Versuchsaufbau)

array Anordnung, Schema, Verteilung; Reihe, Ordnung; Menge, Schar

arrest/stop/lock arretieren, feststellen; (fixate) fixieren

arsenic (As) Arsen

arsine Arsenwasserstoff, Arsan, Monoarsan

artery forceps/artery clamp Arterienklemme

artifact/artefact Artefakt

artificial künstlich

artificial colors/artificial coloring künstliche Farbstoffe

artificial flavor/artificial flavoring künstlicher Geschmackstoff

artificial light(ing) künstliche Beleuchtung

artificial resin/synthetic resin Kunstharz

artificial respiration künstliche Beatmung

asbestos Asbest

➢ **blue asbestos/crocidolite** Blauasbest, Krokydolith

➢ **white asbestos/chrysotile/ Canadian asbestos** Weißasbest, Chrysotil

asbestos board Asbestplatte

asbestosis Asbestose, Asbeststaublunge, Bergflachslunge

ascending *chromat* (TLC) aufsteigend

ascorbic acid (ascorbate) Ascorbinsäure (Ascorbat)

ash Asche

➢ **fly ash/airborne fly ash (pulverized fuel ash, pfa)** Flugasche

➢ **volcanic ash** Vulkanasche

ashing Veraschung

ashless (quantitative filter) aschefrei (quantitativer Filter)

asparagic acid/aspartic acid (aspartate) zAsparaginsäure (Aspartat)

asparagine/aspartamic acid Asparagin

asphyxiant erstickend (chem. Gefahrenbezeichnung)

asphyxiate ersticken

asphyxiation Erstickung, Ersticken

aspirate ansaugen, saugen, abziehen, aspirieren
aspirator bottle/suction flask/vacuum flask Saugflasche, Filtrierflasche
aspirator pump/vacuum pump Saugpumpe, Vakuumpumpe
assay (test/trial/examination/exam/ investigation) Probe, Versuch, Untersuchung, Test, Prüfung
➤ **isotope assay** Isotopenversuch
➤ **protection assay/protection experiment** Schutzversuch, Schutzexperiment
➤ **triplet binding assay** Triplettbindungsversuch
assay balance Justierwaage, Prüfwaage, Analysenwaage
assay material/test material/ examination material Probe, Probensubstanz, Untersuchungsmaterial
assay medium Untersuchungsmedium, Prüfmedium, Testmedium
assay sensitivity Nachweisempfindlichkeit
assembly Assemblierung, Zusammenbau
➤ **disassembly/dismantling/ dismantlement/takedown (of equipment)** Abbau, (einer Apparatur); (stripping) Demontage
➤ **purge assembly/purge device** Spülvorrichtung (z. B. Inertgas)
assess erfassen, bewerten
assessment Abschätzung, Einschätzung, Wertung, Bewertung, Beurteilung, Erfassung
assimilate n Assimilat
assimilate vb assimilieren
atmosphere Atmosphäre

atmospheric atmosphärisch, Luft...
atmospheric moisture Luftfeuchtigkeit
atmospheric nitrogen Luftstickstoff
atmospheric oxygen Luftsauerstoff
atmospheric pressure atmosphärischer Luftdruck
atomic atomar, Atom...
atomic absorption spectroscopy (AAS) Atom-Absorptionsspektroskopie
atomic bond Atombindung
atomic emission detector (AED) Atomemissionsdetektor
atomic emission spectroscopy (AES) Atom-Emissionsspektroskopie
atomic fluorescence spectroscopy (AFS) Atom-Fluoreszenzspektroskopie
atomic force microscopy (AFM) Rasterkraftmikroskopie
atomic number Atomzahl, Atomnummer, Ordnungszahl, Kernladungszahl, Protonenzahl
atomic weight (actually: atomic mass) Atomgewicht (*strikt:* Atommasse)
atomize/spray zerstäuben, sprühen, vernebeln
atomizer/sprayer Atomisator, Zerstäuber, Sprühgerät, Vernebelungsgerät; (humidifier/mist blower) Wasserzerstäuber
ATP (adenosine triphosphate) ATP (Adenosintriphosphat)
attachment Befestigung, Anheftung; (extension piece) Ansatzstück (Glas); (fixture) Aufsatz (auf ein Gerät)
attempt n Versuch, Bemühung; Ansatz
attenuate attenuieren, abschwächen (die Virulenz vermindern)

attenuated vaccine attenuierte(r)/
abgeschwächte(r) Impfstoff/Vakzine
attenuation Attenuation,
Attenuierung, Abschwächung
attractant
Attraktans (pl Attraktantien),
Lockmittel, Lockstoff
attrition mill Reibmühle
audibility Hörbarkeit
audible hörbar
audible alarm akustisches Signal
audit Audit, Prüfung
(Sachverständigenprüfung)
auditing Audit, Prüfung (z. B.
Rechnungsprüfung)
audition Hörvermögen, Gehör
Auger electron spectroscopy (AES)
Auger-Elektronenspektroskopie
auric Gold(III)...
auric acid $HAuO_2$ Goldsäure
aurous Gold(I)...
aurous sulfide Au_2S Goldsulfid
authentification Beglaubigung,
Bestätigung (der Echtheit)
authorization procedure
Genehmigungsverfahren
authorized personnel only Zutritt/
Zugang nur für Befugte
auto-shutoff automatische
Abschaltung (elektron. Gerät)
autocatalysis Autokatalyse
autoclavable autoklavierbar
autoclave vb autoklavieren
autoclave n Autoklav
➢ cooling time/cool-down period
Abkühlzeit, Fallzeit
➢ heat-up time Aufheizphase
➢ preheating time/rise time
Anheizzeit, Steigzeit
➢ setting time Ausgleichszeit,
thermisches Nachhinken
autoclave bag Autoklavierbeutel

autoclave tape/autoclave indicator
tape Autoklavier-Indikatorband
autodecomposition/spontaneous
decomposition Selbstzersetzung
autoignition/self-ignition/
spontaneous ignition
Selbstentzündung
autoignition temperature (AIT)/
spontaneous ignition temperature
(SIT)
Selbstenzündungstemperatur
autologous autolog
autolysis Autolyse
autoradiography/radioautography
Autoradiographie
auxiliary drug/adjuvant Hilfsstoff,
Adjuvans
auxiliary electrode Hilfselektrode
availability Verfügbarkeit
avelanche photodiode (APD)
Lawinenphotodiode,
Avalanchephotodiode
average/mean Durchschnitt
(Mittelmaß)
➢ on the average durchschnittlich
➢ time-weighted average
zeitgewichtetes Mittel
average yield Durchschnittsertrag
averaging Mittelwertbildung
avidity (of antibodies) Avidität
avoidance Vermeidung
awareness Bewusstheit
awl/pricker Ahle (reamer: Reibahle)
axe Axt
➢ fire axe Brandaxt
azelaic acid/nonanedioic acid
Azelainsäure, Nonandisäure
azeotropic azeotrop
azeotropic distillation
Azeotropdestillation
azeotropic mixture azeotropes
Gemisch

B

**back extraction/back-extraction/
   stripping** Rückextraktion, Strippen
back pressure relief
   Rückdruckentlastung
back titration Rücktitration
backdraft preventer/protection
   Rückstauschutz
**backflow preventer/backflow
   protection/backstop/non-return
   valve**
   Rückströmsperre, Rückflusssperre,
   Rücklaufsperre, Rückstauventil
backflush/backflushing *chromat*
   Rückspülen, Rückspülung
   (der Säule)
backlit hintergrundbeleuchtet
backmixing Rückmischen,
   Rückmischung, Rückvermischung
backorder ausstehende Lieferung
➢ **on backorder** ausstehende
   Lieferung wird nachgeliefert (sobald
   wieder auf Lager)
backscatter Rückstreuung, Reflexion
backstop Rücklaufsperre
**backstop valve/check valve (backflow
   prevention)** Rückschlagventil,
   Rückflusssperre, Rücklaufsperre,
   Rückstauventil
backup *adj/adv* Ersatz..., Reserve...
bacteria (sg bacterium) Bakterien
   (*sg* Bakterie/Bakterium)
bacterial bakteriell
bacterial culture Bakterienkultur
bacterial flora Bakterienflora
bacterial infection bakterielle
   Infektion
bacterial lawn Bakterienrasen
bacterial strain Bakterienstamm
bacteriocidal/bactericidal bakterizid,
   keimtötend

bacteriologic/bacteriological
   bakteriologisch
bacteriology Bakteriologie
bacteriophage/phage/bacterial virus
   Bakteriophage, Phage
bacteriosis Bakteriose
bacterium (pl bacteria) Bakterie,
   Bakterium (*pl* Bakterien)
badge Kennzeichen, Abzeichen,
   Marke, Banderole
➢ **film badge** Strahlenschutzplakette
badging Bezettelung
baffle Prall..., Ablenk...; *biot*
   (impeller: bioreactor)
   Strombrecher (z. B. an Rührer von
   Bioreaktoren)
baffle plate Prallblech, Prallplatte,
   Leitblech, Ablenkplatte
   (Strombrecher z. B. an Rührer von
   Bioreaktoren)
**baffle-plate impact mill/impeller
   breaker** Pralltellermühle
baffle screen Prallschirm
bag (pouch Br) Beutel; (paper) Tüte
➢ **autoclave bag/autoclavable bag**
   Autoklavierbeutel
➢ **cellophane bag/cello bag**
   Cellophanbeutel
➢ **disposal bag** Abfallbeutel,
   Müllbeutel
➢ **flat bag** Flachbeutel
➢ **freezer bag** Gefrierbeutel
➢ **sampling bag** Probenbeutel
➢ **sealable bag** verschließbarer Beutel
➢➢**resealable bag**
   wiederverschließbarer Beutel
➢ **standup bag** Bodenbeutel
➢ **trash bag/disposal bag** Müllbeutel,
   Abfallbeutel
➢ **vacuum-seal storage bag**
   Vakuumbeutel, Vacuumbeutel,
   Siegelrandbeutel

➤ zip-lip bag/zip-lock bag/zipper
bag Druckverschlussbeutel,
Druckleistenverschlussbeutel,
Schnellverschlussbeutel

bagging Eintüten (Tüten, Säcke
einfüllen)

baghouse (fabric filter dust collector)
Sackkammer, Sackraum
(Staubabscheider)

bail (out) *vb* ausschöpfen (Wasser)

bailer (small bucket) Schöpfer,
kleiner Schöpfeimer

baker's yeast Backhefe, Bäckerhefe

**baking soda/sodium
hydrogencarbonate** Natron,
Natriumhydrogencarbonat,
Natriumbicarbonat

balance *vb* wägen, wiegen; (balance
out) ausbalancieren, ausgleichen;
(a chemical reaction) einrichten

balance *n* Bilanz (Energiebilanz/
Stoffwechselbilanz); (equilibrium)
Gleichgewicht; (scales) Waage

➤ **analytical balance** Analysenwaage

➤ **beam balance** Balkenwaage

➤ **ecological balance/ecological
equilibrium** ökologisches
Gleichgewicht

➤ **laboratory balance/lab balance**
Laborwaage

➤ **natural balance** natürliches
Gleichgewicht (Naturhaushalt)

➤ **pan balance** Tafelwaage

➤ **precision balance** Feinwaage,
Präzisionswaage

➤ **quartz microbalance (QMB)**
Quarz-Mikrowaage (QMW)

➤ **spring balance/spring scales**
Federzugwaage, Federwaage

➤ **triple-beam balance**
Dreifachbalkenwaage

balanced equation ‚eingerichtete'
Gleichung

balanced lethal balanciert letal

ball Ball, Kugel; (male: spherical
joint) Schliffkugel

ball-and-socket joint/spheroid joint
Kugelgelenk

**ball-and-stick model/stick-and-ball
model** *chem* Kugel-Stab-Modell,
Stab-Kugel-Modell

ball bearing(s) Kugellager
(Achsenlager: Rührer etc.)

ball mill/bead mill Kugelmühle

**ball pane hammer/ball
peen hammer/ball pein
hammer** Schlosserhammer mit
Kugelfinne

ball valve Kugelventil

**ball viscometer/falling ball viscometer
(FBV)** Kugelfallviskosimeter

ballast (choke)
electr Vorschaltdrossel

ballast group Ballastgruppe (chem.
Synthese)

ballast unit/starter (Starter:
Leuchtstoffröhren) *electr*
Vorschaltgerät

banana plug Bananenstecker

band *chromat/electrophor* Bande

**band-aid (adhesive strip)/sticking
plaster/patch** *med* Pflaster,
Heftpflaster (Streifen)

band broadening
chromat Bandenverbreiterung

band shift assay
Gelretentionsanalyse

band spectrum/molecular spectrum
Bandenspektrum, Molekülspektrum
(Viellinienspektrum)

bandage scissors
med Verbandsschere

bandaging material/dressing material
med Verbandszeug

banded/fasciate gebändert, breit
gestreift

banding pattern (of chromosomes)
Bänderungsmuster, Bandenmuster
banding technique
Bänderungstechnik
bandwidth *phys* Bandbreite
bar Stab, Stange; Barriere; Barren
bar diagram/bar graph
Stabdiagramm
bar magnet/stir bar/stirrer bar/
stirring bar/'flea' Magnetstab,
Magnetstäbchen, Magnetrührstab,
'Fisch', Rühr'fisch'
barbed/fluted/serrated
(e.g., tubing adapters) geriffelt
(z. B. Schlauchadapter)
barometer Luftdruckmessgerät,
Barometer
barophilic/barophilous barophil
barrel (drum/vat/tub/keg/tun) Fass;
(cylinder) Walze, Rolle, Zylinder
➢ **stopcock barrel** Zylinder (Hahn)
barrel mixer/drum mixer
Trommelmischer
barrel opener Fassöffner
barrel pump/drum pump Fasspumpe
barricade tape Absperrband,
Markierband
barrier/barricade Absperrung,
Barriere, Sperre, Barrikade
barrier cream Gewebeschutzsalbe,
Arbeitsschutzsalbe, Schutzcreme
barrier filter *opt* Barrierefilter
barrier fluid Sperrflüssigkeit
barrier layer Sperrschicht,
Grenzschicht, Randschicht
basal medium Basisnährboden,
Basisnährmedium
base Basis; (foundation) Grundlage,
Unterlage; *chem* Base
➢ **nitrogenous base** stickstoffhaltige
Base, 'Base' (Purine/Pyrimidine)
base material (starting material/
raw material) Grundstoff, Rohstoff;

(ground substance/matrix)
Grundsubstanz, Grundgerüst, Matrix
base peak (MS) Basispeak
baseboard/washboard Sockelleiste
basic/alkaline basisch, alkalisch
➢ **sauer/azid** acid, acidic
basic building block Grundbaustein
basic research Grundlagenforschung
basicity Basizität, Baseität
basket Korb
➢ **collapsible basket**
zusammenlegbarer Korb, Faltkorb
basket centrifuge/bowl centrifuge
Trommelzentrifuge
baster Fettgießer (große 'Pipette'),
Ölabscheidepipette
batch Charge (Produktmenge/~einheit:
in einem Arbeitsgang erzeugt),
Partie, Posten, Füllung, Ladung,
Los, Menge; kleine Stückzahl
batch culture diskontinuierliche
Kultur, Batch-Kultur, Satzkultur
batch distillation diskontinuierliche
Destillation, Chargendestillation
batch extraction diskontinuierliche
Extraktion
batch number Chargen-Bezeichnung
batch operation/batch process
diskontinuierliche Arbeitsweise/
Verfahren, Satzverfahren
batch reactor (BR) Chargenreaktor,
Chargenkessel, Satzreaktor,
Rührkesselreaktor
bath Bad
➢ **circulating bath** Umwälzthermostat,
Badthermostat
➢ **refrigerated circulating bath**
Kältethermostat, Kühlthermostat,
Umwälzkühler
battery Batterie
➢ **coin cell/button cell** Knopfzelle
➢ **dry cell battery/dry cell**
Trockenbatterie

➤ **rechargeable battery** wiederaufladbare Batterie
➤ **replacement battery** Ersatzbatterie
bead *n* Kugel, Kügelchen, Perle; (beaded rim/flange) Bördelrand
bead *vb* (flange/seam/edge) bördeln
bead mill (shaking motion) Schwing-Kugelmühle
bead-bed reactor Kugelbettreaktor
beaded rim Bördelrand, Rollrand (Glas: Ampullen etc.)
beaded rim bottle Rollrandflasche
beading (of a liquid on the walls of a container) Perlen (einer Flüssigkeit auf einer festen Oberfläche)
beaker Becherglas, Zylinderglas (ohne Griff)
➤ **tempering beaker (jacketed beaker)/cooling beaker/chilling beaker** Temperierbecher
beaker brush Becherglasbürste
beaker clamp Becherglaszange
beaker tongs Becherglaszange
beam *n* Balken; *opt/nucl* Strahl, Bündel
beam balance Balkenwaage
beam of light Lichtstrahl, Lichtbündel
beam splitter Strahlteiler
beamer Strahler
bearing(s) Lager (Achsenlager, Rührer etc.), Lagerung, Lagerschale
➤ **ball bearing(s)** Kugellager (Achsenlager: Rührer etc.)
➤ **bearing housing** (Kugel) Lagergehäuse
beat/hit/strike schlagen, hauen
beeswax Bienenwachs
beet sugar/cane sugar/table sugar/ sucrose Rübenzucker, Rohrzucker, Sukrose, Sucrose
behenic acid/docosanoic acid Behensäure, Docosansäure

bell-shaped curve (Gaussian curve) Glockenkurve (Gaußsche Kurve)
bellows Balg; Blasebalg; Faltenbalg
bellows pump Balgpumpe
'belly dancer'/nutator/nutating mixer (shaker with gyroscopic, i.e., threedimensional circular/orbital & rocking motion) Taumelschüttler
belt Band, Riemen
ben oil/benne oil Behenöl
bench (workbench/lab bench) Werkbank (Labor-Werkbank/ Laborbank)
➤ **clean bench/safety cabinet** Sicherheitswerkbank
➤ **cleanroom bench** Reinraumwerkbank
➤ **forced-draft hood** Saugluftabzug
➤ **fume hood** Rauchabzug, Abzug
➤ **lab bench/laboratory bench** Labor-Werkbank, Laborbank, Laborarbeitstisch
➤ **laminar flow workstation/laminar flow hood/laminat flow unit** Querstrombank
➤ **sterile bench** sterile Werkbank
bench diaper Saugtuch, Saug-Pad (ultra-absorbierend/für die Laborbank)
bench grinder Doppelschleifer
bench liner Laborfolie, Labor-Schutzfolie (zur Abdeckung/ Schutz der Arbeitsfläche)
bench row Laborzeile
bench-scale/lab-scale *adj* im Labormaßstab
bench scales Tischwaage
benchtop Arbeitsfläche (auf der Laborbank)
benchtop procedure Laborverfahren (im Kleinmaßstab/auf der Laborbank)

**bend/elbow/elbow fitting/ell/
bent tube/bent adapter/angle
connector** Winkelrohr, Winkelstück,
Krümmer (Glas, Metall etc. zur
Verbindung)
**bending vibration/deformation
vibration**
Deformationsschwingung
beneficial (useful) nützlich
beneficial species/beneficient species
Nützling, Nutzart
benefit *n* (positive/favorable use)
Nutzen
benefit *vb* nützen
benign benigne, gutartig
benignity/benign nature Benignität,
Gutartigkeit
**bent longnose pliers/bent long-nose
pliers** gebogene Spitzzange
**bent tube/bent adapter/angle
connector** Winkelrohr, Winkelstück,
Krümmer (Glas, Metall etc. zur
Verbindung)
benzene Benzol, Benzen
benzoic acid (benzoate) Benzoesäure
(Benzoat)
berl saddle (column packing)
dist Berlsattel (Füllkörper)
Berlese funnel *ecol* Berlese-Apparat
bevel *n* Schmiege
bevel *vb* (metal/glass/cannulas etc.)
abkanten, abschrägen
beveled/bevelled abgeschrägt,
abgekantet (Kanülenspitze/Pinzette
etc.)
bias *math/stat* Verzerrung,
Verfälschung; *electr* Vorspannung
biased *math/stat* verzerrt, verfälscht
bibulous paper (for blotting dry)
Löschpapier
bilayer Doppelschicht
bile Galle, Gallflüssigkeit
bile salts Gallensalze

bill (invoice) Rechnung
(Warenrechnung), Faktura
bill of lading Frachtbrief
billion 10^9 Milliarde
**bimetallic thermometer/bimetal
thermometer**
Bimetallthermometer
**bimodal distribution/two-mode
distribution** bimodale Verteilung
bin (container) Behälter, Kasten;
Tonne; Container
binary mixture Zweistoffgemisch
binary system Zweistoffsystem,
Zweikomponentensystem
**binder/binding agent/absorbent/
absorbing agent** Bindemittel,
Saugmaterial (saugfähiger Stoff)
binder (office/paper) Aktenhefter,
Umschlag; Ringbuch, Ordner
binder clip/foldback clip
Halteklammer, Vielzweckklammer,
Vielzweck-Klemme, Foldback-
Klemmer (Büro), „Maulys"
binding Bindung
➤ **cooperative binding** kooperative
Bindung
binding curve Bindungskurve
**binding energy/bond
energy** Bindungsenergie
binoculars Binokular
binomial distribution
Binomialverteilung
binomial formula binomische Formel
bioassay/biological assay
biologischer Test
bioavailability Bioverfügbarkeit,
biologische Verfügbarkeit
**biochemical oxygen demand/
biological oxygen demand
(BOD)** biochemischer
Sauerstoffbedarf, biologischer
Sauerstoffbedarf (BSB)
biochemistry Biochemie

biocide Biozid
biodegradability biologische Abbaubarkeit
biodegradable biologisch abbaubar
biodegradation Biodegradation, biologischer Abbau
bioenergetics Bioenergetik
bioengineering biologische Verfahrenstechnik, Biotechnik, Bioingenieurwesen
bioequivalence Bioäquivalenz
bioethics Bioethik
biogenic biogen
biohazard Biogefährdung; biologische Gefahrenquelle; biologische Gefahr, biologisches Risiko
biohazard containment (laboratory) (classified into biosafety containment classes) Sicherheitsraum, Sicherheitslabor (S1–S4)
biohazardous substance biologischer Gefahrstoff
biohazardous waste Abfall mit biologischem Gefährdungspotenzial
bioindicator/indicator species Bioindikator, Indikatorart, Zeigerart, Indikatororganismus
bioinorganic bioanorganisch
biolistics/microprojectile bombardment Biolistik
biologic(al)/biotic biologisch, biotisch
biological containment biologische Sicherheit(smaßnahmen)
biological containment level biologische Sicherheitsstufe
biological equilibrium biologisches Gleichgewicht
biological oxygen demand/ biochemical oxygen demand (BOD) biologischer Sauerstoffbedarf,

biochemischer Sauerstoffbedarf (BSB)
biological pest control biologische Schädlingsbekämpfung
biological warfare agent biologischer Kampfstoff
biologist/bioscientist/life scientist Biologe, Biologin
biology/bioscience/life sciences Biologie, Biowissenschaften
biology lab technician/biological lab assistant BTA (biologisch-technischer Assistent)
bioluminescence Biolumineszenz
biomass Biomasse
biomedicine Biomedizin
bionics Bionik
biophysics Biophysik
biopsy punch Biopsiestanze
bioreactor (*see also:* reactors) Bioreaktor
biosafety biologische Sicherheit
biosafety cabinet biologische Sicherheitswerkbank
bioremediation biologische Sanierung
biosafety biologische Sicherheit
biosafety cabinet biologische Sicherheitswerkbank
biosafety level (BSL) biologische Sicherheitsstufe/Risikostufe
biosafety officer biologischer Sicherheitsbeauftragter, Beauftragter für biol. Sicherheit
bioscience (meist *pl* biosciences)/life science (meist *pl* life sciences) Biowissenschaft
biostatics Biostatik
biostatistics Biostatistik
biosynthesis Biosynthese
biosynthesize biosynthetisieren
biosynthetic(al) biosynthetisch

biosynthetic reaction (anabolic reaction) Biosynthesereaktion

biotechnology Biotechnologie

biotransformation/bioconversion Biotransformation, Biokonversion

birefringence/double refraction Doppelbrechung

birefringent/double-refracting doppelbrechend

bisubstrate reaction Zweisubstratreaktion, Bisubstratreaktion

bit (drill bit/drill) Bohrer, Bohrspitze, Bohraufsatz, Bit; (of a wrench) Maul (Öffnung am Schraubenschlüssel); (of a key) Bart (eines Schlüssels)

➢ **gimlet bit** Schneckenbohrer, Windenschneckenbohrer

➢ **nail bit** Nagelbohrer

bitter bitter

bitterness Bitterkeit

bitters Bitterstoffe

bituminous coal/soft coal Steinkohle, bituminöse Kohle

bivalence/divalence *chem* Zweiwertigkeit

bivalent/divalent *chem* zweiwertig, bivalent, divalent

blackboard Wandtafel

➢ **bulletin board** schwarzes Brett, Anschlagsbrett

➢ **whiteboard/marker board** Weißwandtafel

blackout (short) Ohnmacht, ‚Aussetzer'

blackout curtain Verdunkelungsvorhang

bladderlike/bladdery/vesicular blasenartig, blasenförmig

blade Klinge; (cutting edge of a knife blade) Schneide (Messer etc.)

➢ **microtome blade** Mikrotommesser

➢ **razor blade** Rasierklinge

➢ **scalpel blade** Skalpellklinge

➢ **snap-off blade** Abbrechklinge (für Cuttermesser)

➢ **stirrer blade (in reactors etc.)** Rührerblatt

➢ **trapeze blade** Trapezklinge

blade mixer Schaufelmischer

blank *n math/stat* Blindwert

blast *n* (burst/detonation) Sprengung, Detonation (Explosion)

blast furnace Hochofen

bleach *n* Bleiche (Bleichmittel)

bleach *vb* ausbleichen, bleichen (*activ:* weiss machen, aufhellen)

bleaching Ausbleichen, Bleichen

bleaching agent Bleichmittel

bleed/bleeding Bluten

bleed *vb* (spotting: TLC) durchschlagen, bluten; ausblühen

blender (vortex) Mixer, Mixgerät; Mixette, Küchenmaschine (Vortex)

blind *adj/adv* blind; verdeckt, matt, nicht poliert

blind *n* Rolladen, Rollo, Rouleau; Markise; Blende

blind rivet Blindniete

blind rivet nut Blindnietmutter

blind test/blank test Blindversuch

➢ **double blind test** Doppelblindversuch

➢ **single blind test** einfacher Blindversuch

blindness Blindheit

bloat blähen

bloating/gas Blähungen, Flatulenz

block holder *micros* Blockhalter

block synthesis Blockverfahren

blocked/clogged/choked (drain) verstopft (Abfluss)

blocking reagent Blockierungsreagens

blood Blut

➢ **fresh blood** Frischblut

➢ **stored blood/banked blood**
Blutkonserve

➢ **whole blood** Vollblut

blood agar Blutagar

blood bank Blutbank

blood cell/blood corpuscle/blood corpuscule Blutkörperchen

blood clot Blutgerinnsel, Blutkoagulum

blood clotting Blutgerinnung

blood count Blutzellzahlbestimmung, Blutkörperchenzählung; (hematogram) Blutbild, Blutstatus, Hämatogramm

blood culture Blutkultur

blood donation Blutspende

blood group Blutgruppe

blood group incompatibility Blutgruppenunverträglichkeit

blood plasma Blutplasma

blood poisoning Blutvergiftung, Sepsis

blood pressure Blutdruck

blood smear Blutausstrich

blood substitute Blut-Ersatz

blood sugar Blutzucker

blood sugar level (elevated/ reduced) Blutzuckerspiegel (erhöhter/erniedrigter)

blood-typing Blutgruppenbestimmung

blot *vb* blotten; klecksen, Flecken machen, beflecken

blot hybridization Blothybridisierung

blotting (blot transfer) Blotten, Blotting

➢ **affinity blotting** Affinitäts-Blotting

➢ **alkali blotting** Alkali-Blotting

➢ **capillary blotting** Diffusionsblotting

➢ **dry blotting** Trockenblotten

➢ **genomic blotting** genomisches Blotting

➢ **ligand blotting** Liganden-Blotting

➢ **Western blot/immunoblot** Western-Blot, Immunoblot

➢ **wet blotting** Nassblotten

blower/fan Gebläse (Föhn)

blowpipe assay/test Lötrohrprobe

blowtorch Gebläselampe

blurredness/blur/obscurity/ unsharpness Unschärfe

boat conformation (cycloalkanes) Wannenform

bobbin *electr* Spule, Induktionsrolle

body (soma) Körper; (dead body/ corpse) Leichnam; (female fitting/ female) *tech/mech* weibliche Kupplung, Körper

body fluid Körperflüssigkeit

body temperature Körpertemperatur

bogie Transportwagen, Transportkarren

boil *vb* sieden, kochen

➢ **bring to a boil/boil up/come to a boil** aufkochen

➢ **simmer** leicht kochen

boilerstone/boiler scale (incrustation) Kesselstein (Ablagerung)

boiling kochend, siedend

boiling flask Siedegefäß

boiling point Siedepunkt

boiling point depression/lowering of boiling point Siedepunkterniedrigung

boiling point determination Siedepunktbestimmung

boiling point elevation Siedepunkterhöhung

boiling range Siedebereich

boiling rod/boiling stick/bumping rod/bumping stick Siedestab

boiling stone/boiling chip Siedestein, Siedesteinchen

bolt *n* Schraubenbolzen, Bolzen; (bolting/barring/interlock) Verriegelung

> **Allen bolt** Innensechskantschraube, Inbusschraube
> **anchor bolt** Verankerungsbolzen
> **carriage bolt/coach bolt (round head/square neck)** Schlossschraube
> **eye bolt** Ösenbolzen
> **fixing bolt** Haltebolzen
> **hanger bolt** Stockschraube
> **hex bolt/hex-cap bolt/ hex-cap screw/machine bolt** Sechskant-Bolzenschraube, Sechskant-Schraubbolzen
> **J-bolt** Hakenschraube (Bolzen mit Mutter)
> **plow bolt** Pflugbolzen, Pflugschraube
> **screw bolt** Schraubenbolzen
> **shoulder bolt** Halsschraube
> **U-bolt** U-Bügelschraube, U-Bügel, U-Bolzen

bolt *vb* (bar/interlock) verriegeln
bolt cutter Bolzenschneider
bomb calorimeter Kalorimeterbombe, Bombenkalorimeter, Verbrennungsbombe
bomb tube/Carius tube/sealing tube Bombenrohr, Schießrohr, Einschlussrohr
bond *vb* (tie/couple) binden, verbinden; (link) verknüpfen
bond *n* **(linkage)** *chem* Bindung
> **atomic bond** Atombindung
> **carbon bond** Kohlenstoffbindung
> **chemical bond** chemische Bindung
> **conjugated bond** konjugierte Bindung
> **double bond** Doppelbindung
> **glycosidic bond/glycosidic linkage** glykosidische Bindung
> **heteropolar bond** heteropolare Bindung

> **high energy bond** energiereiche Bindung
> **homopolar bond/nonpolar bond** homopolare Bindung
> **hydrophilic bond** hydrophile Bindung
> **hydrophobic bond** hydrophobe Bindung
> **ionic bond** Ionenbindung
> **multiple bond** Mehrfachbindung
> **nonpolar bond** unpolare Bindung
> **peptide bond/peptide linkage** Peptidbindung
> **single bond** Einfachbindung
> **triple bond** Dreifachbindung

bond angle Bindungswinkel
bond paper/stationery Schreibpapier
bonded phase gebundene Phase
bonded-phase chromatography Festphasenchromatografie
bonding power/bonding capacity Bindekraft, Bindevermögen
bonding strength Bindefähigkeit
bone Knochen
bone-cutting forceps/bone pliers/ bone-cutting shears/bone shears Knochenzange
bone meal Knochenmehl
bone punch Knochenstanze
bone saw Knochensäge
bony knöchern, Knochen...
book cart Bücherwagen
booster Verstärker; (substance) Verstärkungsstoff
booster pump/accessory pump/ back-up pump Zusatzpumpe, Hilfspumpe, Verstärkerpumpe
borax/sodium tetraborate Borax, Natriumtetraborat decahydrat
bore *n* Bohrung (Ergebnis: Loch)
boric acid (borate) Borsäure (Borat)
boron (B) Bor
borosilicate glass Borosilikatglas

bottle Flasche
➤ **beaded rim bottle** Rollrandflasche
➤ **drop bottle/dropping bottle** Tropfflasche
➤ **dropping bottle/dropper vial** Pipettenflasche; Tropfflasche
➤ **gas bottle/gas cylinder/ compressed-gas cylinder** Gasflasche, Druckgasflasche
➤ **lab bottle/laboratory bottle** Laborstandflasche, Standflasche
➤ **narrow-mouthed bottle** Enghalsflasche
➤ **packaging bottle** Verpackungsflasche
➤ **reagent bottle** Reagentienflasche
➤ **roller bottle** Rollerflasche
➤ **screw-cap bottle** Schraubflasche
➤ **spray bottle** Sprühflasche
➤ **square bottle** Vierkantflasche
➤ **wash bottle/squirt bottle** Spritzflasche
➤ **weighing bottle** Wägeglas
➤ **wide-mouthed bottle** Weithalsflasche
➤ **Woulff bottle** Woulffsche Flasche
bottle brush (beaker/jar/cylinder brush) Flaschenbürste
bottle cart (barrow)/bottle pushcart/ (Br cylinder trolley) Flaschenwagen
bottle shelf/bottle rack Flaschenregal
bottleneck Engpass; Flaschenhals
bottom fermenting untergärig
bottom yeast niedrigvergärende Hefe (‚Bruchhefe')
bottoms/deposit (sediment/ precipitate/settlings) Bodenkörper; *dist* Sumpf (Rückstand in Blase)
bouffant cap Haarschutzhaube
boundary layer Grenzschicht
bowl Schale, Schüssel
➤ **kidney bowl** Nierenschale
➤ **mixing bowl** Mischschale

box (crate) Schachtel, Kasten, Kiste
box wrench/box spanner (ring spanner *Br*) Ringschlüssel
brackish water (somewhat salty) Brackwasser
brad/brass fastener/paper fastener/ metal paper fastener/split pin paper fastener Musterbeutelklammer, Musterbeutel-Klammer
brake bremsen; stoppen, blockieren
braking time *centrif* Bremszeit
bran Kleie
branch out/ramify sich verzweigen
branch site Verzweigungsstelle
branched/ramified verzweigt
branched-chain(ed) *chem* verzweigtkettig
branching Abzweigung; *chem* Verzweigung
brand Marke (Ware/Handel)
brand name Markenname, Handelsname, Markenbezeichnung, Warenzeichen
brass Messing
➤ **chrome-plated brass** verchromtes Messing
breach of duty Pflichtverletzung
break/shatter (glass) zerbrechen, zerspringen
➤ **break up** zerkleinern
breakable zerbrechlich
➤ **nonbreakable/unbreakable/ crashproof** bruchsicher
breakage Bruch
breakdown Abbau, Zusammenbruch, Zerfall; (incident/accident) Störfall
breaking pressure (valve) Öffnungsdruck (Ventil)
breakpoint Bruchstelle
breath *n* Atem
breathe *vb* (respire) atmen
➤ **breathe in/inhale** einatmen
➤ **breathe out/exhale** ausatmen

breathing (respiration) Atmung
breathing apparatus/respirator
Atemschutzgerät, Atemgerät
breathing protection/respiratory protection Atemschutz
breed/breeding/cultivation/growing
Züchtung, Kultivierung
breed *vb* (cultivate/grow) züchten,
kultivieren, aufziehen
breeding period/incubation period
Brutdauer, Inkubationszeit
brewers' grains Treber, Biertreber
brewers' yeast Bierhefe, Brauhefe
bright (luminous) lichtstark
bright field *micros* Hellfeld
brightener/brightening agent/ clearant/clearing agent (optical brightener) Aufheller,
Aufhellungsmittel (optischer
Aufheller)
brightfield illumination
Hellfeldbeleuchtung
brightfield microscopy
Hellfeld-Mikroskopie
brine Lake; (pickle) Salzlake,
Salzlauge; (salt water) Sole, Salzsole
bristle Borste
British Standard Pipe (BSP) thread/ fittings Britisches Standard
Gewinde
brittle spröd, spröde, brüchig;
zerbrechlich
broad-spectrum antibiotic
Breitspektrumantibiotikum
brochure/pamphlet Broschüre,
Informationsschrift
bromine (Br) Brom
brood/breed/incubate bebrüten,
brüten, inkubieren
broom Besen, Kehrbesen
brown paper/kraft Packpapier
bruise/hematoma Bluterguss,
Hämatom

brush *n* Bürste; *electr* (motor brush)
Schleifkontakt
➢ **beaker brush** Becherglasbürste
➢ **bottle brush** Flaschenbürste
➢ **dishwashing brush** Spülbürste,
Geschirrspülbürste
➢ **flask brush** Kolbenbürste
➢ **funnel brush** Trichterbürste
➢ **laboratory brush** Laborbürste
➢ **paintbrush** Malpinsel
➢ **pipe cleaner** Pfeifenreiniger,
Pfeifenputzer
➢ **pipet brush** Pipettenbürste
➢ **scrubbing brush/scrub brush**
Scheuerbürste, Schrubbbürste
➢ **test tube brush** Reagensglasbürste
➢ **toilet brush** WC-Bürste
➢ **wire brush** Drahtbürste, Stahlbürste
bubble *n* Blase (Gasblase/Luftblase/
Seifenblase); (small bubble)
Bläschen; (vesicle) Vesikel
➢ **small air bubble** Luftbläschen
bubble *vb* sprudeln, brodeln,
‚blubbern‘
bubble column reactor
Blasensäulen-Reaktor
bubble counter/bubbler/gas bubbler
Blasenzähler
bubble linker PCR *gen*
Blasen-Linker-PCR
bubble-plate column/bubble-tray column Glockenbodenkolonne
bubble-shaped/bulliform
bläschenförmig
bubble trap Blasenfänger
bubble tube (slightly bowed glass
tube/vial in spirit level) Libelle
(Glasröhrchen der Wasserwaage)
bubble wrap Luftpolster-Folie,
Luftpolsterfolie
bubbler/bubble counter/gas bubbler
Blasenzähler
buccal swab Wangenabstrich

bucket (plastic)/pail (metal) Eimer
bucking circuit *electr*
  Kompensationskreis,
  Kompensationsschaltung
buckle *n* Schnalle
buckle strap Schnallenriemen
budget Budget, Etat; preisgünstig
Buechner funnel Büchner-Trichter
  (Schlitzsiebnutsche)
buff *vb tech* polieren
buffer *n* Puffer
buffer *vb* puffern
buffer solution Pufferlösung
buffer zone Pufferzone
buffering Pufferung
buffering capacity Pufferkapazität
building (construction) Gebäude;
  Bau...
building block Baustein, Bauelement
➢ **basic building block** Grundbaustein
building cleaners
  Gebäudereinigungspersonal
building code Bauvorschriften
building evacuation plan
  Gebäudeevakuierungsplan
bulb Kugel, Kolben, Ballon
bulb-to-bulb distillation
  Kugelrohrdestillation
bulk Umfang, Volumen, Größe,
  Masse, Menge; Großteil, Hauptteil;
  Mehrheit
bulk cargo Bulkladung (Transport)
bulk consumer Großverbraucher
bulk container Schüttgutbehälter
bulk delivery/bulk shipment
  Großlieferung
bulk density (BD) (powder density)
  Schüttdichte
bulk diffusion Massendiffusion,
  Gesamtdiffusion
bulk package Großpackung

bulk shipment/bulk delivery
  Großlieferung
bulk solids Schüttgüter
bulk storage Schüttgutlagerung
bulk volume Schüttvolumen
bulking agent Füllstoff, Füllmittel
bulking sludge Blähschlamm
bulky sperrig (groß/dick), unhandlich;
  massig, wuchtig
bull horn Megaphon, Megafon
bullbog clamp Bulldogklemme
bulldog clip Briefklemme
bulletproof glass Panzerglas
bulletproof vest kugelsichere Veste
bump (into)/knock (into) dranstoßen
bump tube Rückschlagschutz
bumper guard Schutzring, Stoßschutz
  (Prellschutz für Messzylinder)
bumping Stoßen (Sieden/
  Überhitzung/Siedeverzug)
➢ **antibump granules** Siedesteinchen
**bumping rod/bumping stick/boiling
  rod/boiling stick** Siedestab
bundle/bunch/lashing/packaging
  (larger quantities of items fastened
  together) Gebinde
Bunsen burner/flame burner
  Bunsenbrenner
buoyancy Auftrieb (hydrostatisch);
  Schwimmkraft, Tragkraft
buoyant schwimmend, tragend,
  schweben, federnd
buoyant density Schwebedichte,
  Schwimmdichte
bur (bit on a dental drill) Bohrer,
  Bohrspitze, Bohraufsatz
burden Last, Belastung
buret (burette *Br***)** Bürette
➢ **weight buret/weighing buret**
  Wägebürette
buret clamp Bürettenklemme

burn *n med* Verbrennung; (caustic
   burn: chemical/alkali/acid)
   Verätzung (Chemikalie/Alkali/Säure)
➢ **respiratory tract burn (alkali/acid)/**
   caustic burn of the respiratory tract
   Atemwegsverätzung
burn *vb* brennen, verbrennen;
   (chemicals/alkali/acid) verätzen
➢ **burn through/out** durchbrennen
burner (flame: oven) Brenner
   (Flamme: Ofen)
➢ **alcohol burner** Spiritusbrenner,
   Spirituslampe
➢ **Bunsen burner/flame burner**
   Bunsen-Brenner, Bunsenbrenner
➢ **cartridge burner** Kartuschenbrenner
➢ **evaporation burner** Verdunstungsbrenner
➢ **gas burner** Gasbrenner, Gaskocher
➢ **Meker burner/Meker-type burner/**
   Meker-Fisher burner Meker-Brenner,
   Meker-Fisher-Brenner, Brenner nach
   Meker
➢ **Teclu burner** Teclu-Brenner
➢ **Tirrill burner** Tirrill-Brenner
burner wing top/wing-tip (for burner)
   Schwalbenschwanzbrenner,
   Schlitzaufsatz für Brenner
burnt smell Brandgeruch
burst *n* Aufbrechen, Ausbruch;
   Bersten, Sprengen; Salve
bursting disk/burst disc/rupture disk
   Berstscheibe, Sprengscheibe/
   Sprengring, Bruchplatte
bush/bushing
   Buchse; (guide bushing)
   Führungsbuchse (Rührwelle etc.)
bush hammer
   Scharrierhammer
bushing/guide bushing Buchse,
   Gleitlager, Spannhülse,
   Führungsbuchse (Rührwelle etc.)

bushing adapter (for glass joints)
   Reduziereinsatz,
   Innenschliffadapter,
   Schliff-in-Schliff-Adapter
business/company/firm/enterprise
   Betrieb, Unternehmen
butcher Schlachter, Fleischer,
   Metzger
butt joint Stoßverbindung
butterfly clamp Zick-Zack Klammer,
   Zick-Zack Büroklammer,
   Schmetterling-Büroklammer
butterfly valve Flügelhahnventil
button Knopf; (control) Regler
butyl rubber Butylkautschuk
   (Isobutylen-Isopren-Kautschuk)
butyric acid/butanoic acid (butyrate)
   Buttersäure, Butansäure (Butyrat)
by-product/residual product/side
   product Nebenprodukt

C

cabinet (cupboard) Schrank
➢ **acid cabinet** Säureschrank
➢ **alkali cabinet** Laugenschrank
➢ **drug cabinet** Arzneischrank
➢ **drying cabinet** Trockenschrank
➢ **first-aid cabinet/medicine**
   cabinet Erste-Hilfe-Kasten,
   Verbandsschrank, Medizinschrank,
   Arzneischrank, Medizinschränkchen
➢ **gas bottle cabinet**
   Gasflaschenschrank
➢ **poison cabinet** Giftschrank
➢ **safety cabinet/clean bench**
   Sicherheitswerkbank
➢ **safety storage cabinet**
   Sicherheitsschrank
➢ **wall cabinet/cupboard**
   Wandschrank

cable   Kabel
- **data cable** Datenkabel
- **extension cable** Verlängerungskabel
- **jumper cable/coupling cable** Überbrückungskabel, Starterkabel
- **mains cable (*Br*)/power cable** Netzkabel

cable connector/wire connector/ terminal (*see also*: cable lug) Kabelverbinder
- **eyelet connector/eyelet terminal** Rohrkabelverbinder
- **fork connector/spade terminal** Gabelkabelverbinder
- **pin connector/pin terminal** Stiftkabelverbinder
- **ring connector/ring terminal** Ringkabelverbinder

cable cutter Kabelschere

cable drum Kabeltrommel

cable lug Kabelschuh

cable stripper/wire stripper Abisolierzange, Abmantelungszange

cable stripping knife Kabelmesser, Abisoliermesser

cable tester Kabeltester

cable tie(s)/zip tie(s)/wrap-it tie(s)/ wrap-it tie cable Kabelbinder, Spannband
- **tensioning tool/tensioning gun** Spannzange (Kabelbinder)

cadaver/carcass/corpse Kadaver, Tierleiche

cadaverous smell Leichengeruch

caffeic acid Kaffeesäure

caffeine/theine Koffein, Thein

cage/enclosure (for animals) Käfig, Tierzwinger

cage mill/bar disintegrator Käfigmühle, Schleudermühle, Desintegrator, Schlagkorbmühle

cake *n* Klumpen, Kruste (fest verbackender Niederschlag)

cake *vb* klumpen, verklumpen, verbacken, zusammenbacken (Präzipitat/Kruste: fest verbackener Niederschlag)

calcareous kalkartig, kalkhaltig, kalkig, Kalk...

calcification Verkalkung, Kalkbildung, Kalkeinlagerung, Kalzifizierung, Calcifikation

calcify (calcified) verkalken (verkalkt)

calcination Kalzinierung, Brennen, Rösten

calcine *n* Röstgut, Abbrand

calcine *vb* kalzinieren, glühen, brennen, rösten

calcite Kalkspat

calcium (Ca) Kalzium, Calcium

calculate berechnen

calculation Berechnung

calibrate (adjust/standardize/ gage/gauge) kalibrieren, eichen; standardisieren (Maße/Gewichte)

calibrated kalibriert, geeicht

calibrating instrument (calibrator) Eichgerät

calibrating mark Eichmarke
- **calibrated to contain (TC = to contain) (inclusion = IN)** einlaufgeeicht, auf Einlauf geeicht
- **calibrated to deliver (TD = to deliver) (exclusion = EX)** auslaufgeeicht, auf Auslauf geeicht

calibrating solution Eichlösung

calibrating standard/standard (measure) Eichmaß

calibration (adjustment/adjusting/ standardization) Kalibrierung, Eichung

calibration curve Eichkurve

calibration gas Prüfgas (Kalibrierung)
calibration weight Wägegewicht, Gewicht
calibration weights set Gewichtssatz
caliper Tastzirkel, Taster, Lehre
➢ **inside caliper/internal caliper** Innentaster, Lochtaster, Lochzirkel
➢ **micrometer caliper** Messschraube, Mikrometerschraube, ‚Mikrometer'
➢ **odd-leg caliper** einseitiger Tastzirkel
➢ **outside caliper/external caliper** Außentaster, Greifzirkel
➢ **slide caliper/caliper square** Schublehre, Schieblehre
➢ **vernier caliper** Schublehre mit Nonius
caliper gage (gauge *Br*) Messschieber
caliper rule (one fixed/one adjustable jaw) Schieblehre
callus Kallus, Callus; (wound tissue) Wundkallus, Wundcallus, Wundgewebe, Wundholz
callus culture Callus-Kultur, Kallus-Kultur
caloric value Brennwert
calorie (1 cal) Kalorie (bei Lebensmitteln U.S. Cal = 1 kcal)
calorimeter Kalorimeter, Brennwertbestimmungsgerät
➢ **bomb calorimeter** Kalorimeterbombe, Bombenkalorimeter, Verbrennungsbombe
➢ **continuous-flow calorimeter** Durchflusskalorimeter
➢ **scanning calorimeter** Raster-Kalorimeter
calorimetry Kalorimetrie, Brennwertbestimmung
➢ **differential scanning calorimetry (DSC)** Differentialkalorimetrie

➢ **power-compensated differential scanning calorimetry (PCDSC)** dynamische Differenz-Leistungs-Kalorimetrie (DDLK), Leistungskompensations-Differentialkalorimetrie
➢ **scanning calorimetry** Raster-Kalorimetrie
camera Kamera, Photoapparat, Fotoapparat
➢ **compact camera** Kompaktkamera
➢ **digital camera** Digitalkamera (DigiCam)
➢ **instant camera** Sofortbildkamera
➢ **rangefinder camera** Messsucherkamera
➢ **reflex camera** Spiegelreflexkamera (SR-Kamera)
➢➢ **single-lens reflex camera (SLR)** einäugige Spiegelreflexkamera
➢➢ **digital single-lens reflex camera (DSLR)** digitale Spiegelreflexkamera
➢➢ **twin-lens reflex camera (TLR)** zweiäugige Spiegelreflexkamera
➢ **system camera** Systemkamera
➢➢ **compact system camera (CSC)** kompakte Systemkamera
➢➢ **electronic viewfinder interchangeable lens camera (EVIL)** Kamera mit elektronischem Sucher und Wechselobjektiv
➢➢ **mirrorless interchangeable lens camera (MILC)** spiegellose Systemkamera mit Wechselobjektiv
➢ **mirrorless system camera (MSC)** spiegellose Systemkamera
➢ **video camera** Videokamera
camouflage Tarnung
canal/duct/tube Kanal (zum Weiterleiten von Flüssigkeiten)

cancer (malignant neoplasm/
carcinoma) Krebs (malignes
Karzinom)
cancer causing/oncogenic/
oncogenous krebserzeugend,
onkogen, oncogen
cancer research Krebsforschung
cancer risk Krebsrisiko
cancer suspect agent/suspected
carcinogen krebsverdächtiger
Stoff/Substanz
cancerous krebsartig
cane sugar/beet sugar/table sugar/
sucrose Rohrzucker, Rübenzucker,
Saccharose, Sukrose, Sucrose
cannula Kanüle
canola oil (rapeseed oil)
Speise-Rapsöl, Rüböl
caoutchouc/rubber/india rubber
Kautschuk
cap n (top/lid) Kappe (Deckel/
Verschluss)
cap vb verkappen, mit Deckel
verschließen
capacitance (C) elektrische Kapazität
capacitative current kapazitiver
Strom
capacitor Kondensator
capacity Kapazität;
Fassungsvermögen; (volume)
Rauminhalt (Volumen)
capacity factor Kapazitätsfaktor,
Verteilungsverhältnis
capillary Kapillare, Haargefäß
capillary air bleed/boiling capillary/air
leak tube dist Siedekapillare
capillary blotting Diffusionsblotting
capillary chromatography (CC)
Kapillarchromatografie
capillary column chromat
Kapillarsäule (GC:Trennkapillare)
capillary electrode Kapillarelektrode
capillary electrophoresis (CE)
Kapillarelektrophorese

capillary pipet/capillary pipette
Kapillarpipette
capillary tube/capillary tubing
Kapillarrohr, Kapillarröhrchen
capillary viscometer
Kapillarviskosimeter
capillary zone electrophoresis (CZE)
Kapillar-Zonenelektrophorese
capnophilic kohlendioxidliebend,
kapnophil
capric acid/decanoic acid (caprate/
decanoate) Caprinsäure,
Decansäure (Caprinat/Decanat)
caproic acid/capronic acid/hexanoic
acid (caproate/hexanoate)
Capronsäure, Hexansäure
(Capronat/Hexanat)
caprylic acid/octanoic acid (caprylate/
octanoate) Caprylsäure,
Octansäure (Caprylat/Octanat)
capture vb einfangen, anlagern
capture probe Fangsonde
carbohydrate Kohlenhydrat
carbon Kohlenstoff
➢ activated carbon Aktivkohle
carbon black Industrieruß
carbon bond Kohlenstoffbindung
carbon brush tech Kohlebürste
(Motor)
carbon compound
Kohlenstoffverbindung
carbon dating/radiocarbon
method Radiokarbonmethode,
Radiokohlenstoffdatierung
carbon dioxide CO_2 Kohlendioxid
carbon monoxide CO
Kohlenmonoxid
carbon source Kohlenstoffquelle
carbon tetrachloride/
tetrachloromethane
Tetrachlorkohlenstoff,
Tetrachlormethan
carbonaceous kohlenstoffhaltig;
kohleartig

carbonate *vb* mit Kohlensäure versetzen

carbonate hardness/temporary hardness Karbonathärte, Carbonathärte, vorübergehende Härte, temporäre Härte

carbonic acid (carbonate) Kohlensäure (Karbonat/Carbonat)

carbonization Karbonisation; Verschwelung; *paleo/geol* (coalification) Inkohlung

carboxylic acids (carbonates) Carbonsäuren, Karbonsäuren (Carbonate, Karbonate)

carboy Ballonflasche

carcinogen Karzinogen

➢ **suspect carcinogen/suspected carcinogen** krebsverdächtiger Stoff

carcinogenic (Xn) krebserzeugend, karzinogen, kanzerogen, carcinogen, krebserregend

➢ **suspected carcinogenic** krebsverdächtig

carcinoma Karzinom

cardboard (paperboard/fiberboard) Karton, Kartonpapier; (pasteboard) Pappe, Pappdeckel

cardboard box Pappkarton

cardinal temperature Vorzugstemperatur

cardiopulmonary resuscitation (CPR) kardiopulmonale Reanimation

careless/incautious/unwary nachlässig, unachtsam, fahrlässig, leichtsinnig, unvorsichtig

carelessness Nachlässigkeit, Unachtsamkeit, Fahrlässigkeit, Leichtsinn, Unvorsichtigkeit

caretaker/janitor/custodian Hausmeister, Hausverwalter

caretaker's office/custodian's office Büro des Hausmeisters/ Hausverwalters

cargo Frachtgut, Ladung

cargo tank Frachtkessel

Carius furnace/bomb furnace/bomb oven/tube furnace Schießofen

Carius tube/bomb tube/sealing tube Bombenrohr, Schießrohr, Einschlussrohr

carob gum/locust bean gum Karobgummi, Johannisbrotkernmehl

carpenter Schreiner

carpet tape (double-sided tape) Teppichband, Verlegeband

carrageenan/carrageenin (Irish moss extract) Carrageen, Carrageenan

carriage Schlitten, Fahrgestell; Beförderung

carrier Träger; *chromat* Trägersubstanz, Trägerstoff; Schleppmittel; (shipper) Spediteur

carrier electrophoresis Trägerelektrophorese, Elektropherografie

carrier gas (an inert gas) *chromat* (GC) Trägergas, Schleppgas

carrier molecule Trägermolekül

carry off (drain/discharge) ableiten

carrying capacity Belastungsfähigkeit, Grenze der ökologischen Belastbarkeit, Kapazitätsgrenze, Umweltkapazität; Traglast

carryover (carry forward) Übertrag; *chromat* (cross-contamination) Verschleppung, Kreuzkontamination

cartilage Knorpel

cartilage forceps Knorpelpinzette

cartilage knife Knorpelmesser

cartilaginous knorpelig

cartridge Kartusche, Patrone; Filterkerze; (cassette) Kassette

cartridge burner Kartuschenbrenner

cascade Kaskade, Kascade

cascade system (enzymes)
Kaskadensystem
case Etui, Hülle; *med* Fall
case report *med/jur* Fallbericht
**case report form (CRF)/case record
form** Prüfprotokoll
cask Holzfass
cast aluminum Aluminiumguss
cast iron Gusseisen
casters/castors Rollfüße, Laufrollen,
Rollen (zum Schieben,
für Laborwagen etc.)
➢ **swivel casters** Lenkrollen,
Schwenkrollen, Schwenklaufrollen
castor oil/ricinus oil Rizinusöl
casualty Verunglückter, Opfer,
Verwundeter
catabolic katabolisch/abbauend;
(degradative reactions) katabol,
catabol
catabolite Katabolit,
Stoffwechselabbauprodukt
catalysis Katalyse
catalyst Katalysator
catalytic/catalytical katalytisch
catalytic antibody katalytischer
Antikörper
**catalytical unit/unit of enzyme
activity** (*katal*) katalytische Einheit,
Einheit der Enzymaktivität
catalyze katalysieren
categorization Einstufung,
Kategorisierung
catenation Catenation, Ringbildung
cation Kation
cation exchanger (*strong: SCX/weak:
WCX*) Kationenaustauscher (starker/
schwacher)
caulking gun Kartuschenpresse,
Kartuschenpistole
caustic/corrosive/mordant ätzend,
beizend, korrosiv
caustic agent Ätzmittel (Beizmittel)

caustic hazard Verätzungsgefahr
caustic lime CaO Branntkalk
**caustic potash/potassium hydroxide
KOH** Ätzkali, Kaliumhydroxid
caustic soda/sodium hydroxide NaOH
Ätznatron, Natriumhydroxid
cauterization *med* Ätzen, Ätzung,
Verätzung; Ätzverfahren
cauterize *vb med* ätzen, ausbrennen,
kauterisieren; verstopfen,
verschließen
cauterizer/cautery *med* Kauter,
Brenneisen
**caution/cautiousness/care/
carefulness/precaution** Vorsicht
caution! (careful!) Vorsicht!
caution, danger! Vorsicht,
Lebensgefahr!
cautious/careful vorsichtig
cavity/chamber/ventricle Höhle,
Kammer, Ventrikel (kleine
Körperhöhle); (lumen) Hohlraum,
Höhlung, Lumen
**CBA-paper (cyanogen bromide
activated paper)** CBA-Papier
CDC (Centers for Disease Control)
U.S. Gesundheitsbehörde
(entspricht in etwa: BGA)
**ceiling level (CL) (with reference to
TLV)** Maximalwert, maximale
Konzentration
ceiling temperature *polym*
Ceiling-Temperatur (meist nicht
übersetzt), Gipfeltemperatur
cell Zelle; Elektrolysezelle,
Elektrolysierzelle; Küvette,
Probenbehälter, Messzelle;
elektrochemisches Element, Zelle
cell count/germ count Keimzahl
(Anzahl von Mikroorganismen)
cell culture Zellkultur
cell death Zelltod
cell disrupter Zellaufschlussgerät

cell extract Zellextrakt
cell fractionation Zellfraktionierung
cell-free extract zellfreier Extrakt
cell fusion Zellfusion,
    Zellverschmelzung
cell holder *analyt* Küvettenhalter
cell homogenization
    Zellhomogenisation,
    Zellhomogenisierung
cell hybridization Zellhybridisierung
cell lineage/cell line/celline Zelllinie
cell lysis Zellaufschluss (Öffnen der
    Zellmembran)
cell phone/cellphone/mobile phone
    Handy, Mobiltelefon
cell scraper Zellschaber
cell sorter Zellsorter, Zellsortierer,
    Zellsortiergerät (Zellfraktionator)
cell sorting Zellsortierung
cellobiose Zellobiose, Cellobiose
cellular zellulär, zellig
cellulose Zellulose, Cellulose
cement Zement; (adhesive) Kitt,
    Kittsubstanz (Kleber/Klebstoff)
➤ multicomponent cement/
    multiple-component cement
    Mehrkomponentenkleber
center *vb* zentrieren
center drill (tool) Zentrierbohrer
center punch (tool) Körner
    (Werkzeug)
centile/percentile *stat* Zentil,
    Perzentil, Prozentil
centrifugal zentrifugal
centrifugal acceleration
    Zentrifugalbeschleunigung
centrifugal extractor
    Zentrifugalextraktor
centrifugal force Zentrifugalkraft,
    Fliehkraft
➤ relative centrifugal force (rcf)
    (g-force) relative Zentrifugalkraft
    (RZK) (g-Wert)

centrifugal grinding mill
    Rotormühle, Zentrifugalmühle,
    Fliehkraftmühle
centrifugal pump/impeller pump
    Zentrifugalpumpe, Kreiselpumpe
centrifugate Zentrifugat
centrifugation Zentrifugation
➤ acceleration time Anlaufzeit,
    Hochlaufzeit
➤ braking time Bremszeit
➤ analytical centrifugation analytische
    Zentrifugation
➤ density gradient centrifugation
    Dichtegradientenzentrifugation
➤ differential centrifugation
    ('pelleting')
    Differentialzentrifugation,
    differentielle Zentrifugation
➤ equilibrium centrifugation/
    equilibrium centrifuging
    Gleichgewichtszentrifugation
➤ isopycnic centrifugation/isodensity
    centrifugation isopyknische
    Zentrifugation
➤ preparative centrifugation
    präparative Zentrifugation
➤ refrigerated centrifuge
    Kühlzentrifuge
➤ ultracentrifugation
    Ultrazentrifugation
➤ zonal centrifugation
    Zonenzentrifugation
centrifuge *vb* (spin) zentrifugieren
centrifuge *n* Zentrifuge
➤ basket centrifuge/bowl centrifuge
    Trommelzentrifuge
➤ screen basket centrifuge
    Siebkorbzentrifuge
➤ high-speed centrifuge/
    high-performance centrifuge
    Hochgeschwindigkeitszentrifuge
➤ knife-discharge centrifuge/scraper
    centrifuge Schälschleuder

- ➤ microfuge/microcentrifuge Mikrozentrifuge
- ➤ multichamber centrifuge/ multicompartment centrifuge Kammerzentrifuge
- ➤ pusher centrifuge Schubschleuder
- ➤ refrigerated centrifuge Kühlzentrifuge
- ➤ screen basket centrifuge Siebkorbzentrifuge
- ➤ screen centrifuge Siebschleuder
- ➤ solid-bowl centrifuge Vollmantelzentrifuge, Vollwandzentrifuge
- ➤ tabletop centrifuge/benchtop centrifuge (multipurpose centrifuge) Tischzentrifuge
- ➤ tubular bowl centrifuge Röhrenzentrifuge
- ➤ ultracentrifuge Ultrazentrifuge
- ➤ whizzer/drying centrifuge Trockenzentrifuge

centrifuge bucket Zentrifugenbecher
centrifuge tube Zentrifugenröhrchen
centrifuge tube rack Zentrifugenröhrchenständer
centripetal force Zentripetalkraft
ceramic filter Tonfilter
cermet Cermet, Kermet, Metallkeramik
cerotic acid/hexacosanoic acid Cerotinsäure, Hexacosansäure
certificate Zertifikat, Zeugnis, Urkunde, Bescheinigung, Beglaubigung
certificate of performance Qualitätszertifikat
certification Zertifizierung, Bescheinigung, Beglaubigung (amtlich)
certified zertifiziert, bestätigt, bescheinigt, beglaubigt
cesium (Cs) Cäsium

cesium chloride gradient Cäsiumchloridgradient
CFCs (chlorofluorocarbons/ chlorofluorinated hydrocarbons) FCKW (Fluorchlorkohlenwasserstoffe)
chain *n* (branched/unbranched) Kette (verzweigte/unverzweigte)
chain (to) *vb* (e.g., gas bottles/ cylinders) anketten (Gasflaschen etc.)
chain clamp Kettenklammer
chain form/open-chain form *chem* Kettenform
chain formula/open-chain formula Kettenformel
chain length Kettenlänge
chain reaction Kettenreaktion
chain-terminating technique *gen* Kettenabbruchverfahren
chair Stuhl
- ➤ swivel chair Drehstuhl
chair conformation (cycloalkanes) Sesselform
chalcocite Cu_2S Kupferglanz
chalk Kreide
- ➤ blackboard chalk/school chalk Tafelkreide, Schulkreide
chamber/tank *electrophor* Kammer
chance Zufall
change area Umkleide; (locker room) Umkleide(raum) mit Spinden
changing room/changing cubicle (cleanroom/containment level: gowning room) Umkleidekabine
chaotropic agent chaotrope Substanz
chaotropic series chaotrope Reihe
char *vb* verkohlen, ankohlen; verschwelen
char residue Verkohlungsrückstand
characteristic value Kennwert
charcoal Holzkohle
charcoal filter Kohlefilter

charge *n* (electrical charge) Ladung (elektrische Ladung)

charge *vb* beladen, aufladen; (feed/load/deliver) *micb* beschicken

charge-coupled device (CCD) ladungsgekoppeltes Bauelement

charge separation *electr* Ladungstrennung

charger *electr* Ladegerät

charring Verkohlung, Verschwelung

Charpy impact test Kerbschlagbiegeversuch

chart Karte, Tafel, Schaubild, Tabelle

chart paper Registrierpapier, Aufzeichnungspapier; Tabellenpapier

chaser solvent/pusher solvent Austriebslösemittel

chassis Chassis, Fahrgestell

check *vb* (examine/confirm/inspect/review) überprüfen, bestätigen, inspizieren; (control) nachprüfen

check sum Prüfsumme

check-up/examination/inspection/reviewal Überprüfung, Inspektion; (physical examination/physical) ärztliche/medizinische Untersuchung

checkerboard titration Schachbrett-Titration

checkweighing scales Kontrollwaage

cheesecloth (gauze) Mull (Gaze)

chelate *n* Chelat, Komplex

chelate *vb* komplexieren

chelating agent/chelator Chelatbildner, Komplexbildner

chelation/chelate formation Chelatbildung, Komplexbildung

CHEMFET (chemically sensitive field-effect transistor) chemosensitiver Feldeffekt-Transistor

chemical bond chemische Bindung

chemical burn chemische Verbrennung

chemical compound chemische Verbindung

chemical equation chemische Gleichung, Reaktionsgleichung

chemical fume hood/fume hood/hood Rauchabzug, Dunstabzugshaube, Abzug

chemical lab assistant Chemielaborant

chemical oxygen demand (COD) chemischer Sauerstoffbedarf (CSB)

chemical reaction/transformation/chemical change chemische Reaktion/Umsetzung

chemical shift *spectr* chemische Verschiebung

chemical stockroom counter Chemikalienausgabe

chemical warfare agent chemischer Kampfstoff

chemical waste Chemieabfall (*pl* Chemieabfälle)

chemical worker Chemiearbeiter; (industry) Chemikant (chem. Facharbeiter)

chemically pure (CP) chemisch rein

chemicals Chemikalien

➢ **existing chemicals/existing substances** Altstoffe

➢ **new chemicals/new substances** Neustoffe

chemiosmosis Chemiosmose

chemiosmotic hypothesis/theory chemiosmotische Hypothese/Theorie

chemisorption Chemisorption, chemische Adsorption

chemist Chemiker (*Br auch:* Apotheker; Apotheke)

chemistry Chemie

- ➤ **analytical chemistry** Analytische Chemie
- ➤ **biochemistry** Biochemie
- ➤ **inorganic chemistry** Anorganische Chemie
- ➤ **organic chemistry** Organische Chemie
- ➤ **physical chemistry** Physikalische Chemie

chemoaffinity hypothesis Chemoaffinitäts-Hypothese

chemostat Chemostat

chemosynthesis Chemosynthese

chemotherapy Chemotherapie

chew/masticate kauen, zerkauen

chicken embryo culture Eikultur (Hühnerei)

chief association Hauptassoziation

chiller Kühler, Kühlgerät, Kühlaggregat

- ➤ **refrigerated chiller with immersion probe** Eintauchkühler (mit Kühlsonde)

chilling damage/injury Kälteschaden, Kälteschädigung

chimney/flue Rauchfang

chinic acid/kinic acid/quinic acid (quinate) Chinasäure

chinolic acid Chinolsäure

chip *n* **(wwod/metal/glass)** Splittern

chip *vb* **(chipping of, e.g., glass)** anschlagen, Ecke abschlagen

chiral chiral

chiral chromatography enantioselektive Chromatografie

chirality Chiralität

chisel Meißel; Beitel, Stechbeitel

chloric acid $HClO_3$ Chlorsäure

chlorinate chlorieren

chlorination Chlorierung

chlorine (Cl) Chlor

chlorine bleach Chlorbleiche

chlorobenzene Chlorbenzol

chlorofluorocarbons/chlorofluorinated hydrocarbons (CFCs) Fluorchlorkohlenwasserstoffe (FCKW)

chloroform/trichloromethane Chloroform, Trichlormethan

chlorogenic acid Chlorogensäure

chlorous acid chlorige Säure

chocolate agar Schokoladenagar, Kochblutagar

choke/throttle/slow down/dampen drosseln, herunterfahren, dämpfen

cholesterol Cholesterin, Cholesterol

cholic acid (cholate) Cholsäure (Cholat)

chorismic acid (chorismate) Chorisminsäure (Chorismat)

chromaffin/chromaffine/chromaffinic chromaffin

chromatid conversion Chromatidenkonversion

chromatogram Chromatogramm

chromatograph Chromatograph

chromatography Chromatografie, Chromatographie

- ➤ **affinity chromatography** Affinitätschromatographie
- ➤ **bonded-phase** matographie
- ➤ **capillary chromatography (CC)** Kapillarchromatographie
- ➤ **chiral chromatography** enantioselektive Chromatographie
- ➤ **circular chromatography/circular paper chromatography** Zirkularchromatographie, Rundfilterchromatographie
- ➤ **column chromatography** Säulenchromatographie
- ➤ **electrochromatography (EC)** Elektrochromatographie (EC)
- ➤ **flash-chromatography (FC)** Blitzchromatographie, Flash-Chromatographie

- **gas chromatography (GC)** Gaschromatographie
- **gas-liquid chromatography (GLC)** Gas-Flüssig-Chromatographie
- **gel filtration/molecular sieving chromatography/ gel permeation chromatography (GPC)** Gelfiltration, Molekularsiebchromatographie, Gelpermeations-Chromatographie
- **gel permeation chromatography/molecular sieving chromatography** Gelpermeationschromatographie (GPC), Molekularsiebchromatographie
- **gravity column chromatography** Normaldruck-Säulenchromatographie
- **high-pressure liquid chromatography/high performance liquid chromatography (HPLC)** Hochdruckflüssigkeitschromatographie, Hochleistungsflüssigkeits-chromatographie
- **immunoaffinity chromatography** Immunaffinitätschromatographie
- **immunofluorescence chromatography** Immunfluoreszenzchromatographie
- **inverse gas chromatography (IGC)** Umkehr-Gaschromatographie
- **ion-exchange chromatography (IEX)** Ionenaustauschchromatographie
- **ion-pair chromatography (IPC)** Ionenpaarchromatographie (IPC)
- **liquid chromatography (LC)** Flüssigkeitschromatographie
- **medium-pressure liquid chromatography (MPLC)** Mitteldruckflüssigkeits-chromatographie
- **membrane chromatography (MC)** Membranchromatographie
- **paper chromatography** Papierchromatographie
- **partition chromatography/liquid-liquid chromatography (LLC)** Verteilungschromatographie, Flüssig-flüssig-Chromatographie
- **preparative chromatography** präparative Chromatographie
- **recognition site affinity chromatography** Erkennungssequenz-Affinitätschromatographie
- **reversed phase chromatography/reverse-phase chromatography (RPC)** Umkehrphasenchromatographie
- **salting-out chromatography** Aussalzchromatographie
- **size exclusion chromatography (SEC)** Größenausschlusschromatographie, Ausschlusschromatographie
- **supercritical fluid chromatography (SFC)** überkritische Fluidchromatographie, superkritische Fluidchromatographie, Chromatographie mit überkritischen Phasen (SFC)
- **thin-layer chromatography (TLC)** Dünnschichtchromatographie (DC)

chrome-plated verchromt
chrome-plated brass verchromtes Messing
chromic(VI) acid H_2CrO_4 Chromsäure
chromic-sulfuric acid mixture for cleaning purposes Chromschwefelsäure
chromium (Cr) Chrom
chromium mordant Chrombeize
chronic/chronical chronisch
chuck/collet chuck (drill) Spannfutter (Bohrer)
cinders/slag/dross/scoria Schlacke
cinnamic acid Zimtsäure, Cinnamonsäure (Cinnamat)
cinnamic alcohol/cinnamyl alcohol Zimtalkohol

cinnamic aldehyde/cinnamaldehyde
Zimtaldehyd
'circles'/filter paper disk/round filter
Rundfilter
circuit *electr* (*also:* neural circuit)
Schaltkreis, Schaltsystem;
Schaltung
circuit board Schaltungsplatte
➢ **printed circuit board (PCB)**
Leiterplatte, Lochrasterplatte,
Lochrasterplatine, Platine, Board
circuit breaker *electr* Unterbrecher,
Trennschalter
circuit diagram Schaltbild, Schaltplan
circuitry Leitungen, Schaltungen;
Schaltungsbauteile
circular (round) zirkular, zirkulär
(kreisförmig/rund)
circular chromatography/
circular paper chromatography
Circularchromatografie,
Zirkularchromatografie,
Rundfilterchromatografie
circular dichroism
Circulardichroismus,
(Zirkulardichroismus)
circular shaker/orbital shaker/
rotary shaker Rundschüttler,
Kreisschüttler
circularization Zirkularisierung; *chem*
Ringschluss
circularly polarized light zirkular
polarisiertes Licht
circulate zirkulieren; umwälzen
circulating/circulatory zirkulierend,
Zirkulations...
circulating bath Umwälzthermostat,
Badthermostat
circulation Zirkulation, Zirkulieren,
Umwälzung; (blood supply/blood
circulation) Durchblutung
circulation pump/circulator
Kreislaufpumpe, Umwälzpumpe

circulator Umwälzer; Umlenker;
Thermostat, Wasserbad
➢ **immersion circulator**
Einhängethermostat,
Tauchpumpen-Wasserbad
citric acid (citrate) Citronensäure,
Zitronensäure (Citrat)
Civil Code Bürgerliches Gesetzbuch
civil service/public service öffentliche
Verwaltung
**civilian social servant (conscientious
objector)** Zivildienstleistender
civilian social service (in place of
military service for conscientious
objectors) Zivildienst
Claisen adapter Claisen-Aufsatz,
Claisen-Adapter
clamp *vb* (fix/attach/mount)
einspannen, festklemmen,
befestigen
clamp *n* (**vise/vice** *Br*) Zwinge; (clip)
Klemme, Klammer; Stativklemme
➢ **beaker clamp** Becherglaszange
➢ **bullbog clamp** Bulldogklemme
➢ **buret clamp** Bürettenklemme
➢ **butterfly clamp** Zick-Zack
Klammer, Zick-Zack Büroklammer,
Schmetterling-Büroklammer
➢ **chain clamp** Kettenklammer
➢ **collar clamp (worm gear)**
Schneckengewindeschelle
➢ **extension clamp**
Verlängerungsklemme
➢ **flask clamp** Kolbenklemme,
Kolbenklammer
➢ **four-prong flask clamp**
Federklammer (für Kolben)
➢ **hook clamp** Hakenklemme (Stativ)
➢ **pinch clamp** Schraubklemme
➢ **pinchcock clamp** Schlauchklemme
➢ **ratchet clamp** Ratschenzwinge
➢ **round jaw clamp** Klemme mit
runden Backen

➢ **serrefine** feine Gefäßklammer
➢ **spring clamp** Klemmzwinge
➢ **three-finger clamp** Dreifinger-Klemme (Stativklemme)
➢ **tubing clamp/pinch clamp/ pinchcock clamp** Schlauchklemme, Quetschhahn
➢ **two-prong clamp** Stativklemme mit zwei Backen
➢ **voltage clamp** Spannungsklemme
clamp holder/clamp fastener/'boss'/ clamp ,boss' (rod clamp holder) Doppelmuffe, Kreuzklemme
clamp meter/current clamp meter Strommesszange, Stromzange
clamping closure (dialysis tubing) Verschlussklammer, Verschlussclip (Dialysierschlauch)
clarification/purification Klärung (z. B. absetzen/entfernen von Schwebstoffen aus einer Flüssigkeit)
clarifying filtration Klärfiltration
class frequency/cell frequency *stat* Klassenhäufigkeit, Besetzungszahl, absolute Häufigkeit
class switch/class-switching (isotype switching) *immun* Klassenwechsel, Klassensprung
classification/classifying Klassifikation, Klassifizierung, Gliederung, Einteilung, Gruppeneinteilung
classify klassifizieren, gliedern
claw hammer Klauenhammer, Splitthammer
clay Ton
➢ **modeling clay** Modellierknete
clay triangle/pipe clay triangle Tondreieck, Drahtdreieck
clean *adj/adv* (pure) sauber (rein)
clean *vb* säubern, sauber machen; (cleanse/tidy up) putzen, säubern; (purify) reinigen, aufbereiten

➢ **clean up/tidy up** sauber machen, aufräumen; aufputzen
Clean Air Act (US) Gesetz zur Reinhaltung der Luft (entspricht in etwa: Technische Anweisung Luft TALuft)
clean bench/safety cabinet Sicherheitswerkbank, Reinluftwerkbank
clean room Reinraum (*auch:* Reinstraum)
clean-room bench Reinraumwerkbank
cleanability Reinigbarkeit; Reinigungsmöglichkeit(en)
cleaner(s) Reiniger; (cleaning personnel) Reinigungskraft (Reinigungskräfte), Reinigungspersonal
cleaning/cleansing Reinigung, Saubermachen
➢ **cleaning in place (CIP)** Reinigung ohne Zerlegung von Bauteilen
cleaning agent Putzmittel
cleaning pad/scrubber/sponge Putzschwamm
cleaning squad(ron) Putzkolonne, Reinigungstrupp
cleanliness Reinlichkeit
cleanse/clean up/tidy (up) reinigen, säubern
cleanser/cleaning agent Reinigungsmittel; (detergent) Detergens
cleansing lotion Waschlotion
cleansing tissue Reinigungstuch (Papier)
cleanup Säuberungsaktion
clear (clarify/purify) klären (z. B. absetzen/entfernen von Schwebstoffen aus einer Flüssigkeit)
clear glass Klarglas

clearance Clearance, Klärung; Abstand (Geräte/Möbel etc.); Räumung, Ausverkauf

cleared geklärt

cleavage (breakage/opening/ cracking/splitting/breakdown) Spaltung; Furchung; Spaltbarkeit

cleavage fusion Spaltfusion

cleavage product Spaltprodukt

cleave (break/open/crack/split/break down) spalten; (DNA/RNA: cut) schneiden

clevis bracket Bügel, U-Klammer, Gabelkopf

cline/phenotypic character/ phenotypic gradient Merkmalsgefälle, Merkmalsgradient, Cline, Kline, Klin

cling wrap/cling foil Frischhaltefolie

clinic Klinik, Krankenhaus

clinical waste Klinikmüll

clinically tested klinisch getestet, klinisch geprüft

clip (clamp) Schelle, Klemme; (for ground joint) Klemme (Kegelschliffsicherung)

➢ **alligator clip/alligator connector clip** Krokodilklemme

➢ **binder clip/foldback clip** Halteklammer, Vielzweckklammer; Foldback-Klemmer (Büro), „Maulys"

➢ **bulldog clip** Briefklemme

➢ **joint clip/ground-joint clip/ ground-joint clamp** Schliffklammer, Schliffklemme (Schliffsicherung)

➢ **paper clip** Büroklammer

➢ **stage clip** *micros* Objekttisch-Klammer

clipping Scheren, Stutzen, Beschneiden; (clamping) Anklemmen

clock frequency Taktgeber

clog(ged)/block(ed) verstopfen (verstopft)

clone Klon

cloning Klonierung

closure Verschluss(vorrichtung)

clot *n* (e.g., blood clot) Gerinnsel (z. B. Blut)

clot *vb* gerinnen, koagulieren

cloth Tuch, Gewebe, Lappen

➢ **wiping cloth/rag (wipes)** Wischtuch, Wischlappen

cloth tape Gewebeband, Textilband (einfach)

clothing/apparel Bekleidung, Kleidung

clotting Gerinnung, Koagulierung

clotting factor Gerinnungsfaktor

➢ **blood clotting factor** Blutgerinnungsfaktor

cloud chamber Nebelkammer

cloudiness/turbidity Trübe, Trübheit, Trübung (Flüssigkeit)

clouds of smoke/fumes Rauchschwaden

cloudy/turbid trüb (Flüssigkeit)

club hammer Fäustel

cluster Gruppe

cluster tube Cluster-Röhrchen

clutch *n* Griff (klammernd); (coupling/coupler/attachment) *tech/mech* Kupplung

clutter *n* Wirrwarr, Durcheinander, Unordnung

cluttered vollgestellt, zugestellt (Schränke/Abzug etc.)

CMR substances = carcinogenic, mutagenic, or reprotoxic (toxic for reproduction) KMR-Stoffe/ CMR-Stoffe = karzinogen/ krebserzeugend, keimzellmutagen (erbgutverändernd) oder reproduktionstoxisch (fortpflanzungsgefährdend)

coacervate Koazervat
coagulate koagulieren
coal Kohle
➤ anthracite/hard coal Anthrazit,
  Kohlenblende
➤ bituminous coal/soft coal
  Steinkohle, bituminöse Kohle
➤ hard coal/anthracite Glanzkohle,
  Anthrazit
➤ subbituminous coal
  Glanzbraunkohle, subbituminöse
  Kohle
coarse adjustment/coarse focus
  adjustment micros Grobjustierung,
  Grobeinstellung (Grobtrieb)
coarse adjustment knob micros
  Grobjustierschraube, Grobtrieb
coarse-grained grobfaserig
coat vb überziehen; einhüllen;
  ummanteln, schützen
coat n Überzug; Überhang;
  (gown) Mantel, Kittel
➤ protective coat/protective gown
  Schutzkittel, Schutzmantel
coat hanger Kleiderbügel
coated (covered) beschichtet,
  überzogen
coating Überzug, Beschichtung
➤ protective coating Schutzschicht,
  Schutzüberzug
cobalt (Co) Kobalt, Cobalt
coccus (pl cocci) Kokkus (pl Kokken),
  Kugelbakterium
cock/draincock Ablasshahn,
  Ablaufhahn
➤ gas cock/gas tap Gashahn
➤ glass stopcock Glashahn
➤ pinchcock Quetschhahn
➤ single-way cock Einweghahn
➤ three-way cock/T-cock/three-way
  tap Dreiweghahn, Dreiwegehahn
➤ two-way cock Zweiweghahn,
  Zweiwegehahn

coefficient of coincidence
  Coinzidenzfaktor, Koinzidenzfaktor
coefficient of variation
  stat Variationskoeffizient
coefficient of viscosity
  Viskositätskoeffizient
coffee mill/coffee grinder
  Kaffeemühle
cohesive force Kohäsionskraft
coil condenser/coil distillate
  condenser/coiled-tube condenser/
  spiral condenser Schlangenkühler;
  (Dimroth type) Dimroth-Kühler
coil conformation/loop conformation
  gen Knäuelkonformation,
  Schleifenkonformation
coil distillate condenser/coil
  condenser/coiled-tube condenser
  Schlangenkühler
coiling Aufwinden
coin cell/button cell Knopfzelle
colander Seiher, Abtropfsieb
cold n (viral infection) Erkältung
  (viraler Infekt)
cold finger (finger-type condenser)/
  suspended condenser Kühlfinger,
  Einhängekühler
cold flow polym kaltes Fließen, kalter
  Fluss (z. B. von Dichtungen)
cold forged kaltgeschmiedet
cold frame (for plant forcing)
  Frühbeet, Anzuchtkasten
  (unbeheizt)
cold hardiness Kältetoleranz
cold house (greenhouse)
  Kalthaus, Frigidarium (kühles
  Gewächshaus)
cold pack (instant cold pack)/ice pack
  (for First Aid)
  Kühlpack, Kühlkompresse
  (Sofort-Kältekompresse,
  Kälte-Sofortkompresse)
cold resistance Kälteresistenz

cold room ('walk-in refrigerator')/ cold-storage room/cold store/'freezer' Kühlraum, Gefrierraum

cold-sensitive kälteempfindlich, kältesensitiv

cold shock Kälteschock

cold spray Kälte-Spray

cold storage/deep freeze Kühlraum, Kühlkammer, Kühlhaus

cold-storage room/cold store/'freezer' Kühlraum, Gefrierraum

cold store Kühlhaus

cold trap/cryogenic trap Kühlfalle

colinearity Colinearität, Kolinearität

collaboration/cooperation Zusammenarbeit

collar clamp (worm gear) Schneckengewindeschelle

colleague/co-worker/fellow-worker/ collaborator Mitarbeiter, Kollege, Arbeitskollege

collect (put/come/bring together) sammeln

collecting lens/focusing lens *micros* Sammellinse

collection Sammlung, Kollektion

collector lens/collecting lens Kollektorlinse

collimating lens *micros* parallel-richtende Sammellinse

collimating slit *micros.* Kollimationsblende, Spaltblende

collimator Kollimator

collision activation Stoßaktivierung

collision-induced dissociation (CID) kollisionsinduzierte Dissoziation

collodion cotton Kollodiumwolle

colonial/colony-forming kolonial, koloniebildend

colonization Kolonisation, Kolonisierung, Besiedlung

colony bank Koloniebank

colony-forming/colonial koloniebildend, kolonial

color *n* (shade/tint/tone/ pigmentation/coloration) Färbung, Farbton, Pigmentation

color change Farbumschlag, Farbänderung

color vision Farbensehen

color-matching Farbanpassung

colorfast farbstabil

column *dist/biot/chromat* Säule, Kolonne; Turm (Bioreaktor)

➤ **bubble-plate column/bubble-tray column** Glockenbodenkolonne

➤ **capillary column** Kapillarsäule

➤ **distillation column/distilling column** Destillierkolonne

➤ **drying column/drying tower** Trockensäule, Trockenturm

➤ **guard column/precolumn (HPLC)** Schutzsäule, Vorsäule

➤ **packed distillation column** Füllkörperkolonne

➤ **plate column** Bodenkolonne

➤ **separating column/fractionating column** Trennsäule

➤ **spinning band column** Drehbandkolonne

➤ **spray column** Sprühkolonne

➤ **stripping column** Abtriebsäule, Abtreibkolonne

➤ **Vigreux column** Vigreux-Kolonne

column chromatography Säulenchromatografie

column efficiency *chromat/ dist* Säulenwirkungsgrad

column holdup Säulen-Betriebsinhalt (Flüssigkeitsbelastung der Kolonne)

column packing *chromat* Säulenfüllung, Säulenpackung; Füllkörper (für Destillierkolonnen)

➢ **helice** Wendel
➢ **Raschig ring** Raschig-Ring (Glasring)
➢ **saddle (berl saddles)** Sattelkörper (Berlsättel)
➢ **spiral** Spirale
column reactor Säulenreaktor, Turmreaktor
combination electrode Einstabmesskette
combination pliers/linesman pliers Kombizange
combination vaccine/mixed vaccine Kombinationsimpfstoff, Mischimpfstoff, Mischvakzine
combust/incinerate/burn verbrennen
combustibility/flammability Brennbarkeit
combustible/flammable brennbar
➢ **noncombustible/nonflammable** nicht brennbar
combustion (incineration) Verbrennung (Veraschung)
combustion furnace Verbrennungsofen
combustion gases Brandgase
combustion heat/heat of combustion Verbrennungswärme
combustion tube Glühröhrchen
comestible (eatable/edible) genießbar (essbar)
commercial scale kommerzieller Maßstab
commercial vendor Händler
comminute zerreiben, pulverisieren; zerkleinern, zersplittern, zerstückeln
comminution Zerreibung, Pulverisierung; Zerkleinerung, Zersplitterung, Zersplittern; Zerstückelung; Abnutzung
commissioning Begehung, Inspektion (zur Abnahme); (certification: of a lab upon completion) Abnahme (eines Labors nach Fertigstellung)
commodity chemicals Gebrauchschemikalien
communal installation Gemeinschaftseinrichtung
communicable disease/transmissible disease übertragbare Krankheit
communication Kommunikation, Verständigung
company doctor Betriebsarzt
comparative substance Vergleichssubstanz
compare vergleichen
comparison (reference) Vergleich
compartmenta(liza)tion/ sectionalization/division Fächerung, Kompartimentierung, Unterteilung
compartmentalized case Sortimentkasten
compass saw (with open handle)/pad saw Stichsäge
compatibility Kompatibilität, Verträglichkeit; (tolerance) Toleranz
➢ **incompatibility (intolerance)** Inkompatibilität, Unverträglichkeit; (intolerance) Intoleranz
compatible kompatibel, verträglich; (tolerant) tolerant
➢ **incompatible** inkompatibel, unverträglich; (intolerant) intolerant
compensation Kompensation, Ausgleich; (bonus/extra pay) Zulage
compensation point Kompensationspunkt
compete konkurrieren, in Wettstreit stehen
competence/jurisdiction Zuständigkeit
competition Kompetition, Wettbewerb, Konkurrenz

competitive/competing kompetitiv, konkurrierend

competitive inhibition kompetitive Hemmung, Konkurrenzhemmung

competitor Konkurrent, Mitbewerber

complete medium/rich medium Vollmedium, Komplettmedium

complex medium komplexes Medium

complex salt Komplexsalz

complexing (chelation/chelate formation) Komplexbildung, Chelatbildung

complexing agent/chelating agent/ chelator Komplexbildner, Chelatbildner

complexity Komplexität

compliance (observance) Einhaltung (Vorschrift)

component/constituent Komponente, Bestandteil

composite Mischung, Zusammensetzung, Verbund

composite foil/film Verbundfolie

composite material Kompositwerkstoff, Verbundwerkstoff

compound *vb* verbinden, verdichten, zusammenballen, mischen

compound *n* Verbindung; Präparat; Mischung, Masse

➢ **addition compound/additive compound (saturation of double/ triple bonds)** Additionsverbindung

➢ **carbon compound** Kohlenstoffverbindung

➢ **chemical compound** chemische Verbindung

➢ **high energy compound** energiereiche Verbindung

➢ **inclusion compound** Einschlussverbindung

➢ **nitrogenous compound/ nitrogen-containing compound** Stickstoffverbindung

➢ **organic compound** organische Verbindung

➢ **parent compound/parent molecule (backbone)** Grundkörper (Strukturformel)

➢ **saturated compound** gesättigte Verbindung

➢ **sealing compound/sealing material/sealant** Dichtungsmasse, ~mittel

➢ **sulfur compound** Schwefelverbindung, schwefelhaltige Verbindung

➢ **unsaturated compound** ungesättigte Verbindung

compound microscope zusammengesetztes Mikroskop

compress zusammenpressen, zusammendrücken, stauchen

compressed/contracted gestaucht, zusammengezogen

compressed air (pressurized air) Druckluft (Pressluft)

compressed air breathing apparatus Pressluftatmer

compressed gas/pressurized gas Druckgas

compression Kompression, Verdichtung, Stauchung

compression fitting Hochdruck-Steckverbindung

compression seal Druckverschluss

compressor clamp Schlauchsperre

computed tomography (CT) Computertomographie

concatenate verketten

concatenation Verkettung

concave mirror Hohlspiegel

concentrate *n* Konzentrat

concentrate *vb* konzentrieren;
verdichten, eindicken; (accumulate/
fortify/enrich) anreichern

concentrated/con'd konzentriert;
verdichtet, eingedickt; (accumulate/
fortify/enrich) angereichert

concentration Konzentration;
(enrichment) Anreicherung

➢ inhibitory concentration
Hemmkonzentration

➢ limiting concentration
Grenzkonzentration

➢ median lethal concentration (LC_{50})
mittlere letale Konzentration

➢ minimal inhibitory concentration/
minimum inhibitory
concentration (MIC) minimale
Hemmkonzentration (MHK)

concentration gradient
Konzentrationsgefälle,
Konzentrationsgradient

concrete drill (bit) Betonbohrer

condensate Kondensat;
Kondenswasser

condensation Kondensation;
Eindickung, Konzentration

condensation point/condensing point
Kondensationspunkt

condensation pump/diffusion pump
Diffusionspumpe

condensation reaction/dehydration
reaction Kondensationsreaktion,
Dehydrierungsreaktion

condense kondensieren;
verflüssigen; eindicken,
konzentrieren

condenser Kühler; *opt* Kondensator;
micros Kondensor

➢ air condenser Luftkühler

➢ Allihn condenser Kugelkühler

➢ coil condenser (Dimroth type)
Dimroth-Kühler

➢ coil distillate condenser/coil
condenser/coiled-tube condenser
Schlangenkühler

➢ cold finger (finger-type condenser)
Kühlfinger

➢ jacketed coil condenser
Intensivkühler

➢ Liebig condenser Liebigkühler

➢ reflux condenser Rückflusskühler

➢ suspended condenser/cold finger
Einhängekühler, Kühlfinger

condenser adjustment knob
(substage) *micros* Kondensortrieb

condenser diaphragm/aperture
diaphragm (iris diaphragm) *micros*
Kondensorblende, Aperturblende
(Irisblende)

condenser jacket *dist* Kühlmantel

condensing point/condensation point
Kondensationspunkt

condition *n*
Kondition, Zustand

condition *vb med/chromat*
konditionieren

conditional lethal
bedingt/konditional letal

conditioned medium konditioniertes
Medium

conditioning *med/chromat*
Konditionierung, Konditionieren

conduct *vb* (transport/translocate/
lead) leiten (Elektrizität/Flüssigkeiten)

conductance Leitfähigkeit

conduction/conductance/transport/
translocation Leitung

conductive leitfähig

conductivity Leitfähigkeit;
Konduktivität, Leitvermögen;
elektrischer Leitwert

➢ photoconductivity Lichtleitfähigkeit

➢ superconductivity
Supraleitfähigkeit, Supraleitung

- **thermal conductivity**
  Wärmeleitfähigkeit,
  thermische Leitfähigkeit;
  Temperaturleitvermögen
- **conductivity meter**
  Leitfähigkeitsmessgerät
- **conductometric titration**
  Leitfähigkeitstitration,
  konduktometrische Titration,
  Konduktometrie
- **conductor** Leiter, Stromleiter;
  electr Phase
- **nonconductor** Nichtleiter
- **conduit** (pipe/duct/tube) Rohr, Röhre;
  Kanal; (conduit pipe) Leitungsrohr,
  Isolierrohr (Rohrkabel)
- **conduit box** *electr* Abzweigdose
- **cone/ground cone/ground-glass cone
  (male of a ground-glass joint)**
  Schliffkern (Steckerteil)
- **cone-plate viscometer/
  cone-and-plate viscometer**
  Kegel-Platte-Viskosimeter
- **cone valve** Kegelventil
- **confidence interval**
  stat Konfidenzintervall,
  Vertrauensintervall,
  Vertrauensbereich
- **confidence level** *stat*
  Konfidenzniveau,
  Konfidenzwahrscheinlichkeit
- **confidence limit** *stat*
  Konfidenzgrenze, Vertrauensgrenze,
  Mutungsgrenze
- **confidential employer-employee
  relationship/confidential working
  relationship** Dienst- und
  Treueverhältnis
- **confirm/verify/validate/authenticate**
  bestätigen, vergewissern,
  für echt erklären
- **confirmatory data analysis**
  konfirmatorische Datenanalyse

**confocal laser scanning microscopy
(CLSM)** konfokale
Laser-Scanning-Mikroskopie,
konfokale Laserscanmikroskopie
(KLSM)

confocal microscopy konfokale
Mikroskopie

conformation Konformation
- **boat conformation** Wannenform,
  Bootkonformation
- **chair conformation** Sesselform
- **coil conformation/loop conformation**
  gen Knäuelkonformation,
  Schleifenkonformation
- **repulsion conformation**
  Repulsionskonformation

congeal kongelieren, erstarren lassen
(gefrieren)

congeneric gleichartig, verwandt

congenial kongenial, verwandt,
gleichartig

congest stauen, verstopfen

conical socket (of ground-glass joint)
Kegelhülse

conjugated bond *chem* konjugierte
Bindung

connect (to/with)/bond/link
verbinden, anschließen
- **disconnect** trennen, unterbrechen,
  lösen; (disassemble: Geräte)
  auseinandernehmen; (unplug)
  ausstöpseln, Stecker herausziehen

connecting cord *electr*
Verbindungsschnur

connecting piece/connector Stutzen
(Anschlussstutzen/Rohrstutzen)

connection (bond/linkage) Verbindung;
electr Anschluss, Leitung
- **flange connection/coupling**
  Flanschverbindung
- **quick-fit connection**
  Schnellverbindung (Rohr/Glas/
  Schläuche etc.)

> **hose connection**
Schlauchverbindung;
(barbed/male) Olive; (flask)
Schlauch-Ansatzstutzen
> **slip-joint connection**
Gleitverbindung
> **three-way connection**
Dreiwegverbindung
> **tubing connection/tube coupling**
Schlauchkupplung
connector Verbinder, Stecker,
Anschluss
conscious bewusst
> **unconscious/unknowing(ly)**
unbewusst
consciousness Bewusstsein
consent Einverständnis
> **informed consent**
Einverständniserklärung nach
ausführlicher Aufklärung
conservation Konservierung,
Haltbarmachung, Erhalt, Erhaltung,
Bewahrung; Schutz
conserve (store/keep) konservieren,
präservieren, haltbar machen,
erhalten, bewahren
consign übergeben, anvertrauen;
zusenden, übersenden, adressieren;
einliefern
consignee Empfänger, Adressat,
Konsignatar
**consignment of goods/shipment of
goods** Warensendung
consignor Übersender, Konsignant
consist (of) konsistieren, beschaffen
sein, bestehen (aus)
consistant (consisting of)
bestehend aus
consistency Konsistenz,
Beschaffenheit
constituent Komponente,
Bestandteil
constrict verengen, einschnüren

constriction Verengung, Enge,
Einschnürung
construction paper Bastelpapier
consumer Konsument, Verbraucher
> **bulk consumer** Großverbraucher
consumer protection
Verbraucherschutz
consumption/use/usage Verbrauch
contact *n* Kontakt; *electr* Anschluss;
(exposure) Berührung, Kontakt
(z. B. mit Chemikalien)
contact adhesive Haftkleber
contact allergen Kontaktallergen
contact hazard Kontaktrisiko (Gefahr
bei Berühren)
contact infection Kontaktinfektion
contact insecticide Kontaktinsektizid
contact pesticide Kontaktpestizid
contact poison Kontaktgift,
Berührungsgift
contact time Einwirkzeit
contagion/infection Ansteckung,
Infektion
contagious/infectious
(person-to-person) ansteckend,
ansteckungsfähig; (infectious)
infektiös
contagious disease/infectious disease
ansteckende Krankheit, infektiöse
Krankheit
contagiousness Kontagiosität,
Ansteckungsfähigkeit
contain enthalten, fassen, umfassen,
einschließen; zurückhalten,
begrenzen; (a chemical spill etc.)
eindämmen
container (large)/receptacle (small)
Behälter, Behältnis, Kanister
> **intermediate bulk container (IBC)**
Großpackmittel
containment Einschließung,
Einschluss; Eindämmung;
Sicherheitsbehälter

➢ **biohazard containment (laboratory)** (classified into biosafety containment classes) Sicherheitslabor, Sicherheitsraum, Sicherheitsbereich (S1–S4)

➢ **biological containment** biologische Sicherheit(smaßnahmen)

containment level Einschlussgrad; (phys./biol. Sicherheit) Sicherheitsstufe

containment vector Sicherheitsvektor

contaminate kontaminieren, verunreinigen, belasten (belastet/ verschmutzt); (poisoned/polluted) vergiften, verseuchen

➢ **radioactively contaminated** radioaktiv verstrahlt

contamination Kontamination, Verunreinigung; (pollution) Belastung, Verschmutzung; Verseuchung

continually variable/infinitely variable stufenlos regelbar

continued use/usage Weiterverwendung

continuing education Weiterbildung

continuity tester *electr* Durchgangsprüfer

continuous culture/maintenance culture kontinuierliche Kultur

continuous run (continuous operation/duty) Dauerbetrieb, Dauerleistung, Non-Stop-Betrieb

continuous use Dauernutzung

continuous wave (CW) technique (IR) CW-Technik

continuously adjustable/variably adjustable stufenlos regulierbar

contort drehen, verdrehen

contour/outline Umriss

contract *vb* kontrahieren, zusammenziehen, verengen; *med* (eine Krankheit) zuziehen; vertraglich verpflichten

contract *n* Kontrakt, Vertrag

contract of employment Arbeitsvertrag, Dienstvertrag

contract research Auftragsforschung

contractor Lieferant, Vertragslieferant

contrast *vb* kontrastieren, entgegensetzen, gegenüberstellen

contrast medium *med* Kontrastmittel

contrast staining/differential staining *micros* Kontrastfärbung, Differentialfärbung

control *n* Kontrolle; (regulation) Regelung, Regulierung; Steuerung, Lenkung

➢ **blank control** Nullkontrolle

➢ **double-blind control** Doppelblindversuch, doppelter Blindversuch

➢ **negative control** Blindversuch, Blindprobe, Negativkontrolle, Negativprobe

➢ **positive control** Positivkontrolle, Positivprobe

➢ **single-blind control** Einzelblindversuch, einfacher Blindversuch

control element/control unit Regelglied

control engineering Steuerungstechnik

control knob/button Regler (Schalter/Knopf)

control lever Schalthebel

control panel Bedienfeld; (switchborad) Schalttafel

control technology Regeltechnik, Regelungstechnik

control unit Regeleinheit, Steuereinheit; (control system) Regelgerät, Steuergerät

control valve Regelventil

control voltage Regelspannung
controlled area Kontrollbereich, kontrollierter Bereich
controlled drug release/controlled release system kontrollierte Wirkstofffreigabe
controlled variable/condition Regelgröße
controlling element/adjuster/actuator Stellglied
control(ling) instrument/monitoring instrument Kontrollgerät
convection current Konvektionsströmung, Konvektionsstrom
convection oven Konvektionsofen
conversion Umwandlung; Umrechnung
conversion table Umrechnungstabelle
convert konvertieren, umwandeln; umrechnen; wandeln
converter Konverter, Wandler
convey befördern, transportieren; zuführen, fördern; übertragen; leiten
conveyor Förderer, Fördergerät, Förderanlage, Fördersystem; Stetigförderer
conveyor belt Förderband
cook/boil kochen
cooked-meat broth Kochfleischbouillon, Fleischbrühe
cooker/boiler Kocher
cool *vb* (chill/refrigerate) kühlen
➢ **let cool** erkalten (lassen)
➢ **supercool** unterkühlen
cool down (get cooler) abkühlen
cool-down period/cooling time (autoclave) Abkühlzeit, Abkühlphase, Fallzeit (Autoklav)
coolant *allg* Kältemittel, Kühlflüssigkeit, Kühlmittel; (cooling water) Kühlwasser; (lubricant) Kühlschmierstoff, Kühlschmiermittel
cooler Kühlbox
cooling beaker/chilling beaker Temperierbecher
cooling coil/condensing coil Kühlschlange
cooling jacket Kühlmantel
cooling pack/cooling unit Kühlakku, Kälteakku
cooling time/cool-down period (autoclave) Abkühlzeit, Fallzeit
cooling water (coolant) Kühlwasser
cooperate/collaborate kooperieren, zusammenarbeiten
cooperation/collaboration Kooperation, Zusammenarbeit
cooperative binding kooperative Bindung
cooperativity Kooperativität
coordinate koordinieren
coordination Koordination
coping saw Bogensäge
copper (Cu) Kupfer
copper filings Kupferspäne, Kupferfeilspäne
copper grid *micros* Kupfernetz
copper grid mesh Kupferdrahtnetz
copper sulfate/copper vitriol/cupric sulfate Kupfersulfat, Kupfervitriol
coprecipitate mitfällen
coprecipitation Mitfällung
copy number Kopienzahl
copy machine/copying machine Kopiergerät
cord/strand Schnur; Strang (*pl* Stränge)
core *n* (center) Kern, Zentrum (Mark/Core); *vir* Viruskern, Zentrum (zentrale Virionstruktur); Kabelkern, Seele
core *vb* entkernen
cork ring Korkring

cork-borer Korkbohrer

corn oil Maisöl

corned gepökelt, eingesalzen; (corned beef: gepökeltes Rindfleisch)

corner frequency Grenzfrequenz

cornsteep liquor Maisquellwasser

corpse/carcass/cadaver Gebeine, sterbliche Hülle; Leiche, Kadaver (Tierleiche)

corpuscular radiation/particle radiation Korpuskelstrahlung, Teilchenstrahlung, Partikelstrahlung

correctness/exactness/accuracy *stat* Richtigkeit, Genauigkeit

correlated spectroscopy (COSY) korrelierte Spektroskopie

corrode korrodieren, ätzen

corrosion Korrosion, Ätzen, Ätzung

corrosionproof korrosionsbeständig

corrosive *adj/adv* korrosiv, korrodierend, zerfressend, angreifend; (C) ätzend

corrosive *n* Korrosionsmittel, Ätzmittel

corrugated board Wellpappe

cost-benefit analysis Kosten-Nutzen-Analyse

cost-efficient production preisgünstige Produktion

cotter pin (a split pin) Splint

➢ **hairpin cotter/hair pin cotter/ hitch pin clip/bridge pin/R clip** Federsplint

cotton Baumwolle; (absorbent cotton) Watte

cotton ball/cotton pad Wattebausch, Baumwoll-Tupfer

cotton oil Baumwollsaatöl

cotton pledget Wattebausch

cotton stopper Wattestopfen

coulometric titration coulometrische Titration, Coulometrie

Coulter counter/cell counter Coulter-Zellzählgerät

counter Theke, Schalter; Ladentisch; Laborbank

counteract *vb* entgegenwirken; bekämpfen

counterbalance *n* **(counterpoise)** Gegengewicht; Ausgleich

counterbalance *vb* **(counterpoise)** ausbalancieren; ausgleichen

countercurrent Gegenstrom

countercurrent distribution Gegenstromverteilung

countercurrent electrophoresis Gegenstromelektrophorese, Überwanderungselektrophorese

countercurrent extraction Gegenstromextraktion

countercurrent immunoelectrophoresis/ counterelectrophoresis Überwanderungsimmunelektrophorese, Überwanderungselektrophorese

counterion Gegenion

counterpart Gegenstück, Pendant; Kopie, Duplikat

counterpoise Gegengewicht

counterpressure Gegendruck

counterreaction Gegenreaktion

counterselection Gegenselektion, Gegenauslese

countershading Gegenschattierung

counterstain/counterstaining *n micros* Gegenfärbung

counterstain *vb micros* gegenfärben

countertop/benchtop Tischoberfläche (Labortisch), Arbeitsplatte, Arbeitsfläche (Labor-, Werkbank)

counting chamber *micb* Zählkammer

counting plate *micb* Zählplatte

couple *vb* koppeln, aneinander festmachen, verbinden

coupled reaction gekoppelte
Reaktion
coupler/fitting Steckverbindung,
Steckvorrichtung
coupling (coupler) Kupplung,
Verbinder, Verbindungsstück
(von Bauteilen); (linkage)
Kopplung; (bonding/anchoring)
Haftvermittlung; (spin: NMR)
Kopplung
➢ **fixed coupling** starre Kupplung
coupling reaction
chem Kupplungsreaktion
course (of a disease) Verlauf
covalent bond
kovalente Bindung
cover value Deckungswert
coverage percentage/coverage level
Deckungsgrad
coverall/boilersuit/protective suit
Arbeitsschutzanzug, Schutzanzug
coverglass/coverslip *micros* Deckglas
coverglass forceps Deckglaspinzette
coverslip/coverglass *micros* Deckglas
cow receiver adapter/'pig' (receiving
adapter for three/four receiving
flasks) ‚Spinne', Eutervorlage,
Verteilervorlage
crack Sprung (Glas/Keramik etc.)
craftsman (practicing a handicraft)/
workman Handwerker
Craig tube/Craig recrystallization tube
Craig Rekristallisations-Röhrchen,
Craig Rekristallisations-Set
crashproof (nonbreakable/
unbreakable) bruchsicher
crayon Wachsstift, Wachsmalstift
➢ **soapstone crayon** Specksteinkreide
cream Creme, Kreme, Salbe; Sahne
➢ **barrier cream** Gewebeschutzsalbe,
Arbeitsschutzsalbe
crevice/crack Spalte

crimp seal (for crimp-seal vials)
Bördelverschluss, Bördelkappe
➢ **cap crimper** Verschließzange für
Bördelkappen
crimp-seal vial Rollrandgläschen,
Rollrandflasche
crimping pliers/crimper Bördelzange;
Aderendhülsenzange,
Klemmhülsenzange, Crimpzange
(Quetschzange), Verschlusszange
➢ **decapper** Öffnungsschneider
➢ **decrimper** Öffnungszange
critical point kritischer Punkt
critical point drying (CPD)
Kritisch-Punkt-Trocknung
crop (plant crop) Feldfrucht,
Pflanzenkultur; (crop yield/harvest)
Ernteertrag
crop plant/cultivated plant
Kulturpflanze
cross *vb* (crossbreed/breed/
interbreed) kreuzen, züchten
cross *n* (breed) Kreuzung,
Kreuzungsprodukt
cross-contamination
Kreuzkontamination
cross-flow filtration
Kreuzstromfiltration,
Querstromfiltration
cross-matching *immun* Kreuzprobe
cross out *gen* auskreuzen,
herauskreuzen
cross protection Kreuzimmunität,
übergreifender Schutz
cross section Querschnitt
crosshairs Fadenkreuz
crossing/cross/crossbre(e)
d/breed/crossbreeding/
interbreeding Kreuzung, Züchtung
crosslinkage/crosslinking
Vernetzung, Quervernetzung
crosslinked quervernetzt

crosslinker/crosslinking agent
Vernetzer, quervernetzendes Agens;
polym Härter, Vulkanisierungsmittel
crosslinking *adj/adv* vernetzend
crosslinking *n* Vernetzung,
Quervernetzung
crotonic acid/α-butenic acid
Crotonsäure, Transbutensäure
crowbar/wrecking bar/pry bar/jimmy
Brecheisen, Brechstange
crown cap Kronenkorken
crucible Tiegel, Schmelztiegel
➤ **filter crucible** Filtertiegel
➤ **glass-filter crucible** Glasfiltertiegel
➤ **Gooch crucible** Gooch-Tiegel
crucible furnace Tiegelofen
crucible tongs Tiegelzange
crucible triangle Tiegeldreieck
crude *chem* roh (crudum/crd.)
crude death rate Bruttosterberate
crude extract Rohextrakt
crude oil/petroleum Rohöl, Erdöl
crude product Rohprodukt
(unaufgereinigt)
crush zermalmen, zerstoßen; (grind)
zermahlen
crushed ice zerstoßenes Eis
crusher Mühle (*grob*)
cryobox (freezer storage box)
Kryobox (Kryo-Aufbewahrungsbox)
cryoprotectant Frostschutzmittel,
Gefrierschutzmittel
cryoprotection Frostschutz,
Gefrierschutz
cryosection/frozen section
micros Gefrierschnitt
cryostat section
micros Kryostatschnitt
cryoultramicrotomy
Kryoultramikrotomie
cryovial/cryotube Kryoröhrchen
crypt/cavity/cave Höhlung

crystal structure/crystalline structure
Kristallstruktur
crystal-structure analysis/
diffractometry
Kristallstrukturanalyse,
Diffraktometrie
crystal water/water of crystallization
Kristallwasser
crystallizability Kristallisierbarkeit
crystallization Kristallisation
➤ **fractional crystallization**
fraktionierte Kristallisation
➤ **recrystallization** Umkristallisation
crystallization nucleus
Kristallisationskern,
Kristallisationskeim
crystallize kristallisieren
crystallizing dish Kristallisierschale
crystallography Kristallographie,
Kristallkunde
cullet/glass cullet Bruchglas
cultivate kultivieren, züchten, in
Kultur züchten
cultivatible/arable kultivierbar
culture *vb* (cultivate) kultivieren,
züchten, in Kultur züchten
culture *n* Kultur, Zucht, Züchtung;
Anbau
➤ **batch culture** Satzkultur,
Batch-Kultur, diskontinuierliche
Kultur
➤ **blood culture** Blutkultur
➤ **cell culture** Zellkultur
➤ **chicken embryo culture** Eikultur
(Hühnerei)
➤ **dilution shake culture**
Verdünnungs-Schüttelkultur
➤ **enrichment culture**
Anreicherungskultur
➤ **fedbatch culture**
Zulaufkultur, Fedbatch-Kultur
(semi-diskontinuierlich)

➢ **long-term culture** Dauerkultur
➢ **maintenance culture**
  Erhaltungskultur
➢ **mixed culture** Mischkultur
➢ **overnight culture** Übernachtkultur
➢ **perfusion culture** Perfusionskultur
➢ **pure culture/axenic culture**
  Reinkultur
➢ **roller tube culture**
  Rollerflaschenkultur
➢ **shake culture** Schüttelkultur
➢ **slant culture/slope culture**
  Schrägkultur (Schrägagar)
➢ **smear culture** Abstrichkultur
➢ **stab culture** Stichkultur,
  Einstichkultur (Stichagar)
➢ **starter culture** Ausgangskultur
➢ **static culture** statische Kultur
➢ **stem culture/stock culture**
  Stammkultur, Impfkultur
➢ **streak culture** Ausstrichkultur
➢ **subculture** *vb* abimpfen
➢ **submerged culture (inside/**
  within liquid) Submerskultur,
  Eintauchkultur
➢ **surface culture** Oberflächenkultur
➢ **synchronous culture**
  Synchronkultur
➢ **tissue culture** Gewebekultur
culture bottle Kulturflasche
culture dish Kulturschale
culture flask Kulturkolben
culture media flask
  Nährbodenflasche
culture tube Kulturröhrchen
cumulative effect
  Anreicherungseffekt,
  Gesamtwirkung
cumulative frequency
  stat Summenhäufigkeit,
  kumulative Häufigkeit
cumulative poison Summationsgift,
  kumulatives Gift

cup/bucket *centrif* Becher
cupboard Schränkchen
cupric... Kupfer(II)...
cupric oxide/black copper
  Kupfer(II)-oxid
cuprous... Kupfer(I)...
cuprous oxide Kupfer(I)-oxid
curd geronnene Milch
curd soap (domestic soap) Kernseife
  (feste Natronseife)
curdle/coagulate gerinnen,
  koagulieren
cure *n* (healing *med*) Heilung; *polym*
  Härten, Aushärten, Vulkanisieren
cure *vb* (heal *med*) heilen; (vulcanize
  chem/polym) härten, aushärten,
  vulkanisieren; (meat) pökeln
  (Fleisch)
curette Kürette
curing *polym* Härten, Aushärten;
  (meat) Pökeln (Fleisch)
curing agent *polym* Härter,
  Härtemittel, Vernetzer,
  Aushärtungskatalysator
curing period *polym* Härtezeit,
  Aushärtungszeit, Abbindezeit; *micb*
  Fermentationszeit
current (electric current/amperage/
  amps) Strom, Stromstärke; (flow)
  Strömung (Flüssigkeit)
➢ **air current/airflow/current of air/air**
  stream Luftstrom, Luftströmung
➢ **alternating current (AC)**
  Wechselstrom
➢ **capacitative current** kapazitiver
  Strom
➢ **convection current**
  Konvektionsströmung,
  Konvektionsstrom
➢ **countercurrent** Gegenstrom
➢ **density current**
  Konzentrationsströmung
➢ **direct current (DC)** Gleichstrom

➢ **eddy current** Wirbelstrom
(Vortex-Bewegung)

➢ **ground fault current (leakage current)** Erdschlussstrom,
Fehlerstrom

➢ **ionic current/ion current**
Ionenstrom

➢ **leakage current/creepage**
Kriechstrom

➢ **threshold current** Schwellenstrom

current clamp meter/clamp meter
Strommesszange, Stromzange

current density Stromdichte

current divider Stromteiler

current meter/flowmeter
Strömungsmesser

current rectifier Stromgleichrichter

cushioned gepolstert, ausgepolstert,
gefedert, gepuffert, abgepuffert,
geschützt

**custodial personnel/security
personnel** Wachpersonal,
Aufsichtspersonal

custodian Aufseher, Wächter;
Hausmeister

customer service Kundendienst

cut *n* Schnitt; *med* (slash wound)
Schnittwunde; *med* (incision)
Schnitt, Schnittverletzung

cut *vb* schneiden, trennen,
einschneiden

➢ **incised** schnittig, geschnitten,
eingeschnitten

**cutaneous respiration/breathing
(integumentary respiration)**
Hautatmung

cutaway drawing
Ausschnittszeichnung

cuticle nipper(s)
Nagelhautzange

cutis (skin) Cutis, Haut, eigentliche
Haut

cutis vera/true skin/corium/dermis
Lederhaut, Korium, Corium, Dermis

cutoff abrupte Beendigung;
Abbruch, Ausschaltung;
Trenngrenze, Ausschlussgrenze
(Teilchentrennung)

cutoff filter Sperrfilter, Kantenfilter

cutoff valve Schlussventil

cutting edge (of a knife blade)
Schneide (eines Messers)

cutting face/cutting plane
Schnittfläche, Schnittebene

**cutting mill/cutting-grinding mill/
shearing machine** Schneidmühle

cuvette/spectrophotometer tube
Küvette (für Spektrometer)

**cyanogen bromide activated paper
(CBA-paper)** Bromcyan-aktiviertes
Papier (CBA-Papier)

cycle *n* Cyclus; Ring; Takt; Kreislauf
(*med* auch: Zyklus)

cycle *vb* einen Kreislauf
durchmachen, periodisch
wiederholen, einen Prozess
durchlaufen (lassen)

cycle time/running time Laufzeit
(Gerät: für eine ‚Runde')

cycle timing Taktung

cyclic cyclisch, zyklisch, ringförmig,
kreisläufig; (periodic) periodisch

cyclic voltammetry cyclische
Voltammetrie, Cyclovoltammetrie

**cycling/circulation/recirculation/
recirculating** Kreislaufführung

cyclization *chem* Cyclisierung,
Zyklisierung, Ringschluss

cylinder Zylinder; (gas bottle)
Druckflasche

➢ **gas cylinder** Druckgasflasche

➢ **graduated cylinder** Messzylinder

cylinder pressure gauge
Flaschendruckmanometer

cylindric/cylindrical zylindrisch, walzenförmig

cyst Zyste

cysteic acid Cysteinsäure

cyto... cyto (*med* auch zyto...)

cytochemistry Cytochemie, Zellchemie

cytochrome Cytochrom

cytocidal zelltötend, cytocid (*med* auch: zytozid)

cytogenetics Cytogenetik

cytology/cell biology Cytologie, Zellenlehre, Zellbiologie

cytolytic cytolytisch

cytometry Cytometrie

cytopathic (cytotoxic) cytopathisch, zellschädigend (cytotoxisch)

cytoplasm Zellplasma, Cytoplasma

cytoplasmic cytoplasmatisch

cytoskeleton Cytoskelett

cytostatic agent/cytostatic Cytostatikum (meist *pl* Cytostatika)

cytotoxic cytotoxisch, zellschädigend

cytotoxicity Cytotoxizität, Zellschädigung

cytotoxin Zellgift, Cytotoxin

D

dab/swab *vb* tupfen, abtupfen

daisy-chain *vb* mehrere Gegenstände aneinander ketten

damage *n* Schaden; Schädigung

damage response curve Schädigungskurve

damaged/defective beschädigt, schadhaft

damp (humid) feucht

dampen/damp dämpfen, abschwächen; (deaden) schlucken (Schall)

damper Dämpfer; Schieber, Klappe; Befeuchter; Schalldämpfer

damping Dämpfung (von Schwingungen/Waage)

danger (hazard/risk/chance) Gefahr, Gefährdung, Risiko; (threat) Bedrohung

➤ **extreme danger** höchste Gefahr

➤ **immediate danger/imminent danger** akute Gefahr

➤ **imminent danger** drohende Gefahr

➤ **out of danger/safe/secure** außer Gefahr

➤ **public danger** öffentliche Gefahr

➤ **source of danger (troublespot)** Gefahrenherd

danger allowance/hazard bonus Gefahrenzulage

danger area/danger zone Gefahrenbereich, Gefahrenzone

danger class/category of risk/ class of risk Gefahrenklasse

danger of accident Unfallgefahr

danger sign/warning sign Warnschild

danger to life/life threat Lebensgefahr

danger zone Gefahrenzone

dangerous (hazardous/risky) gefährlich, riskant

dangerous for the environment (N = nuisant) umweltgefährlich

dangerous goods/hazardous materials Gefahrgut, Gefahrgüter (gefährliche Frachtgüter)

dangerous substance/dangerous material/hazardous substance/ hazardous material Gefahrstoff

dark field *micros* Dunkelfeld

darkfield illumination
Dunkelfeldbeleuchtung
darkfield microscopy
Dunkelfeld-Mikroskopie
darkroom Dunkelkammer
dashboard/dash Armaturenbrett
(im Fahrzeug)
data *pl* (used as *sg* & *pl*; often attrib)
Daten; (fact) Tatsache, Angabe
data acquisition Datenerfassung,
Datenermittlung
data analysis Datenanalyse,
Datenauswertung
data logger/datalogger
Datenerfassungsgerät,
Messwertschreiber,
Messwerterfasser, Registriergerät,
Datensammler, Datenlogger
data processing Datenverarbeitung
data sheet Datenblatt, Merkblatt
(für Chemikalien etc.)
➢ **safety data sheet**
Sicherheitsdatenblatt
date of issue Ausstellungsdatum,
Ausgabezeitpunkt
dating *n* Datierung
daughter ion Tochterion
de-novo synthesis Neusynthese,
de-novo-Synthese
dead *adj/adv* tot
dead-end filtration Kuchenfiltration
dead space/headspace Totraum
dead stop völliger Stillstand; fester
Anschlag
dead time Totzeit, Trennzeit, Sperrzeit
dead volume/deadspace volume/
holdup volume/holdup Totvolumen
(Spritze/GC)
dead weight Totlast, Eigenlast,
Eigengewicht
deaden dämpfen, abschwächen,
schlucken (Schall)

deadline Abgabetermin,
Ablieferungstermin
deadly/fatal/lethal tödlich, letal
deadspace/headspace
Totraum
deaf taub, gehörlos
deafness Taubheit, Gehörlosigkeit
dealer Händler
➢ **retail dealer/retailer/retail vendor**
Einzelhändler
➢ **wholesale dealer/wholesaler**
Großhändler
deamidation/deamidization/
desamidization Desamidierung
deamination/desamination
Desaminierung
deaerate entlüften, entgasen
death Tod
➢ **cause of death** Todesursache
deburr abgraten, bördeln; entgraten
deburred edge/beaded rim
Bördelrand
decalcification Entkalkung,
Dekalzifizierung
decalcify
entkalken, dekalzifizieren
decant dekantieren, umfüllen,
umgießen, vorsichtig abgießen
decantation Dekantieren, Umfüllen,
vorsichtiges Abgießen
decanter Dekanter, Abklärflasche,
Dekantiergefäß
decay *n* (disintegration) Zersetzung,
Verrottung, Verfaulen;
(rot/putrefaction) Fäulnis
decay *vb* (disintegrate/decompose/**
fall apart) zersetzen, verrotten,
verfaulen; zerfallen
deceleration phase/retardation phase
Verlangsamungsphase,
Bremsphase, Verzögerungsphase
deception/delusion Täuschung

decerating agent
(for removing paraffin) *micros*
Entparaffinierungsmittel
dechlorinate entchloren
dechlorination Entchlorung,
Entchloren
decline phase/phase of decline/death phase Absterbephase
decoct abkochen, absieden; (digest: by heat/solvents) digerieren
decoction Abkochung, Absud, Dekokt
decoloration/bleaching Entfärbung,
Bleichen
decompose zersetzen, zerfallen,
abbauen; verrotten, verfaulen
decomposer Zersetzer, Destruent,
Reduzent
decomposition (breakdown)
Zersetzung, Zerfall, Abbau,
Verrottung, Verfaulen
(Zusammenbruch)
decomposition temperature
Zersetzungstemperatur
decompress dekomprimieren, den
Druck wegnehmen
decompression Dekompression
decontaminate dekontaminieren,
reinigen, entseuchen
decontamination Dekontamination,
Dekontaminierung, Reinigung,
Entseuchung
deconvolution Entfaltung,
Dekonvolution
decouple/uncouple/release
entkoppeln
decoupling/uncoupling/release
Entkopplung
decrimper/decrimping pliers
Öffnungszange
dedicated gewidmet, speziell (zu
einem bestimmten Zweck)
dedifferentiation Dedifferenzierung,
Entdifferenzierung
deep etching Tiefenätzung

deep focus fusion (DFF)
Schärfentiefeerweiterung (STE)
deep freeze *n* Tiefkühlung; (deep
freezer: chest) Tiefkühltruhe
deep-freeze *vb* tiefkühlen,
tiefgefrieren
deep-freeze compartment
Tiefkühlfach (des Kühlschranks)
deep-freeze gloves
Tiefkühlhandschuhe,
Kryo-Handschuhe
deep freezer/deep-freeze/'cryo'
Tiefkühltruhe, Gefriertruhe,
Tiefkühlschrank
deep freezing Tiefkühlung
defecation/egestion Defäkation,
Darmentleerung, Stuhlgang,
Klärung, Koten
defect *n* Defekt, Schaden, Fehler
defect in material/flaw in material
Materialfehler
defective
defekt, schadhaft, fehlerhaft
defense Verteidigung, Schutz
defensive medicine Defensivmedizin
**defervescence/delay in boiling (due to
superheating)** Siedeverzug (durch
Überhitzung)
defibrillator Defibrillator,
Schockgeber
➢ **automated external defibrillator
(AED)** automatischer externer
Defibrillator (AED)
deficiency Defizienz, Mangel
deficiency medium
Mangelmedium
deficiency symptom
Mangelsymptom,
Mangelerscheinung, Defizienz~
deficient/lacking defizient,
mangelnd, Mangel...
defined medium synthetisches
Medium (chem. definiertes
Medium)

deflagrate verpuffen; rasch
abbrennen (lassen)
deflagration Verpuffung
deflate Luft/Gas ablassen, Luft/Gas
herauslassen
deflation Ablassen, Herauslassen,
Entleeren, Entleerung (Luft/Gas)
deflect ablenken, ableiten (umleiten)
deflection Ablenkung, Umleitung;
(dip/flexure) Durchbiegung
deflection voltage
Ablenkungsspannung
defoaming agent/antifoaming agent
Schaumdämpfungsmittel,
Schaumdämpfer, Entschäumer
deform (distort/strain) deformieren,
verformen
deformation Deformation,
Deformierung, Formänderung,
Verformung
deformation vibration/bending
vibration (IR)
Deformationsschwingung
defrost abtauen
(Kühl-/Gefrierschrank), enteisen
degas/degasify/outgas/devolatilize
ausgasen, entgasen
degassing/gassing-out Ausgasung,
Ausgasen, Entgasung, Entgasen
degeneracy Degeneration, Entartung
degenerate adv (IR) entartet,
degeneriert
degenerate vb degenerieren,
entarten; (regress) rückbilden
degeneration (degeneracy)
Entartung; (regression) Rückbildung
degradability/decomposability
Abbaubarkeit
degradation (decomposition/
breakdown) Abbau, Zersetzung,
Zerfall, Zusammenbruch
degradation product Abbauprodukt,
Zersetzungsprodukt

degradative metabolism/catabolism
Stoffwechsel-Abbau
degrade (decompose/break down)
abbauen, zersetzen, zerfallen
degrease entfetten
degree of freedom (df)
stat Freiheitsgrad
dehumidifier Entfeuchter (Gerät)
dehumidify entfeuchten
dehydrate dehydratisieren,
entwässern; eintrocknen
dehydrating dehydrierend,
wasserentziehend, entwässernd
dehydration Dehydratation,
Entwässerung; Wasserentzug
dehydrogenate dehydrieren,
dehydrogenisieren, Wasserstoff
entziehen
dehydrogenation Dehydrierung,
Dehydrogenierung,
Wasserstoffabspaltung
deice enteisen
deionize entionisieren
deionized water entionisiertes Wasser
deionizing/deionization
Entionisierung
delay n (retardation) Verzögerung;
(postponement) Verschiebung,
Aufschiebung; Verspätung
delay vb (retard) verzögern;
(postpone) verschieben,
aufschieben; verspäten
delayed damage Spätschaden
delayed effect Verzögerungseffekt
delayed ignition verzögerte
Zündung, Zündverzug
deliberate release absichtliche
Freisetzung
deliberate release experiment
(environmental release experiment)
Freisetzungsexperiment
deliquescence Zerfließen,
Zerschmelzen, Zergehen

deliquescent zerfließend, zerfließlich, zerschmelzend, zergehend
deliver liefern, abliefern, ausliefern; beschicken; abgeben, einreichen
delivery Lieferung, Auslieferung; *chem* Beschickung; (handing in/dropoff) Abgabe, Einreichung (Ergebnisse etc.); (handing over) Übergabe
➤ **bulk delivery/bulk shipment** Großlieferung
➤ **cost of delivery/shipment costs** Lieferkosten
➤ **ready for delivery/dispatch/ shipment** versandfertig
➤ **terms of delivery (terms and conditions of sale)** Lieferbedingungen
➤ **time of delivery** Lieferfrist
➤ **turn-key delivery** schlüsselfertige Lieferung
delivery pressure Lieferdruck
delivery tube (flask) Beschickungsstutzen (Kolben)
delivery valve Zulaufventil, Beschickungsventil
demand/require erfordern
demanding (having high requirements or demands) anspruchsvoll
demethylation Demethylierung, Desmethylierung
demineralize entmineralisieren, demineralisieren
demister Entfeuchter
demount (disassemble/dismantle/ strip/take apart) demontieren
dempster dumpster Müllcontainer
demulcent *adj/adv* reizlindernd
demulsification Demulgieren, Dismulgieren, Brechen/Spalten einer Emulsion; Entmischung
denaturation/denaturing Denaturierung

denature denaturieren (z. B. Eiweiß); vergällen (z. B. Alkohol)
denaturing gel denaturierendes Gel
dense (mass per volume) dicht (Masse pro Volumen)
density (mass per volume) Dichte (Masse pro Volumen)
density current Konzentrationsströmung
density distribution Dichteverteilung
density gradient Dichtegradient
density gradient centrifugation Dichtegradientenzentrifugation
deodorant Deodorans, Desodorans, Deodorant, Desodorierungsmittel
deoxidize desoxidieren, reduzieren, Sauerstoff entfernen
deoxyribonucleic acid (DNA) Desoxyribonucleinsäure, Desoxyribonukleinsäure (DNS/DNA)
dephlegmation/fractional distillation Dephlegmation, fraktionierte Destillation, fraktionierte Kondensation
dephosphorylate dephosphorylieren
dephosphorylation Dephosphorylierung
deplete leeren, entleeren, erschöpfen
depletion Entleerung, Erschöpfung (Substanz: leer werden/‚zu Ende gehen'); (stripping/downgrading) Abreicherung
depolarization Depolarisation
depolarize depolarisieren
deposit/sediment/precipitate Präzipitat, Niederschlag, Sediment, Fällung; Ablagerung
depression/basin Mulde, Kuhle, Vertiefung
depth filtration Tiefenfiltration
depth of focus/depth of field Tiefenschärfe, Schärfentiefe

deregister/sign out (schriftlich
‚austragen') abmelden
derivative *chem* Derivat
derivatization Derivatisation,
Derivatisierung
derivatize *chem* derivatisieren, in ein
Derivat überführen
derive herleiten, ableiten von;
erhalten, gewinnen; herkommen,
abstammen
derived characteristic abgeleitetes
Merkmal
dermal/dermic/dermatic dermal,
Haut...
desalinate entsalzen
desalination Entsalzung
desalt entsalzen
descale entkalken (ein Gerät ~),
Kesselstein entfernen
descending *chromat* (TLC)
absteigend
description Beschreibung
deshielding (NMR) Entschirmung
desiccant Trockenmittel,
Trocknungsmittel
desiccate (dry up/dry out) trocknen,
entfeuchten, austrocknen,
entwässern
desiccation Austrocknung,
Entwässerung
desiccation avoidance
Austrocknungsvermeidung
desiccator Exsikkator
design *n* Entwurf, Plan, Design
desorption Desorption
destroy (eliminate) vernichten,
zerstören (entfernen)
destruction (elimination)
Vernichtung, Zerstörung
(Entfernung)
destructive distillation
Zersetzungsdestillation
desulfurization/desulfuration
Entschwefelung

desulfurize/desulfur entschwefeln
detach/separate/disconnect lösen,
ablösen, entfernen, abkoppeln,
abmachen, loslösen
detect (prove) detektieren,
entdecken, aufklären; nachweisen
detectability Nachweisbarkeit
detectable nachweisbar
detection (proof) Detektion,
Entdeckung, Aufklärung; Nachweis
detection limit/limit of detection
(LOD) Nachweisgrenze
detection method Nachweismethode
detection threshold
Nachweisschwelle
detector Detektor, Nachweisgerät,
Suchgerät, Prüfgerät; (sensor)
Fühler, Melder, Messfühler, Sensor
➢ aerosol detector/aerosol-based
detector (AD) Aerosoldetektor
➢ atomic emission detector (AED)
Atomemissionsdetektor
➢ chiral detector Chiraldetektor
➢ conductivity detector (CD)/
electrical conductivity detector
Leitfähigkeitsdetektor
➢ diode array detector (DAD)
Diodenarray-Detektor
➢ electrochemical detector (ECD)
elektrochemischer Detektor
➢ electron capture detector (ECD)
Elektroneneinfangdetektor
➢ evaporative light
scattering detector (ELSD)
Verdampfungs-Lichtstreudetektor
➢ fast-scanning detector (FSD)/
fast-scan analyzer
Schnellscan-Detektor
➢ flame-ionization detector (FID)
Flammenionisationsdetektor
➢ fluorescence detector (FD/FLRD)
Fluoreszenzdetektor
➢ infrared absorbance detector (IAD)
Infrarot-Absorptionsdetektor

➢ **infrared detector (ID)**
Infrarotdetektor

➢ **ion trap detector (ITD)**
Ioneneinfangdetektor

➢ **laser-induced fluorescence detector (LIFD)** Laser-induzierter Fluoreszenzdetektor

➢ **light scattering detector (LSD)**
Lichtstreuungsdetektor

➢ **mass-selective detector (MSD)**
massenselektiver Detektor

➢ **photo-ionization detector (PID)**
Photoionisations-Detektor

➢ **pulsed amperometric detector (PAD)** gepulst amperometrischer Detektor

➢ **refractive index detector (RID)**
Brechungsindexdetektor,
Brechungsindex-Detektor

➢ **resistance temperature detector (RTD)**
Widerstands-Temperatur-Detektor

➢ **thermal conductivity detector (TCD)** Wärmeleitfähigkeitsdetektor,
Wärmeleitfähigkeitsmesszelle

➢ **thermal lens detector (TLD)**
thermische Linse-Detektor

➢ **thermoionic detector (TID)**
Thermoionischer Detektor

➢ **transport detector**
Transportdetektor

➢ **UV-VIS detector** UV-VIS-Detektor

detergency Reinigungskraft,
Reinigungsvermögen;
Waschwirkung, Waschkraft

detergent Detergens,
Reinigungsmittel, Waschmittel;
Spülmittel

➢ **dishwashing detergent**
Geschirrspülmittel

➢ **liquid detergent/liquid soap**
Flüssigseife

➢ **soft detergent (biodegradable)**
biologisch abbaubares Detergens

determination (Identifikation)
Determinierung, Determination,
Bestimmung

determine (identify)
chem bestimmen

deterrent/repellent Schreckstoff,
Abschreckstoff, Repellens

detoxification Entgiftung

detoxify entgiften

develop entwickeln; (emerge/unfold)
hervorgehen, entstehen

developer *photo* Entwickler

developing chamber/developing tank
chromat (TLC) Trennkammer (DC)

deviate from... abweichen von...

deviation
Abweichung

➢ **standard deviation**
Standardabweichung

➢ **statistical deviation** statistische
Abweichung

device (piece of equipment)
Vorrichtung; Gerät

devise sich etwas ausdenken,
ersinnen, erfinden, konzipieren

devour/gulp down verzehren,
verschlingen, herunterschlingen

Dewar vessel/Dewar flask
Dewargefäß

dewater entwässern
(Entfernen von H_2O)

dewdrop Tautropfen

diabetes mellitus Zuckerkrankheit,
Diabetes mellitus

diagnosis Diagnose

➢ **differential diagnosis**
Differentialdiagnose

diagnostic diagnostisch

diagnostic kit Diagnostikpackung
(DIN)

diagnostics Diagnostik

**diagonal cutter/diagonal pliers/
diagonal cutting nippers**
Seitenschneider

diagram (plot/graph) Diagramm
(*auch* Kurve)
➤ **bar diagram/bar graph**
Stabdiagramm
➤ **dot diagram** Punktdiagramm
➤ **histogram/strip diagram**
Histogramm, Streifendiagramm
➤ **phase diagram** Phasendiagramm
➤ **scatter diagram (scattergram/**
scattergraph/scatterplot)
Streudiagramm
➤ **spindle diagram** Spindeldiagramm
dial *n* Wählscheibe, Einstellscheibe;
(face) Zifferblatt; (scale/reading)
Anzeige (an einem Gerät)
dialysis Dialyse
dialyze dialysieren
dialyzing membrane
Dialysiermembran
diaphragm Diaphragma, Membran,
Scheidewand; Blende; *med*
Zwerchfell; *micros* Blende
➤ **condenser diaphragm/**
aperture diaphragm *micros*
Kondensorblende, Aperturblende
➤ **disk diaphragm (annular aperture)**
micros Ringblende
➤ **eyepiece diaphragm/eyepiece field**
stop/ocular diaphragm *micros*
Okularblende, Gesichtsfeldblende
des Okulars
➤ **field diaphragm** *micros* Feldblende,
Leuchtfeldblende, Kollektorblende
➤ **iris diaphragm** *micros* Irisblende
diaphragm aperture Blendenöffnung
diaphragm pressure regulator
Membrandruckminderer
diaphragm pump Membranpumpe
diaphragm valve Membranventil
diarrhea Diarrhö
diatomaceous earth Kieselerde,
Diatomeenerde; (kieselguhr)
Kieselguhr

dicer/dicing cutter Granulator
(Würfel), Würfelschneider
dichlorodiphenyltrichloroethane (DDT)
Dichlordiphenyltrichlorethan
dichlorodiphenyltrichloroethylene (DDE)
Dichlordiphenyldichlorethylen
dichroic mirror dichroischer Spiegel
die *n* Würfel; Pressform, Gießform,
Spritzform; Düse
die *vb* sterben; prägen, formen
die casting Druckgießen
die down ausschwingen, abklingen;
zu Ende gehen
dielectric breakdown dielektrischer
Durchschlag
dielectric constant
Dielektrizitätskonstante
diet (food/feed/nutrition) Kost,
Essen, Speise, Nahrung; Diät
dietary Diät..., diät, die Diät betreffend
dietary fiber Ballaststoffe (dietätisch)
dietetic diätetisch
dietetics Diätetik
differential centrifugation ('pelleting')
Differenzialzentrifugation,
differenzielle Zentrifugation
differential diagnosis
Differenzialdiagnose
differential display (form of RT-PCR)
differenzieller Display
(Form der RT-PCR)
differential equation
Differenzialgleichung
differential interference
Differenzial-Interferenz (Nomarski)
differential interference contrast (DIC)
microscopy
Differenzial-Interferenzkontrast-
Mikroskopie
differential medium
Differenzierungsmedium
differential pulse polarography (DPP)
differenzielle Pulspolarografie

differential scanning calorimetry (DSC)
Differenzialkalorimetrie
differential staining/contrast staining
Differenzialfärbung,
Kontrastfärbung
differential thermal analysis (DTA)
Differenzialthermoanalyse,
Differenzthermoanalyse
differentiating characteristic
Unterscheidungsmerkmal
diffract *opt/phys* beugen, brechen
diffraction *opt/phys* Diffraktion,
Beugung, Brechung; (scattering)
Streuung
➢ **electron backscatter diffraction
(EBSD)** Elektronenrückstreuung
➢ **electron diffraction**
Elektronenbeugung, ~streuung
➢ **low-energy electron diffraction**
Beugung langsamer
(niederenergetischer) Elektronen
➢ **neutron diffraction**
Neutronenbeugung,
Neutronendiffraktometrie
➢ **X-ray diffraction** Röntgenbeugung
diffraction pattern Beugungsmuster
diffuse *adj/adv* diffus, zerstreut, ohne
klare Abgrenzung
diffuse *vb* diffundieren; zerstäuben;
zerstreuen, sich ausbreiten;
vermischen
diffuse flux diffuser Fluss
diffuser Diffusor, Verteiler,
Diffusionsapparat, Zerstäuber(düse)
diffusing screen *photo*
Steulichtschirm
diffusion coefficient
Diffusionskoeffizient
diffusion pump Diffusionspumpe
diffusive mixing Diffusionsmischen,
Diffusionsvermischen
digest (enzymatic) *n* Verdau
(enzymatischer)

digest *vb* verdauen, aufschließen,
zersetzen, abbauen; faulen (im
Faulturm der Kläranlage)
digester/digestor (sludge) Faulturm
digestibility Verdaulichkeit,
Bekömmlichkeit
digestible verdaulich, aufschließbar,
zersetzbar, abbaubar; bekömmlich
digestive enzyme
Verdauungsenzym
digitizer Digitalisiergerät
dilatation/dilation Dilatation,
Dehnung, Erweiterung,
Ausdehnung, Expansion
diluent Verdünner,
Verdünnungsmittel, Diluent, Diluens
dilutable verdünnbar
dilute (thin down) verdünnen;
(water down) verwässern
dilute solution verdünnte Lösung
dilutent Verdünner,
Verdünnungsmittel
dilution verdünnte Lösung;
(thinning down) Verdünnung
dilution rate Durchflussrate,
Verdünnungsrate
dilution rule Mischregel,
Mischungsregel,
Kreuzmischungsregel
(Mischungskreuz/Andreaskreuz)
dilution series
Verdünnungsreihe
dilution shake culture
Verdünnungs-Schüttelkultur
dilution streak/dilution streaking
micb Verdünnungsausstrich
**dimensionless group/quantity/
number** *math* Kenngröße
dimensions (height/width/depth)
Abmessungen (Höhe/Breite/Tiefe)
dimeric zweiteilig
dimerization Dimerisierung
dimerize dimerisieren

dimerous dimer, zweizählig
diode array detection (DAD) Diodenarray-Nachweis, Diodenmatrixnachweis
diopter (D) Dioptrie
dioptric dioptrisch
dip needle-nose pliers gebogene Storchschnabelzange
dip stick Messlatte, Peilstab
dip switch DIP-Schalter, Mäuseklavier
dip tank Tauchtank
dip tube Steigrohr
diphasic diphasisch
dipole moment Dipolmoment
dipper/scoop Schöpfer, Schöpfgefäß, Schöpflöffel
dipping Tauchen, Eintauchen
diprotic acid zweiwertige/ zweiprotonige Säure
dipstick *tech* Messstab (Öl etc.), Tauchmessstab
direct *vb* dirigieren, hinführen, leiten, lenken
direct blotting electrophoresis/direct transfer electrophoresis Blotting-Elektrophorese, Direkttransfer-Elektrophorese
direct current (DC) *electr* Gleichstrom
direct-reading instrument Ablesegerät
directive *n* Direktive, Weisung, Verhaltensmaßregel, Anweisung, Vorschrift; (EU *jur*) Richtlinie
dirt/filth Dreck, Schmutz
dirty (filthy) dreckig, schmutzig; (stained) verschmutzt, beschmutzt, fleckig
disadvantage Nachteil
disassemble (take equipment apart) abbauen (Apparatur/ Experimentiergerät), auseinander nehmen
disassembly/dismantling/ dismantlement/takedown

(of equipment) Abbau (einer Apparatur); (stripping) Demontage
discard/dispose of verwerfen, entsorgen, aussondern
discharge *n electr* Entladung; (outflow/efflux/draining off) Ausfluss, Abfluss; (drainage/outlet) Ableitung (von Flüssigkeiten); *med* (secretion/flux) Ausfluss
discharge *vb* entladen; *tech* (drain/ lead out/lead away/carry away) ausführen, wegführen, ableiten (Flüssigkeit)
discharge head (pump) Förderhöhe
discharge pipe Abflussrohr, Ausflussrohr, Auslaufrohr, Austrittsrohr
discharge stroke (pump) Abgabepuls, Druckhub, Förderhub
disciplinary offense Dienstvergehen
disconnect trennen, unterbrechen, lösen; (disassemble: Geräte) auseinandernehmen; (unplug) ausstöpseln, Stecker herausziehen
disease/illness Krankheit
disease-causing (pathogenic) krankheitserregend (pathogen)
disease-causing agent/pathogen Krankheitserreger
dish (Servier)Platte, Schlüssel
➢ **culture dish** Kulturschale
➢ **dissecting dish** Präparierschale
➢ **evaporating dish** Abdampfschale, Eindampfschale
➢ **incineration dish** Glühschälchen
➢ **Petri dish** Petrischale
➢ **porcelain dish** Porzellanschale
➢ **staining dish** *micros* Färbeglas, Färbetrog, Färbekasten, Färbewanne
➢ **weighing dish** Wägeschale, Waagschale
dish rack Geschirrablage, Geschirrständer

dish towel Geschirrhandtuch
dishboard Geschirrablage (Spüle/
  Spültisch)
dishes Geschirr
➢ **rinse the dishes** Geschirr abspülen
➢ **wash the dishes** Geschirr spülen
dishwasher (dishwashing machine)
  Spülmaschine
dishwasher detergent
  Spülmaschinenreiniger
dishwasher rack
  Spülmaschinengestell,
  Spülmaschinenkorb,
  Geschirrspülergestell,
  Geschirrspüler-Gestell, Geschirrkorb
dishwashing brush Spülbürste,
  Geschirrspülbürste
dishwashing bucket/dishpan
  Spüleimer
dishwashing cloth/dishcloth/dishrag
  Spüllappen
dishwashing detergent
  Geschirrspülmittel
dishwashing pad Spülschwamm
dishwashing tub Spülwanne
dishwater Spülwasser, Abwaschwasser
disinfect (disinfected) desinfizieren
  (desinfiziert), keimfrei machen
disinfectant Desinfektionsmittel,
  Desinfiziens
disinfection Desinfizierung,
  Desinfektion, Entseuchung,
  Entkeimung
disinhibition Disinhibition,
  Enthemmung
disintegrate/decay/decompose/
  degrade zersetzen, zerfallen;
  auflösen, aufspalten; (decompose/
  break up) aufschließen
disintegration/decay/decomposition/
  degradation Zersetzung, Zerfall
disintegration temperature
  Zersetzungstemperatur

disjunction Verteilung, Trennung,
  Disjunktion
disk (disc *Br***)** Scheibe, Platte; Ring,
  Teller
disk assay (for antibiotics)
  micb Plattenverfahren (Kultur)
disk atomizer Scheibenversprüher
disk diaphragm (annular aperture)
  micros Ringblende
disk electrophoresis
  Diskelektrophorese,
  diskontinuierliche Elektrophorese
disk mill Tellermühle
disk-shaped scheibenförmig
disk turbine impeller
  Scheibenturbinenrührer
dislodge losmachen, entfernen,
  lockern, befreien, ablösen
dismantling/dismantlement/
  takedown (disassembly of
  equipment) Abbau (einer
  Apparatur); (stripping) Demontage
dispatch *vb* abschicken, absenden,
  versenden, abfertigen
➢ **ready for dispatch** (shipment/
  delivery) versandfertig
dispense dispensieren; ausgießen;
  spenden
dispenser Ausgießer, Dosierspender,
  Probengeber; (e.g., for liquid
  detergent etc.) Spender
  (Flüssigseife etc.)
dispenser pump/dispensing pump
  Dispenserpumpe
dispersal/dissemination Streuung,
  Ausbreitung, Zerstreuung
disperse *chem/phys* dispergieren;
  streuen, verstreuen, ausbreiten,
  zerstreuen, fein verteilen
dispersion Dispergierung,
  Dispersion; Feinverteilung; (colloid)
  Kolloid; (spreading) Verteilung,
  Zerstreuung

displacement Verdrängung,
Verlagerung, Verschiebung;
Verschleppung

displacement pump
Verdrängungspumpe,
Kolbenpumpe (HPLC)

displacement reaction
Verdrängungsreaktion

display *n* (dial/scale/reading) Anzeige
(an einem Gerät); (monitor)
Bildschirm, Monitor

display *vb*
(show/read) anzeigen

disposable Einweg..., Einmal...,
Wegwerf...

disposable gloves/single-use gloves
Einweg~, Einmalhandschuhe

disposable syringe Einwegspritze

disposal Entsorgung, Entfernen,
Beseitigung

➢ **improper disposal** unsachgemäße
Entsorgung

disposal firm/disposal contractor
Entsorgungsfirma,
Entsorgungsunternehmen,
Entsorgungsfachbetrieb,
Entsorgungsdienstleister

disposal site (waste)
Deponie (Müll/Abfall)

dispose of/remove entsorgen,
entfernen, beseitigen

disposition Disposition, Veranlagung,
Anfälligkeit

disrupt unterbrechen, lösen, trennen

dissect präparieren; sezieren;
zerlegen, zergliedern; analysieren

dissecting dish/dissecting pan
Präparierschale

dissecting forceps Sezierpinzette

dissecting instruments (dissecting set)
Präparierbesteck

dissecting microscope
Präpariermikroskop

**dissecting needle/probe (teasing
needle)** Präpariernadel

dissecting pin (Stecknadel)
Seziernadel

dissecting scissors Präparierschere,
Sezierschere

dissection Präparation, Sezierung;
Zerlegung, Zergliederung

dissection equipment (dissecting set)
Sezierbesteck

**dissection tweezers/dissecting
forceps** Sezierpinzette,
anatomische Pinzette

disseminate/disperse/spread/release
ausstreuen

**dissemination/dispersal/spreading/
releasing** Ausstreuung

**dissepiment/septum/partition
(dividing wall/cross-wall)**
Scheidewand, Septe, Septum

dissociate dissoziieren, sich
aufspalten, zerfallen

dissociation constant (K_i)
Dissoziationskonstante

dissociation rate
Dissoziationsgeschwindigkeit

dissolution Auflösung;
(disintegration/decomposition/
digestion) Zerfall, Aufschluss

dissolve (dissolved) lösen (gelöst),
auflösen (aufgelöst: in einem
Lösungsmittel); aufschließen

➢ **undissolved** ungelöst

distil/distill/still destillieren

distillable destillierbar

distilland (material to be distilled)
Destillationsgut, Destilliergut

distillate Destillat

distillation Destillation

➢ **azeotropic distillation**
Azeotropdestillation

➢ **bulb-to-bulb distillation**
Kugelrohrdestillation

➤ **dephlegmation/fractional distillation** Dephlegmation, fraktionierte D., fraktionierte Kondensation

➤ **destructive distillation** Zersetzungsdestillation

➤ **dry distillation** trockene Destillation

➤ **equilibrium distillation** Gleichgewichtsdestillation

➤ **extractive distillation** Extraktivdestillation, extrahierende Destillation

➤ **flash distillation** Entspannungs-Destillation, Flash-Destillation

➤ **hydrodistillation** Wasserdampfdestillation

➤ **reaction distillation** Reaktionsdestillation

➤ **reflux distillation** Rückfluss-Destillation, Rücklauf-Destillation, Reflux

➤ **repeated distillation/cohobation** Redestillation, mehrfache Destillation

➤ **short-path distillation** Kurzwegdestillation

➤ **simple distillation** Gleichstromdestillation

➤ **spinning band distillation** Drehband-Destillation

➤ **steam distillation** Trägerdampfdestillation

➤ **straight-end distillation** einfache, direkte Destillation

➤ **vacuum distillation/ reduced-pressure distillation** Vakuumdestillation

distillation boiler flask/reboiler/still pot/boiler Blase, Destillierblase, Destillierrundkolben

distillation by ascent aufsteigende Destillation

distillation by descent absteigende Destillation

distillation by steam entrainment Schleppdampfdestillation

distillation column Destillierkolonne

distillation flask Destillierkolben

distillation head/stillhead Destillieraufsatz, Destillierbrücke

➤ **bend** Krümmer

➤ **Claisen adapter** Claisen-Aufsatz, Claisen-Adapter

➤ **three-way adapter/two-neck adapter** Dreiwegadapter, Zweihals-Aufsatz

distillation receiver adapter/receiving flask adapter Vorlage (Destillation)

distillation residue Destillierrückstand

distillation stage Destillieraufsatz

distilled water destilliertes Wasser, Aqua dest.

distiller's yeast Brennereihefe

distillers' solubles (dried) Schlempe

distilling apparatus/still Destilliergerät, Destillationsapparatur

distilling column Destillierkolonne

distilling flask/destillation flask/'pot' Destillierkolben, Destillationskolben

distribute/spread verteilen; verbreiten

distribution *chem/stat* Verteilung; Verbreitung

➤ **binomial distribution** Binomialverteilung

➤ **countercurrent distribution** Gegenstromverteilung

➤ **frequency distribution (FD)** Häufigkeitsverteilung

➤ **lognormal distribution/ logarithmic normal distribution** Lognormalverteilung, logarithmische Normalverteilung

> **marginal distribution**
Randverteilung
> **normal distribution**
Normalverteilung
> **statistical distribution** statistische
Verteilung
distribution function
Verteilungsfunktion
distribution pattern
Verteilungsmuster
distributor Verteiler; Lieferant;
(wholesaler) Großhändler
disturbance (interference/disruption)
Störung
disturbance value/interference factor
Störgröße
disulfide bond/disulfide bridge/
disulfhydryl bridge
Disulfidbindung, Disulfidbrücke
diuresis Diurese, Harnfluss,
Harnausscheidung
diverge divergieren, abweichen;
ablenken
diversity Diversität, Vielfalt,
Vielfältigkeit, Vielgestaltigkeit,
Mannigfaltigkeit
divide teilen, gliedern, einteilen;
trennen; (fission/separate) teilen
divided gegliedert, unterteilt;
(compartmentalized) unterteilt,
kompartimentiert; (parted/partite/
divided into parts) geteilt
division Gliederung, Einteilung;
(fission/separation) Teilung
division phase Teilungsphase
DNA (deoxyribonucleic acid)
DNA/DNS (Desoxyribonucleinsäure/
Desoxyribonukleinsäure)
DNA footprint DNA-Fußabdruck,
DNA-Footprint
DNA profiling/DNA fingerprinting
genetischer Fingerabdruck,
DNA-Fingerprinting

DNA sequencer
DNA-Sequenzierungsautomat
DNA synthesis DNA-Synthese
dolly Fahrgestell (Kistenroller/Fassroller
etc.); Plattformwagen, ~karren
> **gas cylinder dolly/gas bottle**
cart Gasflaschenwagen,
Stahlflaschenwagen,
Flaschenwagen, „Bombenwagen"
donor Donor, Spender
DOP-PCR (degenerate oligonucleotide
primer PCR) DOP-PCR
(PCR mit degeneriertem
Oligonucleotidprimer)
dorsal rückseitig, dorsal
dosage (dose) Dosis
dosage compensation
Dosiskompensation
dosage effect Dosiseffekt
dose *v b* (give a dose/measure out:
proportion) dosieren; zumessen,
zuteilen
dose *n* (dosage) Dosis
> **lethal dose** letale Dosis, Letaldosis,
tödliche Dosis
> **maximum tolerated dose (MTD)**
maximal verträgliche Dosis
> **median effective dose (ED$_{50}$)**
mittlere effektive Dosis, mittlere
wirksame Dosis
> **median lethal dose (LD$_{50}$)** mittlere
letale Dosis
> **overdose** Überdosis
> **single dose** Einzeldosis
dose equivalent *rad* Dosisäquivalent
dose-response correlation/relationship
Dosis-Antwort-Korrelation,
Dosis-Antwort-Beziehung
dose-response curve
Dosis-Wirkungskurve,
Dosis-Effekt-Kurve
dosing Dosierung, Zumessung
dosing device Dosiergerät

dosing pump (proportioning/ metering pump) Dosierpumpe

dosing system Dosiervorrichtung, Dosiersystem

dot blot/spot blot Rundlochplatte

dot diagram Punktdiagramm

double-acting doppeltwirkend

double-acting pump Druckpumpe, Saugpumpe, doppeltwirkende Pumpe

double-blind assay/study Doppelblindversuch

double bond Doppelbindung

double-burner hot plate Doppelkochplatte (Heizplatte)

double cross Doppelkreuzung

double digest *gen/ biochem* Doppelverdau

double-distilled water Bidest

double-headed intermediate doppelköpfiges/janusköpfiges Zwischenprodukt

double layer/bilayer Doppelschicht

double salt Doppelsalz

double strand *gen* Doppelstrang

double sugar/disaccharide Doppelzucker, Disaccharid

doubling time (generation time) Verdopplungszeit (Generationszeit)

dovetail connection *micros* Schwalbenschwanzverbindung

down regulation Herabregulation

download *vb* herunterladen

downpipe Fallrohr

downstairs die Treppe runter; ‚unten'

downstream processing Aufarbeitung (Optimierung von Abläufen)

downstroke (pump) Leerhub, Abwärtshub

downtime Auszeit, Abschaltzeit, Ausfallzeit, Standzeit, Stillstandzeit, Verlustzeit

draff Trester, Treber (Malzrückstand)

draft (*Br* draught) Zugluft, Luftzug

drain *vb* ablaufen lassen; entwässern, drainieren, Flüssigkeit ablassen

drain *n* Abfluss, Ablauf; (of the sink) Abguss (an der Spüle); (drainage) Entleeren, Entleerung (Flüssigkeit)

> **blocked drain** verstopftes Waschbecken (Wasserabfluss)

> **pour s.th. down the drain** etwas in den Abguss schütten

drain pipe Abflussrohr

drainage/draining Dränung, Drainage; Trockenlegung, Entwässerung

drainboard/dish board Ablaufbrett, Abtropfbrett (Platte an der Spüle)

draincock Ablasshahn, Ablaufhahn

draining rack Abtropfgestell

draw blade/drawing knife (>Rakel)/ (cabinet) scraper Ziehklinge

draw off/suction off/siphon off/ evacuate absaugen (Flüssigkeit)

drawing mirror *mic* Zeichenspiegel

dress *vb med* verbinden, einen Verband anlegen; (coat/treat with fungicides/pesticides) beizen (Saatgut)

dress code Kleiderordnung

dressing *med* Verband; Verband anlegen

drift pin/drift pin punch/slave pin/ lineup punch/pokey bit konischer Durchschläger, Durchschlagdorn

drift tube (IMS) Driftröhre

Drigalski spatula Drigalski-Spatel

drill *vb* bohren

drill *n* Bohrmaschine; Bohrer; (bit) Bohraufsatz; (drilling/bore) Bohrung (Prozess/Vorgang); (exercise) Übung

> **concrete drill (bit)** Betonbohrer

- ➤ **emergency drill** Probealarm, Probe-Notalarm
- ➤ **fire drill** Feueralarmübung, Feuerwehrübung
- ➤ **metal drill (bit)** Metallbohrer
- ➤ **percussion drill** Schlagbohrer
- ➤ **rock drill (bit)** Steinbohrer
- ➤ **wood drill (bit)** Holzbohrer

drill chuck Bohrfutter
- ➤ **keyless drill chuck** Schnellspann-Bohrfutter, Schnellspannbohrfutter

drill core ('core') *geol/ paleo* Bohrkern, Kern

drinking fountain (for drinking water) Trinkbrunnen, Trinkfontäne

drinking water/potable water Trinkwasser

drip *n* Tropfen

drip *vb* tropfen; herabtröpfeln/ herabtropfen (lassen); träufeln

drip catcher/drip catch (for distillation apparatus) Tropfenfänger

drive *n* Antrieb, Trieb

drive *vb* antreiben

drive shaft Antriebswelle

drive system/drive unit Antriebssystem

drop *n* Tropfen

drop *vb* tropfen; (drip) herabtröpfeln/ herabtropfen (lassen), träufeln

drop bottle/dropping bottle Tropfflasche

droplet infection Tröpfcheninfektion

dropper/medicine dropper Tropfglas, Tropfenglas, Tropfer, Tropfpipette; Tropfenzähler

dropping bottle/dropper vial Pipettenflasche; Tropfflasche, Tropffläschchen

dropping funnel Tropftrichter

dropping mercury electrode (DME) Quecksilbertropfelektrode

dropping pipet/dropper Tropfpipette, Tropfglas

dropping point/drop point Tropfpunkt

dropwise/drop by drop tropfenweise

drought Trockenheit, Dürre

drug Droge; Arznei, Arzneimittel, Medizin; Suchtmittel, Droge
- ➤ **herbal drug** Pflanzendroge
- ➤ **non-prescription drug** nicht verschreibungspflichtiges Arzneimittel
- ➤ **over-the-counter drug** frei erhältliches Medikament/ Medizin/Droge (nicht verschreibungspflichtig)
- ➤ **prescription drug** verschreibungspflichtiges Arzneimittel/Medikament
- ➤ **psychoactive/psychotropic drug** Rauschmittel, Rauschgift, Rauschdroge

drug delivery system Wirkstoff~/ Arzneistoffliefersystem, Wirkstoff~/ Arzneistoffapplikationssystem (In-vivo-Transport- und Dosiersystem)

drug design Arzneimittelentwicklung, Wirkstoffdesign (zielgerichtete, Konstruktion' neuer Medikamente)

drug law Arzneimittelgesetz (AMG)

drug resistance Arzneimittelresistenz

drug screening Wirkstoff-Screening

drug targeting Wirkstoff-Zielführung

drug treatment medikamentöse Behandlung

drum (barrel) Trommel, Zylinder; Fass

drum mill/tube mill/barrel mill Trommelmühle

drum rotor/drum-type rotor *centrif* Trommelrotor

drum vent Fassventil (Entlüftung)

drum wrench Fassschlüssel (zum Öffnen von Fässern)
dry *adj/adv* trocken
➢ **run dry** leerlaufen, trockenlaufen
dry *vb* trocknen
dry blotting Trockenblotten
dry cell/dry cell battery Trockenbatterie
dry chemical fire extinguisher Trockenlöscher
dry-clean (Textilien) chemisch reinigen
dry cleaning/dry cleaner Trockenreinigung
dry extract Trockenextrakt
dry ice (CO_2) Trockeneis
dry mass/dry matter Trockenmasse, Trockensubstanz
dry-powder fire-extinguishing agent Trockenlöschmittel
dry product/dry substance Trockengut
dry sterilizer Trockensterilisator
dry storage Trockenlagerung (Lagerung mit Kaltluftkühlung)
dry weight (*sensu stricto*: dry mass) Trockengewicht (*sensu stricto:* Trockenmasse)
drying agent Trockenmittel
drying bed Trockenbeet (Kläranlage)
drying cabinet Trockenschrank
drying oven Trockenofen
drying pistol Trockenpistole, Röhrentrockner
drying rack Trockengestell
drying tower/drying column Trockenturm, Trockensäule
drying tube Trockenrohr, Trockenröhrchen
dryness/drought Trockenheit, Dürre
duct Röhre, Rohr, Leitung; Kanal, Gang; (passageway) Ausführgang, Ausführkanal

duct tape (polycoated cloth tape) Panzerband, Gewebeband, Gewebeklebeband, Duct Gewebeklebeband, Universalband, Vielzweckband
ductwork/airduct system Rohrleitungssystem (Lüftung)
dummy Attrappe (Leerpackung)
dung/manure Dung, Mist, tierische Exkremente, Tierkot
dunk tank (for chemicals) Auffangbecken, Auffangbehälter
duplicable/duplicatable nachvollziehbar
duplicate/repeat *vb* nachvollziehen, wiederholen
durability Beständigkeit, Dauerhaftigkeit, Festigkeit, Stabilität, Haltbarkeit; Verwitterungsbeständigkeit
dust Staub
➢ **airborne dust** Flugstaub
➢ **coarse dust** Grobstaub
➢ **fine dust** Feinstaub (alveolengängig)
➢ **flue dust** Flugstaub (von Abgasen)
➢ **inert dust** Inertstaub
➢ **sawdust** Sägemehl
dust cover Staubschutz, Schutzhaube (Abdeckung gegen Staub)
dust explosion Staubexplosion
dust guard Staubschutz
dust mask (respirator) Grobstaubmaske
➢ **particulate respirator (U.S. safety levels N/R/P according to regulation 42 CFR 84)** Staubschutzmaske (Partikelfilternde Masken) (DIN FFP)
dust-mist mask Feinstaubmaske
dusting (dust off) Staubwischen
dustpan Kehrschaufel, Kehrblech

dustproof staubdicht

dusty staubig

duty Pflicht; Dienst

duty cycle (machine/equipment) Arbeitszyklus (Gerät)

duty to inform/obligation to provide information Mitteilungspflicht

dye *vb* (add color/add pigment) färben, einfärben; (stain) anfärben, kontrastieren

dye *n* (colorant/pigment/dyestuff) Farbstoff, Pigment

➢ **fluorescent dye** Fluoreszenzfarbstoff

➢ **reactive dye** Reaktivfarbstoff

➢ **supravital dye/supravital stain** Supravitalfarbstoff

➢ **vital dye/vital stain** Vitalfarbstoff, Lebendfarbstoff

dyeability Färbbarkeit, Einfärbbarkeit; (stainability) Anfärbbarkeit

dyeable anfärbbar, einfärbbar; (stainable) anfärbbar

dyeing (coloring) Einfärben, Einfärbung; (staining) Anfärbung

dying Sterben

dynamic testing dynamisches Testverfahren

dysfunction Dysfunktion, Funktionsstörung

E

ear punch (Labortiere) Ohrstanze

ear tag (Labortiere) Ohrmarke

ear tag applicator Ohrmarkenzange

earmuffs ('muffs')/hearing protectors Hörschützer, Gehörschützer, Ohrenschützer (*speziell auch:* Kapselgehörschützer)

earplugs Ohrenstöpsel, Gehörschutzstöpsel

Earth/World Erde, Welt

earthenware Tonwaren (Tonzeug und Tongut)

easy-handling leicht/einfach zu handhaben, unkompliziert, praktisch

easy-to-use leicht/einfach zu gebrauchen, unkompliziert, praktisch

eat into (corrode) *vb chem* ätzen, korrodieren

ebullition Sieden, Aufwallen

ebullition tube Siederöhrchen

ecobalance (life cycle assessment/analysis) Ökobilanz

ecological ökologisch

ecological balance/equilibrium ökologisches Gleichgewicht

ecological efficiency ökologische Effizienz, ökologischer Wirkungsgrad

ecology Ökologie

economic plant/useful plant/crop plant Nutzpflanze

ectopic verlagert, ektopisch (an unüblicher Stelle liegend)

eczema Ekzem

eddy (swirl) Wirbel, Strudel

eddy current Wirbelstrom (Vortex-Bewegung)

eddy diffusion Turbulenzdiffusion, Wirbeldiffusion

edge (margin) Rand, Kante

➢ **cutting edge** (of blade) Schneide (Grat: Messer)

edibility/edibleness Essbarkeit

edible/eatable essbar

➢ **inedible/uneatable** nicht essbar

educational facility/institution Lehranstalt

effect (action) Wirkung; (impact) Einwirkung

effective effektiv, wirksam, erfolgreich; tatsächlich, wirklich
effectiveness Wirksamkeit
efferent ausführend, wegführend, ableitend (Flüssigkeit)
effervesce sprudeln, brausen, schäumen; moussieren
effervescence Sprudeln, Brausen, Schäumen; Moussieren
effervescent sprudelnd, brausend, schäumend; moussierend
effervescent tablet Brausetablette
efficiency Wirkungsgrad, Nutzleistung
efficient effizient, wirksam; tüchtig; gründlich, leistungsstrak
effloresce ausblühen; auskristallisieren; auswittern
effluent *adj/adv* ablaufend, ausfließend, herausfließend, ausströmend
effluent *n* Ablauf, Ausfluss (herausfließende Flüssigkeit)
efflux Ausstrom
effuse (Gas) ausströmen; (Flüssigkeit) ausgießen, vergießen
effusion (Gas) Ausströmen, Effusion; (Flüssigkeit) Ausgießen, Vergießen
egest/excrete ausscheiden (Exkrete/Exkremente)
egestion/excretion Ausscheidung (Exkretion)
egg medium/egg culture medium Eiermedium, Eiernährmedium, Eiernährboden
egg white/egg albumen Eiweiß (Ei)
➢ **native egg white** natives Eiweiß, Eiklar
egress *n* Fluchtweg
eject auswerfen, ausstoßen, ejizieren, ausschleudern
ejection Auswurf, Auswerfen, Ausstoßen, Ejizieren, Ausschleudern

elasticity Elastizität; Federkraft, Federung, Nachgiebigkeit, Spannkraft
elbow/elbow fitting/ell (lab glass/tube fittings) Winkelrohr, Winkelstück, Krümmer (Glas/Metal etc. zur Verbindung)
electric appliance Elektrogerät
electric circuit/electrical circuit Stromkreis
electric device/electric appliance Elektrogerät, elektrisches Gerät
electric meter Stromzähler
electric power supply/power supply (*Br* mains) Stromversorgung
electric resistance (Ohm) elektrischer Widerstand
electric tape/insulating tape/friction tape Elektro-Isolierband
electrical appliance/electrical device Elektrogerät
electrical discharge elektrische Entladung
electrician Elektriker
electricity (power/juice) Strom, Elektrizität
➢ **static electricity** statische Elektrizität
electricity failure/power failure Stromausfall
electrocardiogram Elektrokardiogramm (EKG)
electrochromatography (EC) Elektrochromatografie
electrocute durch elektrischen Strom töten
electrocution Tötung (ums Leben kommen) durch elektrischen Strom
electrode Elektrode
➢ **auxillary electrode** Hilfselektrode
➢ **calomel electrode** Kalomelelektrode
➢ **capillary electrode** Kapillarelektrode
➢ **combination electrode** Einstabmesskette

➤ **dropping electrode** Tropfelektrode
➤ **dropping mercury electrode (DME)**
Quecksilbertropfelektrode
➤ **glass electrode** Glaselektrode
➤ **hydrogen electrode**
Wasserstoffelektrode
➤ **ion-selective electrode (ISE)**
ionenselektive Elektrode
➤ **membrane electrode**
Membranelektrode
➤ **normal hydrogen electrode/**
standard hydrogen electrode
Normalwasserstoffelektrode
➤ **photoelectrode** Photoelektrode
➤ **precipitating electrode**
Niederschlagselektrode
➤ **quartz electrode** Quarzelektrode
➤ **reference electrode**
Bezugselektrode,
Vergleichselektrode
➤ **standard electrode**
Standardelektrode
electrodeposition elektrolytische
Abscheidung (Beschichtung),
Galvanisierung, Elektroplattieren,
elektrochemisches Emaillieren
electrodialysis Elektrodialyse
electroencephalogram
Elektroencephalogramm (EEG)
electro-endosmosis/electro-osmotic
flow (EOF) Elektroosmose,
Elektroendosmose
electrogenic elektrogen
electroimmunodiffusion/counter
immunoelectrophoresis
Elektroimmunodiffusion
electrolysis Elektrolyse
➤ **molten-salt electrolysis**
Schmelzelektrolyse,
Schmelzflusselektrolyse
electrolyte Elektrolyt

electrolytic bath Elektroysebad,
elektrolytischer Trog
electrolytic cell elektrolytische Zelle,
Elektrolysezelle
electrolytic separation elektrolytische
Trennung, elektrolytische
Dissoziation
electrolytic trough Elektroysebad,
elektrolytischer Trog
electromagnetic radiation
elektromagnetische Strahlung
electromagnetic spectrum
elektromagnetisches Spektrum
electromotive force (emf/E.M.F.)
elektromotorische Kraft (EMK)
electron (s) Elektron(en)
electron acceptor
Elektronenakzeptor,
Elektronenraffer,
Elektronenempfänger
electron beam Elektronenstrahl
electron capture detector (ECD)
Elektroneneinfangdetektor
electron donor Elektronendonor,
Elektronenspender
electron energy loss spectroscopy
(EELS) Elektronen-
Energieverlust-Spektroskopie,
Elektronenverlust-Spektroskopie
electron-impact ionization (EI)
Elektronenstoß-Ionisation
electron-impact spectrometry (EIS)
Elektronenstoß-Spektrometrie
electron ionization (EI)
Elektronenionisation
electron micrograph
elektronenmikroskopisches
Bild, elektronenmikroskopische
Aufnahme
electron microprobe
Elektronenmikrosonde, Mikrosonde

electron microprobe analysis (EMPA)/ electron probe microanalysis (EPMA) Elektronenstrahl-Mikrosondenanalyse (EMA), Elektronenstrahl-Mikroanalyse (ESMA)

electron microscopy (EM) Elektronenmikroskopie

➢ **high voltage electron microscopy (HVEM)** Hochspannungselektronenmikroskopie

➢ **scanning electron microscopy (SEM)** Rasterelektronenmikroskopie (REM)

➢ **transmission electron microscopy (TEM)** Transmissionselektronenmikroskopie, Durchstrahlungselektronenmikroskopie

electron pair Elektronenpaar

➢ **lone pair (free/unshared/ nonbonding)** einsames (freies) Elektronenpaar

electron spectroscopy for chemical analysis (ESCA)/X-ray photoelectron spectroscopy (XPS) Röntgenphotoelektronspektroskopie (RPS)

electron shell Elektronenschale, Elektronenhülle

electron spin resonance spectroscopy (ESR)/electron paramagnetic resonance (EPR) Elektronen-Spinresonanzspektroskopie (ESR), elektronenparamagnetische Resonanz (EPR)

electron transfer Elektronenübertragung

electron transport Elektronentransport

electron-impact ionization (EI) Elektronenstoß-Ionisation

electron-impact spectrometry (EIS) Elektronenstoß-Spektrometrie

electron-transport chain Elektronentransportkette

electronegativity Elektronegativität

electroneutral (electrically silent) elektoneutral

electronic elektronisch

electrophilic attack electrophiler Angriff

electrophoresis Elektrophorese

➢ **alternating field gel electrophoresis** Wechselfeld-Gelelektrophorese

➢ **capillary electrophoresis (CE)** Kapillarelektrophorese

➢ **capillary zone electrophoresis (CZE)** Kapillar-Zonenelektrophorese

➢ **carrier electrophoresis** Trägerelektrophorese, Elektropherografie

➢ **column electrophoresis** Säulenelektrophorese

➢ **continuous flow electrophoresis (CFE)** Durchfluss-Elektrophorese

➢ **countercurrent electrophoresis** Gegenstromelektrophorese, Überwanderungselektrophorese

➢ **differential gel electrophoresis/ differential in-gel electrophoresis (DiGE)** Differenzielleln-Gel-Elektrophorese, Differenzielle Gelelektrophorese

➢ **direct blotting electrophoresis/ direct transfer electrophoresis** Blotting-Elektrophorese, Direkttransfer-Elektrophorese

➢ **disk electrophoresis** Diskelektrophorese, diskontinuierliche Elektrophorese

➢ field inversion gel
  electrophoresis (FIGE)
  Feldinversions-Gelelektrophorese
➢ free electrophoresis
  (carrier-free electrophoresis) freie
  Elektrophorese
➢ gel electrophoresis
  Gelelektrophorese
➢ gradient gel electrophoresis
  Gradienten-Gelelektrophorese
➢ isotachophoresis (ITP)
  Isotachophorese,
  Gleichgeschwindigkeits-
  Elektrophorese
➢ paper electrophoresis
  Papierelektrophorese
➢ pulsed field gel electrophoresis
  (PFGE) Puls-Feld-Gelelektrophorese,
  Wechselfeld-Gelelektrophorese
➢ temperature gradient
  gel electrophoresis
  Temperaturgradienten-
  Gelelektrophorese
➢ zone electrophoresis
  Zonenelektrophorese
electrophoretic elektrophoretisch
electrophoretic mobility
  elektrophoretische Mobilität
electrophoretic mobility shift
  assay (EMSA)/gel retardation
  assay Gelretardationsexperiment
electroplaque Elektroplaque
  (pl Elektroplaques,
  slang: Elektroplaxe)
electroplating elektroplatieren,
  galvanisieren
electropolish elektropolieren
electropolishing
  (reverse electroplating)
  elektrolytisches Polieren
electroporation Elektroporation
electropositivity Elektropositivität
electroprecipitation
  Elektroabscheidung

electroretinogram (ERG)
  Elektroretinogramm
electrospray Elektrospray
electrotome (electric scalpel)
  Elektrotom
electrowinning elektrolytische
  Metallgewinnung
  (Elektrometallurgie)
element Element
➢ alkali elements Alkalielemente
➢ alkaline-earth elements
  Erdalkalielemente
➢ contact element/electrical contact
  Kontaktelement
➢ corrosion element/corrosion cell
  (galvanic) Korrosionselement
➢ half element/half cell
  (single-electrode system)
  Halbelement (galvanisches), Halbzelle
➢ local element (galvanic)
  Lokalelement
➢ main-group elements
  Hauptgruppenelemente
➢ rare-earth metals Seltenerdmetalle
➢ trace element/microelement/
  micronutrient Spurenelement,
  Mikroelement
➢ transition elements (transition
  metals) Übergangselemente
  (Übergangsmetalle)
elementary analysis
  Elementaranalyse
elevator Aufzug (Personenaufzug)
eliminate chem eliminieren,
  entfernen, beseitigen; (eradicate/
  extirpate) ausmerzen, ausrotten
elimination chem Elimination,
  Eliminierung; Beseitigung,
  Entfernung; (eradication/extirpation)
  Ausmerzung, Ausrottung
ELISA (enzyme-linked immunosorbent
  assay) ELISA (enzymgekoppelter
  Immunadsorptionstest,
  enzymgekoppelter Immunnachweis)

ell/elbow/elbow fitting (bend/bent tube/angle connector) Krümmer (gebogenes Rohrstück), Winkelrohr, Winkelstück (Glas/Metal etc. zur Verbindung)

ellagic acid/gallogen Ellagsäure

elongate/extend verlängern, ausdehnen, strecken (in die Länge ziehen)

elongation (extension) Verlängerung, Ausdehnung, Strecken, Streckung

eluate *n* Eluat

eluate *vb* eluieren

elucidate verdeutlichen, klar machen; (Strukturen/Zusammenhänge) aufklären

elucidation Verdeutlichung, Aufklärung;

eluent/eluant Elutionsmittel, Eluens (Laufmittel)

eluotropic series eluotrope Reihe (Lösungsmittelreihe)

elute (*sometimes:*** eluate)** *vb* eluieren, herausspülen, auswaschen; (extract) extrahieren

eluting strength (eluent strength) Elutionskraft

elution *chromat* Elution, Eluieren (herauslösen adsorbierter Stoffe aus stationärer Phase)

elution rate Elutionsgeschwindigkeit, Durchlaufgeschwindigkeit

elutriation Elutriation, Aufstromklassierung; Abschlämmen, Abschwemmen, Ausschlämmen

emanate hervorquellen

embed *micros* einbetten

embedded specimen Einbettungspräparat

embedding *micros* Einbettung

embedding machine *micros* Einbettautomat, Einbettungsautomat

embolism Embolie (Obstruktion der Blutbahn)

embolus Embolus

emboly/invagination Embolie, Invagination, Einfaltung, Einstülpung

emboss prägen, hohlprägen

embryo transfer Embryotransfer

embryotoxic embryotoxisch

emerge hervorkommen, herauskommen, auftauchen, auftreten; austreten, ausfallen

emergence Auftauchen; Emergenz, Auswuchs; (Strahlung) Austritt; Hervorkommen, Herauskommen

emergency Notfall, Notstand, Notlage

emergency call Notruf

emergency escape mask Fluchtgerät, Selbstretter (Atemschutzgerät)

emergency evacuation plan Notfall-Evakuierungsplan, Notfall-Fluchtplan

emergency evacuation route/ emergency escape route Notfall-Fluchtweg

emergency exit Notausgang

emergency generator/standby generator Notstromaggregat

emergency level/alert level Alarmstufe

emergency lighting Notbeleuchtung

emergency number Notruf, Notfallnummer

emergency provisions Notfallvorkehrungen

emergency response Notfalleinsatz

emergency response plan (ERP) Notfalleinsatzplan

emergency response team
Notfalleinsatztruppe

emergency room Ambulanz,
Notaufnahme

emergency service Notdienst,
Hilfsdienst

emergency shower/safety shower
Notdusche

➤ **quick drench shower/deluge
shower** ‚Schnellflutdusche'

emergency shutdown
Notabschaltung

emergency ward (clinic)
Notaufnahme, Unfallstation
(Krankenhaus)

emery Schmirgel

emery cloth Schmirgelleinen

emery paper *(Br)*/**sandpaper**
(US) Schmirgelpapier

emetic Brechmittel, Emetikum

emission Emission, Ausstoss,
Ausstrahlung

emissivity Emissivität,
Strahlungsvermögen,
Ausstrahlungsvermögen,
Emissionsvermögen
(Wärmeabstrahlvermögen)

**emissivity coefficient (absorptivity
coefficient)** Emissionskoeffizient

emit emittieren, aussenden;
ausstrahlen, verströmen, ausstoßen

emollient *n* Emollient,
Erweichungsmittel, erweichendes
Mittel; linderndes Mittel

emollient *adj/adv* erweichend,
weichmachend; lindernd,
beruhigend

emphysema
Emphysem, Aufblähung

empiric(al) empirisch

empirical formula empirische Formel,
Summenformel, Elementarformel,
Verhältnisformel

employee Angestellter, Bediensteter,
Mitarbeiter, Betriebszugehöriger

➤ **administrative employee**
Verwaltungsangestellte(r)

➤ **civil servant/public service officer**
staatlicher Bediensteter, ‚Beamter'

➤ **full-time employee**
Vollzeitbeschäftigte(r)

➤ **staff member** Mitarbeiter,
Betriebszugehöriger

employer Arbeitgeber

empty leer; ausleeren

empty out (pour out) entleeren,
ausleeren, auskippen

emptying out (pouring out)
Entleeren, Entleerung (eines
Gefäßes; allgemein)

emulsification Emulgierung,
Emulsionsbildung

emulsifier/emulsifying agent
Emulgator, Emulgierungsmittel

emulsify emulgieren

emulsion Emulsion

enamel Email, Emaille, Schmelzglas;
Glasur

enamelled
emailliert; glasiert

enantiomere Enantiomer

enantiomeric separation
Enantiomerentrennung,
Racemattrennung, ~spaltung

enbalm einbalsamieren

encapsulant/sealant
Einschlussmittel, Einschlussmedium

encapsulate einkapseln, verkapseln;
einschließen, einbetten

encapsulation Einkapselung,
Verkapselung, Einkapseln;
Einbettung, Einbetten

encase einschließen, umschließen,
umhüllen

encode/code kodieren, codieren

encrusting krustenbildend

encyst zystieren, enzystieren

end-group analysis/terminal residue analysis Endgruppenanalyse, ~bestimmung

end nippers/end-cutting nippers Monierzange, Rabitzzange, Fechterzange, Rödelzange

end point (point of neutrality: titration) Äquivalenzpunkt

end-point determination Endpunktsbestimmung

end-point dilution technique Endpunktverdünnungsmethode (Virustitration)

end product Endprodukt

end-product inhibition/feedback inhibition Endprodukthemmung, Rückkopplungshemmung

endanger/imperil gefährden

endangered (in danger/at risk) gefährdet

endangerment/imperilment Gefährdung

endergonic endergon, energieverbrauchend

endocrine gland endokrine Drüse

endothermic endotherm

endurance/persistence/hardiness/perseverance Ausdauer, Dauerhaftigkeit

endure/persist ausdauern, ausharren; ertragen; überstehen

energetics Energetik

energy Energie

➢ **activation energy/energy of activation** Aktivierungssenergie

➢ **appearance energy (MS)** Auftrittsenergie

➢ **binding energy/bond energy** Bindungsenergie

➢ **chemical energy** chemische Energie

➢ **electric energy** elektrische Energie

➢ **excitation energy** Anregungsenergie

➢ **heat energy/thermal energy** Wärmeenergie, thermische Energie

➢ **ignition energy** Zündenergie

➢ **kinetic energy/energy of motion** kinetische Energie, Bewegungsenergie

➢ **lattice energy** Gitterenergie

➢ **law of conservation of energy** Energieerhaltungssatz

➢ **maintenance energy** Erhaltungsenergie

➢ **nuclear energy/atomic energy** Kernenergie, Atomenergie, Atomkraft

➢ **potential energy/latent energy** Lageenergie, potenzielle Energie

➢ **radiant energy** Strahlungsenergie

➢ **solar energy** Solarenergie, Sonnenenergie

➢ **surplus energy** Überschussenergie

➢ **thermal energy** thermische Energie

➢ **useful energy** Nutzenergie, nutzbare Energie

energy balance/energy budget Energiebilanz

energy barrier Energiebarriere

energy charge Energieladung

energy demand Energiebedarf

energy efficiency Energieeffizienz, Energiewirkungsgrad; Energieausbeute

energy-efficient energieeffizient (mit hohem Energiewirkungsgrad)

energy flux/energy flow Energiefluss

energy level Energieniveau

energy metabolism Energiestoffwechsel

energy output Energieabgabe

energy profile Energieprofil

energy requirement Energiebedarf

energy retrieval/energy recuperation
Energierückgewinnung,
Rekuperation

energy-rich energiereich

energy-saving lightbulb
Energiesparlampe

energy source Energiequelle

energy supply Energiezufuhr,
Energiezuführung, Energieangebot;
Energieversorgung

energy transfer Energieübergang,
Energieübertragung,
Energietransfer

energy transformation
Energietransformation,
Energieumwandlung

energy uptake Energieaufnahme

engine oil/motor oil Motoröl,
Motorenöl

engineer *vb* konstruieren, bauen,
erbauen, schaffen, ausführen,
anlegen, errichten

engineering
Ingenieurwesen, Technik

➤ **control engineering**
Steuerungstechnik

➤ **materials engineering**
Materialtechnik, Werkstoffkunde

➤ **process engineering**
Verfahrenstechnik

engineering material technischer
Werkstoff

engulf vertilgen; einverleiben

enhance verstärken

enhancer Verstärker; *gen* (sequence)
Enhancer, Verstärker(sequenz)

enlarging adapter/expansion adapter
Expansionsstück (Laborglas)

enology Weinbaukunde, Önologie

**enrich (concentrate/accumulate/
fortify)** anreichern

**enrichment (concentration/
accumulation/fortification)**
Anreicherung

➤ **filter enrichment** Anreicherung
durch Filter

enrichment culture
Anreicherungskultur

enrichment medium
Anreicherungsmedium

enter hineingehen, eintreten;
eintragen (z. B. Daten ins
Laborbuch); eingeben (Daten/in den
Computer)

enthalpy Enthalpie

entomology Insektenkunde,
Entomologie

entrainer/separating agent
dist Schleppmittel

entrance Eingang, Zugang, Zutritt

➤ **No Entrance!/Do Not Enter!/No
Trespassing!** Zutritt verboten!,
Betreten verboten!

entropy Entropie

entry Eintritt, Eingang

➤ **route of entry** Eintrittspforte

enucleate (cell) entkernt (Zelle)

envelop *vb* einhüllen, einpacken,
einschlagen, einwickeln

envelope *n* (jacket) Hülle, Umschlag,
Umhüllung

envenom vergiften durch Tiergift

envenomation/envenomization
Vergiftung (durch Tiergift)

environment Umwelt, Umgebung,
Gegend

➤ **dangerous for the environment
(N = nuisant)** umweltgefährlich

environmental analysis
Umweltanalyse

environmental analytics
Umweltanalytik

environmental audit Umweltaudit,
Öko-Audit

**environmental burden/environmental
load** Umweltbelastung

environmental chemistry
Umweltchemie

environmental compatibility
Umweltverträglichkeit
environmental conditions
Umweltbedingungen,
Umweltverhältnisse
environmental contamination
Umweltverschmutzung
environmental crime
Umweltkriminalität
environmental degradation
Umweltzerstörung
environmental factor Umweltfaktor
environmental impact assessment (EIA)
Umweltverträglichkeitsprüfung (UVP)
environmental insult,
Umweltschmähung', Angriff auf die
Umwelt
environmental law Umweltrecht
environmental medicine
Umweltmedizin
environmental monitoring technology
Umweltmesstechnik
environmental physics Umweltphysik
environmental politics Umweltpolitik
environmental pollution
Umweltverschmutzung
environmental process engineering
Umweltverfahrenstechnik
environmental protection
Naturschutz, (pollution control)
Umweltschutz
environmental requirements
Umweltansprüche
environmental resistance
Umweltwiderstand
environmental science
Umweltwissenschaft
environmental variance
Umweltvarianz
environmentalist Umweltschützer
environmentally compatible/
environmentally friendly
umweltverträglich, umweltgerecht
enzymatic coupling Enzymkopplung

enzymatic degradation/digestion
enzymatischer Abbau
enzymatic inhibition/repression of
enzyme/inhibition of enzyme
Enzymhemmung
enzymatic pathway enzymatische
Reaktionskette
enzymatic reaction Enzymreaktion
enzymatic specificity/enzyme
specificity Enzymspezifität
enzyme Enzym, Ferment
➤ core enzyme Kernenzym
(RNA-Polymerase)
➤ digestive enzyme
Verdauungsenzym
➤ holoenzyme Holoenzym
➤ isozyme/isoenzyme Isozym,
Isoenzym
➤ key enzyme Schlüsselenzym,
Leitenzym
➤ multienzyme complex/
multienzyme system
Multienzymkomplex,
Multienzymsystem, Enzymkette
➤ processive enzyme progressiv
arbeitendes Enzym
➤ proenzyme/zymogen Proenzym,
Zymogen
➤ repair enzyme Reparaturenzym
➤ restriction enzyme
Restriktionsenzym
➤ tracer enzyme Leitenzym
enzyme activity
(katal) Enzymaktivität
enzyme-immunoassay/enzyme
immunassay (EIA)
Enzymimmunoassay,
Enzymimmuntest (EMIT-Test)
enzyme kinetics
Enzymkinetik
enzyme-linked immunosorbent
assay (ELISA) enzymgekoppelter
Immunadsorptionstest,
enzymgekoppelter Immunnachweis

enzyme-linked immunotransfer blot (EITB) enzymgekoppelter Immunoelektrotransfer
EPA (Environmental Protection Agency) U.S. Umwelt und Naturschutzbehörde (entspricht in etwa UBA + BFN)
epidemic Epidemie, Seuche
epidemiologic(al) epidemiologisch
epidemiology Epidemiologie
epidermal/cutaneous epidermal, Haut.., die Haut betreffend
epidermis Epidermis, Oberhaut
epiillumination/incident illumination Auflicht, Auflichtbeleuchtung
epimerization Epimerisierung
epithelium Epithel (*pl* Epithelien)
epitope/antigenic determinant Epitop, Antigendeterminante
epizooic disease Tierseuche, Viehseuche
Epsom salts/epsomite/magnesium sulfate Bittersalz, Magnesiumsulfat
equal/same/identical gleich, identisch (völlig gleich, ein und dasselbe)
equalization/adjustment/balancing/ balance Abgleich
equate gleichsetzen mit; *math* gleichen
equation Gleichung
➤ **balanced equation** *chem* ‚eingerichtete' Gleichung
➤ **chemical equation** chemische Gleichung, Reaktionsgleichung
equation of state (EOS) Zustandsgleichung
equation of the *x*th order Gleichung *x*ten Grades
equilibrium Gleichgewicht
➤ **disequilibrium (imbalance)** Ungleichgewicht
➤ **ion equilibrium/ionic steady state** Ionengleichgewicht

➤ **steady-state equilibrium** Fließgleichgewicht, dynamisches Gleichgewicht
equilibrium centrifugation/ equilibrium centrifuging Gleichgewichtszentrifugation
equilibrium constant Gleichgewichtskonstante
equilibrium dialysis Gleichgewichtsdialyse
equilibrium distillation Gleichgewichtsdestillation
equilibrium potential Gleichgewichtspotenzial
equilibrium state Gleichgewichtszustand
equip ausrüsten, ausstatten, einrichten, bestücken
equipment (appliances/device) Ausrüstung, Ausstattung, Gerät; Gegenstand; Einrichtung, Anlage, Maschine, Apparat; Ausrüstungsgegenstände; Betriebsanlage
equipment probe Gerätesonde
equipment room Geräteraum
eradicate/eliminate/extirpate ausrotten, ausmerzen
eradication/elimination/extirpation *med* Ausrottung, Ausmerzung (z. B. Schädlinge)
Erlenmeyer flask Erlenmeyer Kolben
erroneous/mistaken/flawed fehlerhaft, falsch, irrtümlich
error (mistake) Fehler, Irrtum
➤ **random error** zufälliger Fehler, Zufallsfehler
➤ **statistical error** statistischer Fehler
➤ **systematic error/bias** systematischer Fehler, Bias
error in measurement/measuring mistake Messfehler
error of estimation *stat* Schätzfehler
error-prone fehleranfällig

erucic acid/(Z)-13-docosenoic acid
Erucasäure, Δ^{13}-Docosensäure
erythrocyte ghost
Erythrozytenschatten, Schatten
(leeres/ausgelaugtes rotes
Blutkörperchen)
escape fliehen, entkommen; *chem*
entweichen (Gas etc.), abziehen,
austreten
escape hatch Fluchtluke,
Ausstiegsluke, Rettungsluke
escape route/egress Fluchtweg
escape shaft Fluchtschacht,
Notschacht, Rettungsschacht
ESR (electron spin resonance) ESR
(Elektronenspinresonanz)
essence *chem/pharm* Essenz
essential essentiell
➢ **essential for life/vital** lebenswichtig,
lebensnotwendig, vital
essential amino acids essentielle
Aminosäure
essential oil/ethereal oil
ätherisches Öl
establish gründen, einrichten; *micb*
(start a culture) anzüchten |
(einer Kultur)
established cell line etablierte
Zellinie
establishing growth/starting growth
micb (of a culture) Anzüchtung
(einer Kultur)
establishment phase
Eingewöhnungsphase
esterification Veresterung
esterify verestern
estimate *n* (estimation/assumption)
Schätzung, Annahme; Schätzwert
estimate *vb* (assume) schätzen,
annehmen, überschlagen
etch *vb metall/tech/micros* ätzen
(*siehe:* Gefrierätzen)
etchant/etching agent *metall/tech/*
micros Ätzmittel

etching *metall/tech/micros*
Ätzen, Ätzung, Ätzverfahren
(*siehe:* Gefrierätzen)
➢ **deep etching** Tiefenätzung
ethanol/ethyl alcohol/alcohol
Äthanol, Ethanol, Äthylalkohol,
Ethylalkohol, ‚Alkohol'
➢ **graded ethanol series** Alkoholreihe,
aufsteigende Äthanolreihe
ether Ether, Äther
ether trap Etherfalle
ethereal oil/essential oil
ätherisches Öl
ethylene Ethylen, Äthylen
etiological agent
Krankheitsverursacher (Wirkstoff,
Agens, Mittel)
etiology Krankheitsursache, Ätiologie
eupnea Eupnoe
eutectic point eutektischer Punkt
eutrophicate eutrophieren
evacuate evakuieren, entleeren,
luftleer pumpen, entlüften,
herauspumpen; räumen
evacuation Evakuierung; Entleerung;
Räumung
evacuation plan Evakuierungsplan
evaluate (e.g., results) auswerten
(z. B. von Ergebnissen), bewerten
evaluation (e.g., of results)
Auswertung (z. B. von Ergebnissen);
Beurteilung
evaporate/vaporize verdunsten,
abdampfen, eindampfen,
verdampfen, abdunsten, abrauchen
evaporating dish Abdampfschale,
Eindampfschale
evaporating flask Verdampferkolben
evaporation (vaporization)
Verdunstung, Eindunsten,
Verdampfung, Abdampfen,
Eindampfen
➢ **reduce by evaporation (evaporate**
completely) eindampfen (vollständig)

evaporation burner
Verdunstungsbrenner
evaporative cooling
Verdunstungskälte,
Verdunstungsabkühlung
evaporative light scattering detector (ELSD)
Verdampfungs-Lichtstreudetektor
evaporator/concentrator Evaporator,
Eindampfer, Verdampfer,
Abdampfvorrichtung
evaporimeter/evaporation gauge/ evaporation meter Evaporimeter,
Verdunstungsmesser
evert/evaginate/protrude/turn inside out ausstülpen
evolve entwickeln, produzieren,
evoluieren; (release) freisetzen
evolved gas analysis (EGA)
Emissionsgasthermoanalyse
exalbuminous eiweißlos
examination Untersuchung
examination couch
med Untersuchungsliege
examination material/assay material/ test material
Untersuchungsmaterial,
Probensubstanz
examination under a microscope/ usage of a microscope
Mikroskopieren
examine untersuchen
➢ **examine under a microscope/use a microscope** mikroskopieren
exceed überschreiten, übersteigen
exception (special case) Ausnahme,
Sonderfall
exceptional (special) permission
Ausnahmegenehmigung,
Sondergenehmigung
excess Überfluss, Überschuss
(Menge)
➢ **in excess (of)** überschüssig
exchange Austausch

exchange reaction Austauschreaktion
exchangeable austauschbar;
(replaceable) auswechselbar
excipient (binder) Bindemittel
excise herausschneiden, exzidieren
excision Excision, Exzision,
Herausschneiden
excitability/irritability/sensitivity
Erregbarkeit
excitable/irritable/sensitive erregbar
excitation/irritation Erregung,
Irritation
excitatory exzitatorisch, erregend
excite (irritate) erregen; (stimulate)
reizen, anregen, stimulieren
excited state *chem/med/ physiol* erregter/angeregter Zustand
exciter (fluorescence microscopy)
Erreger
exciter filter/excitation filter (fluorescence microscopy)
Erregerfilter, Excitationsfilter
exclusion Exclusion, Exklusion,
Ausschluss
exclusion of air (air-tight)
Luftausschluss, Luftabschluss
excreta/excretions Ausscheidungen,
Exkrete, Exkremente
excretion Exkret, Exkretion; *pl*
Ausscheidungen, Exkrete,
Exkremente
excursion/field trip Exkursion
exergonic exergon, energiefreisetzend
exhalation Ausatmung, Ausatmen,
Expiration, Exhalation
exhalation valve (respirator/mask)
Ausatemventil (an Atemschutzgerät)
exhale (breathe out) ausatmen
exhaust *vb* abblasen, entlüften;
ausstoßen, emittieren; verbrauchen,
erschöpfen
exhaust *n* (exhaust air/waste
air/extract air) Abluft; Abgas;
Auspuffabgas

exhaust duct Abluftschacht
exhaust fumes Abgase
exhaust gas Abgas; Auspuffgas
exhaust stack Abzugschornstein,
  Abluftkamin, Abluftschacht
exhaust system/off-gas system
  Ablufteinrichtung, Abluftsystem
exhaust vapor/fuel-laden vapor
  Brüden
existing (extant) bestehend,
  existierend
**existing chemicals/existing
  substances** Altstoffe
exit *n* Ausgang; Austritt
exit pupil *micros* Austrittspupille
exit slit Austrittsspalt
exit velocity (hood)
  Ausströmgeschwindigkeit,
  Austritts~ (Sicherheitswerkbank)
exocytosis Exocytose
exogenic/exogenous exogen
exothermic exotherm
expand expandieren, ausbreiten,
  entfalten; ausdehnen, erweitern
expansion Expansion, Ausdehnung,
  Erweiterung; (dilation/dilatation)
  Dilatation, Ausweitung
expansion adapter/enlarging adapter
  Expansionsstück (Laborglas)
expansivity Dehnbarkeit
experiment *vb* experimentieren
experiment *n* (test/trial) Versuch
➤ **long-term experiment**
  Langzeitversuch
➤ **performing an experiment/
  performance of an experiment**
  Versuchsdurchführung
➤ **pretrial/preliminary experiment**
  Vorversuch
**experiment setup/experimental
  arrangement** Versuchsanordnung,
  Versuchsaufbau
experimental conditions
  Versuchsbedingungen

experimental physics
  Experimentalphysik
experimental procedure/method
  Versuchsverfahren
experimental series/trial series
  Versuchsreihe
expert (specialist/authority)
  Sachkundiger, Sachverständiger
expertise (expert opinion)
  Gutachten, Expertise,
  Sachverständigengutachten;
  Fachkenntnis, Sachkenntnis,
  Expertenwissen
expiration Ablauf, Verfall;
  (exhalation) *med* Ausatmung,
  Ausatmen, Expiration, Exhalation
expiration date Ablaufdatum,
  Verfallsdatum
expire ablaufen, ungültig werden,
  verfallen; (exhale/breathe out) *med*
  ausatmen
expired/outdated abgelaufen,
  verfallen (Haltbarkeitsdatum)
explant *n* Explantat
explode explodieren
exploit ausbeuten (Rohstoffe)
explorative data analysis explorative
  Datenanalyse
explosion Explosion
➤ **dust explosion** Staubexplosion
➤ **gas explosion** Gasexplosion
explosion hazard Explosionsgefahr
explosionproof explosionsgeschützt,
  ~sicher
explosive *adj/adv* explosiv,
  explosionsfähig; (E)
  explosionsgefährlich
  (Gefahrenbezeichnungen)
explosive *n* Explosivstoff; (blasting
  agent) Sprengstoff
➤ **high energy explosive (HEX)**
  hochbrisanter Sprengstoff
➤ **high explosive** brisanter
  Sprengstoff

➢ **low explosive** verpuffender Sprengstoff, Schießstoff, Schießmittel

explosive flame/sudden flame Stichflamme

explosive force/explosive power Sprengkraft

explosive limit Explosionsgrenze

➢ **lower explosive limit (LEL) = lower flammable limit (LFL) = lower flammability limit (LFL)** untere Explosionsgrenze (UEG)

➢ **upper explosive limit (UEL) = upper flammable limit (UFL) = upper flammability limit (UFL)** obere Explosionsgrenze (OEG)

exponential growth phase exponentielle Wachstumsphase, exponentielle Entwicklungsphase

export regulations Ausfuhrbestimmungen

expose (to chemicals/radiation) aussetzen, exponieren; (film/plants) belichten

exposure *med/chem* Exposition, Aussetzen, Ausgesetztsein, Gefährdung (durch eine Chemikalie); Strahenbelastung; (to light) Belichtung (z. B. Film/Pflanzen)

➢ **maximum permissible exposure/ maximum permissible workplace concentration** MAK-Wert (maximale Arbeitsplatzkonzentration)

➢ **whole-body exposure** Ganzkörperbestrahlung

exposure level Belastung (Konzentration eines Schadstoffes)

exposure level of air pollutants Immission (Belastung durch Luftschadstoffe)

exposure limit Belastungsgrenze (Chemikalien)

➢ **permissible exposure limit (PEL)** zulässige/erlaubte Belastungsgrenze

exposure time/duration of exposure/ contact time Expositionsdauer, Einwirkungsdauer, Einwirkungszeit, Einwirkzeit

express exprimieren, ausdrücken

expression Expression, Ausdruck

exsiccate austrocknen

exsiccation Austrocknung

extension Dehnung, Ausdehnung, Verlängerung; *electr* (extension cord) Verlängerungsschnur

extension cable *electr* Verlängerungskabel

extension clamp Verlängerungsklemme

extension cord *electr* Verlängerungsschnur

extensometer/strain gauge/ strain gage Dehnungsmesser, Dehnungsmessgerät

external (extrinsic) äußerlich, von außen, extern

external thread/male thread (pipe/ fittings) Außengewinde

extinction Extinktion, Auslöschung; (dying out) Aussterben

extinction coefficient/absorptivity Extinktionskoeffizient

extinguish/put out (fire) löschen (Feuer)

extinguisher Löscher, Löschmittel, Löschgerät

➢ **dry chemical fire extinguisher** Trockenlöscher

➢ **foam fire extinguisher/foam extinguisher** Schaumlöscher, Schaumfeuerlöscher

➢ **powder fire extinguisher** Pulverlöscher

extracellular extrazellulär, außerzellulär

extract *n* Extrakt, Auszug

➢ **alcoholic extract** alkoholischer Auszug

> **aqueous extract** wässriger Auszug
> **cell extract** Zellextrakt
> **cell-free extract** zellfreier Extrakt
> **crude extract** Rohextrakt
> **meat extract** Fleischextrakt
> **soda extract** Sodaextrakt,
  Sodaauszug

extract *vb* extrahieren, herauslösen,
entziehen, gewinnen; absaugen

> **extract with ether/shake out with
  ether** ausethern

extraction Extraktion, Extrahieren,
Extrahierung; Herausziehen;
Auszug; Abzug, Absaugung; Entzug;
Ausscheidung, Gewinnung

> **back extraction/back-extraction/
  stripping** Rückextraktion, Strippen
> **continuous extraction**
  kontinuierliche Extraktion
> **countercurrent extraction**
  Gegenstromextraktion
> **fractionation** (see also there)
  Fraktionierung
> **fume extraction** Rauchabzug
  (Raumentlüftung)
> **liquid-liquid extraction (LLE)**
  Flüssig-flüssig-Extraktion
> **solid-phase extraction (SPE)**
  Festphasenextraktion
> **solvent extraction**
  Lösungsmittel-Extraktion

extraction flask Extraktionskolben
extraction forceps Extraktionszange
(Zähne)
extraction thimble Extraktionshülse
extractor (Soxhlet) Extraktionsaufsatz
extractive distillation
Extraktivdestillation, extrahierende
Destillation
extrapolate extrapolieren
(hochrechnen)
extrapure substance Reinststoff
extreme danger höchste Gefahr/
Gefährdung/Risiko

extremely flammable (F+)
hochentzündlich
extremely toxic (T+) sehr giftig
extrude extrudieren; spritzen;
strangpressen
extrusion Extrusion, Extrudieren;
Ausstoßen, Spritzen;
Extrusionsverfahren, Strangpressen
extrusion die Extrudierdüse,
Extruderdüse, Pressdüse
extrusion molding Extrudieren,
Strangpressen
exudate/exudation/secretion
Exsudat, Absonderung,
Abscheidung
exude/secrete/discharge absondern,
abscheiden (Flüssigkeiten)
eyepiece/ocular Okular
> **pointer eyepiece** *micros*
  Zeigerokular
> **spectacle eyepiece/high-eyepoint
  ocular** *micros* Brillenträgerokular
**eyepiece diaphragm/eyepiece
field stop/ocular diaphragm**
micros Okularblende,
Gesichtsfeldblende des Okulars
eyesight Sehkraft, Sehvermögen
eye-wash (station/fountain)
Augendusche

F

fabric/cloth/tissue Gewebe
fabricate fabrizieren, fertigen,
anfertigen, herstellen;
zusammenbauen; (faking/
falsification) fälschen, ‚erfinden'
fabricated data gefälschte Daten
Fabrikation, Fertigung, Anfertigung;
Herstellung; Zusammenbau; (faking/
falsification) ‚Erfindung', Fälschung
face mask Gesichtsmaske
face seal (stirrer/impeller shaft)
Gleitringdichtung (Rührer)

face value Nennwert, Nominalwert

face velocity (not same as 'air speed' at face of hood) Lufteintrittsgeschwindigkeit, Einströmgeschwindigkeit (Sicherheitswerkbank)

faceshield Gesichtsschutz, Gesichtsschirm

facies Fazies

FACS (fluorescence-activated cell sorting) FACS (fluoreszenzaktivierte Zelltrennung, Zellsortierung)

factory (plant/manufacturing plant) Werk, Fabrik; Betriebsanlage

facultative/optional fakultativ

fade verblassen, ausbleichen, bleichen (*passiv*/z. B. Fluoreszenzfarbstoffe)

fading Verblassen, Ausbleichen (*passiv*/z. B. Fluoreszenzfarbstoffe)

failure Versagen, Störung; Ausfall; Fehler, Defekt; (fracture) Bruch; Riss; Schadenfall, Zwischenfall

faint (become unconscious/pass out/ black out) ohnmächtig werden, in Ohnmacht fallen

fake *vb* (falsify/forge/fabricate) fälschen

fall ill (get sick/sicken/contract a disease) erkranken

falling ball viscometer (FBV) Kugelfallviskosimeter

falling liquid film Rieselfilm

false (spurious) falsch

false report Fehlermeldung, Falschmeldung

false-positive (false-negative) falschpositiv (falschnegativ)

fan (blower/ventilator) Lüfter, Ventilator; Fächer

Faraday cage Faradaykäfig

fasciation Fasziation, Verbänderung

fast *vb* fasten

fast-atom bombardment (FAB) *spectr* Beschuss mit schnellen Atomen (MS)

fast-growing/rapid-growing schnellwachsend

fast-scanning detector (FSD)/fast-scan analyzer Schnellscan-Detektor

fasten (to) befestigen, fest machen, anschließen, verbinden

fastener Verschluss, Klemme; Halter, Schließer

fasting Fasten

fat Fett

fat droplet Fetttröpfchen, Fett-Tröpfchen

fat-soluble fettlöslich

fat storage/fat reserve Fettspeicher, Fettreserve

fatal injury tödliche Verletzung

fatigue *vb* (tire/become tired) ermüden

fatigue *n* (mechanische) Ermüdung

➢ **material fatigue** Materialermüdung, Werkstoffermüdung

fatten/cram/stuff mästen (z. B. Gefügel)

fatty fettig; Fett..., fettartig, fetthaltig

fatty acid Fettsäure

➢ **monounsaturated fatty acid** einfach ungesättigte Fettsäure

➢ **polyunsaturated fatty acid** mehrfach ungesättigte Fettsäure

➢ **saturated fatty acid** gesättigte Fettsäure

➢ **unsaturated fatty acid** ungesättigte Fettsäure

faucet Wasserhahn, Zapfen (z. B. Fass~); Muffe (Röhrenleitung)

feasibility analysis Machbarkeitsstudie

fecal matter *incl.* urin) (*see:* Fäzes, Kot) Fäkalien (Kot & Harn)

feces Kot, Fäkalien

➢ **human feces** Stuhl

fecund/prolific fruchtbar, produktiv
fecundity Fekundität, Fruchtbarkeit
fedbatch culture/fedbatch culture
Zulaufkultur, Fedbatch-Kultur
(semi-diskontinuierlich)
**fedbatch process/fed-batch
procedure** Zulaufverfahren,
Fedbatch-Verfahren
(semi-diskontinuierlich)
fedbatch reactor/fedbatch reactor
Fedbatch-Reaktor,
Fed-Batch-Reaktor, Zulaufreaktor
feed *n* Futter; (inlet) Zuleitung;
(supply/influx) Zufuhr; Speisung,
Beschickung, Zuführung;
Beschickungsgut, Ladung
feed *vb* füttern; (feed on something/
ingest) etwas zu sich nehmen,
fressen, sich von etwas ernähren,
leben von; einspeisen, beschicken,
zuführen
feed pump *tech* Förderpumpe
feed tube *tech* Zulaufschlauch
feedback Rückkopplung
**feedback inhibition/end-product
inhibition** negative Rückkopplung,
Rückkopplungshemmung,
Endprodukthemmung
feedback loop
Rückkopplungsschleife
**feedback system/feedback control
system** Regelkreis
feeding Beschickung, Einspeisung,
Zuführung; (nourishing) Fütterung,
Füttern (z. B. eines Tieres);
Ernährung
feeding pipe Zulaufrohr,
Zuleitungsrohr
feel *vb* (sense/perceive) empfinden,
fühlen, spüren; (touch/palpate)
tasten
feeler gage (*Br* **feeler gauge**)
Fühlerlehre
feeling/sensation Gefühl

Fehling's solution Fehlingsche
Lösung
feign death/play dead totstellen
felt-tip pen/felt-tipped pen Filzstift,
Filzschreiber
felty/felt-like/tomentose filzig
female weiblich; *tech/mech* Hülse,
Minus...
female joint Minus-Verbindung
(Rohrverbindungen etc.)
female Luer hub (lock) Luerhülse
ferment *vb* fermentieren, gären,
vergären
➤ **bottom fermenting (beer brewing)**
untergärig
➤ **top fermenting (beer brewing)**
obergärig
fermentation Fermentation, Gärung,
Vergärung
➤ **anaerobic fermentation** anaerobe
Dissimilation, anaerobe Gärung
➤ **bottom fermenting** untergärig
➤ **heterolactic fermentation**
heterofermentative
Milchsäuregärung
➤ **homolactic fermentation**
homofermentative
Milchsäuregärung
➤ **lactic acid fermentation/lactic
fermentation** Laktatgärung,
Milchsäuregärung
**fermentation chamber reactor
(compartment reactor/cascade
reactor/stirred tray reactor)**
Rührkammerreaktor
fermentation tank Gärbottich
fermentation tube/bubbler
Gärröhrchen, Einhorn-Kölbchen
fermenter/fermentor Fermenter,
Gärtank (*siehe auch:* Reaktor)
Fernbach flask
Fernbachkolben
ferrule *chromat* Dichtkonus,
Schneidring

fertile fertil, fruchtbar,
   fortpflanzungsfähig
➢ **infertile/sterile** unfruchtbar, steril
fertility Fertilität, Fruchtbarkeit,
   Fortpflanzungsfähigkeit
➢ **infertility/sterility** Unfruchtbarkeit,
   Sterilität
fertilization Düngung
fertilize (fecundate) fruchtbar machen,
   befruchten; (manure) düngen
fertilizer/plant food/manure Dünger,
   Düngemittel
ferulic acid Ferulasäure
fetal calf serum (FCS) fetales
   Kälberserum
fetid/smelly/smelling bad/
   malodorous/stinking übelriechend,
   stinkend
fetotoxic fetotoxisch
fiber(s) *U.S.*/**fibre(s)** *Br* Faser(n)
➢ **carbon fiber (CF)** Carbonfaser,
   Kohlenstofffaser
➢ **dietary fiber** Ballaststoffe (diätetisch)
➢ **hollow fiber** Hohlfaser
➢ **nanofiber** Nanofaser
➢ **synthetic fiber** Kunstfaser,
   Synthesefaser
fiber optic illumination
   Kaltlichtbeleuchtung
fiber optics Fiberoptik,
   Fiberglasoptik, Faseroptik,
   Glasfaseroptik, Lichtleitertechnik
fiberboard Faserstoffplatte
fiberglass Fiberglas, Faserglas,
   Glasfaser
fiberscope Fibroskop,
   Faserendoskop, Fiberendoskop
fibrous (stringy) faserig, fasrig;
   faserförmig, gefasert
Fick diffusion equation Ficksche
   Diffusionsgleichung
field capacity/field moisture capacity/
   capillary capacity Feldkapazität
   (Boden)

field desorption (FD) Felddesorption
field diaphragm *opt/*
   micros Feldblende,
   Leuchtfeldblende, Kollektorblende
field-flow fractionation (FFF)
   Feldfluss-Fraktionierung
field inversion gel electrophoresis
   (FIGE) Feldinversions-
   Gelelektrophorese
field ionization (FI) Feldionisation
field lens *micros* Feldlinse
field of vision/field of view/ visual
   field/scope of view/range of vision
   Gesichtsfeld, Sehfeld, Blickfeld
field representative/field rep
   Außendienstmitarbeiter
field stop (a field diaphragm)
   micros Sehfeldblende,
   Gesichtsfeldblende
field study/field investigation/
   field trial Freilanduntersuchung,
   Freilandversuch, Feldversuch,
   vor-Ort-Untersuchung
figure/design Maserung, Fladerung
filament (thread) Filament, Faden; (of
   light bulb etc.) Glühwendel
filament tape Filamentband
file *n* Ordner, Akte; Liste, Verzeichnis;
   Datei; (tool) Feile
➢ **metal file** Metallfeile
➢ **mill file** Mühlsägefeile
➢ **needle file** Nadelfeile
➢ **wood file** Holzfeile
filings (metal) Feilspäne
   (Metallspäne)
fill level Füllstand (z. B. Flüssigkeit
   eines Gefäßes)
fill up auffüllen
filler Füllstoff, Füllmittel
   (*auch:* Füllmaterial/Verpackung);
   Spachtel, Kitt
filling
   Füllung, Füllmasse; Schüttung
filling funnel Fülltrichter

film badge
rad Strahlenschutzplakette
film reactor
Filmreaktor
film water/retained water
Haftwasser
film wrap (transparent film/foil)
Klarsichtfolie (Einwickelfolie)
filter *vb* (pass through) filtrieren,
passieren; (percolate/strain)
kolieren
filter *n* Filter
➢ **acousto-optical tunable filter
(AOTF)** abstimmbarer akusto-
optischer Filter
➢ **ashless quantitative filter**
aschefreier quantitativer Filter
➢ **barrier filter** Barrierefilter
➢ **ceramic filter** Tonfilter
➢ **cut-off filter** Sperrfilter
➢ **damping filter** Dämpfungsfilter
➢ **disk filter** Scheibenfilter
➢ **exciter filter/excitation filter**
Erregerfilter, Excitationsfilter
(Fluoreszenzmikroskopie)
➢ **fluted filter/plaited filter/folded
filter** Faltenfilter
➢ **folded filter/plaited filter/fluted
filter** Faltenfilter
➢ **fritted glass filter** Glasfritte
➢ **heat-reflecting filter**
Wärmeschutzfilter
➢ **HEPA-filter (high-efficiency
particulate and aerosol
air filter)** HOSCH-Filter
(Hochleistungsschwebstoffilter)
➢ **high-pass filter** Langpassfilter
➢ **membrane filter** Membranfilter
➢ **noise filter** Rauschfilter
➢ **particle filter** Partikelfilter
➢ **polarizing filter/polarizer**
Polarisationsfilter, ‚Pol-Filter‘,
Polarisator
➢ **prefilter** Vorfilter

➢ **pressure filter** Druckfilter
➢ **ribbed filter/fluted filter** Rippenfilter
➢ **rotary vacuum filter**
Vakuumdrehfilter,
Vakuumtrommeldrehfilter
➢ **round filter/filter paper
disk/'circles'** Rundfilter
➢ **selective filter/barrier filter/
stopping filter/selection filter**
micros Sperrfilter
➢ **short-pass filter** Kurzpassfilter
➢ **sterile filter** Sterilfilter
➢ **suction filter/suction funnel/
vacuum filter (Buechner
funnel)** Filternutsche, Nutsche
(Büchner-Trichter)
➢ **syringe filter** Spritzenvorsatzfilter,
Spritzenfilter
➢ **trickling filter (sewage treatment)**
Tropfkörper (Tropfkörperreaktor,
Rieselfilmreaktor)
filter adapter Filterstopfen; (Guko)
Filtermanschette
filter aid Filterhilfsmittel,
Filtrierhilfsmittel
filter cake/filtration residue/sludge
Filterkuchen, Filterrückstand
filter candle Filterkerze
filter cartridge Filterkartusche (an
Atemschutzmaske)
filter crucible Filtertiegel
filter disk Filterblatt, Filterblättchen
filter disk method
Filterblättchenmethode
filter enrichment Filteranreicherung,
Anreicherung durch Filter
filter feeder Filtrierer, Filterer
filter flask/filtering flask/vacuum flask
Filtrierkolben, Filtrierflasche,
Saugflasche
**filter funnel/suction funnel/suction
filter/vacuum filter** Filternutsche,
Nutsche
filter holder *micros* Filterträger

filter mask Filtermaske
filter paper Filterpapier
➤ **fluted filter paper** Faltenfilter
filter paper disk/round filter/'circles'
Rundfilter
filter press Filterpresse
filter pump Filterpumpe
filter screen Filterblende (Schirm)
filtering Filtrierung, Filtrieren
filtering rate Filtrierrate,
Filtrationsrate
filtrate *n* Filtrat
filtrate *vb*
filtrieren, klären
filtration Filtration, Filtrierung,
Klärung
➤ **clarifying filtration** Klärfiltration
➤ **cross-flow filtration**
Kreuzstrom-Filtration,
Querstromfiltration
➤ **dead-end filtration** Kuchenfiltration
➤ **depth filtration** Tiefenfiltration
➤ **gravity filtration**
Schwerkraftsfiltration (gewöhnliche
Filtration)
➤ **microfiltration** Mikrofiltration
➤ **nanofiltration** Nanofiltration
➤ **pressure filtration** Druckfiltration
➤ **sterile filtration** Sterilfiltration
➤ **suction filtration** Saugfiltration
➤ **surface filtration**
Oberflächenfiltration
➤ **ultrafiltration** Ultrafiltration
➤ **vacuum filtration/suction filtration**
Vakuumfiltration
filtration residue/filter cake/sludge
Filterrückstand, Filterkuchen
final image *micros* Endbild
findings/result Befund
fine *n* Bußgeld
fine adjustment (fine focus
adjustment) *micros* Feinjustierung,
Feineinstellung

fine adjustment knob
micros Feinjustierschraube,
Feintrieb; (micrometer screw)
Mikrometerschraube
fine chemicals Feinchemikalien
fine dust/mist Feinstaub
(alveolengängig)
fine structure Feinstruktur, Feinbau
fine tuning Feinabstimmung,
Feineinstellung, Feinabgleich
finger cot Fingerling (Schutzkappe)
fingerprint Fingerabdruck
fingerprinting/genetic fingerprinting/
DNA fingerprinting Fingerprinting,
genetischer Fingerabdruck
finish *n* Oberflächenzustand,
Oberflächenbeschaffenheit;
Beschichtungsschlussauftrag;
Appretur(mittel); Ausrüstung;
(in painting) Deckanstrich;
(coating of a surface) Verputz
(innen/außen)
fire *vb* (firing) feuern; (bake/burn)
brennen, glühen (Keramik)
fire *n* Feuer; (blaze/burning) Brand
➤ **put out a fire/quench a fire** Feuer
löschen
➤ **source of fire** Brandherd
fire alarm Feueralarm; Feuermelder
fire axe Brandaxt
fire blanket Löschdecke,
Feuerlöschdecke
fire brigade/fire department
Feuerwehr
fire classification Brandarten
fire code Feuerschutzvorschriften
fire control Brandschutz
fire drill Feueralarmübung,
Feuerwehrübung
fire engine/fire truck
Feuerlöschfahrzeug
fire extinguisher Feuerlöscher,
Feuerlöschgerät, Löschgerät

➢ dry chemical fire extinguisher
Trockenlöscher
➢ foam fire extinguisher/foam
extinguisher Schaumlöscher,
Schaumfeuerlöscher
➢ hand-held fire extinguisher
Handfeuerlöscher, Handlöschgerät
➢ powder fire extinguisher
Pulverlöscher, Pulverfeuerlöscher
fire-extinguishing agent Löschmittel,
Feuerlöschmittel
fire-extinguishing powder
Pulverlöschmittel, Löschpulver
fire fighting Brandbekämpfung,
Feuerbekämpfung
fire foam Feuerlöschschaum
fire hazard Brandrisiko, Feuergefahr
fire hose Feuerwehrschlauch
fire-polished feuerpoliert
fire protection (fire prevention)
Feuerschutz, Brandschutz,
Brandverhütung
fire protection association
(U.S.: National Fire
Protection Association NFPA)
Feuerwehrvereinigung
fire resistance class
Feuerwiderstandsklasse
fire-resistant feuerbeständig
fire-retardant/flame-retardant
feuerhemmend, flammenhemmend
fire sprinkler system Sprinkleranlage
(Beregnungsanlage,
Berieselungsanlage: Feuerschutz)
fire wall/fire barrier Brandmauer,
Feuerschutzwand
fireclay Schamotte
firefighter/fireman Feuerwehrmann
firefighters/firemen Feuerwehrleute
fireproof feuerfest, feuersicher
fireproofing agent/fire retardant
Feuerschutzmittel
(zur Imprägnierung)

first aid Erste Hilfe, Erstbehandlung,
Nothilfe
first-aid attendant/nurse
Sanitäter
first-aid box/first-aid kit
Verbandskasten
first-aid cabinet/medicine cabinet
Erste-Hilfe-Kasten,
Verbandsschrank, Medizinschrank,
Medizinschränkchen
first-aid kit
Erste-Hilfe-Kasten, Erste-Hilfe-
Koffer, Sanitätskasten
first-aid supplies Erste-Hilfe
Ausrüstung
first-aider
Ersthelfer
first run/forerun *dist* Vorlauf
Fischer projection/Fischer formula/
Fischer projection formula
Fischer-Projektion, Fischer-Formel,
Fischer-Projektionsformel
'fish' (unsoluble bits in reaction
mixture) 'Brocken', Schwebteilchen
FISH (fluorescence activated
in situ hybridization) FISH
(*in situ* Hybridisierung mit
Fluoreszenzfarbstoffen)
fish hook (in chemical equation)
Halbpfeil
fissile
spaltfähig, spaltbar
fission/fissioning Fission, Spaltung;
Teilung
fissionable spaltbar
fissure Riss, Fissur, Furche, Einschnitt
fitness (suitability)
Fitness, Eignung
fitted (well fitted)
passend (gut passend)
(z. B. Verschluss/Stopfen etc.)
fitter's hammer/locksmith's hammer
Schlosserhammer

fitting/fittings Passstück, Zubehörteil(e)
(Kleinteile/Passteile: an Geräten
etc.); Armatur(en) (Hähne im Labor/
an der Spüle etc.); (coupler/coupling)
Kupplung, Verbinder (z. B. Schlauch);
Verbindungsmuffe (Kupplung: Rohr/
Schlauch etc.)
➤ **compression fitting**
Hochdruck-Steckverbindung
➤ **quick-connect fitting/quick-
disconnect fitting/quick-release
coupling** Schnellkupplung (z. B.
Schlauchverbinder)
fix fixieren (mit Fixativ härten)
fixation Fixierung, Fixieren
fixative/fixer Fixiermittel, Fixativ
fixed-angle rotor
centrif Festwinkelrotor
fixed bed reactor/solid bed reactor
Festbettreaktor (Bioreaktor)
fixed coupling starre Kupplung
fixer photo Fixierer, Fixierflüssigkeit
fixing bolt Haltebolzen
fixture Anschluss,
Versorgungsanschluss (Zubehörteil/
Armatur); (mounting/support/
holding) Halterung
➤ **electrical fixture(s)/electricity outlet**
elektrische(r) Anschluss
➤ **service fixtures/service outlets**
Versorgungsanschlüsse (Wasser/
Strom/Gas)
fizz zischen, sprudeln
**fizz tablet/fizz tab/fizzy tablet
(effervescent tablet)** Brausetablette
flakeboard/chipboard Pressspan,
Spanplatte
flame *vb* abflammen, ‚flambieren'
(sterilisieren)
flame *n* Flamme
➤ **pilot flame** Sparflamme
flame arrestor Flammensperre,
Flammenrückschlagsicherung

**flame atomic emission spectroscopy
(FES)**
Flammenemissionsspektroskopie
flame coloration Flammenfärbung
**flame-ionization detector
(FID)** Flammenionisationsdetektor
**flame-photometric detector
(FPD)** flammenphotometrischer
Detektor
**flame point/kindling temperature/
ignition point/flame temperature/
spontaneou s-ignition temperature
(SIT)** Zündpunkt, Zündtemperatur,
Entzündungstemperatur
flame-resistant flammbeständig,
flammwidrig
flame retardant *n* **(flame retarder/fire
retardant)** Flammschutzmittel
flame-retardant *adj/adv* flammwidrig,
flammenhemmend,
feuerhemmend; (selbsterlöschend)
self-extinguishing
flame spectroscopy
Flammenspektroskopie
flame spectrum
Flammenspektrum
flame test Flammenprobe,
Leuchttest, Leuchtprobe
flameproof feuerfest, feuersicher,
flammsicher, flammfest (schwer
entflammbar)
flammability Entflammbarkeit,
Brennbarkeit, Entzündbarkeit
flammable entflammbar, brennbar;
(R10) entzündlich
➤ **extremely flammable (F+)** hoch
entzündlich
➤ **hardly flammable/flame-resistant**
schwer entzündlich
➤ **highly flammable** leicht brennbar;
(F) leicht entzündlich
➤ **inflammable** entflammbar,
brennbar

➢ **nonflammable/incombustible** nicht entflammbar, nicht brennbar

flange *vb* flanschen

flange *n* Flansch

➢ **lap-joint flange** Bördelflansch

flange connection/flange coupling/ flanged joint Flanschverbindung

flare *n* (flaring off/burning off) Abfackelung

flare *vb* (flare off/burn off) abfackeln

flare-up Aufflackern, Auflodern, Aufflammen

flash *n* (light/lightning/spark) Blitz, Lichtblitz

flash *vb* blitzen

flash arrestor Flammschutzfilter

flash chromatography Flash-Chromatografie, Blitzchromatografie

flash distillation Flash-Destillation, Entspannungs-Destillation

flash evaporation Entspannungsverdampfung, Stoßverdampfung, Blitzverdampfung, Schnellverdampfung

flash photolysis Blitzlichtphotolyse

flash point Flammpunkt

flash steam entspannter Dampf

flash vaporizer (GC) Schnellverdampfer

flashlight (*Br* torch) Taschenlampe

flask Kolben

➢ **boiling flask** Siedegefäß

➢ **culture flask** Kulturkolben

➢ **culture media flask** Nährbodenflasche

➢ **delivery flask** Beschickungskolben

➢ **distilling flask/distillation flask/'pot'** Destillierkolben, Destillationskolben

➢ **Erlenmeyer flask** Erlenmeyer Kolben

➢ **evaporating flask** Verdampferkolben

➢ **extraction flask** Extraktionskolben

➢ **Fernbach flask** Fernbachkolben

➢ **filter flask/filtering flask/vacuum flask** Filtrierkolben, Filtrierflasche, Saugflasche

➢ **Florence boiling flask/Florence flask (boiling flask with flat bottom)** Stehkolben, Siedegefäß

➢ **ground-jointed flask** Schliffkolben

➢ **Kjeldahl flask** Birnenkolben, Kjeldahl-Kolben

➢ **narrow-mouthed flask/ narrow-necked flask** Enghalskolben

➢ **pear-shaped flask (small/pointed)** Spitzkolben

➢ **recovery flask/receiving flask/ receiver flask (collection vessel)** Vorlagekolben

➢ **rotary evaporator flask** Rotationsverdampferkolben

➢ **round-bottomed flask/ round-bottom flask/boiling flask with round bottom** Rundkolben

➢ **saber flask/sickle flask/sausage flask** Säbelkolben, Sichelkolben

➢ **shake flask** Schüttelkolben

➢ **sidearm flask** Seitenhalskolben

➢ **spinner flask** Spinnerflasche, Mikroträger

➢ **suction flask/filter flask/filtering flask/vacuum flask/aspirator bottle** Saugflasche, Filtrierflasche

➢ **sulfonation flask** Sulfierkolben

➢ **swan-necked flask/S-necked flask/gooseneck flask** Schwanenhalskolben

➢ **three-neck flask** Dreihalskolben

➢ **tissue culture flask** Gewebekulturflasche, Zellkulturflasche

➢ **two-neck flask** Zweihalskolben

> **volumetric flask** Messkolben, Mischzylinder
> **wide-mouthed flask/wide-necked flask** Weithalskolben
flask brush Kolbenbürste
flask clamp Kolbenklemme; (four-prong) Federklammer (für Kolben: Schüttler/Mischer)
flask tongs Kolbenzange
flat-bed gel/horizontal gel *electrophor* horizontal angeordnetes Plattengel
flat-blade impeller Scheibenrührer, Impellerrührer
flat-flange ground joint/flat-ground joint/plane-ground joint Planschliff (glatte Enden), Planschliffverbindung
flat-nosed pliers Flachzange
flat plug Flachstecker
> **flat-plug connector** Flachsteckverbinder
> **flat-plug socket** Flachsteckhülse
flavor *vb* würzen, schmackhaft machen, Geschmack geben
flavor *n* (flavoring) Geschmackstoff(e); (pleasant taste) Aroma; Wohlgeschmack
flea/bar magnet/stir bar/stirrer bar/stirring bar Magnetstab, Magnetstäbchen, Magnetrührstab, 'Fisch', Rühr'fisch'
fleaker (Corning: Pyrex) Becherglaskolben (spezielles Produkt von Corning/Pyrex: mit Ausgussöffnung)
fleece Vlies(stoff)
fleshing knife Fleischmesser
fleshy fleischig
flexibility (pliability) Flexibilität, Biegsamkeit; Elastizität
flexible (pliable) biegsam

flicker flackern, flimmern
flight tube (TOF-MS) Driftröhre
flint (flint stone) Zündstein, Feuerstein, Flintstein, Flint
flint glass Flintglas
flipping (NMR) Spinumkehr
float *n* Schwimmer (z. B. am Flüssigkeitsstandregler); Schwebekörper, Schwimmkörper
float *vb* (floating)/suspend (suspended) schweben (schwebend), flottieren, aufschwimmen, treiben
float switch Schwimmerschalter
floating rack (for ice bath) Schwimmständer, Schwimmgestell, Schwimmer (für Eiswanne)
flocculant Flockungsmittel, Ausflockungsmittel, Flocker, Flokulant; Klärhilfsmittel
flocculate ausflocken, flocken; koagulieren, sich zusammenballen
flocculation Flockulation, Flockung, Flockenbildung, Auslockung; Ausfällung
flocking Flockung
flood/flush *vb* fluten; ausschwämmen, gründlich (aus) spülen
floor Boden, Fußboden
> **monolithic floor** monolithischer Fußboden (Labor: Stein/Beton aus einem Guß)
floor drain Bodenabfluss, Bodenablauf
floor tile Bodenfliese
Florence boiling flask/Florence flask (boiling flask with flat bottom) Stehkolben, Siedegefäß
floridean starch Florideenstärke
flour Mehl
flourish/thrive florieren, gedeihen
flow *vb* fließen

flow *n* Fluss, Fließen; Strom, Strömung
➢ **direction of flow** Fließrichtung
➢ **shear flow** Scherfließen
➢ **turbulent flow** turbulente Strömung
flow controller Durchflussregler, Strömungsregler
flow cytometry Durchflusscytometrie
flow injection Fließinjektion
flow injection analysis (FIA) Fließinjektionsanalyse (FIA)
flow-injection titration Fließinjektions-Titration
flow pattern Strömungsmuster
flow rate Fließgeschwindigkeit; Durchflussrate, Durchflussgeschwindigkeit; Förderleistung, Saugvermögen (Pumpe); (volume per time) Strom; *chromat* (mobile-phase velocity) Durchlaufgeschwindigkeit (Säule)
flow reactor Durchflussreaktor (Bioreaktor)
flow regulator Flussregler
flow resistance/resistance to flow Strömungswiderstand
flower *vb* **(bloom)** blühen
flower pot Blumentopf
flowerbed Blumenbeet
flowers of sulfur Schwefelblüte
flowmeter Strömungsmesser
fluctuate fluktuieren, schwanken
fluctuation Fluktuation, Schwankung
fluctuation analysis/noise analysis Fluktuationsanalyse, Rauschanalyse
fluctuation of temperature Temperaturschwankung
fluctuation test Fluktuationstest
flue/flue duct Rauchabzug (Abzugskanal), Rauchzug; (chimney) Schornstein, Kamin
flue dust Flugstaub (von Abgasen)

flue gases/fumes Rauchgase; Abluft aus Feuerung mit Schwebstoffen
fluence Fluenz, Flussrate
fluffy flockig, locker
fluid/liquid *adj/adv* flüssig
fluid/liquid *n* Flüssigkeit
fluid bed reactor Fließbettreaktor
fluid extract Flüssigextrakt, flüssiger Extrakt, Fluidextrakt
fluidity Fluidität, Fließfähigkeit
fluidize verflüssigen; fluidisieren, in den Fließbettzustand überführen
fluidized-bed reactor/moving bed reactor Wirbelschichtreaktor, Wirbelbettreaktor, Fließbettreaktor
fluoresce fluoreszieren
fluorescence Fluoreszenz
fluorescence-activated cell sorter fluoreszenzaktivierter Zellsorter, Zellsortierer
fluorescence-activated cell sorting (FACS) fluoreszenzaktivierte Zellsortierung, Zelltrennung
fluorescence analysis/fluorimetry Fluoreszenzanalyse, Fluorimetrie
fluorescence correlation spectroscopy (FCS) Fluoreszenz-Korrelations-Spektroskopie
fluorescence-in-situ-hybridization (FISH) Fluoreszenz-in-situ-Hybridisation (FISH)
fluorescence localization after photobleaching (FLAP) Fluoreszenzlokalisierung nach Fotobleichung
fluorescence marker Fluoreszenzsonde, Fluoreszenzmarker
fluorescence photobleaching recovery/fluorescence recovery after photobleaching (FRAP) Fluoreszenzerholung nach Lichtbleichung

fluorescence quenching
Fluoreszenzlöschung

fluorescence recovery after photobleaching (FRAP)
Wiederherstellung der Fluoreszenz nach Fotobleichung

fluorescence resonance energy transfer/Förster resonance energy transfer (FRET)
Fluoreszenz-Resonanz-Energie-Transfer

fluorescence spectroscopy
Fluoreszenzspektroskopie, Spektrofluorimetrie

fluorescent fluoreszierend

fluorescent dye Leuchtfarbe (Farbstoff), Fluoreszenzfarbstoff

fluorescent tube Leuchtstoffröhre, Leuchtstofflampe (‚Neonröhre')

fluoridation Fluoridierung

fluorinate fluorieren

fluorinated hydrocarbon
Fluorkohlenwasserstoff

fluorine (F) Fluor

fluorosulfonic acid
Fluoroschwefelsäure, Fluorsulfonsäure

flush *vb* spülen, durchspülen, fluten; auswaschen; strömen; (flush out) herausspülen

flutings (e.g., tube connections)
Riffelung, Riefen (z. B. Schlauchverbinder)

flux (light/energy) Fluss (Licht/ Energie; Volumen pro Zeit pro Querschnitt); *electr* Strömung

fluxing agent/fusion reagent
Flussmittel, Schmelzmittel, Zuschlag

fly ash/airborne fly ash (pulverized fuel ash, pfa) Flugasche

foam *vb*
schäumen

foam *n* Schaum; (froth) feiner Schaum (z. B. auf Flüssigkeiten); (lather) Seifenschaum

➤ **expanding foam/self-expanding foam/foam sealant** Bauschaum, Montageschaum

➤ **fire foam** Feuerlöschschaum

foam fire extinguisher
Schaumlöscher

foam inhibitor Schaumhemmer, Schaumdämpfer, Schaumverhütungsmittel

foam killer Entschäumungsmittel, Entschäumer, Schaumbrecher

foam regulator Schaumregulator

foam rubber/plastic foam/foam
Schaumgummi

foamed plastic/plastic foam
Schaumstoff

foamer/foaming agent Schäumer, Schaumbildner

foaming agent Treibmittel, Blähmittel, Schaummittel, Schaumbildner, Schäumer

focal depth Abbildungstiefe

focal length Brennweite

focal plane Brennebene

focal point (focus) Brennpunkt

focus *vb* (focussing) fokussieren, scharf stellen

focus *n* Fokus, Brennpunkt, Sammelpunkt

➤ **in focus** *micro/photo* scharf

➤ **not in focus/out of focus/blurred** *micro/photo* unscharf

focus control (focussing)
Scharfeinstellung, Brennpunkteinstellung, Fokussierung

focussing Fokussierung, Bündelung, Sammlung; Scharfeinstellung, Brennpunkteinstellung

fodder/forage (plant) Futterpflanze

fog Nebel
foggy nebelig
foil Folie
> **air-cushion foil** Luftpolster-Folie
> **aluminum foil** Aluminiumfolie, Alufolie
> **cling foil/ cling wrap** Frischhaltefolie
> **composite foil/film** Verbundfolie, Mehrschichtfolie
> **plastic foil** Plastikfolie
> **shrink foil/shrinking foil** Schrumpffolie (zum ‚einschweißen')
> **stretch foil** Stretchfolie
> **tinfoil** Stanniol
fold *n* (plication/wrinkle) Falte
fold *vb* (ply/wrinkle) falten, zusammenfalten, zusammenlegen
folded (pleated/plicate) gefaltet, faltig
folded filter/plaited filter/fluted filter Faltenfilter
folding rule/folding ruler (tool) Gliedermaßstab, Zollstock
foliate *adj/adv tech* blättrig, blattförmig
foliate *vb tech* mit Folie/Blattmetall belegen
foliated gypsum/selenite/spectacle stone Marienglas (Gips)
food Nahrung, Essen; (feed) Fressen; (diet/nourishment/nutrition) Ernährung, Nahrung, Nahrungsmittel
food additive Lebensmittelzusatzstoff
food chain *ecol* Nahrungskette
food chemistry Lebensmittelchemie
food crop (forage plant/food plant) Nahrungspflanze
food inspection Lebensmittelüberwachung, Lebensmittelkontrolle

food poisoning Lebensmittelvergiftung, Nahrungsmittelvergiftung
food preservation Lebensmittelkonservierung, Nahrungsmittelkonservierung
food preservative Lebensmittelkonservierungsstoff
food quality control Lebensmittelkontrolle, Lebensmittelprüfung
food quantity Nahrungsmenge
food source/nutrient source Nahrungsquelle
food technology Lebensmitteltechnologie
food value/nutritive value Nährwert
food web *ecol* Nahrungsgefüge, Nahrungsnetz
foodstuff/nutrients Lebensmittel, Nahrungsmittel, Nahrung, Nährstoffe
footprinting Fußabdruckmethode
forbidden (prohibited) verboten, untersagt
> **strictly forbidden/strictly prohibited** strengstens verboten
force *n* Kraft
force *vb* erzwingen
force microscopy (FM) Kraftmikroskopie
force open *vb* gewaltsam öffnen
forced air/recirculating air (air circulation) Umluft
forced-air oven Umluftofen
forced-draft hood Saugluftabzug
forceps Pinzette, Zange, Klemme; (*siehe:* tweezers)
> **artery forceps/artery clamp (hemostat)** Arterienklemme
> **bone-cutting forceps/bone-cutting shears** Knochenzange

- **cartilage forceps** Knorpelpinzette
- **cover glass forceps** Deckglaspinzette
- **dental forceps/extraction forceps** Zahnzange, Zahnextraktionszange, Extraktionszange
- **dissection tweezers/dissecting forceps** Sezierpinzette, anatomische Pinzette
- **extraction forceps** *dent* Extraktionszange
- **hemostatic forceps/artery clamp** Gefäßklemme, Arterienklemme, Venenklemme
- **holding forceps/holding tweezers** Fasspinzette
- **membrane forceps** Membranpinzette
- **microdissection forceps/ microdissecting forceps** anatomische Mikropinzette, Splitterpinzette
- **sponge forceps** Tupferklemme
- **tissue forceps** Gewebepinzette
- **watchmaker forceps/jeweler's forceps** Uhrmacherpinzette

forcing bed/hotbed *bot/agr* Frühbeet, Mistbeet, Treibbeet (beheizt)

foreign body/foreign matter (contaminant/impurity) Fremdkörper, Fremdstoff

forensic forensisch, gerichtsmedizinisch

forensics/forensic medicine Forensik, forensische Medizin, Gerichtsmedizin, Rechtsmedizin

forerun (foreshot: alcohol) *dist* Vorlauf

forklift Gabelstapler, Hubstapler

formaldehyde/methanal Formaldehyd, Methanal

formic acid (formate) Ameisensäure (Format)

formula Formel; *pharm* Rezeptur

- **chain formula/open-chain formula** Kettenformel
- **empirical formula** empirische Formel, Summenformel, Elementarformel, Verhältnisformel
- **ionic formula** Ionenformel
- **molecular formula** Molekularformel, Molekülformel
- **ring formula** Ringformel
- **structural formula** Strukturformel

formulary Formelsammlung; (pharmacopoeia) Pharmakopöe, Arzneimittel-Rezeptbuch, amtliches Arzneibuch

formulating aid(s) *pharm/ biot* Formulierhilfsmittel

fortify verstärken, aufkonzentrieren, anreichern

fossil fuel(s) fossile(r) Brennstoff(e)

fossilization Fossilisierung, Versteinerung

fossilize fossilisieren, versteinern

foul *adj/adv* (rotten/decaying/ decomposing) faul, modernd; (decomposed/decayed) verfault, zersetzt

foul *vb* (rot/decompose/decay) verfaulen, zersetzen

fountain (for drinking water) Trinkbrunnen, Trinkfontäne

fraction Fraktion; Teil, Anteil; Bruchteil

fraction collector Fraktionssammler

fraction cutter Wechselvorlage

fractional precipitation fraktionierte Fällung

fractionate fraktionieren

fractionating column/fractionator Fraktioniersäule

fractionation Fraktionierung

fracture Bruch; Fraktur

- **freeze-fracture/cryofracture** *micros* Gefrierbruch

fragile zerbrechlich; (handle with care!) Vorsicht, zerbrechlich!
fragment Bruchstück, Fragment
fragment ion (MS) Bruchstückion
fragmentation pattern Fragmentierungsmuster
fragrance (scent/pleasant smell) angenehmer Duft/Geruch; (perfume:stronger scent) angenehmer Geruchsstoff; (fragrant substances) Riechstoffe
fragrant duftend (angenehm)
frame Rahmen, Chassis, Gerüst, Gestell, Ständer
frame raster mapping/grid mapping *ecol/biogeo* Rasterkartierung
frameshift *gen* Rasterverschiebung
fraud Betrug, Schwindel, arglistige Täuschung
free-floating/pendulous frei schwebend
free from streaks/free from reams schlierenfrei
free from water (moisture-free/anhydrous) wasserfrei
free-living freilebend
free radical freies Radikal
freeze frieren, einfrieren, gefrieren; erstarren
➤ **quickfreeze** schnellgefrieren
freeze-dry/lyophilize gefriertrocknen, lyophilisieren
freeze-dryer/lyophilizer Gefriertrockner
freeze-drying/lyophilization Gefriertrocknung, Lyophilisierung
freeze-etch gefrierätzen
freeze-etching Gefrierätzung
freeze-fracture/freeze-fracturing (cryofracture) *micros* Gefrierbruch
freeze preservation/cryopreservation Gefrierkonservierung, Kryokonservierung

freeze storage Gefrierlagerung
freezer Kühltruhe, Gefriertruhe, Gefrierschrank
➤ **upright freezer** Gefrierschrank
➤ **chest freezer** Gefriertruhe
freezer burn Gefrierbrand (Austrocknung)
freezer compartment/freezing compartment/'freezer' Kühlfach, Gefrierfach (im Kühlschrank)
freezing Gefrieren, Frieren, Einfrieren; Erstarren
➤ **rapid freezing** Schnellgefrieren
freezing microtome/cryomicrotome Gefriermikrotom
freezing point Gefrierpunkt, Erstarrungspunkt
freezing point depression Gefrierpunktserniedrigung
freezing point elevation Gefrierpunktserhöhung
freight (load/cargo/goods) Fracht
freight company/shipping company/shipper Spedition
freight container Frachtcontainer
frequency Frequenz; (of occurrence/abundance) Häufigkeit
frequency distribution (FD) Häufigkeitsverteilung
frequency histogram Häufigkeitshistogramm
frequency ratio *stat* relative Häufigkeit
frequent/abundant häufig
fresh mass (fresh weight) Frischmasse (Frischgewicht)
freshwater Süßwasser
friability Zerreibbarkeit; Bröckeligkeit
friable zerreibbar; bröckelig, krümelig, mürbe
friction Reibung

friction force microscopy (FFM)/lateral force microscopy (LFM) Reibungs-Kraftmikroskopie

fridge (refrigerator)/icebox Kühlschrank

frit *n* Fritte

frit *vb* (sinter) fritten (sintern)

fritted glass Sinterglas

fritted glass filter Glasfritte

frock Kittel, Arbeitskittel

front side (front/face) Vorderseite (Gerät etc.)

front-side *adj/adv* (ventral) vorderseitig (bauchseitig)

fronting *chromat* Bartbildung, Signalvorlauf, Bandenvorlauf

frost (rime frost/white frost) Frost

frost damage/frost injury/ freezing injury Frostschaden, Frostschädigung

frost-resistant/frost hardy frostbeständig, frostresistent

frost-tender/susceptible to frost frostempfindlich

frosted matt

frosted-end slide *micros* Mattrand-Objektträger

frostproof frostsicher

froth Schaum

frothing Schaumbildung, Schäumen (sehr fein)

frozen gefroren

frozen section Gefrierschnitt

fruit essence Fruchtessenz

fruit press/juice press (e.g., for making juice) Kelter

fruit pulp Fruchtmark, Obstpulpe, Fruchtmus

fruit sugar/fructose Fruchtzucker, Fruktose

fruity taste Fruchtgeschmack

fucose/6-deoxygalactose Fukose, Fucose, 6-Desoxygalaktose

fuel *vb* auftanken, mit Brennstoff versehen

fuel *n* Treibstoff, Brennstoff, Kraftstoff; Benzin; Brennmaterial

➢ **fossil fuel** fossiler Brennstoff

fuel cell Brennstoffzelle

fuel consumption Kraftstoffverbrauch

fuel equivalence Brennäquivalent; Brennstoffäquivalenz

fuel injection Kraftstoffeinspritzung

fueled *adj* (powered) betrieben, getrieben

fugacious *chem* flüchtig

fugacity Fugazität, Flüchtigkeit

fugitive funecht, vergänglich, kurzlebig; flüchtig; (unstable) unbeständig

fulcrum *phys* Drehpunkt, Gelenkpunkt; Angelpunkt

fulcrum pin Drehbolzen, Drehzapfen

full blast voll aufdrehen (Wasserhahn etc.)

full-face respirator Atemschutzvollmaske, Gesichtsmaske

full-facepiece respirator Vollsicht-Atem schutzmaske

full-mask (respirator) Vollmaske, Atemschutz-Vollmaske

full width at half-maximum (fwhm)/ half intensity width *math/ stat* Halbwertsbreite

fumaric acid (fumarate) Fumarsäure (Fumarat)

fume *vb* rauchen, dampfen, Dämpfe von sich geben

fume(s) *n* (irritating/offensive: often particulate) Rauch; (dichte) Dämpfe (meist schädlich); (flue gases) Rauchgase

➢ **exhaust fumes** Abgase

fume cupboard (*Br*) Abzug, Dunstabzugshaube

fume extraction Rauchabzug
(Raumentlüftung)
fume hood/hood Rauchabzug,
Dunstabzugshaube, Abzug
fumigant
Ausräucherungsmittel
fumigate ausräuchern, begasen,
beräuchern
fumigation Begasung
fuming *adj/adv*
(e.g., acid) rauchend
fuming *n* Abrauchen
function Funktion
➢ **distribution function**
Verteilungsfunktion
functional group *chem* funktionelle
Gruppe
functional unit/module
vFunktionseinheit, Modul
functionality Funktionalität
fund(s) Gelder, Geldmittel (z. B. für
Forschung)
funding/financing Finanzierung, zur
Verfügungstellung von Geldmitteln
fungal infestation Pilzbefall
fungicide Fungizid,
Pilzbekämpfungsmittel; (treatment
of seeds) Beizmittel
(zur Saatgutbehandlung)
funnel Trichter
➢ **addition funnel** Zulauftrichter
➢ **analytical funnel** Analysentrichter
➢ **dropping funnel** Tropftrichter
➢ **filling funnel** Fülltrichter
➢ **filter funnel/suction funnel/suction
filter/vacuum filter** Filternutsche,
Nutsche
➢ **Hirsch funnel** Hirsch-Trichter
➢ **hot-water funnel (double-wall
funnel)** Heißwassertrichter
➢ **powder funnel** Pulvertrichter
➢ **separatory funnel/sep funnel**
Scheidetrichter

➢ **short-stem funnel/short-
stemmed funnel** Kurzhalstrichter,
Kurzstieltrichter
➢ **suction funnel/suction filter/
vacuum filter (Buechner
funnel)** Filternutsche, Nutsche
(Büchner-Trichter)
funnel brush Trichterbürste
funnel tube Trichterrohr
furnace Ofen; Hochofen,
Schmelzofen; Heizkessel
➢ **annealing furnace** Glühofen
➢ **arc furnace** Lichtbogenofen
➢ **blast furnace** Hochofen
➢ **combustion furnace**
Verbrennungsofen
➢ **crucible furnace** Tiegelofen
➢ **heating furnace** Wärmeofen
➢ **induction furnace/inductance
furnace** Induktionsofen
➢ **muffle furnace** Muffelofen
➢ **reverberatory furnace** Flammofen
➢ **roasting furnace** Röstofen
➢ **smelting furnace** Schmelzofen
➢ **tube furnace** Rohrofen
furnishings Ausstattung, Mobiliar,
Einrichtung (Möbel etc.),
Einrichtungsgegenstände
fuse *vb* fusionieren, verschmelzen
fuse *n* Zünder, Lunte, Zündschnur;
(circuit breaker *electr*) Sicherung
➢ **blow/kick a fuse** Sicherung
'rausfliegen' lassen
fuse box/fuse cabinet/cutout box
Sicherungskasten
fused (fusible/molten)
schmelzflüssig; (coalescent)
verwachsen, angewachsen
fused quartz Quarzgut
fused-salt electrolysis
Schmelzelektrolyse
fusel oil Fuselöl
fusible schmelzbar; schmelzflüssig

fusible plug *electr* Schmelzplombe
fusible wire *electr* Schmelzdraht
fusion Fusion, Verschmelzung
fusion point (melting point)
  Fließpunkt (Schmelzpunkt)
fusion tube/melting tube
  Abschmelzrohr
futile cycle *biochem* Leerlauf-Zyklus,
  Leerlaufcyclus

G

gage (*Br* **gauge)** Normalmaß,
  Eichmaß, Umfang, Inhalt; Maßstab,
  Norm; Messgerät, Anzeiger,
  Messer; Stärke, Dicke; Abstand,
  Spurbreite
gain *n* **(increase/increment)**
  Zunahme, Gewinn, Steigerung,
  Vergrößerung; *electr* Verstärkung
gain *vb* (increase) zunehmen,
  gewinnen, steigern, vergrößern
galactose Galaktose
galactosemia Galaktosämie
galacturonic acid Galakturonsäure
galena PbS Bleiglanz
gallic acid Gallussäure
gallipot Salbentopf,
  Medikamententopf (Apotheke)
gap Lücke, Spalt
gape klaffen, offen stehen
garbage Müll, Abfall
garbage can (dustbin *Br***)** Mülleimer
garbage chute/waste chute
  Müllschacht
garden hose Gartenschlauch
gas Gas; (gasoline) Benzin
➤ **asphyxiant gas** Erstickungsgas
➤ **calibration gas** Prüfgas
  (Kalibrierung)
➤ **carrier gas (an inert gas)** *chromat*
  (GC) Trägergas, Schleppgas

➤ **compressed gas/pressurized gas**
  Druckgas
➤ **evolution of gas** Gasentwicklung
➤ **exhaust gas** Abgas; Auspuffgas
➤ **flare gas** Fackelgas
➤ **flue gases/fumes** Rauchgase
➤ **inert gas/rare gas** Edelgas
➤ **irritant gas** Reizgas
➤ **laughing gas/nitrous oxide**
  Lachgas, Distickstoffoxid,
  Dinitrogenoxid
➤ **liquid gas/liquefied gas** Flüssiggas
➤ **measuring gas/sample gas**
  Messgas
➤ **natural gas** Erdgas
➤ **probe gas/tracer gas** Prüfgas
➤ **producer gas** Generatorgas
➤ **protective gas/shielding gas**
  (in welding) Schutzgas
➤ **purge gas** Spülgas
➤ **quenching gas** Löschgas
➤ **reference gas (GC)** Vergleichsgas
➤ **sewer gas** Faulschlammgas
➤ **sludge gas/sewage gas** Faulgas,
  Klärgas (Methan)
➤ **smoke gas** Rauchgase (sichtbarar
  Qualm)
➤ **tracer gas/probe gas** Prüfgas
➤ **water gas** Wassergas
gas balance (dasymeter) Gaswaage
**gas bottle (gas cylinder/compressed-
  gas cylinder)** Gasflasche
gas bottle cabinet
  Gasflaschenschrank
gas bottle cart (gas cylinder trolley
  *Br***)** Gasflaschen-Transportkarren
gas bubble Gasblase
gas burner Gasbrenner, Gaskocher
gas chromatography (GC)
  Gaschromatografie
➤ **headspace gas**
  chromatography (HS-GC)
  Dampfraum-Gaschromatografie

➤ **inverse gas chromatography (IGC)**
   Umkehr-Gaschromatografie
gas cock/gas tap Gashahn
gas collecting tube/gas sampling
   bulb/gas sampling tube
   Gassammelrohr, Gasprobenrohr
gas constant Gaskonstante
gas counter Gaszählrohr
gas cylinder Druckgasflasche
gas cylinder cart/dolly/trolley
   Gasflaschenwagen,
   Stahlflaschenwagen,
   Flaschenwagen, „Bombenwagen"
gas cylinder pressure regulator
   Gasdruckreduzierventil,
   Druckminderventil,
   Druckminderungsventil,
   Reduzierventil (für Gasflaschen)
gas detector (gas monitor)
   Gaswächter, Gaswarngerät;
   (gas leak detector) Gasdetektor,
   Gasspürgerät
gas-discharge tube
   Gasentladungsröhre
gas exchange/gaseous interchange/
   exchange of gases Gasaustausch
gas flowmeter Gasdurchflusszähler,
   Gasströmungsmesser
gas leak/gas leakage Gasleck
gas leak detector Gasdetektor,
   Gasspürgerät
gas leakage Gasaustritt (Leck)
gas lighter Gasanzünder
gas line (natural gas line) Gasleitung
   (Erdgasleitung)
gas-liquid chromatography
   Gas-Flüssig-Chromatografie
gas mask Gasmaske
gas measuring bottle
   Gasmessflasche
gas outlet Gasaustritt, Gasausgang,
   Gasabgang (aus Geräten)
gas poisoning Gasvergiftung

gas pressure Gasdruck
gas purifier Gasreiniger
gas regulator/gas cylinder pressure
   regulator Gasdruckreduzierventil,
   Druckminderventil,
   Druckminderungsventil,
   Reduzierventil (für Gasflaschen)
gas sampling bulb/gas sampling tube
   Gassammelrohr, Gas-Probenrohr,
   Gasmaus, Gaswurst
gas scrubbing Gaswäsche
gas separator Gasabscheider
gas supply Gaszufuhr
gas syringe Kolbenprober
gas tap Gashahn
gas thermometer Gasthermometer
gas washing bottle Gaswaschflasche
gaseous gasförmig, gasartig, Gas...
gaseous state Gaszustand,
   gasförmiger Zustand
gasket Dichtung, Dichtungsring,
   Dichtungsmanschette
➤ **rubber gasket**
   Gummidichtung(sring)
gasohol Gasohol, Treibstoffalkohol
gasoline/gas (*Br* **petrol)** Benzin,
   Kraftstoff
gasoline canister Benzinkanister,
   Kraftstoffkanister
gasproof gasdicht
gassing-out/degassing Ausgasung,
   Ausgasen, Entgasung, Entgasen
gastight (impervious to gas)
   gasundurchlässig
gastric lavage/gastric irrigation
   Magenspülung
gate Gitter, Tor, Pforte; Sperre,
   Schranke; *electrophor* (gel-casting)
   Verschluss-Scheibe
gate impeller Gitterrührer
gated ion channel Ionenschleuse
gating current *neuro*
   Torstrom (*pl* Torströme)

gauge/gage Normalmaß, Eichmaß, Umfang, Inhalt; Maßstab, Norm; Messgerät, Anzeiger, Messer; Stärke, Dicke; Abstand, Spurbreite

gauging/gaging Messung; Eichung

gauntlets Schutzhandschuh

➢ **sleeve gauntlets** Ärmelschoner, Stulpen

Gaussian curve Gauß-Kurve, Gaußsche Kurve

Gaussian distribution (Gaussian curve/normal probability curve) Gauß-Verteilung, Normalverteilung, Gaußsche Normalverteilung

gauze Gaze, Mull

gauze bandage Mullbinde, Gazebinde

GC (gas chromatography) GC (Gaschromatografie)

gear pump Zahnradpumpe

Geiger counter Geiger-Zähler

Geiger-Müller counter Geiger-Müller-Zähler

gel *vb* gelieren; in den Gelzustand übergehen

gel *n* Gel

➢ **denaturing gel** denaturierendes Gel

➢ **flat bed gel/horizontal gel** horizontal angeordnetes Plattengel

➢ **hydrogel** Hydrogel

➢ **lyogel** Lyogel

➢ **native gel** natives Gel

➢ **running gel/separating gel** Trenngel

➢ **silica gel** Kieselgel, Silicagel

➢ **slab gel** Plattengel (hochkant angeordnetes)

➢ **stacking gel** *electrophor* Sammelgel

➢ **xerogel** Xerogel

gel caster *electrophor* Gelgießstand, Gelgießvorrichtung

gel chamber *electrophor* Gelkammer

gel comb *electrophor* Gelkamm

gel electrophoresis Gelelektrophorese

➢ **alternating field gel electrophoresis** Wechselfeld-Gelelektrophorese

➢ **differential gel electrophoresis/ differential in-gel electrophoresis (DiGE)** Differenzielle In-Gel-Elektrophorese, Differenzielle Gelelektrophorese

➢ **field inversion gel electrophoresis (FIGE)** Feldinversions-Gelelektrophorese

➢ **gel electrophoresis** Gelelektrophorese

➢ **gradient gel electrophoresis** Gradienten-Gelelektrophorese

➢ **pulsed field gel electrophoresis (PFGE)** Puls-Feld-Gelelektrophorese, Wechselfeld-Gelelektrophorese

gel filtration/molecular sieving chromatography/gel permeation chromatography Gelfiltration, Molekularsiebchromatografie, Gelpermeations-Chromatografie

gel permeation chromatography/ molecular sieving chromatography Gelpermeationschromatografie, Molekularsiebchromatografie

gel retention analysis/gel retention assay/band shift assay/ electrophoretic mobility shift assay (EMSA) Gelretentionsanalyse, Gelretentionstest

gel-sol-transition Gel-Sol-Übergang

gel state Gelzustand

gel tray *electrophor* Gelträger, Geltablett

gelatin/gelatine Gelatine

gelatinizing agent Gelbildner

gelatinous/gel-like gallertartig, gelartig, gelatinös

gelation Gelieren, Gelatinieren
gelling agent Geliermittel
gelling point Gelierpunkt
geminal coupling (NMR) geminale Kopplung
gene Gen, Erbfaktor
gene dosage effect Gendosiseffekt
gene manipulation Genmanipulation
gene map/genetic map Genkarte
gene mapping/genetic mapping Genkartierung
gene technology Gentechnologie, Gentechnik, Genmanipulation
gene therapy/gene surgery Gentherapie
general-purpose Universal..., Allzweck..., Mehrzweck..., Alles...
general overhaul Generalüberholung, Rundumüberholung
generate (form/develop) bilden (entwickeln) (z. B. Gase, Dämpfe)
generation Generation; Erzeugung
generation period Generationsdauer
generation time (doubling time) Generationszeit (Verdopplungszeit)
generator Erzeuger, Produzent
generic drug Generica, Generika, Fertigarzneimittel
generic name Sammelbegriff, Sammelname; ungeschützter Name (einer Substanz)
genetic analysis Erbanalyse
genetic counsel(l)ing genetische Beratung
genetic diagnostics/genotyping Gendiagnostik, Bestimmung des Genotyps
genetic engineering/gene technology Gentechnik, Gentechnologie, Genmanipulation
genetic hazard Erbschaden, genetischer Schaden

genetic screening genetischer Suchtest
genetically engineered gentechnisch verändert
genetically engineered organism/ genetically modified organism (GMO) gentechnisch veränderter Organismus (GVO)
genetically modified microorganism (GMM) gentechnisch veränderter Mikroorganismus
genetics/transmission genetics (study of inheritance) Genetik, Vererbungslehre
genome Genom
genome-wide association study (GWAS) genomweite Assoziationsstudie
genomic blotting genomisches Blotting
gentisic acid Gentisinsäure
gentle/mild (conditions) schonend, mild (Bedingungen)
genus (*pl* genera) Gattung
geranic acid Geraniumsäure
germ Keim (Mikroorganismus); (embryo) Keim, Keimling, Embryo
germ count Keimzahl
➢ **total germ count/total cell count** Gesamtkeimzahl
➢ **viable count** Lebendkeimzahl
germ-free (aseptic/sterile) keimfrei (steril)
germinability Keimfähigkeit
germinate (sprout) keimen
➢ **pregerminate** vorkeimen
germination Keimung
➢ **dark germination** Dunkelkeimung
germination percentage Keimzahl (Samenkeimung)
gibberellic acid Gibberellinsäure
gilding vergolden

gimlet bit Schneckenbohrer, Windenschneckenbohrer

girdle/cingulum Gürtel, Gurt, Cingulum

girth Umfang

glacial acetic acid Eisessig

glare n grelles Leuchten, greller Schein

glass Glas

➢ **acrylic glass** Acrylglas

➢ **alkali-lime glass (e.g., soda-lime glass)** Kalk-Alkali-Glas

➢ **amber glass** Braunglas

➢ **bits of broken glass** Glassplitter

➢ **borosilicate glass** Borosilicatglas

➢ **bulletproof glass** Panzerglas

➢ **clear glass** Klarglas

➢ **crown glass** Kronglas

➢ **fiberglass** Fiberglas, Glasfaser, Faserglas

➢ **flint glass** Flintglas

➢ **fritted glass** Sinterglas

➢ **heat-resistant glass** hitzebeständiges Glas

➢ **laminated glass** Schutzglas, Sicherheitsglas, Schichtglas, Verbundglas

➢ **laminated safety glass** Verbundsicherheitsglas

➢ **magnifying glass/magnifier/lens** Vergrößerungsglas

➢ **milk glass** Milchglas

➢ **mirror glass** Spiegelglas

➢ **packaging glasses** Verpackungsgläser

➢ **plate glass** Flachglas

➢ **quartz glass** Quarzglas

➢ **ribbed glass** Rippenglas, geripptes Glas, geriffeltes Glas

➢ **safety glass/laminated glass** Schutzglas, Sicherheitsglas

➢ **shatterproof (safety glass)** splitterfrei (Glas)

➢ **sheet of glass/pane** Glasplatte, Glasscheibe

➢ **soda-lime glass (alkali-lime glass) (see also: crown glass)** Kalk-Soda-Glas

➢ **tempered glass/resistance glass** Hartglas

➢ **tempered safety glass (toughened)** Einscheibensicherheitsglas (ESG)

➢ **textile glass** Textilglas, textile Glasfaser

➢ **toughened** gehärtet

➢ **watch glass/clock glass** Uhrglas, Uhrenglas

➢ **water glass/soluble glass** $M_2Ox(SiO_2)_x$ Wasserglas

➢ **window glass** Fensterglas

glass bead Glasperle, Glaskügelchen

glass ceramics Glaskeramik

glass cutter Glasschneider

glass cylinder Glaszylinder

glass homogenizer (Potter-Elvehjem homogenizer; Dounce homogenizer) Glashomogenisator ('Potter'; Dounce)

glass marker Glasschreiber, Glasmarker

glass mortar Glasmörser

glass pestle Glasstößel, Glaspistill (Homogenisator)

glass pressure vessel Druckbehälter aus Glas

glass rod Glasstab

glass scrap/shattered glass/ broken glass Glasbruch

glass stirring rod Glasrührstab

glass stopcock Glashahn

glass transition *polym* Glasübergang

glass-transition temperature (T_g) *polym* Glasübergangstemperatur

glass tube/glass tubing Glasrohr, Glasröhre, Glasröhrchen

glass tubing cutter
Glasrohrschneider; (glass-tube cutting pliers) Glasrohrschneider (Zange)
glass vessel Glasbehälter
glass wool Glaswolle
glassblower Glasbläser
glassblower's workshop ('glass shop') Glasbläserei
glassine paper/glassine Pergamin (durchsichtiges festes Papier)
glasslike/glassy/vitreous glasartig, glasig
glassmaker Glashersteller
glassware (glasswork) Glasgeschirr, Glaswaren, Glassachen
➤ **standard-taper glassware** Normschliffglas (Kegelschliff)
glasswork/glazing Glaserei (Handwerk)
glassy/made out of glass/vitreous gläsern, aus Glas
glaze n Glasur, Lasur; Glätte, Hochglanz
glaze vb verglasen; glätten, polieren; glasieren, mit Glasur überziehen; (Farbe/Lack) lasieren; (Papier) satinieren
glazed paper Glanzpapier (glanzbeschichtetes Papier), satiniertes Papier
glazier (one who sets glass) Glaser
glazier's putty Fensterkitt
glazier's workshop/glass shop Glaserei (Werkstatt)
GLC (gas-liquid chromatography) GFC (Gas-Flüssig-Chromatografie)
glide angle/gliding angle aer Gleitwinkel
global radiation Globalstrahlung
global warming globale Erwärmung
gloss Glanz

glove(s) Handschuh(e)
➤ **acid gloves/acid-resistant gloves** Säureschutzhandschuhe
➤ **cold-resistant gloves** Kälteschutzhandschuhe
➤ **cotton gloves** Baumwollhandschuhe
➤ **cut-resistant gloves** Schnittschutz-Handschuhe
➤ **deep-freeze gloves** Tiefkühlhandschuhe, Kryo-Handschuhe
➤ **disposable gloves/single-use gloves** Einweghandschuh, Einmalhandschuhe
➤ **double-gloving** zwei Lagen Handschuhe
➤ **finger cot** Fingerling
➤ **gauntlets** Schutzhandschuhe
➤ **heat defier gloves/heat-resistant gloves** Hitzehandschuhe
➤ **insulated gloves** Isolierhandschuhe
➤ **medical gloves** medizinische Handschuhe, OP-Handschuhe
➤ **oven gloves** Hoch-Hitzehandschuhe, Ofenhandschuhe
➤ **protective gloves** Schutzhandschuhe
➤ **single-use gloves/disposable gloves** Einmalhandschuhe
➤ **sleeve gauntlets** Ärmelschoner, Stulpen
➤ **work gloves** Arbeitshandschuhe
glove box/dry-box Handschuhkasten, Handschuhschutzkammer
glove liners Handschuhinnenfutter
glow vb glühen, glimmen; leuchten, strahlen
glow n Glut, Glühen; Leuchten, Hitze; Erstrahlen
➤ **afterglow** Nachleuchten, Nachglimmen
glow lamp electr Glimmlampe

glucaric acid/saccharic acid
Glucarsäure

gluconic acid (gluconate)/dextronic acid Gluconsäure (Gluconat)

glucose (grape sugar) Glukose, Glucose (Traubenzucker)

glucosuria/glycosuria Glukosurie, Glycosurie

glucuronic acid (glucuronate) Glucuronsäure (Glukuronat)

glue *vb* leimen; (glue/stick together) verleimen

glue *n* (gum) Leim (see also: adhesive); Klebstoff, Kleber

➤ **superglue** Sekundenkleber

➤ **wood glue** Holzleim

glue gun Heißklebepistole

glutamic acid (glutamate)/ 2-aminoglutaric acid Glutaminsäure (Glutamat), 2-Aminoglutarsäure

glutaraldehyde/1,5-pentanedione Glutaraldehyd, Glutardialdehyd, Pentandial

glutaric acid Glutarsäure

glutinous (having the quality of glue: gummy) klebrig

glyceraldehyde/dihydroxypropanal Glyzerinaldehyd, Glycerinaldehyd

glycerol/glycerin/1,2,3-propanetriol Glyzerin, Glycerin, Propantriol

glycine/glycocoll Glycin, Glyzin, Glykokoll

glycol/ethylene glycol/1,2-ethanediol Glykol, Glycol, Ethylenglykol

glycol aldehyde/glycolal/ hydroxyaldehyde Glykolaldehyd, Hydroxyacetaldehyd

glycolic acid (glycolate) Glykolsäure (Glykolat)

glycosidic bond/glycosidic linkage glykosidische Bindung

glycosuria/glucosuria Glykosurie, Glukosurie

glycyrrhetinic acid Glycyrrhetinsäure

glyoxalic acid (glyoxalate) Glyoxalsäure (Glyoxalat)

glyoxylic acid (glyoxylate) Glyoxylsäure (Glyoxylat)

goal-directed therapy (GDT) zielorientierte Therpie

goggles (safety goggles) Schutzbrille, Augenschutzbrille, Arbeitsschutzbrille (ringsum geschlossen)

➤ **chemical splash goggles** Spritzschutzbrille

➤ **impact safety goggles** stoßfeste Schutzbrille, Arbeitsschutzbrille mit hoher Stoßfestigkeit

gold (Au) Gold

➤ **gilding** vergolden

gold foil/gold leaf Blattgold

gold-labelling Goldmarkierung

Golgi staining method Golgi-Anfärbemethode

Gooch crucible Gooch-Tiegel

Good Clinical Practice (GCP) Gute klinische Praxis

Good Hygiene Practice (GHP) Gute Hygienepraxis

Good Laboratory Practice (GLP) Gute Laborpraxis

Good Manufacturing Practice (GMP) Gute Industriepraxis, Gute Herstellungspraxis (GHP) (Produktqualität)

Good Work Practices (GWP) Gute Arbeitspraxis

gooey klebrig, schmierig, ‚pappig‘

gooseflesh/goose pimples/goose bumps Gänsehaut

gooseneck Schwanenhals

gowning room (cleanroom/ containment level) Umkleidekabine

gradation Abstufung, Staffelung; Abtönung

grade *n* Güte, Klasse, Stufe, Qualität; Sorte

grade *vb* sortieren, einteilen, klassieren; einstufen

graded ethanol series Alkoholreihe, aufsteigende Äthanolreihe

gradient Gradient; Neigung; *chem* Gefälle, Gradient

gradient gel electrophoresis Gradienten-Gelelektrophorese

graduate *n* Mensur, Messzylinder (Messbehälter/Messgefäß)

graduate *vb* graduieren, mit einer Maßeinteilung versehen, in Grade einteilen; *chem* gradieren; (from school) einen (Schul~) Abschluss machen (eine Abschlussprüfung bestehen)

graduated graduiert, mit einer Gradeinteilung versehen

graduated cylinder Messzylinder

graduated pipet/measuring pipet Messpipette

graduation Abstufung, Staffelung; Graduierung, Gradeinteilung, Gradstrich, Teilstrich; Ringmarke (Laborglas etc.)

graft *n* Pfropfen, Pfropfung; Transplantat

graft *vb* pfropfen; *polym* anpolymerisieren

graft rejection *med* Transplantatabstoßung

graft-versus-host reaction (GVH) Transplantat-anti-Wirt-Reaktion

grain Korn, Körnung; Faserorientierung

grain-size class Kornklasse

gram/gramme (*Br*) Gramm (Maßeinheit für Masse)

gram equivalent Grammäquivalent

gram-negative gramnegativ

gram-positive grampositiv

Gram stain/Gram's method Gram-Färbung

➢ **gram-negative** gramnegativ

➢ **gram-positive** grampositiv

grant *n* Zuschuss, Beihilfe; (for educational purposes) Ausbildungs-/Studienbeihilfe; (scholarship) Stipendium

granular granulär, gekörnt, körnig

granulate *vb* granulieren, körnen

granulation Granulieren, Körnen, Körnigkeit

granulator/pelletizer Granulator, Granulierapparat (Mühle)

granule Körnchen

grape sugar/glucose/dextrose Traubenzucker, Glukose, Glucose, Dextrose

graph *n* (plot/chart/diagram) graphische Darstellung

graph paper/metric graph paper Millimeterpapier

graphite Grafit

graphite furnace Grafitofen

grasping claws/clasper(s)/clasps Haltezange, Klasper

grate *n* Gitter, Rost, Rätter; Fangrechen

grate *vb* reiben, raspeln; vergittern, mit einem Rost versehen

grater Reibe, Reibeisen, Raspel

gravel Kies

gravid/pregnant trächtig, schwanger

gravimetry/gravimetric analysis Gravimetrie, Gewichtsanalyse

gravitation Gravitation, Schwerkraft

gravitational field Schwerefeld

gravitational pull Anziehungskraft

gravity (gravitational force) Schwerkraft, Gravitationskraft

➢ **specific gravity** spezifisches Gewicht

gravity column chromatography Normaldruck-Säulenchromatografie

gravity filtration Schwerkraftsfiltration (gewöhnliche Filtration)

grease *vb* schmieren, einfetten

grease *n* (lubricating grease) Schmierfett, Schmiere

➢ **apiezon grease** Apiezonfett

➢ **silicone grease** Silikon-Schmierfett

greasy schmierig, verschmiert, fettig

greenhouse (hothouse/forcing house) Gewächshaus, Treibhaus

greenhouse effect Treibhauseffekt

greenhouse gases Treibhausgase

grid (screen/raster) Raster; *micros* Gitter, Netz, Gitternetz, Probenträger(netz) (für Elektronenmikroskop); (grate/bar screen: sewage treatment plant) Rechen (der Kläranlage)

➢ **power grid** *electr* Verteilungsnetz

grid method Rastermethode

grid sampling *ecol* Rasterstichprobenerhebung

grime (soot/smut/dirt adhering or embedded in a surface) dicker, festsitzender Schmutz (auf Oberflächen)

grind (crush) mahlen, zerkleinern (*grob*); (pulverize) mahlen, zerkleinern; schmirgeln

grinder Mühle (*mittel*); (grinding machine) Schleifer, Schleifmaschine

grinding Zermahlen (*grob*); (milling) Vermahlung; Schleifen, Abschleifen (Oberflächen); (im Mörser) trituration; (Pulverisierung) pulverization

grinding balls Mahlkugeln (Mühle)

grinding jar Mahlbecher (Mühle)

grindings Abrieb, Gemahlenes

grip (grasp/handle) Griff (zupackend/festhaltend)

grippers Greifzange

grist Mahlgut; (milled malt) Malzschrot, geschrotetes Malz

grit Korn, Schrot, Kies, Grus, Grobstaub, Grobsand; Körnung; Abrieb; Sandfanggut

grits (coarsely ground hulled grain) Grieß, Schrot; (*grob:* meal/*fein:* flour) Getreidemehl

gritty körnig, sandig

grommet Öse, Metallöse

groove Kerbe, Falz, Fuge; Nute, Rinne, Furche; Riefe

gross potential Summenpotenzial

gross weight Bruttogewicht

ground *n electr* Erde, Erdung; *geol* Erde, Erdboden, Boden

ground *vb* (earth *Br*) *electr* erden

ground fault Erdfehler, Erdschluss

ground fault current (leakage current) Erdschlussstrom, Fehlerstrom

ground fault current interrupter (GFCI)/ ground fault interrupter (GFI)/residual current operated circuit breaker (RCCB)/residual current device (RCD) Fehlerstrom-Schutzschalter (FI-Schalter)

ground glass geschliffenes Glas, Glasschliff

ground-glass equipment Schliffgerät

ground-glass joint Schliffverbindung, Glasschliffverbindung, Schliff

➢ **flat-flange ground joint/ flat-ground joint/plane-ground joint** Planschliffverbindung, Planschliff (glatte Enden)

➢ **spherical ground joint**
Kugelschliffverbindung,
Kugelschliff

➢ **tapered ground joint**
(S.T. = standard taper) Kegelschliff
(N.S. = Normalschliff)

ground-glass stopper/ground-in
stopper/ground stopper
Schliffstopfen

ground joint (ground-glass joint)
Schliffverbindung, Schliff,
Glasschliffverbindung

➢ **flat-flange ground joint/**
flat-ground joint/plane-ground joint
Planschliffverbindung, Planschliff
(glatte Enden)

➢ **ground-joint clip/**
ground-joint clamp Schliffklammer,
Schliffklemme (Schliffsicherung)

➢ **ground-jointed flask** Schliffkolben

➢ **spherical ground joint**
Kugelschliffverbindung, Kugelschliff

➢ **tapered ground joint**
Kegelschliffverbindung, Kegelschliff

ground state Grundzustand

grounded (*Br* earthed) *electr* geerdet

groundwater Grundwasser

group leader/principal investigator
(lab/research) Gruppenleiter

grow wachsen

➢ **slow-growing** langsam wachsend

grow up aufwachsen

growth Wachstum; (habit) Wuchs;
(cover/stand) Bewuchs

growth curve Wachstumskurve

growth factor Wachstumsfaktor

growth form/appearance/habit
Wuchsform, Wachstumsform,
Habitus

growth inhibitor Wachstumshemmer,
Wuchshemmer, Wuchshemmstoff

growth period Wachstumsperiode

growth phase Wachstumsphase

➢ **exponential growth phase**
exponentielle Wachstumsphase,
exponentielle Entwicklungsphase

➢ **logarithmic phase (log-phase)**
logarithmische Phase

growth rate (vigor)
Wachstumsgeschwindigkeit,
Wachstumsrate, Zuwachsrate;
(vigor) Wachstumsleistung

growth regulator/phytohormone/
growth substance Wuchsstoff
(Pflanzenwuchsstoff),
Phytohormon

growth-retarding/growth-inhibiting
wachstumshemmend

growth-stimulating
wachstumsfördernd

growth vigor Wuchskraft

guano Guano

guanylic acid (guanylate)
Guanylsäure (Guanylat)

guar gum/guar flour Guarmehl,
Guar-Gummi

guar meal/guar seed meal
Guar-Samen-Mehl

guarantee *n* Garantie,
Gewährleistung, Bürgschaft,
Sicherheit

guarantee *vb* (warrant) garantieren,
gewährleisten, verbürgen,
sicherstellen

guard *n* (custodian) Aufseher,
Wächter; (security guard) Wächter,
Wachmann; (protective device)
Schutzvorrichtung

guard *vb* bewachen, beschützen,
sichern

guard column/precolumn (HPLC)
Schutzsäule, Vorsäule

guard tube Sicherheitsrohr
(Laborglas)

guide bushing (of shaft/impeller)
Führungsbuchse

guideline(s) Leitlinie(n), Richtlinie(n)
guillotine Guillotine
(zur Dekapitation von Labortieren)
gulonic acid (gulonate) Gulonsäure
(Gulonat)
gum *n* Gummi (*nt/pl* Gummen)
(Lebensmittel-/Pflanzensaft-/
Polysaccharidgummen etc.)
gum *vb* gummieren
gum arabic/acacia gum Gummi
arabicum, Gummiarabikum,
Arabisches Gummi, Acacia-Gummi
gunk (filthy/sticky/greasy matter)
Schmiere, klebriges Zeug,
schmierige Pampe
gunpowder Schießpulver
gush *n* Guss, Erguss, Strom, Schwall
gush *vb* entströmen, (heftig)
herausströmen, (schwallartig)
hervorsprudeln, sich heftig
ergießen
gypsum (selenite) $CaSO_4 \times 2H_2O$
Gips
gypsum board (ceiling) Gipsplatte
(Deckenbeschalung)
gyral sich drehend; herumwirbelnd
gyrate kreiseln, kreisen, sich drehen,
rotieren, umlaufen, wirbeln
gyration Kreisbewegung, Drehung;
Windung
gyratory mixer Kreiselmischer
gyre Windung; Kreis

H

hacksaw Metallbogensäge,
Metallsägebogen, Metallsäge
hair bundle (hygrometer)
Haarharfe(-Messelement)
**hairpin cotter/hair pin cotter/hitch pin
clip/bridge pin/R clip** Federsplint
**half cell/half element
(single-electrode system)**

Halbelement (galvanisches),
Halbzelle
half-cell potential
Halbzellenpotenzial
half-life Halbwertszeit; (Enzyme)
Halblebenszeit
half-mask (respirator) Halbmaske
half-reaction (electrode potentials)
Teilreaktion
hallucinogen Halluzinogen
hallucinogenic halluzinogen
hallway/hall/corridor Flur, Korridor
halve *vb* halbieren
hammer Hammer
➢ **ball pane hammer/ball peen
hammer/ball pein hammer**
Schlosserhammer mit Kugelfinne
➢ **bush hammer** Scharrierhammer
➢ **carpenter's roofing hammer**
Latthammer
➢ **claw hammer** Klauenhammer,
Splitthammer
➢ **club hammer/mallet** Fäustel,
Handfäustel
➢ **fitter's hammer/locksmith's
hammer** Schlosserhammer
➢ **sledge hammer** Vorschlaghammer
hammer mill Hammermühle
hand cart/barrow (*Br* trolley)
Sackkarre
**hand disinfectant/hand disinfection
agent/hand sanitizer**
Handdesinfektionsmittel,
Händedesinfektionsmittel
hand mill Handmühle
hand motion (handshaking motion)
Handbewegung
hand-operated vacuum pump
manuelle Vakuumpumpe
hand pump Handpumpe
**hand sanitizer/hand disinfectant/
hand disinfection agent**
Handdesinfektionsmittel,
Händedesinfektionsmittel

handgrips Griffe, Tragegriffe
handicapped behindert
➤ physically handicapped
  körperbehindert
handing over/delivery Übergabe
handle n Griff, Schaft
handling Handhabung, Hantieren,
  Gebrauch, Umgang (Verhalten)
handsaw Handsäge
handtooled
  handgearbeitet (Glas etc.)
hard coal/anthracite Glanzkohle,
  Anthrazit
hard hat/hardhat/safety helmet
  Schutzhelm
harden härten; polym siehe: cure;
  (vulcanize) vulkanisieren; siehe
  auch: temper
hardness (toughness) Härte
➤ permanent hardness bleibende
  Härte, permanente Härte
➤ temporary hardness temporäre
  Härte, Carbonathärte
➤ total hardness Gesamthärte
  (Wasser)
➤ water hardness Wasserhärte
hardy/persistent/enduring
  ausdauernd (wiederstandsfähig),
  winterfest, winterhart
hardware dealer Metallwarenhändler
harmful/injurious (causing damage/
  damaging) schädlich; (detrimental
  to one's health: see nocent)
➤ nocent (Xn) gesundheitsschädlich
harmful organism/harmful lifeform
  Schadorganismus
harmless/not harmful
  (not dangerous: safe) ungefährlich
  (sicher); (not harmful/inactive)
  unschädlich
harness Gurt, Sicherheitsgurt
hartshorn salt/ammonium carbonate
  Hirschhornsalz, Ammoniumcarbonat
harvest n Ernte

harvest vb (a crop) ernten
hatchet Beil
Haworth projection/Haworth formula
  Haworth-Projektion,
  Haworth-Formel
hay infusion Heuaufguss
hazard Gefahr; (source of danger)
  Gefahrenquelle
➤ biohazard biologische Gefahr/
  Gefahrenquelle; biologisches Risiko
➤ occupational hazard Berufsrisiko;
  Gefahr am Arbeitsplatz
hazard assessment
  Gefahrenbeurteilung
hazard bonus Gefahrenzulage
hazard code Gefahrencode,
  Gefahrenkennziffer
hazard diamond
  Gefahrendiamant
hazard icon/hazard symbol/hazard
  warning symbol Gefahrensymbol,
  Gefahrenwarnsymbol
hazard label Gefahrzettel
hazard rating/hazard class/
  hazard level Gefahrenstufe,
  Gefahrenklasse, Risikostufe
hazard statements (GHS)
  Gefahrenhinweise
hazard warning(s)
  Gefährlichkeitsmerkmale
hazard warning sign/warning sign/
  danger signal
  Gefahrenwarnzeichen
hazard warning symbol
  Gefahrensymbol
hazard warnings
  Gefahrenbezeichnungen,
  Gefährlichkeitsmerkmale
➤ asphyxiant erstickend
➤ carcinogenic (Xn) krebserzeugend,
  karzinogen, kanzerogen
➤ corrosive (C) ätzend
➤ dangerous for the environment
  (N = nuisant) umweltgefährlich

- **explosive (E)** explosionsgefährlich
- **extremely flammable (F+)** hochentzündlich
- **extremely toxic (T+)** sehr giftig
- **flammable (R10)** entzündlich
- **harmful/nocent (Xn)** gesundheitsschädlich
- **highly flammable (F)** leicht entzündlich
- **irritant (Xi)** reizend
- **lachrymatory** tränend (Tränen hervorrufend)
- **moderately toxic** mindergiftig
- **mutagenic (T)** erbgutverändernd, mutagen
- **nocent/harmful (Xn)** gesundheitsschädlich
- **nuisant (N)/dangerous for the environment** umweltgefährlich
- **oncogenic** onkogen
- **oxidizing (O)/pyrophoric** brandfördernd
- **radioactive** radioaktiv
- **sensitizing** sensibilisierend
- **teratogenic** teratogen
- **toxic (T)** toxisch, giftig
- **toxic to reproduction (T)** fortpflanzungsgefährdend, reproduktionstoxisch

hazard zone Gefahrenzone
- **Nominal Hazard Zone (NHZ)** nominale Gefahrenzone

hazardous gefährlich, gesundheitsgefährdend; unfallträchtig
- **nonhazardous** ungefährlich, nicht gesundheitsgefährdend

hazardous material gefährlicher Stoff

hazardous material class Gefahrenstoffklasse

hazardous materials regulations Gefahrenstoffverordnung, Gefahrgutbestimmungen

hazardous materials safety cabinet Gefahrstoffschrank

hazardous waste Sondermüll, Sonderabfall, Problemabfall

hazardous waste disposal Sondermüllentsorgung

hazardous waste dump Sondermülldeponie

hazardous waste incineration plant Sondermüllverbrennungsanlage

hazardous waste treatment plant Sondermüllentsorgungsanlage

head (e.g., fat molecule) Kopf

head cover Kopfbedeckung

headspace Gasraum, Kopfraum, Dampfraum, Headspace

headspace analysis Headspace-Analyse, Kopfraumanalyse, Dampfraumanalyse

headspace gas chromatography Dampfraum-Gaschromatografie

headspace vial Headspace-Gläschen

health Gesundheit; Gesundheitszustand
- **detrimental to one's health** ungesund, der Gesundheit abträglich
- **injurious to one's health** gesundheitsschädlich

health care medizinische Versorgung, Gesundheitsfürsorge

health center (health-care center) Ärztezentrum, Gesundheitszentrum

health certificate Gesundheitsattest, Gesundheitszeugnis, ärztliches Attest

health education Gesundheitserziehung

health hazard Gesundheitsrisiko

health insurance Krankenversicherung

health resort Kurort

health-threatening
gesundheitsbedrohend

healthy gesund

➢ **unhealthy (detrimental to one's health)** ungesund

hearing Gehör; (sense of hearing) Hörfähigkeit

hearing limit/auditory limit/limit of audibility Hörgrenze

hearing protection Gehörschutz

hearing protectors/ear muffs Gehörschützer

➢ **banded hearing protectors** Bügelgehörschützer

hearing threshold/auditory threshold Hörschwelle

heartburn/acid indigestion Sodbrennen

heat *vb* heizen; (heat up) erhitzen, aufheizen; beheizen; (warm up) erwärmen

heat *n* Hitze

➢ **combustion heat/heat of combustion** Verbrennungswärme

➢ **radiant heat** Strahlungswärme

➢ **residual heat** Restwärme

➢ **specific heat** spezifische Wärme

➢ **waste heat** Abwärme

heat build-up Wärmestau

heat capacity/thermal capacity Wärmekapazität

heat conduction Wärmeleitung

heat conductivity/thermal conductivity Wärmeleitfähigkeit

heat defier gloves/heat-resistant gloves Hitzehandschuhe

heat dissipation Wärmeabstrahlung

heat evolution Hitzeentwicklung

heat exchange Wärmeaustausch

heat exchanger Wärmetauscher, Wärmeaustauscher

heat flow Wärmefluss, Wärmestrom

heat gun/hot air gun Heißluftpistole, Heißluftgebläse

heat input Wärmeeintrag

heat kick ‚böllern'

heat loss Wärmeverlust; (heat output) Wärmeabgabe

heat of combustion Verbrennungswärme

heat of dilution Verdünnungswärme

heat of evaporation/heat of vaporization Verdunstungswärme, Verdampfungswärme

heat of formation Bildungswärme

heat of mixing Mischungswärme

heat of reaction/heat effect Reaktionswärme, Wärmetönung

heat of solution/heat of dissolution Lösungswärme

heat of vaporization Verdampfungswärme, Verdunstungswärme

heat-proof wärmebeständig, temperaturbeständig, wärmefest, thermisch stabil

heat pump Wärmepumpe

heat radiation Wärmestrahlung, thermische Strahlung, Temperaturstrahlung

heat-resistant/heat-stable hitzebeständig, hitzestabil

heat seal *vb* heißsiegeln

heat sealing Heißsiegeln, Heißkleben, Heißverschweißen

heat shock Hitzeschock

heat shock reaction/heat shock response Hitzeschockreaktion

heat-shrinkable film Schrumpffolie

heat shrinking Wärmeschrumpfen

heat sink Wärmesenke, Wärmeableiter

heat source Wärmequelle

heat-stable hitzestabil, hitzebeständig

heat supply Wärmezufuhr
heat-tolerant hitzeverträglich
heat tone/heat tonality
Wärmetönung
heat transfer Wärmeübergang,
Wärmedurchgang
heat transmission
Wärmeübertragung
heat transport
Wärmetransport
heat treatment/baking
Wärmebehandlung,
Hitzebehandlung, Backen
heat value (calorific power) Heizwert;
(heating value) Brennwert
heatable heizbar, beheizbar
heater/heating system Heizer,
Heizgerät, Heizapparat, Heizung
heating (warming) Erhitzung
(Erwärmung)
➢ **overheating/superheating**
Überhitzen, Überhitzung
heating bath Heizbad
heating coil Heizschlange, Heizwendel
heating mantle Heizhaube,
Heizmantel, Heizpilz
**heating oven/heating furnace (more
intense)** Wärmeofen
heating system Heizung,
Heizungsanlage
heating tape/heating cord Heizband,
Heizbandage
heating-up period Aufheizperiode,
Aufheizphase
heatstroke Hitzeschlag
heavy schwer; (less volatile) schwer
flüchtig (höhersiedend)
heavy-duty/superior performance
hochbeanspruchbar,
hochleistungsfähig,
Hochleistungs..., superstark,
verstärkt
heavy metal Schwermetall

heavy metal contamination
Schwermetallbelastung
heavy metal poisoning
Schwermetallvergiftung
heavyweight schwergewicht...,
schwergewichtig
Heimlich maneuver *med*
Heimlich-Handgriff
helical ribbon impeller Wendelrührer
helice (column packing) *dist* Wendel
helix (*pl* helices or helixes)/spiral
Helix, Spirale (*pl* Helices)
help (aid/assistance/support) Hilfe;
Aushilfe
**hemadsorption inhibition test
(HAI test)**
Hämadsorptionshemmtest (HADH)
**hemagglutination inhibition test
(HI test)**
Hämagglutinationshemmtest (HHT)
hematocyte Hämatocyt, Blutzelle
hematopoiesis Hämatopoese,
Haematopoese, Blutbildung,
Blutzellbildung
hemiacetal Halbacetal
hemicyclic hemicyclisch
hemorrhagic hämorrhagisch,
blutzersetzend
hemostatic blutstillend,
hämostatisch, antihämorrhagisch
**hemostatic forceps/hemostat/
artery clamp** Gefäßklemme,
Arterienklemme, Venenklemme
**HEPA-filter (high-efficiency particulate
and aerosol air filter)**
HOSCH-Filter
(Hochleistungsschwebstoffilter)
hepar reaction/hepar test
Heparreaktion, Heparprobe
hepatotoxic leberschädigend,
hepatotoxisch
herb Kraut, Krautpflanze;
(herbs:medicinal) Heilkräuter

➢ **herbal drug** Pflanzendroge
herbarium Herbar
herbicide/weed killer Herbizid,
   Unkrautvernichtungsmittel,
   Unkrautbekämpfungsmittel
hereditary (heritable) erblich,
   hereditär
**hereditary disease/genetic disease/
   inherited disease/heritable
   disorder/genetic defect/genetic
   disorder** Erbkrankheit, erbliche
   Erkrankung
**hereditary information/genetic
   information** Erbinformation
hereditary material Erbträger,
   Erbsubstanz; (genome) Genom,
   Erbgut
hereditary trait Erbmerkmal
**heredity/inheritance/transmission
   (of hereditary traits)** Vererbung
heritability Erblichkeitsgrad,
   Heritabilität
hermaphroditic contact
   electr Zwitterkontakt
heterocycle Heterocyclus
heterocyclic heterocyclisch
heterogeneity Heterogenität,
   Ungleichartigkeit,
   Verschiedenartigkeit, Andersartigkeit
**heterogeneous (consisting of
   dissimilar parts)** heterogen,
   ungleichartig, verschiedenartig,
   andersartig
heterogenetic heterogenetisch,
   genetisch unterschiedlichen
   Ursprungs
heterogenous (of different origin)
   heterogen, unterschiedlicher
   Herkunft
heterogeny Heterogenie,
   unterschiedlicher Herkunft

heterologous heterolog
heterologous probing mit Hilfe einer
   heterologen Sonde
heterologous vaccine heterologer
   Impfstoff, heterologe Vakzine
heteropolar bond heteropolare
   Bindung
heteropolymer Heteropolymer
heteroscedasticity *stat*
   Heteroskedastizität,
   Varianzheterogenität
heterotroph/heterotrophic
   heterotroph
heterotypic heterotypisch
**hex-head stopper/hexagonal
   stopper** Sechskantstopfen
hex nutdriver
   Sechskant-Steckschlüssel
**hex screwdriver (hexagonal
   screwdriver)**
   Sechskantschraubenzieher
hex socket wrench
   Sechskant-Stiftschlüssel
high-accuracy... Präzisions...,
   mit hoher Messgenauigkeit
high-capacity... hochleistungsfähig
high density lipoprotein (HDL)
   Lipoprotein hoher Dichte
high energy bond energiereiche
   Bindung
high energy compound energiereiche
   Verbindung
high energy explosive (HEX)
   hochbrisanter Sprengstoff
high explosive brisanter Sprengstoff
high-field shift (NMR)
   Hochfeldverschiebung
high fructose corn syrup
   Isomeratzucker, Isomerose
high-grade steel/high-quality steel
   Edelstahl

high-molecular hochmolekular

high-performance Hochleistungs...

high-pressure freezing
Hochdruckfrieren

high-pressure liquid chromatography/high performance liquid chromatography (HPLC)
Hochdruckflüssig-
keitschromatografie,
Hochleistungschromatografie

high-pressure tubing
Hochdruckschlauch (larger
diameter:hose)

high-purity... hochrein

high-resolution... hochauflösend,
hoch aufgelöst

high-speed centrifuge/ high-performance centrifuge
Hochgeschwindigkeitszentrifuge

high-throughput Hochdurchsatz...

high voltage Hochspannung

high voltage electron microscopy (HVEM) Höchstspannungs-
elektronenmikroskopie

highly flammable (F) leicht
entzündlich, leicht brennbar

highly ignitable hochentzündlich

highly pure (superpure/ultrapure)
reinst

highly toxic hochgiftig

highly volatile/light leicht flüchtig
(niedrig siedend)

hinge Gelenk, Scharnier, Schloss,
Schlossleiste

Hirsch funnel Hirsch-Trichter

histocompatibility
Histokompatibilität,
Gewebeverträglichkeit

histogram/strip diagram
Histogramm, Streifendiagramm

histoincompatibility
Histoinkompatibilität,
Gewebeunverträglichkeit

histology Gewebelehre, Histologie

Hofmeister series/lyotropic series
Hofmeistersche Reihe,
lyotrope Reihe

hoist (lifting platform) Hebebühne

holdup/retention Retention

holdup time (GC) Totzeit,
Durchflusszeit

holdup volume Durchflussvolumen,
Totvolumen

hollow fiber Hohlfaser

hollow impeller shaft Hohlwelle
(Rührer)

hollow cathode lamp (HCL)
Hohlkathodenlampe (HKL)

hollow stirrer Hohlrührer

hollow stopper Hohlstopfen,
Hohlglasstopfen

homogeneity (with same kind of constituents) Homogenität,
Einheitlichkeit, Gleichartigkeit

homogeneous (having same kind of constituents) homogen,
einheitlich, gleichartig

homogenization Homogenisation,
Homogenisieren, Homogenisierung

homogenize homogenisieren

homogenizer Homogenisator

homogenous (of same origin)
homogen, gleicher Herkunft

homogentisic acid
Homogentisinsäure

homograft/syngraft (syngeneic graft)/allograft Homotransplantat,
Allotransplantat

homoiosmotic/homeosmotic
homoiosmotisch

homologize homologisieren

homologous homolog,
ursprungsgleich

homology Homologie

homopolar bond/nonpolar bond
homopolare Bindung

homopolymer Homopolymer
homoscedasticity
   Varianzhomogenität,
   Varianzgleichheit,
   Homoskedastizität
hone n Schleifstein
hood Kapuze; (bouffant cap)
   Haarschutzhaube (fürs Labor);
   (fume hood/fume cupboard *Br*)
   Abzug, Dunstabzugshaube
➢ **clean-room bench**
   Reinraumwerkbank
➢ **forced-draft hood** Saugluftabzug
➢ **fume hood** Rauchabzug,
   Dunstabzugshaube, Abzug
➢ **laminar flow hood/laminar flow
   workstation** Querstrombank
➢ **sash** Schiebefenster, Frontschieber,
   verschiebbare Sichtscheibe (Abzug/
   Werkbank)
➢ **vertical flow hood/workstation/unit**
   Fallstrombank
➢ **walk-in hood** begehbarer Abzug
hook clamp Hakenklemme (Stativ)
hook up/wire to/(make) contact
   electr anschließen
hopper (feeder) Einfülltrichter
   (an Großapparatur)
horizontal gel/flat bed gel horizontal
   angeordnetes Plattengel
hose Schlauch
➢ **garden hose** Gartenschlauch
hose attachment socket
   Schlauchtülle (z. B. am
   Gasreduzierventil)
hose barb Olive;
   Schlauch-Ansatzstutzen
hose bundle/tubing bundle
   Schlauchschelle
   (Abrutschsicherung, Befestigung an
   Verbindungsstück)

hose clamp/hose clip
   Schlauchklemme, Schlauchschelle
   (Installationen: zur
   Schlauchbefestigung)
hose connection
   Schlauchverbindung;
   (barbed/male) Olive; (flask)
   Schlauch-Ansatzstutzen
hose connection gland Schlauchtülle
hose pump Schlauchpumpe
host range *ecol* Wirtsspektrum
host specificity Wirtsspezifität
hot air Heißluft
hot-air gun Heißluftgebläse,
   Labortrockner, Föhn
hot plate Heizplatte, Kochplatte;
   elektrische Kochplatte
➢ **double-burner hot plate**
   Doppelkochplatte
➢ **single-burner hot plate**
   Einfachkochplatte
➢ **stirring hot plate** Magnetrührer mit
   Heizplatte
hot-water funnel (double-wall funnel)
   Heißwassertrichter
household Haushalt
household brush Handbesen,
   Handfeger
household waste/trash
   Haushaltsmüll, Haushaltsabfälle
housing (shell/case/casing)
   Gehäuse
hub Nabe; Drehkreuz; Verteiler
hue Farbton, Tönung, Schattierung,
   Nuance
human *adj/adv* menschlich, den
   Menschen betreffend
human biology Humanbiologie
human ecology Humanökologie
human genetics Humangenetik,
   Anthropogenetik

Human Genome Project (HUGO)
menschliches Genomprojekt

human resources
Arbeitskräfte(potenzial)

human resources department
Personalabteilung

humane menschlich (wie ein guter
Mensch handelnd:hilfsbereit,
selbstlos)

humane society Gesellschaft zur
Verhinderung von Grausamkeiten
an Tieren

humic acid Huminsäure

humid/damp/moist feucht

humidifier/mist blower
Luftbefeuchter; Wasserzerstäuber,
Sprühgerät

humidify/prewet anfeuchten

humidistat Humidistat,
Feuchtigkeitsmesser

humidity/dampness/moisture
Feuchtigkeit

humidity-gradient apparatus
ecol Feuchte-Orgel,
Feuchtigkeitsorgel

hunch/guess/assumption
Vermutung, Annahme

hunger Hunger

hungry hungrig

hurt/be painful schmerzen

hutch/coop kleiner Tierkäfig,
Verschlag (z. B. Geflügelstall)

hyaluronic acid Hyaluronsäure

hybrid *adj/adv* (crossbred) hybrid,
durch Kreuzung erzeugt

hybrid *n* **(crossbreed)** Hybride

hybridization Hybridisierung

hybridization oven
Hybridisierungsofen

hybridize hybridisieren

hydrate Hydrat

hydration/solvation Hydratation,
Hydratisierung, Solvation
(Wassereinlagerung/~anlagerung)

hydration shell Hydrathülle,
Wasserhülle, Hydratationsschale

hydraulic fluid Hydraulikflüssigkeit

hydric hydrisch

hydrocarbon Kohlenwasserstoff

➤ **chlorinated hydrocarbon** chlorierter
Kohlenwasserstoff

➤ **chlorofluorocarbons/**
chlorofluorinated
hydrocarbons (CFCs)
Fluorchlorkohlenwasserstoffe
(FCKW)

➤ **fluorinated hydrocarbon**
Fluorkohlenwasserstoff

hydrochloric acid Salzsäure,
Chlorwasserstoffsäure

hydrofluoric acid/phthoric
acid Fluorwasserstoffsäure,
Flusssäure

hydrogen (H) Wasserstoff

hydrogen bond Wasserstoffbrücke,
Wasserstoffbrückenbindung

hydrogen cyanide/hydrocyanic
acid/prussic acid Blausäure,
Cyanwasserstoff

hydrogen electrode
Wasserstoffelektrode

hydrogen fluoride Fluorwasserstoff,
Fluoran, Hydrogenfluorid

hydrogen ion (proton) Wasserstoffion
(Proton)

hydrogen peroxide
Wasserstoffperoxid

hydrogen sulfide H$_2$S
Schwefelwasserstoff

hydrogenate hydrieren,
hydrogenieren

hydrogenation Hydrierung
(Wasserstoffanlagerung)

hydroiodic acid/hydrogen iodide
Iodwasserstoffsäure

hydrology Hydrologie

hydrolysis Hydrolyse,
Wasserspaltung

hydrolytic hydrolytisch,
   wasserspaltend
hydrolyzate Hydrolysat
**hydrophilic (water-attracting/
   water-soluble)** hydrophil
   (wasseranziehend/wasserlöslich)
hydrophilic bond
   hydrophile Bindung
**hydrophilicity (water-attraction/
   water-solubility)** Hydrophilie
   (Wasserlöslichkeit)
**hydrophobic (water-repelling/
   water-insoluble)** hydrophob
   (wasserabweisend/
   wasserabstoßend, wasserunlöslich)
hydrophobic bond hydrophobe
   Bindung
hydrophobicity (water-insolubility)
   Hydrophobie (Wasserabweisung/
   Wasserunlöslichkeit)
**hydroponics (soil-less culture/
   solution culture)** Hydrokultur
hydrostatic pressure (turgor)
   hydrostatischer Druck (Turgor)
hydroxyapatite Hydroxyapatit
hydroxylation Hydroxylierung
hygiene Hygiene
➢ **industrial hygiene** Arbeitshygiene
➢ **occupational hygiene**
   Arbeitsplatzhygiene
➢ **personal hygiene** persönliche
   Hygiene
➢ **personnel hygiene** Personalhygiene
   (betrieblich)
➢ **product hygiene** Produkthygiene
hygiene plan Hygieneplan
hygienic hygienisch
hygienic conditions
   Hygienebedingungen
hygrograph Hygrograph,
   Feuchtigkeitsschreiber
hygrometer Hygrometer,
   Feuchtigkeitsmesser,
   Luftfeuchtigkeitsmesser

hygroscopic hygroskopisch,
   wasseranziehend (Feuchtigkeit
   aufnehmend)
**hyperchromicity/hyperchromic effect/
   hyperchromic shift**
   Hyperchromizität
hyperfunction/hyperactivity
   Überfunktion
hypersensitivity
   Überempfindlichkeit; (allergy)
   Allergie, Hypersensibilität
hypertension Hochdruck,
   Bluthochdruck
hyphenated methods
   Kopplungsmethoden
hyphenation (MS) Kopplung
hypodermic needle Nadel, Kanüle,
   Hohlnadel (Spritze)
hypodermic syringe Injektionsspritze
hypofunction/insufficiency
   Unterfunktion, Insuffizienz
hypothesis (*pl* hypotheses)
   Hypothese
hypothetic/hypothetical hypothetisch
hypoxia
   Hypoxie, Sauerstoffmangel

I

ice Eis
➢ **crushed ice** zerstoßenes Eis,
   Eisschnee (fürs Eisbad)
➢ **dry ice (CO_2)** Trockeneis
ice bath/ice-bath Eisbad
ice bucket Eisbehälter
ice nucleating activity
   micb Eiskernaktivität
ice scraper Eiskratzer
identical identisch, genau gleich
identification Identifikation,
   Bestimmung, Erkennung,
   Feststellung; Legitimation; Kennung
identification limit Nachweisgrenze,
   Erfassungsgrenze

identity Identität, völlige Gleichheit
identity by state (IBS) identisch
   aufgrund von Zufällen
ignitability Zündbarkeit,
   Entzündbarkeit
ignitable entzündbar
➤ highly ignitable hochentzündlich
➤ spontaneously ignitable/
   self-ignitable/autoignitable
   selbstentzündlich
ignite (inflame) anbrennen, entzünden,
   entflammen; (fire/spark/start) zünden;
   (strike/start a fire) anzünden
igniter/primer (fuse) Zünder
ignition Zündung, Anzünden,
   Entzünden
ignition energy Zündenergie
➤ minimum ignition energy
   Mindestzündenergie
ignition loss/loss of ignition
   Glühverlust
ignition point/kindling temperature/
   flame temperature/flame point/
   spontaneous-ignition temperature
   (SIT) Zündpunkt, Zündtemperatur,
   Entzündungstemperatur
ignition tube Zündröhrchen,
   Glühröhrchen
illness/sickness/disease/disorder
   (Störung) Erkrankung
illuminance Beleuchtungsstärke
illuminate beleuchten, erleuchten,
   erhellen
illumination Beleuchtung, Licht
➤ brightfield illumination
   Hellfeldbeleuchtung
➤ darkfield illumination
   Dunkelfeldbeleuchtung
➤ epiillumination/incident
   illumination Auflicht,
   Auflichtbeleuchtung
➤ fiber optic illumination
   Kaltlichtbeleuchtung

➤ Koehler illumination Köhlersche
   Beleuchtung
➤ oblique illumination schiefe
   Beleuchtung
➤ transillumination/transmitted
   light illumination Durchlicht,
   Durchlichtbeleuchtung
➤ widefield illumination micros
   Weitwinkelbeleuchtung
illuminator Strahler, Beleuchtung;
   (lamp/light) Leuchte, Licht
illustration Illustration, Erläuterung,
   Veranschaulichung; Bebilderung;
   (figure) Abbildung (z. B. in einer
   Fachzeitschrift/Buch)
image Bild
➤ final image micros Endbild
➤ intermediate image Zwischenbild
➤ real image opt reelles Bild
➤ virtual image opt scheinbares Bild
image point opt Bildpunkt
image processing Bildverarbeitung
imaging procedures bildgebende
   Verfahren
imbalance/disequilibrium
   Ungleichgewicht
imbibe/hydrate imbibieren,
   hydratieren
imbibition/hydration Imbibition,
   Hydratation
IMDG (Intl. Maritime Dangerous
   Goods Code) Internat. Code für
   die Beförderung von gefährlichen
   Gütern mit Seeschiffen
imino acid Iminosäure
immature unreif
immaturity/immatureness Unreife
immediate danger/imminent danger
   akute Gefahr (Gefährdung/Risiko)
immediate measure (instant action)
   Sofortmaßnahme
immerse
   eintauchen, untertauchen

immersed slot reactor
Tauchkanalreaktor
immersing surface reactor
Tauchflächenreaktor
immersion Immersion, Eintauchen,
Untertauchen
immersion bath Tauchbad
immersion circulator
Tauchpumpen-Wasserbad,
Einhängethermostat
immersion heater (*Br* **'red rod')**
Tauchsieder
**immersion refractometer/dipping
refractometer**
Eintauchrefraktometer
immersion thermometer
Tauchthermometer
imminent danger
drohende Gefahr
immiscibility Unvermischbarkeit
immiscible unvermischbar
➤ **miscible** mischbar
**immission (injection/admission/
introduction)** Immission,
Einwirkung
immobile/fixed/motionless immobil,
fixiert, bewegungslos
immobility/motionlessness
Immobilität, Bewegungslosigkeit
immobilization Immobilisation,
Immobilisierung, Ruhigstellung,
Unbeweglichmachen
immobilize (to make immobile)
immobilisieren, ruhigstellen,
unbeweglich machen
immortal unsterblich
immortality Immortalität,
Unsterblichkeit
immune
immun; unempfänglich
**immune deficiency
(immunodeficiency)**
Immunschwäche, Immundefekt

immune deficiency syndrome
Immunschwächesyndrom,
Immunmangel-Syndrom
immune electron microscopy (IEM)
Immun-Elektronenmikroskopie
immune reaction Immunreaktion
immune response Immunantwort
immunity Immunität
➤ **active immunity** aktive Immunität
➤ **concomitant immunity/
premunition** Prämunität,
Präimmunität, Prämunition,
begleitende Immunität
➤ **cross protection** Kreuzimmunität
(übergreifender Schutz)
➤ **passive immunity** passive
Immunität
immunization/vaccination
Immunisierung, Impfung
immunize/vaccinate immunisieren,
impfen
immunoaffinity chromatography
Immunaffinitätschromatografie
immunoblot/Western blot
Immunoblot, Western-Blot
immunodiffusion Immundiffusion,
Immunodiffusionstest
(Gelpräzipitationstest)
➤ **double diffusion/double
immunodiffusion (Ouchterlony
technique)** Doppeldiffusion,
Doppelimmundiffusion
➤ **double radial immunodiffusion
(DRI) (Ouchterlony technique)**
doppelte radiale Immundiffusion
(Ouchterlony-Methode)
immunoelectron microscopy (IEM)
Immun-Elektronenmikroskopie
immunoelectrophoresis
Immunelektrophorese
➤ **charge-shift
immunoelectrophoresis**
Tandem-Kreuzimmunelektrophorese

➢ countercurrent immunoelectrophoresis/counterelectrophoresis Überwanderungsimmunelektrophorese, Überwanderungselektrophorese

➢ crossed immunoelectrophoresis/two-dimensional immunoelectrophoresis Kreuzimmunelektrophorese

➢ rocket immunoelectrophoresis Raketenimmunelektrophorese

immunofluorescence chromatography Immunfluoreszenzchromatografie

immunofluorescence microscopy Immunfluoreszenzmikroskopie

immunogenetics Immungenetik

immunogenicity Immunogenität, Immunisierungsstärke

immunogold-silver staining (IGSS) Immunogold-Silberfärbung

immunolabeling Immunmarkierung

immunology Immunologie

immunopathy Immunkrankheit, Immunopathie

immunoprecipitation Immunpräzipitation

immunoradiometric assay (IRMA) immunoradiometrischer Assay

immunosuppression/immune suppression Immunsuppression

immunosurveillance/immunologic(al) surveillance Immunüberwachung, immunologische Überwachung

immurement technique *biotech* Einschlussverfahren

impact *n* Aufprall, Zusammenprall; Schlag, Stoß, Wucht; Belastung, Druck; heftige Einwirkung

impact mill Prallmühle

impact-resistant stoßfest

impact sound Trittschall

impact sound-reduced trittschallgedämpft

impaction Einkeilung

impedance measurement Impedanzmessung

impeller Rührer, Rührwerk

➢ anchor impeller Ankerrührer

➢ crossbeam impeller Kreuzbalkenrührer

➢ disk turbine impeller Scheibenturbinenrührer

➢ flat-blade impeller Scheibenrührer, Impellerrührer

➢ four flat-blade paddle impeller Kreuzblattrührer

➢ gate impeller Gitterrührer

➢ helical ribbon impeller Wendelrührer

➢ hollow stirrer Hohlrührer

➢ marine blade impeller Schraubenblattrührer

➢ multistage impulse countercurrent impeller Mehrstufen-Impuls-Gegenstrom (MIG) Rührer

➢ off-center impeller exzentrisch angeordneter Rührer

➢ pitch screw impeller Schraubenspindelrührer

➢ pitched blade impeller/pitched-blade fan impeller/pitched-blade paddle impeller/inclined paddle impeller Schrägblattrührer

➢ profiled axial flow impeller Axialrührer mit profilierten Blättern

➢ propeller impeller Propellerrührer

➢ rotor-stator impeller/Rushton-turbine impeller Rotor-Stator-Rührsystem

➢ screw impeller Schneckenrührer

➢ self-inducting impeller with hollow impeller shaft selbstansaugender Rührer mit Hohlwelle

➢ **stator-rotor impeller/ Rushton-turbine impeller** Stator-Rotor-Rührsystem

➢ **turbine impeller** Turbinenrührer

➢ **two flat-blade paddle impeller** Blattrührer

➢ **two-stage impeller** zweistufiger Rührer

➢ **variable pitch screw impeller** Schraubenspindelrührer mit unterschiedlicher Steigung

impeller pump Kreiselpumpe, Kreiselradpumpe

impeller shaft Rührerwelle

impermeability/imperviousness Impermeabilität, Undurchlässigkeit

impermeable/impenetrable/ impervious impermeabel, undurchlässig

impingement Stoß, Aufprall, Aufschlag

implant einpflanzen (Organe)

implantation Einpflanzung (Organe)

implosion Implosion

impregnate imprägnieren, tränken, durchtränken

imprinting Prägung

improper disposal unsachgemäße Entsorgung

impulse Impuls, Stoß, Erregung, Anregung, Antrieb; *electr* Stromstoß

impure (contaminated/polluted) verunreinigt, schmutzig, unsauber, kontaminiert

impurity/contamination Verunreinigung, Kontamination

in-process verification Inprozesskontrolle

in-vitro fertilization (IVF) In-vitro-Fertilisation, Reagensglasbefruchtung

inactivate inaktivieren; außer Betrieb setzten, ausschalten

inactive inaktiv; unwirksam; untätig, träge, faul

inanimate (lifeless/nonliving) unbelebt

incendiary Zündstoff, Brandstoff

incidence Auftreten, Vorkommen, Auftreffen; Häufigkeit

incident *adj/adv* auftreffend, einfallend

incident *n* Zwischenfall; (accident) Unfall; (breakdown) Störfall

incident illumination/epiillumination Auflicht, Auflichtbeleuchtung

incident light einfallendes Licht

incidental release versehentliche Freisetzung (Austritt bei üblichem Betrieb)

incinerate (combust/burn) verbrennen; (reduce to ashes) veraschen; einäschern

incinerating tube Verbrennungsrohr (Glas)

incineration Verbrennung, Veraschung, Einäscherung, Verglühen

incineration dish Glühschälchen

incinerator Verbrennungsanlage, Verbrennungsofen

➢ **waste incineration plant** Müllverbrennungsanlage

incision (cut) Einschnitt

inclination Neigung, Neigungswinkel; Schräge, geneigte Fläche

inclusion Einschluss; (intercalation) Einlagerung

inclusion compound Einschlussverbindung, Inklusionsverbindung

incompatibility (intolerance) Inkompatibilität, Unverträglichkeit (Intoleranz)

incompatibility reaction
Inkompatibilitätreaktion,
Unverträglichkeitreaktion

incompatible (intolerant)
inkompatibel, unverträglich
(intolerant)

incorrect/wrong/false falsch,
fehlerhaft

increase *n* Zunahme, Steigerung,
Vergrößerung, Vermehrung;
(increment) Zuwachs

increased safety erhöhte Sicherheit

incubate/brüten/bebrüten
inkubieren, brood, breed

incubation Inkubation, Bebrütung,
Bebrüten

incubation period Inkubationszeit

incubation room Brutraum

incubator Brutschrank,
Wärmeschrank

➤ **shaking incubator/incubating
shaker/incubator shaker**
Inkubationsschüttler

indentation Einkerbung,
Einbuchtung, Zahnung; (notch)
Kerbe

**index number/index figure/guiding
figure** Richtwert, Richtzahl;
(indicator) *stat* Kennzahl,
Kennziffer

indicator Indikator, Anzeiger;
(recording instrument)
Anzeigegerät

indicator value Zeigerwerte

indirect end-labeling *gen* indirekte
Endmarkierung

**indolyl acetic acid/indoleacetic acid
(IAA)** Indolessigsäure

induce induzieren, veranlassen,
bewirken, auslösen, fördern

induced vomiting provoziertes
Erbrechen

inducible induzierbar

induction Induktion, Auslösung,
Herbeiführung

induction furnace/inductance furnace
Induktionsofen

induction period Induktionszeit;
(start-up period) Anlaufperiode,
Startperiode

induction stroke Saughub,
Ansaughub

induction valve/aspirator valve
Ansaugventil

inductively coupled plasma (ICP)
induktiv gekoppeltes Plasma

**inductively coupled plasma mass
spectrometry (ICP-MS)** induktiv
gekoppelte Plasma-MS

industrial industriell

industrial accident (accident at work)
Industrieunfall, Betriebsunfall

**industrial accident directive/statutory
order on hazardous incidents**
Störfallverordnung

industrial gases/manufactured gases
Industiegase, technische Gase

industrial hygiene Arbeitshygiene

industrial waste Industriemüll,
Industrieabfall

industrial water
Industrie-Brauchwasser

industry Industrie, Gewerbe,
Gewerbezweig

inedible/uneatable nicht essbar

inert *chem* träg, träge, reaktionsträge

inert dust Inertstaub

inert gas/noble gas/rare gas Edelgas

inertia Trägheit

inertial force Trägheitskraft

infect infizieren, anstecken

infection/contagion Infektion,
Ansteckung

➤ **double infection** Doppelinfektion

➤ **incomplete infection** unvollständige
Infektion

> **latent infection** latente Infektion
> **silent infection** stumme Infektion,
  stille Feiung
> **smear infection** Schmierinfektion
> **source of infection**
  Ansteckungsherd,
  Ansteckungsquelle
> **superinfection** Superinfektion,
  Überinfektion
infectiosity Infektiosität,
  Ansteckungsquelle
infectious infektiös, ansteckend,
  ansteckungsfähig
infectious disease
  Infektionskrankheit
**infectious dose (ID$_{50}$ = 50% infectious
  dose)** Infektionsdosis
infectious waste infektiöser Abfall
infective infektiös; übertragbar
infectivity Infektionsvermögen,
  Ansteckungsfähigkeit
inferiority (zahlen~/mengenmäßige)
  Unterlegenheit
infertile (sterile) unfruchtbar (steril)
infertility (sterility) Unfruchtbarkeit
  (Sterilität)
infest (pests/parasites) befallen
  (Schädlingsbefall)
infestation Verseuchung
  (mit Mikroorganismen/Ungeziefer
  etc.); (with pests/parasites) Befall
  (Schädlingsbefall)
> **degree/level/rate of infestation**
  Befallsrate
> **reinfestation** Wiederbefall
infested befallen; (with pests)
  verseucht
inflame/ignite entzünden,
  entflammen, anbrennen
inflammation Entzündung;
  (act of inflaming) Entflammung
  (Entzündung dampfförmiger
  entzündlicher Stoffe)

inflammed/inflammatory
  med entzündet, entzündlich
inflate aufblasen, mit Luft/Gas füllen
influx Einstrom, Einströmen,
  Zustrom, Zufluss
informed consent
  Einverständniserklärung nach
  ausführlicher Aufklärung
infrared absorbance detector (IAD)
  Infrarot-Absorptionsdetektor
infrared detector (ID) Infrarotdetektor
**infrared spectroscopy/IR
  spectroscopy**
  Infrarot-Spektroskopie,
  IR-Spektroskopie
infuse infundieren; ziehen lassen,
  aufgießen (Tee)
infusion Infusion; Aufguss
ingest einnehmen, aufnehmen,
  etwas zu sich nehmen
ingestion/food intake
  Nahrungsaufnahme
ingot (zone melting) Schmelzling
ingredient(s) Bestandteil;
  pl Inhaltsstoffe, Zutat(en),
  Ingredientien
> **active ingredient/active principle/
  active component**
  Wirkstoff, Wirksubstanz
ingress einströmen; einwandern
ingression Einströmen;
  Einwanderung
inhalable atembar
inhalation/inspiration Inhalation,
  Inspiration, Einatmung, Einatmen
inhale (breathe in) inhalieren,
  einatmen
inherit erben, ererben
inheritable disease Erbkrankheit
inhibit inhibieren, hemmen
inhibition Inhibition, Hemmung
> **competitive inhibition** kompetitive
  Hemmung, Konkurrenzhemmung

inhibition zone Hemmzone
inhibitor (inhibitory substance)
Inhibitor, Hemmstoff
inhibitory hemmend, inhibierend,
inhibitorisch
inhibitory concentration
Hemmkonzentration
initial distribution
stat Ausgangsverteilung
initial magnification Maßstabzahl
initial pressure/initial compression/
high pressure Vordruck,
Eingangsdruck
(Hochdruck:Gasflasche)
initial velocity (vector)/initial rate
Anfangsgeschwindigkeit
(v_0: Enzymkinetik)
initial weight/amount weighed/
weighed amount/weighed quantity
Einwaage
initiate/actuate initiieren, auslösen
inject (shoot) einspritzen, injizieren;
(shoot) spritzen
injection Injektion, Einspritzung;
(shot) Injektion, Spritze (eine S.
geben/bekommen)
injection molding
polym Spritzgießen, Spritzguss
injection stopper Injektionsstopfen
injection valve/injection port/syringe
port Einspritzventil (Einspritzblock)
injector Einspritzer
injure verletzen
injurious schädlich; (i. to health)
gesundheitsschädlich
injury Verletzung
➢ chilling injury Kälteschaden,
Kälteschädigung
➢ frost injury/freezing injury
Frostschaden, Frostschädigung
➢ needle stick injury
Nadel-Stichverletzung

➢ occupational injury
Berufsverletzung
➢ radiation injury
Strahlenverletzung,
Strahlenschaden, Verstrahlung
ink Tinte
inlet Zuleitung, Zulauf; Eingang,
Einlass
inlet adapter Einlassadapter
➢ septum-inlet adapter
Septum-Adapter
inlet opening Zufuhröffnung
inlet pipe Zuleitungsrohr
inlet system Einlasssystem
inlet valve Einlassventil
➢ air inlet valve/air bleed
Lufteinlassventil
inlet velocity (hood)
Einströmgeschwindigkeit,
Eintrittsgeschwindigkeit
(Sicherheitswerkbank)
inoculate *med* inokulieren,
einimpfen, impfen; *micb* impfen,
beimpfen
inoculating loop Impföse,
Impfschlinge
inoculating needle Impfnadel
inoculating wire Impfdraht
inoculation *med* Impfung,
Inokulation, Einimpfung;
(vaccination) Vakzination;
(immunization) Immunisierung;
micb Beimpfung
inoculation method/technique
Beimpfungsverfahren
inoculum/vaccine Impfstoff, Impfgut,
Inokulum, Inokulat, Vakzine
inorganic anorganisch
inorganic chemistry Anorganische
Chemie
input Eingabe; Eintrag; *electr*
Eingang; *ecol* Eintrag

input air Zuluft

insatiability Unersättlichkeit

insatiable unersättlich

insect pest Insektenplage

insecticide Insektizid,
Insektenbekämpfungsmittel,
Insektenvernichtungsmittel

insensitive unempfindlich

insert *n* Einsatz, Einlage; (leaflet/slip:
package) Beipackzettel

insert *vb* inserieren, hinein stecken,
einlegen, einschieben

insertion reaction
chem Insertionsreaktion,
Einschiebungsreaktion

insolation Sonneneinstrahlung

insolubility Unlöslichkeit

insoluble unlöslich

➤ **insoluble in water** wasserunlöslich

inspection Inspektion, Begehung,
Besichtigung
(z. B. Geländebegehung); (checking
of goods) Warenkontrolle

inspection log Inspektions-Logbuch

**inspection of corpse/postmortem
examination** Leichenschau

inspiration/inhalation Inspiration,
Einatmen, Einatmung, Inhalation

inspire inspirieren, einatmen

install installieren; anschließen;
(set up) einrichten (Experiment etc.)

installation(s) Installation(en),
Installierung, Anschluss,
Einbau; Anlage, Einrichtung,
Betriebseinrichtung

instruct anweisen; (train/teach)
unterweisen; (brief/advise) belehren

instructions (training/teaching/
guidance) Anleitung, Anweisung,
Einarbeitung, Betreuung; (briefing/
advice) Unterweisung, Belehrung;
Ratschlag

➤ **regulations/directions/rules/policy**
Richtlinie(n)standards

➤ **specifications/directions/
prescription** Anweisungen,
Vorschriften

instrument Instrument, Gerät,
Werkzeug, Anlage, Apparat, techn.
Vorrichtung

instrument display
Instrumentenanzeige

instrument reading abgelesener Wert

instrumental analysis
Instrumentalanalyse

instrumental error Gerätefehler

instrumentation Instrumentation,
Instrumentierung, Ausstattung/
Ausrüstung mit Instrumenten

instrumentation and control Mess~
und Regeltechnik

insulate isolieren, abschirmen,
dämmen

insulated gloves Isolierhandschuhe

insulating panel Dämmplatte

insulating tape (*see also:* duct tape)
Isolierband

intake pipe Ansaugrohr

integrated pest management (IPM)
integrierte Schädlingsbekämpfung/
Schädlingskontrolle, integrierter
Pflanzenschutz

intensifying screens (autoradiography)
Verstärkerfolien

interaction Interaktion,
Wechselwirkung

**intercalation agent/intercalating
agent** interkalierendes Agens

interchangeable (replaceable)
austauschbar (ersetzbar),
auswechselbar, gegeneinander
austauschbar

intercom (intercom system)
Sprechanlage

➢ **two-way intercom/two-way radio** Wechselsprechanlage, Gegensprechanlage

interdisciplinary research interdisziplinäre Forschung

interface Grenzfläche, Trennungsfläche; *electr* Schnittstelle; Nahtstelle

interfacial surface tension Grenzflächenspannung

interference assay Interferenzassay

interference microscopy Interferenzmikroskopie

intergrade (intermediary form/ transitory form/transient) Zwischenstufe, Übergangsform

interim storage/temporary storage Zwischenlager

interlock/fail safe circuit Riegel, Verriegelung (elektr. Sicherung)

interlocking relay *electr* Sperrrelais

intermediate (intermediate product/form) Zwischenstadium, Zwischenprodukt, Zwischenform

intermediate bulk container (IBC) Großpackmittel

intermediate density lipoprotein (IDL) Lipoprotein mittlerer Dichte

intermediate state/intermediate stage Zwischenstadium, Zwischenstufe

internal/intrinsic intern, innerlich, von innen

internal fittings (built-in elements/ structural additions) Einbauten

internal pressure Binnendruck, Innendruck

internal thread/female thread (tubes/ pipes/fittings) Innengewinde

international standards internationale Standards (Richtlinien)

International Unit (IU)/SI unit (*fr:* **Système Internationale**) Internationale Maßeinheit, SI Einheit

interpolate interpolieren; einfügen

interpretation Interpretation, Auslegung; Auswertung (von Ergebnissen)

interrelation/interrelationship Wechselbeziehung

interval Intervall; Abstand

interval scale *stat* Intervallskala

interwoven/intertwined/ entangled verflochten

introduce einführen; vorstellen; (import) importieren

introduction (to) Einführung; Vorstellung; Anleitung; (import) Importieren

invariant residue *math* unveränderter Rest, invarianter Rest

invent erfinden

invention Erfindung

inventory Inventar, Bestand; Inventur

➢ **to make an inventory/to take inventory** eine Bestandsaufnahme/ Inventur machen

inverse PCR inverse Polymerasekettenreaktion

invert sugar Invertzucker

inverted invers, invertiert, umgekehrt

inverted image Kehrbild

inverted microscope Umkehrmikroskop, Inversmikroskop

inverter *electr* Wechselrichter, AC/DC-Wandler, Inverter

investigate (examine/test/try/assay/ analyze) untersuchen, prüfen, testen, probieren, analysieren

investigation (examination/exam/ study/search/test/trial/assay/ analysis) Untersuchung, Prüfung, Test, Probe, Analyse

invisible unsichtbar

iodination Iodierung (mit Iod reagieren/substituieren)

iodine (I) Iod (*früher:* Jod)

iodine number/iodine value Iodzahl

iodization Iodierung (mit Iod/ Iodsalzen versehen)

iodize iodieren (mit Iod/Iodsalzen versehen)

iodized salt Iodsalz

ion Ion
- ➤ **counterion** Gegenion
- ➤ **daughter ion** Tochterion
- ➤ **fragment ion (MS)** Bruchstückion
- ➤ **molecular ion (MS)** Molekülion
- ➤ **parent ion (MS)** Mutterion, Ausgangsion
- ➤ **radical ion** Radikalion
- ➤ **zwitterion** Zwitterion

ion channel (membrane channel) Ionenkanal (Membrankanal)

ion equilibrium/ionic steady state Ionengleichgewicht

ion-exchange chromatography (IEX) Ionenaustauschchromatografie

ion-exchange resin Ionenaustauscherharz

ion exchanger Ionenaustauscher
- ➤ **anion exchanger (*strong:* SAX/ *weak:* WAX)** Anionenaustauscher (starke/schwacher)
- ➤ **cation exchanger (*strong:* SCX/ *weak:* WCX)** Kationenaustauscher (starker/schwacher)

ion loss spectroscopy (ILS) Ionenverlustspektroskopie

ion mobility spectrometry (IMS) Ionenmobilitätsspektrometrie

ion pair Ionenpaar

ion-pair chromatography (IPC) Ionenpaarchromatografie

ion pore Ionenpore

ion product Ionenprodukt

ion pump Ionenpumpe

ion-scattering spectrometry (ISS) Ionenstreuspektrometrie, Ionenstreuungsspektrometrie

ion-selective electrode (ISE) ionenselektive Elektrode

ion source Ionenquelle

ion spray Ionenspray

ion transport Ionentransport

ion trap detector (ITD) Ioneneinfangdetektor (MS)

ion trap spectrometry Ionen-Fallen-Spektrometrie

ion-selective electrode (ISE) ionenselektive Elektrode

ionic ionisch

ionic bond Ionenbindung

ionic conductivity Ionenleitfähigkeit

ionic coupling Ionenkopplung

ionic current/ion current Ionenstrom

ionic formula Ionenformel

ionic impact/ionization impact Ionisationsstoß

ionic microprobe analyzer (IMPA) Ionenstrahl-Mikrosonde

ionic mobility Ionenmobilität

ionic radius Ionenradius

ionic strength Ionenstärke

ionization Ionisation
- ➤ **atmospheric pressure ionization (API)** Atmosphärendruck-Ionisation
- ➤ **chemical ionization (CI)** chemische Ionisation
- ➤ **electron-impact ionization (EI)** Elektronenstoßionisation
- ➤ **field ionization (FI)** Feldionisation

> **laser-induced ionization (LEI)**
> laserinduzierte Ionisation
> **matrix-assisted laser desorption ionization (MALDI)**
> matrixassistierte Laser-Desorptionsionisation
> **multiphoton ionization (MI)**
> Multiphotonenionisation
> **photoionization (PI)** Photoionisation

ionization chamber Ionisationskammer

ionize ionisieren

ionizing radiation ionisierende Strahlen/Strahlung

ionophore Ionophor

ionophoresis Ionophorese, Iontophorese

iris diaphragm *micros* Irisblende

iron (Fe) Eisen
> **cast iron** Gusseisen
> **malleable iron/malleable cast iron/ wrought iron**
> Tempereisen; Temperguss
> **sheet iron** Eisenblech
> **wrought iron** Schmiedeeisen

IRP (island rescue PCR) IRP (inselspezifische PCR)

irradiance/fluence rate/radiation intensity/radiant-flux density Bestrahlungsintensität, Bestrahlungsstärke, Bestrahlungsdichte, Strahlungsflussdichte

irradiate bestrahlen

irradiation Bestrahlung; Strahlenexposition

irradiation dosage Bestrahlungsdosis

irregular irregulär, unregelmäßig; (anomalous) anomal; (non-uniform) ungleichmäßig

irregularity Irregularität, Unregelmäßigkeit; (anomaly) Anomalie; (non-uniformity) Ungleichmäßigkeit

irreversible inhibition irreversible Hemmung

irrigate bewässern, beregnen (künstlich)

irrigation Bewässerung, Beregnung

irritability Reizbarkeit

irritable reizbar; (excitable/sensitive) reizempfänglich; (sensible) empfindlich

irritant *n* Reizstoff

irritant (Xi) reizend

irritant gas Reizgas

irritate *med/physio/chem* irritieren, reizen (negativ)

irritation Irritation; (stimulus) Stimulus, Reiz; (stimulation) Stimulation, Reizung

irritation of the mucosa Schleimhautreizung

isoelectric focusing isoelektrische Fokussierung, Isoelektrofokussierung

isoelectric point isoelektrischer Punkt

isolate isolieren, darstellen, rein darstellen; (separate) abtrennen, absondern

isolating mechanism *ecol* Isolationsmechanismus

isolation Isolation; Reindarstellung

isolation medium Isolationsmedium

isomer *n* Isomer

isomeric isomer

isomerism/isomery Isomerie

isomerization Isomerisation

isomerize isomerisieren

isomerous isomer, gleichzählig

isopycnic centrifugation/ isodensity centrifugation isopyknische Zentrifugation

isosmotic isosmotisch
isotachophoresis (ITP)
　Isotachophorese,
　Gleichgeschwindigkeits-
　Elektrophorese
isothiocyanic acid Isothiocyansäure
isotonic isotonisch
isotonicity Isotonie
isotope assay Isotopenversuch
isotope enrichment
　Isotopenanreicherung
isotopic cmposition
　Isotopenzusammensetzung
isotopic dilution
　Isotopenverdünnung
isotopic tracer Leitisotop,
　Indikatorisotop
isotropic isotrop, einfachbrechend
isovaleric acid Isovaleriansäure
issue point (issueing/
　supplies issueing)
　Ausgabe (Materialausgabe)

J

jack Heber, Hebevorrichtung,
　Hebebock; electr Klinke
➤ lab jack Hebestativ, Hebebühne,
　höhenverstellbare Plattform (fürs
　Labor)
jack knife Klappmesser
jacket (insulation) Mantel,
　Ummantelung, Umhüllung, Hülle,
　Wicklung, Umwicklung, Verkleidung;
　Manschette, Tropfschutz
jacketed (insulated) ummantelt,
　verkleidet
jacketed coil condenser
　Intensivkühler
jacketing Ummantelung,
　Verkleidung; Mantelmaterial
jacklift/lifting truck
　Hubwagen

jammed/seized-up/stuck/'frozen'/
　caked verbacken, festgebacken,
　festgesteckt (Schliff, Hahn)
jar Becher
➤ grinding jar Mahlbecher (Mühle)
jasmonic acid Jasmonsäure
jaw crusher/jaw breaker
　Backenbrecher
jelly Gelee; (gelatin/gel) Gallerte,
　Gelatine
jet Strahl; (nozzle) Düse
➤ air jet Luftstrahl
jet flame (jetting flame) Stichflamme
jet loop reactor Düsenumlaufreaktor,
　Strahl-Schlaufenreaktor
jet of water Wasserstrahl
jet reactor Strahlreaktor
jigsaw machine Schweifsäge
　(Maschine)
jimmy/crowbar Brecheisen
job hazard analysis (JHA)
　Gefährdungsanalyse
　am Arbeitsplatz,
　Gefährdungsbeurteilung am
　Arbeitsplatz
job safety analysis (JSA)
　Sicherheitsanalyse am Arbeitsplatz,
　Sicherheitsbeurteilung am
　Arbeitsplatz
joint Verbindung; Fuge; Naht,
　Nahtstelle; (articulation) Gelenk;
　Verbindungsstück; (hinge) Scharnier
➤ ball-and-socket joint/spheroid joint
　Kugelgelenk
➤ butt joint Stoßverbindung
➤ flanged joint Flanschverbindung
➤ ground-glass joint
　Glasschliffverbindung,
　Schliffverbindung
　(N.S. = Normalschliff)
➤ jammed joint/stuck joint/
　caked joint/‚frozen' joint
　festgebackener Schliff

➤ male/female joint Plus-/Minus-Verbindung (Rohrverbindungen etc.)

➤ plane-ground joint (flat-flange ground joint/flat-ground joint) Planschliffverbindung,

➤ spherical ground joint Kugelschliffverbindung, Kugelschliff

➤ tapered ground joint/tapered joint (S.T. = standard taper) Kegelschliffverbindung, Kegelschliff (N.S. = Normalschliff)

joint clip/ground-joint clip/ground-joint clamp Schliffklammer, Schliffklemme (Schliffsicherung)

joint sleeve (for ground-glass joints) Manschette für Schliffverbindungen

jointware (glass) Glasgeräte mit Schliffverbindungen, Schliffverbindungsglas

journal *tech/mech* Achsenlager, Achslager, Zapfenlager (z. B. beim Kugellager)

journal box Lagerbüchse (Kugellager)

judgement Bewertung, Beurteilung

jug/pitcher Krug, Kanne, Kännchen

juicy saftig

jump (spring/bound/leap) springen

jumper cable/coupling cable Überbrückungskabel, Starterkabel

junction Abzweig, Netzstelle

K

keep clear! Abstand halten!

keeper/warden (caretaker of animals) Tierpfleger, Tierwärter

keratinize (cornify) keratinisieren (verhornen)

kerosene Kerosin

ketoaldehyde/aldehyde ketone Ketoaldehyd

ketone Keton

➤ acetone/dimethyl ketone/2-propanone Aceton (Azeton), Propan-2-on, 2-Propanon, Dimethylketon

ketone body (acetone body) Ketonkörper

ketonuria/acetonuria Ketonurie

key Schlüssel; (button/knob/push-button) Taste; (stopcock key/plug) Hahnküken, Küken; *biol* Bestimmungsschlüssel

key stimulus/sign stimulus (release stimulus) Schlüsselreiz, Auslösereiz

keyboard (große) Tastatur

keypad (kleine) Tastatur

kick over (knock over) (mit dem Fuß/Bein/Körper) umstoßen, umkippen, umwerfen

kieselguhr (loose/porous diatomite; diatomaceous/infusorial earth) Kieselgur

kiln (kiln oven) Brennofen, Kalzinierofen, Trockenofen; (for drying grain/lumber/tobacco) Darre, Darrofen

kiln-dry darren, dörren, im Ofen trocknen

Kimwipes (Kimberley-Clark cleanroom wipes) Kimwipes (Kimberley-Clark Reinraum Wischtücher)

kindle *vb* anzünden, entzünden, sich entzünden

kindling temperature/ignition point/flame temperature/flame point/spontaneous-ignition temperature (SIT) Zündpunkt, Zündtemperatur, Entzündungstemperatur

kinetic energy Bewegungsenergie, kinetische Energie

kinetics (zero-/first-/second-order...) Kinetik (nullter/erster/zweiter Ordnung)

➤ **reaction kinetics** Reaktionskinetik
➤ **reassociation kinetics**
Reassoziationskinetik
Kipp generator Kippscher Apparat,
‚Kipp', Gasentwickler
kitchen tissue (kitchen paper towels)
Küchenrolle, Haushaltsrolle,
Tücherrolle, Küchentücher,
Haushaltstücher
kitchen towel
Küchenhandtuch
Kjeldahl flask Birnenkolben,
Kjeldahl-Kolben
knead kneten
knife Messer
➤ **amputating knife** Amputiermesser
➤ **cable stripping knife** Kabelmesser
➤ **cartilage knife** Knorpelmesser
➤ **fleshing knife** Fleischmesser
➤ **jack knife** Klappmesser
➤ **pallet knife/palette knife**
Palettenmesser
➤ **pocket knife** Taschenmesser
➤ **putty knife** Spachtelmesser,
Kittmesser
➤ **safety cutter** Sicherheitsmesser
**knife-discharge centrifuge/scraper
centrifuge** Schälschleuder
knife holder *micros*
Messerhalter
knife switch *electr*
Messerschalter
knurled nut
Rändelmutter
**knurled screw/knurled-head screw/
knurled thumbscrew**
Rändelschraube
Koch's postulate Koch's Postulat,
Kochsches Postulat
Koehler illumination
micros Köhlersche Beleuchtung

L

lab (*see also:* **laboratory**)
Labor (*pl* Labors),
Laboratorium (*pl* Laboratorien)
lab aide Laborgehilfe
lab apron Laborschürze
lab balance/lab scales Laborwaage
lab bench Laborarbeitstisch
lab bottle Laborstandflasche,
Standflasche
lab chemical Laborchemikalie
**lab chewing gum (versatile: sticks
to glass/metal/wood!)**
sog. 'Laborkaugummi'
lab cleanup Laborreinigung
lab coat Laborkittel
lab conditions Laborbedingungen
lab counter Laborbank
lab courtesy Labor-Anstandsregeln
lab diary/lab manual/log book
Labortagebuch
lab etiquette Laboretikette,
Laborgepflogenheiten,
Laborbenimmregeln, Labor‚knigge'
lab experiment/lab test
Laborversuch, Labortest
lab furniture Labormöbel
lab gossip Labortratsch
lab grade (chem grade)
technisch rein (Laborchemikalie)
lab head Laborleiter
lab jack Hebestativ, Hebebühne,
höhenverstellbare Plattform (fürs
Labor)
lab logbook *n* Labor-Logbuch
lab manual/lab diary/log book
Labortagebuch
lab notes/lab documentation
Laboraufzeichnungen
lab-on-a-chip Labor auf einem Chip,
‚Scheckkartenlabor'

lab procedure Laborverfahren
lab protocol Laborprotokoll
lab pushcart (*Br* trolley) Laborwagen, Laborschiebewagen
lab reagent/bench reagent Laborreagens
lab report Laborbericht
lab roach Laborkakerlake
lab safety Laborsicherheit
lab scale *n* Labormaßstab
lab-scale *adj/adv* labortechnisch, im Labormaßstab
lab space/lab working space Laborplatz, Laborarbeitsplatz
lab standard Laborstandard
lab stool Laborhocker
lab supplies Laborbedarf
lab technician/technical lab assistant technischer Assistent (technische Assistentin), Laborassistent (Laborassistentin), Laborant (Laborantin)
lab technique Labortechnik
lab tray Laborschale
lab unit Laboratoriumseinheit
lab worker Laborant(in), Laborarbeiter
labcoat Laborkittel, Labormantel
label *n* Markierung, Marke; Kennzeichen; (tag) Etikett, Beschriftungsetikett
➤ **warning label** Warnetikett
label *vb* markieren; kennzeichnen; beschriften; (tag) etikettieren
labeled compound *nucl/rad* markierte Verbindung, Markersubstanz
labeling (labelling) Markierung, Kennzeichnung; Beschriftung; (tagging) Etikettierung
labeling requirement Kennzeichnungspflicht
labile labil, instabil, unbeständig

labor-intensive arbeitsintensiv, aufwendig
laboratory (lab) Labor (*pl* Labors), Laboratorium (*pl* Laboratorien)
➤ **animal laboratory** Tierlabor
➤ **research laboratory** Forschungslabor
➤ **teaching laboratory/educational laboratory** Lernlabor
laboratory aide Laborgehilfe
laboratory animal Versuchstier
laboratory apron/lab apron Laborschürze
laboratory balance Laborwaage
laboratory bench Labor-Werkbank
laboratory bottle Laborstandflasche, Standflasche
laboratory brush Laborbürste
laboratory cart/lab pushcart (*Br* trolley) Laborwagen, Laborschiebewagen
laboratory chemical Laborchemikalie
laboratory cleanup Laborreinigung
laboratory coat/labcoat Laborkittel, Labormantel
laboratory conditions Laborbedingungen
laboratory diary/lab manual/log book Labortagebuch
laboratory equipment Laborgerät
laboratory experiment Laborversuch, Labortest
laboratory facilities Laboreinrichtung, Laborausstattung
laboratory findings/laboratory results Laborbefund, Laborergebnisse
laboratory furniture Labormöbel
laboratory gossip Labortratsch
laboratory information management system (LIMS) Labor-Informations- und Management-System (LIMS)

laboratory jack/lab-jack Hebestativ, Hebebühne, höhenverstellbare Plattform (fürs Labor)

laboratory manual Laborhandbuch; Labortagebuch

laboratory mat Laborunterlage (Untersetzer/Matte)

laboratory notebook Laborjournal, Protokollheft

laboratory notes Laboraufzeichnungen

laboratory personnel Laborpersonal

laboratory procedure Laborverfahren

laboratory protection plate Laborschutzplatte (Keramikplatte)

laboratory protocol Laborprotokoll

laboratory reagent/bench reagent Laborreagens

laboratory report Laborbericht

laboratory results Laborergebnisse; Laborbefund

laboratory safety Laborsicherheit

laboratory safety officer Laborsicherheitsbeauftragter

laboratory scale *n* Labormaßstab

laboratory-scale *adj/adv* im Labormaßstab, labortechnisch

laboratory suite Labortrakt, Laboratoriumstrakt

laboratory supplies Laborbedarf

laboratory table/laboratory workbench Labortisch, Labor-Werkbank

laboratory technician/technical lab assistant technischer Assistent (technische Assistentin), Laborassistent (Laborassistentin), Laborant (Laborantin)

laboratory technique Labortechnik

laboratory toothbrush Laborzahnbürste

laboratory tray Laborschale

laboratory unit Laboratoriumseinheit

laboratory worker Laborant(in), Laborarbeiter

laborious mühselig, schwer, arbeitsam

labware (laboratory supplies) Laborbedarf

lachrymator/lacrimator (tear gas) Augenreizstoff, Tränenreizstoff (Tränengas)

lachrymatory tränenreizend (Tränen hervorrufend)

lacking/missing/wanting fehlend

lacquer (solution forming film after evaporation of solvent) Lack, Firnis, Farblack; (varnish) Lasur

lactic acid (lactate) Milchsäure (Laktat)

lactic acid fermentation/lactic fermentation Laktatgärung, Milchsäuregärung

lactose (milk sugar) Laktose, Lactose (Milchzucker)

ladder Leiter

➢ **extension ladder** Ausziehleiter, Schiebeleiter

➢ **folding ladder** Klappleiter

➢ **multi-purpose ladder** Vielzweckleiter

➢ **podium ladder** Podestleiter

➢ **rung ladder** Sprossenleiter

➢ **stepladder/step ladder/steps** Stehleiter, Stufenleiter, Treppenleiter, Trittleiter

➢➢ **folding stepladder/folding step ladder** Klapptrittleiter

➢ **telescopic ladder** Teleskopleiter

lading Beladen, Verlade n, Befrachten; Ladung, Fracht

lading form Frachtbrief-Formular

ladle Schöpfkelle, Gießlöffel

lag phase (latent phase/incubation phase/establishment phase) Anlaufphase, Latenzphase, Inkubationsphase, Verzögerungsphase, Adaptationsphase, lag-Phase

lag screw Sechskant-Holzschraube

laminar flow laminare Strömung, Schichtströmung

laminar flow workstation/laminar flow hood/laminar flow unit Querstrombank

laminate (laminated plastic) Laminat

laminated paper Hartpapier

lancet/blood lancet Lanzette, Blutlanzette

landfill Deponie

➤ **sanitary landfill** Müllgrube, Mülldeponie (geordnet)

landing net/aquatic net (collecting net for fish) *ecol* Kescher, Käscher (Fangnetz für Fische)

lane *chromat/electrophor* Spur

lap-joint flange Bördelflansch

lard Schmalz, Schweineschmalz, Schweinefett

large scale Großmaßstab

large-scale *adj* im Großmaßstab, großtechnisch

laser (light amplification by stimulated emission of radiation) Laser (Lichtverstärkung durch stimulierte Emission von Strahlung)

laser-generated airborne contaminants (LGACs) bei Laserprozessen erzeugte Luftverunreinigungen

lashing strap Zurrgurt

latch Raste, Riegel, Schnappriegel, Schnappschloss, Schnäpper, Rastklinke; Verriegelung, Sperre

latency Latenz

latency period/latent period Latenzzeit, Suchzeit, Verzögerungszeit; (incubation period) Inkubationszeit

latent latent, verborgen, unsichtbar, versteckt

latent phase (incubation phase/establishment phase/lag phase) Latenzphase, Adaptationsphase, Anlaufphase, Inkubationsphase, lag-Phase

lateral lateral, seitlich

lateral magnification *micros* Lateralvergrößerung, Seitenverhältnis, Seitenmaßstab, Abbildungsmaßstab

latex (*pl* **latices/latexes)** Latex (*m/pl* Lattices/Latizes), Milchsaft, Kautschukmilch

lath/plank Latte (aus Holz)

lathe Drehbank, Drehmaschine

lathe chuck Drehbankfutter

➤ **3-jaw chuck** Dreibackenfutter

lattice Gitter

lattice energy Gitterenergie

lattice sampling/grid sampling *stat* Gitterstichprobenverfahren

laughing gas/nitrous oxide Lachgas, Distickstoffoxid, Dinitrogenoxid

laundrette Schnellwäscherei

laundry Wäsche; Wäscherei

laundry hutch/laundry hamper Wäschekorb

lauric acid/decylacetic acid/dodecanoic acid (laurate/dodecanate) Laurinsäure, Dodecansäure (Laurat/Dodecanat)

lauter/clairfy läutern, klären

lavatory Waschraum, Toilette

law (act/statute) Gesetz; Regel (*siehe auch bei:* Verordnung)

> **against the law/illegal/unlawful**
> gesetzeswidrig

law of combining ratios Gesetz
der konstanten Proportionen
(Mischungsverhältnisse)

law of conservation of energy
Energieerhaltungssatz

law of conservation of matter
Massenerhaltungssatz

law of equipartition
Gleichverteilungssatz

law of mass action
Massenwirkungsgesetz

law of thermodynamics Hauptsatz
(der Thermodynamik)

lawn *micb* Rasen

lawn culture Rasenkultur

laxative Abführmittel

LD$_{50}$ (median lethal dose)
LD$_{50}$ (mittlere letale Dosis)

LDL (low density lipoprotein) LDL
(Lipoproteinfraktion niedriger
Dichte)

leach *vb* auslaugen (Boden)

leachate Lauge (Bodenauslaugung)

leaching Auswaschung, Auslaugung
(gelöste Bodenmineralien)

lead *electr* Kontakt

> **pigtail lead** *electr* Anschlussleitung

lead *vb* führen, anführen, leiten

lead *n* Stift, Kontakt; Ganghöhe
(Steigung); *electr* Kontakt, (pigtail
lead) Anschlussleitung; *chem* (Pb) Blei

lead citrate Bleicitrat

lead compound Leitsubstanz

**lead dioxide/brown lead oxide/
lead superoxide PbO$_2$** Bleidioxid,
Blei(IV)oxid

lead oxide Bleioxid

> **lead dioxide/lead superoxide
> (brown) PbO$_2$** Blei(IV)oxid,
> Bleidioxid

> **lead protooxide (yellow monoxide)**
> **PbO** Bleioxid, Bleiglätte, Massicot

> **lead suboxide (yellow) Pb$_2$O** Bleioxid

> **lead tetraoxide (red)/minium Pb$_3$O$_4$**
> Blei(II,IV)oxid, Blei(II)plumbat(IV),
> Mennige, Minium

lead ring (for Erlenmeyer)
Gewichtsring, Stabilisierungsring,
Beschwerungsring, Bleiring (für
Erlenmeyerkolben)

lead sulfate Bleisulfat

lead sulfide/galena PbS Bleisulfid,
Bleiglanz, Galenit

leader/head („boss') Leiter,
Führungskraft (Vorgesetzter/'Chef')

leaflet (notice/instructions)
Merkblatt

leak *n* (leakage) Leck; (leakiness)
Undichtigkeit

leak *vb* (doesn't close tightly) undicht
sein

> **leak out/bleed** auslaufen
> (Flüssigkeit)

leak rate Leckagerate

leakage Leck, Auslauf, Austritt,
Leckage; *electr* Sreuverlust

leakage current (creepage)
electr Kriechstrom

leakiness Undichtigkeit

leaking/leaky undicht, leck; läuft aus

leakproof/leaktight (sealed tight)
dicht, leckfrei, lecksicher

leaky undicht, leck; läuft aus

lean mager, fettarm

**least significant difference/critical
difference** *stat* Grenzdifferenz

leavening/raising agent Treibmittel
(Gärmittel/Gärstoff)

leaving group/coupling-off group
chem Austrittsgruppe,
Abgangsgruppe, austretende
Gruppe

left-handed linksgängig; (sinistral) linkshändig
legal requirements rechtliche/ gesetzliche Auflage(n)
lens *(also:* lense)*/pl* **lenses** Linse; (magnifying glass) Lupe, Vergrößerungsglas
lens tissue/lens paper *micros* Linsenpapier, Linsenreinigungspapier
lesion Läsion, Schädigung, Verletzung, Störung
lethal/deadly letal, tödlich
lethal dose letale Dosis, Letaldosis, tödliche Dosis
lethality Letalität
level *adj/adv* eben; waagrecht, horizontal; gleich, gleichmäßig
level *n* Ebene, ebene Fläche; Niveau; Horizontale, Waagrechte; Höhe; (tool) Wasserwaage; Libelle
level switch Niveauschalter
leveling nivellieren, einebnen, planieren, gleichmachen
leveling screw Einstellschraube (zur Positionsjustierung/Planjustierung)
lever *tech/mech* Hebel
lever ratchet Hebelknarre
leverage Hebelübersetzung, Hebelkraft, Hebelwirkung
leverage mechanism Hebelmechanismus
levulinic acid Lävulinsäure
liability Haftung, Haftpflicht, Haftbarkeit; Verpflichtung, Verbindlichkeit
liability insurance Haftpflichtversicherung
liable haftpflichtig, haftbar, verantwortlich; ausgesetzt, unterworfen
liberate (release/set free) freisetzen (Wärme/Energie/Gase etc.)

librarian Bibliothekar(in)
library Bibliothek
➢ **bank (clone bank)** Bank (Klonbank)
➢ **departmental library** Institutsbibliothek
➢ **unit library** Bereichsbibliothek
licence *n* Lizenz, Zulassung, Erlaubnis, Genehmigung, Konzession
licensee/licence holder Lizenzinhaber
lid (cover/top) Deckel
Liebig condenser Liebigkühler
life Leben
➢ **danger of life/life threat** Lebensgefahr
➢ **essential for life/vital** lebenswichtig, lebensnotwendig, vital
➢ **half-life** Halbwertszeit; (Enzyme) Halblebenszeit
➢ **pot life** *chem* Topfzeit, Verarbeitungsdauer
➢ **service life (of equipment/ machine)** Laufzeit, Lebenszeit, Lebensdauer
➢ **shelf life** Haltbarkeit, Lagerfähigkeit; Verfallsdatum
➢ **working life** Nutzungsdauer
life cycle assessment/life cycle analysis (LCA) *ecol* Ökobilanz
life expectancy Lebenserwartung
life science/biology Naturkunde, Biologie
life size Lebensgröße
life span Lebensdauer
life-threatening lebensgefährlich
life-time/lifetime Lebenszeit; (membrane channels) Öffnungsdauer
life zone/biotope Lebensraum, Lebenszone, Biotop
lifeform/organism Lebewesen, Organismus
lifeless/inanimate/dead leblos, tot

lift *n* Heben, Hochhalten; Hub, Hubhöhe, Förderhöhe, Steighöhe; Aufzug, Fahrstuhl; (buoyancy) Auftrieb

lift gate Hubladebühne, Hubschranke, Hubtor, Hubklappe

lifting jack Hebevorrichtung, (Hebe)Winde, Bock

lifting platform Hebebühne

lifting truck/jacklift Hubwagen

ligament Ligament, Band

ligand Ligand

ligand blotting Liganden-Blotting

ligase chain reaction Ligasekettenreaktion

ligation Ligation, Ligierung, Verknüpfung

ligation-mediated PCR *gen* ligationsvermittelte Polymerasekettenreaktion

light Licht; (illuminator/beamer) Strahler (Licht)

➢ **beam of light** Lichtstrahl, Lichtbündel

➢ **circularly polarized light** zirkular polarisiertes Licht

➢ **emergent light** ausgestrahltes Licht

➢ **incident light** einfallendes Licht

➢ **plane-polarized light** linear polarisiertes Licht

➢ **point of light** Lichtpunkt

➢ **polarized light** polarisiertes Licht

➢ **scattered light/stray light** Streulicht

light aging/light ageing Lichtalterung

light bulb/lightbulb/incandescent lamp Glühbirne, Glühlampe

light-emitting diode (LED) Leuchtdiode

light fastness Lichtechtheit, Lichtbeständigkeit

light microscope (compound microscope) Lichtmikroskop

light microscopy Lichtmikroskopie

light permeability Lichtdurchlässigkeit

light pipe (fiberoptics) Lichtleiter (Kaltlicht)

➢ **gooseneck** Schwanenhals

light scattering Lichtstreuung

light-sensitive/photosensitive/ sensitive to light lichtempfindlich (leicht reagierend)

light sensitivty Lichtempfindbarkeit

light source Lichtquelle

light-stability agent Lichtschutzmittel

light stimulus Lichtreiz

lightfast lichtecht, lichtbeständig

lightweight leichtgewicht(ig)

lignification/sclerification Verholzung, Lignifizierung

lignified verholzt, lignifiziert

lignite Lignit (Weichbraunkohle & Mattbraunkohle)

lignoceric acid/tetracosanoic acid Lignocerinsäure, Tetracosansäure

ligroin/petroleum spirit Ligroin

likelihood function Wahrscheinlichkeitsfunktion

lime *vb* (calcify) kalken

lime *n* Kalk

➢ **caustic lime/calcium oxide CaO** Branntkalk

➢ **slaked lime Ca(OH)$_2$** Ätzkalk, Löschkalk, gelöschter Kalk

➢ **soda lime** Natronkalk

lime deposit Kalkablagerung

limescale Kesselstein

limestone Kalkstein

limestone deposit Kalkablagerung

liming Kalkung

limit *n* Grenze, Begrenzung; (limiting value) Grenzwert, Schwellenwert

limit of detection (LOD)/detection limit Bestimmungsgrenze, Nachweisgrenze

limit of resolution Auflösungsgrenze

limit valve/limiting valve Begrenzungsventil

limited capacity control system (LCCS) limitiertes Kapazitätskontrollsystem

limiting concentration Grenzkonzentration

limiting factor *ecol* Grenzfaktor, begrenzender Faktor, limitierender Faktor

limiting value Grenzwert, Schwellenwert

limiting valve Begrenzungsventil

limp schlaff (welk)

limy/limey/calcareous kalkig, kalkartig, kalkhaltig

line/lines *tech/mech/electr* Leitung(en); Anschluss/Anschlüsse (Gas~/Strom~/Wasser~)

line *vb* (coat/cover/laminate) füttern, überziehen, beschichten

line diagram Strichdiagramm

line spectrum Linienspektrum, Atomspektrum

line transect method Linienstichprobenverfahren

lines Leitungen; Anschlüsse (Gas/Strom/Wasser)

linesman pliers Telefonzange, Kabelzange

lineup punch/drift punch/drift pin Durchtreiber, Austreiber, Durchschläger, Durchschlagdorn

lining (coat/coating/covering/ lamination) Futter, Futterstoff, Fütterung, Auskleidung; Beschichtung, Isolationsschicht

link (up to) verbinden, anschließen; verketten, verknüpfen; sich zusammenfügen

linolenic acid Linolensäure

linolic acid/linoleic acid Linolsäure

linseed oil Leinöl

lint *n* Lint; Fussel(n)

lip seal/lip-type seal Lippendichtung (Wellendurchführung)

lipid Lipid

lipoic acid (lipoate)/thioctic acid Liponsäure, Dithiooctansäure, Thioctsäure, Thioctansäure (Liponat)

lipophilic lipophil

lipoteichoic acid Lipoteichonsäure

liquefaction Verflüssigung

liquefaction of air Luftverflüssigung

liquefied natural gas (LNG) Flüssiggas (verflüssigtes Erdgas)

liquefier Verflüssiger

liquefy/liquify verflüssigen

liquid *adj/adv* flüssig, liquid

liquid *n* Flüssigkeit

liquid air flüssige Luft

liquid chromatography (LC) Flüssigkeitschromatografie

liquid crystal (LC) Flüssigkristall

liquid crystal display Flüssigkristallanzeige

liquid delivery Flüssigkeitszufuhr

liquid gas/liquefied gas Flüssiggas

liquid-liquid extraction (LLE)/solvent extraction (partitioning) Flüssig-flüssig-Extraktion (Ausschütteln)

liquid nitrogen Flüssigstickstoff, flüssiger Stickstoff

liquid oxygen Flüssigsauerstoff, flüssiger Sauerstoff

liquid soap/liquid detergent Flüssigseife

liquid state flüssiger Zustand

liquidus temperature Liquidustemperatur

liquify/liquefy verflüssigen

litharge/massicot/lead protooxide/ lead oxide (yellow monoxide) **PbO** Bleioxid

litmus paper Lackmuspapier
litocholic acid Litocholsäure
litter *n* Abfall, Müll; Streu
litter *vb* Abfall herumliegen lassen
litter bag Abfalltüte
live *vb* leben
live culture/living culture
    Lebendkultur
live germ count Lebendkeimzahl
live vaccine Lebendimpfstoff,
    Lebendvakzine
live weight Lebendgewicht
lixiviation (extraction/separation of a
    soluble substance from otherwise
    insoluble matter) Auslaugung,
    Herauslösen, Extrahieren
load *n tech/mech* Last; Belastung,
    Beladung, Traglast; (freight) Fracht
    (Flüssigkeit/Abwasser)
load *vb* füllen; auffüllen, beladen,
    belasten, beanspruchen
    (Flüssigkeit/Abwasser)
loading dock Laderampe
local anesthetic Lokalanästhetikum
locate orten
location Lage (Ort)
lock *vb* verschließen, zuschließen
lock *n* (closure) Schloss (Verschluss)
➢ airlock Luftschleuse
➢ escape lock Notschleuse
lock-and-key principle
    Schlüssel-Schloss-Prinzip,
    Schloss-Schlüssel-Prinzip
locker Spind, Schließfach
locking mechanism
    Verschließmechanismus,
    Arretiervorrichtung
locomotion Lokomotion, Bewegung
    (Ortsveränderung)
locust bean gum/carob gum
    Johannisbrotkernmehl,
    Karobgummi

lod score ('logarithm of the odds
    ratio') Lod-Wert
log off ausloggen
log on/in einloggen
log paper Logarithmuspapier,
    Logarithmenpapier
logarithmic phase (log-phase)
    logarithmische Phase
logbook Arbeitstagebuch
lognormal distribution/logarithmic
    normal distribution
    Lognormalverteilung,
    logarithmische Normalverteilung
lone pair (of electrons) freies
    Elektronenpaar, einsames
    Elektronenpaar
long-chain langkettig
long-distance heat(ing) Fernwärme
long-distance transport
    Ferntransport
long-lived/long-living langlebig
long-term Langzeit..., Dauer...
long-term run/operation
    Dauerbetrieb, Dauerleistung,
    Non-Stop-Betrieb
longevity Langlebigkeit
longisection/longitudinal section/
    long section Längsschnitt
longnose pliers/long-nose pliers
    Spitzzange
loop Schlaufe, Schlinge
loop conformation/coil conformation
    Schleifenkonformation,
    Knäuelkonformation
loop reactor/circulating reactor/
    recycle reactor Umlaufreaktor,
    Umwälzreaktor, Schlaufenreaktor
loss on drying Trocknungsverlust
loss on ignition Glühverlust
lot Anteil; Artikel, Posten,
    Partie (Waren); (unit) Charge
    (Produktionsmenge/~einheit)

lot number/unit number
Chargen-Bezeichnung (Chargen-B.)
lounge Gemeinschaftsraum,
Pausenraum
loupe Lupe (*speziell:* Präzisionslupe)
low-boiling/light niedrigsiedend
low density lipoprotein (LDL)
Lipoprotein niedriger Dichte
low-energy electron diffraction (LEED)
Beugung niederenergetischer
Elektronen
low-field shift (NMR)
Tieffeldverschiebung
low-grade niederwertig
(minderwertig)
low-molecular niedermolekular
low-noise geräuscharm
low pressure Niederdruck
**low-voltage lamp/low-voltage
illuminator (spotlight)**
Niedervoltleuchte
LSE (least squares estimation)
MSQ-Schätzung (Methode der
kleinsten Quadrate)
lubricant Gleitmittel, Schmiermittel,
Schmierstoff, Schmiere, ‚Fett'; (for
ground joints) Schliff-Fett
lubricate (grease/oil) schmieren,
einfetten, einschmieren
lubricating oil/lube oil Schmieröl
lubrication Schmierung, Schmieren,
Einfetten, Einschmieren
Luer Luer
➤ **female Luer hub (lock)** Luerhülse
➤ **lock** Luerlock, Luerverschluss
➤ **male Luer hub (lock)** Luerkern
➤ **tee** Luer T-Stück
➤ **tip** Luerspitze
lug *electr* Kabelschuh, Ansatz, Öhr
lukewarm lauwarm
luminescence Lumineszenz
luminescent lumineszent,
lumineszierend

luminescent paint Leuchtfarbe
luminescent screen Leuchtschirm
luminiferous leuchtend, Licht
erzeugend
luminophore (phosphor) Leuchtstoff,
Luminophor (‚Phosphor')
luminosity Leuchtkraft; (light
intensity) Lichtstärke, Lichtintensität
luminous leuchtend, strahlend,
Leucht...
luminous paint Leuchtfarbe
luster Glanz; Lüster
luster terminal (insulating screw joint)
Lüsterklemme
lute Kitt, Dichtungskitt, ~masse;
Gummiring (für Flaschen etc.)
lye Lauge
lyophilization/freeze-drying
Lyophilisierung, Gefriertrocknung
lyotropic series/Hofmeister series
Hofmeistersche Reihe, lyotrope
Reihe
lysate Lysat
lyse *vb* lysieren
lysergic acid Lysergsäure
lysigenic/lysigenous lysigen
lysis Lyse
lysogenic (temperate) lysogen
(temperent)
lytic plaque/plaque Lysehof, lytischer
Hof, Aufklärungshof, Hof, Plaque

M

macerate mazerieren
maceration Mazeration
machine-washable
waschmaschinenfest
➤ **dishwasherproof**
spülmaschinenfest
macromolecule Makromolekül
macronutrients Kernnährelemente
macroscopic makroskopisch

magic acid (HSO₃F/SbF₅) Magische
Säure
magic angle spinning (MAS: NMR)
Rotation um den magischen Winkel
magnesia/mangesium oxide
Magnesia, Magnesiumoxid
magnesium (Mg) Magnesium
magnetic field Magnetfeld
**magnetic resonance imaging (MRI)/
nuclear magnetic resonance
imaging**
Magnetresonanztomographie
(MRT), Kernspintomographie (KST)
**magnetic spin vane/spin vane/
spinvane (vane-shaped magnetic
stirring bar)**
Schwimmer-Magnetrührer,
Schwimmer-Magnetrührstab,
Flügel-Magnetrührstäbchen,
Magnetrührflügel
magnetic stirrer Magnetrührer
magnetism Magnetismus
magnification (enlargement)
Vergrößerung
magnification at *x* diameters
x-fache Vergrößerung
magnify (enlarge) vergrößern
magnifying glass/magnifier/lens
Vergrößerungsglas
main band *chromat/electrophor*
Hauptbande
mains (*Br*) Hauptstromleitung
mains cable (*Br*)/**power cable**
Netzkabel
mains connection (*Br*)/**power supply
(electric hookup)** Netzanschluss
maintain (service) warten,
instandhalten, unterhalten,
pflegen; erhalten, aufrechterhalten,
beibehalten, bewahren
maintenance (servicing) Wartung,
Instandhaltung; Erhaltung,
Beibehaltung

maintenance coefficient (m)
Erhaltungskoeffizient
**maintenance contract/maintenance
agreement** Wartungsvertrag
maintenance costs
Instandhaltungskosten
maintenance culture Erhaltungskultur
maintenance energy
Erhaltungsenergie
maintenance-free wartungsfrei
maintenance medium
Erhaltungsmedium
maintenance personnel
Wartungspersonal
maintenance service
Wartungsdienst
**maintenance worker/maintenance
man** Wartungsmonteur
male (plug/couplings etc.) männlich
(Stecker/Kupplung/Verbinder),
Plus...; *tech/mech* Kern
male joint (plug/couplings etc.)
Plus-Verbindung
(Rohrverbindungen etc.)
male Luer hub (lock) Luerkern
maleic acid (maleate) Maleinsäure
(Maleat)
malformation Fehlbildung
malfunction (functional disorder)
tech/med Funktionsstörung;
Dysfunktion
malfunction *vb tech/mech*
schlecht funktionieren, versagen
malfunction report Fehleranzeige
malic acid (malate) Äpfelsäure
(Malat)
malignancy/malignant nature
Malignität, Bösartigkeit
malignant maligne, bösartig
malleable (kalt)hämmerbar,
streckbar, dehnbar; verformbar;
formbar
mallet Handfäustel

➢ **rubber mallet** Gummihammer (Fäustel)

malnourished fehlernährt; (undernourished) unterernährt

malnutrition Fehlernährung

malonic acid (malonate) Malonsäure (Malonat)

malt sugar/maltose Malzzucker, Maltose

malware/malicious software Schadsoftware, Schadprogramm, Malware

man-made (artificial/synthetic) von Menschen gemacht (künstlich, naturfern, synthetisch)

mandatory report/registration (compulsory registration/ obligation to register) Meldepflicht, Anmeldepflicht

mandelic acid/phenylglycolic acid/ amygdalic acid Mandelsäure, Phenylglykolsäure

manganese (Mn) Mangan

manganese dioxide Braunstein, Manganoxid

manifest Manifest; Frachtliste, Frachtdokument

manifest document Ladeverzeichnis, Ladungsdokument (Warenverzeichnis)

manifold *n* Verteiler, Verzweigung (Krümmer/Rohrverzweigung), Verteilerrohr, Verteilerstück

mannitol Mannit

mannuronic acid Mannuronsäure

manual *adj/adv* manuell, von Hand, mit der Hand, handbetrieben

manual *n* (handbook/guide) Leitfaden, Handbuch; (instructions) Handbuch, Anleitung, Gebrauchsanweisung, biol Bestimmungsbuch

manual operation Handbedienung (Gerät)

manually controlled handgesteuert

manually operated mit Hand bedient

manufacture (manufacturing/ preparation/production) Herstellung, Fertigung, Erzeugung, Produktion

manufacturer (producer) Hersteller, Erzeuger, Produzent; (manufacturing company/firm) Herstellerfirma

manufacturer catalog Herstellerkatalog

manufacturer's specifications Herstellerangaben

manufacturing process/procedure Herstellungsverfahren

manure/dung Mist, Dung; (droppings) Tierkot

map Karte, Landkarte (auch Stadtplan)

map unit Karteneinheit

mapping/plotting Kartierung

marginal distribution *stat* Randverteilung

mark *vb* (brand/earmark) markieren, kennzeichnen, beschriften

marker (genetic/radioactive) Marker, Markersubstanz; Markierstift

➢ **permanent marker (water- resistant)** wischfester/wasserfester Markierstift

marking/labeling Kennzeichnung

Marsh test Marshsche Probe

mask *vb* maskieren; verhüllen, verkleiden, verschleiern, verbergen; überdecken (z.B. Geschmack)

mask *n* Maske; Mundschutz

➢ **cartridge mask** Patronen-Filtermaske

➢ **dust mask (respirator)** Grobstaubmaske

- **dust-mist mask** Feinstaubmaske
- **emergency escape mask** Fluchtgerät, Selbstretter (Atemschutzgerät)
- **face mask/protection mask** Atemschutzmaske
- **filter cartridge** Filterpatrone
- **filter mask** Filtermaske
- **full-face respirator** Atemschutzvollmaske, Gesichtsmaske
- **full-facepiece respirator** Vollsicht-Atemschutzmaske
- **gas mask** Gasmaske
- **half-mask (respirator)** Halbmaske
- **mist mask/mist respirator mask** Feinstaubmaske
- **particulate respirator (U.S. safety levels N/R/P according to regulation 42 CFR 84)** Staubschutzmaske (Partikelfilternde Masken) (DIN FFP)
- **protection mask/face mask/ respirator mask/respirator** Atemschutzmaske
- **surgical mask** Operationsmaske, chirurgische Schutzmaske

masking tape Kreppband, Maler-Krepp

mass Masse
- **biomass** Biomasse
- **dry mass/dry matter** Trockenmasse, Trockensubstanz
- **'fresh mass' (fresh weight)** ,Frischmasse' (Frischgewicht)
- **molar mass ('molar weight')** Molmasse, molare Masse (,Molgewicht')
- **molecular mass ('molecular weight')** Molekülmasse (,Molekulargewicht')
- **molecular weight/relative molecular mass (M_r)** Molekulargewicht, relative Molekülmasse
- **nominal mass** Nennmasse, Nominalmasse
- **weight average molecular weight (M_w)** Durchschnitts-Molmasse (gewichtsmittlere Molmasse/Gewichtsmittel des Molekulargewichts)

mass action Massenwirkung

mass exchange/substance exchange Stoffaustausch

mass filter Massenfilter

mass flow/bulk flow Massenströmung (Wasser)

mass fraction Massenanteil (Massenbruch)

mass reproduction (mass spread/ outbreak) Massenvermehrung

mass-selective detector massenselektiver Detektor

mass spectrometer/mass spec Massenspektrometer
- **accelerator mass spectrometer** Beschleuniger-Massenspektrometer
- **quadrupole mass spectrometer** Quadrupol-Massenspektrometer

mass spectrometry (MS) Massenspektrometrie
- **inductively coupled plasma mass spectrometry (ICP-MS)** induktiv gekoppelte Plasma-MS
- **laser ion desorption mass spectrometry (LIMS)** Laser-Ionisations-Massenspektrometrie
- **laser microprobe mass spectrometry (LMMS)** Laser-Mikrosonden-Massenspektrometrie
- **matrix-assisted laser desorption ionization (MALDI)** matrixassistierte Laser-Desorptionsionisation

➤ **resonance ionization mass
spectrometry (RIMS)**
Resonanzionisations-
Massenspektrometrie

➤ **secondary ion mass spectrometry
(SIMS)** Sekundärionen-
Massenspektrometrie

➤ **tandem mass spectrometry (MS/
MS)** Tandem-Massenspektrometrie

➤ **time-of-flight mass
spectrometry (TOF-MS)**
Flugzeit-Massenspektrometrie

mass transfer Stoffübergang,
Massenübergang, Stofftransport,
Massentransport, Massentransfer

mass-to-charge ratio *m/z* **(MS)**
Masse-Ladungsverhältnis

mass transfer Stoffübergang,
Massenübergang, Stofftransport,
Massentransport, Massentransfer

**massicot/litharge/lead protooxide/
lead oxide (yellow monoxide) PbO**
Bleioxid

masticator (plasticator)
Mastiziermaschine, Mastikator,
Kneter, Knetmaschine

mat Matte

➤ **step mat/foot mat** Fußmatte;
(doormat) Türmatte, Abstreifer
(Fußmatte vor der Tür)

material Material, Stoff, Werkstoff

material fatigue Materialermüdung,
Werkstoffermüdung

material flow/chemical flow
Stofffluss

Material Safety Data Sheet (MSDS)
Sicherheitsdatenblatt (Merkblatt)

material shortage Materialmangel

material stress
Werkstoffbeanspruchung

material testing Materialprüfung,
Werkstoffprüfung

**matrix-assisted laser desorption
ionization (MALDI)**
matrixassistierte
Laser-Desorptionsionisation

maturation Reifung

mature *adj/adv* (ripe) reif

mature *vb* (ripen) *vb* reifen

maturing/ripening Reifen

maturity (ripeness) Reife

➤ **immaturity/immatureness** Unreife

**maximum permissible workplace
concentration/maximum permissible
exposure** MAK-Wert (maximale
Arbeitsplatz-Konzentration)

maximum rate
Maximalgeschwindigkeit
(V_{max} Enzymkinetik, Wachstum)

maximum tolerated dose (MTD)
maximal verträgliche Dosis

maximum yield Höchstertrag

mealy/farinaceous mehlig

mean (average) Mittel,
Durchschnittswert (*siehe auch:*
Mittelwert)

➤ **adjusted mean** bereinigter/
korrigierter Mittelwert

**mean value/mean/arithmetic
mean/average** *stat* Mittelwert,
Mittel, arithmetisches Mittel,
Durchschnittswert

measurability Messbarkeit

measurable messbar

measure *vb* messen, abmessen

measure *n* Maß; Maßnahme

➤ **immediate measure (instant action)**
Sofortmaßnahme

➤ **precautionary measure (safety
warning)** Vorsichtsmaßnahme,
Vorsichtsmaßregel

➤ **safety measure/safety precautions/
safeguards** Sicherheitsvorkehrungen,
Sicherheitsvorbeugemaßnahmen

➤ **standard measure** Normalmaß
measurement (test/testing/reading/ recording) Messung, Messen, Maß; Abmessung, Ausmessung, Vermessung
➤ **accuracy/precision of measurement** Messgenauigkeit
➤ **error in measurement/measuring mistake** Messfehler
➤ **range of measurement** Messbereich
measuring apparatus/measuring instrument Messgerät
measuring cup Messbecher
measuring procedure Messverfahren
measuring scoop Messschaufel
measuring unit/measuring device *math* Messglied (Größe)
meat extract Fleischextrakt
meat infusion (meat digest/tryptic digest) *micb* Fleischwasser, Fleischbrühe, Fleischsuppe
mechanic *n* Mechaniker
mechanical mechanisch, maschinell
mechanical stage *micros* Kreuztisch
median lethal dose (LD$_{50}$) mittlere letale Dosis
median longitudinal plane Sagittalebene (parallel zur Mittellinie)
median value *stat* Medianwert, Zentralwert
mediate vermitteln
mediator Mediator, Vermittler
medical examination/medical exam/medical checkup/physical examination/physical medizinische/ ärztliche Untersuchung
medical gloves medizinische Handschuhe, OP-Handschuhe
medical lab technician/medical lab assistant MTLA (medizinisch-technische(r) Laborassistentln)

medical personnel medizinisches Personal, Sanitätspersonal
medical service Sanitätsdienst
medical student Medizinstudent
medical supplies Medizinalbedarf, Sanitätsbedarf
medical surveillance/health surveillance medizinische Überwachung, ärztliche Überwachung
medical technician/medical assistant (*auch* Sprechstundenhilfe: **doctor's assistant**) MTA (medizinisch-technische(r) AssistentIn)
medication Medizin, Medikament, Arznei, Arzneimittel
medicinal herbs Heilkräuter
medicinal plant Drogenpflanze, Arzneipflanze, Heilpflanze
medicine Medizin; (drug/ medicament) Droge, Arznei, Arzneimittel, Medizin, Medikament, Pharmakon
medium (culture/nutrient medium) Medium (Kulturmedium, Nährmedium)
➤ **basal medium** Basisnährboden, Basisnährmedium
➤ **complete medium/rich medium** Vollmedium, Komplettmedium
➤ **complex medium** komplexes Medium
➤ **conditioned medium** konditioniertes Medium
➤ **deficiency medium** Mangelmedium
➤ **defined medium** synthetisches Medium (chem. definiertes Medium)
➤ **differential medium** Differenzierungsmedium
➤ **egg medium/egg culture medium** Eiermedium, Eiernährmedium, Eiernährboden

> **enrichment medium**
>   Anreicherungsmedium
> **isolation medium** Isolationsmedium
> **maintenance medium**
>   Erhaltungsmedium
> **minimal medium** Minimalmedium
> **rich medium/complete medium**
>   Vollmedium, Komplettmedium
> **selective medium** Elektivmedium,
>   Selektivmedium
> **test medium** Testmedium,
>   Prüfmedium (zur Diagnose)

medulla/pith/core Mark

medullation Verkernung

Meker burner/Meker-type burner/Meker-Fisher burner Meker-Brenner, Meker-Fisher-Brenner, Brenner nach Meker

melt *n* Schmelze

melt *vb* schmelzen, aufschmelzen

melted geschmolzen

melting curve Schmelzkurve

melting furnace/smelting furnace
  Schmelzofen

melting point Schmelzpunkt

melting point capillary/melting-point capillary Schmelzpunktkapillare, Schmelzpunkt-Kapillare

melting temperature
  Schmelztemperatur

meltwater Schmelzwasser

membrane Membran

membrane conductance
  Membranleitfähigkeit

membrane electrode
  Membranelektrode

membrane filter Membranfilter

membrane forceps Membranpinzette

membrane ghost Membran-Ghost
  (künstlich hergestellte leere
  Membran)

membrane reactor Membranreaktor
  (Bioreaktor)

membraneous membranös

meniscus Meniskus

mercerize *text* mercerisieren, laugen

mercuric chloride/mercury dichloride/sublimate/corrosive mercury chloride Quecksilber-(II)-chlorid, Sublimat

mercurous chloride/calomel/mercury subchloride Quecksilber-(I)-chlorid, Kalomel

mercury (Hg) Quecksilber

> **mercuric/mercury(II)...** Quecksilber-(II), zweiwertiges Quecksilber
> **mercurous/mercury(I)...**
>   Quecksilber-(I), einwertiges
>   Quecksilber

mercury-in-glass thermometer
  Quecksilberthermometer

mercury poisoning
  Quecksilbervergiftung,
  Merkurialismus

mercury trap/mercury well
  Quecksilberfalle

mercury-vapor lamp
  Quecksilberdampflampe

mesh Masche (Netz/Sieb),
  Drahtgeflecht; Gitterstoff;
  Maschenweite

mesh screen Maschensieb

mesh size/mesh
  Siebnummer

meshy maschig

mesomerism Mesomerie

mesophile Mesophile

mesophilic
  mesophil (20–45°C)

mesotrophic mesotroph (mittlerer
  Nährstoffgehalt)

metabolic derangement/metabolic disturbance Stoffwechselstörung

metabolic pathway/metabolic shunt
  Stoffwechselweg

metabolic rate Metabolismusrate, Stoffwechselrate, Energieumsatzrate

metabolic turnover Stoffwechselumsatz

metabolism Metabolismus, Stoffwechsel

➢ **basal metabolism** Grundstoffwechsel, Ruhestoffwechsel

➢ **cellular metabolism** Zellstoffwechsel

➢ **energy metabolism** Energiestoffwechsel

➢ **intermediary metabolism** intermediärer Stoffwechsel, Zwischenstoffwechsel

➢ **maintenance metabolism** Betriebsstoffwechsel

➢ **secondary metabolism** Sekundärstoffwechsel

metabolite Metabolit, Stoffwechselprodukt

metal Metall

➢ **heavy metal** Schwermetall

➢ **nonferrous metal** Buntmetall

➢ **precious metal** Edelmetall

➢ **semimetals** Halbmetalle

➢ **semiprecious metal** Halbedelmetall

➢ **trace metal** Spurenmetall

➢ **transition metal** Übergangsmetall

metal alloy Metalllegierung

metal-cutting saw Metallsäge

metal deposition *chem* Metallabscheidung; *micros* Metallaufdampfung

metal drill (bit) Metallbohrer (Bohreraufsatz)

metal-ore leaching Erzlaugung

➢ **microbial metal-ore leaching/ microbial leaching of metal ores** mikrobielle Erzlaugung

metal-organic frameworks (MOFs) metallorganische Gerüststrukturen

metal recovery Metallrückgewinnung

metal science (metallurgy) Metallkunde (Metallurgie)

metallic metallisch

metallic bond metallische Bindung

metallic luster/lustre Lüster, Metallglanz

metallization Metallisierung, Metallisation; Metallbelag

metallizing Metallbeschattung (Schrägbedampfung bei TEM)

metallurgy (science & technology of metals) Metallurgie, Hüttenkunde

metastasis Metastase, Tochtergeschwulst

meter *n* Zähler, Messinstrument, Messgerät, Messer

meter *vb* messen (mit Messinstrument/Messgerät)

metering valve Dosierventil

methane Methan

methanogenic methanbildend, methanogen

method Methode

method of estimation *stat* Schätzverfahren

methylate methylieren

methylation Methylierung, Methylieren

metric scale metrische Skala

metrological messtechnisch

metrology/measurement techniques/ measuring techniques Messtechnik

mevalonic acid (mevalonate) Mevalonsäure (Mevalonat)

mica Glimmer

micellation Micellierung

micelle Micelle

Michaelis constant/Michaelis-Menten constant (K_M) Michaeliskonstante, Halbsättigungskonstante

Michaelis-Menten equation
Michaelis-Menten-Gleichung
micro-environment Mikroumwelt
micro-forceps Mikropinzette
micro-scale *adj/adv*
im Mikromaßstab
micro-total-analysis-system (μ-TAS)
Mikro-Total-Analysen-System
microarray/DNA-microarray/biochip
Mikroarray, DNA-Mikroarray,
Gen-Chip, Biochip
microbalance Mikrowaage
microbe/microorganism Mikrobe,
Mikroorganismus
microbial mikrobiell
microbiological safety cabinet (MSC)
mikrobiologische
Sicherheitswerkbank (MSW)
microcarrier Mikroträger
microcentrifuge/microfuge
Mikrozentrifuge
microcentrifuge tube/microcentrifuge
vial/microfuge tube/microtube
Mikrozentrifugenröhrchen,
Eppendorf-Röhrchen, Eppi
microdissection forceps/
microdissecting forceps
anatomische Mikropinzette,
Splitterpinzette
microelement/micronutrient
(trace element) Mikroelement,
Spurenelement
microfuge/microcentrifuge
Mikrozentrifuge
micrograph/microscopic picture/
microscopic image mikroskopische
Aufnahme, mikroskopisches Bild
microinjection Mikroinjektion
micromanipulation
Mikromanipulation
micromanipulator
Mikromanipulator
micrometer Messschraube

➢ **outside micrometer**
Bügelmessschraube
micrometer screw/fine-adjustment/
fine-adjustment knob
Mikrometerschraube
microorganism/microbe
Mikroorganismus
(*pl* Mikrorganismen), Mikrobe
micropipet Mikropipette;
(pipettor) Mikroliterpipette
(Kolbenhubpipette)
micropipet tip Mikropipettenspitze
microprobe Mikrosonde
microprocedure Mikroverfahren
microreaction tube/microreaction
vial/microtube
Mikroreaktionsgefäß (Eppendorf-
Röhrchen, Eppi)
microscope Mikroskop
➢ **acoustic microscope** akustisches
Mikroskop
➢ **binocular microscope** binokulares
Mikroskop, Binokularmikroskop
➢ **compound microscope**
zusammengesetztes Mikroskop
➢ **confocal microscope**
Konfokalmikroskop
➢ **course microscope** Kursmikroskop
➢ **dissecting microscope**
Präpariermikroskop
➢ **electron microscope**
Elektronenmikroskop
➢ **field microscope** Feldmikroskop
➢ **fluorescence microscope**
Fluoreszenzmikroskop
➢ **focused ion beam microscope (FIB)**
Fokussiertes Ionenstrahl-Mikroskop,
Ionenstrahlmikroskop
➢ **inverted microscope**
Umkehrmikroskop,
Inversmikroskop
➢ **light microscope (compound**
microscope) Lichtmikroskop

➢ **light sheet microscope**
Lichtscheibenmikroskop
➢ **multiphoton microscope**
Multiphotonenmikroskop
➢ **phase-contrast microscope**
Phasenkontrastmikroskop
➢ **polarizing microscope**
Polarisationsmikroskop
➢ **research microscope**
Forschungsmikroskop
➢ **scanning electron microscope
(SEM)** Rasterelektronenmikroskop
(REM)
➢ **stereo microscope/
stereomicroscope** Stereomikroskop
➢ **transmission electron microscope**
Transmissionselektronenmikroskop,
Durchstrahlungselektronenmikroskop
➢ **x-ray microscope**
Röntgenmikroskop
microscope accessories
Mikroskopzubehör
microscope illuminator
Mikroskopierleuchte
microscope slide   Objektträger
➢ **prepared microscope slide**
Mikropräparat
microscope slide label
Objektträgerbeschriftungsetikett
microscope stage   Objekttisch
microscopic (microscopical)
mikroskopisch
**microscopic image/microscopic
picture/micrograph**
mikroskopische(s) Bild/Aufnahme
microscopic procedure
Mikroskopierverfahren
**microscopical preparation/
microscopic mount**
mikroskopisches Präparat
microscopy   Mikroskopie
➢ **atomic force microscopy (AFM)**
Rasterkraftmikroskopie

➢ **brightfield microscopy**
Hellfeld-Mikroskopie
➢ **confocal laser scanning microscopy**
konfokale Laser-Scanning
Mikroskopie
➢ **confocal microscopy**
konfokale Mikroskopie,
Konfokalmikroskopie
➢ **correlated light and electron
microscopy/correlative
light-electron microscopy
(CLEM)** korrelative Licht- und
Elektronenmikroskopie
➢ **darkfield microscopy**
Dunkelfeld-Mikroskopie
➢ **differential interference contrast
(DIC) microscopy** Differenzielle
Interferenzkontrast-Mikroskopie,
Differenzial-Interferenzkontrast-
Mikroskopie
➢ **far-field microscopy**
Fernfeld-Mikroskopie
➢ **fluorescence lifetime
imaging microscopy (FLIM)**
Fluoreszenzlebensdauer-
Mikroskopie
➢ **fluorescence microscopy**
Fluoreszenzmikroskopie
➢ **force microscopy (FM)**
Kraftmikroskopie
➢ **friction force microscopy (FFM)/
lateral force microscopy (LFM)**
Reibungs-Kraftmikroskopie
➢ **high voltage electron
microscopy (HVEM)**
Höchstspannungselektronen-
mikroskopie
➢ **immunoelectron microscopy (IEM)**
Immun-Elektronenmikroskopie
➢ **immunofluorescence microscopy**
Immunfluoreszenzmikroskopie
➢ **interference microscopy**
Interferenzmikroskopie

- light microscopy (compound microscope) Lichtmikroskopie
- light sheet microscopy/ light-sheet fluorescence microscopy (LSFM)/single plane illumination microscopy (SPIM) Lichtscheibenmikroskopie, Lichtscheibenfluoreszenzmikroskopie
- modulation contrast microscopy (MCM) Modulationskontrast-Mikroskopie
- multiphoton microscopy Multiphotonenmikroskopie
- near-field microscopy Nahfeld-Mikroskopie
- phase contrast microscopy (PCM) Phasenkontrastmikroskopie
- photoactivated localization microscopy (PALM) Lokalisationsmikroskopie nach Photoaktivierung, photoaktivierte Lokalisationsmikroskopie
- polarizing microscopy Polarisationsmikroskopie
- reflection interference contrast (RIC) microscopy Reflektions-Interferenzkontrast-Mikroskopie
- scanning electron microscopy (SEM) Rasterelektronenmikroskopie (REM)
- scanning force microscopy (SFM) Rasterkraftmikroskopie (RKM)
- scanning near-field optical microscopy (SNOM)/ near-field scanning optical microscopy (NSOM) optische Raster-Nahfeldmikroskopie
- scanning probe microscopy (SPM) Rastersondenmikroskopie (RSM)
- scanning transmission X-ray microscopy (STXM) Transmissions-Rasterröntgenmikroskopie

- scanning tunneling microscopy (STM) Rastertunnelmikroskopie (RTM)
- single plane illumination microscopy/selective plane illumination microscopy (SPIM)/ light sheet microscopy/light-sheet fluorescence microscopy (LSFM) Lichtscheibenmikroskopie, Lichtscheibenfluoreszenzmikroskopie
- stimulated emission depletion microscopy (STED) stimulierte Emissionslöschungs-Fluoreszenzmikroskopie (stimulierte Fluoreszenzauslöschung)
- total internal reflection fluorescence microscopy (TIRFM) interne Totalreflektions-Fluoreszenz-Mikroskopie
- transmission electron microscopy (TEM) Transmissionselektronenmikroskopie, Durchstrahlungselektronenmikroskopie
- tunneling microscopy Tunnelmikroskopie

microscopy accessories Mikroskopiezubehör

microscopy transmission electron microscopy (TEM) Transmissionselektronenmikroskopie, Durchstrahlungselektronenmikroskopie

microtome Mikrotom
- cryoultramicrotome Kryo-Ultramikrotom
- freezing microtome/cryomicrotome Gefriermikrotom
- rotary microtome Rotationsmikrotom
- sliding microtome chlittenmikrotom
- ultramicrotome Ultramikrotom

microtome blade Mikrotommesser

microtome chuck
Mikrotom-Präparatehalter,
Objekthalter (Spannkopf)
microtomy Mikrotomie
**microtube/microcentrifuge tube/
microcentrifuge vial/microfuge
tube** Mikrozentrifugenröhrchen,
Eppendorf-Röhrchen, Eppi
microwave oven ('microwave')
Mikrowellenofen, Mikrowellengerät
('Mikrowelle')
microwave spectroscopy
Mikrowellenspektroskopie
microwave synthesis
Mikrowellen-Synthese
migration *chromat/
electrophor* Migration, Wanderung
milk glass Milchglas
milk sugar/lactose Milchzucker,
Laktose
milky (opaque) milchig (opak)
mill Mühle
➢ **analytical mill** Analysenmühle
➢ **ball mill/bead mill** Kugelmühle
➢ **bead mill (shaking motion)**
Schwing-Kugelmühle
➢ **centrifugal grinding mill**
Rotormühle, Zentrifugalmühle,
Fliehkraftmühle
➢ **coffee mill/coffee grinder**
Kaffeemühle
➢ **cutting-grinding mill/shearing
machine** Schneidmühle
➢ **disk mill** Tellermühle
➢ **drum mill/tube mill/barrel mill**
Trommelmühle
➢ **grinding jar** Mahlbecher
➢ **hand mill** Handmühle
➢ **mixer mill** Mischmühle
➢ **mortar grinder mill** Mörsermühle
➢ **plate mill/disk mill** Scheibenmühle
➢ **pulverizer** Pulverisiermühle

mineral (minerals)
Mineral (*pl* Mineralien);
Mineralstoffe
mineral cycle Mineralstoffkreislauf
mineral fertilizer/inorganic fertilizer
Mineraldünger
mineral oil Mineralöl
mineral spring Mineralquelle
mineral water Mineralwasser
mineral wool (mineral cotton)
Mineralfasern (*speziell:*
Schlackenfasern)
mineralization Mineralisation,
Mineralisierung
minimal medium Minimalmedium
minimum ignition energy
Mindestzündenergie
miniprep/minipreparation Miniprep,
Minipräparation
minute respiratory volume
Atemminutenvolumen (AMV)
mirror Spiegel
➢ **dichroic mirror** dichroischer Spiegel
miscibility Mischbarkeit,
Vermischbarkeit
➢ **immiscibility** Unvermischbarkeit
miscible mischbar, vermischbar
➢ **immiscible** unvermischbar
misfire/backfire Fehlzünden,
Fehlzündung
mismatch (mispairing)
gen Fehlpaarung
(Basenfehlpaarung)
mist feiner Nebel, leichter Nebel
➢ **fine dust/fines** Feinstaub
misty leicht nebelig
miter box Gehrungsschneidlade
miter-box saw Gehrungssäge
mix *n* Mischung; (mixing)
Vermischung
mix *vb* mischen, vermischen
mixed culture Mischkultur

mixed-bed filter/mixed-bed ion exchanger Mischbettfilter, Mischbettionenaustauscher
mixer Mischer, Mixer
➢ **barrel mixer/drum mixer** Trommelmischer
➢ **blade mixer** Schaufelmischer
➢ **blender (vortex)** Mixette, Küchenmaschine (Vortex)
➢ **mixer with spinning-rotating motion (vertically rotating 360°)** Überkopfmischer
➢ **nutator/nutating mixer** ('belly dancer': shaker with gyroscopic, i.e., threedimensional circular/orbital & rocking motion) Taumelschüttler
➢ **roller wheel mixer** Drehmischer
➢ **tumbling mixer/tumbler** Fallmischer
mixer mill Mischmühle
mixing Mischen, Vermischung, Durchmischung
➢ **backmixing** Rückmischen, Rückmischung, Rückvermischung
➢ **premixing** Vormischen
mixing drum Mischtrommel
mixing ratio Mischungsverhältnis
mixotropic series mixotrope Reihe
mixture Mischung, Gemenge
➢ **binary mixture** Zweistoffgemisch
mobile mobil, beweglich; (vagile/wandering) vagil (Ortsveränderung des Gesamtorganismus)
mobility Mobilität, Beweglichkeit; (vagility) Vagilität (Ortsveränderung des Gesamtorganismus)
mobility shift experiment Gelretardationsexperiment
mock-up/dummy *n* Attrappe, Nachbildung, Modell
modal value *stat* Modalwert

mode (style/status) Modus, Art und Weise, Regel; Einstellung (einstellbare Betriebsart); *stat* Modalwert; (method) Methode
mode of action/mechanism Wirkungsweise, Mechanismus
model Modell, Bauart, Ausführung; Muster, Vorlage, Typ; Vorbild
model building Modellbau
modeling (*also Brit:* modelling) Modellierung, Modellieren
modeling clay Modellierknete
moderately toxic mindergiftig
module Modul, Funktionseinheit
Mohr's salt/ammonium iron(II) sulfate hexahydrate (ferrous ammonium sulfate) Mohrsches Salz
moiety/part/section Teil (des Ganzen), Anteil; Hälfte
moist feucht
moisten (humidify/dampen) befeuchten; benetzen
moistening (humidification/dampening) Befeuchtung; Benetzung
moistness/dampness Feuchte
moisture Feuchtigkeit, Feuchte
moisture capacity (water-holding capacity, e.g., of soil) Wasserkapazität; Wasserhaltevermögen
moisture-proof feuchtigkeitsundurchlässig
molar mass ('molar weight') Molmasse, molare Masse ('Molgewicht')
molar volume Molvolumen
mold (*Br* mould) Schimmel, Moder; Gießform; Guss(stück); Werkzeug, Formwerkzeug (zur Formgebung beim Spritzgießen etc.); *biol* (mildew) Moder (Schimmel)

molability Formbarkeit,
Verformbarkeit, Plastizität,
Pressbarkeit
molable formbar, verformbar,
verpressbar
moldy/putrid/musty moderig,
faulend, verfaulend (Geruch)
mole Mol
mole fraction Molenbruch,
Stoffmengenanteil
molecular beacon
fluoreszenzmarkierte
Hybridisierungssonde
molecular biology Molekularbiologie
molecular formula Molekularformel,
Molekülformel
molecular fragment
Molekülfragment,
Molekülbruchstück
molecular genetics Molekulargenetik
molecular ion (MS) Molekülion
molecular leak Molekularleck
molecular mass ('molecular weight')
Molekülmasse, Molmasse
(‚Molekulargewicht')
molecular peak Molekülpeak
molecular sieve Molekularsieb,
Molekülsieb, Molsieb
**molecular sieving chromatography/
gel permeation chromatography/
gel filtration**
Molekularsiebchromatografie,
Gelpermeationschromatografie,
Gelfiltration
**molecular weight/molecular mass/
relative molecular mass** (M_r)
Molekulargewicht, Molgewicht
(Molmasse)
➤ **number average molecular
mass** (M_n) Zahlenmittel des
Molekulargewichts, zahlenmittlere
Molmasse

➤ **relative molecular mass** (M_r)
relatives Molekulargewicht, relative
Molmasse/Molekülmasse
➤ **weight average molecular
mass** (M_w) Gewichtsmittel
des Molekulargewichts,
gewichtsmittlere Molmasse,
Durchschnitts-Molmasse
molecular-weight distribution
Molmassenverteilung
molecule Molekül
➤ **carrier molecule** Trägermolekül
➤ **leaving molecule** Abgangsmolekül
➤ **macromolecule** Makromolekül
➤ **parent molecule (backbone)**
Grundkörper (Strukturformel)
➤ **tagged molecule** markiertes
Molekül
➤ **tailored molecule**
maßgeschneidertes Molekül, gezielt
konstruiertes/aufgebautes Molekül
molten geschmolzen, schmelzflüssig
molten metal Metalschmelze
molten salt/salt melt Salzschmelze,
geschmolzenes Salz
molten-salt electrolysis
Schmelzelektrolyse,
Schmelzflusselektrolyse
momentum Moment
momentum Moment; Impuls;
Triebkraft
molybdenum (Mo) Molybdän
monitor n Monitor, Anzeige,
Anzeiger; Mess-/Anzeige-/
Kontrollgerät
monitor vb (survey/supervise/
control) überwachen; abhören,
mithören; kontrollieren
**monitoring (surveillance/
surveying/supervision/
surveyance)** Überwachung,
Supervision

monitoring camera
Überwachungskamera

monitoring protocol
Arbeitsvorschrift/Arbeitsanweisung
für die Überwachung

monobasic einbasig

monoclonal antibody monoklonaler
Antikörper

monolayer (monomolecular layer)
einlagige Schicht, Monoschicht,
monomolekulare Schicht, Monolage

monolayer cell culture
Einschichtzellkultur

monolithic floor monolithischer
Fußboden (Labor: Stein/Beton aus
einem Guß)

monoprotic acid einwertige/
einprotonige Säure

imonounsaturated einfach
ungesättigt

monounsaturated fatty acid einfach
ungesättigte Fettsäure

mop Mop, Aufwischer

mop up (the floor) aufputzen,
aufwischen (den Boden)

mop wringer Auswringer, Wringer

morbidity Morbidität (Häufigkeit der
Erkrankungen)

mordant Beize, Beizenfärbungsmittel

morphologic/morphological
morphologisch

morphology Morphologie

mortal sterblich

➢ **immortal** unsterblich

mortality/death rate Sterblichkeit,
Sterberate, Mortalität

➢ **immortality** Unsterblichkeit,
Immortalität

mortar Mörser, Reibschale

➢ **agate mortar** Achatmörser

➢ **alumina mortar**
Aluminiumoxid-Mörser

➢ **apothecary mortar**
Apotheker-Mörser

➢ **glass mortar** Glasmörser

➢ **pestle** Pistill

➢ **porcelain mortar** Porzellanmörser

mortar grinder mill Mörsermühle

mother board Hauptplatine

mother liquor Mutterlauge

motile beweglich, motil,
bewegungsfähig (Bewegung eines
Körperteils)

motility Beweglichkeit, Motilität,
Bewegungsvermögen (Bewegung
eines Körperteils)

motion Bewegung

➢ **hand motion (handshaking motion)**
Handbewegung

➢ **see-saw motion/rocking
motion** Wippbewegung,
Schaukelbewegung

➢ **spinning/rotating motion**
Drehbewegung (rotierend)

➢ **vibrating motion**
Vibrationsbewegung

➢ **vibrational motion**
Schwingungsbewegung

➢ **vortex motion/whirlpool motion
(shaker)** Vortex-Bewegung,
kreisförmig-vibrierende Bewegung
(Schüttler)

motion sensor Bewegungsmelder,
Bewegungssensor

motionless ruhend, unbewegt

motor vehicle Kraftfahrzeug

mount *vb* fixieren, präparieren;
einspannen; arrangieren,
anbringen, befestigen

mount *n micros* Präparat
(Objektträger); Einbettung

➢ **microscopical preparation/
microscopic mount**
mikroskopisches Präparat

➤ **scraping (mount)** Schabepräparat
➤ **squash mount** Quetschpräparat
➤ **wet mount** Nasspräparat
   (Frischpräparat, Lebendpräparat,
   Nativpräparat)
➤ **whole mount** Totalpräparat
mountant/mounting medium
   Einbettungsmittel, Einschlussmittel
mouth (opening/orifice) Mund,
   Öffnung; Mündung; Eingang,
   Zugang
mouth mirror Mundspiegel
mouth-to-mouth resuscitation/
   respiration Mund-zu-Mund
   Beatmung (Wiederbelebung)
mouth wash Mundspülung
mouthpiece Mundstück, Ansatz, Tülle
movement/motion/locomotion
   Bewegung, Fortbewegung,
   Lokomotion
MS (mass spectroscopy)
   MS (Massenspektroskopie)
mucic acid Schleimsäure,
   Mucinsäure
mucilage Schleim (speziell pflanzlich)
mucosa (mucous
   membrane) Schleimhaut,
   Schleimhautepithel
➤ **irritation of the mucosa**
   Schleimhautreizung
mucous membrane/mucosa
   Schleimhaut, Schleimhautepithel
mucus/slime/ooze Schleim
muff Muffe, Flanschstück
muffle furnace Muffelofen
muffler Dämpfer, Schalldämpfer
muffs/earmuffs/hearing protectors
   Gehörschützer (*speziell*
   auch: Kapselgehörschützer)
mull (IR/Raman) Aufschlämmung
mull technique (IR spectroscopy)
   Suspensionstechnik

multicellular mehrzellig, vielzellig
multichannel instrument
   Vielkanalgerät
multichannel pipet
   Mehrkanalpipette
multichannel pump Mehrkanalpumpe,
   Mehrkanal-Pumpe
multicomponent adhesive (or
   cement) Mehrkomponentenkleber
multifunctional vector/multipurpose
   vector multifunktioneller Vektor,
   Vielzweckvektor
multilayer film Mehrschichtfolie
multilayered viel~/mehrschichtig
multi-limb vacuum receiver adapter/
   cow receiver adapter/'pig'
   (receiving adapter for three/
   four receiving flasks) *dist*
   Wechselvorlage, Spinne,
   Eutervorlage, Verteilervorlage
multimeter *electr* Multimeter,
   Universalmessgerät, Vielfach~
multiple bond
   chem Mehrfachbindung
multiple-component adhesive
   (or cement)
   Mehrkomponentenkleber
multiple sugar/polysaccharide
   Vielfachzucker, Polysaccharid
multiple well plate Mehrlochplatte
multiplet signal (NMR)
   Multiplett-Signal
multiplication Vermehrung,
   Vervielfältigung, Multiplikation
multipurpose Mehrzweck…,
   Vielzweck…
multistage impulse countercurrent
   impeller Mehrstufen-Impuls-
   Gegenstrom (MIG) Rührer
multi-tray *micb* Wannen-Stapel
multiwell plate *micb* Vielfachschale,
   Multischale

municipal solid waste (MSW)
kommunaler Müll

muramic acid Muraminsäure

mushroom poisoning/mycetism
Pilzvergiftung

mustard oil Senföl

mutability Mutabilität, Mutierbarkeit,
Mutationsfähigkeit

mutagen *n* Mutagen, mutagene
Substanz

mutagenesis Mutagenese

mutagenic (T) erbgutverändernd,
mutagen; mutationsauslösend,
erbgutverändernd

mutagenicity Mutagenität

mutant Mutante

mutarotation Mutarotation

mutate mutieren

mutation Mutation

mutation rate Mutationsrate

mutualist Symbiont (in gegenseitiger
Lebensgemeinschaft)

mutualistic symbiotisch
(gemeinnützig)

mycoplasma (*pl* **myoplasmas)**
Mykoplasma (*pl* Mykoplasmen)

mycosis Mykose

mycotoxin Mykotoxin

myeloma Myelom

**myristic acid/tetradecanoic acid
(myristate/tetradecanate)**
Myristinsäure (Myristat),
Tetradecansäure

N

nacre (mother of pearl) Perlmutter,
Perlmutt

nail Nagel

nail bit Nagelbohrer

nail extractor Nagelzieher

nail nipper(s) Nagelzange

nail scissors Nagelschere

naked/nude nackt

naked flame(s) offenes Feuer

name/term Name; (designation/
nomenclature) Bezeichnung,
Benennung, Name, Namensgebung
(Nomenklatur)

name tag Namensetikett,
Namensschildchen

nameplate Registerschild,
Leistungsschild, offiziell
zugelassene Kapazität (z. B. einer
Anlage)

naming/designation/nomenclature
Benennung, Bezeichnung,
Namensgebung

nanobody Nanokörper

nanofiber Nanofaser

nanoparticle Nanoteilchen,
Nanopartikel

nanoscale im Nanomaßstab,
im Nanobereich

nanosurgery Nanochirurgie

nanotechnology Nanotechnologie

nanotube
Nanoröhre, Nanoröhrchen

nanowheel Nanorad

nanowire Nanodraht

naphthalene Naphthalin

**narrow-mouthed (narrow-mouth/
narrowmouthed/narrow-neck/
narrownecked)** Enghals...

narrow-mouthed bottle
Enghalsflasche

**narrow-mouthed flask (narrow-necked
flask)** Enghalskolben

nasal mucosa/olfactory epithelium
Nasenschleimhaut

**National Institute of Occupational
Safety and Health (NIOSH) [part
of CDC]**
Amerikanisches Bundesamt
für Arbeitsplatzsicherheit und
Gesundheitsschutz

National Pipe Taper (NPT) U.S.
Rohrgewindestandard
native (original) im Urzustand,
naturbelassen, ursprünglich; (not
denatured) nativ (nicht-denaturiert)
native gel natives Gel
natural natürlich
➢ **near-natural** naturnah
➢ **unnatural** unnatürlich
natural balance natürliches
Gleichgewicht (Naturhaushalt)
natural colors/natural coloring
natürliche Farbstoffe
natural flavor/natural flavoring
natürlicher Geschmackstoff
natural gas Erdgas
natural product Naturstoff
natural product chemistry
Naturstoffchemie
natural resources natürliche Rofstoffe
natural rubber (NR) Naturkautschuk
natural sciences/science
Naturwissenschaften
natural scientist/scientist
Naturwissenschaftler(in),
Naturforscher(in)
nature protection/nature
conservation/nature preservation
Naturschutz, Umweltschutz
nausea/sickness/illness Übelkeit,
Übelsein
near-field microscopy
Nahfeld-Mikroskopie
near-natural naturnah
neat/pure *chem* rein, pur
neatness (in cleaning-up) Sauberkeit,
Reinheit, Ordentlichkeit, Aufräumen
nebulizer Vernebler, Nebelgerät
neck *micros* Hals, Tubusträger
necrosis Nekrose
necrotic nekrotisch
needle Nadel; (syringe needle)
Kanüle, Hohlnadel, Injektionsnadel

➢ **blunt-tipped needle (syringe**
needle) stumpfe Injektionsnadel/
Nadel
➢ **cemented needle (syringe needle)**
geklebte Injektionsnadel/Nadel
➢ **removable needle (syringe needle)**
abnehmbare Injektionsnadel/Nadel
➢ **suture needle** chirurgische Nadel
needle file Nadelfeile
needle holder Nadelhalter,
Präpariernadelhalter
needle-nose pliers/snipe-nose(d)
pliers Storchschnabelzange
needle valve Nadelventil,
Nadelreduzierventil (Gasflasche/
Hähne)
negative control/blank/blank test
Blindversuch, Blindprobe
negative pressure Unterdruck
negative staining/negative contrasting
micros Negativkontrastierung
negligence Vernachlässigung
negligible vernachlässigbar
nematic nematisch, fadenförmig
neon screwdriver (*Br***)/neon**
tester (*Br***)/voltage tester**
screwdriver Spannungsprüfer
(Schraubenzieher)
nephelometry Nephelometrie,
Streulichtsmessung
nerve Nerv
nerve poison Nervengift
net Netz
net primary production (NPP)
Nettoprimärproduktion
net production Nettoproduktion
net weight Nettogewicht
netted/meshy/reticulate vernetzen,
vernetzt
network Netzwerk, Netz; Geflecht;
Maschenwerk
➢ **power network** Versorgungsnetz
neuraminic acid Neuraminsäure

neurosecretory neurosekretorisch

neurotoxic neurotoxisch

neurtralize neutralisieren

neutron activation analysis (NAA)
Neutronenaktivierungsanalyse

neutron diffraction
Neutronenbeugung,
Neutronendiffraktometrie

neutron reflectometry
Neutronenreflektometrie

neutron scattering
Neutronenstreuung

new chemicals/new substances
Neustoffe

Newtonian fluid/liquid Newtonsche
Flüssigkeit

nick Kerbe, Schlitz; gen Bruchstelle,
Einzelstrangbruch

nickel (Ni) Nickel

nicotinic acid (nicotinate)/niacin
Nikotinsäure, Nicotinsäure
(Nikotinat)

**NIOSH (National Institute for
Occupational Safety and Health)**
U.S. Institut für Sicherheit und
Gesundheit am Arbeitsplatz

nip kneifen, zwicken

➢ **nip off** abzwicken, abknipsen

nipper(s) Zange, Kneifzange,
Beißzange; (strong scissors)
kräftige Schere

➢ **end nippers/end-cutting nippers**
Monierzange, Rabitzzange,
Fechterzange, Rödelzange

➢ **cuticle nipper(s)** Nagelhautzange

➢ **nail nipper(s)** Nagelzange

nitrate Nitrat

nitration/nitrification Nitrierung

nitric acid Salpetersäure

nitrification Nitrifikation,
Nitrifizierung

nitrifier/nitrifying bacteria
Nitrifikanten

nitrify nitrieren

nitrile rubber (NBR) Nitrilkautschuk
(Acrylnitril-Butadien-Kautschuk)

nitrite Nitrit

nitrobenzene Nitrobenzol

nitrocotton/guncotton (12.4–13% N)
Schießbaumwolle

nitrogen (N) Stickstoff

➢ **liquid nitrogen** Flüssigstickstoff,
flüssiger Stickstoff

nitrogen deficiency Stickstoffmangel

nitrogenated mit Stickstoff versetzt

nitrogenous (nitrogen-containing)
stickstoffhaltig, stickstoffenthaltend,
Stickstoff...

nitrogenous base stickstoffhaltige
Base, ‚Base' (Purine/Pyrimidine)

**nitrogenous compound/nitrogen-
containing compound**
Stickstoffverbindung

nitroglycerin/glycerol trinitrate
Nitroglycerin, Glycerintrinitrat

nitrous acid HNO$_2$ salpetrige Säure,
Salpetrigsäure

No Smoking! Rauchverbot!

NOAEL (no adverse effect level)
Wirkschwelle

nocent/harmful schädlich,
gesundheitsschädlich

NOEL (no observed effect level)
höchste Dosis ohne beobachtete
Wirkung

noise tech/electro/neuro Rauschen,
Lärm

noise analysis/fluctuation analysis
Rauschanalyse, Fluktuationsanalyse

noise filter Rauschfilter

noise level Geräuschpegel

noise pollution Lärmverschmutzung

noise protection Lärmschutz

noise reduction Rauschminderung

noise thermometer
Rauschthermometer

nomenclature Bezeichnungssystem, Nomenklatur

nominal frequency Sollfrequenz

nominal mass Nennmasse, Nominalmasse

nominal output/rated output Soll-Leistung

nominal scale Nominalskala

nominal value/rated value/desired value/set point Sollwert

nominal volume Nennvolumen

nonaqueous nichtwässrig

nonbreakable/unbreakable/ crashproof bruchsicher

noncombustible/nonflammable nicht brennbar, nicht verbrennbar

noncompetitive inhibition nichtkompetitive Hemmung

nonconductive nichtleitend

nonconductor Nichtleiter

nondestructive testing (NDT) zerstörungsfreie Prüfung

nondrying nichttrocknend

nonessential nichtessentiell

nonflammable/incombustible nicht entflammbar, nicht entzündlich, nicht brennbar

nonhazardous ungefährlich, nicht gesundheitsgefährdend

noninflammable/incombustible nicht entflammbar, nicht entzündlich, nicht brennbar

nonionic nichtionisch

nonlinear optics (NLO) nichtlineare Optik

nonmotile/immotile/immobile/ motionless/fixed unbeweglich, bewegungslos, fixiert

nonnutritive sweetener Süßstoff

nonpersistent transmission nicht-persistente Übertragung (z. B. Krankheit)

nonrandom disjunction nicht-zufallsgemäße Verteilung

nonsaturation kinetics Nichtsättigungskinetik

nonskid/skip-proof nicht-rutschend, Antirutsch... (Gerät auf Unterlage)

nonsmoking rauchfrei

nonspecific unspezifisch

nonuniform uneinheitlich

nonviscous nicht viskos, nicht viskös

nonvolatile nicht flüchtig; schwerflüchtig

norm of reaction Reaktionsnorm

normal distribution Normalverteilung

nosepiece (nosepiece turret) *micros* Objektivrevolver, Revolver

➢ **double nosepiece** Zweifachrevolver

➢ **triple nosepiece** Dreifachrevolver

➢ **quadruple nosepiece** Vierfachrevolver

➢ **quintuple nosepiece** Fünffachrevolver

nosocomial infection/hospital- acquired infection Nosokomialinfektion, nosokomiale Infektion, Krankenhausinfektion

notation/scoring *stat* Bonitur

notch (nick) Kerbe

notched (nicked) kerbig, gekerbt

notice *n* Notiz, Anzeige, Benachrichtigung, Bericht, Mitteilung, Hinweis

notice of approval Genehmigungsbescheid

notification Benachrichtigung, Inkenntnissetzung

➢ **obligation to notify/notifiable/ reportable** anzeigepflichtig

noxious (harmful/destructive to one's health) gesundsheitsgefährdend, gesundsheitswidrig, gesundheitsschädlich

noxious substances/chemicals Schadstoffe

nozzle (socket/connecting piece/connector) Stutzen (Anschlussstutzen/Rohrstutzen); (spout) Tülle (ausgießen), Ausgussstutzen (Kanister)

nozzle loop reactor/circulating nozzle reactor Düsenumlaufreaktor, Umlaufdüsen-Reaktor

NTP (s.t.p./STP) (standard temperature 0°C/pressure 1 bar) Normzustand (Normtemperatur & Normdruck)

nuclear nukleär, nucleär, kern...

nuclear energy/atomic energy Kernenergie, Atomenergie, Atomkraft

nuclear magnetic resonance (NMR) kernmagnetische Resonanz, Kernspinresonanz

nuclear magnetic resonance spectroscopy (NMR spectroscopy) kernmagnetische Resonanzspektroskopie, Kernspinresonanz-Spektroskopie

nuclear Overhauser effect (NOE) Kern-Overhauser-Effekt

nuclear physics Kernphysik

nuclear power/atomic power Atomkraft

nuclear radiation Kernstrahlung

nuclear technology/nuclear engineering Kerntechnik, Kerntechnologie

nuclear transfer/nuclear transplantation *biol* Kerntransfer, Kerntransplantation

nuclear waste Atommüll

nucleating agent Keimbildner, Nucleirungsmittel

nucleation (formation of nuclei) Nucleation, Nukleation, Kernbildung, Keimbildung, Zellbildung

nucleic acid Nucleinsäure, Nukleinsäure

nucleophilic attack *chem* nukleophiler Angriff

nucleoside Nucleosid, Nukleosid

nucleotide Nukleotid, Nucleotid

nude mouse Nacktmaus

nuisant unangenehm, lästig

numb taub, gefühllos

number of revolutions (rpm = revolutions per minute) Drehzahl (Upm = Umdrehungen pro Minute)

numbness Taubheit, Gefühllosigkeit

nurse Krankenschwester, Sanitäter, Krankenpfleger, Pfleger

➢ **company nurse** Betriebssanitäter

nurture/feed ernähren, nähren, füttern

nut (and bolt) *tech/mech* Mutter (und Schraube)

➢ **blind rivet nut** Blindnietmutter

➢ **cap nut/acorn nut (crown hex nut/blind nut/domed cap nut)** Hutmutter

➢ **castle nut/castellated nut** Kronenmutter

➢ **coupling nut** Verbindungsmutter

➢ **cylinder nut** Zylindermutter

➢ **flange nut** Flanschmutter

➢ **hex nut** Sechskantmutter

➢ **jam nut/counter nut** Kontermutter, Gegenmutter

➢ **knurled nut/thumbnut** Rändelmutter

➢ **nyloc nut/nylon-insert lock nut/ elastic stop nut** Stoppmutter, selbstsichernde Mutter mit Klemmteil

➢ **pipe nut/pipe fitting nut/back nut** Rohrmutter

- ➢ **ring nut** Ringmutter
- ➢ **rivet nut/rivnut** Nietmutter
- ➢ **sex nut/barrel nut (female threaded barrel nut)** Hülsenmutter
- ➢ **slotted nut** Nutmutter, Schlitzmutter
- ➢ **square nut** Vierkantmutter
- ➢ **swivel nut/coupling nut/ mounting nut** Überwurfmutter, Überwurfschraubkappe (z. B. am Rotationsverdampfer)
- ➢ **T-nut/tee nut** Einschlagmutter
- ➢ **weld nut** Anschweißmutter, Schweißmutter
- ➢ **wing nut** Flügelmutter

nutate (gyroscopic motion) taumeln

nutation/gyroscopic motion (threedimensional circular/orbital & rocking motion) dreidimensionale Taumelbewegung

nutator/nutating mixer ('belly dancer') (shaker with gyroscopic, i.e., three-dimensional circular/orbital & rocking motion) Taumelschüttler

nutdriver (wrench or screwdriver) Steckschlüssel

- ➢ **hex nutdriver** Sechskant-Steckschlüssel

nutrient Nahrung, Nährstoff

nutrient agar Nähragar

nutrient broth Nährbouillon, Nährbrühe

nutrient budget Nährstoffhaushalt

nutrient deficiency Nährstoffarmut, Nährstoffverknappung

- ➢ **food shortage** Nahrungsmangel

nutrient demand/nutrient requirement Nährstoffbedarf

nutrient medium (solid and liquid)/ culture medium/substrate Nährboden, Nährmedium, Kulturmedium, Medium, Substrat

nutrient salt Nährsalz

nutrient solution/culture solution Nährlösung

nutrient table/food composition table Nährwert-Tabelle

nutrient uptake Nährstoffaufnahme

nutrient-deficient/oligotroph(ic) nährstoffarm, oligotroph

nutrient-rich/eutroph(ic) nährstoffreich, eutroph

nutrition Nahrung, Ernährung

nutrition science/nutrition studies (dietetics) Ernährungswissenschaft (Diätetik)

nutritional deficit Nährstoffmangel

nutritional requirements Nahrungsbedarf (*pl* Nahrungsbedürfnisse)

nutritious/nutritive nahrhaft, nährend, nutritiv

nutritive ratio/nutrient ratio Nährstoffverhältnis

O

object Objekt, Ding, Gegenstand

object stage *micros* Objekttisch

objective *micros* Objektiv

objective lens Objektivlinse

obligatory/binding/mandatory/ compulsory verbindlich

oblique illumination Schräglichtbeleuchtung

observance (compliance) Einhaltung (Vorschrift)

obtuse/blunt stumpf

occlude verstopfen, verschließen; okkludieren, absorbieren

occlusion Versschließung, Verschluss; Okklusion

occupation Beruf, Arbeit, Beschäftigung

occupational beruflich, Berufs...,
betrieblich, Betriebs...

occupational accident Arbeitsunfall

occupational disease
Berufskrankheit

occupational exposure limit (OEL)
maximale Arbeitsplatzkonzentration
(MAK)

occupational hazard Berufsrisiko;
Gefahr am Arbeitsplatz

occupational hygiene
Arbeitsplatzhygiene

occupational injury Berufsverletzung

occupational medicine
Arbeitsmedizin

**occupational protection/workplace
protection/safety provisions (for
workers)** Arbeitsschutz

**occupational safety (workplace
safety)** Arbeitsplatzsicherheit

**Occupational Safety and Health
Administration (OSHA) [Dept.
of Labor]** Amerikanische
Bundesministrialbehörde für
Arbeitsplatzsicherheit und
Gesundheitsschutz

occupational safety code
Arbeitsplatzsicherheitsvorschriften

occupational trainee (professional
school & on-the-job training)
Auszubildende(r), Azubi

occurrence Ereignis, Vorfall;
(presence) Vorkommen, Auftreten

**octa-head stopper/octagonal
stopper** Achtkantstopfen

ocular (eyepiece) *micros* Okular

➢ **binocular head** Binokularaufsatz

➢ **spectacle eyepiece/high-eyepoint
ocular** Brillenträgerokular

➢ **trinocular head** Trinokularaufsatz,
Tritubus

**ocular diaphragm/eyepiece
diaphragm/eyepiece field stop**
micros Gesichtsfeldblende des
Okulars, Okularblende

ocular lens *micros* Okularlinse,
Augenlinse

ocular micrometer Okularmikrometer

odd electron ungepaartes Elektron

odor (*Br* odour) Geruch, Duft

odor threshold/olfactory threshold
Riechschwelle,
Geruchsschwellenwert

odorfree geruchsfrei

odoriferous riechend, einen
Geruch ausströmend; (pleasant)
wohlriechend, duftend

odorless/scentless geruchlos

off-limits verboten

off-limits to unauthorized personnel
Zutritt/Zugang für Unbefugte
verboten!

office (bureau) Büro, Sekretariat;
Amt, Behörde

office supplies Bürobedarf

official dress Dienstkleidung

official orders Dienstanweisung(en)

official uniform Dienstuniform

**offset adapter (joint-glass
adapter)** Übergangsstück mit
seitlichem Versatz

offset screwdriver Winkelschrauber

oil Öl

➢ **ben oil/benne oil** Behenöl
➢ **bitter almond oil** Bittermandelöl
➢ **canola oil (rapeseed oil)** Speise-
Rapsöl, Rüböl
➢ **castor oil/ricinus oil** Rizinusöl
➢ **coconut oil** Kokosöl
➢ **cod-liver oil** Lebertran
➢ **corn oil** Maisöl
➢ **cotton oil** Baumwollsaatöl
➢ **crude oil/petroleum** Erdöl
➢ **drying oil** trocknendes Öl
➢ **engine oil/motor oil** Motoröl,
Motorenöl

> **essential oil/ethereal oil**
> ätherisches Öl
> **fusel oil** Fuselöl
> **linseed oil** Leinöl
> **lubricating oil/lube oil** Schmieröl
> **mineral oil** Mineralöl
> **motor oil/engine oil** Motoröl,
> Motorenöl
> **mustard oil** Senföl
> **nondrying oil** nicht trocknendes Öl
> **olive kernel oil** Olivenkernöl
> **olive oil** Olivenöl
> **palm oil** Palmöl
> **peanut oil** Erdnussöl
> **pumpkinseed oil** Kürbiskernöl
> **safflower oil** Safloröl
> **semidrying oil** langsam
> trocknendes Öl, teiltrocknendes Öl
> **sesame oil** Sesamöl
> **soybean oil** Sojaöl
> **sperm oil (whale)** Walratöl
> **sunflower seed oil** Sonnenblumenöl
> **turpentine oil** Terpentinöl
> **vegetable oil** Pflanzenöl
> **virgin oil (olive)** Jungfernöl
> **waste oil/used oil** Altöl

oil bath Ölbad
oil crops/oil seed crops Ölsaaten
(ölliefernde Pflanzen)
oil paint Ölfarbe
oil pollution Ölverschmutzung, Ölpest
oil slick Ölteppich (auf
Wasseroberfläche)
oiler Öler
> **squeeze oiler** Quetschöler
oiliness Fettigkeit, fettig-ölige
Beschaffenheit
oilseed Ölsaat
oilskin(s) Ölzeug
oily ölig
ointment Salbe
oleic acid/
   (Z)-9-octadecenoic acid (oleate)
Ölsäure, Δ⁹-Octadecensäure (Oleat)

olfactory epithelium/nasal mucosa
Nasenschleimhaut
olfactory sense Geruchssinn,
olfaktorischer Sinn
oligomer Oligomer
oligomerous oligomer
oligonucleotide Oligonucleotid,
Oligonukleotid
oligosaccharide Oligosaccharid
oligotrophic/nutrient-
   deficient oligotroph, nährstoffarm
olive kernel oil Olivenkernöl
olive oil Olivenöl
oncogene (onc gene) Onkogen
oncogenic (oncogenous) onkogen,
oncogen, krebserzeugend
oncogenicity Onkogenität
oncology Onkologie
oncotic pressure onkotischer Druck,
kolloidosmotischer Druck
one-pot reaction
   chem Eintopfreaktion
onset/start (of a reaction) Einsetzen,
Beginn (einer Reaktion)
opalesce schillern
open öffnen, aufmachen
> **force open** gewaltsam öffnen
open-end wrench (*Br* open-end
   spanner) Gabelschlüssel,
Maulschlüssel
opening (aperture/orifice/mouth/
perforation/entrance) Öffnung,
Mund, Mündung; (mouth) Öffnung
(Flasche/Gläschen)
operating conditions (of a piece
   of equipment) funktionsfähiger
Zustand (Geräte)
operating electrode Arbeitselektrode
operating instructions
Bedienungsanleitung,
Gebrauchsanleitung;
Betriebsanleitung;
Betriebsvorschrift; (manual)
Handbuch

operating mode Arbeitsweise, Funktionsweise; Funktionszustand
operating pressure Betriebsdruck
operating procedure Arbeitsverfahren; Arbeitsanweisung
➤ **Standard Operating Procedure (SOP)** Standard-Arbeitsanweisung, Standard-Vorgehensweise
operating range (Geräte) Funktionsbereich, Arbeitsbereich
operating temperature Arbeitstemperatur
operation *tech* Betrieb, Tätigkeit, Lauf; Wirkungsweise, Vefahren, Prozess, Inbetriebsetzung; Handhabung, Bedienung; *med* Operation
operational Betriebs..., Funktions..., Arbeits...; betriebsbereit
operational condition funktionsfähiger Zustand
operational mode Betriebsmodus
operational permission Betriebserlaubnis
operational qualification (OQ) Betriebs-Qualifizierung (BQ), Funktionsqualifizierung
operations manager/plant manager Betriebsleiter
operations personnel Bedienungspersonal (Arbeiter/ Handwerker/Mechaniker)
operations worker Handwerker, Arbeiter
operator Maschinist, Bediener, Bedienungsperson, Durchführender
optical density/absorbance optische Dichte, Absorption
optical diffusion/dispersion/ dissipation/scattering (light) Streuung (Lichtstreuung)

optical pyrometer Pyropter, optisches Pyrometer
optical refraction Lichtbrechung, optische Brechung, Refraktion
optical resolution optische Auflösung
optical rotatory dispersion (ORD) optische Rotationsdispersion
optical specificity optische Spezifität
optical tweezers optische Pinzette
optics Optik
orbital shaker/rotary shaker/ circular shaker Rundschüttler, Kreisschüttler
order *n* Ordnung; Bestellung, Auftrag
order *vb* bestellen, in Auftrag geben
order confirmation Auftragsbestätigung
order statistics Ordnungsstatistik
ordering form Bestellformular
ordinal scale Ordinalskala
ordinance/decree Verordnung, Verfügung, Erlass
ore Erz
organic organisch
organic acid organische Säure
organic chemistry organische Chemie, ‚Organik'
organic debris/organic waste organischer Abfall, organische Abfallstoffe
organic matter organische(s) Substanz/Material
organism/lifeform Organismus, Lebensform, Lebewesen
origin Ursprung; (descent/ provenance) Herkunft, Abstammung (Provenienz)
original (basic/simple/primitive) originär, ursprünglich; einfach, primitiv
oscillate/vibrate oszillieren, schwingen, vibrieren

oscillation/vibration Oszillation,
Schwingung, Vibration
oscillator Oszillator
oscillometry/high-frequency titration
Oszillometrie, oszillometrische
Titration, Hochfrequenztitration
osmic acid Osmiumsäure
osmiophilic osmiophil (färbbar mit
Osmiumfarbstoffen)
osmium tetraoxide Osmiumtetroxid
osmolality Osmolalität
osmolarity (osmotic concentration)
Osmolarität, osmotische
Konzentration
osmosis Osmose
➢ **reverse osmosis** Reversosmose,
Umkehrosmose
osmotic osmotisch
osmotic concentration/osmolarity
Osmolarität, osmotische
Konzentration
osmotic pressure osmotischer Druck
osmotic shock osmotischer Schock
ossification Ossifikation,
Verknöcherung, Knochenbildung
OTA (Office of Technology
Assessment) US-Büro für
Technikfolgenabschätzung
otoscope/ear speculum Otoskope,
Ohrenspiegel, Ohrenspekulum
outfit *n* Ausrüstung, Ausstattung;
Geräte, Werkzeuge, Utensilien
outflow *n* (efflux/draining off)
Abfluss, Ausfluss
outlet Ablauf, Ausfluss, Auslauf,
Austritt (Austrittsstelle einer
Flüssigkeit), Ableitung (von
Flüssigkeiten; Zulauf von
Flüssigkeit/Gas); (socket/wall socket/
receptacle/jack/mains electricity
supply *Br*) Steckdose
➢ **wall outlet** Wandsteckdose

outlet pressure Hinterdruck
outlet strip *electr* Mehrfachsteckdose,
Steckdosenleiste
outlier *stat* Ausreißer
output Output, Ertrag, Leistung,
Produktion; Ausgabe (z. B.
Daten:Computer); *electr* Ausgang
➢ **nominal output/rated output**
Soll-Leistung
output rate Durchsatzleistung,
Durchsatzrate
outside facility
Außenanlage
outside micrometer
Bügelmessschraube
oven Ofen, Backofen; (furnace)
Hochofen, Schmelzofen
➢ **convection oven** Konvektionsofen
➢ **drying oven** Trockenofen
➢ **forced-air oven** Umluftofen
➢ **gravity convection oven**
Konvektionsofen mit natürlicher
Luftumwälzung
➢ **heating oven/heating furnace**
(more intense) Wärmeofen
➢ **hybridization oven**
Hybridisierungsofen
➢ **microwave oven** Mikrowellenofen
oven drying/kiln drying/kilning
Ofentrocknung
oven gloves Hoch-Hitzehandschuhe,
Ofenhandschuhe
overactivity/hyperactivity
Überfunktion, Hyperaktivität
overall(s) Arbeitskittel, Overall
(Einteiler)
overdose Überdosis
overfertilization/excessive fertilization
Überdüngung
overflow/overrun Überfließen,
Überschwemmung; Überlauf;
Überschuss

overgrow (overgrown) zuwachsen (zugewachsen), überwachsen (überwuchert)

overhaul (reconditioning) überholen

overhead projector Tageslichtprojektor, Overhead-Projektor

overheating/superheating Überhitzen, Überhitzung

overload *n tech/electr* Überlastung

overload *vb tech/electr* überlasten

overpacking Umverpackung

overpotential/overvoltage Überspannung

overshoot über etwas herausschießen; übersteuern

oversize (sieving residue) Überkorn (Siebrückstand)

overswing Überschwingen (aufheizen)

over-the-counter drug frei erhältliches Medikament/ Medizin/Droge (nicht verschreibungspflichtig)

overtone (IR) Oberschwingung

overwinding Überdrehung

oxalic acid (oxalate) Oxalsäure (Oxalat)

oxaloacetic acid (oxaloacetate) Oxalessigsäure (Oxalacetat)

oxalosuccinic acid (oxalosuccinate) Oxalbernsteinsäure (Oxalsuccinat)

oxidation Oxidation

oxidation-reduction reaction Redoxreaktion

oxidative oxidativ

oxidize oxidieren

oxidizing oxidierend; (O) (pyrophoric) brandfördernd

oxidizing agent (oxidant/oxidizer) Oxidationsmittel, Oxidans

oxoacid Oxosäure

oxoglutaric acid (oxoglutarate) Oxoglutarsäure (Oxoglutarat)

oxygen Oxygen, Sauerstoff
➤ **atmospheric oxygen** Luftsauerstoff
➤ **liquid oxygen** Flüssigsauerstoff

oxygen debt Sauerstoffverlust, ~schuld, Sauerstoffdefizit

oxygen demand Sauerstoffbedarf

oxygen partial pressure Sauerstoffpartialdruck

oxygen transfer rate (OTR) Sauerstofftransferrate

oxygenate mit Sauerstoff anreichern/ sättigen; oxygenieren

oxygenation Oxygenierung, Sauerstoffanreicherung

oxygeneous sauerstoffhaltig, Sauerstoff...

ozone O$_3$ Ozon

ozonization Ozonisierung

ozonolysis Ozonolyse

P

pacemaker Schrittmacher

pack (package) Abpackung

package Paket, Packung
➤ **bulk package** Großpackung

package insert Packungsbeilage

packaging Verpackung
➤ **in vitro packaging** in vitro-Verpackung

packaging bottle Verpackungsflasche

packaging glasses Verpackungsgläser

packaging material Packmaterial, Verpackungsmittel

packaging tape Verpackungsklebeband

packed bed reactor Packbettreaktor, Füllkörperreaktor

packed distillation column Füllkörperkolonne

packing Verpacken, Verpackung;
Dichtung, Abdichtung;
Dichtungsmaterial; Füllung,
Füllmaterial
packing box (seal) Stopfbüchse
(Dichtung)
packing nut Dichtungsmutter
packing sleeve Dichtungsmuffe
pad (gauze pad) Tupfer; (swab/
pledget [cotton]/tampon) Bausch,
Wattebausch, Tupfer, Tampon
paddle stirrer/paddle impeller
Schaufelrührer, Paddelrührer
paddle wheel Schaufelrad, Laufrad
paddle wheel reactor
Schlaufenradreaktor
padlock Vorhängeschloss (für
Laborspind etc.)
pail Eimer (meist aus Metall); (bucket)
allg Eimer
pail opener Eimeröffner
pain Schmerz
pain sensation Schmerzgefühl
painful schmerzhaft
painkiller Schmerzmittel,
schmerzstillendes Mittel
paint *n* Farbe, Lack, Tünche
paintbrush Malpinsel
palatable genießbar, schmackhaft
pale bleich, blass, fahl
paleness Bleiche, Blässe, bleiche
Farbe
pallet/palette
Palette
pallet knife/palette knife
Palettenmesser
palm oil Palmöl
**palmitic acid/hexadecanoic acid
(palmate/hexadecanate)**
Palmitinsäure, Hexadecansäure
(Palmat/Hexadecanat)
pamphlet/brochure Pamphlet,
Broschüre, Informationsschrift

pan Pfanne
pan balance Tafelwaage
pandemic *adj/adv* pandemisch
pandemic *n* Pandemie
panel *tech* Paneel; Frontplatte (eines
Geräts/Instruments)
panel board/switchboard
electr Instrumentenbrett,
Schalttafel, Armaturenbrett
pantoic acid Pantoinsäure
pantothenic acid (pantothenate)
Pantothensäure (Pantothenat)
PAP stain/Papanicolaou's stain PAP-
Färbung, Papanicolaou-Färbung
paper Papier
➢ **absorbent paper (bibulous paper)**
Saugpapier („Löschpapier")
➢ **bibulous paper (for blotting dry)**
Löschpapier
➢ **bond paper/stationery**
Schreibpapier
➢ **brown paper/kraft** Packpapier
➢ **chart paper** Registrierpapier,
Aufzeichnungspapier;
Tabellenpapier
➢ **construction paper** Bastelpapier
➢ **filter paper** Filterpapier
➢ **glassine paper/glassine** Pergamin
(durchsichtiges festes Papier)
➢ **glazed paper** Glanzpapier
(glanzbeschichtetes Papier),
satiniertes Papier
➢ **graph paper/metric graph paper**
Millimeterpapier
➢ **laminated paper** Hartpapier
➢ **lens paper** *micros* Linsenpapier,
Linsenreinigungspapier
➢ **litmus paper** Lackmuspapier
➢ **log paper** Logarithmuspapier,
Logarithmenpapier
➢ **metric graph paper**
Millimeterpapier
➢ **parchment paper** Pergamentpapier

➤ **photographic paper** Fotopapier
➤ **recycled paper** Umweltschutzpapier
➤ **tracing paper** Pauspapier
➤ **waste paper** Altpapier
➤ **wax paper** Wachspapier
➤ **weighing paper** Wägepapier
➤ **wrapping paper** Einpackpapier
paper chromatography Papierchromatografie
paper clip Büroklammer, Heftklammer
paper electrophoresis Papierelektrophorese
paper fastener/metal paper fastener/ split pin paper fastener/brad/brass fastener Musterbeutelklammer, Musterbeutel-Klammer
paper napkin Papierserviette
paper towel Papierhandtuch
paperwork Schreibarbeit(en), ,Papierkram'
paramedic Sanitäter, Rettungssanitäter; ärztliche(r) Assistent(in)
paramedical nichtärztlich
parameter Parameter; *math* Kenngröße
parameter of state Zustandsgröße
paraphernalia Utensilien, Ausrüstung, Zubehör
parasite Parasit, Schmarotzer
parasitic parasitär, parasitisch, schmarotzend
parasitism Parasitismus, Schmarotzertum
parasitize parasitieren, schmarotzen
parathion Parathion (E 605)
parcel Paket (Postpaket)
parcel service Paketdienst
parchment Pergament; Pergamentpapier

parent compound/parent molecule (backbone) Grundkörper (Strukturformel)
parent ion (MS) Mutterion, Ausgangsion
parent material/raw material Ausgangsmaterial, Ausgangsstoff
parent substance Ausgangssubstanz, Muttersubstanz, Grundstoff
partial correlation coefficient *stat* Teilkorrelationskoeffizient
partial digest Partialverdau
partial identity (Immundiffusion) Teilidentität, partielle Übereinstimmung
partial pressure Partialdruck
partial reaction Teilreaktion
partial survey *stat* Teilerhebung
particle Partikel, Teilchen
particle counter/particle monitor Partikelzähler, Partikelmessgerät, Teilchenzähler, Teilchenmessgerät
particle filter Partikelfilter, Teilchenfilter
particle-induced X-ray emission (PIXE) partikelinduzierte Röntgenemission
particle physics Teilchenphysik
particle size Teilchengröße;(grain size) Korngröße
particulate respirator Partikelfilter-Atemschutzmaske
partition Abtrennung, Teilung, Abteilung, Verteilung; Trennwand, Scheidewand, Querwand (räumlich)
partition chromatography/liquid-liquid chromatography (LLC) Verteilungschromatografie, Flüssig-flüssig-Chromatografie
partition coefficient/ distribution constant *chromat* Verteilungskoeffizient

partition wall (of a building)
Trennwand (Gebäude)
PAS stain (periodic acid-Schiff stain)
PAS-Anfärbung (Periodsäure,
Schiff-Reagens)
passage (opening/outlet/port/conduit/
duct) Durchlass; (walkthrough)
Durchgang; (subculture) Passage,
Subkultivierung
passageway (duct) Ausführgang,
Ausführkanal; (passage/
walkthrough) Durchgang
Pasteur effect Pasteur-Effekt
Pasteur pipet
Pasteurpipette
pasteurization Pasteurisierung,
Pasteurisieren
pasteurize pasteurisieren
pasteurizing/pasteurization
Pasteurisierung, Pasteurisieren
patch *n* Flicken
patch clamp technique
Patch-Clamp Verfahren
paternity test
Vaterschaftsbestimmung,
Vaterschaftstest
path Weg, Pfad, Gang; (course/trend)
Verlauf (einer Kurve)
path difference *opt* Gangunterschied
pathogen/disease-causing agent
Krankheitserreger
**pathogenic (causing/capable of
causing disease)** pathogen,
krankheitserregend
pathogenicity Pathogenität
**pathological (altered or caused by
disease)** pathologisch, krankhaft
pathology Pathologie, Lehre von den
Krankheiten
pattern (sample/model) Muster,
Vorlage, Modell; (design)
Musterung, Zeichnung

payment Zahlung (einer Rechnung)
➢ **conditions of payment**
Zahlungsbedingungen
PCR (polymerase chain reaction)
PCR (Polymerasekettenreaktion)
➢ **bubble linker PCR**
Blasen-Linker-PCR
➢ **DOP-PCR (degenerate
oligonucleotide primer PCR)**
DOP-PCR (PCR mit degeneriertem
Oligonucleotidprimer)
➢ **inverse PCR** inverse
Polymerasekettenreaktion
➢ **IRP (island rescue PCR)** IRP
(inselspezifische PCR)
➢ **ligation-mediated PCR**
ligationsvermittelte
Polymerasekettenreaktion
➢ **RACE-PCR (rapid amplification of
cDNA ends)** RACE-PCR (schnelle
Verviel-fältigung von cDNA-Enden)
➢ **RT-PCR (reverse transcriptase-
PCR)** RT-PCR (PCR mit reverser
Transcriptase)
peak Peak, Spitze, Scheitel, Höhe,
Höhepunkt, Maximum
peak broadening *chromat/spectr*
Peakverbreiterung
peak value/maximum (value)
Scheitelwert, Höchstwert, Maximum
peanut oil Erdnussöl
pear-shaped flask (small/pointed)
Spitzkolben
peat Torf
➢ **granulated peat/garden peat**
Torfmull
peat humus Torfhumus
pebble Kieselstein
pectic acid (pectate) Pektinsäure
(Pektat)
peer review Begutachtungsverfahren
(durch Kollegen)

pellet *n* Pellet; Kügelchen, Körnchen; Pille, Mikrodragée, Granulatkorn; *spectr* Pressling, Tablette
pellet *vb* pelletieren
pelletize pelletisieren, garnulieren; zu Pellets formen; körnen
penalty Strafe
pencil marking Bleistiftmarkierung
pendant überhängend, überstehend
pendant group *chem* Seitengruppe
penicillanic acid Penicillansäure
pentavalent fünfwertig
peptide bond/peptide linkage Peptidbindung
peptone water Peptonwasser
peptonize peptonisieren
perceive wahrnehmen, empfinden (Reiz); perzipieren, sinnlich wahrnehmen
percentage Prozentsatz, prozentualer Anteil
perceptible wahrnehmbar, empfindbar
perception Wahrnehmung, Empfindung, Perzeption (Reiz)
perchloric acid Perchlorsäure
percolate (flow through) durchfließen; (seep through) durchsickern
percolation (flowing through/flux) Durchfluss; (seepage) Durchsickern
percussion drill Schlagbohrer
percussion hammer/plexor/plessor/percussor Reflexhammer
perennial mehrjährig, ausdauernd
perforate(d) perforieren (perforiert, löcherig)
performance Auftritt; Leistung; Verhalten; (realization/completion/implementation) Durchführung (z. B. eines Experiments)

performance audit Leistungsaudit, Leistungsprüfung, Tauglichkeitsprüfung
performance criteria Leistungskriterien (Geräte etc.)
performance factor Gütefaktor
performance qualification (PQ) Leistungs-Qualifizierung, Performance-Qualifizierung
performance range Leistungsbereich
performance value/coefficient Leistungszahl
performance verification (PV) Leistungs-Verifizierung
performic acid Perameisensäure
perfusion culture Perfusionskultur
periodic (periodical) periodisch
periodic acid-Schiff stain (PAS stain) Periodsäure, Schiff-Reagens (PAS-Anfärbung)
periodic table (of the elements) Periodensystem (der Elemente)
periodicity Periodizität
periscope Periskop, Sehrohr
perish verderben; zugrunde gehen
perishable verderblich
➢ **highly perishable** leicht verderblich
peristalsis Peristaltik
peristaltic pump peristaltische Pumpe
perlite Perlit, Perlstein
permanent hardness bleibende Härte, permanente Härte
permanent marker (water-resistant) wischfester/wasserfester Markierstift
permanent mount/slide *micros* Dauerpräparat
permanent run/operation Dauerbetrieb, Dauerleistung, Non-Stop-Betrieb
permeability Permeabilität, Durchlässigkeit

> **impermeability/imperviousness** Undurchlässigkeit, Impermeabilität
> **semipermeability** Halbdurchlässigkeit, Semipermeabilität

permeable (pervious) permeabel, durchlässig

> **impermeable/impervious** impermeabel, undurchlässig
> **semipermeable** semipermeabel, halbdurchlässig

permissible exposure limit (PEL) zulässige/erlaubte Belastungsgrenze

permissible radiation zulässige Strahlung

permissible workplace exposure zulässige/maximale Arbeitsplatzkonzentration

permission Erlaubnis

permissivity/permissive conditions Permissivität

permit *n* Zulassung, Lizenz, Erlaubnis

> **requiring official permit** genehmigungsbedürftig

persist persistieren, verharren, ausdauern

persistence Persistenz, Beharrlichkeit, Ausdauer; (survival) Überdauerung, Überleben

persisting infection persistierende Infektion, anhaltende Infektion

pervaporation Pervaporation (Verdunstung durch Membranen)

pervious/permeable durchlässig, permeabel; undicht

perviousness/permeability Durchlässigkeit, Permeabilität

pest Schädling, Ungeziefer

pest control Schädlingsbekämpfung, Schädlingskontrolle

> **biological pest control** biologische Schädlingsbekämpfung

pest infestation Schädlingsbefall

pest insect Schadinsekt

pesticide (biocide) Pestizid, Biozid, Schädlingsbekämpfungsmittel

pesticide accumulation Pestizidanreicherung

pesticide residue Pestizidrückstand

pesticide resistance Schädlingsbekämpfungsmittel-resistenz, Pestizidresistenz

pestle (and mortar) Stößel, Pistill (und Mörser)

PET (positron emission tomography) PET (Positronenemissionstomographie)

petri dish Petrischale

petroleum (crude oil) Petroleum, Erdöl (Rohöl)

petroleum ether Petroläther

petroleum jelly/vaseline Petrolatum, Vaseline

petroleum spirit/ligroin Ligroin

pharmaceutic/pharmaceutical chemist Arzneimittelchemiker

pharmaceutic(al) *adj/adv* pharmazeutisch

pharmaceutical *n* (medicine/medicinal drug/remedy) Pharmazeutikum (*pl* Pharmazeutika), Pharmakon (*pl* Pharmaka), Drogen, Medikament, Arznei, Arzneimittel,

pharmacognosy Pharmakognosie, Drogenkunde, pharmazeutische Biologie

pharmacology Pharmakologie

pharmacop(o)eia/formulary Pharmakopöe, amtliches Arzneibuch, Arzneimittel-Rezeptbuch

pharmacy Pharmazie, Arzneilehre, Arzneikunde; (apothecary/drugstore) Apotheke (for subscription drugs)

phase (layer) Phase
(nicht mischbare Flüssigkeiten)
➤ **lower phase** Unterphase
➤ **transition phase** Übergangsphase
➤ **upper phase** Oberphase
phase boundary Phasengrenze
phase contrast Phasenkontrast
phase-contrast microscopy (PCM)
Phasenkontrastmikroskopie
phase diagram Phasendiagramm
phase down stufenweise verringern/
runterstellen
phase in stufenweise einführen/
hochstellen/heraufstellen
phase out stufenweise abbauen,
stufenweise außer Kraft setzen/
auslaufen lassen
phase ring/phase annulus
Phasenring
phase separation Phasentrennung
phase shifting Phasenverschiebung
phase transition Phasenübergang
phase transition temperature
Phasenübergangstemperatur
phase variation Phasenveränderung
Phillips®-head screwdriver/
Phillips® screwdriver
Kreuzschraubenzieher,
Kreuzschlitzschraubenzieher
phosgene Phosgen
phosphate Phosphat
phosphatidic acid Phosphatidsäure
phosphoric acid (phosphate)
Phosphorsäure (Phosphat)
phosphorous *adj/adv*
phosphorhaltig, phosphorig,
Phosphor...
phosphorous acid phosphorige
Säure
phosphorus (P) *n* Phosphor
phosphorylation Phosphorylierung
photo-ionization detector (PID)
Fotoionisations-Detektor

photoacoustic spectroscopy (PAS)
photoakustische Spektroskopie,
optoakustische Spektroskopie
photoactivated localization
microscopy (PALM)
Lokalisationsmikroskopie nach
Photoaktivierung
photoallergenic fotoallergen
photobleaching Lichtbleichung
photoconductive lichtleitend,
lichtleitfähig
photoconductor/optic (fiber)
waveguide Lichtleiter
photocopier/copy machine
Fotokopierer, Kopiergerät, Kopierer
photodiode Photodiode
➤ **avelanche photodiode**
(APD) Lawinenphotodiode,
Avalanchephotodiode
photoelectron spectrometry (PES)
Fotoelektronenspektrometrie
photographic paper Fotopapier
photographic plate Fotoplatte
photography Fotografie
(Photographie)
➤ **developer** Entwickler,
Entwicklerflüssigkeit
➤ **fixer** Fixierer, Fixierflüssigkeit
photoirradiation Lichtbestrahlung
photolithography (photooptic
lithography) Photolothografie
(lichtoptische L.)
photometric titration photometrische
Titration
photometry Photometrie,
Lichtmessung
photomultipier Fotovervielfacher,
Fotomultiplier
photon Photon, Foton,
Strahlungsquant
photoperception Lichtwahrnehmung
photoreactivation
Fotoreaktivierung

photoresist/photoresistor Fotowiderstand, lichtelektrischer Widerstand
photorespiration Fotorespiration, Fotoatmung, Lichtatmung
photosensibilization Fotosensibilisierung
photosensitive/photoresponsive fotoempfindlich, lichtempfindlich
photosensitivity Lichtempfindlichkeit, Fotoempfindlichkeit
photostability (lightfastness) Lichtbeständigkeit, Lichtechtheit
photostable (lightfast/nonfading) lichtbeständig, lichtecht
photosynthesis Photosynthese, Fotosynthese
photosynthesize photosynthetisieren, fotosynthetisieren
photosynthetic photon flux (PPF) Photonenstromdichte
photosynthetically active radiation (PAR) photosynthetisch aktive Strahlung
phthalic acid Phthalsäure
physical *adj/adv* physisch, körperlich; physikalisch
physical *n* (physical/medical examination/medical exam) medizinische Untersuchung, ärztliche Untersuchung
physical aging (ageing) physikalisch Alterung
physical containment physikalische/technische Sicherheit(smaßnahmen)
physical containment level Sicherheitsstufe (Laborstandard), Laborsicherheitsstufe
physical examination (medical exam/ examination/physical) medizinische

Untersuchung, ärztliche Untersuchung
physical exercises Leibesübungen, körperliche Ertüchtigung
physical map physikalische Karte
physical state (solid/liquid/gas) Aggregatzustand
physical work körperliche Arbeit
physically handicapped körperbehindert
physician Arzt, Mediziner
physician's white coat/white coat Medizinerkittel
physicist Physiker
physics Physik
physiologic(al) physiologisch
physiologist Physiologe
physiology Physiologie
phytochemical/plant chemical Pflanzeninhaltsstoff
phytotoxic pflanzenschädlich, phytotoxisch
pick counter/linen tester *opt* Fadenzähler
pickle *vb* pökeln (sauer einlegen: Gurken/Hering etc.)
pickling Pökeln (in Salzlake oder Essig einlegen: Gurken/Hering etc.)
pickup Abholung (Lieferung etc.); *electr* Geber; Greifer; kleiner Pritschenwagen
pickup point Abholstelle; Haltestelle
picric acid (picrate) Pikrinsäure (Pikrat)
pictograph (for hazard labels) Bilddiagramm, Begriffszeichen
picture/image Aufnahme, Bild
PID control Proportional-Integral-Differential-Regelung
pie chart Kreisdiagramm
pierce durchstechen, durchbohren, durchstoßen
piercer Bohrer, Locher

pig (cow receiver adapter: receiving adapter for three/four receiving flasks) 'Spinne', Eutervorlage, Verteilervorlage; *rad* (outermost container of lead for radioactive materials) Bleiblock

pigment *n* Pigment; Farbe, Farbstoff

pigmentation Pigmentation, Färbung; Pigmentierung

pigtail lead *electr* Anschlussleitung

pilot experiment Pilotversuch

pilot flame/pilot light (from pilot burner) Sparflamme; *auch:* Zündflamme

pilot-operated (valve) hydraulisch vorgesteuert (Ventil)

pilot plant Pilotanlage, Versuchsanlage

pilot scale Pilotmaßstab

pilot wire *electr* Messader, Prüfader, Prüfdraht; Steuerleitung; Hilfsleiter

pimelic acid Pimelinsäure

pin *n* (lead) *electr* Stift (Stecker/Anschluss); (dowel/wall plug) Dübel

pin holder (Präparier-)Nadelhalter

pin punch/pin drive/cotter pin drive/split pin drive Splinttreiber, Splintentreiber

pinch kneifen, klemmen, quetschen
> **pinch off/tip** pinzieren, entspitzen

pinch clamp Schraubklemme

pinch point hazard Quetschgefahr

pinch valve Quetschventil

pinchcock Quetschhahn

pinchcock clamp Schlauchklemme

pinewood chip/chip of pinewood Kienspan

pinhole *micros* Lochblende

pipe (tube) Rohr, Röhre; (pipes/plumbing) Rohre, Rohrleitungen
> **downpipe** Fallrohr

pipe clamp/pipe clip Rohrschelle

pipe cleaner Pfeifenreiniger, Pfeifenputzer

pipe fitting(s)/fittings Rohrverbinder, Rohrverbindung(en)

pipe thread Rohrgewinde

pipe wrench (rib-lock pliers/adjustable-joint pliers) Rohrzange

pipe-to-tubing adapter Schlauch-Rohr-Verbindungsstück

pipet *vb* pipettieren

pipet (*Br* pipette) *n* Pipette
> **blow-out pipet** Ausblaspipette
> **capillary pipet/capillary pipette** Kapillarpipette
> **dropping pipet/dropper** Tropfpipette, Tropfglas
> **filter pipet** Filterpipette
> **graduated pipet/measuring pipet** Messpipette
> **micropipet (pipettor)** Mikropipette, Mikroliterpipette (Kolbenhubpipette)
> **multichannel pipet** Mehrkanalpipette
> **Pasteur pipet** Pasteurpipette
> **piston-type pipet** Saugkolbenpipette
> **serological pipet** serologische Pipette
> **suction pipet (patch pipet)** Saugpipette
> **transfer pipet/volumetric pipet** Vollpipette, volumetrische Pipette

pipet aid/pipet helper/pipet controller/pipetting aid Pipettierhilfe

pipet ball Pipettierball
> **safety pipet filler/ball** Peleusball (Pipettierball)

pipet brush Pipettenbürste

pipet bulb/rubber bulb Saugball, Pipettierball, Pipettierbällchen

pipet filler/pipet aspirator
　Pipettensauger
pipet pump Pipettierpumpe
pipet rack Pipettenständer
pipet tip Pipettenspitze
pipeting nipple/rubber nipple
　(*Br* teat) Pipettierhütchen,
　Pipettenhütchen, Gummihütchen
pipettor/micropipet Pipette,
　Mikropipette
piston/plunger (e.g., of a syringe/
　pump) Kolben (Stempel/Schieber:
　Spritze/Pumpe)
piston pump/reciprocating pump
　Kolbenpumpe
piston stroke Kolbenhub
piston valve Kolbenventil
pitch *n* Neigung, Gefälle; Höhe;
　Grad, Stufe; (DNA: helix
　periodicity) Ganghöhe (DNA-Helix:
　Anzahl Basenpaare pro Windung);
　(resin from conifers) Terpentinharz
pitch angle Steigungswinkel,
　Steigwinkel
pitch screw impeller
　Schraubenspindelrührer
**pitched-blade fan impeller/pitched-
　blade paddle impeller/inclined
　paddle impeller** Schrägblattrührer
pitcher Krug; Becher(glas) mit Griff
pivot Spindel, Zapfen, Stift,
　Achse; Drehpunkt, Drehzapfen,
　Drehbolzen
pivoted drehbar
pixel Bildpunkt, Rasterpunkt
placard Kennzeichen für Fahrzeuge/
　Container
placebo Placebo, Plazebo,
　Scheinarznei
plain stage *micros* Standardtisch
plane *n* (flat/level surface) Ebene,
　ebene Fläche

plane mirror/plano-mirror
　Planspiegel
plane-polarized light
　linear polarisiertes Licht
plano-concave mirror
　Plan-Hohlspiegel, Plankonkav
plant *n bot* Pflanze; *tech*
　Betriebseinrichtung, Werk, Anlage
plant *vb* pflanzen, einpflanzen,
　bepflanzen; anlegen
plant pest Pflanzenschädling
plant pigment Pflanzenfarbstoff
plant protection Pflanzenschutz
plant-protective agent (pesticide)
　Pflanzenschutzmittel
　(Schädlings-bekämpfungsmittel/
　Pestizid)
plaque Plaque (auch: Zahnbelag),
　Aufklärungshof, Lysehof, Hof
plaque assay Plaque-Test
plasma burner Plasmabrenner
plaster Mörtel, Verputz, Tünche; *med*
　Pflaster
plaster cast *med* Gipsverband;
　Gipsabdruck, Gipsabguss
plaster of Paris (POP)
　med Gips (für Gipsverband)
plaster splint *med* Gipsschiene
plastic *n* (synthetic material/polymer)
　Kunststoff (Plastik/Plaste)
plastic wrap (household wrap)
　Plastikfolie (Frischhaltefolie)
plasticine Plastilin
plasticity Plastizität, Formbarkeit,
　Verformbarkeit
plasticization/plastification
　Weichmachung
plasticizer Weichmacher
plastify plastifizieren, plastisch
　machen (weichmachen/
　erweichen)
plastination Plastination

➤ **whole mount plastination**
Ganzkörperplastination

plate *vb micb* plattieren

plate *n* Teller; *chromat* (HPLC)
Trennstufe; *dist/chromat* Boden

➤ **agar plate** Agarplatte

➤ **baffle plate** Prallblech, Prallplatte,
Leitblech, Ablenkplatte
(Strombrecher z. B. an Rührer von
Bioreaktoren)

➤ **counting plate** Zählplatte

➤ **hot plate** Heizplatte, Kochplatte

➤ **laboratory protection plate**
Laborschutzplatte (Keramikplatte)

➤ **multiwell plate** *micb* Vielfachschale,
Multischale

➤ **photographic plate** Fotoplatte

➤ **pour-plate method/technique**
micb Plattengussverfahren,
Gussplattenmethode

➤ **precoated plate** *chromat*
Fertigplatte

➤ **sieve plate (perforated plate)**
Siebplatte

➤ **spot plate** *micb* Tüpfelplatte

➤ **spread-plate method/technique**
micb Spatelplattenverfahren

➤ **stirring hot plate** Magnetrührer mit
Heizplatte

➤ **streak-plate method/technique**
micb Plattenausstrichmethode

➤ **theoretical plates** *dist/chromat*
theoretische Böden

➤ **well plate** *gen/micb* Lochplatte

plate assay/plating Platten-Test

plate column *dist* Bodenkolonne

plate count *micb* Plattenzählung,
Plattenzählverfahren

plate efficiency
dist Bodenwirkungsgrad

plate height *dist/chromat* Bodenhöhe

plate mill/disk mill Scheibenmühle

plate number/number of plates *dist/
chromat* Bodenzahl

platform Plattform

platform truck Plattformwagen,
Plattformkarren

➤ **dolly** kleines/rundes Schiebegestell
auf Rollen (Kistenroller/Fassroller
etc.)

plating (plating out)
micb Plattierung, Plattieren

➤ **efficiency of plating**
Plattierungseffizienz

platinum (Pt) Platin

pleasant smell/fragrance/scent/odor
angenehmer Geruch, Duft

pleated sheet (α-sheet) α-Faltblatt

plenum chamber (*pl* plena)
Luftkammer (Schacht: z .B. Abzug)

plier/pliers (*Br* nippers)
Zange; Beißzange, Kneifzange

➤ **bent longnose pliers/bent longnose pliers** gebogene Spitzzange

➤ **circlip pliers/snap-ring pliers**
Sicherungsringzange

➤ **crimping pliers/crimper**
Crimpzange (Quetschzange),
Verschlusszange; Bördelzange;
Aderendhülsenzange,
Klemmhülsenzange

➤ **combination pliers/linesman pliers**
Kombizange

➤ **cutting pliers/pincers** Kneifzange

➤ **diagonal pliers** Seitenschneider

➤ **dip needle-nose pliers** gebogene
Storchschnabelzange, gebogene
Flachrundzange

➤ **end nippers/end-cutting nippers**
Monierzange, Rabitzzange,
Fechterzange, Rödelzange

➤ **flat-nosed pliers** Flachzange

➤ **glass-tube cutting pliers**
Glasrohrschneider (Zange)

> **griplock pliers (US)/channellock pliers (US)/tongue-and-groove pliers** Rohrzange
> **grippers** Greifzange
> **linesman pliers** Telefonzange, Kabelzange
> **locking pliers** Feststellzange, Festklemmzange, Klemmzange, Schweißerzange, Gripzange, Verriegelungszange
> **needle-nose pliers/snipe-nose(d) pliers** Storchschnabelzange, Flachrundzange
> **pipe wrench/tongue-and-groove pliers/rib-lock pliers (US: channellock pliers/griplock pliers)** Rohrzange
> **punch pliers** Lochzange
> **revolving punch pliers** Revolverlochzange
> **rib joint pliers/rib-lock pliers** Eckrohrzange
> **snap-ring pliers/circlip pliers/retaining ring pliers** Sicherungsringzange
> **terminal crimper/terminal crimping pliers/terminal crimping tool** Aderendhülsenzange
> **tongue-and-groove pliers/ rib-lock pliers/pipe wrench (US: channellock pliers/griplock pliers)** Rohrzange
> **utility pliers** Mehrzweckzange
> **water pump pliers/ slip-joint adjustable water pump pliers (adjustable-joint pliers)** Pumpenzange, Wasserpumpenzange

pliers wrench Zangenschlüssel

plot *n tech* Plan, Entwurf; Diagramm, grafische Darstellung; Plotten, Auftragung; Aufzeichnung, Registrierung

plot *vb tech* planen, entwerfen; plotten, auftragen; aufzeichnen, registrieren

plotter Plotter, Kurvenzeichner, Kurvenschreiber

plug *vb* verschließen, zustopfen, stöpseln; dübeln
> **plug in (connect)** *electr/tech* einstecken, anschließen (Stecker reinstecken/Stecker in Steckdose stecken)
> **unplug/disconnect** ausstöpseln (Stecker herausziehen)

plug *n* Stöpsel; Stempel (Formwerkzeug); *electr* (jack/connector/coupler) Stecker
> **banana plug** Bananenstecker
> **female** weiblicher Stecker (Minus~); Hülse
> **male** männlicher Stecker (Plus~); Kern
> **prong** Kontaktstift, Steckerstift
> **two-prong plug** Zweipolstecker
> **three-prong plug** Dreipolstecker

plug connection/fitting Steckverbindung

plug valve Auslaufventil

plug wrench (bung removal) Spundschlüssel (für Fässer); Stopfenschlüssel

plug-flow reactor Pfropfenströmungsreaktor, Kolbenströmungsreaktor

plumber Klempner, Installateur

plumbing Rohre, Rohrleitungen; Klempnerarbeiten, Installationsarbeiten

plumbing hemp/plumbers hemp Dichtungshanf

plumbing system Rohrleitungssystem (Wasser)

plunger Stempel, Kolben, Schieber; Stößel

➤ **syringe piston** Spritzenkolben

plunging jet reactor/deep jet reactor/ immersing jet reactor Tauchstrahlreaktor

plunging siphon Stechheber

plus (minus) connection *electr* Plus~(Minus~)verbindung

pluviometer/rain gauge Regenmesser

ply *vb* biegen, falten; (fiber) duplieren, dublieren, fachen, in Strähnen legen

plywood Sperrholz

plywood board Sperrholzplatte

pneumatic pneumatisch, luftbetrieben, druckluftbetrieben, Luft..., Druck..., Pressluft...

pneumatic valve Druckluftventil

pneumoconiosis Pneumokoniose, Staublunge, Staublungenerkrankung

pocket knife Taschenmesser

point-of-care testing (POCT) patientennahe Labordiagnostik

pointer eyepiece *micros* Zeigerokular

poison *vb* (intoxicate) vergiften

poison *n* (toxin) Gift, Toxin

➤ **contact poison** Kontaktgift

➤ **cumulative poison** Summationsgift, kumulatives Gift

➤ **respiratory poison** Atmungsgift

poison cabinet Giftschrank

poison control center/clinic Entgiftungszentrale, Entgiftungsklinik, Vergiftungszentrale

poison information center Giftinformationszentrale

poisoning (intoxication) Vergiftung, Intoxikation

poisonous (toxic) giftig, toxisch

poisonous materials/poisonous substances Giftstoffe

poisonous plant Giftpflanze

poisonousness/toxicity Giftigkeit, Toxizität

polar polar

➤ **nonpolar** unpolar

polar growth polares Wachstum

polarity reverseal (Umpolung) Polaritätsumkehrung, Polwechsel, Umpolung

polarized light polarisiertes Licht

polarizer Polarisator

polarizing filter/polarizer Polarisationsfilter, ‚Pol-Filter‘, Polarisator

polarizing microscope Polarisationsmikroskop

polarography Polarografie

➤ **current-sampled polarography** Tastpolarografie

➤ **differential pulse polarography (DPP)** differenzielle Pulspolarografie

pole *electr* Pol; (rod) Stange

policeman/rubber policeman/ scraper (glass/plastic or metal rod with rubber or Teflon tip) Kolbenwischer, Gummiwischer (zum mechanischen Loslösen von Rückständen im Glaskolben)

policy/rule Vorschrift(en), Regel(n)

➤ **general policy** allgemeine Richtlinie

pollutant (harmful substance/ contaminant) Schadstoff, Schmutzstoff

pollute (contaminate) verschmutzen, verunreinigen, belasten; beflecken

polluted (contaminated) verschmutzt

➤ **unpolluted/uncontaminated** unverschmutzt

polluter Umweltverschmutzer

pollution (contamination)
Verschmutzung, Verunreinigung,
Belastung
➢ **air pollution** Luftverschmutzung,
Luftverunreinigung
➢ **amount of pollution/degree of
contamination** Verschmutzungsgrad
➢ **environmental pollution**
Umweltverschmutzung
➢ **noise pollution** Lärmverschmutzung
➢ **water pollution**
Wasserverschmutzung
pollution control Umweltschutz
polyacrylamide Polyacrylamid
polydispersity index (PDI)
Polydispersitätsindex
polymer Polymer
**polymerase chain reaction
(see also: PCR)**
Polymerasekettenreaktion
polymerization Polymerisation
➢ **degree of polymerization**
Polymerisationsgrad
polysulfide rubber
Polysulfid-Kautschuk
polyunsaturated mehrfach
ungesättigt
polyunsaturated fatty acid mehrfach
ungesättigte Fettsäure
pool *n* (whole quantity of a particular
substance: body substance,
metabolite) 'Pool' (Gesamtheit einer
Stoffwechselsubstanz)
pool *vb* (combine/accumulate)
poolen, vereinigen,
zusammenbringen,
zusammenfassen
population Population, Bevölkerung
population crash
Populationszusammenbruch,
Bevölkerungszusammenbruch
population curve Populationskurve,
Bevölkerungskurve

porcelain Porzellan
porcelain dish Porzellanschale
porcelain enamel Email, Emaille
pore size/mesh size Porenweite
(Filter/Gitter etc.)
porosity Porosität, Porigkeit;
Durchlässigkeit
porous porös, porig, mit Poren
versehen; durchlässig
port *tech/mech/electr* Eingang,
Anschluss (Gerät)
portion/fraction Portion, Anteil,
Teilmenge, Fraktion
position *n* Position, Lage (in Bezug),
Stellung, Standort
position *vb* positionieren, in die
gewünschte Lage bringen (in
Bezug), aufstellen; einstellen,
anbringen
positive displacement pump
Direktverdrängerpumpe
positive pressure Überdruck
positive-displacement valve
Verdrängerventil
positron emission tomography (PET)
Positronenemissionstomographie
post-emergence treatment
agr Nachauflaufbehandlung
postprecipitation Nachfällung
postprocessing (PP)
Nachverarbeitung
**posttreatment examination/follow-up
(exam)/reexamination after
treatment** *med* Nachuntersuchung
pot *n* Topf, Kanne, Gefäß
pot *vb* eintopfen (Pflanze)
pot cleaner/scouring pad Topfkratzer,
Topfreiniger
pot life *chem* Topfzeit,
Verarbeitungsdauer,
Gebrauchsdauer
potable water
trinkbares Wasser

potash (potassium carbonate)
Pottasche (Kaliumcarbonat)
potassium (K) Kalium
potassium cyanide Kaliumcyanid,
Cyankali, Zyankali
potassium hydroxide solution
Kalilauge, Kaliumhydroxidlösung
potassium permanganate
Kaliumpermanganat
potential *adj/adv* potenziell, möglich,
eventuell, latent vorhanden
potential *n* Potenzial; *electr*
Spannung
➢ **equilibrium potential**
Gleichgewichtspotenzial
➢ **gross potential** Summenpotenzial
➢ **half-cell potential**
Halbzellenpotenzial
➢ **ion potential** Ionenpotenzial
➢ **overpotential** Überspannung
➢ **redox potential** Redoxpotenzial
➢ **reversal potential** Umkehrpotenzial
➢ **solute potential**
Löslichkeitspotenzial
➢ **standard electrode potentials/
standard reduction potentials/
electrochemical series (of metals)**
Spannungsreihe (der Metalle),
Normalpotentiale
potential barrier Potenzialwall,
Potenzialbarriere
potential difference (voltage)
electr Potenzialdifferenz,
Spannung
potential energy Lageenergie,
potenzielle Energie
potentiostat Potentiostat
potholder Topflappen
**Potter-Elvehjem homogenizer
(glass homogenizer)**
‚Potter' (Glashomogenisator)
potting soil (potting mixture: soil &
peat a.o.) Topferde

pound *vb* (reduce to powder or pulp
by beating) zerstoßen, zerstampfen;
zermalmen
pour gießen; schütten
➢ **pour off/pour out/decant** abgießen,
ausgießen, dekantieren; (drain)
ablassen
pour-plate method/technique
micb Plattengussverfahren,
Gussplattenmethode
pouring ring Ausgießring
pouring spout Gießschnauze (an
Gefäß)
powder Puder, Pulver
powder funnel Pulvertrichter
powder spatula Pulverspatel
power *n* Leistung; *electr* Elektrizität,
Strom
➢ **available power** Blindleistung
➢ **calorific power/heat value** Heizwert
➢ **solvating power** Solvationskraft
power *vb* betreiben, antreiben,
versorgen, mit Strom versorgen
➢ **power down** ausschalten,
abschalten; (computer/reactor)
herunterfahren
➢ **power up** einschalten, anschalten;
(computer/reactor) hochfahren
power control Leistungsregelung
**power cord/electric cord/power
cable/electric cable** Stromkabel
power grid *electr* Verteilungsnetz
power input Aufnahmeleistung
power lead Stromkontakt
power network Versorgungsnetz
power output/rated power output
Nennleistung, Nominalleistung
power plug Netzstecker
power screwdriver Elektroschrauber
power supply *electr* Stromquelle,
Stromzufuhr; Stromgerät
power supply unit *electr* Netzgerät,
Netzteil, Stromgerät

power switch Netzschalter,
Stromschalter
preamplifier Vorverstärker
precaution (safety warning)
Vorkehrung, Vorsichtsmaßnahme,
Vorsichtsmaßregel
➤ take precautions (take
precautionary measures)
Vorkehrungen treffen
precautionary measure (protective
measure)
Schutzmaßnahme,
Vorsichtsmaßnahme
precautionary statements (GHS)
Sicherheitshinweise
prechill vorkühlen
precious metal
Edelmetall
precipitant/precipitating agent
Fällungsmittel
precipitate n chem Präzipitat,
Fällung, Ausfällung
precipitate vb chem präzipitieren,
fällen, ausfällen; (deposit/sediment/
settle) niederschlagen, absetzen;
(crystals) ausschieden
precipitating fractionation
Fällfraktionierung
precipitation chem Fällen, Fällung,
Präzipitation, Ausfällung, Ausfällen;
meteo Niederschlag
➤ coprecipitation Mitfällung
➤ fractional precipitation fraktionierte
Fällung
➤ postprecipitation Nachfällung
precipitation titration
Fällungstitration
precise (exact/accurate)
präzis, genau
precision (exactness/accuracy)
Präzision, Genauigkeit

precision balance Präzisionswaage,
Feinwaage
precision of measurement/
measurement precision
Messgenauigkeit
precleaned vorgereinigt
precleaning Vorreinigung
precoated plate chromat Fertigplatte
precolumn/guard column (HPLC)
Vorsäule, Schutzsäule
preconcentrate n Vorkonzentrat
precondensate n Vorkondensat
precooler Vorkühler (Kälte)
preculture Vorkultur
precursor Präkursor, Vorläufer
prediction Voraussage, Vorhersage
predictive voraussagend,
vorhersagend
predictive medicine vorhersagende
Medizin
predictive model Vorraussagemodell
predisposition Prädisposition,
Veranlagung
predominate vorherrschen
pre-emergence treatment
agr Vorauflaufbehandlung
prefilter Vorfilter
pregerminate vorkeimen
pregermination Vorkeimung
preheat
vorwärmen, anheizen
preheater Vorwärmer
preheating time/rise time (autoclave)
Anheizzeit, Steigzeit (Autoklav)
preimplantation testing
Präimplantationstest (Untersuchung
vor Einnistung des Eis)
preliminary vorläufig
preliminary test/crude test
Vorversuch, Vorprobe
premix Vormischung

prenatal diagnostics
pränatale Diagnostik

preparation Vorbereitung,
Zubereitung, Herstellung; *med/
pharm* Präparat, Droge, Wirkstoff;
biol (preserved specimen) Präparat

preparation process/procedure
Herstellungsverfahren,
Vorbereitungsverfahren

preparative präparativ

preparative centrifugation
präparative Zentrifugation

preparative chromatography
präparative Chromatografie

preparatory school (prep school)
vorbereitende Schule
(auf ein College)

preparatory treatment
Vorbehandlung

preparatory work Vorarbeiten

prepare präparieren, vorbereiten,
richten; anfertigen, herstellen,
zubereiten

prepared microscope slide
Mikropräparat

prepurify vorreinigen

prescribe vorschreiben, vorgeben;
med verschreiben

**prescribed work procedure/prescribed
operating procedure**
Arbeitsanweisung, Arbeitsvorschrift

prescription Vorschrift, Verordnung;
med Rezept

prescription drug
verschreibungspflichtiges
Arzneimittel/Medikament

preservation Bewahrung, Erhaltung,
Preservierung, Konservierung;
(storage) Aufbewahrung, Lagerung

preservative *n* (agent)
Konservierungsstoff,
Konservierungsmittel,
Präserveirungsstoff; Präservativ

preserve/keep/maintain bewahren,
erhalten, schützen, vor dem
Verderben schützen, konservieren,
präservieren

preset *adj/adv* voreingestellt,
vorgewählt

press *n* Presse, Druckmaschine

press *vb* pressen, ausdrücken,
zusammen~; (fruit/grapes) keltern

pressure Druck

➢ **air pressure** Luftdruck

➢ **ambient pressure** Umgebungsdruck

➢ **atmospheric pressure**
atmosphärischer Luftdruck

➢ **back pressure/back-pressure**
Gegendruck, Staudruck, Rückstau

➢ **blood pressure** Blutdruck

➢ **breaking pressure**
Öffnungsdruck (Ventil)

➢ **counterpressure** Gegendruck

➢ **high pressure** Hochdruck

➢ **hydrostatic pressure**
hydrostatischer Druck

➢ **hydrostatic pressure (turgor)**
hydrostatischer Druck (Turgor)

➢ **initial pressure/initial compression/
high pressure** Vordruck,
Eingangsdruck (Hochdruck:
Gasflasche)

➢ **internal pressure** Innendruck

➢ **loss of pressure/pressure drop**
Druckverlust

➢ **low pressure** Niederdruck

➢ **negative pressure** Unterdruck

➢ **normal pressure** Normaldruck

➢ **oncotic pressure** onkotischer Druck,
kolloidosmotischer Druck

➢ **operating pressure** Betriebsdruck

➢ **osmotic pressure** osmotischer
Druck

➢ **outlet pressure** Hinterdruck

➢ **oxygen partial pressure**
Sauerstoffpartialdruck

- ➤ **partial pressure** Partialdruck
- ➤ **positive pressure** Überdruck
- ➤ **reduced pressure** erniedrigter Druck
- ➤ **selective pressure/selection pressure** Selektionsdruck
- ➤ **standard pressure** Normaldruck, Normdruck
- ➤ **supply pressure (HPLC)** Eingangsdruck
- ➤ **total pressure** Gesamtdruck
- ➤ **turgor pressure** Turgordruck
- ➤ **vapor pressure** Dampfdruck
- ➤ **working pressure/delivery pressure** Hinterdruck, Arbeitsdruck (Druckausgleich)

pressure bandage *med* Druckverband

pressure control valve Druckregelventil

pressure cooker Dampfkochtopf, Schnellkochtopf

pressure cycle reactor Druckumlaufreaktor

pressure drop Druckabfall

pressure equalization Druckausgleich

pressure filtration Druckfiltration

pressure-flow theory/hypothesis Druckstromtheorie, Druckstromhypothese

pressure fluctuation Druckschwankung

pressure gauge/pressure gage Druckmesser, Manometer

pressure head Staudruck, Druckhöhe, Fließdruck, Druckgefälle; Förderhöhe

pressure protection device Druckentlastungseinrichtung

pressure regulator Druckminderer (Gasflasche), Druckregler

pressure-relief valve (gas regulator/ gas cylinder pressure regulator) Gasdruckreduzierventil, Druckminderventil, Druckminderungsventil, Reduzierventil (für Gasflaschen)

pressure resistant druckfest

pressure rise/pressure increase Druckanstieg

pressure-sensitive druckempfindlich

pressure-tight druckdicht

pressure tubing Druckschlauch

pressure valve/pressure relief valve/pressure safety relief valve (PSRV) Druckventil, Überdruckventil

pressure vessel Druckbehälter

pressurize unter Druck setzen (unter Überdruck halten)

pressurizer Druckerzeuger; Druckanlage

presymptomatic diagnostics präsymptomatische Diagnostik

pretreatment Vorbehandlung

pretrial (preliminary experiment) Vorversuch

prevalence/prevalency Prävalenz

prevention Prävention; (provision) Verhütung (Verhinderung von Unfällen/Vorsorge)

prevention of accidents Unfallverhütung

preventive medical checkup Vorsorgeuntersuchung

preventive medicine Präventivmedizin

primary product (initial product) Ausgangsprodukt

prime *n* Anfang, Beginn

prime *vb* vorbereiten; (Farbe) grundieren; (pump) vorpumpen, anlassen (auch:selbstansaugend)

prime conductor *electr* Hauptleiter

primer Zündvorrichtung; Grundiermasse, Spachtelmasse; *gen* Primer

primitive form (basic form/parent form) Stammform, Urform

print *n* Druck; Abdruck

print *vb* drucken; abdrucken

printed circuit board (PCB) Leiterplatte, Lochrasterplatte, Lochrasterplatine, Platine, Board

printer Drucker

➢ **3D printer (three-dimensional printer)** 3D-Drucker

➢ **inkjet printer** Tintenstrahldrucker

➢ **laser printer** Laserdrucker

printout (from a printer) Ausdruck

priority rule Prioritätsregel

priority substances (PS) prioritäre Stoffe

prism Prisma

pristine ursprünglich, urtümlich

probability Wahrscheinlichkeit

probe *n* Sonde, Fühler; Tastkopf

➢ **capture probe** Fangsonde

➢ **microprobe** Mikrosonde

probe *vb* prüfen, testen, untersuchen, analysieren

probe thermometer Einstichthermometer

probing head *micros* Tastkopf

procedure/technique Verfahren

process *n* Prozess, Verfahren, Arbeitsmethode; Vorgang, Verlauf; (processing/treatment) Verarbeitung; (finish) Weiterverarbeitung, Prozessierung, Aufbereitung; (metabolization) Umsetzung

process *vb* (processing/treat) verarbeiten; (finish) weiterverarbeiten, prozessieren, aufbereiten; (metabolize) umsetzen

process control Prozesskontrolle, Prozesssteuerung

➢ **statistical process control (SPC)** statistische Prozesskontrolle

process engineering Verfahrenstechnik

➢ **environmental process engineering** Umweltverfahrenstechnik

process safety Verfahrenssicherheit

process water/service water/industrial water (nondrinkable water) Brauchwasser, Betriebswasser (nicht trinkbares Wasser)

processing (treatment) Prozessierung, Verarbeitung, Behandlung; (finishing) Aufbereitung, Weiterverarbeitung; Betriebsmethode

procreate/reproduce/propagate zeugen, fortpflanzen

procreation/reproduction/propagation Zeugung, Fortpflanzung

procuring/procurement/supply Beschaffung

produce *vb* (manufacture/make) produzieren, erzeugen, herstellen

producer Produzent, Erzeuger, Hersteller

producer gas Generatorgas

product Produkt; Erzeugnis, Ware; Ergebnis, Resultat

product inhibition Produkthemmung

product liability Produkthaftung

product-moment correlation coefficient Maßkorrelationskoeffizient, Produkt-Moment-Korrelationskoeffizient

product purity Produktreinheit

production costs/manufacturing costs Herstellungskosten

productivity Produktivität; Ertragsfähigkeit, Ergiebigkeit, Rentabilität

profession Profession, Beruf, Erwerbstätigkeit

professional association (organization) Berufsverband

prognosis Prognose, Vorhersage

programmed cell death (apoptosis) programmierter Zelltod (Apoptose)

progressing cavity pump Schneckenantriebspumpe

prohibition/ban Verbot

project *vb opt* projizieren, abbilden

projection Projektion, Abbildung

proliferate proliferieren

proliferation Proliferation

prong (of a plug) *electr* Kontaktstift, Steckerstift

➢ **two-prong** Zweipol…

➢ **three-prong** Dreipol…

proof/check *n* Beweis; Versuch, Probe, Untersuchung, Test, Prüfung

proove/check *vb* beweisen; versuchen, untersuchen, die Probe machen

prop up stützen

propagate propagieren; (reproduce) reproduzieren, fortpflanzen, vermehren; *neuro* weiterleiten, fortleiten

propagation Propagation, Fortpflanzungsreaktion; (reproduction) Fortpflanzung, Vermehrung, Reproduktion; *neuro* Weiterleitung, Fortleitung

propellant *n* (e.g., in pressure cans) Treibmittel, Treibgas (z. B. für Sprühflaschen)

propeller impeller Propellerrührer

property management (custodian) Hausverwaltung

prophylactic prophylaktisch

prophylaxis Prophylaxe

propionic acid (propionate) Propionsäure (Propionat)

propionic aldehyde/propionaldehyde Propionaldehyd

proportional truncation proportionaler Schwellenwert

proportional valve (P valve) Proportionalventil

propositus Proband, Propositus

propulsion Antrieb, Trieb, Voranbringen (Fortbewegung)

propulsive force Antriebskraft, Triebkraft

prostanoic acid Prostansäure

protect (protected) schützen (geschützt)

protection Schutz

protection assay/experiment Schutzversuch, Schutzexperiment

protection equipment Schutzausrüstung

➢ **personal protection equipment (PPE)** persönliche Schutzausrüstung (PSA)

protection mask/face mask/respirator mask/respirator Atemmaske, Atemschutzmaske

protective clothing Schutzkleidung

➢ **workers' protective clothing** Arbeitsschutzkleidung

protective coat/protective gown Schutzkittel, Schutzmantel

protective coating Schutzüberzug (z. B. Anstrich)

protective curtain Schutzvorhang

protective gas/shielding gas (in welding) Schutzgas

protective gloves Schutzhandschuhe

protective group/protecting group Schutzgruppe (*chem* Synthese)

protective hood Schutzhaube

protective measure (precautionary measure) Schutzmaßnahme

protective screen/shield Schutzscheibe, Schutzschirm

protein Protein, Eiweiß

protein engineering gezielte Konstruktion von Proteinen

protein synthesis Proteinsynthese

protein tagging Proteinmarkierung, Protein-Tagging

proteinaceous proteinartig, proteinhaltig, Protein..., aus Eiweiß bestehend, Eiweiß...

proteolytic proteolytisch, eiweißspaltend

protocol (record/minutes) Protokoll, Aufzeichnungen; Sitzungsbericht; genormte Verfahrensvorschrift

proton gradient Protonengradient

proton microprobe Protonensonde

proton motive force protonenmotorische Kraft

proton pump Protonenpumpe

proton shift (NMR) Protonenverschiebung

protraction (delay/ procrastination:through neglect) Verschleppung, Übertragung

protrude (project/stand out/stick out/rise over) herausragen, hervorstehen; überragen

provision Vorsorge

provisional measure (precautionary measure) Vorsorgemaßnahme

provisions (furnishings/equipment/ outfit/supplies) Ausstattung; *jur* Bestimmungen

proximal proximal, ursprungsnah

pruners/pruning shears (*Br* secateurs) Gartenschere

prussiat Blutlaugensalz, Kaliumhexacyanoferrat

psychoactive/psychotropic drug Rauschmittel, Rauschgift, Rauschdroge

psychrometer/wet-and-dry-bulb hygrometer Psychrometer (ein Luftfeuchtigkeitsmessgerät)

psychrophilic (thriving at low temperatures) psychrophil

public danger öffentliche Gefahr

public servant/civil servant Staatsbedienstete(r)

public service officer (*Br* civil servant) Beamter, Beamtin

pulley Flaschenzug

pulmonary edema Lungenödem

pulpwood Papierholz

pulsate/throb/beat pulsieren

pulse *n* Puls, Pulsieren; *electr* Stromstoß, Impuls

pulse *vb* pulsieren; impulsweise ausstrahlen/senden

pulse current *electr* Impulsstrom, Stoßstrom

pulse dampener (> pumps) Pulsationsdämpfer

pulse labeling/pulse chase Pulsmarkierung

pulse polarography Pulspolarografie

➢ **differential pulse polarography (DPP)** differenzielle Pulspolarografie

pulsed field gel electrophoresis (PFGE) Puls-Feld-Gelelektrophorese, Wechselfeld-Gelelektrophorese

pulsed laser Impulslaser, gepulster Laser

pulverization Pulverisierung; Zerstäubung

pulverize pulverisieren, fein zermahlen; zerstäuben

pulverizer Zerkleinerer, Pulverisiermühle; Zerstäuber

pumice Bims

pumice rock Bimsstein

pump Pumpe

➢ **aspirator pump/vacuum pump** Absaugpumpe, Saugpumpe

➢ **barrel pump/drum pump** Fasspumpe

- **bellows pump** Balgpumpe
- **centrifugal pump** Kreiselpumpe
- **circulation pump** Umwälzpumpe
- **diaphragm pump** Membranpumpe
- **diffusion pump/condensation pump** Diffusionspumpe
- **dispenser pump/dispensing pump** Dispenserpumpe
- **displacement pump** Verdrängungspumpe, Kolbenpumpe (HPLC)
- **dosing pump/proportioning pump/ metering pump** Dosierpumpe
- **double-acting pump** Druckpumpe, Saugpumpe, doppeltwirkende Pumpe
- **feed pump** Förderpumpe
- **filter pump** Filterpumpe
- **gear pump** Zahnradpumpe
- **hand pump** Handpumpe
- **hand-operated vacuum pump** manuelle Vakuumpumpe
- **heat pump** Wärmepumpe
- **hold-back pump** Hold-Back-Pumpe
- **hose pump** Schlauchpumpe
- **impeller pump** Kreiselpumpe, Kreiselradpumpe
- **ion pump** Ionenpumpe
- **multichannel pump** Mehrkanal-Pumpe
- **peristaltic pump** peristaltische Pumpe
- **pipet pump** Pipettierpumpe
- **piston pump/reciprocating pump** Kolbenpumpe
- **positive-displacement pump** Direktverdrängerpumpe
- **prime** selbstansaugend
- **progressing cavity pump** Schneckenantriebspumpe
- **proton pump** Protonenpumpe
- **rotary piston pump** Drehkolbenpumpe

- **rotary vane pump** Drehschieberpumpe
- **squeeze-bulb pump (hand pump for barrels)** Quetschpumpe (Hand~ für Fässer)
- **suction pump/aspirator pump/ vacuum pump** Saugpumpe, Vakuumpumpe
- **suction stroke** Ansaugpuls
- **syringe pump** Spritzenpumpe
- **total static head** Gesamtförderhöhe
- **tubing pump** Schlauchpumpe
- **vacuum pump** Vakuumpumpe
- **vane-type pump** Propellerpumpe
- **water pump/water aspirator/ filter pump/vacuum filter pump** Wasserstrahlpumpe
- **wobble-plate pump/rotary swash plate pump** Taumelscheibenpumpe

pump drive Pumpenantrieb
pump head Pumpenkopf
punch pliers Lochzange
puncture *n* Einstich, Loch; Durchschlag, Durchstoß; (needle biopsy) Punktion
puncture *vb* ein Loch stechen, durchstechen, durchschlagen, platzen; (tap) punktieren
pungency Schärfe; stechender Geruch
pungent (taste/smell/pain) scharf, stechend, beißend, ätzend (Geruch)
pupil dilatation *med/opt* Pupillenerweiterung
purchase *n* Einkauf, Erwerb
purchase order Kauforder, Bestellung
pure rein (ohne Zusatz); *chem* (purissimum/puriss.) reinst
- **chemically pure (CP)** chemisch rein
- **highly pure (superpure/ultrapure)** reinst
- **impure/contaminated** verunreinigt, schmutzig, unsauber, kontaminiert

> **not denatured** unvergällt
> **ultrapure** ultrarein
pure chemical Reinchemikalie
pure culture/axenic culture Reinkultur
pure substance Reinstoff, Reinsubstanz
purge *n* Reinigung, Säuberung, Befreiung; *chem* Klärung; Klärflasche; *med* Entschlackung, Darmentleerung
purge *vb* reingen, säubern, befreien; *chem* klären; *med* entschlacken, entleeren (Darm)
purge assembly/purge device Spülvorrichtung (z. B. Inertgas)
purge gas Spülgas
purge valve/pressure-compensation valve Entlüftungsventil
purification Reinigung, Klärung, Reindarstellung; Hochreinigung
purification procedure/technique Reinigungsverfahren (Aufreinigung)
purified water gereinigtes Wasser, aufgereinigtes Wasser, aufbereitetes Wasser
purify reinigen, aufreinigen
purity Reinheit (ohne Zusätze); (degree of purity/level of purity/percentage of purity) Reinheitsgrad
purity grades/chemical grades chemische Reinheitsgrade
purity of variety/variety purity Sortenreinheit
push button Drucktaste, Bedienknopf
push pin/pushpin (plastic-head steel needle) Stoßnadel
push-pull current *electr* Gegentaktstrom
pusher centrifuge Schubschleuder
putrefaction (rotting/decomposition) Fäulnis, Faulen, Verwesung, Zersetzung

putrefactive bacteria Fäulnisbakterien
putrefy (rot/decompose) verwesen, zersetzen
putty *vb* kitten, verkitten, spachteln, verspachteln
putty *n* Spachtelmasse, Spachtel, Kitt (Fensterkitt etc.)
> **filling putty/putty filler** Füllspachtelmasse, Füllspachtel, Füllkitt
> **wood putty** Holzspachtelmasse, Holzspachtel, Holzkitt
putty knife Spachtelmesser, Kittmesser
pycnometer Pyknometer, Messflasche, Wägeflasche
pyrethric acid Pyrethrinsäure
pyrite Eisenkies, Schwefelkies
pyrolysis/thermolysis Pyrolyse, Thermolyse
pyrometer Pyrometer, Hitzemessgerät
> **optical pyrometer** Pyropter, optisches Pyrometer
pyrometry Pyrometrie
pyrosequencing Pyrosequenzierung
pyroxylin (11.2–12.4% N) Schießbaumwolle
pyruvic acid (pyruvate) Brenztraubensäure (Pyruvat)

Q

quadrangle connection Viereckschaltung
quadrat method/quadrat sampling *ecol* Quadratmethode
quadratic mean *stat* Quadratmittel (Mittelwert)
quadruple nosepiece *micros* Vierfachrevolver

quadrupod (for burner) Vierfuß (Brenner)
qualification Qualifizierung, Qualifikation
➤ **design qualification (DQ)** Design-Qualifizierung
➤ **installation qualification (IQ)** Installations-Qualifizierung
➤ **operational qualification (OQ)** Betriebs-Qualifizierung (BQ), Funktionsqualifizierung
➤ **performance qualification (PQ)** Leistungs-Qualifizierung, Performance-Qualifizierung
qualitative analysis qualitative Analyse
quality Qualität, Beschaffenheit, Eigenschaft
quality assessment Qualitätsbeurteilung, Qualitätsbewertung
quality assurance (QA) Qualitätssicherung
quality control (QC) Qualitätskontrolle, Qualitätsprüfung, Qualitätsüberwachung
quality factor Qualitätsfaktor, Bewertungsfaktor
quality indicator Qualitätskennzeichen
quality manual Qualitätssicherungshandbuch (EU-CEN)
quantification/quantitation *med/ chem* Quantifizierung
quantify/quantitate *med/chem* quantifizieren
quantile/fractile *stat* Quantil, Fraktil
quantitate quantifizieren, mengenmäßig erfassen
quantitation Quantifizierung, mengenmäßig Erfassung

quantitative analysis quantitative Analyse
quantitative ratio/relative proportions Mengenverhältnis
quantity (amount/number) Quantität, Menge (Anzahl), Größe
➤ **physical quantity** physikalische Größe
quantity to be measured Messgröße
quantization Quantisierung, *nucl phys* Quantelung
quantum dot Quantenpunkt
quantum state Quantenzustand
quantum yield Quantenausbeute
quarantine Quarantäne
quarternary structure (proteins) Quartärstruktur
quartile *stat* Quartil, Viertelswert
quartz cuvette Quarzküvette
quartz glass Quarzglas
quartz microbalance (QMB) Quarz-Mikrowaage (QMW)
quartz thermometer Quarzthermometer
quaternary quartär, quaternär
quench (put out/extinguish: fire/ flame) löschen, stillen, ablöschen; abschrecken; rasch abkühlen; abdämpfen; *polym* härten
quencher/quenching agent Löscher, Quencher; Abschreckmittel, Ablöschmittel
quenching gas Löschgas
questionnaire Fragebogen
quick connect/quick connection Schnellverbindung
quick drench shower/deluge shower 'Schnellflutdusche'
quick section *micros/med* Schnellschnitt
quick-disconnect fitting Schnellkupplung (z. B. Schlauchverbinder)

quick-fit connection
Schnellverbindung (Rohr/Glas/
Schläuche etc.)
quick-release clamp
Schnellspannklemme, ~verschluss
quick-stain *micros* Schnellfärbung
quickfreeze schnellgefrieren
quiescent ruhend, untätig,
unterdrückt; ruhig, still
quiescent current *neuro* Ruhestrom
quill (bobbin/spool) *text* Hülse,
Buchse; Spule; (hollow shaft)
Hohlwelle
quintuple nosepiece
micros Fünffachrevolver

R

R phrases (Risk phrases)
R-Sätze (Gefahrenhinweise)
R$_F$-value *chromat* (retention factor/
ratio of fronts) R$_F$-Wert
race (of ball bearing)
Laufring (beim Kugellager)
**RACE-PCR (rapid amplification of
cDNA ends)** RACE-PCR (schnelle
Vervielfältigung von cDNA-Enden)
racemate Racemat, racemische
Verbindung
racemization Racemisierung
rack Gestell, Ständer, Halter, Rack
(Sammlung/Aufbewahrung etc.);
tech Zahnstange
rack-and-pinion gear
Zahnstangengetriebe
radial immunodiffusion (RID) radiale
Immundiffusion
radiance Strahlungsdichte
radiant strahlend
radiant energy Strahlungsenergie
radiant heat Strahlungswärme
radiate strahlen, ausstrahlen,
leuchten

radiation Strahlung; Ausstrahlung;
evol Entfaltung, Ausstralung
➢ **background radiation**
Hintergrundsstrahlung
➢ **corpuscular radiation**
Teilchenstrahlung
➢ **electromagnetic radiation**
elektromagnetische Strahlung
➢ **global radiation** Globalstrahlung
➢ **harmful radiation**
gesundheitsschädliche Strahlung
➢ **heat radiation** Wärmestrahlung,
thermische Strahlung,
Temperaturstrahlung
➢ **ionizing radiation** ionisierende
Strahlen, ionisierende Strahlung
➢ **nuclear radiation** Kernstrahlung
➢ **permissible radiation** zuläßige
Strahlung
➢ **photosynthetically active radiation
(PAR)** photosynthetisch aktive
Strahlung
➢ **polarized radiation** polarisierte
Strahlung
➢ **radioactive radiation** radioaktive
Strahlung
➢ **scattered radiation/diffuse
radiation** Streustrahlung
➢ **solar radiation** Sonnenstrahlung
➢ **thermal radiation** Wärmestrahlung
radiation biology Strahlenbiologie
**radiation control/radiation
protection/protection from
radiation** Strahlenschutz
**radiation dosage/irradiation
dosage** Bestrahlungsdosis
radiation dose/radiation dosage
Strahlendosis
radiation hazards/radiation injury
Strahlengefährdung; (radiation
injury) Strahlenschäden,
Strahlenschädigung
radiation incident Strahlenvorfall

radiation injury Stahlenschädigung, Strahlenschaden
radiation intensity Strahlungsintensität
radiation level Strahlenbelastung
radiation-proof stahlensicher
radiation protection Stahlenschutz
radiation protection officer/radiation safety officer Stahlenschutzbeauftragter
radiation shielding Stahlenabschirmung
radiation sickness/radiation syndrome Strahlenkrankheit, Strahlensyndrom
radiation therapy/radiotherapy Bestrahlungstherapie, Strahlentherapie
radiation treatment Stahlenbehandlung
radiator (heater) Strahler (Wärme); Heizkörper; (eines Motors) Kühler
radiator coil Kühlschlange
radical Radikal
➢ **free radical** freies Radikal
radical ion Radikalion
radical scavenger Radikalfänger
radioactive (nuclear disintegration) radioactiv (Atomzerfall)
radioactive contamination Verstrahlung (radioaktiv)
radioactive decay/radioactive disintegration radioaktiver Zerfall
radioactive marker radioaktiver Marker
radioactive radiation radioaktive Strahlung
radioactive waste/nuclear waste radioaktive Abfälle
radioactively contaminated radioaktiv/atomar verstrahlt/verseucht
radioactivity Radioaktivität

radioallergosorbent test (RAST) Radio-Allergo-Sorbent Test
radioautography Autoradiografie
radiocarbon method/radiocarbon dating Radiokarbonmethode, Radiokohlenstoffmethode, Radiokohlenstoffdatierung
radioimmunoassay (RIA) Radioimmun(o)assay
radioimmunoelectrophoresis Radioimmunelektrophorese
radioisotope/radioactive isotope/unstable isotope/radionuclide Radioisotop, radioaktives Isotop, instabiles Isotop, Radionuclid
radiolabelling/radiolabeling radioaktive Markierung
radionuclide Radionuklid, Radionuclid, radioaktives Nuclid
radiopaque strahlendurchlässig (Röntgenstrahlen)
rag Lappen, Lumpen; Wischtuch, Putzlumpen
rain gauge Niederschlagsmesser
rainwater Regenwasser
rake *n* Rechen, Harke; Schürhaken
rake *vb* rechen, harken; scharren, kratzen
rancid ranzig
random zufällig, wahllos, willkürlich, ungeordnet
random-access memory *comp* Arbeitsspeicher
random deviation *stat* Zufallsabweichung
random distribution Zufallsverteilung
random error zufälliger Fehler, Zufallsfehler
random event Zufallsereignis
random number Zufallszahl

random sample/sample taken at random Zufallsstichprobe, Zufallsprobe

random sampling Zufallsstichprobenerhebung

random screening Zufallsauslese

random variable Zufallsvariable, Zufallsgröße

random-walk statistics Irrflug-Statistik

randomization Randomisierung

randomize randomisieren

randomly distributed zufallsverteilt, statistisch verteilt

range Bereich; Messbereich; Gebiet; Abstand; Spielraum; Spanne (Messspanne); Reichweite (Strahlung); **stat** Spannweite

range of measurement Messbereich

range of saturation/zone of saturation Sättigungsbereich, Sättigungszone

range of variation/range of distribution *stat* Variationsbreite

range of vision/visual distance Sehweite

rank *n* Rang, Stufe, Ordnung, Klasse

➢ **order of rank/ranking/hierarchy** Stufenfolge, Rangordnung, Rangfolge, Hierarchie

rank *vb* (classify) einordnen, einstufen, klassifizieren

rank correlation coefficient *stat* Rangkorrelationskoeffizient

rank statistics/rank order statistics Rangmaßzahlen

rapid freezing Schnellgefrieren

rarefy verdünnen

Raschig ring (column packing) Raschig-Ring (Glasring)

rash (skin rash/skin eruptions) Ausschlag (Hautausschlag)

rasp Raspel; (grater) Haushaltsraspel

ratchet Knarre; (ratchet wrench) Ratsche, Rätsch

➢ **change-over ratchet** Umschaltknarre

➢ **lever ratchet** Hebelknarre

ratchet clamp Ratschen-Klemme, Ratschen-Absperrklemme (Schlauchklemme)

rate Rate, Ziffer, Quote; Tarif; Preis, Gebühr; Klasse, Grad; Geschwindigkeit, Tempo

rate constant (enzyme kinetics) Geschwindigkeitskonstante

rate-determining step/reaction geschwindigkeitsbestimmende(r) Schritt/Reaktion

rate-limiting step/reaction geschwindigkeitsbegrenzende(r) Schritt/Reaktion

rated output (rated amperage output) Nennstrom, Nominalstrom; (rated power output) Nennleistung, Nominalleistung

ratio (quotient/proportion/relation) Verhältnis, Quotient, Proportion

raw (crude) roh

raw material/resource Rohstoff; Ausgangsmaterial

raw sewage Rohabwasser

raw sludge Rohschlamm

raw sugar/crude sugar (unrefined sugar) Rohzucker

ray (beam/jet) Strahl; (of sunshine/ sunbeam) Sonnenstrahl

ray diagram Strahlendiagramm

razor blade Rasierklinge

react reagieren; (let react) reagieren lassen

reactant Reaktand, Reaktionsteilnehmer, Ausgangsstoff

reaction (first-/second-order..) Reaktion (erster/zweiter.. Ordnung); Umsetzung

➢ **back reaction** Rückreaktion

- **biosynthetic reaction (anabolic reaction)** Biosynthesereaktion
- **bisubstrate reaction** Zweisubstratreaktion, Bisubstratreaktion
- **chain reaction** Kettenreaktion
- **combustion reaction** Verbrennungsreaktion
- **complete reaction** vollständige Reaktion
- **condensation reaction/dehydration reaction** Kondensationsreaktion, Dehydrierungsreaktion
- **coupled reaction** gekoppelte Reaktion
- **coupling reaction** *chem* Kupplungsreaktion
- **course of reaction** Reaktionsverlauf
- **displacement reaction** Verdrängungsreaktion
- **endothermic (endergonic)** endotherm, endergon, endergonisch, energieverbrauchend
- **enzymatic reaction** Enzymreaktion
- **exchange reaction** Austauschreaktion
- **exothermic/exothermal (exergonic)** exotherm, exergon, exergonisch, energiefreisetzend
- **forward reaction** Hinreaktion, Vorwärtsreaktion
- **half-reaction (electrode potentials)** Teilreaktion
- **incomplete reaction** unvollständige Reaktion
- **intermediate reaction** Zwischenreaktion
- **key reaction** Schlüsselreaktion
- **one-pot reaction** Eintopfreaktion
- **partial reaction** Teilreaktion
- **rate-determining reaction** geschwindigkeitsbestimmende(r) Schritt/Reaktion

- **rate-limiting reaction** geschwindigkeitsbegrenzende(r) Schritt/Reaktion
- **reduction-oxidation reaction/redox reaction** Redoxreaktion
- **runaway reaction** Durchgeh-Reaktion
- **self-propagating reaction** selbsttragende Reaktion
- **sequential reaction/chain reaction** sequentielle Reaktion, Kettenreaktion
- **side reaction** *chem* Nebenreaktion
- **vigorous reaction/violent reaction** heftige Reaktion

reaction control Reaktionsführung
reaction distillation Reaktionsdestillation
reaction intermediate Reaktionszwischenprodukt
reaction kinetics Reaktionskinetik
reaction pathway Reaktionskette, Reaktionsweg
reaction rate Reaktionsrate, Reaktionsgeschwindigkeit
reaction sequence Reaktionssequenz, Reaktionsfolge
reaction time Reaktionszeit, Reaktionsdauer
reaction vessel Reaktionsgefäß
reactive reaktiv, reaktionsfreudig, reaktionsfähig
reactive force Gegenkraft, Rückwirkungskraft
reactives reaktive Substanzen
reactivity Reaktivität, Reaktionsfreudigkeit, Reaktionsfähigkeit, Reaktionsvermögen, Reaktionsbereitschaft
reactor Reaktor; (bioreactor) Bioreaktor
- **airlift loop reactor** Mammutschlaufenreaktor

- airlift reactor/pneumatic reactor Airliftreaktor, pneumatischer Reaktor
- bead-bed reactor Kugelbettreaktor
- bioreactor Bioreaktor
- bubble column reactor Blasensäulen-Reaktor
- column reactor Säulenreaktor, Turmreaktor
- fedbatch reactor/fed-batch reactor Fedbatch-Reaktor, Fed-Batch-Reaktor, Zulaufreaktor
- film reactor Filmreaktor
- fixed bed reactor/solid bed reactor Festbettreaktor
- flow reactor Durchflussreaktor
- fluidized bed reactor/moving bed reactor Fließbettreaktor, Wirbelschichtreaktor, Wirbelbettreaktor
- immersed slot reactor Tauchkanalreaktor
- immersing surface reactor Tauchflächenreaktor
- jet loop reactor Strahl-Schlaufenreaktor
- jet reactor Strahlreaktor
- loop reactor/circulating reactor/recycle reactor Umlaufreaktor, Umwälzreaktor, Schlaufenreaktor
- membrane reactor Membranreaktor
- nozzle loop reactor/circulating nozzle reactor Umlaufdüsen-Reaktor, Düsenumlaufreaktor
- packed bed reactor Füllkörperreaktor, Packbettreaktor
- paddle wheel reactor Schlaufenradreaktor
- plug-flow reactor Pfropfenströmungsreaktor, Kolbenströmungsreaktor
- plunging jet reactor (deep jet reactor/immersing jet reactor) Tauchstrahlreaktor
- sieve plate reactor Siebbodenkaskadenreaktor, Lochbodenkaskadenreaktor
- solid phase reactor Festphasenreaktor
- stirred loop reactor Rührschlaufenreaktor, Umwurfreaktor
- stirred-tank reactor Rührkesselreaktor
- tray reactor Gärtassenreaktor
- trickling filter reactor Tropfkörperreaktor, Rieselfilmreaktor
- tubular loop reactor Rohrschlaufenreaktor

read (off/from)/record lesen, ablesen, messen
read in (scan data) einlesen
read out (data) auslesen
readability (scales/balance) Ablesbarkeit (Waage)
reading (meter/equipment) Ablesung, Ablesen
reading accuracy Ablesegenauigkeit
reading error/false reading Ablesefehler
readjust nachjustieren, anpassen
readout Ablesung, Ablesen (Gerät/Messwerte); Ausgabe, Auslesen
ready-made/ready-to-use gebrauchsfertig, einsatzbereit
ready-to-use solution/test solution Gebrauchslösung, Fertiglösung, gebrauchsfertige Lösung
reagent n Reagens (pl Reagenzien)
- reagent-grade/analytical reagent (AR)/analytical grade pro Analysis (pro analysi = p.a.)
reagent bottle Reagentienflasche
reagent grade analysenrein, zur Analyse
reagent solution Reagenslösung

real image *micros* reelles Bild
real time Echtzeit
reanimate(d) wiederbeleben
(wiederbelebt)
rearrange umlagern, umordnen,
neu ordnen
rearrangement *chem* Umlagerung,
Umordnung, Neuordnung
rebound zurückprallen, rückfedern,
abprallen
receipt Erhalt, Entgegennahme;
Quittung, Erhaltsbestätigung
receiver Empfänger, Empfangsgerät;
Hörer; Behälter, Gefäß; (receiving
vessel/collection vessel)
Auffanggefäß
receiver adapter *dist*
Destilliervorstoß
**receiving vessel (receiver/collection
vessel)** Auffanggefäß
reception Rezeption, Empfang
receptive empfänglich
receptive capacity
Aufnahmekapazität
receptor Rezeptor, Empfänger
rechargeable wiederaufladbar
recharge *n* Wiederaufladung,
Wiederaufladen, Auffüllen,
Nachladung
recharge *vb* wiederaufladen,
auffüllen, wiederauffüllen,
nachladen
recipient (also: host) Empfänger,
Rezipient (z. B. Transplantate)
**reciprocating shaker (side-to-side
motion)** Reziprokschüttler,
Horizontalschüttler, Hin- und
Herschüttler (rütteln)
reclaim zurückgewinnen,
rückgewinnen, regenerieren,
zurückerhalten
reclamation Reklamation,
Rückforderung; *chem*
Wiedergewinnung, Regenerierung

recognition Erkennung, Erkennen
**recognition site affinity
chromatography**
Erkennungssequenz-
Affinitätschromatografie
recoil *n* (return motion) Rückstoß,
Rückprall, Rückschlag, Abprall
recoil *vb* zurückfedern, zurückprallen,
zurückschnellen, abprallen
recoil radiation Rückstoßstrahlung
recombinant (cell)
Rekombinante (Zelle)
recombine rekombinieren
recommendation Empfehlung,
Fürsprache
recommended daily allowance (RDA)
empfohlener täglicher Bedarf
reconstitute rekonstituieren,
wiederherstellen; wiedereinsetzen;
in Wasser auflösen (Milch etc.)
reconstitution Rekonstitution,
Wiederherstellung;
Wiedereinsetzung,
Wiederzusammensetzen
record *n* Aufzeichnung(en);
Dokument, Urkunde, Protokoll,
Niederschrift, Liste; Verzeichnis;
(registration) Registrierung
record *vb* aufzeichnen, aufnehmen,
aufschreiben, erfassen; (register)
registrieren
recorder (plotter) Schreiber (Gerät
zur Aufzeichnung)
recording/registration Aufnahme,
Aufschreiben, Registration
recordkeeping Protokollierung,
Verwahrung/Verwaltung von
Aufzeichnung(en)
recover erholen, wiedergewinnen,
rückgewinnen, zurückbekommen;
aufbereiten
recovery Erholung, Rückgewinnung,
Wiedererlangung; Gewinnung,
Förderung

recovery flask/receiving flask/receiver flask (collection vessel) Vorlagekolben

recrystallization Rekristallisation; Umkristallisation

recrystallize rekristallisieren; umkristallisieren

rectification Rektifikation; Gegenstromdestillation; *electr* Gleichrichtung

rectifier *chem /dist* Rektifizierapparat, Rektifiziersäule; *electr* Gleichrichter

rectify *chem* rektifizieren, destillieren; *electr* gleichrichten; *tech/mech* korrigieren, eichen, richtig einstellen

rectifying column Rektifiziersäule

recuperation Erholung

recurrence risk Wiederholungsrisiko

recyclable wieder verwertbar

recycle recyceln, wiederverwerten

recycled paper Umweltschutzpapier

recycling Recycling, Wiederverwertung

recycling plant (waste recycling plant) Müllverwertungsanlage

redistill/redistil (rerun) redestillieren, erneut/wiederholt destillieren, umdestillieren (nochmal destillieren)

redox couple Redoxpaar

redox potential Redoxpotenzial

redox titration Redoxtitration

reduce reduzieren; (to small pieces) zerkleinern; (concentrate) einengen, konzentrieren; verkleinern, erniedrigen, herabsetzen

reduce by evaporation (evaporate completely) eindampfen (vollständig)

reduced pressure erniedrigter Druck

reducer (reducing adapter/reduction adapter) Reduzierstück (Laborglas/ Schlauch)

reducing agent Reduktionsmittel

reduction Reduktion; *photo* (size reduction) Verkleinerung

reduction-oxidation reaction/redox reaction Redoxreaktion

redundancy Redundanz; Überfluss, Überflüssigkeit; (unnötige) Wiederholung

reference book Nachschlagewerk

reference electrode Referenzelektrode, Bezugselektrode, Vergleichselektrode

reference gas (GC) Vergleichsgas

reference point Bezugspunkt; (index mark) Ablesemarke

reference strain *micb* Referenzstamm

reference temperature Bezugstemperatur

reference value Bezugswert

refill wieder füllen, nachfüllen, auffüllen, wiederauffüllen

refillable nachfüllbar

refine vervollkommnen; (purify/ improve/process/finish) reinigen, verbessern, verfeinern; veredeln; raffinieren

refinement (improvement/processing/ finishing) Reinigung, Aufreinigung, Verbesserung, Verfeinerung; Veredlung; Raffinieren, Raffination

refinement process Veredlungsprozess

reflectance spectroscopy Reflexionsspektroskopie, Remissionsspektroskopie

reflection interference contrast (RIC) microscopy Reflektions- Interferenzkontrast-Mikroskopie

reflectron (MS) Ionenspiegel

reflux *n* Rückfluss, Rücklauf, Reflux

reflux *vb* am Rückflusskühler kochen, unter Rückfluss erhitzen/kochen, refluxen

reflux condenser Rückflusskühler
refract *opt* brechen; *chem*
    analysieren
refracting angle *opt* Brechungswinkel
refraction Refraktion, Brechung;
    Strahlenbrechung, Lichtbrechung,
    Refraktionsvermögen
refractive brechend,
    strahlenbrechend; lichtbrechend
refractive index/index of refraction
    Brechungsindex,
    Brechungskoeffizient, Brechzahl
refractivity Brechungsvermögen,
    Refraktionsvermögen
refractometer Refraktometer,
    Brechzahlmesser
refractoriness Hochtemperatur-
    beständigkeit, Feuerfestigkeit
refractory *adj/adv* refraktär,
    hitzebeständig, feuerfest,
    hochtemperaturbeständig; schwer
    schmelzbar; hochschmelzend;
    widerstandsfähig, unempfindlich
refractory clay Schamotte,
    Schamotteton
refractory material feuerfester Stoff,
    feuerfestes Material
refrigerant Kältemittel,
    Kühlflüssigkeit, Kühlmittel
refrigerate kühlen, kühl stellen, in
    den Kühlschrank stellen
refrigerated circulating bath
    Kältethermostat, Kühlthermostat,
    Umwälzkühler
refrigerator (fridge)/icebox
    Kühlschrank
refuse *n* Abfall, Müll
refuse *vb* verweigern, ablehnen
regenerate/regrow/grow back/
    reestablish regenerieren,
    nachwachsen
regeneration Regenerierung,
    Regeneration; Wiederaufbereitung

register/announce oneself/sign in
    anmelden (schriftlich eintragen/
    einschreiben)
registration/signing in Anmeldung
regression analysis *stat*
    Regressionsanalyse
regression coefficient/coefficient of
    regression *stat*
    Regressionskoeffizient
regression to the mean Regression
    zum Mittelwert
regressive regressiv, zurückbildend,
    zurückentwickelnd
regular regelmäßig
regulate/control regeln, regulieren,
    steuern, kontrollieren; (switch)
    schalten
regulator Regler, Verstellknopf;
    Reglersubstanz, Regler; (switch)
    Schalter
regulatory agency
    Regulierungsbehörde
regulatory mechanisms
    Regulationsmechanismen,
    Steuerungsmechanismen
regulatory procedure
    Regelungsprozess
rehydration Rehydrierung,
    Rehydratation
reinfestation Wiederbefall
reinforce verstärken
reinforced verstärkt (fest/solide)
reinforcement/amplification
    Verstärkung
rejuvenate/regenerate verjüngen,
    regenerieren
rejuvenation/regeneration
    Verjüngung, Regeneration
relation Zusammenhang, Verhältnis,
    Verbindung, Beziehung
relationship Verhältnis, Beziehung
relative frequency
    relative Häufigkeit

relative molar mass relative Molmasse

relative molecular mass/molecular weight (M_r) relative Molekülmasse, Molekulargewicht

relax entspannen, lockern, erschlaffen (z. B. Muskel)

relaxation Entspannung, Erschlaffung, Relaxation

relaxed (conformation) relaxiert, entspannt

relay *electr* Relais

release *n* Freisetzung, Entweichen; Abgabe; Auslösung; Ausschüttung (z. B. Hormone/Neurotransmitter); Mitteilung, Verlautbarung

release *vb* freisetzen, entweichen lassen; abgeben; auslösen; ausschütten

release button Auslöser, Auslösetaste

release factor Freisetzungsfaktor

release time Auslösezeit

releaser Auslöser

relevé Vegetationsaufnahme

reliability Zuverlässigkeit

reliable zuverlässig

relic Relikt, Überbleibsel, Rest

relief Erleichterung, Entlastung

relief valve (pressure-maintaining valve) Ausgleichsventil, Überdruckventil

remainder Rest, Restsubstanz

remelt umschmelzen, wieder einschmelzen

remote operation/remote control Fernbedienung, Fernsteuerung

removable needle (syringe needle) abnehmbare Injektionsnadel/Nadel

removal (withdrawal) Beseitigung, Entfernung; (taking out) Entnahme

remove beseitigen, entfernen; (withdraw/take out) entnehmen

reorient/reorientate umstimmen, neu orientieren, neu ausrichten

repair *n* (restoration) Reparatur, Instandsetzung, Wiederherstellung

repair *vb* (fix/mend/restore) reparieren, instand setzen, wiederherstellen

repeat *n* (repetition) Wiederholung

repeatability Wiederholbarkeit

repeated distillation/cohobation Redestillation, mehrfache Destillation

repel abstoßen; (reject: turn away) abschrecken, quenchen, löschen

repellent *adj/adv* (also: repellant) abstoßend

repellent *n* (also: repellant) Repellens (*pl* Repellenzien)

repetition Wiederholung

replace ersetzen, austauschen, auswechseln; vertreten

replacement Ersatz, Austausch; Ersetzen, Austauschen; Vertretung

replacement battery Ersatzbatterie

replacement bulb (lamp) Ersatzbirnchen

replacement parts (spare parts) Ersatzteile

replacement vector Substitutionsvektor

replant verpflanzen, umpflanzen, umsetzen, versetzen

replenish nachfüllen, wiederbefüllen

replica (Oberflächenabdruck: *EM*) *micros* Abdruck

replica-plating *micb* Replikaplattierung, Stempel-Methode

report *n* Bericht, Meldung; Anzeige

report *vb* berichten, melden; anzeigen

reportable (by law)/subject to registration meldepflichtig

repot umtopfen
representative *n* (‚rep') Vertreter
repress (control/suppress/subdue)
reprimieren, unterdrücken,
hemmen
repression (control/suppression)
Reprimierung, Unterdrückung,
Hemmung
reprocess wieder aufbereiten
reprocessing Wiederaufbereitung,
Wiederaufarbeitung
reproduce reproduzieren,
wiederholen; kopieren,
nachmachen; wiedergeben
reproducibility Reproduzierbarkeit;
Vergleichspräzision
reproduction Fortpflanzung,
Vermehrung
repugnant unangenehm, abweisend,
widerlich, widerwärtig, abstoßend
repulsion Abstoßung
repulsion conformation
Repulsionskonformation
rescue *n* Rettung, Bergung,
Befreiung
rescue *vb* retten, bergen, befreien
rescue helicopter
Rettungshubschrauber
rescue operation
Rettungsaktion
rescue service/lifesaving service
Rettungsdienst
rescue squad Rettungstrupp,
Rettungsmannschaft
research *n* (trial/experimentation/
investigation) Forschung,
Untersuchung, Erforschung
➢ **basic research**
Grundlagenforschung
➢ **literature research**
Literaturrecherche
research *vb* (er)forschen,
untersuchen

research assignment
Forschungsauftrag
research contract Forschungsauftrag
research department
Forschungsabteilung
research funding
Forschungsfinanzierung
research funds Forschungsgelder
research laboratory Forschungslabor
research program
Forschungsprogramm
research project
Forschungsvorhaben, ~projekt
research advisory committee
Forschungsbeirat
**researcher/research scientist/research
worker/investigator** Forscher
resemble sich gleichen, gleichartig
sein
**reserve material/storage material
(food reserve)** Reservestoff
reset *vb* zurücksetzen
residence time Verweilzeit,
Verweildauer, Aufenthaltszeit,
Verweildauer
residual zurückbleibend,
übrigbleibend, Rest...
**residual current operated circuit
breaker (RCCB)/residual current
device (RCD)/ground fault current
interrupter (GFCI)/ ground fault
interrupter (GFI)** Fehlerstrom-
Schutzschalter (FI-Schalter)
**residual dampness (H_2O)/
residual humidity** Restfeuchte
residue Rest, Rückstand; (bottoms/
heel) abgesetzte Teilchen
resin Harz
resin acids Harzsäure
resiniferous harzhaltig;
harzabsondernd
resinous harzig, Harz...
resinous gum Gummiharz

resist Abdeckung, Isolierung, Schutzschicht; Schutzlack, Deckmittel; *electr* Resist

resistance Resistenz, Beständigkeit, Widerstand; (resistivity/hardiness) Widerstandsfähigkeit

➢ **acid resistance** Säurebeständigkeit

➢ **alkali resistance** Laugenbeständigkeit

➢ **thermal shock resistance** Temperaturwechselbeständigkeit, Temperaturschockbeständigkeit

resistance temperature detector (RTD) Widerstands-Temperatur-Detektor

resistance thermometer Widerstandsthermometer

resistant resistent, beständig

resistive/hardy widerstandsfähig

resistive heating Widerstandsheizung

resistivity spezifischer Widerstand, Durchgangswiderstand; (hardiness) Widerstandsfähigkeit

resolution Lösung, Auflösung; Zerlegung, Zerteilung; *chromat* (separation accuracy) Trennschärfe

➢ **high-resolution** *adj/adv* hoch aufgelöst

➢ **limit of resolution** Auflösungsgrenze

➢ **low-resolution** *adj/adv* niedrig aufgelöst

➢ **optical resolution** optische Auflösung

➢ **spatial resolution** räumliche Auflösung

➢ **temporal resolution** zeitliche Auflösung

resolve lösen, auflösen, analysieren; zerlegen, zerteilen; *chromat* trennen

resolving power *opt* Auflösungsvermögen

resonance Resonanz, Mitschwingung; Schall (Widerhall)

resonance ionization mass spectrometry (RIMS) Resonanzionisations-Massenspektrometrie

resonate schwingen (in Resonanz)

resorb resorbieren, aufsaugen

resorbent resorbierend, aufsaugend

resorption Resorption, Aufsaugung

resource Ressource, Rohstoff; Rohstoffquelle

respiration Respiration, Atmung

➢ **cutaneous respiration/cutaneous breathing/integumentary respiration** Hautatmung

➢ **diaphragmatic respiration/ abdominal breathing** Bauchatmung, Zwerchfellatmung

➢ **thoracic respiration/costal breathing** Brustatmung, Thorakalatmung

respirator (breathing apparatus) Atemschutzgerät, Atemgerät

➢ **dust mask respirator** Grobstaubmaske

➢ **full-face respirator** Atemschutzvollmaske, Gesichtsmaske

➢ **full-facepiece respirator** Vollsicht-Atemschutzmaske

➢ **full-mask respirator** Vollmaske, Atemschutz-Vollmaske

➢ **half-mask respirator** Halbmaske

➢ **mist respirator mask** Feinstaubmaske

➢ **particulate respirator** Partikelfilter-Atemschutzmaske, Staubschutzmaske

respiratory center Atemzentrum

respiratory poison Atmungsgift

respiratory quotient Atmungsquotient, respiratorischer Quotient

respiratory system Atemwege

respiratory toxin/fumigants
Atemgifte, Fumigantien
respiratory tract burn (alkali/acid)/
caustic burn of the respiratory tract
Atemwegsverätzung
response Antwort (auf Reiz);
(conditioned/unconditioned r.)
bedingte/unbedingte Reaktion
response time Anlaufzeit,
Reaktionszeit; (metering equipment)
Ansprechzeit
responsibility Verantwortung,
Haftung; Zuständigkeit
rest *n* (residue) Rest
(z. B. Aminosäuren-Seitenkette);
(residue) Rückstand
rest *vb* (lie dormant) ruhen
resting (quiescent/dormant) ruhend
resting period/quiescent period/
dormancy period Ruhephase,
Ruheperiode
restitute restituieren,
wiederherstellen
restitution Restitution,
Wiederherstellung
restock auffüllen, aufstocken,
nachfüllen (Vorräte, Lager)
restricted access/access control
Zutrittsbeschränkung
restriction Einschränkung,
Beschränkung
restriction enzyme Restriktionsenzym
restriction fragment length
polymorphism (RFLP) Restriktions-
fragmentlängenpolymorphismus
resuscitation Wiederbelebung,
Reanimation
➢ **mouth-to-mouth resuscitation/**
respiration Mund-zu-Mund
Beatmung (Wiederbelebung)
resuspend wiederaufschlämmen
retail business/retail trade
Einzelhandel

retail price Einzelhandelspreis
retail store Einzelhandelsgeschäft
retailer/retail dealer/retail vendor
Einzelhändler
retain zurückhalten, behalten,
einbehalten, beibehalten; halten,
sichern, stützen
retaining ring Sprengring,
Überwurfring
retaining ring pliers/snap-ring pliers/
circlip pliers Sicherungsringzange
retainment capacity/retainability/
retention efficiency
Rückhaltevermögen
retard verzögern, verlangsamen,
zurückwerfen
retention time Retentionszeit,
Verweildauer, Aufenthaltszeit
reticle/reticule *opt/micros*
Fadenkreuz
retinic acid Retinsäure
retort Retorte
retractor Wundhaken, Wundspreizer
retrieval Wiedergewinnung,
Wiederfindung, Rückholung
retting rötten, rösten (Flachsrösten)
return *n* Rücksendung (einer Ware)
re-uptake Wiederaufnahme
reusable wiederverwendbar,
Mehrweg…
reuse *n* Wiederverwendung
reuse *vb* wiederverwenden
reverberatory furnace Flammofen
reversal potential Umkehrpotenzial
reversal spectrum
Umkehrspektrum
reverse osmosis Reversosmose,
Umkehrosmose
reversed phase (reverse phase)
Umkehrphase, Reversphase
reversed phase chromatography/
reverse-phase chromatography
Umkehrphasenchromatografie

reversibility Reversibilität, Umkehrbarkeit
reversible reversibel, umkehrbar
reversible electrode reversible/ umkehrbare Elektrode
reversion Reversion, Umkehrung
revolutions per minute (rpm)/number of revolutions Umdrehungen pro Minute (UpM), Drehzahl
revolving punch pliers Revolverlochzange
Reynolds number Reynolds-Zahl, Reynoldsche Zahl
rheological behavior Fließverhalten, rheologisches Verhalten
rheology Rheologie, Fließkunde
rib joint pliers/rib-lock pliers Eckrohrzange
ribbed filter/fluted filter Rippenfilter
ribbed glass Rippenglas, geripptes Glas, geriffeltes Glas
ribonucleic acid (RNA) Ribonucleinsäure, Ribonukleinsäure (RNA/RNS)
riboprobe Ribosonde, RNA-Sonde
right-handed rechtsgängig; (dextral) rechtshändig
rigid steif, starr; biegesteif
rigidity Steifheit, Starrheit, Starre, Steifigkeit; Biegefestigkeit
rigor mortis Totenstarre, Leichenstarre
rim/edge Rand (eines Gefäßes)
ring (for support stand/ring stand) Stativring
ring binder Ringbuch
ring cleavage *chem* Ringspaltung
ring closure/ring formation/ cyclization *chem* Ringschluss, Ringbildung
ring compound Ringverbindung
ring form/ring conformation Ringform

ring formula Ringformel
ring spanner wrench/box wrench (*Br*** box spanner/ring spanner)** Ringschlüssel
ring stand/support stand/retort stand Bunsenstativ, Stativ
ring structure Ringstruktur
Ringer's solution Ringerlösung, Ringer-Lösung
rinse ausspülen, ausschwenken, nachspülen
ripe reif
➢ **unripe/immature** unreif
rise time/preheating time (autoclave) Anheizzeit, Steigzeit
riser pipe/riser tube/chimney Steigrohr
risk (danger) Risiko (*pl* Risiken), Gefahr
➢ **recurrence risk** Wiederholungsrisiko
risk assessment Risikoabschätzung
risk class/security level/safety level Sicherheitsstufe, Risikostufe
risk of contamination Verseuchungsgefahr
rivet Niet, Niete
➢ **blind rivet** Blindniet, Blindniete, Zugdornniet
rivet nut/rivnut Nietmutter
riveter/riveting pliers Nietzange
roast rösten; (calcine) ausglühen
roasting furnace/roasting oven/ roaster Röstofen
rock drill (bit) Steinbohrer
rock salt (halite)/common salt/ table salt/sodium chloride NaCl Steinsalz (Halit), Kochsalz, Tafelsalz, Natriumchlorid
rock wool Steinwolle
rocker/rocking shaker (side-to-side/up-down) Wippschüttler; Rüttler (hin und her/rauf-runter); Schwinge

rocket immunoelectrophoresis
Raketenimmunelektrophorese
rocking motion (up-down/see-saw
motion) Wippbewegung (rauf
und runter); (side-to-side: fast)
Rüttelbewegung (schnell hin und
her)
rod Stab, Stange; (rod cell) Stäbchen,
Stäbchenzelle; (bacilli) Stäbchen,
Stäbchenbakterien, Bazillen
rod clevis Bügelschaft
roll *vb* rollen
roll pin/spring pin/tension pin
Spannstift, Spannhülse
roll pin punch Spannstift-Austreiber
mit Führungszapfen, Austreiber
für Spannstifte/Spannhülsen mit
Führungszapfen
roller Drehwalze (Roller-Apparatur)
roller bottle Rollerflasche
roller tube culture
Rollerflaschenkultur
roller wheel mixer Drehmischer
rolling step-stool ‚Elefantenfuß‘,
Rollhocker (runder Trittschemel mit
Rollen)
rongeur/bone nippers
Knochenzange, Knochenschneider
**room temperature (ambient
temperature)** Raumtemperatur
root *vb* (take root) bewurzeln
rope Seil
rot *n* (decaying matter/mold/mildew/
blight) Mulm, Fäule
rot *vb* (decay/decompose/
disintegrate) faulen, verfaulen;
(putrefy) vermodern, modern
rotary evaporator (*US* ‘rotavap’ or
‘rotovap’/*Br* ‘rovap’/rotary film
evaporator)** Rotationsverdampfer
rotary evaporator flask
Rotationsverdampferkolben
rotary microtome Rotationsmikrotom

rotary piston pump
Drehkolbenpumpe
rotary-piston meter
Drehkolbenzähler
rotary vacuum filter
Vakuumdrehfilter,
Vakuumtrommeldrehfilter
rotary vane pump
Drehschieberpumpe
rotating stage *micros* Drehtisch
rotation Rotation, Umdrehung,
Kreislauf
rotation speed adjustment
Drehzahlregelung
rotational motion
Rotationsbewegung
rotational sense/sense of rotation
Rotationssinn, Drehsinn
rotational spectrum
Rotationsspektrum
rotational viscometer
Rotationsviskosimeter
**rotavap/rotovap/rovap/rotary
evaporator (***Br* rotary film
evaporator)** Rotationsverdampfer
rotor Rotor
➢ **angle rotor/angle head rotor**
Winkelrotor
➢ **swing-out rotor/swinging-bu-
cket rotor/swing-bucket rotor**
Ausschwingrotor
➢ **vertical rotor** Vertikalrotor
**rotor-stator impeller/Rushton-turbine
impeller** Rotor-Stator-Rührsystem
rotting (decaying/putrefying/decom-
posing) moderig, faulend, verfaulend
**round filter/filter paper
disk/‘circles’** Rundfilter
**round-bottom(ed) flask/boiling flask
with round bottom** Rundkolben
row (series) Reihe (Serie)
RT-PCR (reverse transcriptase-PCR)
PCR mit reverser Transcriptase

rub/grind zerreiben
rubber Gummi (*pl* Gummis), Kautschuk
rubber adapter Gummidichtung,
   Gummimanschette
rubber band/elastic (*Br*)
   Gummiband, Gummi
rubber boots Gummistiefel
rubber dam/dental dam Kofferdam
rubber gasket Gummidichtung(sring)
rubber mallet Gummihammer
rubber policeman (scraper rod with
   rubber or Teflon tip) Kolbenwischer,
   Gummiwischer, Gummischaber
   (zum Loslösen von festgebackenen
   Rückständen im Kolben)
rubber ring (e.g., flask support)
   Gummiring
rubber septum Gummiseptum
rubber sleeve (seal for glassware
   joints) Gummimanschette
rubber stopper (*Br* rubber bung)
   Gummistopfen, Gummistöpsel
rubber tubing Gummischlauch
rubbery gummiartig
rudiment (*sensu lato:* vestige)
   Rudiment
rudimentary (*sensu lato:* vestigial)
   rudimentär
rugged solide, robust, widerstandsfähig, unempfindlich
rule/regulation Regel, Richtlinie, Verordnung, Vorschrift, Bestimmung
rule/ruler Lineal, Maßstab, Zollstock
➤ caliper rule (one fixed/one adjustable jaw) Schieblehre
➤ folding rule Gliedermaßstab,
   Zollstock
➤ slide rule Rechenschieber
➤ tape rule/tape measure Bandmaß,
   Messband
rule of three *math* Dreisatz
rules Regeln
rules of conduct Verhaltensregeln

run dry leerlaufen, trockenlaufen
runaway reaction Durchgeh-Reaktion
running gel/separating gel
   electrophor Trenngel
rupture disk/bursting disk/burst disc
   Berstscheibe, Sprengscheibe/
   Sprengring, Bruchplatte
rust *n* Rost
rust *vb* rosten
rust inhibitor/antirust agent/
   anticorrosive agent
   Rostschutzmittel
rust-proof rostfrei, rostbeständig,
   nicht rostend
rust remover/rust-removing agent
   Rostentferner, Rostlöser,
   Rostentfernungsmittel,
   Entrostungsmittel

S

S phrases (Safety phrases) S-Sätze
   (Sicherheitsratschläge)
s.t.p. (STP/NTP) (standard
   temperature 0°C/pressure 1 bar)
   Normzustand (Normtemperatur &
   Normdruck)
saber flask/sickle flask/sausage flask
   Säbelkolben, Sichelkolben
saccharic acid/aldaric acid
   Zuckersäure, Aldarsäure
sacchariferous/saccharogenic
   zuckerbildend
saccharification Verzuckerung
saccharify verzuckern
saccharimeter Saccharimeter
saccharolytic zuckerspaltend
sachet Tütchen
saddle (column packing) *dist*
   Sattelkörper (Füllkörper)
safe *adj/adv* sicher; (without risk/
   unrisky) unbedenklich

> **unsafe** unsicher, gefährlich

safe handling sicherer Umgang

safelight *photo* Dunkelkammerlampe (Rotlichtlampe)

safety Sicherheit

> **laboratory safety/lab safety** Laborsicherheit

> **margin of safety** Sicherheitsspielraum

> **occupational safety/workplace safety** Arbeitsplatzsicherheit

safety cabinet/safety storage cabinet Sicherheitsschrank

> **acid safety cabinet/acid cabinet** Säureschrank

> **alkali safety cabinet/alkali cabinet** Laugenschrank

> **biological safety cabinet/biosafety cabinet (BSC)** biologische Sicherheitswerkbank

> **chemicals cabinet** Chemikalienschrank

> **corrosive safety cabinet** Säure-/ Laugen-Sicherheitsschrank, Säuren-/Laugenschrank

> **fireproof safety cabinet** Brandschutz-Sicherheitsschrank

> **flammables safety cabinet** Sicherheitsschrank für brennbare Flüssigkeiten (DIN)

> **hazardous materials safety cabinet** Gefahrstoffschrank

> **microbiological safety cabinet (MSC)** mikrobiologische Sicherheitswerkbank (MSW)

safety check/safety inspection Sicherheitsüberprüfung, Sicherheitskontrolle

safety cutter Sicherheitsmesser

safety data Sicherheitsdaten

safety data sheet Sicherheitsdatenblatt

safety device Sicherheitsvorrichtung

safety engineer Sicherheitsingenieur

safety feature Sicherheitsmerkmal

safety glass/laminated glass Schutzglas, Sicherheitsglas

safety guidelines Sicherheitsrichtlinien

safety helmet/hard hat/hardhat Schutzhelm

safety instructions/safety protocol/ safety policy Sicherheitsvorschriften

safety labeling Sicherheitskennzeichnung

safety measures/safeguards Sicherheitsvorkehrungen, Absicherungen

safety of operation Betriebssicherheit

safety officer Sicherheitsbeauftragter

safety pipet filler/safety pipet ball Peleusball (Pipettierball)

safety policy Sicherheitsverhaltensmaßregeln

safety precautions/safety measures/ safeguards Sicherheitsvorkehrungen, ~vorbeugemaßnahmen, Absicherungen

safety profile Sicherheitsprofil

safety regulations Sicherheitbestimmungen

safety risk/safety hazard Sicherheitsrisiko

safety spectacles (einfache) Schutzbrille

safety valve Sicherheitsventil

safety vessel/safety container/ safety can Sicherheitsbehälter, Sicherheitskanne

sagittal section/median longisection Sagittalschnitt (parallel zur Mittelebene)

sale Verkauf, Vertrieb; *pl* Absatz, Umsatz; Schlussverkauf

sales account Warenausgangskonto, Verkaufskonto

sales representative Vertreter (im Verkauf)

sales talk Verkaufsgespräch

sales tax Umsatzsteuer

salesman Verkäufer; (sales representative) Handlungsreisender, Vertreter

salicic acid (salicylate) Salicylsäure (Salicylat)

saline Kochsalzlösung; Sole, Salzlake

➢ **physiological saline solution** physiologische Kochsalzlösung

saline water salziges Wasser

salinity/saltiness Salinität, Salzgehalt, Salzigkeit

➢ **practical salinity unit (PSU)** praktische Salinitätseinheit, Salinität

salinization Versalzung (Boden)

saliva Speichel

salt *vb* salzen, einsalzen

salt *n* Salz

➢ **bile salts** Gallensalze

➢ **complex salt** Komplexsalz

➢ **double salt** Doppelsalz

➢ **Epsom salts/epsomite/magnesium sulfate** Bittersalz, Magnesiumsulfat

➢ **hartshorn salt/ammonium carbonate** Hirschhornsalz, Ammoniumcarbonat

➢ **iodized salt** Iodsalz

➢ **Mohr's salt/ammonium irin(II) sulfate hexahydrate (ferrous ammonium sulfate)** Mohrsches Salz

➢ **molten salt/salt melt** Salzschmelze

➢ **nutrient salt** Nährsalz

➢ **rock salt (halite)/common salt/ table salt/sodium chloride (NaCl)** Steinsalz (Halit), Kochsalz, Tafelsalz, Natrium chlorid

➢ **sea salt** Meersalz

➢ **table salt/common salt (NaCl)** Kochsalz

salt beads Salzperlen

salt bridge (ion pair) Salzbrücke (Ionenpaar); *electrolyt* Stromschlüssel

salt out *vb* aussalzen

salt water *n* Salzwasser

➢ **saltwater** *adj* Salzwasser...

saltiness Salzigkeit

salting in Einsalzen, Einsalzung

salting out Aussalzen

salting-out chromatography Aussalzchromatografie

saltire/St. Andrew's cross Andreaskreuz

saltpeter Salpeter

salty/saline salzig

salvage pathway Wiederverwertungsreaktion, Wiederverwertungsstoffwechselwege

sample Muster, Probe (Teilmenge eines zu untersuchenden Stoffes)

➢ **spot sample/aliquot** Stichprobe

sample concentrator Probenkonzentrator

sample custody Probenverwaltung

sample function/sample statistic Stichprobenfunktion

sample custody Probenverwaltung

sample holder Probenhalter, Probenhalterung

sample preparation Probenvorbereitung

sample size *stat* Fallzahl; Stichprobenumfang

sample-taking/taking a sample Probennahme, Probeentnahme

sample vial/specimen vial Probefläschchen, Probegläschen

sampler Probenehmer, Probenentnahmegerät

sampling Probe, Probieren; Auswahlverfahren; Stichprobenerhebung; Prüfung, Erhebung

sampling device
Probenahmevorrichtung
sandblasting Sandstrahlreinigung
sandblasting apparatus
Sandstrahlgebläse
sandpaper (*Br* emery paper)
Schmirgelpapier
sanitary engineering Sanitärtechnik
**sanitary facilities/sanitary
installations** sanitäre
Einrichtungen/Anlagen
sanitary measure
Hygienemaßnahme
sanitary sewer Abwasserkanal
**sanitary supplies (sanitary
equipment/plumbing supplies or
equipment)** Sanitärzubehör
sanitary ware Sanitärkeramik,
Sanitärsteinzeug
sanitation worker Müllmann
sanitize keimfrei machen,
sterilisieren
saponification Verseifung
sapphire disk/sapphire disc
Saphirplättchen
saprogenic saprogen,
fäulniserregend
saprophage/saprotroph/saprobiont
Saprophage, Fäulnisernährer,
Fäulnisfresser
saprophilic/saprophytic/saprobic
saprophil, saprophytisch, saprob,
von faulenden Stoffen lebend
sash (*see also:* hood) Schiebefenster,
Frontschieber, Frontscheibe,
verschiebbare Sichtscheibe (Abzug/
Sicherheitswerkbank)
satellite band Satellitenbande
satiate übersättigen
saturate (saturated) sättigen
(gesättigt)
saturated/sat'd gesättigt
➢ **diunsaturated** doppelt ungesättigt

➢ **monounsaturated** einfach
ungesättigt
➢ **polyunsaturated** mehrfach
ungesättigt
➢ **supersaturated** übersättigt
➢ **unsaturated** ungesättigt
saturated fatty acid gesättigte
Fettsäure
saturated solution gesättigte Lösung
saturation Sättigung, Absättigung,
Sättigungszustand
➢ **range of saturation/zone of
saturation** Sättigungsbereich,
Sättigungszone
➢ **unsaturation** ungesättigter Zustand
saturation deficit Sättigungsverlust,
Sättigungsdefizit
saturation hybridization
Sättigungshybridisierung
saturation kinetics Sättigungskinetik
saw Säge
➢ **back saw** Rückensäge
➢ **band saw** Bandsäge
➢ **bow saw** Bügelsäge
➢ **chain saw** Kettensäge
➢ **compass saw (with open handle)**
lange Handstichsäge
➢ **coping saw/fret saw** Laubsäge
➢ **dovetail saw**
Schwalbenschwanzsäge,
Zinkensäge
➢ **frame saw** Gestellsäge
➢ **hacksaw** Metallbogensäge,
Metallsägebogen, Metallsäge
➢ **handsaw** Handsäge
➢ **jab saw/keyhole saw/pad saw/
drywall saw** Hand-Stichsäge,
Handstichsäge, Gipssäge,
Gipskartonsäge, Rigipssäge
➢ **jig saw** Stichsäge
➢ **metal-cutting saw** Metallsäge
➢ **miter saw/miter-box saw**
Gehrungssäge

> **scroll saw/jigsaw/fret saw**
Laubsäge (Blatt < 2 mm),
Dekupiersäge (Blatt: > 2 mm)
> **table saw** Tischsäge
sawdust Sägemehl
scab Schorf (Wundschorf), Grind
scab lesion (crustlike disease lesion)
Schorfwunde
scaffold/scaffolding (framework)
Gerüst, Gerüstmaterial, Gestell
scald/scalding Verbrühung,
Verbrühungsverletzung
scale Skala (*pl* Skalen), Maßstab;
(scales for weighing) Waage; bot
Schuppe; (boilerstone) Kesselstein
> **bench-scale/lab-scale** im
Labormaßstab, labortechnisch
> **commercial-scale**
in kommerziellem Maßstab
(in handelsüblichen Mengen)
> **industrial-scale** im
Industriemaßstab, industrietechnisch
> **laboratory-scale/lab-scale** im
Labormaßstab, labortechnisch
> **large-scale** im Großmaßstab,
großtechnisch
> **metric scale** metrische Skala
> **small-scale** im Kleinmaßstab
scale-down/scaling down
Maßstabsverkleinerung,
maßstabsgerecht verkleinern;
herabsetzen, herunterschrauben
**scalepan/weigh tray/weighing tray/
weighing dish** Waagschale
scales (balance) Waage
> **bench scales** Tischwaage
> **checkweighing scales**
Kontrollwaage
> **kitchen scales/kitchen balance**
Küchenwaage
> **spring scales/spring balance**
Federzugwaage, Federwaage
scale-up/scaling up
Maßstabsvergrößerung,

maßstabsgerecht vergrößern;
heraufsetzen, hoch schrauben
scalpel Skalpell
scalpel blade Skalpellklinge
scan *vb* (screen) scannen, absuchen,
durchsuchen, kritisch prüfen;
rastern, abtasten, einlesen
scanner Scanner, Abtaster, Einlesegerät
scanning calorimetry
Raster-Kalorimetrie
scanning electron microscopy (SEM)
Rasterelektronenmikroskopie (REM)
scanning force microscopy (SFM)
Rasterkraftmikroskopie (RKM)
**scanning near-field optical microscopy
(SNOM)/near-field scanning optical
microscopy (NSOM)** optische
Raster-Nahfeldmikroskopie,
Rasternahfeld-Mikroskopie
scanning probe microscopy (SPM)
Rastersondenmikroskopie (RSM)
**scanning transmission X-ray
microscopy (STXM)** Transmissions-
Rasterröntgenmikroskopie
scanning tunneling microscopy (STM)
Rastertunnelmikroskopie (RTM)
scar/cicatrix/cicatrice Narbe,
Wundnarbe, Cicatricula
scarce/rare selten, rar
scarcity/rarity Seltenheit, Rarität
scatter *vb* (disperse) zerstreuen,
dispergieren; (spread/distribute)
streuen, verstreuen, ausstreuen;
verteilen
**scatter diagram (scattergram/
scattergraph/scatterplot)**
Streudiagramm
scattered light Streulicht
scattered radiation (diffuse radiation)
Streustrahlung
scattering (spreading/distribution)
Streuung, Verstreuen, Verteilung;
(dispersion) Zerstreuung,
Dispergierung

scavenger Fänger, Fängersubstanz
scedasticity (heterogeneity of variances) *stat* Streuungsverhalten
scent Geruch, Wohlgeruch, Duft; (odiferous substances) Duftstoffe
scented duftend; parfürmiert
scentless geruchlos
scholarship (grant-in-aid to a student) Stipendium; Gelehrtheit, Wissen; Gelehrsamkeit
science Wissenschaft; (natural science) Naturwissenschaft
scientific naturwissenschaftlich
scientist Naturwissenschaftler; (research scientist) Forscher
scintillate szintillieren, funkeln, Funken sprühen, glänzen
scintillation Szintillation; Lichtblitz
scintillation counter/scintillometer Szintillationszähler („Blitz"zähler)
scintillation vial Szintillationsgläschen
scission Schnitt, Spaltung
scissors Schere
> **bandage scissors** Verbandsschere
> **blunt point scissors** stumpfe Schere
> **dissecting scissors** Präparierschere, Sezierschere
> **iris scissors** Irisschere, Listerschere
> **ligature scissors** Ligaturschere
> **nail scissors** Nagelschere
> **sharp point scissors** spitze Schere
> **spring scissors** Federschere (feine Schere mit Federsystem)
> **surgical scissors** chirurgische Schere
> **vessel scissors/vein scissors** Gefäßschere, Venenschere
> **wire shears/wire cutters** Drahtschere
sclerification Sklerifizierung
sclerified sklerifiziert
sclerotic sklerotisch
sclerotized (hardened) sklerotisiert

scoop Schöpfkelle, Schöpfer, Schaufel; Löffel
> **measuring scoop** Messschaufel
> **scoop spatula/scoopula** Rinnnenspatel, einfacher rinnenförmiger Löffelspatel
> **weighing scoop/weighing boat** Wägeschiffchen
scoop off/up abschöpfen
scorch versengen, verbrennen, anbrennen; *electr* verschmoren
scour scheuern, schrubben; säubern, polieren
scouring agent/abrasive Scheuermittel
scouring pad/pot cleaner Topfkratzer, Topfreiniger
scrap Abfall (Abfälle), Ausschuss, Produktionsrückstände, Schrott, Bruch
scrape kratzen, schaben
scraper Schaber, Kratzer (Gerät zum abkratzen), Ziehklinge, Schabhobel, Rakel, Rakelmesser
> **wiper blade/spreading knife/ coating knife/doctor knife** Rakel, Rakelmesser, Schabeisen, Abstreichmesser
scraping (mount) *micros* Schabepräparat
scraps/shavings Krümel
scratch kratzen
scratchproof kratzfest, kratzbeständig
screen *vb* abschirmen, beschirmen, verdecken, tarnen; sichten; (size) sieben, klassieren (>Korngröße)
screen *n* Schirm, Schutzschirm; Abschirmung; (projection) Leinwand; Drahtgitter, Sieb
> **intensifying screen (autoradiography)** Verstärkerfolie (Autoradiographie)
> **optical screen** Schirm, Filter, Blende
screen basket centrifuge Siebkorbzentrifuge

screen centrifuge Siebschleuder
screening Durchmustern,
  Durchtesten; *med*
  Rasteruntersuchung,
  Reihenuntersuchung; (siftage/size
  separation by screening) Siebung
screening test Suchtest
screw *vb* schrauben
screw *n* Schraube
➤ adjusting screw/adjustment screw/
  setting screw/adjustment knob/
  fixing screw Stellschraube; (tuning
  screw) Einstellschraube
➤ Allen screw/Allen bolt
  Innensechskantschraube,
  Inbusschraube
➤ bone screw Knochenschraube
➤ button-head screw/button
  screw Halbrundkopfschraube,
  Halbrundschraube
➤ cheese-head screw Zylinderschraube
➤ countersunk screw Senkschraube
➤ eye screw (screw eyes/wire eyes/
  wire eye lags) Ösenschraube
➤ grub screw/set screw (blind)
  Madenschraube, Gewindestift,
  Wurmschraube (Austria)
➤ hex-cap screw/hex screw/hex bolt
  (HH, HX) Sechskantschraube
➤ hook screw/screw hook
  Schraubhaken
➤ knurled screw/knurled-head
  screw/knurled thumbscrew
  Rändelschraube
➤ lag screw Sechskant-Holzschraube
➤ micrometer screw/fine-adjustment
  knob Mikrometerschraube
➤ mushroom-head screw/
  truss screw/truss-head screw
  Flachrundkopfschraube
➤ oval-head, countersunk screw
  (OH, OV) Linsensenkkopfschraube

➤ pan-head screw (PN)
  Linsenkopfschraube
➤ round-head screw/round
  head screw (domed) (RH)
  Rundkopfschraube
➤ self-drilling screw selbstbohrende
  Schraube, Bohrschraube
➤ self-tapering screw
  selbstschneidende Schraube,
  Schneidschraube
➤ socket screw/socket-head
  screw Steckschlüssel-Schraube,
  Steckschlüsselschraube (z. B.
  Inbusschraube)
➤ thumbscrew Flügelschraube
➤ truss screw/truss-head screw/
  mushroom-head screw
  Flachrundkopfschraube
➤ wood screw (pointed) Holzschraube
  (zugespitzt)
screw-base socket Gewindefassung
screw bolt Schraubenbolzen
screw cap/screw-cap/screwtop
  Schraubkappe, Schraubdeckel,
  Schraubkappenverschluss,
  Schraubverschlusskappe,
  Schraubverschluss
screw-cap bottle Schraubflasche
screw-cap vial/screw-cap jar
  Schraubglas, Schraubgläschen,
  Schraubdeckelgläschen,
  Probegläschen mit
  Schraubverschluss
screw clamp/pinch clamp
  Schraubklemme, Schraubzwinge
screw compression pinchcock
  Schraub-Quetschhahn
screw impeller Schraubenrührer,
  Schneckenrührer
screw jack Schraubenwinde
screw micrometer Schraubenmikro-
  meter; Messschraube

screw thread Schraubgewinde, Schraubengewinde
screw-thread tube Schraubgewinderohr, Gewinderohr
screwdriver Schraubenzieher, Schraubendreher
➢ **cordless screwdriver** Akkuschrauber
➢ **hexagonal screwdriver/ hex screwdriver** Sechskantschraubenzieher, Sechskant-Schraubendreher
➢ **neon screwdriver (***Br***)/neon tester (***Br***)/voltage tester screwdriver** Spannungsprüfer (Schraubenzieher)
➢ **offset screwdriver** Winkelschrauber
➢ **Phillips®-head screwdriver/Phillips® screwdriver** Kreuzschraubenzieher, Kreuzschlitzschraubenzieher
➢ **power screwdriver** Elektroschrauber
➢ **slotted screwdriver** Schlitzschraubenzieher
➢ **square socket screwdriver (Robertson)** Vierkant-Schrauber, Vierkant-Schraubendreher
➢ **star screwdriver (hexalobular internal)/Torx** Torx-Schrauber, Torx-Schraubendreher (T-Profil)
➢ **watchmaker's screwdriver/ jeweler's screwdriver** Uhrmacherschraubenzieher
screwtop (threaded top) Schraubverschluss, Schraubdeckel
scroll saw/jigsaw/fretsaw Laubsäge (Blatt < 2 mm), Dekupiersäge (Blatt > 2 mm)
scrubber (scrubbing brush/scrub brush) Bürste, Scheuerbürste, Schrubbbürste, Schrubber
scum Schwimmschlamm, Abschaum, modriger Oberflächenfilm
scurfy/scabby schorfig, Schorf...
sea salt Meersalz

seal *vb* versiegeln, plombieren; fest verschließen
➢ **seal off** (make tight/make leakproof/insulate) abdichten; abriegeln
seal *n* Siegel, Verschluss, Dichtung, Abdichtung; (cap/closure) Verschlusskappe; (gasket) Manschette
➢ **compression seal** Druckverschluss
➢ **face seal (impeller)** Gleitringdichtung (Rührer)
➢ **lip seal/lip-type seal** Lippendichtung (Wellendurchführung)
➢ **shaft seal** Wellendichtung (Rotor)
seal ring Dichtungsring
sealability Abdichtbarkeit
sealable verschließbar
sealant (sealing compound/sealing material) Dichtungsmasse, Dichtungsmittel, Dichtungsmaterial, Dichtstoff, Abdichtmasse, Versiegelungsmasse, Fugendichtmasse
sealing Dichtung, Verschluss
sealing tape Dichtungsband, Dichtband, Siegelband, Versiegelungsband
sealing wax Siegellack
sealless dichtungsfrei, ohne Dichtung (Pumpe)
seam (border/edge/fringe) Saum, Rand; (suture/raphe) Fuge, Naht, Verwachsungslinie
seam sealant/joint filler Fugendichtungsmasse
seamless nahtlos, fugenlos
season *vb* (store/keep: e.g. wood) lagern (Holz)
seasoning *allg* Würze, Gewürz; Alterung, Altern, Reifung; Ablagerung

seawater/salt water Meerwasser

sebaceous (tallowy) Talg…, talgig

sebaceous matter/sebum Talg

second harmonic generation (SHG)
Frequenzverdoppelung

secondary infection Sekundärinfekt,
Sekundärinfektion

secondary settling tank
Nachklärbecken

secrecy agreement
Geheimhaltungsvereinbarung

**secretarial assistant (secretarial
help/typist)** Sekretariatsgehilfe,
Schreibkraft

secretary Sekretär(in)

secretary's office ('office') Sekretariat

secrete ausscheiden; (excrete)
sezernieren, abgeben (Flüssigkeit)

secretion Sekretion, Freisetzung;
Ausscheidung; Sekret

secretory sekretorisch

section *n* Abschnitt, Teil; *micros*
Schnitt

➤ **cross section** Querschnitt

➤ **frozen section** Gefrierschnitt

➤ **quick section** *micros/med*
Schnellschnitt

➤ **sagittal section/median
longisection** Sagittalschnitt (parallel
zur Mittelebene)

➤ **semithin section** Semidünnschnitt

➤ **serial sections** *micros/anat*
Serienschnitte

➤ **thin section/microsection**
Dünnschnitt

➤ **ultrathin section** *micros*
Ultradünnschnitt

section lifter *micros* Schnittfänger,
Schnittheber

secure *adj/adv*
(*personal protection*)
sicher; geschützt, in Sicherheit

secure *vb* sichern, absichern

security (*personal protection*)
Sicherheit; Garantie, Gewähr

**security measures/safety measures/
containment** Sicherheitsmaßnahmen, Sicherheitsmaßregeln

security personnel/security
Sicherheitspersonal

security valve/security relief valve
Sicherheitsventil

sedentary sedentär, niedergelassen

sediment *n* (deposit/precipitate)
Sediment, Präzipitat, Niederschlag,
Fällung

sediment *vb* (deposit/precipitate)
sedimentieren, präzipitieren,
niederschlagen, fällen, abscheiden,
absitzen, ausfällen

sedimentation Sedimentation,
Absetzen, Ausfällen; Ablagerung

sedimentation analysis
Sedimentationsgeschwindigkeits-
analyse

sedimentation coefficient
Sedimentationskoeffizient

see-saw motion/rocking motion
Wippbewegung,
Schaukelbewegung

seed *n* Same, Samen, Saatgut; Saat;
Impfgut

seed *vb* säen, besäen, aussäen;
impfen, animpfen; beimpfen

seed crystal Impfkristall, Impfling,
Keim, Keimkristall

seed culture Impfkultur

seed repository Samenbank

seeding Beimpfung

seep sickern

seepage Versickern, Einsickern,
Durchsickern

segmentation Segmentierung

segregate segregieren, aufspalten;
(separate out/reseparate) entmischen,
absondern, trennen; seigern

segregation Segregation, Aufspaltung; (separation/reseparation) Entmischung

select selektieren, auswählen, auslesen

selection Selektion, Auswahl, Auslese

selection coefficient/coefficient of selection Selektionswert, Selektionskoeffizient

selective selektiv, auswählend

selective advantage Selektionsvorteil

selective disadvantage Selektionsnachteil

selective filter/barrier filter/stopping filter/selection filter *micros* Sperrfilter

selective medium Elektivmedium, Selektivmedium

selective pressure/selection pressure Selektionsdruck

selectivity Selektivität, Unterscheidung; Trennschärfe

selector switch Umschalter; Umpolschalter

selenium (Se) Selen

self-acting/automatic selbsttätig, automatisch

self-adjusting selbsteinstellend

self-adhesive/self-adhering/gummed selbstklebend

self-assembly Selbstzusammenbau, Spontan~, Selbstassoziierung, spontaner Zusammenbau (molekulare Epigenese)

self-balancing selbstabgleichend

self-cleansing Selbstreinigung

self-contained in sich (ab)geschlossen, selbständig, autonom, kompakt, unabhängig

self-curing (resins/polymers) selbsthärtend (Harze/Polymere)

self-decomposing/autodecomposing selbstzersetzend

self-fertilization/selfing/autogamy Selbstbefruchtung, Selbstung, Autogamie

self-healing Selbstheilung

self-igniting selbstzündend

self-incompatibility Selbstinkompatibilität

self-locking selbstverschließend

self-lubricating selbstschmierend

self-organization Selbstorganisation

self-priming (pump) selbstansaugend

self-protection Selbstschutz

self-quenching selbstlöschend

self-regulating/self-adjusting selbstregulierend, selbsteinstellend

self-reinforcing selbstverstärkend

self-sealing selbstdichtend

self-sustaining selbsterhaltend

self-tolerance Selbsttoleranz, Eigentoleranz

semiconductor Halbleiter

semiconservative replication semikonservative Replikation

semidrying oil langsam trocknendes Öl, teiltrocknendes Öl

semifinished halbfertig

semifinished product Halbzeug

semimetals Halbmetalle

semimicro batch Halbmikroansatz

semimicro procedure/method Halbmikroverfahren, ~methode

semipermeability Halbdurchlässigkeit, Semipermeabilität

semipermeable halbdurchlässig, semipermeabel

semiprecious metal Halbedelmetall

semisynthesis Halbsynthese

semisynthetic halbsynthetisch

semithin section Semidünnschnitt

sender Absender, Übersender

sensation/perception Empfindung

sense of taste/gustatory sense/gustatory sensation Geschmackssinn

sensibility/sensitiveness
Empfindbarkeit
sensitive empfindlich (sensitiv/leicht
reagierend)
sensitiveness/touchiness
Empfindlichkeit, Gekränktsein
sensitivity Sensitivität, Empfindlichkeit
sensitivity to pain
Schmerzempfindlichkeit
sensitization Sensibilisierung,
Allergisierung
sensitize sensibilisieren
sensitizing sensibilisierend
(Gefahrenbezeichnungen)
**sensor (detector) Fühler, Sensor,
Detektor** (*tech*: z .B. Temperaturfühler); (probe) Messfühler, Sonde
sensory sensorisch
separate *vb* scheiden, trennen,
abtrennen; (disconnect) trennen,
lösen, entkuppeln, auskuppeln;
(fractionate) auftrennen, trennen,
fraktionieren
**separating column/fractionating
column** *dist* Trennsäule
separating gel (running gel)
chromat Trenngel
separation Trennung, Scheidung,
Abtrennung; (fractionation)
Auftrennung, Fraktionierung
separation accuracy
chromat Trennschärfe
separation efficiency
chromat Trennwirkungsgrad,
Trennleistung
separation factor Trennfaktor,
Separationsfaktor
separation method Trennmethode
separation technique/procedure
Trennverfahren
**separator (precipitator/settler/trap/
catcher/collector)** Abscheider
separatory funnel (sep funnel)
Scheidetrichter

**sepsis (septicemia/blood
poisoning)** Sepsis, Septikämie,
Blutvergiftung
septic tank Faulbehälter (Abwässer)
septum (*pl* **septa or septums**)
Septum (*pl* Septen), Scheidewand,
Membran; Dichtung
➢ **silicone rubber septum
(for screw caps)** Silikondichtung,
Silikon-Dichtung
sequela(e) Folge, Folgeerscheinung,
Folgezustand
➢ **late sequelae** Spätfolgen
sequence *n* Sequenz;
Aufeinanderfolge, Folge, Reihe,
Reihenfolge, Serie
sequence *vb* sequenzieren
sequence of operation Arbeitsablauf
sequencer/sequenator (apparatus)
Sequenzierer, Sequenzierautomat,
Sequenzierungsautomat
sequencing *gen* Sequenzieren
➢ **next-generation sequencing
(NGS)** *gen* massives paralleles
Sequenzieren, massive parallele
Sequenzierung ('Sequenzierung der
nächsten Generation')
sequential sequenziell, aufeinander
folgend
sequential reaction/chain reaction
sequenzielle Reaktion,
Kettenreaktion
sequestration *chem* Maskierung
serial sections *micros/
anat* Serienschnitte
serologic(al) serologisch
serological pipet serologische Pipette
serous serös
serrefine feine Gefäßklammer
serum (*pl* **sera or serums**) Serum
(*pl* Seren)
service *n* Dienst, Dienstleistung,
Arbeit; Betrieb, Bedienung;
Wartung, Kundendienst

service *vb* bedienen, betreiben; warten
service cart (*Br* service trolley) Servierwagen
service-free wartungsfrei
service hatch Durchreiche
service life (of a machine/equipment) Laufzeit (Gerät), Lebenszeit
service pipe Hauptanschlussrohr
service regulations/job regulations/ official regulations Dienstvorschrift
service switch Hauptschalter
service temperature/operating temperature Gebrauchstemperatur, Betriebstemperatur, Arbeitstemperatur
service voltage Betriebsspannung
servicing Wartung, Pflege
servicing schedule Wartungsplan
set *n* Satz, Garnitur; (instrument/ equipment/apparatus) Gerät, Anlage, Apparat
set *vb* (turn solid) abbinden, fest/steif werden; (freeze) erstarren; (curdle/ coagulate) gerinnen, koagulieren
set point (nominal value/rated value/desired value) Sollwert; Bezugspunkt, Festpunkt
set-point adjuster/setting device Sollwertgeber; Stelleinrichtung
set-point correction Sollwertkorrektur
setting screw/setscrew Stellschraube
setting time Erstarrungsdauer, Abbindezeit; (autoclave) Ausgleichszeit, thermisches Nachhinken
setting up (assemble the equipment) aufbauen (Experiment)
settings (adjustment) Einstellungen (eines Geräts)
settle (establish) besiedeln, etablieren; (sediment/deposit) absetzen; (colonize) kolonisieren

settle out absetzen, ausfallen
settlement/establishment Besiedlung, Etablierung
settling tank Klärbecken, Absetzbecken
setup *n* (of an experiment) Aufbau (eines Experiments)
sewage Abwasser
➢ raw sewage Rohabwasser
➢ sludge Faulschlamm, Sapropel
sewage fields/sewage farm Rieselfelder (Abwasser-Kläranlage)
sewage sludge (*esp.*: excess sludge from digester) Faulschlamm (*speziell:* ausgefaulter Klärschlamm)
sewage system/sewer Kanalisation
sewage treatment Abwasseraufbereitung, Klärung
sewage treatment plant Klärwerk, Kläranlage (Abwasser)
sewer/sanitary sewer Abwasserkanal, Kloake, Kanal, Kanalisation
sewer gas Faulschlammgas
sewer pipe Abflussrohr
sewerage system/sewer Kanalisation
sex (male/female/neuter)/gender Geschlecht (männlich/weiblich/ neutral)
sex cell/gamete Geschlechtszelle, Keimzelle, Gamet
sexually transmitted disease (STD)/ venereal disease (VD) sexuell übertragbare Krankheit, Geschlechtskrankheit, venerische Krankheit
shade *n* Schatten, Schattierung, Tönung
shade *vb* schattieren
shading Beschattung
shadow Schatten (eines bestimmten Gegenstandes; Gegensatz, *see:* shade)

shadowcasting (rotary shadowing
in TEM) Beschattung
(Schrägbedampfung)
shady schattig
shaft (spindle) Schaft, Welle
shaft seal (of stirrer/impeller etc.)
Wellendichtung
shake schütteln; (shake out)
ausschütteln; (shake off) abschütteln
shake culture Schüttelkultur
shake flask Schüttelkolben
shaker Schüttler; (dredger) Streuer
➤ circular shaker/orbital shaker/
rotary shaker Kreisschüttler,
Rundschüttler
➤ incubating shaker/incubator
shaker/shaking incubator
Inkubationsschüttler
➤ nutator/nutating mixer ('belly
dancer': shaker with gyroscopic,
i.e., three-dimensional circular/
orbital & rocking motion)
Taumelschüttler
➤ orbital shaker/rotary shaker/
circular shaker Rundschüttler,
Kreisschüttler
➤ reciprocating shaker (side-to-
side motion) Reziprokschüttler,
Horizontalschüttler, Hin- und
Herschüttler (rütteln)
➤ rocking shaker (see-saw motion/
up-down) Wippschüttler
(rauf-runter); (side-to-side) Rüttler
(hin und her); Wippe, Schwinge
➤ vortex shaker/vortex Vortexmischer,
Vortexschüttler, Vortexer
(für Reagensgläser etc.)
➤ water bath shaker/shaking
water bath Schüttelbad,
Schüttelwasserbad
➤ with spinning-rotating motion
Drehschüttler (rotierend); (vertically
rotating 360°) Überkopfmischer

shaker bottle/shake flask
Schüttelflasche, Schüttelkolben
shaking Schütteln, Rütteln
shaking incubator/incubating shaker/
incubator shaker
Inkubationsschüttler
shaking out Ausschütteln,
Ausschüttelung
shaking water bath/water
bath shaker Schüttelbad,
Schüttelwasserbad
shape n (form/appearance/contour)
Gestalt
shark tooth comb
(gel electrophoresis) Haifischkamm
sharp scharf, spitz; (pungent/acrid)
beißend (Geruch/Geschmack)
sharpen schärfen (Messer, Scheren)
sharpening stone/whetstone/
grindstone/honing stone
Schleifstein, Schärfstein,
Abziehstein, Wetzstein
sharpie (permanent marker)
wasserfester/wischfester Markierstift
sharpness (focus) micro/opt Schärfe
sharps scharfe Gegenstände
(scharfkantige/spitze Gegenstände)
sharps collector Sicherheitsbehälter
(Abfallbox zur Entsorgung von
Nadeln, Skalpellklingen, Glas etc.)
shatter zerschmettern, zertrümmern,
zerschlagen; zerspringen,
zerbrechen, zersplittern
shatterproof (safety glass) splitterfrei
(Glas), bruchsicher
shatterproof glass Sicherheitsglas
sheaf/bundle
Garbe (Licht/Funke etc.)
shear n Scherung, Gleitung
shear vb verschieben, einer
Scherung aussetzen, einer
Schubwirkung aussetzen; (cut/clip)
scheren, schneiden, abschneiden

shear flow Scherfließen, Scherströmung

shear force Scherkraft; (shear stress: shear force per unit area); Schubkraft

shear gradient Schergradient, Schergefälle

shear rate (rate of shear) Scherrate

shear strength/shearing strength Schubfestigkeit, Scherfestigkeit (Holz)

shear stress (shear force per unit area) Scherspannung, Schubspannung

shearing Scheren, Scherung

shearing action/shearing effect Scherwirkung, Schubeffekt

shears (große) Schere

➢ **sheet-metal shears/plate shears** Blechschere

➢ **trimming shears** Trimmschere

➢ **wire cable shears/cable shears** Drahtseilschere, Kabelschere

➢ **wire shears/wire cutters** Drahtschere

sheath Scheide, Umhüllung

sheathed scheidenförmig, umhüllt

sheet Bogen, Blatt, (dünne) Platte; Schicht

sheet copper Kupferblech

sheet glass Tafelglas

sheet iron Eisenblech

sheet lead Tafelblei

sheet metal Metallblech, Blech

sheet of glass (pane) Glasplatte, ~scheibe

sheet steel Stahlblech

sheet-metal shears/plate shears Blechschere

shelf life Haltbarkeit, Lagerfähigkeit; Verfallsdatum

shield *n* Schild, Schirm, Abschirmung; Schutz, Schutzschild, Visier

shield *vb* schützen, abschirmen (z .B. von Strahlung)

➢ **unshielded** unabgeschirmt, ungeschützt

shielding (from radiation) Abschirmung (von Strahlung)

shift *n* Wechsel, Verschiebung, Veränderung; Schicht (Arbeit)

➢ **chemical shift** *spectr* chemische Verschiebung

➢ **frameshift** *gen* Rasterverschiebung

➢ **high-field shift (NMR)** Hochfeldverschiebung

➢ **low-field shift (NMR)** Tieffeldverschiebung

➢ **proton shift (NMR)** Protonenverschiebung

➢ **tautomeric shift** tautomere Umlagerung

shift work Schichtarbeit

shim *tech* Ausgleichsring, Ausgleichsscheibe

shipment (dispatch) Versand, Warensendung, Lieferung

➢ **bulk shipment/bulk delivery** Großlieferung

➢ **ready for shipment/delivery** versandfertig

shipment costs/shipping charges/ carriage charges Versandkosten

shipper (freight company/shipping company) Logistikdienstleister, Spedition

shipping documents Versandpapiere

shipping papers Frachtpapiere

shiver frösteln, vor Kälte zittern

shock absorption Stoßdämpfung

shock freezing Schockgefrieren

shock-pressure resistant druckstoßfest

shock resistance Stoßfestigkeit (Holz)

shock wave Druckwelle, Schockwelle, Stoßwelle

shockproof stoßfest, stoßsicher

shoe covers/shoe protectors (disposable) Überschuhe, Überziehschuhe (Einweg~)

short circuit *n* (short-circuiting/short) Kurzschluss

short-circuit *vb* kurzschließen

short-chain kurzkettig

short-path distillation/flash distillation Kurzwegdestillation, Molekulardestillation

short-stem funnel/short-stemmed funnel Kurzhalstrichter, Kurzstieltrichter

shot/injection (hypodermic injection) *med* Spritze, Injektion

showcase Schaukasten, Vitrine

shower Dusche; Duschkabine, Duschraum

➤ **emergency shower/safety shower** Notdusche

➤ **quick drench shower/deluge shower** ‚Schnellflutdusche'

shred zerfetzen, zerreißen, in Fetzen reißen

shredder Reißwolf, Aktenwolf; Schneidemaschine

shrink schwinden, schrumpfen; einlaufen (Textilien/Stoffe)

➤ **heat shrinking** Wärmeschrumpfen

shrink film/shrink wrap/shrink foil/shrinking foil Schrumpffolie (zum ‚einschweißen')

shrink tube Schrumpfschlauch

shrinkage/shrinking Schrumpfung, Schwund; Schwindung; Abnahme; Einlaufen (Textilien)

shrinkproof schrumpffest, schrumpffrei

shunt Nebenschluss, Stromzweig, Nebenschaltung, Überbrückung

shunt current Nebenschlussstrom, Zweigstrom

shunt resistance Nebenwiderstand, Nebenschlusswiderstand

shunt switch Umgehungsschalter

shutdown Abschaltung, Abschalten, Abstellen; Herunterfahren, Schließen

shutoff Abschaltung, Absperrung, Abschaltung

shutoff valve Abschaltventil, Absperrventil

shutter Klappe, Schieber; *photo* Verschluss, Blende; Jalousie, Rolladen, Fensterladen

shuttle vector/bifunctional vector Schaukelvektor, bifunktionaler Vektor

siccative/desiccant/drying agent/dehydrating agent Trockenmittel, Sikkativ

sick-building syndrome Sick-Building-Syndrom

sick leave Fehlen wegen Krankheit (krankgeschrieben sein mit Lohnfortzahlung)

sick note Krankheitsattest

sickle flask/sausage flask/saber flask Säbelkolben, Sichelkolben

side effect(s) Nebenwirkung(en)

side product Nebenprodukt, Begleitprodukt

side reaction *chem* Nebenreaktion

side tubulation/side arm (hose connection on flask) Ansatzstutzen (Olive für Schlauche/an Kolben)

sidearm (tubulation) Seitenarm, Tubus (Kolben etc.)

sidearm flask Seitenhalskolben

sideband *spectr* Nebenbande

sieve *vb* (sift/screen) sieben

sieve *n* (sifter/strainer) Sieb

➤ **molecular sieve** Molekularsieb, Molekülsieb, Molsieb

sieve analysis/screen analysis Siebanalyse

sieve fabric Siebgewebe
sieve material/sieving material/
    material to be sieved Siebgut
sieve plate (perforated plate)
    Siebplatte
sieve plate reactor
    Lochbodenkaskadenreaktor,
    Siebbodenkaskadenreaktor
sieve residue/oversize Siebrückstand,
    Siebüberlauf, Überkorn
sieve shaker Siebmaschine
    (Schüttler)
sievings/screenings/siftings/
    undersize Siebdurchgang,
    Siebunterlauf, Unterkorn
sift vb sieben
siftage (size separation by screening)
    Siebung
sifter Schüttelsieb
siftings Siebdurchgang
sign in (register) eintragen
    (bei Anmeldung)
sign out (deregister) austragen
    (bei Abmeldung)
signal substance Signalstoff
signal-to-noise ratio (S/N ratio)
    Signal-Rausch-Verhältnis;
    Rauschspannungsabstand
signal transducer Signalwandler
signal transduction
    Signalübertragung
signal words Signalwörter
significance level/level of significance
    (error level) Signifikanzniveau,
    Irrtumswahrscheinlichkeit
significance test/test of significance
    stat Signifikanztest
silica (silicon dioxide) Siliziumdioxid
silica gel Kieselgel, Kieselsäuregel,
    Silicagel
siliceous kieselsäurehaltig
silicic acid Kieselsäure
silicon (Si) Silicium, Silizium

silicon chip Siliciumchip
silicon wafer Siliciumplatte,
    Siliciumplättchen, Siliciumscheibe
silicone (silicon ketone/silicoketone)
    Silicon (Siliciumketon), Silikon,
    Poly(organylsiloxan)
silicone grease Silikon-Schmierfett
silicone rubber Silikongummi,
    Silikonkautschuk, Siliconkautschuk
silicone rubber septum (for
    screw caps) Silikondichtung,
    Silikon-Dichtung
silicosis med Silicose
silk (fibroin/sericin) Seide
silk suture Seidenfaden
silken seiden, Seiden...
silky (sericeous/sericate) seidenartig,
    seidenhaarig, seidig
silt geol Schluff
simmer (boil gently) leicht kochen,
    köcheln (auf ‚kleiner' Flamme)
simmering/ebullient leicht kochend,
    siedend
simple distillation
    Gleichstromdestillation
sinapic acid Sinapinsäure
sinapic alcohol Sinapinalkohol
single (solitary) einzeln, solitär
single-burner hot plate
    Einfachkochplatte (Heizplatte)
single-celled/unicellular einzellig
single-channel pipet/pipettor
    Einkanalpipette
single digest (enzymatic) einfacher
    Verdau
single dose Einzeldosis
single immunodiffusion (Oudin test)
    einfache Immundiffusion, lineare
    Immundiffusion
single-molecule spectroscopy (SMS)
    Einzelmolekülspektroskopie
single-particle analysis
    Einzelpartikelanalyse

single radial immunodiffusion (SRI) (Mancini technique) einfache radiale Immundiffusion

single sugar/monosaccharide Einfachzucker, einfacher Zucker, Monosaccharid

single-use (disposable) Einmal..., Einweg..., Wegwerf...

single-use gloves (disposable gloves) Einmalhandschuhe

single-way cock Einweghahn

singulet condition Singulettzustand

sink *n* Ausguss, Spüle; (basin) Abflussbecken, Spülbecken; *physiol* (importer of assimilates) Senke, Verbrauchsort (von Assimilaten)

➢ **sink trap (of drain pipe)** Bogen (Geruchsverschluss) des Siphons (am Abfluss)

➢ **sink unit** Spültisch

sinter/sintering sintern

siphon Siphon, Saugheber

site/location Ort, Fundort, Lage

site-directed mutagenesis ortsspezifische Mutagenese

size *n* Größe, Maß, Format, Umfang; Abmessung(en)

size *vb* abmessen; (cut into discreet length:glass tubing) ablängen (mit Glasrohrschneider); *tech* leimen, grundieren; (Stoff) appretieren, schlichten

size exclusion chromatography (SEC) Ausschlusschromatografie, Größenausschlusschromatografie

sizing Bemessen, auf ein bestimmtes Maß zurechtschneiden; Größenbestimmung; Sichtung; (textile) Schlichten, Schlichtung; (paper) Leimen, Leimung; (waste etc.) Sortieren, Sortierung, Klassieren, Klassierung

sizzle brutzeln, zischen

skid rutschen

skid-proof (non-skid) nicht-rutschend, Antirutsch... (Gerät auf Unterlage)

skim off (scoop off/up) abschöpfen

skin Haut; (cutis) Kutis, Cutis (eigentliche Haut: Epidermis & Dermis)

skin care Hautpflege

skin care product Hautpflegemittel

skin graft/skin transplant Hauttransplantat

skin-irritant hautreizend

skin irritation Hautreizung

skin ointment Hautsalbe

skin staple Hautklammer

skull and crossbones Totenkopf (Giftzeichen)

slab gel *electrophor* Plattengel (hochkant angeordnetes)

slaked lime Ca(OH)$_2$ Ätzkalk, Löschkalk, gelöschter Kalk

slant culture/slope culture Schrägkultur (Schrägagar)

slaughter/butcher *vb* schlachten

slaughter/slaughtering/butchering Schlachtung, Schlachten

slaughterhouse Schlachthof

sledge hammer Vorschlaghammer

sleet (glaze/frozen rain) Eisüberzug, überfrorene Nässe, gefrorener Regen

sleeve/collar *mech* Manschette; (joint sleeve) Manschette für Schliffverbindungen

sleeve gauntlets Ärmelschoner, Stulpen

slide *n* Schieber, Schlitten; Rutsche; *photo* Dia; *micros* Objektträger

➢ **frosted-end slide** Mattrand-Objektträger

➢ **microscope depression slide/ concavity slide/cavity slide** Objektträger mit Vertiefung

slide caliper/caliper square Schublehre

slide rod Führungsstange
slide rule Rechenschieber
slide valve Schieberventil, Schieber
sliding microtome Schlittenmikrotom
slimy (mucilaginous/glutinous)
    schleimig
slip vb gleiten, rutschen; abrutschen,
    ausrutschen
slip agent Gleitmittel, Schmiermittel,
    Slipmittel; (slip depressant)
    Antiblockmittel
slip-joint connection Gleitverbindung
slip-resistant rutschfest, rutschsicher
slit Schlitz, Spalt
slit rheometer Schlitzrheometer
slop vb herumspritzen,
    herumpantschen
slope/slant/dip Neigung
slops Spülicht
slot blot Schlitzlochplatte
slotted screwdriver
    Schlitzschraubenzieher
sludge Schlick; (sewage sludge)
    Klärschlamm; (sapropel) Sapropel,
    Faulschlamm
sludge gas/sewage gas Faulgas,
    Klärgas (Methan)
sluice n Schleuse
sluice vb (channel) schleusen
slurry n Schlamm, Aufschlämmung
slurry vb aufschlämmen
slurry-packing technique chromat
    Einschlämmtechnik
small-angle light scattering (SALS)
    Kleinwinkelstreuung
small-angle X-ray scattering (SAXS)
    Röntgenkleinwinkelstreuung, Klein-
    winkel-Röntgenstreuung (KWR)
small scale n Kleinmaßstab
small-scale adj/adv im Kleinmaßstab,
    in kleinem Maßstab
small-scale application
    Kleinanwendung
smear n med Abstrich; micb Ausstrich

smear infection Schmierinfektion
smell vb riechen
smell n (odor/scent) Geruch;
    (positive/pleasant) Duft
➢ pleasant smell (fragrance)
    angenehmer Duft/Geruch
➢ unpleasant smell unangenehmer
    Geruch
smellable/perceptible to one's sense
    of smell riechbar
smelting furnace Schmelzofen
smock/gown Arbeitskittel
smog ordinance Smogverordnung
smoke Rauch (sichtbar), Qualm
➢ clouds of smoke Rauchschwaden
smoke barrier Rauchschranke,
    Rauchschutzwand
smoke detector Rauchmelder
smoking Rauchen
➢ ban on smoking/smoking ban
    Rauchverbot
smoldering/smouldering Schwelen,
    Schwelung
smother the flames Flammen
    ersticken
smudge-free unverschmiert,
    schmutzfrei
snap cap (push-on cap)
    Schnappdeckel, Schnappverschluss
snap-cap bottle/snap-cap vial
    Schnappdeckelglas,
    Schnappdeckelgläschen
snap-ring pliers/circlip pliers
    Sicherungsringzange
soak (drench/steep) tränken,
    durchtränken, einweichen
    (durchfeuchten), einwirken lassen
    (in einer Flüssigkeit), quellen
    (Wasseraufnahme)
➢ soak up (absorb/take up/suck up)
    aufsaugen, absorbieren
soaking up/absorption Aufsaugen,
    Absorption
soap Seife

➢ **a bar of soap** ein Stück Seife
➢ **curd soap (domestic soap)**
  Kernseife (feste Natronseife)
➢ **liquid soap/liquid detergent**
  Flüssigseife
➢ **soft soap** Schmierseife
soap dispenser (liquid soap)
  Seifenspender (Flüssigseife)
soberness *med/physio* Nüchternheit
socket (ferrule) Hülse, Ring;
  (receptacle) Tülle: *electr* Fassung,
  Steckbuchse; (chuck/nut)
  Steckschlüsseleinsatz, Stecknuss,
  Nuss
➢ **female (spherical joint)**
  Schliffpfanne
➢ **ground socket/ground-glass
  socket/female (ground-glass joint)**
  Hülse, Schliffhülse ('Futteral',
  Einsteckstutzen)
➢ **screw-base socket** Gewindefassung
➢ **threaded socket (connector/nozzle)**
  Gewindestutzen
socket screw/socket-head screw
  Inbusschraube
socket wrench/box spanner
  Stiftschlüssel, Steckschlüssel
soda/sodium carbonate Soda,
  kohlensaures Natrium
soda extract Sodaextrakt,
  Sodaauszug
soda lime Natronkalk
**soda machine (for soft drinks/soda
  pop)** Getränkeautomat
soda water Selterswasser,
  Sodawasser, Sprudel
**soda-lime glass/alkali-lime glass
  (crown glass)** Kalk-Soda-Glas
  (Kronglas)
sodium (Na) Natrium
sodium chloride NaCl Natriumchlorid
sodium dodecyl sulfate (SDS)
  Natriumdodecylsulfat

sodium hydroxide NaOH
  Natriumhydroxid
sodium hydroxide solution
  Natronlauge,
  Natriumhydroxidlösung
sodium hypochlorite NaOCl
  Natriumhypochlorit
soft soap Schmierseife
soft water weiches Wasser
soften weichmachen, erweichen;
  (Wasser) enthärten; aufweichen
softener Weichmacher;
  Weichspülmittel, Weichspüler;
  Enthärtungsmittel, Enthärter;
  (plasticizer:in plastics a.o.)
  Plastifikator
soggy aufgeweicht, durchnässt,
  ~weicht
soil (ground/earth) Boden, Erdreich,
  Erdboden, Erde
soil decontamination
  Bodensanierung
soil salinization Bodenversalzung
soil texture Bodenpartikelgrößen
solar cell/photovoltaic cell Solarzelle
solar energy Solarenergie,
  Sonnenenergie
solar power Solarstrom
solar radiation Sonnenstrahlung
solder *n* Lot, Lötmittel, Lötmetall
solder *vb* löten
soldering acid Lötsäure
soldering fluid/liquid Lötwasser
soldering flux/solder flux
  Lötflussmittel
soldering gun Lötpistole
soldering iron Lötkolben
soldering lug Lötöse
soldering tin Lötzinn
soldering wire Lötdraht
solenoid Zylinderspule
solenoid valve Magnetventil
  (Zylinderspule)

solid *adj/adv* fest
solid *n* Festkörper; Körper; (solids)
  feste Bestandteile
solid body Festkörper
solid-bowl centrifuge
  Vollmantelzentrifuge,
  Vollwandzentrifuge
solid matter Feststoff
solid phase (bonded phase)
  Festphase
solid-phase extraction (SPE)
  Festphasenextraktion
solid-phase microextraction (SPME)
  Festphasenmikroextraktion
solid phase reactor
  Festphasenreaktor
solid state fester Zustand
solid waste Festmüll
solidify fest werden (lassen),
  erstarren
solubility Löslichkeit
➤ **insolubility** Unlöslichkeit
➤ **of low solubility** schwerlöslich
solubility product
  Löslichkeitsprodukt
solubilization Solubilisierung,
  Solubilisation,
  Löslichkeitsvermittlung
solubilizer/solutizer
  Lösungsvermittler,
  Löslichkeitsvermittler
soluble löslich
➤ **easily soluble/readily soluble**
  leichtlöslich
➤ **insoluble** unlöslich
➤ **of low solubility** schwerlöslich
➤ **readily soluble** leichtlöslich
➤ **soluble in water** wasserlöslich
➤ **sparingly soluble/barely soluble**
  kaum löslich, wenig löslich
solute gelöster Stoff
solute potential Löslichkeitspotenzial
solution Lösung

➤ **aqueous solution** wässrige Lösung
➤ **buffer solution** Pufferlösung
➤ **calibrating solution** Eichlösung
➤ **dilute solution** verdünnte Lösung
➤ **Fehling's solution** Fehlingsche
  Lösung
➤ **nutrient solution/culture solution**
  Nährlösung
➤ **ready-to-use solution/test solution**
  Gebrauchslösung, Fertiglösung,
  gebrauchsfertige Lösung
➤ **reagent solution** Reagenslösung
➤ **Ringer's solution** Ringerlösung,
  Ringer-Lösung
➤ **saline** Kochsalzlösung
➤ **saturated solution** gesättigte
  Lösung
➤ **standard solution** Standardlösung
➤ **stock solution** Stammlösung,
  Vorratslösung
➤ **test solution/solution to be**
  analyzed Untersuchungslösung,
  Prüflösung
➤ **volumetric solution** (a standard
  analytical solution) Maßlösung
➤ **wash solution** Waschlösung,
  Waschlauge
solvable löslich, lösbar; auflösbar
solvate *n* Solvat, solvatisierter Stoff
  (Ion/Molekül)
solvate *vb* solvatisieren
solvation
  Solvatation, Solvatisierung
solve *math* lösen, auflösen
solvent Lösemittel, Lösungsmittel;
  (mobile phase) *chromat* Laufmittel,
  Fließmittel
➤ **mobile solvent/eluent/eluant**
  (mobile phase) Laufmittel,
  Elutionsmittel, Fließmittel, Eluent
  (mobile Phase)
solvent extraction Solventextraktion,
  Flüssig-flüssig-Extraktion

solvent-free lösemittelfrei, lösungsmittelfrei

solvent front Lösemittelfront, Lösungsmittelfront; *chromat* Laufmittelfront, Fließmittelfront

solvent recovery Lösemittelrückgewinnung

solvent reistance Lösemittelbeständigkeit

sonicate beschallen, mit Schallwellen behandeln

sonification/sonication Sonifikation, Sonikation, Beschallung, Ultraschallbehandlung

sonogram Sonogramm

sonography/ultrasound/ ultrasonography Sonographie, Ultraschalldiagnose

sooty (forming soot) rußend, rußig

sorbent Sorbens (*pl* Sorbenzien), Absorbens, absorbierender Stoff, Absorptionsmittel, Sorptionsmittel

sorbic acid (sorbate) Sorbinsäure (Sorbat)

sorbitol Sorbit

sort *n* (type/kind/variety/cultivar) Sorte

sort *vb* sortieren

sound Schall, Geräusch, Laut, Ton, Klang; (noise) lautes Geräusch

sound proofing Schalldämmung, Schallisolation

sound waves Schallwellen

soundproof schalldicht, schallundurchlässig

source Quelle, Herkunft; Produktionsort

source of danger (troublespot) Gefahrenherd

source of error Fehlerquelle

source of fire Brandherd

sow *vb* säen, aussäen, einsäen

sowing/seed sowing Säen, Aussäen, Aussaat

soybean oil Sojaöl

space Raum, Platz; Abstand, Zwischenraum

space-filling model *chem* Kalottenmodell

space heating Raumheizung

space restrictions i.S.v. Platzbeschränkung, Platznot

space-saving platzsparend

spacer Platzhalter, Abstandhalter, Abstandshalter, Distanzstück

spanner (*US* wrench) Schlüssel, Schraubenschlüssel

spare parts (replacement parts) Ersatzteile

sparger Zerstäuber; Sprenkler; Gasverteiler, Luftverteiler (Düse in Reaktor); Sprenger, Wassersprenggerät; (in fermentation reactors etc.) Anschwänzapparat, Anschwänzvorrichtung

sparingly soluble/barely soluble kaum löslich, wenig löslich

spark *n* Funke, Zündfunke; Entladung

spark *vb* Funken sprühen, zünden

spark coil Zündspule

spark plug Zündkerze

spark spectrum Funkenspektrum

sparkle funkeln, glitzern; Funken sprühen

spat (protective cloth/leather gaiter covering instep and ankle) Gamasche (Schuh~)

spatial räumlich; (three-dimensional) dreidimensional

spatula Spatel

➢ **Drigalski spatula** Drigalski-Spatel

➢ **microspatula** Mikrospatel

➢ **palette knife** Palettenmesser

> pharmaceutical spatula/dispensing
  spatula Apothekerspatel
> powder spatula Pulverspatel
> scoop spatula Rinnenspatel,
  einfacher rinnerförmiger
  Löffelspatel
> stirring spatula Rührspatel
> Venetian plaster spatula
  Japanspachtel, Flächenspachtel
> vibrating spatula Vibrationsspatel
> weighing spatula Wägespatel
> wooden spatula Holzspatel

special license/special permit
  Sondergenehmigung
specialization Spezialisierung
species Spezies, Art
specific spezifisch, speziell, bestimmt
> unspecific/nonspecific unspezifisch,
  unbestimmt
specific gravity spezifisches Gewicht
specific gravity bottle
  Pyknometerflasche
specific heat spezifische Wärme
specifications (specs) Spezifizierung,
  Spezifikation, technische
  Beschreibung
specificity Spezifität
specificity of action
  Wirkungsspezifität
specify spezifizieren, einzeln
  angeben/benennen/aufführen;
  bestimmen, festsetzen
specimen(s) (sample) Exemplar,
  Probe; Muster (Vorlage/Modell);
  Warenprobe
specimen jar Probengefäß, großes
  Probegläschen, Sammelglas,
  Sammelgefäß
speckled/patched/spotted/spotty
  fleckig
spectacle(s)/pair of spectacles/
  glasses Brille

> goggles (safety goggles)
  Schutzbrille, Augenschutzbrille,
  Arbeitsschutzbrille (ringsum
  geschlossen)
> protective eyewear Augenschutz
> safety spectacles/safety glasses
  (einfache) Schutzbrille
spectacle eyepiece/high-eyepoint
  ocular micros
  Brillenträgerokular
spectral analysis
  Spektralanalyse
spectral colors Spektralfarben
spectrometry Spektrometrie
> electron-impact spectrometry (EIS)
  Elektronenstoß-Spektrometrie
> forward-recoil
  spectrometry (FRS/FRES)
  Vorwärts-Rückstoß-Spektrometrie
> ion mobility spectrometry (IMS)
  Ionenmobilitätsspektrometrie
> ion trap spectrometry
  Ionen-Fallen-Spektrometrie
> mass spectrometry (MS)
  Massenspektrometrie
> photoelectron spectrometry (PES)
  Photoelektronenspektrometrie
> time-of-flight mass spectrometry
  (TOF-MS)
  Flugzeit-Massenspektrometrie (FMS)
spectrophotometer
  Spektrophotometer
spectrophotometry
  Spektrophotometrie
spectroscope Spektroskope
spectroscopy Spektroskopie
> atomic absorption
  spectroscopy (AAS)
  Atom-Absorptionsspektroskopie
> atomic emission
  spectroscopy (AES)
  Atom-Emissionsspektroskopie

- ➤ atomic fluorescence spectroscopy (AFS) Atom-Fluoreszenzspektroskopie
- ➤ **Auger electron spectroscopy (AES)** Auger-Elektronenspektroskopie
- ➤ **correlated spectroscopy (COSY)** korrelierte Spektroskopie
- ➤ **dielectric spectroscopy** dielektrische Spektroskopie
- ➤ **electron energy-loss spectroscopy (EELS)** Elektronen-Energieverlust-Spektroskopie
- ➤ **electron spectroscopy for chemical analysis (ESCA)** Elektronenspektroskopie für chemische Analysen
- ➤ **electron spin resonance spectroscopy (ESR)/electron paramagnetic resonance (EPR)** Elektronen-Spinresonanzspektroskopie (ESR), elektronenparamagnetische Resonanz (EPR)
- ➤ **field ionization laser spectroscopy (FILS)** Feldionisations-Laserspektroskopie
- ➤ **flame atomic emission spectroscopy (FES)/ flame photometry** Flammenemissionsspektroskopie, Flammen-Atomemissions-Spektroskopie
- ➤ **fluorescence correlation spectroscopy (FCS)** Fluoreszenz-Korrelations-Spektroskopie
- ➤ **infrared spectroscopy (IR spectroscopy)** Infrarot-Spektroskopie
- ➤ **laser-induced plasma spectroscopy (LIPS)** laserinduzierte Plasmaspektroskopie
- ➤ **mass spectroscopy (MS)** Massenspektroskopie

- ➤ **microwave spectroscopy** Mikrowellenspektroskopie
- ➤ **nuclear magnetic resonance spectroscopy/NMR spectroscopy** Kernspinresonanz-Spektroskopie, kernmagnetische Resonanzspektroskopie
- ➤ **nuclear Overhauser enhancement spectroscopy (NOESY)** Kern-Overhauser-Spektroskopie
- ➤ **optical emissions spectroscopy (OES)** optische Emissions-Spektroskopie
- ➤ **photoacoustic spectroscopy (PAS)** photoakustische Spektroskopie, optoakustische Spektroskopie
- ➤ **reflectance spectroscopy** Reflexionsspektroskopie, Remissionsspektroskopie
- ➤ **resonance enhanced multiphoton ionization spectroscopy (REMPI)** resonanzverstärkte Multiphotonen-ionisationsspektroskopie
- ➤ **resonance ionization spectroscopy (RIS)** Resonanz-Ionisationsspektroskopie
- ➤ **single-molecule spectroscopy (SMS)** Einzelmolekülspektroskopie
- ➤ **saturation spectroscopy (laser)** Sättigungsspektroskopie
- ➤ **sum-frequency spectroscopy (SFS)/sum-frequency generation spectroscopy (SFGS)** Summenfrequenzspektroskopie
- ➤ **ultraviolet spectroscopy/UV spectroscopy** UV-Spektroskopie
- ➤ **X-ray absorption spectroscopy (XAS)** Röntgenabsorptionsspektroskopie
- ➤ **X-ray emission spectroscopy (XES)** Röntgenemissionsspektroskopie

➤ **X-ray fluorescence spectroscopy (XFS)** Röntgenfluoreszenzspektroskopie (RFS)

➤ **X-ray photoelectron spectroscopy (XPS)** Röntgenphotoelektronspektroskopie (RPS)

spectrum (*pl* spectra/spectrums) Spektrum (*pl* Spektren)

➤ **absorption spectrum/dark-line spectrum** Absorptionsspektrum

➤ **arc spectrum** Lichtbogenspektrum

➤ **band spectrum/molecular spectrum** Bandenspektrum, Molekülspektrum (Viellinienspektrum)

➤ **diffraction spectrum** Beugungsspektrum, Gitterspektrum

➤ **electromagnetic spectrum** elektromagnetisches Spektrum

➤ **line spectrum** Linienspektrum, Atomspektrum

➤ **reversal spectrum** Umkehrspektrum

➤ **rotational spectrum** Rotationsspektrum

➤ **spark spectrum** Funkenspektrum

➤ **vibrational spectrum** Schwingungsspektrum

speed (velocity: vector) Geschwindigkeit

spermaceti Walrat

spermaceti oil/sperm oil Walratöl

sphere Sphäre, Kugel, kugelförmiger Körper

spherical ground joint Kugelschliff, ~verbindung

spherule Kügelchen

spider wrench (*Br* spider spanner) Kreuzschlüssel

spigot (plug of a cask) Zapfen; (faucet) Hahn, Zapfhahn, Fasshahn (Behälter/Kanister/Leitungen)

spill *n* Verschütten, Verschüttung, Ausschütten, Überlaufen; Pfütze

spill *vb* verschütten

spill containment pillow Saugkissen (zum Aufsaugen von verschütteten Chemikalien)

spillage/spill Vergossene(s), Übergelaufene(s)

spillway Abflusskanal

spin *vb* spinnen, schleudern; (centrifuge) zentrifugieren

spin decoupling (NMR) Spinentkopplung

spin-spin splitting (NMR) Spin-Spin-Aufspaltung

spin vane/spinvane/magnetic spin vane (vane-shaped magnetic stirring bar) Schwimmer-Magnetrührer, Schwimmer-Magnetrührstab, Flügel-Magnetrührstäbchen, Magnetrührflügel

spindle diagram Spindeldiagramm

spinner Schleuder; (centrifuge) Zentrifuge

spinner flask Spinnerflasche, Mikroträger

spinning band column Drehbandkolonne

spinning band distillation Drehband-Destillation

spinning disk *micros* drehende Scheibe

spinning motion (rotating) Drehbewegung (rotierend)

spiral *n* (coil) Gewinde, Spirale; (helix) Helix, Schraube, Spirale; (column packing) Spirale (Füllkörper)

spiral movement/spiral coiling Windung (Bewegung)

spiral winding/coiling Spiralwindung

spiraled/helical/spirally twisted/ contorted schraubig, spiralig, helical

spirally coiled spiralig aufgewickelt

spirilla (*sg* **spirillum**) (spiraled forms)
Spirillen (*sg* Spirille)

spirit *chem* Spiritus, Destillat,
Geist; Beize; Spirituosen, Alkohol;
Alkoholtinktur

spirit of wine (**rectified spirit:** alcohol)
Weingeist

splash *n* Spritzen; Spritzer
(verspritzte Chemikalie); Spritzfleck

splash *vb* (splatter/spatter/squirt)
spritzen, verspritzen, herumspritzen
(auch versehentlich)

**splash adapter/splash protector/
antisplash adapter/splash-head
adapter** *dist* Spritzschutzadapter,
Spritzschutzaufsatz,
Schaumbrecher-Aufsatz, Reitmeyer-
Aufsatz (Rückschlagschutz:Kühler/
Rotationsverdampfer etc.)

splash guard Spritzschutz

splash-proof spritzfest

splice *gen* spleißen

splint *med* Schiene

splinter Splitter; (bits of broken
glass) Glassplitter

split *n* Spaltung; Abzweig

split *vb* spalten, aufspalten,
abspalten; zerlegen

split valve *chromat* Abzweigventil

splitting Aufspaltung; Zerlegen,
Zerlegung

spokeshave Ziehklinge

sponge forceps Tupferklemme

sponge stopper Schwammstopfen

**spontaneous decomposition/
autodecomposition**
Selbstzersetzung

spontaneous ignition (**self-ignition/
autoignition**) Selbstenzündung

**spontaneous ignition temperature
(SIT)/autoignition temperature (AIT)**
Selbstenzündungstemperatur

**spontaneously flammable/
self-igniting** selbstentzündend

**spontaneously ignitable/
self-ignitable/autoignitable**
selbstentzündlich

spool/coil Spule

spoon/scoop Löffel

sporadic sporadisch

spot/stain *n* Fleck

spot blot/dot blot Rundlochplatte

spot plate *micb* Tüpfelplatte

spot remover/stain remover
Fleckenentferner

spot test Tüpfelprobe

spotlight/spot Strahler,
Punktstrahler, Spot

spotted/mottled gefleckt

spotter ‚Spotter' (Gerät zum
Probenauftragen)

spotting (with a spotter)
Probenauftragen,
Probenauftragung, punktförmiges
Auftragen von Proben

spout Ausguss, Ausgießer (zum
Ausgießen einer Flüssigkeit),
Mundstück, Schnauze, Schnaupe;
Ablasshahn; (nozzle/lip/pouring lip)
Ausgießschnauze; (pouring spout)
Gießschnauze (an Gefäß)

spray bottle Sprühflasche

spray can/aerosol can Sprühdose,
Druckgasdose

spray column *dist* Sprühkolonne

spray nozzle Zerstäuberdüse

spread (scatter/disseminate)
streuen, ausstreuen, verstreuen;
gleichmäßig auf einer Fläche
verteilen; *med* (e.g., disease/
epidemic) übergreifen

spread-plate method/technique
micb Spatelplattenverfahren

spreadable verstreichbar, streichfähig

spreader *micb* Ausstreich-Spatel (Drigalski-Spatel)

spreading Ausbreitung, Propagation; Spreitung

spring Feder, Sprungfeder; Elastizität; Quelle, Ursprung

spring balance/spring scales Federzugwaage, Federwaage, Zugwaage

spring clamp Klemmzwinge

spring constant Federkonstante, Federsteifigkeit

spring-loaded mit Federdruck, gefedert, abgefedert, federnd

springwater Quellwasser

sprinkle (spray) besprühen; (irrigate) berieseln, besprengen

sprinkle irrigation Berieselung

sprinkler/sprinkler irrigation system Beregnungsanlage, Berieselungsanlage, Sprinkler

sprout (grow/bud) sprießen, knospen

sprouting/budding Sprossung, Knospung

spur Sporn (Immunodiffusion)

spurred gespornt

sputter (EM) *micros* sputtern, besputtern (Vakuumzerstäubung)

sputtering (EM) *micros* Sputtern, Besputtern, Besputterung, Kathodenzerstäubung (Metallbedampfung)

sputtering unit/ appliance Besputterungsanlage

square bottle Vierkantflasche

squash (mount) *micros* Quetschpräparat

squeegee Abstreicher, Rakel (Gummi), Abzieher, Gummiwischer; (for floors) Wasserschieber, Wasserabzieher (Bodenwischer);

(for windows) Fensterwischer, Fensterabzieher

squeeze (pinch) quetschen, zusammendrücken, zusammenpressen; (squeeze out) auspressen, herauspressen

squeeze-bulb pump (hand pump for barrels) Quetschpumpe (Handpumpe für Fässer)

St. Andrew's cross (saltire) Andreaskreuz (Gefahrenzeichen)

stab culture Stichkultur, Einstichkultur (Stichagar)

stabilization Stabilisierung

stabilize stabilisieren

stabilizer Stabilisator

stable stabil

➢ **heat-stable/heat-resistant** hitzestabil, hitzebeständig

➢ **unstable (instable)** instabil, nicht stabil

stack (stacked) *vb* stapeln (gestapelt)

stack *n* Stapel

➢ **smokestack** Schornstein

stacking forces Stapelkräfte

stacking gel *electrophor* Sammelgel

staff/employees/personnel Belegschaft

stage Stadium (*pl* Stadien); Stufe; Bühne; *micros* Tisch

➢ **mechanical stage** *micros* Kreuztisch

➢ **microscope stage** Objekttisch

➢ **plain stage** *micros* Standardtisch

➢ **rotating stage** *micros* Drehtisch

stage clip *micros* Objekttisch-Klammer

stage micrometer *micros* Objektmikrometer

stain *vb* ebeschmutzen, beflecken, besudeln; (dye/color) färben, anfärben, einfärben; kontrastieren; (wood) beizen; (bleed) abfärben

stain *n* Fleck, Makel; Schmutzfleck;
(staining/color/dyeing)
Färben, Färbung, Einfärbung;
Kontrastierung, Farbstoff, Pigment,
Färbemittel; Beize, Beizen
➢ **counterstain/counterstaining**
Gegenfärbung
➢ **Gram stain** Gram-Färbung
➢ **quick-stain** Schnellfärbung
➢ **vital stain/vital dye** Vitalfarbstoff,
Lebendfarbstoff
stainability *micros* Färbbarkeit
stainable färbbar, anfärbbar;
einfärbbar
staining *micros* Färbung, Färben,
Anfärben, Anfärbung (durch
Farbstoffzugabe); Beizen;
(contrasting) Kontrastierung
➢ **differential staining/contrast
staining** Differenzialfärbung,
Kontrastfärbung
➢ **negative staining/negative
contrasting** Negativkontrastierung
➢ **supravital staining**
Supravitalfärbung
➢ **vital staining** Lebendfärbung,
Vitalfärbung
**staining dish/staining jar/staining
tray** *micros* Färbeglas, Färbetrog,
Färbekasten, Färbewanne
staining method/technique
Färbemethode, Färbetechnik
staining tray Färbegestell
stainless steel rostfreier Stahl
stainless-steel sponge
Edelstahlschrubber
staircase Treppe, Treppenaufgang;
Treppenhaus
stairs Treppe
stairway Treppenaufgang;
Treppenhaus
stairway entry/exit
Treppenhauseingang/~ausgang

stairwell Treppenschacht,
Treppenhaus
stance phase Stemmphase
stand/rack Ständer
stand-alone freistehend;
selbstständig/unabhängig als
Einzelteil funktionierend
standard condition
Standardbedingung
**standard deviation/root-mean-square
deviation** *stat*
Standardabweichung
standard electrode
Standardelektrode
**standard electrode potentials/
standard reduction potentials/
electrochemical series (of metals)**
Spannungsreihe (der Metalle),
Normalpotentiale
**standard error (standard error of
the means)** *stat* Standardfehler,
mittlerer Fehler
standard hydrogen electrode
Normalwasserstoffelektrode
standard measure Normalmaß
standard operating procedure (SOP)
Standard-Arbeitsanweisung
**standard potential/standard electrode
potential** Standardpotential,
Normalpotential
standard pressure Normaldruck,
Normdruck
standard procedure
Standardverfahren
standard solution Standardlösung
standard taper (S.T.) Normalschliff (NS)
standard-taper glassware
Normschliffglas (Kegelschliff)
standard temperature (0°C)
Normtemperatur
standardization Standardisierung,
Normierung; Vereinheitlichung,
Normung

standardize standardisieren, normen
(normieren), vereinheitlichen;
(gauge/gage) eichen, kalibrieren
standby Bereitschaft (Gerät); Not...,
Hilfs..., Reserve..., Ersatz...
standby duty/standby service
Bereitschaftsdienst
standby mode Bereitschaftsstellung,
Wartebetrieb, Wartestellung
standby unit Notaggregat
standstill Stillstand
staple *n* **(U-shaped metal loop/metal
brackets)** Heftklammer
staple food/basic food
Grundnahrungsmittel
**staple gun/powered stapler/trigger
tacker** Tacker
staple remover Enthefter,
Klammerentferner, Entklammerer,
Heftklammern-Entferner
stapler Hefter, Heftgerät (Bürohefter)
starch Stärke
starch granule Stärkekorn
star-crack (in glass) Sternriss
start (prepare/mix/make/set up)
ansetzen (z. B. eine Lösung/Versuch)
start up/power up anfahren, anlassen
(Motor); hochfahren (Reaktor)
starter culture (growth medium)
Starterkultur (Anzuchtmedium)
starter medium (growth medium)
Anzuchtmedium
**starting material/basic material/base
material/source material/primary
material** Ausgangsmaterial,
Ausgangsstoff
starvation *n micb* Hungern
starvation phase Auszehrphase
starve *vb micb* hungern, aushungern
state *n* Lage, Stand; (condition)
Status, Zustand
state equation/equation of state
Zustandsgleichung

statement Erklärung, Verlautbarung,
Aussage, Angabe
static *adj/adv* (static charge) statisch,
elektrostatisch
static *n* (static charge) statische
Elektrizität, Ladung
static culture statische Kultur
static current Ruhestrom
static electricity statische Elektrizität
statics (in construction) Statik,
Baustatik
stationary stationär, feststehend
stationary equilibrium stationäres
Gleichgewicht
stationary phase/stabilization phase
(adsorbent) *chromat* stationäre Phase
stationary wave *phys* stehende
Welle, Stehwelle
stationery Schreibwaren; Briefpapier
➢ **letter-head** Briefpapier mit Briefkopf
statistic (statistic value) Kennzahl,
statistische Maßzahl
statistical deviation statistische
Abweichung
statistical distribution statistische
Verteilung
statistical error statistischer Fehler
statistics Statistik
**stator-rotor impeller/Rushton-turbine
impeller** Stator-Rotor-Rührsystem
steady state stationärer Zustand,
gleichbleibender Zustand
steady-state equilibrium
Fließgleichgewicht, dynamisches
Gleichgewicht
steam (water vapor) Dampf
(Wasserdampf)
➢ **exhaust steam** Abdampf
➢ **flash steam** entspannter Dampf
➢ **saturated steam** Sattdampf,
gesättigter Dampf
➢ **superheated steam** überhitzter
Dampf, Heißdampf

➢ **unsaturated steam** ungesättigter Dampf

➢ **wet steam** Nassdampf

steam bath Dampfbad

steam distillation Trägerdampfdestillation

stearic acid/octadecanoic acid (stearate/octadecanate) Stearinsäure, Octadecansäure (Stearat/Octadecanat)

steel Stahl

➢ **high-grade steel/high-quality steel** Edelstahl

➢ **stainless steel** rostfreier Stahl

steel cylinder (gas cylinder) Stahlflasche (Gasflasche)

steep *vb* eintauchen, einweichen, durchtränken, durchdringen

steer/steering steuern (in eine Richtung lenken)

stem cell research Stammzellforschung

stem culture/stock culture Stammkultur, Impfkultur

stencil Zeichenschablone (für Formeln etc.)

step gradient Stufengradient

step-on pail Treteimer (Mülleimer)

step stool Trittschemel, Tritthocker

➢ **rolling step stool** Rollhocker, ‚Elefantenfuß' (runder Trittschemel mit Rollen)

stepladder/step ladder/steps Stehleiter, Treppenleiter, Trittleiter

➢ **folding stepladder/folding step ladder** Klapptrittleiter

stepper motor Schrittmotor, Schrittantriebsmotor, Steppermotor

stereo microscope Stereomikroskop

stereoisomer Stereoisomer

stereoselective stereoselektiv

stereospecificity Stereospezifität

steric/sterical/spacial sterisch, räumlich

steric hindrance sterische Hinderung/ Behinderung

sterile steril; (disinfected) desinfiziert; (infertile) unfruchtbar

sterile bench sterile Werkbank

sterile filter Sterilfilter

sterile filtration Sterilfiltration

sterility/infertility Sterilität, Unfruchtbarkeit

sterilizability Sterilisierbarkeit

sterilizable sterilisierbar

sterilization/sterilizing Sterilisation, Sterilisierung

sterilization in place (SIP) SIP-Sterilisation (ohne Zerlegung, Öffnung der Bauteile)

sterilize sterilisieren, keimfrei machen

sterol Sterin, Sterol

stewpan Schmorpfanne, Kasserole

stick *vb* (adhere: paste/cement) kleben; *med* (by a needle) stechen

stick-and-ball model/ball-and-stick model *chem* Stab-Kugel-Modell, Kugel-Stab-Modell

stick electrode Schweißelektrode, Stabelektrode

stick injury Stichverletzung

sticker Aufkleber

stickiness/tack Klebrigkeit

sticky (glutinous/viscid) klebrig (glutinös)

stiffen versteifen, verstärken; starr machen; verdicken (Flüssigkeiten)

stifling/stuffy stickig

still/distiller/distilling apparatus *dist* Destillierapparat; Destillierkolben

still pot (boiler/distillation boiler flask/reboiler) Blase, Destillierblase, Destillierrundkolben

stillhead (distillation head) Destillieraufsatz, Destillationsaufsatz, Destillierbrücke

stimulate (excite) stimulieren, anregen, beleben

stimulated emission depletion (STED) stimulierte Emissionslöschungs, stimulierte Fluoreszenzauslöschung)

stimulation (excitation) Stimulierung, Anregung, Antrieb, Anreiz, Belebung

stimulus Stimulus, Reiz; (incentive/ stimulant) Anreiz, Ansporn, Stimulans
➢ **external stimulus** Außenreiz
➢ **light stimulus** Lichtreiz

stimulus threshold Reizschwelle

sting *vb* stechen, beißen, brennen

stipend Gehalt (auf Grund eines ‚höheren' Dienstverhältnisses)

stir rühren, umrühren; (agitate) schütteln, aufrühren, aufwühlen; (swirl) umwirbeln, herumwirbeln

stir bar/stirrer bar/stirring bar/ bar magnet/'flea' Magnetstab, Magnetstäbchen, Magnetrührstab, ‚Fisch', Rührfisch

stir bar retriever/stirring bar extractor/'flea' extractor Rührstabentferner, Magnetrührstabentferner, Magnetstabentferner, Magnetstab-Entferner, Magnetheber (zum ‚Angeln' von Magnetstäbchen)

stirred cascade reactor Rührkaskadenreaktor

stirred loop reactor Rührschlaufenreaktor, Umwurfreaktor

stirred-tank reactor Rührkesselreaktor

stirrer (impeller/agitator) Rührer, Rührwerk; (mixer) Mixer, Rührgerät
➢ **hollow stirrer** Hohlrührer
➢ **magnetic stirrer** Magnetrührer
➢ **paddle stirrer/paddle impeller** Schaufelrührer, Paddelrührer

➢ **turbine stirrer/turbine impeller** Turbinenrührer

stirrer bearing Lagerhülse, Rührlagerhülse (Glasaufsatz); Rührerlager, Rührlager (Rührwelle)

stirrer blade Rührerblatt

stirrer gland Rührhülse

stirrer seal Rührverschluss

stirrer shaft Rührerschaft, Rührerwelle, Rührwelle

stirring bar (stirrer bar/stir bar/'flea') Rührstab, Rührstäbchen, Magnetrührstab, Magnetrührstäbchen, Rührfisch, ‚Fisch'

stirring bar extractor/stir bar retriever/'flea' extractor Rührstabentferner, Magnetrührstabentferner, Magnetstabentferner, Magnetstab-Entferner (zum ‚Angeln' von Magnetstäbchen)

stirring hot plate Magnetrührer mit Heizplatte

stirring rod Rührstab (Glasstab)

stochastic optical reconstruction (STORM) stochastische optische Rekonstruktion

stock/store/supply (*meist pl* supplies)/provisions/reserve Material, Stoff, Gut; Vorrat; Lager; Lagerbestand
➢ **on stock** lieferbar
➢ **out of stock** nicht lieferbar
➢ **temporarily out of stock** derzeit nicht lieferbar

stock culture/stem culture Stammkultur, Impfkultur

stock solution Stammlösung, Vorratslösung

stocking density Besatzdichte

stockkeeping/storekeeping (warehousing) Lagerhaltung

stockroom (storage room/repository/warehouse) Lager, Lagerraum, Warenlager

stoichiometric(al) stöchiometrisch

stoichiometry Stöchiometrie

stomach acid – Magensäure

stomach juice/gastric juice Magensaft, Magenflüssigkeit

stomacher (paddle blender homogenizer) Laborhomogenisator

stool Hocker, Schemel, Stuhl

➤ **folding step stool** Klapptritt

➤ **folding stool** Klapphocker, Klappschemel

➤ **step stool** Tritthocker

➤ **swivel stool** Drehhocker

stool/feces Stuhl, Fäzes, Kot (Mensch)

stool sample Stuhlprobe

stop (limit/detent) Anschlag (Endpunkt, Sperre, Stop); Arretierung (z.B. am Mikroskop)

stopcock Absperrhahn, Sperrhahn

➤ **glass stopcock** Glashahn

stopper *vb* stopfen, zustopfen; zustöpseln, mit Stopfen verschließen

stopper (cork) *n* (*Br* bung) Stopfen, Stöpsel (Korken)

➤ **hex-head stopper/hexagonal stopper** Sechskantstopfen

➤ **injection stopper** Durchstechstopfen

➤ **octa-head stopper/octagonal stopper** Achtkantstopfen

➤ **rubber stopper** (*Br* rubber bung) Gummistopfen, Gummistöpsel

➤ **septum stopper** Septum-Stopfen, Septumstopfen

➤ **sleeve stopper/turnover septum stopper/folding skirt stopper/sleeve-type septum stopper** Umdreh-Septum-Stopfen, überstülpbarer Stopfen, Gummistopfen mit umstülpbarem Rand

storability/durability/shelf life Haltbarkeit

storable/durable/lasting haltbar

storage Lager; Speicherung, Aufbewahrung; Lagerung; Stauraum

➤ **interim storage/temporary storage** Zwischenlager

storage bottle Vorratsflasche

storage box Vorratsbox

storage cabinet Vorratsschrank

➤ **flammables storage cabinet** Sicherheitsschrank für brennbare Flüssigkeiten (DIN)

storage chamber Vorratskammer

storage container Sammelbehälter, Sammelgefäß

storage pest Vorratsschädling

storage space Stauraum

storage tank Speichertank, Lagertank

store *vb* (keep/save/preserve) aufbewahren; (save/accumulate) speichern, anreichern, akkumulieren

storehouse/warehouse Lagerhaus, Speicher

storeroom/storage room Abstellraum, Abstellkammer

stowage/storage Stauraum

STP (s.t.p./NTP) (standard temperature 0°C/pressure 1 bar) Normzustand (Normtemperatur & Normdruck)

straight-end distillation einfache/direkte Destillation

strain *vb* belasten, dehnen, spannen; *tech* deformieren, verformen, verziehen; (filter) abseihen, sieben

strain *n* Belastungsursache; Verdehnung; Spannung; (drag) Zug; *micb* Stamm

➢ **aging strain/ageing strain**
Alterungsspannung
➢ **bacterial strain** Bakterienstamm
➢ **elastic strain** elastische
Beanspruchung
➢ **inbred strain** Inzuchtstamm
➢ **reference strain** *micb* Referenzstamm
straining cloth Siebtuch
strap *n* Gurt, Band, Riemen
strapping fabric Bindevlies
stratification (act/process of
stratifying) Schichtenbildung;
(state of being stratified:layering)
Schichtung
stray light Streulicht
streak *vb* (smear) *micb* ausstreichen
(z. B. Kultur)
streak culture/smear culture
Ausstrichkultur, Abstrichkultur
streak formation/streaking/striation
Schlierenbildung
streak-plate method/technique
micb Plattenausstrichmethode
streaky/streaked schlierig
stream *n* (flow: liquid) Strom
stream *vb* (flow) strömen
stress *vb* stressen, belasten
stress *n* Stress, Belastungszustand,
Spannung; Beanspruchung
➢ **material stress**
Werkstoffbeanspruchung
➢ **strain-stress** Dehnungs-Spannung
stressful stressig, anstrengend
stretch *tech/mech* spannen, dehnen,
strecken
stretch film (stretch foil) Stretchfolie
stretcher Trage, Krankentrage
stretching vibration
Streckschwingung
strictly forbidden/strictly prohibited
strengstens verboten
striker (e.g., ignite gas) Anzünder (Gas)
string Schnur

stringency (of reaction conditions)
Stringenz (von
Reaktionsbedingungen)
stringent conditions stringente
(strenge) Bedingungen
stripping column *dist* Abtriebsäule,
Abtreibkolonne
stripping section *dist* Abtriebsteil
(Unterteil der Säule)
stroboscope (strobe/strobe light)
Stroboskop
stroke Schlag; Hub, Kolbenhub;
Hubhöhe; Takt
strong ion difference (SID)
Starkionendifferenz
strontium (Sr) Strontium
structural analysis Strukturanalyse
structural formula Strukturformel
structure Struktur
structure elucidation
Strukturaufklärung
stuffing gland/packing box seal
Stopfbuchse
(Rührer:Wellendurchführung)
stupefacient *adj/adv* (stupefying/
narcotic/anesthetic) betäubend,
narkotisch, anästhetisch
stupefacient *n* (narcotic/narcotizing
agent/anesthetic/anesthetic agent)
Betäubungsmittel, Narkosemittel,
Anästhetikum
stupefaction (narcosis/anesthesia)
Betäubung, Narkose, Anästhesie
stupefy (narcotize/anesthetize)
betäuben, narkotisieren,
anästhesieren
sturdy robust, kräftig, stabil
stylet/stiletto Stilett
styptic/hemostatic (astringent)
blutstillend (adstringent)
styrene Styrol, Styren
styrene-butadiene rubber (SBR)
Styrol-Butadien-Kautschuk

subbituminous coal
Glanzbraunkohle, subbituminöse
Kohle

subculture/passage (of cell culture)
Subkultur, Subkultivierung, Passage
(einer Zellkultur)

subculture *vb micb* abimpfen

subcutis Unterhaut,
Unterhautbindegewebe, Subcutis,
Tela subcutanea

subdivide(d) untergliedern
(untergliedert), unterteilen
(unterteilt)

subdivision Untergliederung,
Unterteilung

sublethal subletal

sublimate *vb* sublimieren

sublimation Sublimation

submerge (submerse) untertauchen,
eintauchen

submerged culture Submerskultur,
Eintauchkultur

submersible (pump) tauchfähig

subordinate/submit *vb* unterordnen

subsample *stat* Teilstichprobe

subset selection *stat*
Teilmengenauswahl

substage illuminator *micros*
Ansteckleuchte

substance mixture Substanzgemisch

substitute *n* (replacement) Ersatz;
(substitute substance/Material)
Ersatzstoff, Austauschstoff

substitute *vb* substituieren,
(replace) ersetzen, austauschen,
auswechseln; (substitute A for B) A
anstelle von B einsetzen, B durch A
ersetzen

substitute name Ersatzname

substitute substance Ersatzstoff,
Austauschstoff

substitution Substitution, Austausch;
Einsetzung, Ersatz, Ersetzen

substitution therapy Ersatztherapie

substrate Substrat; *micb* Nährboden

➢ **following substrate** Folgesubstrat

➢ **leading substrate** Leitsubstrat

substrate constant *(K$_s$)*
Substratkonstante

substrate inhibition
Substrathemmung,
Substratüberschusshemmung

substrate recognition
Substraterkennung

substrate saturation Substratsättigung

substrate specificity Substratspezifität

subtyping Subtypisierung

subunit (component) Untereinheit,
Komponente

subunit vaccine
Komponentenimpfstoff,
Spaltimpfstoff, Spaltvakzine,
Subunitimpfstoff, Subunitvakzine

succinic acid (succinate)
Bernsteinsäure (Succinat)

suck saugen, ansaugen

suck in/draw in einsaugen,
aufsaugen

suck-back Einsaugen (Rückschlag:
Wasserstrahlpumpe etc.)

sucrose (beet sugar/cane sugar)
Saccharose, Sucrose (Rübenzucker/
Rohrzucker)

suction Saugen, Ansaugen;
Sog, Unterdruck; Saugwirkung,
Saugleistung; Absaugen, Aufsaugen

suction-cup feet Saugfüßchen

suction disk Saugnapf, Saugscheibe

**suction filter/suction funnel/vacuum
filter (Buechner funnel)**
Filternutsche, Nutsche
(Büchner-Trichter)

suction filtration Saugfiltration

**suction flask (filter flask/filtering
flask/vacuum flask/aspirator bottle)**
Saugflasche, Filtrierflasche

suction force Saugkraft
suction funnel/suction filter/vacuum filter (Buechner funnel) Filternutsche, Nutsche (Büchner-Trichter)
suction head Ansaughöhe
suction lift Ansaugtiefe
suction pipet (patch pipet) Saugpipette
suction pump/aspirator pump/vacuum pump Saugpumpe, Vakuumpumpe
suction stroke (pump) Ansaugpuls, Saughub
suction tension Saugspannung
suction valve Saugventil
suds Seifenschaum, Seifenwasser; Schaum
sudsing agent Schäumer, Schäumungsmittel
sudsy schaumig
suet (from abdominal cavity of ruminants) Talg
suffocate ersticken
suffocation Ersticken
suffuse übergießen, überströmen; (Licht) durchfluten
sugar Zucker
➤ **amino sugar** Aminozucker
➤ **blood sugar** Blutzucker
➤ **cane sugar/beet sugar/table sugar/sucrose** Rohrzucker, Rübenzucker, Saccharose, Sukrose, Sucrose
➤ **double sugar/disaccharide** Doppelzucker, Disaccharid
➤ **fruit sugar/fructose** Fruchtzucker, Fruktose
➤ **grape sugar/glucose/dextrose** Traubenzucker, Glukose, Glucose, Dextrose
➤ **high fructose corn syrup** Isomeratzucker, Isomerose
➤ **invert sugar** Invertzucker

➤ **malt sugar/maltose** Malzzucker, Maltose
➤ **milk sugar/lactose** Milchzucker, Laktose
➤ **multiple sugar/polysaccharide** Vielfachzucker, Polysaccharid
➤ **raw sugar/crude sugar (unrefined sugar)** Rohzucker
➤ **single sugar/monosaccharide** Einfachzucker, einfacher Zucker, Monosaccharid
➤ **table sugar/cane sugar/beet sugar/sucrose** Rohrzucker, Rübenzucker, Saccharose, Sukrose, Sucrose
➤ **wood sugar/xylose** Holzzucker, Xylose
sugar-containing zuckerhaltig
suicide inhibition Suizidhemmung
suicide substrate Selbstmord-Substrat
sulfa drug/sulfonamide Sulfonamid
sulfanilic acid/p-aminobenzenesulfonic acid Sulfanilsäure
sulfate Sulfat
sulfonation flask Sulfierkolben
sulfur (S) Schwefel
sulfur compound Schwefelverbindung, schwefelhaltige Verbindung
sulfurated/sulfuretted geschwefelt, Schwefel... (mit Schwefel verbunden)
sulfuric Schwefel...
sulfuric acid H_2SO_4 Schwefelsäure
sulfuricants Sulfurikanten
sulfuring Schwefeln, Schwefelung
sulfurize (e.g., vats) schwefeln (Fässer)
sulfurous schweflig, schwefelig (vierwertigen Schwefel enthaltend); (sulfur-containing) schwefelhaltig
sulfurous acid H_2SO_3 schweflige Säure, Schwefligsäure

sum *n* (total) Summe, Gesamtheit

sump Sammelbehälter, Sammelgefäß; (cesspit/cesspool/soakaway *Br*) Senkgrube, Sickergrube

sunscreen lotion Lichtschutzmittel

sunstroke Sonnenstich; (heatstroke) Hitzschlag

superacid Supersäure

supercharge *vb* überladen; vorverdichten

supercoiled superspiralisiert, superhelikal, überspiralisiert

supercoiling Überspiralisierung

superconductive supraleitend

superconductivity Supraleitung, Supraleitfähigkeit

supercool *vb* unterkühlen

supercooling Unterkühlung

supercritical (gas/fluid) überkritisch (Gas/Flüssigkeit); *nucl* superkritisch

supercritical fluid chromatography (SFC/SCFC) überkritische Fluidchromatografie, superkritische Fluid-Chromatografie, Chromatografie mit überkritischen Phasen (SFC)

supercritical fluid extraction (SFE/SCFE) Fluidextraktion, Destraktion, Hochdruckextraktion (HDE)

superficial (on the surface) oberflächlich

superheat/overheat überhitzen

superheating/overheating Überhitzen, Überhitzung

superimpose überlagern, überdecken

superior höher, höher stehend, besser; (dominant) überlegen, überragend, vorherrschend, dominant

superior performance überragende/hervorragende Leistung

superior quality beste Qualität

superiority/dominance Überlegenheit, Dominanz

supernatant *n* Überstand

supersaturated übersättigt

supersaturation Übersättigung

supervise beaufsichtigen, überwachen, kontrollieren

supervision Aufsicht, Überwachung, Beaufsichtigung, Kontrolle

supervisor Aufseher, Kontrolleur; leitender Beamter; Chef; Doktorvater

supervisory function Kontrollfunktion

supple geschmeidig; (elastic) biegsam, elastisch

supplier (vendor/supply house) Lieferant; (for accessories) Zubehörlieferant; (distributor) Vertrieb

supplier catalog/distributor catalog Händlerkatalog

supplies Zubehör

supplies storage/supplies 'shop'/'supplies' Zubehörlager

supply *n* Versorgung; (influx) Zufuhr; (shipment/delivery/consignment) Lieferung, Zulieferung

supply *vb* liefern; (feed/pipe in/let in) zuleiten

➢ **supply with blood/vascularize** durchbluten

supply line/utility line/service line Versorgungsleitung

supply pressure (HPLC) Eingangsdruck

support *n* Stütze, Träger; Unterstützung; *chem* Stativ; Trägermaterial, Trägersubstanz

support *vb* stützen, unterstützen, tragen, helfen

support base Stativplatte

support clamp Stativklemme

support rod Stativstab

support stand/ring stand/retort stand Stativ, Bunsenstativ

suppress supprimieren, unterdrücken, zurückdrängen

suppressible supprimierbar,
unterdrückbar

suppression Suppression,
Unterdrückung

supravital dye/supravital stain
Supravitalfarbstoff

supravital staining Supravitalfärbung

surface Oberfläche

➤ **interface** Grenzfläche,
Trennungsfläche; *electr*
Schnittstelle; Nahtstelle

surface-active grenzflächenaktiv,
oberflächenaktiv

surface culture Oberflächenkultur

surface labeling
Oberflächenmarkierung

surface plasmon resonance (SPR)
Oberflächenplasmonresonanz

surface runoff Oberflächenabfluss

surface tension
Oberflächenspannung,
Grenzflächenspannung

surface-to-volume ratio Oberflächen-
Volumen-Verhältnis

surfactant oberflächenaktive
Substanz, Entspannungsmittel;
(detergent) Tensid

surge *n* Woge, Welle; *electr*
Spannungsstoß, Stromstoß

surge *vb electr* plötzlich ansteigen,
emporschnellen

surge protector/surge suppressor
Überspannungsschutz,
Überspannungsfilter

surgeon Chirurg

surgeon's gown Operationskittel

surgeon's mask Operationsmaske

surgery Chirurgie; chirurgischer/
operativer Eingriff

surgical instruments
Operationsbesteck, OP-Besteck,
chirurgische Instrumente

surgical mask Operationsmaske,
chirurgische Schutzmaske

surgical scissors chirurgische
Schere

surplus Überschuss, Überangebot

surplus production
Überschussproduktion

surrogate Surrogat, Ersatz,
Ersatzstoff

surroundings/environs/environment
Umgebung

survey *n* Inspektion, Untersuchung,
Begutachtung, Schätzung; Umfrage;
math/stat Erhebung

survey *vb* untersuchen, begutachten,
betrachten; *math/stat* erheben, eine
Erhebung vornehmen

survival Überleben

survive überleben

survivorship curve Überlebenskurve

susceptibility Empfindlichkeit,
Anfälligkeit

susceptible empfindlich, anfällig

suspected toxin Verdachtsstoff

suspend suspendieren (schwebende
Teilchen in Flüssigkeit); *chem*
(slurry/slurrying) aufschlämmen;
(hang) aufhängen

suspended condenser/cold finger
Einhängekühler, Kühlfinger

suspended particle Schwebeteilchen

**suspended substance (suspended
matter)** Schwebstoff(e)

suspension (slurry) Suspension,
Aufschlämmung

sustained yield Nachhaltigkeit,
nachhaltiger Ertrag

suture *n med* Naht; Nahtmaterial,
Faden

suture needle chirurgische Nadel

swab Abstrich; Abstrichtupfer

➤ **buccal swab** Wangenabstrich

➤ **to take a swab** einen Abstrich
machen

swallow *vb* schlucken

swallowing Schlucken

swan-necked flask/S-necked flask/ gooseneck flask
Schwanenhalskolben

sweat *n* (perspiration) Schweiß

sweat *vb* (perspire) schwitzen

sweating/perspiration/hidrosis
Schwitzen

sweep *n* Einzeldurchlauf, Abtastung; Abtaststrahl; Zeitablenkung (Oszillograph)

sweep *vb* absuchen; scannen, abtasten

sweep (up) kehren, fegen

sweep coil (NMR) Sweep-Spule, Ablenkspule, Kippspule

sweep generator
electr Kippgenerator; Frequenzwobbler

sweep voltage Kippspannung

sweet süß

sweetener Süßstoff

sweetness Süße

swell/swelling/turgescent schwellen, anschwellen, turgeszent

swelling Schwellung; (turgescence) Turgeszenz

SWIFT (Structured What-If Technique)
Strukturierte was-wäre-wenn-Technik

swing phase/suspension phase
Schwingphase

swing-out rotor/swinging-bucket rotor/swing-bucket rotor
Ausschwingrotor

swirl schwenken (Flüssigkeit in Kolben), wirbeln

switch *n* Schalter; Weiche; Umstellung, Wechsel

➢ **on-off switch** An-Aus-Schalter, An-/Aus-Schalter, Ein-Aus-Schalter, Ein/Aus-Schalter

➢ **rotary switch/torque switch**
Drehschalter

➢ **toggle switch (rocker)** Kippschalter

switch *vb* schalten; wechseln, umstellen

➢ **switch on/off** anschalten/ abschalten; anstellen/abstellen

switch gear Schaltvorrichtung, Schaltgetriebe, Schaltwerk

switchboard Schaltanlage; Telefonzentrale; (electrical control panel) Schalttafel

swivel sich drehen, schwenken; drehbar, schwenkbar

swivel casters Schwenkrollen, Lenkrollen, Schwenkrollfüße

swivel chair Drehstuhl

swivel nut/coupling nut/mounting nut/cap nut Überwurfmutter, Überwurfschraubkappe (z. B. am Rotationsverdampfer)

swivel stool Drehhocker

symmetry Symmetrie

synchronous culture Synchronkultur

syndrome/complex of symptoms
Syndrom, Symptomenkomplex

synergist/booster Synergist (Promoter/Aktivator)

syngas Syngas, Synthesegas

synthesis Synthese; (preparation) Darstellung

➢ **biosynthesis** Biosynthese

➢ **de-novo-synthesis** Neusynthese, de-novo Synthese

➢ **semisynthesis** Halbsynthese

synthesize synthetisieren, künstlich herstellen; (prepare) herstellen; *chem* darstellen

synthetic synthetisch

synthetic reactions (metabolism/ anabolism)
Synthesestoffwechsel, Anabolismus

syringe (hypodermic syringe)
Spritze

➢ **disposable syringe** Einwegspritze

➢ **hypodermic syringe**
Injektionsspritze

syringe connector Nadeladapter

syringe filter Spritzenvorsatzfilter,
Spritzenfilter

syringe needle/syringe cannula
Injektionsnadel, Spritzennadel,
Spritzenkanüle

syringe piston/plunger
Spritzenkolben, Stempel, Schieber

syringe pump Spritzenpumpe

systematic systematisch

systematic error/bias systematischer
Fehler, Bias

systematics Systematik

systemic systemisch

systems analysis
Systemanalyse

systems biology Systembiologie

T

T-purge (gas purge device) Spülventil
(Inertgas)

table Tisch; Tabelle, Tafel

➢ **laboratory table/laboratory
workbench/lab bench** Labortisch,
Labor-Werkbank

➢ **life table** Sterbetafel

➢ **nutrient table/food composition
table** Nährwert-Tabelle

➢ **periodic table (of the elements)**
Periodensystem (der Elemente)

➢ **timetable** Stundenplan, Zeitplan,
Fahrplan, Zeittabelle

➢ **weighing table** Wägetisch

➢ **worktable** Arbeitstisch

**table salt/common salt/rocksalt
(NaCl)** Kochsalz

**table sugar/cane sugar/beet sugar/
sucrose** Rohrzucker, Rübenzucker,
Saccharose, Sukrose, Sucrose

**tabletop centrifuge/benchtop
centrifuge (multipurpose
centrifuge)** Tischzentrifuge

tablet Tablette

tabulate tabellarisieren, tabellarisch
darstellen, tabellieren

tack *vb* heften, kleben, aneinander
heften/fügen, verbinden

tack *n* Stift (Metallstift); (pin) Nadel;
(nail) Nagel; Klebrigkeit, Klebkraft;
(autohesion) Eigenklebrigkeit,
Autohäsion; (inherent)
Selbsthaftung

➢ **thumb tack** Reißnagel

tackle (pulley) Flaschenzug,
Rollenzug

tacky/sticky klebrig (zäh)

tag *vb* etikettieren, markieren,
beschildern (kennzeichnen);
anfügen, anhängen

tag *n* (for identification) Etikett,
Plakette, Anstecker, Abzeichen,
Schildchen

➢ **name tag** Namensetikett,
Namensschildchen

tagged molecule markiertes Molekül

tail (e.g., of a molecule) Schwanz

tailing(s)/tails Überlauf, Überlaufgut;
Restbrühe; *dist* Nachlauf, Ablauf;
chromat Schwanzbildung,
Signalnachlauf

take up/take in einnehmen, zu sich
nehmen

tallow (extracted from animals) Talg

tally chart Strichliste

tally counter Zähler (Handzähler),
Zählwerk

tamp *vb* stopfen, hinein stopfen,
hinein drücken, feststampfen

tampon/plug/pack *vb* tamponieren

tan *vb* gerben, beizen; bräunen

tandem mass spectrometry (MS/MS)
Tandem-Massenspektrometrie

tangential section Tangentialschnitt; (wood) Sehnenschnitt

tank (vessel) Tank, Kessel, großer (Wasser)Behälter, Becken, Zisterne

➢ **storage tank** Speichertank, Lagertank, Vorratsbehälter, Speicherbehälter

tank car/tank truck (Schiene: rail tank car) Kesselwagen (Chemikalientransport)

tannate (tannic acid) Tannat (Gerbsäure)

tannic acid (tannate) Gerbsäure (Tannat)

tanniferous gerbsäurehaltig, gerbstoffhaltig

tannin (tanning agent) Tannin (Gerbstoff)

tanning Gerben

tanning agent/tannin Gerbstoff

tap n Zapfen, Spund, Hahn; Ausgießhahn; (tool for forming an internal screw thread) Gewindebohrer; med Punktion

tap vb zapfen, anzapfen

tap aerator/faucet aerator/tap spout aerator nozzle Strahlregler, Luftsprudler, Mischdüse

tap grease Hahnfett

tap water Leitungswasser

tape Band (Klebeband/Messband etc.)

➢ **adhesive tape** Klebeband

➢ **autoclave tape/autoclave indicator tape** Autoklavier-Indikatorband

➢ **barricade tape** Absperrband, Markierband

➢ **carpet tape (double-sided tape)** Teppichband, Verlegeband

➢ **cloth tape** Gewebeband, Textilband (einfach)

➢ **duct tape (polycoated cloth tape)/duck tape** Panzerband,

Gewebeband, Gewebeklebeband, Duct Gewebeklebeband, Universalband, Vielzweckband

➢ **electric tape (insulating tape/ friction tape)** Elektro-Isolierband

➢ **filament tape** Filamentband

➢ **gaffa tape/gaffer tape/gaffers tape** Gaffaband, Gafferband

➢ **insulating tape/duct tape** Isolierband

➢ **label tape** Etikettierband

➢ **magnetic tape** Magnetband

➢ **masking tape** Kreppband

➢ **mounting tape** Montageband

➢ **packaging tape** Verpackungsklebeband

➢ **painters tape** Malerband, Malerabdeckband, Malerklebeband

➢ **plumbers tape/thread seal tape** Gewindedichtungsband, Gewindedichtband, Gewindeabdichtungsband, Gewindedichtband

➢ **sealing tape** Dichtungsband, Dichtband, Siegelband, Versiegelungsband

➢ **Teflon tape** Teflonband

➢ **thread seal tape/plumbers tape** Gewindedichtungsband, Gewindedichtband, Gewindeabdichtungsband, Gewindedichtband

➢ **warning tape** Signalband, Warnband

tape dispenser Abroller

tape rule/tape measure Bandmaß, Messband

taper (tapering/tapered) zuspitzen (konisch machen); spitz zulaufen, sich verjüngen

tapered joint Kegelschliff, Kegelschliffverbindung

tare *n* (weight of container/ packaging) Tara (Gewicht des Behälters/der Verpackung)

tare *vb* (determine weight of container/packaging as to substract from gross weight:set reading to zero) tarieren, austarieren (Waage: Gewicht des Behälters/Verpackung auf Null stellen)

target *n* Ziel, Soll (Plan/Leistung/ Produktion); (quota) Quote

target *vb* anvisieren, anpeilen, ins Auge fassen, planen

target date Stichtag, Termin

target group Zielgruppe

targeted therapy zielgerichtete Therapie

taring (determining weight of container/packaging in order to substract from gross weight) Tarieren

tarnish *vb* matt machen, trüben, mattieren, anlaufen, blind machen beschlagen

tartar Weinstein, Tartarus (Kaliumsalz der Weinsäure); *med* Zahnstein

tartaric acid (tartrate) Weinsäure, Weinsteinsäure (Tartrat)

taste *n* Geschmack

taste *vb* schmecken

taut straff, gespannt, stramm

➤ **clamp taut** *vb polym* straff einspannen

taut wire Zugdraht

tautomeric shift tautomere Umlagerung

tautomerism Tautomerie

taxidermist Präparator, Tierpräparator

teaching laboratory/educational laboratory Lernlabor

tear *n* Träne

tear *vb* reißen, zerren; zerreißen; tränen

tearproof zerreißfest

technical technisch

technical inspection agency/authority (technical supervisory association) Technischer Überwachungsverein (TÜV)

technician Techniker

➤ **laboratory technician/lab technician/technical lab assistant** Laborassistent(in), technische(r) Assistent(in)

technique/technic Technik (einzelnes Verfahren/Arbeitsweise)

technologic(al) technologisch

technology Technik, Technologie (Wissenschaft)

technology assessment Technikfolgenabschätzung

Teclu burner Teclu-Brenner

Teflon tape Teflonband

teichoic acid Teichonsäure

teichuronic acid Teichuronsäure

tellurium (Te) Tellur

temper tempern; (Glas) verspannen, vorspannen, härten

temperate (moderate) gemäßigt

temperature Temperatur

➤ **ambient temperature** Umgebungstemperatur

➤ **body temperature** Körpertemperatur

➤ **boiling temperature** Siedepunkt

➤ **cardinal temperature** Vorzugstemperatur

➤ **ceiling temperature** *polym* Ceiling-Temperatur (meist nicht übersetzt), Gipfeltemperatur

➤ **disintegration temperature/ decomposition temperature** Zersetzungstemperatur

> fluctuation of temperature
> Temperaturschwankung
> glass-transition temperature T_g
> *polym* Glasübergangstemperatur
> ignition point/kindling
> temperature/flame
> temperature/flame point
> Zündpunkt, Zündtemperatur,
> Entzündungstemperatur
> liquidus temperature
> Liquidustemperatur
> melting temperature
> Schmelztemperatur
> operating temperature
> Arbeitstemperatur
> phase transition temperature
> Phasenübergangstemperatur
> reference temperature
> Bezugstemperatur
> room temperature/ambient
> temperature Raumtemperatur
> sensitivity to temperature
> Temperaturempfindlichkeit
> spontaneous-ignition temperature
> (SIT) Selbstenzündungstemperatur
> transition temperature
> Übergangstemperatur

temperature controller
Temperaturregler

temperature-dependent
temperaturabhängig

temperature gradient
Temperaturgradient

temperature-gradient apparatus
ecol Temperaturorgel

temperature gradient gel
electrophoresis
Temperaturgradienten-Gelelektrophorese

temperature sensor
Temperaturfühler

tempered *tech* /*metal* gehärtet

tempered glass/resistance glass
Hartglas

tempering beaker (jacketed beaker)/
cooling beaker/chilling beaker
Temperierbecher, Becher(glas) mit
Temperiermantel

template Matrize; Schablone

temporary arrangement
Übergangsregelung,
Übergangslösung

temporary hardness (of water)
vorübergehende Härte

temporary storage/interim
storage Zwischenlager

temporary worker (aid/helper/
employee/personnel) Aushilfe,
Hilfspersonal

tenacious zäh, hartnäckig; klebrig;
reißfest, zugfest

tenacity Zähigkeit; Festigkeit;
Klebrigkeit; Reißfestigkeit,
Zugfestigkeit

tender/fragile zart, weich, mürbe;
(fragile) empfindlich, zerbrechlich

tensile force Zugkraft

tensile strength Zugfestigkeit,
Zerreißfestigkeit, Reißfestigkeit (Holz)

tension Spannung; Druck,
Spannkraft, Zugkraft; (suction/
pull) Zug, Sog (z. B. in der physiol.
Wasserleitung)

tension spring Zugfeder, Spannfeder

tensioning Strecken, Spannen,
Anspannen, Ziehen

tensioning tool/tensioning gun (cable
ties/wrap-it-ties) Spannzange
(für Kabelbinder/Spannband)

teratogenic teratogen,
Missbildungen verursachend

term Ausdruck, Fachausdruck,
Begriff; Zeit, Dauer; (of a contract)
Laufzeit (eines Vertrages), Termin

terminal *adj/adv* (terminate) end...,
letzt; begrenzend, endständig
terminal *n electr* Pol (Pluspol bzw.
Minuspol), Anschlussklemme,
Klemmschraube, Endstecker,
Kabelschuh
terminal amplifier Endverstärker
**terminal crimper/terminal crimping
pliers/terminal crimping tool**
Aderendhülsenzange
terminal voltage/terminal potential
Klemmspannung
terminology Fachsprache,
Fachterminologie,
Fachbezeichnungen, Terminologie
terminus Terminus, Ende (Molekülende)
territory/range Gebiet, Revier,
Bereich, Wohnbezirk, Territorium
tertiary structure (proteins)
Tertiärstruktur
test *n* Test, Prüfung, Untersuchung,
Probe, Messung
test *vb* testen, prüfen, messen
test data Prüfdaten
test medium Testmedium,
Prüfmedium (zur Diagnose)
test procedure/testing procedure
Testverfahren
test report Prüfbericht
test results (of an investigation)
Ermittlungsergebnisse
test run Trockenlauf, Probelauf
test solution (solution to be analyzed)
Untersuchungslösung, Prüflösung
test tube (glass tube/assay tube)
Reagensglas
➢ **side-arm test tube** Reagensglas mit
seitlichem Ansatz
test-tube brush Reagensglasbürste
test-tube holder Reagensglashalter
test-tube rack Reagensglasständer,
Reagensglasgestell

testability Prüfbarkeit
testcross *gen* Testkreuzung
**tester/testing device/checking
instrument** Prüfgerät, Prüfer,
Testvorrichtung; *gen* Testpartner
testing Prüfung, Prüfen,
Untersuchung; Testverfahren
➢ **nondestructive testing (NDT)**
zerstörungsfreie Prüfung
testing device Prüfgerät; Prüfmittel
testing equipment/apparatus
Untersuchungsgerät
testing laboratory Prüflabor
testing procedure (audit procedure)
Prüfverfahren
tether binden, anbinden,
zusammenbinden
tetrahedral tetraedrisch, vierflächig
tetrahedral intermediate
tetraedrisches Zwischenprodukt
tetravalent vierwertig
textile fiber Textilfaser
textile finishing
Textilveredlung
thaw *vb* auftauen
thawing Auftauen
theoretic(al) theoretisch
theoretical physics Theoretische
Physik
theoretical plates *dist/chromat*
theoretische Böden
theory Theorie
thermal analysis Thermoanalyse,
thermische Analyse
thermal conductance (*C*)
Wärmedurchgangszahl
thermal conductivity
Wärmeleitfähigkeit
thermal conductivity detector (TCD)
Wärmeleitfähigkeitsdetektor,
Wärmeleitfähigkeitsmesszelle
(WLD)

thermal degradation Wärmeabbau, Wärmezersetzung, thermischer Abbau

thermal efficiency Wärmewirkungsgrad, thermischer Wirkungsgrad

thermal insulation Wärmeisolierung

thermal radiation Wärmestrahlung

thermal shock resistance Temperaturwechselbeständigkeit, Temperaturschockbeständigkeit

thermic thermisch, Wärme..., Hitze...

thermistor/thermal resistor (heat-variable resistor) Thermistor

thermobalance Thermowaage

thermocouple Thermoelement

thermocouple probe Thermoelementsonde

thermodynamics Thermodynamik

> **first/second/third law of thermodynamics** 1./2./3. Hauptsatz (der Thermodynamik)

thermogravimetry (TG) (=thermogravimetric analysis) Thermogravimetrie (TG) (=thermogravimetrische Analyse)

thermoionic detector (TID) thermoionischer Detektor

thermolysis Thermolyse

thermomechanical analysis (TMA) thermomechanische Analyse

thermometer Thermometer

> **bimetallic thermometer/bimetal thermometer** Bimetallthermometer

> **enclosed-scale thermometer** Einschlussthermometer

> **gas thermometer** Gasthermometer

> **immersion thermometer** Tauchthermometer

> **infrared thermometer** Infrarot-Thermometer

> **liquid-in-glass thermometer** Flüssigkeits-Glasthermometer

> **mercury-in-glass thermometer** Quecksilberthermometer

> **noise thermometer** Rauschthermometer

> **pocket thermometer** Taschenthermometer

> **probe thermometer** Einstichthermometer

> **pyrometer** Pyrometer, Hitzemessgerät

> **quartz thermometer** Quarzthermometer

> **stem thermometer** Stabthermometer

> **vapor pressure thermometer** Dampfdruckthermometer

> **wet-bulb thermometer** Nassthermometer, Verdunstungsthermometer

thermometer adapter/inlet adapter Thermometeradapter

thermophilic wärmesuchend, thermophil

thermophobic hitzemeidend, thermophob

thermopile Thermokette, Thermosäule

thermoplastic Thermoplast

thermoregulation Thermoregulation

thermoregulator Thermoregler, Wärmeregler

thermos Thermoskanne, Thermosflasche

thermospray Thermospray

thermostability/thermal stability Thermostabilität, Hitzestabilität, Hitzebeständigkeit

thermostat Thermostat

thermowell (for thermocouples) Thermoelement-Schutzrohr, Thermohülse

thicken eindicken, verdicken; verdichten, verstärken

thickener Dickungsmittel, Verdickungsmittel, Eindicker

thickening Verdickung, Eindickung; Eindickmittel

thickening agent Verdickungsmittel, Eindickungsmittel

thief/thief tube/sampling tube (pipet) Stechheber

Thiele tube Schmelzpunktbestimmungsapparat nach Thiele

thimble Fingerhut

thin *adj/adv* dünn; dünnflüssig

thin *vb* ausdünnen

thin-layer chromatography (TLC) Dünnschichtchromatografie (DC)

thin section/microsection Dünnschnitt

thinner Verdünner, Verdünnungsmittel

thinning Ausdünnen, Ausdünnung

thiocarbonic acids Thiocarbonsäuren

thiocyanic acid Thiocyansäure

thiourea Thioharnstoff

thistle tube funnel/thistle top funnel tube Glockentrichter (Fülltrichter für Dialyse)

thixotropy Thixotropie

thoracic respiration/costal breathing Brustatmung, Thorakalatmung

thoroughness Gründlichkeit; Vollkommenheit

thread Faden; *tech/mech* Gewinde (Schrauben, Bolzen, Rohre etc.)

➢ **British Standard Pipe (BSP) thread/fittings** Britisches Standard Gewinde

➢ **external thread/male thread** Außengewinde

➢ **internal thread/female thread** Innengewinde

➢ **National Pipe Thread (NPT)** NPT-Gewinde, NPT-Rohrgewinde (U.S. Standard Gewinde: in Zoll)

➢ **screw thread** Schraubgewinde, Schraubengewinde

➢ **Unified Fine Thread (UNF)** UNF-Feingewinde

thread sealing tape/thread seal tape/plumbers tape Gewindeabdichtungsband, Gewindedichtband

thread sealing cord/pipe sealing cord Gewindeabdichtungsfaden, Gewindedichtfaden

threaded mit Gewinde

threaded socket (connector/nozzle) Gewindestutzen

threaded top Schraubgewindeverschluss

threat/endangerment Bedrohung

three-dimensional structure/spatial structure Raumstruktur, räumliche Struktur

three-finger clamp Dreifinger-Klemme

three-neck flask Dreihalskolben

three-prong... Dreizack...; *electr* Dreipol...

three-way adapter/distillation head/stillhead Destillieraufsatz, Destillierbrücke

three-way cock/T-cock/three-way tap Dreiweghahn, Dreiwegehahn

three-way connection/three-way adapter Dreiwegverbindung

threshold Schwelle (z .B. Reizschwelle/Geschmacksschwelle etc.), Grenzwert

threshold concentration Schwellenkonzentration

threshold current Schwellenstrom

threshold effect Schwelleneffekt

threshold limit value (TLV) (*US*: by ACGIH) maximale Arbeitsplatzkonzentration (nicht identisch mit MAK: DFG)

threshold value/threshold limit value (TLV) Schwellenwert, Grenzwert

thrive/flourish gedeihen, florieren

throttle *n* (choke) Drossel

throttle *vb* (choke/slow down/dampen) drosseln, herunterfahren, dämpfen

throttle valve Drosselventil; (damper) Drosselklappe

throughput Durchsatz, Durchsatzmenge; *electr* Durchgang

throughput rate Durchsatzrate, Durchsatzleistung; (transfer rate) Übertragungsrate (im Datentransfer)

throwaway society Wegwerfgesellschaft

thrust Schub, Vortrieb, Anschub
➤ **forward thrust** Schubkraft, Vortriebkraft

thumbscrew Flügelschraube

tidal volume Atemzugvolumen

tidy up/clean up sauber machen, aufräumen; aufputzen

tie *vb* schnüren, binden, zubinden

tight dicht, fest, eng; unbeweglich, festsitzend; (tightly closed/sealed tight) fest verschlossen

tightness/proofness Dichtigkeit, Dichtheit

tile Fliese; Kachel
➤ **floor tile** Bodenfliese

tiled gefliest (mit Fliesen ausgelegt); gekachelt

tiled floor/tiling Fliesenfußboden

timber Nutzholz, Bauholz, Schnittholz; Nutzholzbäume

timber industry holzverarbeitende Industrie

time averaging Time-averaging, Zeitmittlung

time frame zeitlicher Rahmen

time-of-flight mass spectrometry (TOF-MS) Flugzeit-Massenspektrometrie (FMS)

time-resolved zeitaufgelöst

time-weighted average zeitgewichtetes Mittel

timer Zeitschaltuhr, Zeitschalter, Schaltuhr; (Stoppuhr) stopwatch

timekeeping Zeitmessung, Zeitkontrolle, Zeitnahme

timetable Zeitplan, Fahrplan, Programm

tin (Sn) Zinn; Weißblech; (*Br*) Blechdose

tincture Tinktur

tinfoil (aluminum foil) Stanniol (Aluminiumfolie/Alufolie)

tingibility Anfärbbarkeit

tint Farbe, Farbton, Tönung, Schattierung

tinware Weißblechwaren

tip over umstoßen, umkippen, umwerfen

Tirrill burner Tirrill-Brenner

tissue Gewebe, Stoff; Taschentuch
➤ **cleansing tissue** Reinigungstuch (Papier)
➤ **kitchen tissue (kitchen paper towels)** Küchenrolle, Haushaltsrolle, Tücherrolle, Küchentücher, Haushaltstücher
➤ **lens tissue** *micros* Linsenpapier, Linsenreinigungspapier
➤ **paper tissue** Papiertaschentuch

tissue culture Gewebekultur

tissue culture flask Gewebekulturflasche, Zellkulturflasche

tissue forceps Gewebepinzette

tissue paper Seidenpapier; Papierhandtuch

titanium (Ti) Titan

titer Titer

titrant Titrationsmittel, Titrant
titrate titrieren
titration Titration
➢ **acid-base titration** Säure-Basen-
   Titration, Neutralisationstitration
➢ **acidimetry** Acidimetrie
➢ **alkalimetry** Alkalimetrie
➢ **amperometric titration**
   amperometrische Titration,
   Amperometrie
➢ **back titration** Rücktitration
➢ **complexometric titration/**
   complexometry komplexometrische
   Titration, Komplexometrie
➢ **conductometric titration/**
   conductometry konduktometrische
   Titration, Konduktometrie,
   Leitfähigkeitstitration
➢ **coulometric titration/coulometry**
   coulometrische Titration,
   Coulometrie
➢ **end point/point of neutrality**
   Äquivalenzpunkt
➢ **end-point dilution technique**
   Endpunktverdünnungsmethode
   (Virustitration)
➢ **flow-injection titration**
   Fließinjektions-Titration
➢ **inflection point** Umschlagspunkt
➢ **oscillometry/high-frequency**
   titration Oszillometrie,
   oszillometrische Titration,
   Hochfrequenztitration
➢ **photometric titration**
   photometrische Titration
➢ **precipitation titration**
   Fällungstitration
➢ **redox titration** Redoxtitration
➢ **turbidimetric titration**
   Trübungstitration
titration curve Titrationskurve
titration error
   Titrationsfehler

titrimetry Titrimetrie, titrimetrische
   Analyse (*see* volumetric analysis)
TLC (thin layer chromatography)
   DC (Dünnschichtchromatografie)
toggle switch/rocker Kippschalter,
   Hebelschalter
toilet paper Toilettenpapier, Klopapier
toiletry Toilettenartikel
tolerance Toleranz,
   Widerstandsfähigkeit;
   Verträglichkeit; Fehlergrenze,
   zulässige Abweichung, Spielraum
tolerance dose Toleranzdosis,
   zulässige Dosis
tolerance limit Toleranzgrenze
tolerance range/tolerane interval
   Toleranzbereich, Toleranzintervall
tomography Tomographie
tone Tönung, Schattierung; *med*
   Tonus; Farbgebung; (sound) Ton,
   Klang
tongs Haltezange (Laborzange)
➢ **beaker tongs** Becherglaszange
➢ **crucible tongs** Tiegelzange
➢ **flask tongs** Kolbenzange
tongue-and-groove pliers/
   rib-lock pliers/pipe wrench
   (US: channellock pliers/griplock
   pliers) Rohrzange
tongue depressor Mundspatel,
   Zungenspatel
tonicity Spannkraft
tool (tools) Werkzeug(e)
tool box/tool kit Werkzeugkasten
toolmaker Werkzeugmacher
toothpick Zahnstocher
top-fermenting obergärig
   (Fermentation: Bier)
top up/off bis zum Rand auffüllen
topical topisch, örtlich, lokal
topogenic/topogenous topogen
topographic mapping
   Geländekartierung

topographic survey
Geländeaufnahme

torch Fackel; (*Br*) Taschenlampe

torpor (hibernation) Torpor, Starre
(Kältestarre, Winterstarre)

torque Drehmoment

**torque wrench (torque amplifier
handle)** Drehmomentschlüssel

torsion Torsion, Drehung

total body irradiation
Ganzkörperbestrahlung

total dose Gesamtdosis

total hardness (of water)
Gesamthärte

**total internal reflection fluorescence
microscopy (TIRFM)** interne
Totalreflektions-Fluoreszenz-
Mikroskopie

**total magnification/overall
magnification** *micros*
Gesamtvergrößerung

total static head (pump)
Gesamtförderhöhe

tote *n* Last, Traglast, Ladung; Tragen,
Schleppen

tote *vb* tragen, laden, schleppen,
mit sich herumschleppen;
transportieren

tote bag Einkaufstasche; Reisetasche

tote box Transportkiste,
Transportbehälter

tote tray Werkstückkasten, Teilekasten

touch/contact berühren

touchstone Probierstein

tough/rigid zäh, hart,
widerstandsfähig

toughened (glass) gehärtet

toughness/rigidity Zähigkeit, Härte,
Robustheit

tourniquet Abschnürbinde, Binde,
Aderpresse, Tourniquet

towel Handtuch

➤ **paper towel** Papierhandtuch

towel rack Handtuchhalter,
Handtuchständer

toxic (poisonous) toxisch; (T) giftig

➤ **cytotoxic** cytotoxisch,
zellschädigend

➤ **embryotoxic** embryotoxisch

➤ **extremely toxic (T+)** sehr giftig

➤ **fetotoxic** fetotoxisch

➤ **hepatotoxic** leberschädigend,
hepatotoxisch

➤ **highly toxic** hochgiftig

➤ **moderately toxic** mindergiftig

➤ **neurotoxic** neurotoxisch

➤ **phytotoxic** pflanzenschädlich,
phytotoxisch

➤ **toxic to reproduction**
fortpflanzungsgefährdend,
reproduktionstoxisch

toxic agent Giftstoff

**Toxic Substances Control Act
(TSCA)** U.S. Gesetz zur
Kontrolle toxischer Substanzen
(Gefahrstoffe)

toxic waste/poisonous waste
Giftmüll

toxicity/poisonousness Toxizität,
Giftigkeit

toxicology Toxikologie

toxics Giftstoffe

toxin Toxin, Gift

➤ **cytotoxin** Zellgift, Cytotoxin

➤ **mycotoxin** Mykotoxin

➤ **respiratory toxin/fumigants**
Atemgifte, Fumigantien

➤ **suspected toxin** Verdachtsstoff

trace *n* (remainder/remains) Spur,
Überrest (meist *pl* Überreste)

trace *vb* verfolgen, nachspühren,
ausfindig machen, auffinden;
pausen, durchpausen

trace analysis Spurenanalyse

trace element/microelement/ micronutrient Spurenelement, Mikroelement

traceability Rückführbarkeit, Rückverfolgbarkeit

traceable nachweisbar, verfolgbar, auffindbar, aufspürbar, (to) zurückführbar auf

tracer Tracer; Indikator; Leit…

tracer enzyme Leitenzym

tracer nuclide Leitnuklid

track *n* Gleis, Pfad, Spur, Weg, Fährte

track vb nachgehen, nachspühren, folgen, verfolgen

tracing paper Pauspapier

trackability Rückverfolgbarkeit

tracking dye *electrophor* Farbmarker

traction Traktion, Ziehen, Zug, Zugkraft; Anziehung; Reibungsdruck, Griffigkeit, Bodenhaftung

trade *adj/adv* (commercial:commonly available) handelsüblich

trade vb tauschen, austauschen; handeln, Handel treiben

trade *n* (business/occupation) Handel, Gewerbe

➢ **retail trade** Einzelhandel

➢ **wholesale trade/wholesale business** Großhandel

trade & industrial supervision (federal agency) Gewerbeaufsicht (staatl. Behörde)

trade cooperative association Berufsgenossenschaft

trade name Warenzeichen, Markenbezeichnung

trade secret Betriebsgeheimnis, Geschäftsgeheimnis

trademark Warenzeichen

➢ **registered trademark** eingetragenes Warenzeichen

train Zug, Kolonne; Reihe; Kette; Strang

training Schulung, Fortbildung

training period Einarbeitungsphase

trait (characteristic/feature) Merkmal; (character) Charakterzug, Eigenschaft

transducer/converter Wandler, Umwandler, Messumformer

transect (cut through) durchschneiden

transection Durchschnitt (schneiden)

transfer *n* Transfer, Übertragung, Überführung; Umfüllen

transfer vb transferieren, übertragen; überführen; umfüllen

transfer loop Transferöse

transfer pipet/volumetric pipet Vollpipette, volumetrische Pipette

transferability Übertragbarkeit

transform transformieren, umwandeln

transformation Transformation, Umwandlung

transformation series Transformationsreihe

transformer *electr* Transformator, Trafo, Umwandler

transfuse *med* Blut übertragen, eine Transfusion/Blutübertragung machen

transillumination (transmitted light illumination) Durchlicht, Durchlichtbeleuchtung

transite board (lab bench) Asbestzementplatte (Labortisch)

transition Transition, Übergang

transition metal Übergangsmetall (Nebengruppenmetall)

transition phase Übergangsphase

transition state Übergangszustand (Enzymkinetik)

transition temperature
Sprungtemperatur,
Übergangstemperatur

translucent (transparent)
lichtdurchlässig; (pellucid)
durchscheinend

transmissible (communicable)
übertragbar; (heritable) vererbbar

transmissible disease/communicable disease übertragbare Krankheit

transmission (transfer)
Übertragung (z. B. Krankheit);
(spreading) *med* Verschleppung,
Übertragung; (of gearing) Getriebe
(Motor)

transmission electron microscopy (TEM)
Transmissionselektronenmikroskopie, Durchstrahlungselektronenmikroskopie

transmission of signals/impulse propagation Erregungsleitung

transmit übermitteln, übertragen,
weiterleiten, weiterreichen; *gen*
(pass on) vererben

transmitter Transmitter, Überträger;
Überträgerstoff

transmitter of disease
Krankheitsüberträger

transparent durchsichtig;
transparent, lichtdurchlässig;
(pellucid) durchscheinend

transplant/graft *n* Transplantat

transplant/graft *vb med*
transplantieren, verpflanzen;
(replant) versetzen, umpflanzen

transplantation Verpflanzung,
Transplantation

transport *vb* transportieren,
befördern

transport *n* (transportation)
Transport; (shipment) Beförderung

transport of dangerous goods/ transport of hazardous materials
Gefahrguttransport

transport vehicle Transportfahrzeug

transverse section/cross section
Hirnschnitt, Querschnitt

trap *n* Falle; *electr* Sperrkreis

trap *vb* einfangen, abfangen

trash (*see also:* waste) Müll, Abfall

➢ **household trash** Haushaltsmüll,
Haushaltsabfälle

trash bag/waste bag Müllbeutel,
Müllsack

trash can (waste container/litter bin)
Abfallbehälter, Müllbehälter

trash compactor Abfallpresse

tray Schale, Flachbehälter; Tablett

➢ **gel tray** *electrophor* Gelträger,
Geltablett

➢ **lab tray/laboratory tray**
Laborschale

➢ **multi-tray** *micb* Wannen-Stapel

➢ **staining tray** Färbegestell

➢ **tote tray** Werkstückkasten,
Teilekasten

➢ **weigh tray/weighing tray/ weighing dish/scalepan**
Waagschale

tray reactor Gärtassenreaktor

treat (treated)
behandeln (behandelt)

➢ **untreated** unbehandelt

trephine/trepan Trephine, Trepan

trial Versuch, Probe, Prüfung

trial run ('experimental experiment')
Probelauf

triangle Dreieck

➢ **clay triangle/pipe clay triangle**
Tondreieck, Drahtdreieck

tributary *adj* zufließend (Rohre/
Zuleitungen)

trickle rieseln, tröpfeln

trickling filter (sewage treatment)
Tropfkörper (Tropfkörperreaktor,
Rieselfilmreaktor)

trickling filter reactor
Rieselfilmreaktor,
Tropfkörperreaktor

trigger *n* Auslöser, Drücker; Zünder

trigger *vb* (elicitate) auslösen
(z. B. eine Reaktion)

trigger reaction Auslösereaktion

trigger switch Kippschalter,
Kipphebelschalter

trigger threshold
med Auslöseschwelle

triggering (elicitation) Auslösung
(Reaktion)

trillion 10¹² Billion

trim *micros* anspitzen

trimming block *micros* Trimmblock

trimming shears Trimmschere

trinocular head
micros Trinokularaufsatz, Tritubus

trip (fuse/circuit breaker) rausfliegen,
durchbrennen (Sicherung auslösen)

triple-beam balance
Dreifachbalkenwaage

triple bond Dreifachbindung

triple nosepiece
micros Dreifachrevolver

triple point Tripelpunkt,
Dreiphasenpunkt

triple-pole dreipolig, Dreipol...

tripod Dreifuß, Dreibein (Stativ)

triturate reiben, zerreiben, zermahlen
(im Mörser)

trituration Zerreiben, Zermahlen
(im Mörser)

trivalency Dreiwertigkeit

trivalent dreiwertig

trivet Dreifuß, Untersatz (kurzfüßiger
Untersetzer zum Abstellen von
heißen Gefäßen)

trocar Trokar

troubleshooting Fehlersuche

trough Trog, Wanne

trough-shaped wannenförmig,
muldenförmig

trowel Kelle, Spachtel

trueness (quality control) Richtigkeit
(Qualitätskontrolle)

try/attempt probieren, versuchen

tub Wanne, Zuber, Fass,
Waschbottich; (bathtub) Badewanne

tube Tube; (hose/tubing) Schlauch;
Rohr, Röhre, Röhrchen; (body
tube) *micros* Tubus; (draw tube)
Steckhülse für Okular

➢ **bomb tube/Carius tube/
sealing tube** Bombenrohr,
Schießrohr, Einschlussrohr

➢ **bubble tube** (slightly bowed glass
tube/vial in spirit level) Libelle
(Glasröhrchen der Wasserwaage)

➢ **capillary tube** Kapillarrohr,
Kapillarröhrchen

➢ **centrifuge tube**
Zentrifugenröhrchen

➢ **combustion tube** Glühröhrchen

➢ **culture tube** Kulturröhrchen

➢ **dip tube** Steigrohr

➢ **drift tube (TOF-MS)** Driftröhre

➢ **drying tube** Trockenrohr,
Trockenröhrchen

➢ **ebullition tube** Sieder öhrchen

➢ **feed tube** Zulaufschlauch

➢ **fermentation tube (bubbler)**
Gärröhrchen, Einhorn-Kölbchen

➢ **flight tube (TOF-MS)** Driftröhre

➢ **fluorescent tube** Leuchtstoffröhre,
Leuchtstofflampe ('Neonröhre')

➢ **funnel tube** Trichterrohr

➢ **fusion tube/melting tube**
Abschmelzrohr

➢ **gas sampling tube** Gassammelrohr

➢ **gas-discharge tube**
Gasentladungsröhre

- **glass tube** Glasrohr, Glasröhre, Glasröhrchen
- **guard tube** Sicherheitsrohr (Laborglas)
- **ignition tube** Zündröhrchen, Glühröhrchen
- **incinerating tube** Verbrennungsrohr (Glas)
- **rubber tube** Gummischlauch
- **spectrophotometer tube (cuvette)** Küvette (für Spektrometer)
- **tablet tube** Tablettenröhrchen
- **test tube (glass tube/assay tube)** Reagensglas
- **thief tube/sampling tube (pipet)** Stechheber
- **thistle tube/thistle tube funnel/thistle top funnel tube** Glockentrichter (Fülltrichter für Dialyse)
- **tubule** Röhrchen
- **vacuum tube** Vakuumröhre

tube brush (test tube brush) Reagensglasbürste

tube clip Schlauchschelle

tube furnace Rohrofen

tube strips Röhrchen-Streifen

tuberculosis Tuberkulose

tuberculous tuberkulös

tuberous/tuberal tuberös

tubing Rohr, Schlauch, Röhrenmaterial, Rohrleitung, Rohrstück

- **capillary tubing** Kapillarrohr
- **glass tubing** Glasrohr, Glasröhre, Glasröhrchen
- **high-pressure tubing** Hochdruckschlauch
- **pressure tubing** Druckschlauch
- **rubber tubing** Gummischlauch

tubing attachment socket Schlauchtülle (z. B. am Gasreduzierventil)

tubing clamp/pinch clamp/pinchcock clamp Schlauchklemme, Quetschhahn

tubing closure *dial* Schlauchverschlussklemme

tubing connection/tube coupling Schlauchkupplung

tubing connector (for connecting tubes)/tube coupling/fittings Schlauchverbinder, Schlauchverbindung(en)

tubing pinch valve Schlauchventil (Klemmventil)

tubing pump Schlauchpumpe

tubular tubulär, röhrenförmig

tubular bowl centrifuge Röhrenzentrifuge

tubular-flow reactor Strömungsrohrreaktor

tubular loop reactor Rohrschlaufenreaktor

tubule Röhrchen

Tullgren funnel *ecol* Tullgren-Apparat

tumble/sway/stagger taumeln, torkeln

tumbler (lever) Kipphebel; (tumbling mixer) Fallmischer

tumbler switch/knife switch Kipphebelschalter

tumefacient anschwellend, eine Schwellung verursachend

tumescent geschwollen

tumor (*Br* **tumour)** Tumor, Wucherung, Geschwulst

tumorous tumorartig, tumorös

tune abgleichen, abstimmen, einstellen; anpassen

tungsten (W) Wolfram, Tungsten

tungstic acid Wolframsäure

tuning Abgleich, Abstimmung, Einstellung; Anpassung

tunneling microscopy Tunnelmikroskopie

turbid trüb, trübe
turbidimetric titration
   Trübungstitration
turbidimetry Turbidimetrie,
   Trübungsmessung
turbidity Trübheit, Trübung
turbine Turbine
turbine impeller/turbine stirrer
   Turbinenrührer
turbulence Turbulenz, Wirbel,
   Verwirbelung
turbulent flow turbulente Strömung
turgescent turgeszent, prall,
   schwellend
turgid/swollen (swell) geschwollen
   (schwellen)
turgidity Turgidität, Geschwollenheit,
   Schwellungsgrad
turgor (hydrostatic pressure) Turgor
   (hydrostatischer Druck)
turgor pressure Turgordruck
**turn-around time/turnaround time
   (TAT)** Verweildauer, Durchlaufzeit,
   Bearbeitungszeit, Umschlagzeit
turn-key delivery schlüsselfertige
   Lieferung
turn off/switch off/shut off
   ausschalten, abschalten (computer:
   power down) herunterfahren
turn on/switch on einschalten,
   anschalten (computer: power up)
   hochfahren
turn over *vb* (become oxygen-
   deficient/turn anaerobic) umkippen
   (Gewässer)
turnover *n* Umsatz, Umwandlung
turnover number k_{cat} Wechselzahl
   (katalytische Aktivität)
turnover period Umsatzzeit
turnover rate/rate of turnover
   Umsatzgeschwindigkeit,
   Umsatzrate

turntable Drehplatte (z. B. des
   Mikrowelle-Ofens); Plattenteller
turpentine Terpentin
turret Revolver; (nosepiece turret)
   micros Objektivrevolver
tutor Tutor, Studienleiter; (teaching
   assistant) Lehrassistent
tutorial Tutorium, Tutorenkurs
tweezers (*see also:* **forceps**) Pinzette
➢ **dissection tweezers**
   Präparierpinzette, Sezierpinzette,
   anatomische Pinzette
➢ **high-precision tweezers**
   Präzisionspinzette
➢ **offset tweezers** Bajonett-Pinzette
➢ **reverse-action tweezers
   (self-locking tweezers)**
   Umkehrpinzette, Klemmpinzette
➢ **sharp-point tweezers/sharp-
   pointed tweezers** Spitzpinzette
➢ **specimen tweezers**
   Probennahmepinzette
twin crystals Zwillingskristalle,
   Doppelkristall, Bikristall
twine *n* Zwirn, Garn, starker
   Bindfaden; Wickelung, Windung;
   Knäuel
twine *vb* zwirnen, schlingen, winden,
   umschlingen; ranken
twist *n* Drehung, Verdrehung,
   Biegung, Krümmung; Drall;
   Verdrillen, Verdrillung,
   Zusammendrehen;
   (coil/spiral: a series of loops)
   Windung, Torsion, Spirale
twist *vb* drehen, verdrehen;
   abschrauben; verbiegen,
   verkrümmen
twist-grip Drehgriff
two-neck flask Zweihalskolben
two-prong clamp Stativklemme mit
   zwei Backen

two-stage impeller
zweistufiger Rührer

two-way cock Zweiweghahn,
Zweiwegehahn

two-way intercom/two-way radio
Wechselsprechanlage,
Gegensprechanlage

type Typus, Standard

typo (typographical error)
Schreibfehler, Druckfehler
(typografischer Fehler)

U

**ubiquitous (widespread/
existing everywhere)** ubiqitär
(weitverbreitet/überall verbreitet/
überall vorkommend)

ultracentrifugation
Ultrazentrifugation

ultracentrifuge Ultrazentrifuge

ultrafiltration Ultrafiltration

ultrahigh vacuum Ultrahochvakuum,
Höchstvakuum

ultramicrotome Ultramikrotom

ultrashort wave Ultrakurzwelle

ultrasonic Ultraschall... (betreffend)

ultrasonic bath (ultrasonic cleaner)
Ultraschallbad

ultrasonic cleaner Ultraschallreiniger,
Ultraschall-Reinigungsgerät

ultrasonic tank Ultraschallwanne

ultrasound/ultrasonics Ultraschall

➢ **ultrasonography/sonography**
Ultraschalldiagnose, Sonographie

ultrastructure Ultrastruktur

ultrathin section *micros*
Ultradünnschnitt

**ultraviolet spectroscopy/
UV spectroscopy**
UV-Spektroskopie

unattended unbeaufsichtigt,
unbewacht, vernachlässigt

unbalance/unbalanced state
Unwucht

unbiased *math/stat* unverzerrt,
unverfälscht

unbiased error Zufallsfehler

unblock (drain) frei machen (Abfluss)

unbond ablösen

unbranched (chain) *chem*
unverzweigt (Kette)

unbreakable unzerbrechlich

unbuffered ungepuffert

uncertainty Unbestimmtheit,
Unsicherheit, Ungewissheit;
phys Unschärfe

uncharged (neutral) ungeladen,
ladungsfrei (neutral)

unconformity Abweichung,
Nichtübereinstimmung

unconscious/unknowing(ly)
unbewusst

unconsciousness Bewusstlosigkeit

uncontaminated unverschmutzt

uncontrolled unkontrolliert,
ungesteuert

uncoupler/uncoupling agent
Entkoppler

undamped ungedämpft

undemanding/modest (with
low requirements or demands)
anspruchslos

undercool unterkühlen

undercooled liquid unterkühlte
Flüssigkeit

undernourished (*siehe:* **fehlernährt**)
unterernährt

undernourishment Unterernährung

undersaturated untersättigt

undersaturation Untersättigung,
Sättigungsdefizit

underside/undersurface
Unterseite
undersize (sieve) Unterkorn
(Siebdurchgang)
undersurface Unterseite
undesirable substances
unerwünschte Stoffe
undetectable nicht feststellbar, nicht
nachweisbar
undissolved ungelöst
undivided (not divided) ungeteilt
uneatable/inedible ungenießbar,
nicht essbar
unequal (different/nonidentical)
ungleich, nicht identisch, anders
unfertilized unbefruchtet
uniform *adj/adv* einheitlich,
gleichförmig
uniform rules (standards) einheitliche
Richtlinie(n)
uniformity Uniformität,
Gleichförmigkeit, Gleichmäßigkeit
unguent Salbe
unhealthy ungesund,
gesundheitswidrig; (harmful)
gesundheitsschädlich
unilateral einseitig, unilateral
unimolecular (monomolecular)
unimolekular (monomolekular)
unit (measure) Einheit (Maßeinheit);
(branch) Bereich, Abteilung
unit cell Elementarzelle
unit factor unteilbarer Faktor
unit library Bereichsbibliothek
unit operation Grundoperation
(Verfahrenstechnik)
unit process Grundverfahren
(Verfahrenstechnik)
univalence *chem* Univalenz,
Einwertigkeit
univalent/monovalent univalent,
monovalent, einwertig
unnatural unnatürlich

unpalatable ungenießbar, nicht
schmackhaft
unpleasant smell unangenehmer
Geruch
unplug/disconnect ausstöpseln,
Stecker herausziehen
unpolluted/uncontaminated
unverschmutzt
unprovable nicht nachweisbar,
unbeweisbar
unripe/immature unreif
unsafe unsicher, gefährlich
unsaturated ungesättigt
unsaturation ungesättigter Zustand
unstable (instable) instabil, nicht
stabil
untreated unbehandelt
up-regulation Heraufregulation
upper phase Oberphase
(flüssig-flüssig)
upstairs die Treppe hoch
uptake/intake/ingestion Aufnahme,
Einnahme
➢ **re-uptake** Wiederaufnahme
urea (ureide) Harnstoff (Ureid)
uric acid (urate) Harnsäure (Urat)
uridylic acid Uridylsäure
urinate/micturate urinieren, harnen,
harnlassen, miktuieren
urination/micturition Harnen,
Harnlassen, Urinieren, Miktion
urine Urin, Harn
➢ **glomerular ultrafiltrate** Primärharn,
Glomerulusfiltrat
➢ **secondary urine** Sekundärharn
urocanic acid (urocaninate)
Urocaninsäure (Urocaninat),
Imidazol-4-acrylsäure
uronic acid (urate) Uronsäure (Urat)
use (usage) Verwendung, Nutzen
➢ **continued use** Weiterverwendung
➢ **continuous use** Dauernutzung
➢ **ready-to-use** gebrauchsfertig

> **reuse** Wiederverwendung
> **single-use (disposable)**
   Einmal…, Einweg…, Wegwerf…
useful energy
   Nutzenergie, nutzbare Energie
user Benutzer, Nutzer;
   (consumer) Verbraucher
user-friendly (easy to use)
   benutzerfreundlich;
   anwenderfreundlich;
   bedienungsfreundlich
usnic acid Usninsäure
utensil Utensil, Gerät;
   Gebrauchsgegenstand
utilities Versorgungseinrichtungen;
   (public utilities: Leistungen
   der öffentlichen Versorgungsunternehmen) Gas, Wasser, Strom
utility Nutzen, Nützlichkeit; nützliche
   Sache/Einrichtung; vielseitig
   verwendbar, Mehrzweck…
utility company öffentliches
   Versorgungsunternehmen: Gas,
   Wasser, Strom
utility pliers Mehrzweckzange
utilization/use Nutzung,
   Verwendung, Ausnutzung;
   Verwertung
utilize/use nutzen, verwenden;
   metabol/ecol verwerten

V

v-belt/vee belt/wedge belt
   Keilriemen
v-vial massive, innen spitzkonische
   Vial

vacany Leere, Leerstehen; Vakanz,
   freie/offene Stelle (Arbeitsstelle)
vacant leer, unbesetzt, offen, frei
vaccinate/immunize impfen,
   immunisieren

vaccination Vakzination,
   Vakzinierung, Impfung;
   (immunization) Immunisierung
vaccine Vakzine, Impfstoff
vacuum Vakuum, Luftleere
vacuum-clean staubsaugen
vacuum cleaner/vacuum
   Staubsauger
> **wet-dry vacuum cleaner**
   Nass-Trockensauger,
   Nass- und Trockensauger
vacuum concentrator/speedy vac
   Vakuumeindampfer,
   Vakuumevaporator
vacuum distillation/reduced-pressure
   distillation Vakuumdestillation
vacuum filtration/suction filtration
   Vakuumfiltration
vacuum furnace Vakuumofen
vacuum gauge Vakuummesser
   (Messgerät)
vacuum line Vakuumleitung
vacuum manifold Vakuumverteiler
vacuum-metallize *micros*
   aufdampfen, bedampfen
vacuum-proof vakuumfest
vacuum pump Vakuumpumpe
vacuum receiver *dist* Vakuumvorlage
vacuum trap Vakuumfalle
valence/valency
   Valenz, Wertigkeit
valence electron/valency electron
   Valenzelektron
valid gültig, bestätigt, richtig;
   wirksam
validate validieren, bestätigen, gültig
   erklären
validation Validierung, Bestätigung,
   Gültigkeit, Gültigkeitserklärung
validity Gültigkeit, Richtigkeit,
   Stichhaltigkeit
value Wert, Zahl
> **actual value/effective value** Istwert

- **face value** Nennwert, Nominalwert
- **peak value/maximum (value)** Scheitelwert, Höchstwert, Maximum
- **reference value** Bezugswert
- **threshold value/threshold limit value (TLV)** Schwellenwert, Grenzwert

valve (vent) Ventil
- **air inlet valve/air bleed** Lufteinlassventil
- **backflow prevention/backstop (valve)** Rückflusssperre, Rücklaufsperre, Rückstauventil
- **backstop valve/check valve** Rückschlagventil
- **ball valve** Kugelventil
- **butterfly valve** Flügelhahnventil
- **check valve/backstop valve** Rückschlagventil, Sperrventil
- **control valve** Regelventil, Kontrollventil
- **cut-off valve** Schlussventil
- **delivery valve** Zulaufventil, Beschickungsventil
- **diaphragm valve** Membranventil
- **drum vent** Fassventil (Entlüftung)
- **exhalation valve** Ausatemventil (an Atemschutzgerät)
- **injection valve/syringe port** Einspritzventil
- **inlet valve** Einlassventil
- **limit valve** Begrenzungsventil
- **metering valve** Dosierventil
- **needle valve** Nadelventil, Nadelreduzierventil (Gasflasche)
- **pilot-operated (valve)** hydraulisch vorgesteuert (Ventil)
- **pinch valve** Quetschventil
- **plug valve** Auslaufventil
- **pneumatic valve** Druckluftventil
- **positive-displacement valve** Verdrängerventil
- **pressure control valve** Druckregelventil
- **pressure-relief valve/gas regulator** Reduzierventil, Druckreduzierventil, Druckminder(ungs)ventil (Gasflaschen)
- **pressure valve/pressure relief valve** Überdruckventil
- **proportional valve/P valve** Proportionalventil
- **purge valve/pressure-compensation valve/venting valve** Entlüftungsventil
- **relief valve (pressure-maintaining valve)** Ausgleichsventil
- **safety valve** Sicherheitsventil
- **security valve/security relief valve** Sicherheitsventil
- **shut-off valve** Abschaltventil, Absperrventil
- **slide valve** Schieberventil, Schieber
- **solenoid valve** Magnetventil (Zylinderspule)
- **split valve** *chromat* Abzweigventil
- **suction valve** Saugventil
- **throttle valve** Drosselventil
- **T-purge (gas purge device)** Spülventil (Inertgas)
- **tubing pinch valve** Schlauchventil (Klemmventil)
- **venting valve** Entlüftungsventil

vane *tech/mech* Flügel, Schaufel (Propeller/Turbine/Rotor/Ventillator)

vane anemometer Flügelradanemometer

vane-type pump Propellerpumpe

vapor (*Br* vapour) Dampf
- **saturated vapor** gesättigter Dampf
- **superheated vapor** überhitzter Dampf
- **water vapor/steam** Wasserdampf

vapor bath Dampfbad

vapor blasting *micros* Bedampfung, Bedampfen, Aufdampfen

vapor cooling Verdunstungskühlung, Siedekühlung

vapor-deposited dampfbeschichtet (bedampft)

vapor pressure Dampfdruck

vapor pressure thermometer Dampfdruckthermometer

vaporization Verdampfung, Verdampfen, Verdunstung, Verdunsten; Eindampfung

vaporization apparatus *micros* Bedampfungsanlage

vaporize verdampfen, verdunsten; eindampfen, vergasen

vaporizer (water vaporizer) *dist* Dampfentwickler, Verdampfungs-apparat, Wasserdampfentwickler; Zerstäuber

vaporproof/vaportight dampfdicht, dampffest

variability Verschiedenartigkeit) Variabilität, Veränderlichkeit, Wandelbarkeit (*auch:*

variable *adj/adv*(variably adjustable) stufenlos (regulierbar/regelbar/ einstellbar etc.)

variance/mean square deviation *stat* Varianz, mittlere quadratische Abweichung, mittleres Abweichungsquadrat

variate variieren, schwanken

variation Variation, Schwankung

➢ range of variation/range of distribution *stat* Variationsbreite

varnish Firnis (Klarlack), Lackfirnis, Lasur

vascular occluder Gefäßverschluss

vat/tub Bottich, Küpe, großes Fass

vector Vektor; Überträger

vegetable oil Pflanzenöl

vegetation/plant life Vegetation

veined/venulous geädert

velcro Klettverschluss (Haken & Flausch)

velocity Geschwindigkeit (als Vektor)

vending machine (Verkaufs-)Automat

vendor Verkäufer, Händler

➢ retail vendor Einzelhändler

➢ wholesaler/wholesale vendor Großhändler

vent *n* Abzug, Belüftung; Abzugsöffnung, Luftschlitz

vent *vb* entlüften

ventilate/vent/air ventilieren, belüften, entlüften, durchlüften, Rauch abziehen lassen

ventilating pipe/vent pipe Lüftungsrohr

ventilating shaft/vent shaft/ ventilating duct/vent duct Lüftungsschacht, Luftschacht

ventilation Lüftung, Ventilation; (air extraction) Entlüftung; (aeration) Belüftung

ventilation system/vent Lüftungsanlage

ventilation volume Ventilationsvolumen

venting Entlüften, Entlüftung, Lüften

verification (control) Bestätigung, Überprüfung, Vergewisserung, Kontrolle

verification assay Bestätigungsprüfung

verify (check/control) bestätigen, vergewissern; überprüfen, kontrollieren

vernier Nonius; Feineinsteller

vertical air flow (clean bench with vertical air curtain) vertikale Luftführung (Vertikalflow-Biobench)

vertical flow workstation/hood/unit Fallstrombank

vertical rotor *centrif* Vertikalrotor

vesicant Vesikans, Vesikatorium, blasenziehendes Mittel

vesicate Blasen bilden

vesicating/vesicant blasentreibend, blasenziehend
vesicle Vesikel *nt*, Bläschen
vesicular/bladderlike vesikulär, bläschenartig
vessel Gefäß; (container) Behälter
➢ **agitator vessel** Rührkessel, Rührbehälter
➢ **Dewar vessel** Dewargefäß
➢ **glass pressure vessel** Druckbehälter aus Glas
➢ **pressure vessel** Druckbehälter
➢ **reaction vessel** Reaktionsgefäß
➢ **receiving vessel (receiver/collection vessel)** Auffanggefäß
➢ **safety vessel** Sicherheitsbehälter
vessel clamp *med* Gefäßklammer
vessel dilator *med* Gefäß-Dilat(at)or, Gefäßdilatator
vessel spreader *med* Gefäßspreizer
veterinarian/vet Tierarzt, Veterinär
veterinary medicine/veterinary science Tiermedizin, Tierheilkunde, Veterinärmedizin
viability Lebensfähigkeit
viable lebensfähig
vial Fläschchen, Phiole; (tube) Röhrchen
➢ **crimp-seal vial/crimp-top vial** Rollrandgläschen, Rollrandflasche, Bördelrandgläschen
➢ **cryovial/cryotube** Kryoröhrchen
➢ **dropping vial** Tropffläschchen
➢ **glass vial** Gläschen, Glasfläschchen; (tube) Glasröhrchen
➢ **headspace vial** Headspace-Gläschen
➢ **sample vial/specimen vial** Probengläschen, Probenfläschchen, Präparatefläschchen
➢ **scintillation vial** Szintillationsgläschen, Szintillationsfläschchen
➢ **short-thread vial** Kurzgewindefläschchen

➢ **snap-ring vial** Schnappringflasche, Schnappringfläschchen
➢ **threaded vial/screw-thread vial** Schraubfläschchen, Schraubgläschen
vial crimper Bördelzange
vibrating spatula Vibrationsspatel
vibration Vibration, Schwingung
➢ **deformation vibration/ bending vibration (IR)** Deformationsschwingung
➢ **stretching vibration (IR)** Streckschwingung
➢ **wagging vibration (IR)** Wippschwingung
vibrational motion Schwingungsbewegung
vibrational spectrum Schwingungsspektrum
victim Opfer
viewing panel Beobachtungsfenster
viewing window Sichtfenster
vigorous heftig (Reaktion etc.)
Vigreux column Vigreux-Kolonne
vinegar Essig
violation Missachtung, Vergehen
violent heftig, gewaltig, gewaltsam,
viral infection/virosis Viruserkrankung, Virose
virgin material Reinstoff, Orginalrohstoff, Ausgangsstoff (unvermischtes Ausgangsmaterial), frisch hergestelltes Material, Neumaterial, Neuware
virostatic *n* Virostatikum, virostatisches Mittel
virtual image *micros* virtuelles Bild
virucidal/viricidal viruzid
virulence Virulenz, Infektionskraft, Ansteckungskraft; *med* Giftigkeit, Boösartigkeit
virulent virulent, von Viren erzeugt; giftig, bösartig, sehr ansteckend
virus (*pl* viruses) Virus (*pl* Viren)

viscid (sticky/gummy) klebrig, viszid
viscidity Klebrigkeit, Viszidität
viscometer Viskosimeter
> **falling ball viscometer (FBV)**
  Kugelfall-Viskosimeter
> **capillary viscometer**
  Kapillarviskosimeter
> **rotational viscometer**
  Rotationsviskosimeter
viscosity/viscousness Viskosität,
  Zähigkeit (Grad der Dickflüssigkeit/
  Zähflüssigkeit)
viscous/viscid (glutinous consistency)
  viskos, viskös, dickflüssig,
  zähflüssig
vise (vice *Br***)** Schraubstock
visible sichtbar
vision/sight/eyesight Sicht;
  Sehvermögen; Gesichtssinn
> **range of vision** Sehweite
> **strength of vision** Sehstärke
visor (*Br* **vizor)** Schirm, Blende
  (Sichtblende), Sichtschutz, Visier;
  (face visor) Gesichtsschutz,
  Sichtschutz
visual acuity Sehschärfe
vital vital, kraftvoll; Lebens...;
  lebenswichtig; wesentlich,
  grundlegend, entscheidend
vital capacity Vitalkapazität
vital dye/vital stain Vitalfarbstoff,
  Lebendfarbstoff
vital red *micros* Brilliantrot
vital staining Vitalfärbung,
  Lebendfärbung
vitality Vitalität, Lebenskraft
vitrification Vitrifizierung
vocational aptitude test
  Berufseignungstest
vocational school
  Berufsschule
volatile flüchtig
> **highly volatile/light** leicht flüchtig
  (niedrig siedend)

> **less volatile** (boiling/evaporating at
  higher temp.) höhersiedend
> **nonvolatile** nicht flüchtig;
  schwerflüchtig
volatility Flüchtigkeit *chem* (von
  Gasen: Neigung zu verdunsten)
volatilize verflüchtigen
  (verdampfen/verdunsten)
volatilization
  Verflüchtigung
volcanic ash Vulkanasche
voltage Spannung
> **high voltage** Hochspannung
> **low voltage** Niedrigspannung
> **overvoltage/overpotential**
  Überspannung
voltage clamp Spannungsklemme
voltage tester screwdriver
  Spannungsprüfer (Schraubenzieher)
voltmeter Spannungsmessgerät
voltammetry Voltammetrie
> **cyclic voltammetry** cyclische
  Voltammetrie, Cyclovoltammetrie
> **linear scan voltammetry/linear
  sweep voltammetry** lineare
  Voltammetrie
> **stripping analysis/voltammetry**
  Stripping-Analyse,
  Inversvoltammetrie
volume Volumen, Rauminhalt;
  Masse, große Menge; (loudness)
  Lautstärke
volume fraction Volumenanteil
volumetric analysis Maßanalyse,
  Volumetrie, volumetrische Analyse
volumetric flask Messkolben,
  Mischzylinder
volumetric solution (a standard
  analytical solution) Maßlösung
voluntary freiwillig, aus freien
  Stücken, aus eigenem Willen;
  willkürlich
vomit brechen, erbrechen, sich
  übergeben (bei Übelkeit)

vomiting Erbrechen
➢ **induced vomiting** provoziertes
  Erbrechen
vortex (*pl* vortices) Wirbel, Strudel;
  (mixer) Vortex, Mixer, Mixette,
  Küchenmaschine
**vortex motion/whirlpool motion
  (shaker)** Vortex-Bewegung,
  Wirbelbewegung,
  kreisförmig-vibrierende Bewegung
  (z. B. Schüttler)
vortex shaker/vortex Vortexmischer,
  Vortexschüttler, Vortexer
  (für Reagensgläser etc.)
voucher Dokument, Unterlage; Beleg,
  Belegzettel, Quittung; Gutschein, Bon
voucher specimen/voucher copy
  Belegexemplar
vulcanize vulkanisieren
vulnerable verletzlich

W

wad Pfropf, Pfropfen; Wattebausch
wadding Einlage, Füllmaterial;
  Polsterung; Wattierung, Watte
wafer Wafer, dünne Platte/
  Scheibe; (e.g., silicon wafer/chip)
  Halbleiterplatte
wagging vibration (IR)
  Wippschwingung
waiver Verzicht, Verzichtserklärung
walk-in hood begehbare(r) Abzug/
  Dunstabzugshaube
walkthrough Durchgang
wall cabinet/cupboard Wandschrank
wall chart Wandtafel
wall-mount Wandhalterung
wall outlet/wall socket
  Wandsteckdose
ware (articles/products/goods)
  Ware(n)

warehouse Warenlager, Lager,
  Lagerraum
warming Erwärmung
warmth (heat) Wärme (Hitze)
warning (caution) Warnung
warning label Warnetikett
warning sign/precaution sign
  Warntafel, Warnzeichen,
  Warnhinweis
warning tape Signalband, Warnband
warranty Garantie
  (Herstellergarantie/
  Verkäufergarantie), Haftung
wash waschen
➢ **wash out/rinse out/flush out**
  auswaschen; (elute) eluieren
wash basin Waschbecken
wash bottle/squirt bottle
  Spritzflasche
wash solution Waschlösung,
  Waschlauge
washdown Ganzwäsche
washer Dichtungsring,
  Dichtungsscheibe,
  Unterlegscheibe; (washing
  machine) Waschmaschine
➢ **fender washer/penny washer**
  Karosseriescheibe, Kotflügelscheibe
➢ **split lock washer** Federring
➢ **toothed lock washer** Zahnscheibe,
  Fächerscheibe
washing bottle Waschflasche
➢ **gas washing bottle**
  Gaswaschflasche
washing facilities
  Wascheinrichtung
washroom/lavatory Waschraum,
  Toilette
washup room Spülküche
waste *vb* verschwenden, vergeuden;
  verbrauchen; verwüsten, zerstören;
  nutzlos sein

waste *n* (trash/rubbish/refuse/
garbage) Müll, Abfall
➤ **chemical waste** Chemieabfälle
➤ **clinical waste** Klinikmüll
➤ **hazardous waste** Sondermüll,
Sonderabfall, Problemabfall
➤ **household waste** Haushaltsmüll,
Haushaltsabfälle
➤ **industrial waste** Industriemüll,
Industrieabfall
➤ **infectious waste** infektiöser Abfall
➤ **municipal solid waste (MSW)**
kommunaler Müll
➤ **nuclear waste** Atommüll
➤ **radioactive waste/nuclear waste**
radioaktive Abfälle
➤ **toxic waste/poisonous waste**
Giftmüll
waste avoidance Müllvermeidung
waste bucket Mülleimer
waste collection Müllabfuhr
**waste container/waste can/garbage
can (***Br* **dustbin)** Mülltonne; (litter
bin) Abfallbehälter
waste disposal (waste removal)
Abfallentsorgung, Abfallbeseitigung
**waste disposal law/waste
disposal act** Abfallgesetz,
Abfallbeseitigungsgesetz (AbfG)
waste disposal site/waste dump
Mülldeponie, Müllplatz,
Müllabladeplatz, Müllkippe
waste heat Abwärme
waste incineration plant/incinerator
Müllverbrennungsanlage
waste oil/used oil Altöl
waste paper Altpapier
waste pretreatment
Abfallvorbehandlung
waste recycling
Müllwiederverwertung
waste recycling plant
Müllverwertungsanlage

waste separation Mülltrennung,
Abfalltrennung
waste treatment Abfallbehandlung,
Abfallverwertung
waste treatment facility
Abfallbehandlunganlage,
Abfallverwertungsanlage
wastebasket Papierkorb
wastewater (sewage) Abwasser
wastewater charges
Abwasserabgaben
**wastewater purification plant/sewage
treatment plant** Kläranlage
watch glass/clock glass Uhrglas,
Uhrenglas
**watchmaker forceps/jeweler's
forceps** Uhrmacherpinzette
**watchmaker's screwdriver/jeweler's
screwdriver**
Uhrmacherschraubenzieher
water Wasser
➤ **bound water** gebundenes Wasser
➤ **brackish water (somewhat salty)**
Brackwasser
➤ **capillary water** Kapillarwasser
➤ **carbonated water**
kohlensäurehaltiges Wasser,
Sodawasser; Sprudel
➤ **cooling water** Kühlwasser
➤ **crystal water/water of
crystallization** Kristallwasser
➤ **deionized water** entionisiertes
Wasser
➤ **dishwater** Spülwasser,
Abwaschwasser
➤ **distilled water** destilliertes Wasser
➤ **double distilled water** Bidest
➤ **drinking water/potable water**
Trinkwasser
➤ **film water/retained water**
Haftwasser
➤ **freshwater** Süßwasser
➤ **ground water** Grundwasser

> **hard water** hartes Wasser
> **heavy water D$_2$O** schweres Wasser
> **hot water** Warmwasser
> **industrial wastewater**
>   Industrieabwasser; Fabrikations~
> **industrial water**
>   Industrie-Brauchwasser
> **jet of water** Wasserstrahl
> **mineral water** Mineralwasser
> **peptone water** Peptonwasser
> **potable water** trinkbares Wasser
> **process water/service water/**
>   **industrial water**
>   **(nondrinkable water)** Brauchwasser,
>   Betriebswasser
>   (nicht trinkbares Wasser)
> **purified water** (auf)gereinigtes
>   Wasser, aufbereitetes Wasser
> **saline water** salziges Wasser
> **saltwater** Salzwasser
> **seawater (saltwater)** Meerwasser
>   (Salzwasser)
> **soda water** Selterswasser,
>   Sodawasser, Sprudel
> **soft water** weiches Wasser
> **springwater** Quellwasser
> **tap water** Leitungswasser
> **wastewater/sewage** Abwasser
> **well water** Brunnenwasser

water activity Wasseraktivität,
  Hydratur
water analysis Wasseruntersuchung,
  Wasseranalyse
water aspirator/filter pump/vacuum
  filter pump Wasserstrahlpumpe
water bath Wasserbad
water column (column of water)
  Wassersäule
water-conducting wasserleitend
water consumption/water usage
  Wasserverbrauch
water content Wassergehalt
water distillation Wasserdestillation

water flow Wasserströmung
water gas Wassergas
water glass/soluble glass M$_2$Ox(SiO$_2$)$_x$
  Wasserglas
water hardness Wasserhärte
water hazard class
  Wassergefahrenklasse (WGK)
water jacket Wassermantel (Kühler)
water loss Wasserverlust
water of crystallization
  Kristallisationswasser
water of hydration Hydratwasser
water outlet Wasserzulauf,
  Wasserzapfstelle (Wasserhahn)
water pollution
  Wasserverschmutzung
water potential Wasserpotential,
  Hydratur, Saugkraft
water pump/water aspirator/filter
  pump/vacuum filter pump
  Wasserstrahlpumpe
water pump pliers/slip-joint
  adjustable water pump pliers
  (adjustable-joint pliers)
  Wasserpumpenzange,
  Pumpenzange
water purification Wasseraufbereitung
water purification plant/water treat-
  ment facility
  Wasseraufbereitungsanlage
water quality Wassergüte,
  Wasserqualität; Gewässergüte
water reactive wasserreaktiv
water regime Wasserhaushalt,
  Wasserregime
water-repellent/water-resistant
  wasserabstoßend,
  wasserabweisend
water sample Wasserprobe
water saturation Wassersättigung
water saturation deficit (WSD)
  Wassersättigungsdefizit
water softener Wasserenthärter

water softening Wasserenthärtung
water solubility Wasserlöslichkeit
water-soluble wasserlöslich
water still Wasserdestillierapparat
water supply Wasserversorgung, Wasserzufuhr
water tension Zugspannung (Wasserkohäsion); (water suction) Wassersog
water trap/separator Wasserabscheider
water uptake Wasseraufnahme
water vapor Wasserdampf
waterlogged vollgesogen (mit Wasser)
waterlogging Vernässung
waterproof wasserfest, wasserdicht, wasserundurchlässig
waterproofing wasserfest/ wasserdicht/wasserundurchlässig machen ('imprägnieren')
watertight/waterproof wasserdicht, wasserundurchlässig
wave guide Hohlleiter (z .B. an Mikrowelle)
wavelength Wellenlänge
wavenumber (IR) Wellenzahl
wax Wachs
➤ **beeswax** Bienenwachs
➤ **paraffin wax** Paraffinwachs
➤ **sealing wax** Siegelwachs
➤ **synthetic wax** Synthesewachs
➤ **wool wax (wool fat)** Wollwachs (Wollfett)
wax feet (plasticine supports on edges of coverslip) *micros* Wachsfüßchen (Plastilinfüßchen an Deckgläschen)
wax paper Wachspapier
waxy (wax-like/ceraceous) wachsartig
wear *n* Abnutzung, Verschleiß
wear (out) verschleißen, abnutzen, verbrauchen

weather *n* Wetter
weather *vb* verwittern
weathering Verwitterung
weathering resistance/durability Verwitterungsbeständigkeit
weatherproof wetterbeständig
webbing Vernetzung
wedge/peg Keil
wedge belt/v-belt/vee belt Keilriemen
weed control Unkrautbekämpfung, Unkrautvernichtung
weigh wägen, wiegen
➤ **weigh in (after setting tare)** einwiegen (nach Tara)
➤ **weigh out** abwiegen (eine Teilmenge)
➤ **weigh out precisely** auswiegen (genau)
weighing Wägung
weighing boat/weighing scoop Wägeschiffchen
weighing bottle Wägeglas
weighing dish Wägeschale, Waagschale
weighing paper Wägepapier
weighing spatula Wägespatel
weighing spoon Maßlöffel, Wägelöffel
weighing table Wägetisch
weighing tray/weigh tray/weighing dish/scalepan Waagschale
weight Gewicht; Last; Belastung; Traglast; Wägemasse
➤ **atomic weight** Atomgewicht
➤ **calibration weights** Wägegewichte, Gewichte
➤ **dry weight (*sensu stricto:* dry mass)** Trockengewicht (*sensu stricto:* Trockenmasse)
➤ **fresh weight (*sensu stricto:* fresh mass)** Frischgewicht (*sensu stricto:* Frischmasse)

- **gross weight** Bruttogewicht
- **live weight** Lebendgewicht
- **net weight** Nettogewicht
- **own weight/dead weight/ permanent weight** Eigengewicht

weight buret/weighing buret Wägebürette

weightless ohne Gewicht, schwerelos

weightlessness Schwerelosigkeit

weld *vb* schweißen; (weld together) verschweißen; (welded on/welded to) eingeschweißt

welded joint Schweißverbindung

welding Schweißen, Schweißung; Schweißnaht, Schweißstelle

welding stick/welding rod Schweißelektrode, Stabelektrode

well Brunnen, Quelle; (depression: at top of gel) *electrophor*Tasche (Vertiefung: Elektrophorese-Gel); Rinne (z .B. Pufferrinne, Pufferwanne)

well plate *gen/micb* Lochplatte
- **multiple well plate** Mehrlochplatte

well water Brunnenwasser

welt (weal) Quaddel

wet *vb* (moisten) nass machen, befeuchten, benetzen

wet blotting Nassblotten

wet-bulb thermometer Nassthermometer, Verdunstungsthermometer

wet cell *electr* Nasselement

wet mount *micros* Nasspräparat (Frischpräparat, Lebendpräparat, Nativpräparat)

wet rot Nassfäule

wet steam Nassdampf

wettability Benetzbarkeit

wettable benetzbar

wetting Benetzung

wetting agent (wetter/surfactant/ spreader) Benetzungsmittel;
Entspannungsmittel (oberflächenaktive Substanz)

wheelchair Rollstuhl

wheelchair accessible rollstuhlgerecht

whetstone/sharpening stone/ grindstone/hone/honing stone Schleifstein, Schärfstein, Abziehstein, Wetzstein

whirl *n* (eddy/vortex) Wirbel, Strudel

whirl *vb* (swirl/eddy) strudeln

whisk Schneebesen

whiskers (needle-shaped, single crystals) Whisker, Haarkristalle (Fadenkristalle, Nadelkristalle)

whiteboard Weißwandtafel

white wash Tünche, Kalkanstrich

whiteboard Weißwandtafel

whole blood Vollblut

whole-body exposure *rad* Ganzkörperbestrahlung

whole mount Totalpräparat

whole mount plastination Ganzkörperplastination

wholesale business/wholesale trade Großhandel

wholesaler/wholesale vendor Großhändler

wick Docht

wicking Dochtwirkung

wide-angle X-ray scattering (WAXS) Röntgenweitwinkelstreuung, Weitwinkel-Röntgenstreuung (WWR)

wide-mouthed (widemouthed/ wide-neck/widenecked) Weithals...

wide-mouthed bottle Weithalsflasche

wide-mouthed flask/wide-necked flask Weithalskolben

wide-neck vat/wide-mouth vat Weithalsfass

widefield *micros* Weitwinkel

widespread/ubiquitous (existing everywhere) weitverbreitet, ubiquitär (überall verbreitet)

wilt (wither/fade) welken
wilted (withered/faded/limp/flaccid) welk, schlaff
wilting (withering/fading/flaccid/ deficient in turgor) welkend
wilting point Welkepunkt
winch Winde, Kurbel; (rope winch) Seilwinde
wind *vb* (twist/coil) winden, wickeln
winding/contortion/turn/bend Windung, Krümmung, Biegung
window Fenster
window glass Fensterglas
window pane Fensterscheibe
wing nut Flügelmutter
wing-tip (for burner)/burner wing top Schwalbenschwanzbrenner, Schlitzaufsatz für Brenner
wipe *n* Wischtuch; (wiper) Wischer
wipe *vb* wischen
➢ **wipe off/wipe clean** abwischen
➢ **wipe up** aufwischen
wire Draht; (cable) Kabel
wire brush Drahtbürste, Stahlbürste
wire cable shears/cable shears Drahtseilschere, Kabelschere
wire end sleeve/wire end ferrule *electr* Aderendhülse
wire gauze/wire gauze screen Drahtnetz
wire shears/wire cutters Drahtschere
wire stripper Abisolierzange
wiring/electrical wiring Verkabelung, Verdrahtung
wither/wilt/fade (shrivel up) verwelken
withering/wilting/fading/shrivelling/ marcescent verwelkend
withstand widerstehen, aushalten, standhalten; vertragen
wood drill (bit) Holzbohrer
wood pulp Zellstoff
wood rot Holzfäule

wood spirit/wood alcohol/ pyroligneous spirit/pyroligneous alcohol (*chiefly:* methanol) Holzgeist
wood sugar/xylose Holzzucker, Xylose
wood tar Holzteer
wood vinegar/pyroligneous acid Holzessig
wood-wool Holzwolle; Zellstoffwatte
wooden hölzern
wool Wolle
➢ **glass wool** Glaswolle
➢ **mineral wool (mineral cotton)** Mineralfasern (*spez:* Schlackenfasern)
➢ **rock wool** Steinwolle
➢ **wood wool** Holzwolle, Zellstoffwatte
wool alcohols Wollwachsalkohole
wool wax (wool fat) Wollwachs (Wollfett)
work Arbeit; (job) Job, Arbeitsstelle
➢ **physical work** körperliche Arbeit
➢ **preparatory work** Vorarbeiten
➢ **shift work** Schichtarbeit
work area Arbeitsbereich, Arbeitsplatz
work gloves Arbeitshandschuhe
work hours Arbeitszeit
work of expansion Ausdehnungsarbeit
work procedure Arbeitsmethode; Arbeitsvorgang
➢ **prescribed work procedure/ prescribed operating procedure** Arbeitsvorschrift, Arbeitsanweisung
work surface/working surface Arbeitsfläche
work up *vb* (process) aufarbeiten
workability/machinability Bearbeitbarkeit
workflow Arbeitsablauf

working conditions (for personnel)
Arbeitsbedingungen (für
BediensteteAngestellte/Arbeiter)
working disability/disablement
Berufsunfähigkeit
working distance (objective-coverslip)
micros Arbeitsabstand
working guideline Arbeitsrichtlinie
working hypothesis
Arbeitshypothese
working life *tech/*
mech Verwendbarkeitsdauer,
Nutzungsdauer
working order/operating
condition Funktionszustand
working pressure (delivery pressure)
Arbeitsdruck (mit Druckausgleich)
working procedure Arbeitsmethode;
Arbeitsvorgang, Arbeitsverfahren
➢ **step in a working procedure**
Arbeitsschritt
working range Arbeitsbereich
working space Arbeitsraum (im
Inneren der Werkbank)
workload Arbeitspensum
workman's compensation
Entschädigungzahlung/
Kompensationszahlung bei
Arbeitsunfällen od.
Berufskrankheiten
workpiece Werkstück, Teil, Stück
workplace Arbeitsplatz
workplace concentration
Arbeitsplatz-Konzentration
➢ **maximum permissible**
workplace concentration/
maximum permissible
exposure MAK-Wert (maximale
Arbeitsplatz-Konzentration)
workplace safety regulations
Arbeitsschutzverordnung
workshield Schutzschild,
Schutzschirm

workshop/'shop' Werkstatt
workspace Arbeitsbereich (räumlich)
workstation Arbeitstation
worktable Arbeitstisch
workup *n* (working up/processing/
down-stream processing)
Aufarbeitung
worm gear Schneckengetriebe (DIN)
worm thread Schneckengewinde
worst-case accident größter
anzunehmender Unfall
worst-case scenario schlimmster
anzunehmender Fall
wort (beer) Würze (Bier)
Woulff bottle Woulffsche Flasche
wound *n* Wunde
➢ **gaping wound** klaffende Wunde
➢ **open wound** offene Wunde
wound clip Wundklammer
wound healing Wundheilung
wound retractor Wundspreizer
wrap Folie, Einwickelpapier
➢ **plastic wrap (household wrap)**
Plastikfolie (Frischhaltefolie)
wrap-it tie(s)/wrap-it tie cable/cable
tie(s) Kabelbinder, Spannband
wrapfoil heat sealer
Folienschweißgerät
wrapping Verpackung(smaterial) [mit
Folie/Papier]
wrapping paper Einpackpapier
wrench (screw wrench) (*Br* spanner)
Schlüssel, Schraubenschlüssel,
Schraubschlüssel
➢ **adjustable wrench** 'Engländer',
Rollgabelschlüssel
➢ **Allen wrench** Inbusschlüssel,
Innensechskantschlüssel
➢ **box wrench (box spanner/ring**
spanner *Br*) Ringschlüssel
➢ **double-sided wrench**
Doppelmaulschlüssel,
Doppel-Maulschlüssel

➢ **hex nutdriver**
Sechskant-Steckschlüssel

➢ **hex socket wrench**
Sechskant-Stiftschlüssel

➢ **open-end wrench (open-end spanner** *Br*) Gabelschlüssel, Maulschlüssel

➢ **pipe wrench (rib-lock pliers/ adjustable-joint pliers/tongue-and- groove pliers/channellock pliers)**
Rohrzange

➢ **pliers wrench** Zangenschlüssel

➢ **ring spanner wrench/box wrench (box spanner/ring spanner** *Br*)
Ringschlüssel

➢ **socket wrench/box spanner**
Stiftschlüssel, Steckschlüssel

➢ **spider wrench (spider spanner** *Br*)
Kreuzschlüssel

➢ **torque wrench (torque amplifier handle)** Drehmomentschlüssel

wringer (mop) Auswringer, Wringer (Mop)

wrought iron Schmiedeeisen

X

X-ray *n* Röntgenstrahl; Röntgenaufnahme, Röntgenbild; *vb* röntgen, eine Röntgenaufnahme machen, bestrahlen

X-ray absorption near-edge spectroscopy (XANES)
Röntgenabsorptions- Kantenspektroskopie

X-ray absorption spectroscopy (XAS)
Röntgenabsorptionsspektroskopie

X-ray crystallography
Röntgenkristallographie

X-ray diffraction Röntgenbeugung

X-ray diffraction method
Röntgenbeugungsmethode

X-ray diffraction pattern
Röntgenbeugungsdiagramm,

Röntgenbeugungsaufnahme, Röntgendiagramm, Röntgenbeugungsmuster

X-ray emission spectroscopy (XES)
Röntgenemissionsspektroskopie

X-ray fluorescence spectroscopy (XFS)
Röntgenfluoreszenzspektroskopie (RFS)

X-ray microanalysis
Röntgenstrahl-Mikroanalyse

X-ray microscopy
Röntgenmikroskopie

X-ray photoelectron spectroscopy (XPS)
Röntgenphotoelektronenspektrosko- pie (RPS)

X-ray scattering Röntgenstreuung

➢ **small-angle X-ray scattering (SAXS)**
Röntgenkleinwinkelstreuung, Kleinwinkel-Röntgenstreuung (KWR)

➢ **wide-angle X-ray scattering (WAXS)**
Röntgenweitwinkelstreuung, Weitwinkel-Röntgenstreuung (WWR)

X-ray structural analysis/X-ray structure analysis
Röntgenstrukturanalyse

xanthogenic acid/xanthic acid/xanthonic acid/ ethoxydithiocarbonic acid
Xanthogensäure

xenobiotic (*pl* **xenobiotics)**
Xenobiotikum (*pl* Xenobiotika)

xylene/dimethylbenzene Xylol, Dimethylbenzol

Y

yarn Garn

yeast Hefe

➢ **baker's yeast** Backhefe, Bäckerhefe

➢ **bottom yeast** niedrigvergärende Hefe (‚Bruchhefe')

➢ **brewers' yeast** Bierhefe, Brauhefe

➢ **distiller's yeast** Brennereihefe

➢ **dried yeast** Trockenhefe

- ➤ **fission yeast** *(Saccharomyces pombe)* Spalthefe
- ➤ **mineral accumulating yeast** Mineralhefe
- ➤ **pitching yeast** Stellhefe, Anstellhefe, Impfhefe
- ➤ **top yeast** hochvergärende Hefe (,Staubhefe')

yield *vb* abgeben, ergeben, hervorbringen; nachgeben (einer Kraft)

yield *n* Ertrag (*pl* Erträge), Ausbeute, Ergiebigkeit; Gewinn, Ergebnis; Fließen

- ➤ **average yield** Durchschnittsertrag
- ➤ **maximum yield** Höchstertrag
- ➤ **quantum yield** Quantenausbeute
- ➤ **sustained yield** Nachhaltigkeit, nachhaltiger Ertrag

yield coefficient (Y) Ertragskoeffizient, Ausbeutekoeffizient, ökonomischer Koeffizient

yield increase Ertragssteigerung

yield level/quality class Ertragsklasse, Ertragsniveau, Bonität

yield point *tech/mech* Fließgrenze, Fließspannung, Fließpunkt

yield reduction Ertragsminderung

yield strength Elastizitätsgrenze, Dehngrenze; Fließfestigkeit, Verformungsfestigkeit

yield stress Streckspannung, Fließspannung

ytterbium (Yb) Ytterbium

yttrium (Y) Yttrium

Z

Z stacking (focus stacking) Z-Stapelung (Fokus-Stapelung)

zero *n* Null

zero (zeroing) *vb* auf Null (ein)stellen

zero adjustment/null balance Nullabgleich

zero passage Nulldurchgang

zero-point adjustment/zero-point setting Nullpunktseinstellung

zero reading Null-Anzeige

zero-valent/nonvalent nullwertig

zinc (Zn) Zink

zinc blende/blackjack Zinkblende

zinc finger *gen* Zinkfinger

zip seal/zip-lip/zip-lip seal/zipper-top Zippverschluss, Druckleistenverschluss

zip storage bag/zip-lip bag/zipper-top bag/zip-lip storage bag Zippverschlussbeutel, Druckverschlussbeutel

zip tie(s)/cable tie(s)/wrap-it tie(s)/ wrap-it tie cable Kabelbinder, Spannband

zipper Reißverschluss

zircon $ZrSiO_4$ Zirkon

zirconia ZrO_2 (**zirconium oxide/ zirconium dioxide**) Zirconiumdioxid

zirconium (Zr) Zirconium

zonal centrifugation Zonenzentrifugation

zonation Zonierung, Stufung

zone electrophoresis Zonenelektrophorese

zone melting Zonenschmelze(n), Zonenschmelzverfahren

zone refining Zonenreinigung (durch Zonenschmelzen)

zone sedimentation/zonal sedimentation/band sedimentation Zonensedimentation

zwitterion Zwitterion

Willkommen zu den Springer Alerts

- Unser Neuerscheinungs-Service für Sie:
  aktuell *** kostenlos *** passgenau *** flexibel

Springer veröffentlicht mehr als 5.500 wissenschaftliche Bücher jährlich in gedruckter Form. Mehr als 2.200 englischsprachige Zeitschriften und mehr als 120.000 eBooks und Referenzwerke sind auf unserer Online Plattform SpringerLink verfügbar. Seit seiner Gründung 1842 arbeitet Springer weltweit mit den hervorragendsten und anerkanntesten Wissenschaftlern zusammen, eine Partnerschaft, die auf Offenheit und gegenseitigem Vertrauen beruht.

Die SpringerAlerts sind der beste Weg, um über Neuentwicklungen im eigenen Fachgebiet auf dem Laufenden zu sein. Sie sind der/die Erste, der/die über neu erschienene Bücher informiert ist oder das Inhaltsverzeichnis des neuesten Zeitschriftenheftes erhält. Unser Service ist kostenlos, schnell und vor allem flexibel. Passen Sie die SpringerAlerts genau an Ihre Interessen und Ihren Bedarf an, um nur diejenigen Information zu erhalten, die Sie wirklich benötigen.

Mehr Infos unter: springer.com/alert

A14445 | Image: Tastatur-vege/iStock

Printed in the United States
By Bookmasters